高等学校“十三五”规划教材

有机化学概论

林晓辉　朱 焰　姜洪丽　主编

化学工业出版社
·北京·

《有机化学概论》按官能团体系顺序，脂肪族和芳香族混编方式编写，系统介绍各类官能团的反应和反应机制，突出结构和性质之间的关系，并随时介绍代表有机化合物的典型应用。全书共18章，前半部分为有机化学的经典章节，以方便短学时授课使用，后半部分以专题章节形式深化介绍，可供长学时和学有余力的学生学习之用。每章后均有精选阅读材料，以开阔视野，章后习题及答案供检验学习效果用。

《有机化学概论》可作为高等院校化学、化工、药学、医学、生物、环境等专业的教材，也可供相关人员参考。

图书在版编目（CIP）数据

有机化学概论/林晓辉，朱焰，姜洪丽主编. —北京：化学工业出版社，2019.1

高等学校“十三五”规划教材

ISBN 978-7-122-33369-8

Ⅰ. ①有… Ⅱ. ①林…②朱…③姜… Ⅲ. ①有机化学-高等学校-教材 Ⅳ. ①O62

中国版本图书馆CIP数据核字（2018）第269803号

责任编辑：宋林青　　文字编辑：刘志茹

责任校对：王素芹　　装帧设计：关　飞

出版发行：化学工业出版社（北京市东城区青年湖南街13号　邮政编码100011）

印　　装：三河市万龙印装有限公司

787mm×1092mm　1/16　印张26¼　字数663千字　2019年5月北京第1版第1次印刷

购书咨询：010-64518888　　售后服务：010-64518899

网　　址：http：//www.cip.com.cn

凡购买本书，如有缺损质量问题，本社销售中心负责调换。

定　　价：55.00元

前言

为了推进我国应用型本科教学战略的改革，适应当前“减学时”“增科目”“提能力”的大学教育形势，编写了本教材。在编写过程中力求按照应用型本科人才培养目标，以有机化学基础知识和基本理论为主，同时融合本领域的最新进展。本教材适当体现与有机化学相关的绿色、经济和和谐的新理念，增加适应社会发展的新规范、新技术等内容，删除落后于时代发展的一些不规范内容，在适合应用型本科院校相关专业的学生学习的同时，还能够满足相关从业人员的参考需求。

全书共分18章，后面含7个附录，阅读材料方便学生自学和拓展知识面。本书编写时为了便于学生边学边思考，在正文中一些适宜位置增加了思考题。每章后的习题，力求紧扣每章知识点，难易结合。为了减少学生在学习中对所见物质名称的陌生感，本书将分类与命名基础放在第2章里，有关异构方面的命名以及特殊命名还是放在常规章节里。为了适应不同学时学生的学习要求，在有机化学经典知识学习中力求概述，而把难点以专题形式放在后续章节里。这样，学时很短的院校可以只选择经典知识章节，且不丢失有机化学这门课程的系统性。学时稍长的院校可以根据本校的情况，选择后续章节学习。总之，能够满足多种学时学生的学习是本教材的一大特色。另外，将立体化学提于芳香烃前，主要考虑了相关实验的开设时间问题。附录内容紧扣有机化学领域，具有较强的综合性、创新性和前沿性。

希望本书新颖的编写风格、广泛的适用性和以人为本的编写理念能得到广大应用型本科师生的欢迎。

本书是山东第一医科大学相关领域众多老师集体智慧的结晶。各章作者及审校者如下：

第1章　绪论	陈震	姜洪丽
第2章　有机化合物的分类及命名	林晓辉	李娜
第3章　烷烃及环烷烃	侯超	姜洪丽
第4章　不饱和烃	姜洪丽	侯超
第5章　立体化学	陈震	陈红余
第6章　芳香烃	朱焰	姜洪丽
第7章　卤代烃	申世立	李娜
第8章　醇 酚 醚	朱焰	孙永宾
第9章　醛 酮 醌	申世立	孙永宾
第10章　羧酸及其衍生物	侯超	孙永宾
第11章　取代羧酸	姜洪丽	侯超
第12章　含氮化合物	孙永宾	林晓辉
第13章　杂环化合物	孙永宾	侯超
第14章　生命有机化学	林晓辉	刘光耀
第15章　有机硫磷硅化合物	葛燕青	陈红余

第 16 章	有机化合物波谱表征简介	刘光耀	林晓辉
第 17 章	有机合成概述	林晓辉	刘光耀
第 18 章	重排反应概述	林晓辉	朱焰
附录			林晓辉

全书的统稿工作主要由林晓辉完成，陈小全、袁春浩、王玉民等也做了很多工作。在此向参与本书编写和审校的所有老师表示衷心的感谢，同时感谢山东第一医科大学有关部门与领导的支持。

在本书即将付梓之时，编者有感而发：

汇精英之才情，

呕全心之力作。

愿师生之益友，

邀明人之指正。

编者

2018 年 7 月于泰山脚下

目录

第1章 绪 论

1.1 有机化合物和有机化学

有机化学是化学学科的一个重要分支，它是一门与人类生活有着密切关系的学科。有机化学的研究对象是有机化合物，简称有机物。有机物的主要特征是它们都含有碳原子，即都是碳化合物，因此有机化学就是研究碳化合物的化学。

有机化合物大量存在于自然界中，不但和人类的衣、食、住、行有着密切的联系，而且直接关系到生命的存在和繁衍。人们赖以生存的粮、油、棉、麻、木材、糖、蛋白质、农药、塑料、染料、香料、药物、石油等大多数都是有机化合物。很久以前，人们就知道利用和加工自然界取得的有机物，如酿酒、制醋、造纸等。随着生产的发展和科学技术的进步，人们对有机物的认识由浅入深，到18世纪末，人们已经能够得到许多纯的化合物，如草酸、苹果酸、酒石酸、乳酸、尿酸等。人们对有机物逐步有了比较正确、全面的认识，有机化学发展成为一门重要的学科。

有机物的本来含义是“有生机的物质”或“有生命的物质”。18世纪早期人们普遍认为：人工能合成的只能是无机物，植物和动物体内存在的化合物即有机物是在神秘的“生命力”的作用下形成的，只靠人工是不能合成的。当时坚持这一观点的代表人物之一就是德国化学家贝采里乌斯。

1828年，贝采里乌斯的学生德国化学家魏勒在研究氰酸盐的过程中，意外地合成了有机物尿素。魏勒用加热的方法使氰酸铵转化为尿素。氰酸铵是无机化合物，而尿素是有机化合物，魏勒的实验结果给予“生命力”学说第一次冲击。但这个重要发现并没有立即得到其他化学家的承认，因为氰酸铵尚未能用无机物制备出来，同时有人认为尿素只是动物的分泌物，不是真正的有机化合物。但这是世界上第一次在实验室的玻璃器皿中从无机物制得有机物。此后，人们相继由无机物合成了许多有机物。1845年，德国化学家柯尔伯合成了乙酸，1854年，法国化学家柏赛罗合成了油脂等，“生命力”学说才彻底被否定。

既然有机物和无机物都可由人工来制备，那么又怎样来重新定义有机物呢？这便成了人们研究的课题。

自从法国化学家拉瓦锡、德国有机化学家李比希创立和发展了有机化合物的元素分析方法之后，经研究分析发现，有机物都含有碳元素，并且绝大多数有机物都含有氢，此外还含有 N、S、P、O、X 等，而无机物一般都不含碳元素。于是，1851 年，凯库勒把有机物定义为碳化合物；1874 年，肖莱马在此基础上又发展了这一定义，把有机物定义为碳氢化合物及其衍生物，有机化学就是研究碳氢化合物及其衍生物的化学。在化学上，通常把仅含有碳氢两种元素的化合物称为烃。因此，有机化合物就是烃及其衍生物，有机化学也就是研究烃及其衍生物的化学。但是这样的定义，仍然是不够理想的，只是从分析或合成的立场把它定义为一种或两种元素的化合物，忽略了有机物本身的特性。正如凯库勒所说，这个定义没有表示出无机物与有机物的真正区别。那么，怎样认识和定义有机物，仍然是一个需要探讨的课题。

简单地说有机化合物就是碳化合物。绝大多数有机化合物中含有氢，有机化合物中除碳和氢以外，常见的元素还有氧、氮、卤素、硫和磷。碳本身和一些简单的碳化合物，如碳化钙、一氧化碳、金属羰基化合物、二氧化碳、碳酸盐、二硫化碳、氰酸、氢氰酸、硫氰酸和它们的盐，仍被看作是无机化合物。

1.2 有机化合物的特性

有机化学作为一门独立的学科，其研究的对象（有机化合物与无机化合物）在性质上存在着一定的差异。有机化合物一般具有如下特性。

(1) 种类繁多

据有关资料统计，世界上有机化合物的数量有几千万种，且新合成的化合物中大部分是有机化合物。而无机物总共不超过几十万种。正因为如此，把有机化学作为一门独立的学科来研究很有必要。

同分异构现象是有机化学中极为普遍而又很重要的问题，也是造成有机化合物数目繁多的主要原因之一。同分异构是指物质具有相同分子式，但结构不同，从而性质各异的现象。例如，乙醇和甲醚，分子式均为 C_2H_6O，但它们的结构不同，因而物理性质和化学性质也不相同。乙醇和甲醚互为同分异构体。

$$\begin{array}{ccccccc} & & H & & H & & \\ & & | & & | & & \\ H & — & C & — & C & —O— & H \\ & & | & & | & & \\ & & H & & H & & \end{array} \qquad \begin{array}{ccccccc} & & H & & H & & \\ & & | & & | & & \\ H & — & C & —O— & C & — & H \\ & & | & & | & & \\ & & H & & H & & \end{array}$$

乙醇　b. p. 78.5℃　　　　甲醚　b. p. −25℃

由于在有机化学中普遍存在同分异构现象，故在有机化学中不能只用分子式来表示某一有机化合物，必须使用构造式或结构式。

(2) 易燃烧

一般有机化合物都含有碳和氢两种元素，容易燃烧生成二氧化碳和水，同时放出大量的热量。大多数无机化合物，如酸、碱、盐、氧化物等都不能燃烧。因而有时采用灼烧试验可以区别有机物和无机物。

(3) 熔点、沸点低

在室温下，绝大多数无机化合物都是高熔点的固体，而有机化合物通常为气体、液体或低熔点的固体。例如，氯化钠和丙酮的分子量均约为58，但二者的熔点、沸点相差很大。氯化钠的熔点和沸点分别为801℃和1413℃，丙酮的熔点和沸点分别为－95℃和56℃。

大多数有机化合物的熔点在400℃以下，而且它们的熔点、沸点随着分子量的增加而逐渐增加。一般地说，纯粹的有机化合物都有固定的熔点和沸点。因此，熔点和沸点是有机化合物的重要物理常数，人们常利用熔点和沸点的测定来鉴定有机化合物。有些有机化合物在高温时会发生分解而不是熔化。

(4) 难溶于水，易溶于有机溶剂

水是一种强极性物质，所以以离子键结合的无机化合物大多易溶于水，不易溶于有机溶剂。而有机化合物一般都是共价键型化合物，极性很小或无极性，所以大多数有机化合物在水中的溶解度都很小，但易溶于极性小的或非极性的有机溶剂（如乙醚、苯、石油醚、丙酮等）中，这就是“相似相溶”的经验规律。正因为如此，有机反应常在有机溶剂中进行。

(5) 有机反应速率慢

无机反应一般是离子型反应，反应速率较快。如 H^+ 与 OH^- 的反应，Ag^+ 与 Cl^- 生成 AgCl 沉淀的反应等都是在瞬间完成的。

有机反应大部分是分子间的反应，反应过程中包括共价键旧键的断裂和新键的形成，所以反应速率常比较慢。一般需要几小时，甚至几十小时才能完成。为了加速有机反应的进行，常采用加热、光照、搅拌或加催化剂等措施。随着新的合成方法的出现，改善反应条件，促使有机反应速率的加快也很有希望。

(6) 有机反应副反应多，产物复杂

有机化合物的分子大多是由多个原子结合而成的复杂分子，所以在有机反应中，反应中心往往不局限于分子的某一固定部位，常常可以在不同部位同时发生反应，得到多种产物。反应生成的初级产物还可继续发生反应，得到进一步的产物。因此在有机反应中，除了生成主要产物以外，还常常有副产物生成。正因为如此，书写有机反应方程式时常用“$\longrightarrow$”，而不用“$=\!=\!=$”，一般只写出主要反应及其产物，不配平，但应注明反应条件。

为了提高主产物的收率，控制好反应条件是十分必要的。由于得到的产物是混合物，故需要经分离、提纯等步骤，以获得较纯净的物质。

但是必须指出，上述有机化合物的性质是对于大多数的有机物而言的，不是绝对的。例如，四氯化碳不但不易燃烧而且还可以作为灭火剂使用，甘油可以与水以任意比例互溶等，聚乙炔可以导电等。

1.3 有机化合物的结构理论

1.3.1 有机物中的共价键

有机化合物中的化学键是有机化合物结构的基础，是形成有机化合物性质特点的根本原因，所以在学习有机化学之前，必须先了解有机化合物中的化学键。有机化合物中的原子都是以共价键结合的，其中碳原子的共价键结合能力极强，在有机化合物中可以形成4个共价键。从本质上讲，有机化学是研究以共价键结合的化合物的化学。下面就分别介绍有机化合物中普遍存在的共价键，以及同样在有机化合物中普遍存在着的分子间作用力。

在讨论共价键理论之前，先简单地介绍原子轨道。

原子是由原子核和核外电子两部分组成的，电子绕核作高速运动。化学反应主要涉及原子外层电子运动状态的改变。核外电子的运动具有粒子性和波动性，即它的运动是量子化的，对这种微观粒子的运动规律必须用量子力学来描述。

常用小黑点的密度大小来表示电子出现的概率大小。电子在核外的分布就好像云雾一样，因此把这种分布形象地称为电子云。这种电子在空间可能出现的区域称为原子轨道，通常用 1s 轨道、2s 轨道、2p 轨道、3s 轨道、3p 轨道……来表示：

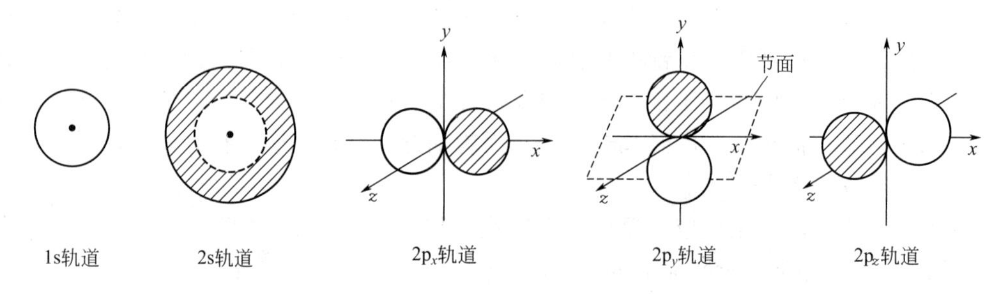

1s轨道　　2s轨道　　$2p_x$轨道　　$2p_y$轨道　　$2p_z$轨道

1.3.2 价键理论

1916 年，化学家路易斯提出了经典共价键理论，这一理论初步揭示了共价键的本质。1926 年后，在量子力学基础上建立起来的现代价键理论，对共价键的本质有了更深入的理解。

1.3.2.1 共价键的形成

共价键的形成可看作是原子轨道的相互重叠或电子配对的结果。两个原子如果都有未成对电子（也称为未共用电子），并且自旋方向相反，就可以配对成键，即原子轨道（电子云）重叠或交盖形成共价键，重叠的部分越大，形成的共价键越牢固。因此，价键理论又称为电子配对理论。用电子对表示共价键结构的化学式称为路易斯结构式。由一对电子形成的共价键叫作单键，两对或三对电子构成的共价键则是双键或三键。一对成键电子可用黑点表示，也可用短线表示。

H:C:H（上下各一个 H）　　H—C—H（上下各一个 H）

甲烷

H:C::C:H（两端各两个 H）　　H₂C=CH₂

乙烯

1.3.2.2 共价键的饱和性

两个原子未成对电子以自旋方向相反的方式配对后，就不能与第三个电子配对，所以原子的未成对电子数亦被称为原子的价数，这就是共价键的饱和性。

1.3.2.3 共价键的方向性

成键时两原子轨道必须沿轨道对称轴发生最大程度重叠，使电子对在原子核间出现的概率尽可能大，这样形成的键才最牢固。

1.3.3 杂化轨道理论

1.3.3.1 碳原子的价键特点

在元素周期表中，碳原子是第二周期第四主族元素，基态时，核外电子排布为

$1s^2 2s^2 2p_x^1 2p_y^1$。碳在成键时，既不容易得到四个电子形成 C^{4-} 型化合物，也不容易失去四个电子形成 C^{4+} 型化合物。因此，碳原子之间相互结合或与其他原子结合时，都是通过共用电子对而结合成共价键。碳原子是四价的，它可以与其他原子或自身形成单键，也可以形成双键或三键。

1.3.3.2 碳原子轨道的杂化

碳原子在基态时，只有两个未成对电子。根据价键理论和分子轨道理论，碳原子应是二价的。但大量事实都证实，在有机化合物中碳原子都是四价的，而且在饱和化合物中，碳的四价都是等同的。为了解决这一矛盾，1931 年鲍林在传统价键的基础上，提出了原子轨道杂化理论。

杂化轨道理论认为：碳原子在成键过程中首先要吸收一定的能量，使 2s 轨道的一个电子跃迁到 2p 空轨道中，形成碳原子的激发态。激发态的碳原子具有四个单电子，因此碳原子为四价的。

碳原子在成键时，四个原子轨道不是直接成键，它们可以“混合起来”进行“重新组合”形成形状和能量等同的新轨道，称为杂化轨道。杂化轨道的能量稍高于 2s 轨道，稍低于 2p 轨道。这种由不同类型的轨道混合起来重新组合成新轨道的过程，叫作“轨道的杂化”。杂化轨道的数目等于参加组合的原子轨道的数目。

碳原子轨道的杂化有三种形式：

(1) sp^3 杂化

由一个 2s 轨道和三个 2p 轨道杂化形成四个能量相等的新轨道，叫作 sp^3 杂化轨道，这种杂化方式叫作 sp^3 杂化。如：

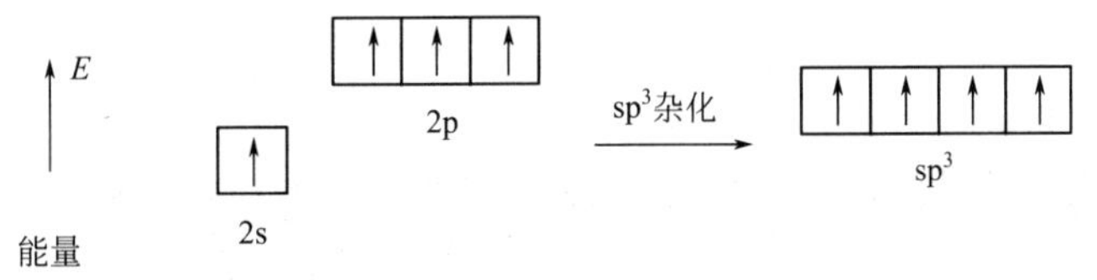

sp^3 杂化轨道的形状及能量既不同于 2s 轨道，又不同于 2p 轨道，它含有 1/4 的 s 成分和 3/4 的 p 成分，呈葫芦形。sp^3 杂化轨道是有方向性的，即在对称轴的一个方向上集中，四个 sp^3 杂化轨道呈四面体分布，轨道对称轴之间的夹角均为 109°28′（图 1-1）。

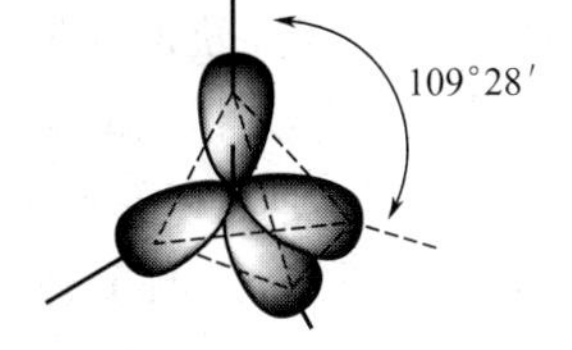

图 1-1　sp^3 杂化的碳原子

当一个碳原子与其他四个原子直接键合时，该原子为饱和碳原子，都发生 sp^3 杂化。例如：CH_4、$CHCl_3$、$CH_3CH_2CH_3$ 中的碳原子均为 sp^3 杂化。

(2) sp^2 杂化

由一个 2s 轨道和两个 2p 轨道重新组合成三个能量等同的杂化轨道，称为 sp^2 杂化。如：

E
能量
2s
2p
sp^2杂化
sp^2
2p

sp^2 杂化轨道的形状与 sp^3 杂化轨道的形状相似，三个 sp^2 杂化轨道处于同一平面，呈平面正三角形分布，轨道夹角为 120°，余下的一个未参与杂化的 2p 轨道保持原来的形状，

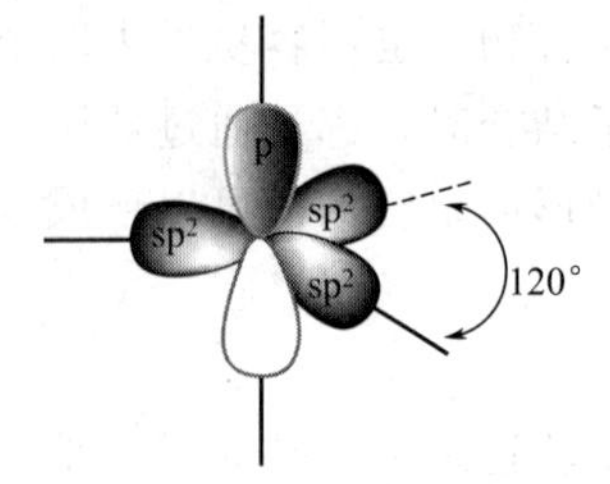

图 1-2　sp² 杂化的碳原子

它的对称轴垂直于三个 sp^2 杂化轨道所在的平面（图 1-2）。

当一个碳原子与其他三个原子直接键合时，该原子为 sp^2 杂化。例如：$CH_3CH=CH_2$、$H_2C=O$ 中的碳原子均为 sp^2 杂化。

(3) sp 杂化

由一个 2s 轨道和一个 2p 轨道重新组合成两个能量等同、方向相反的杂化轨道，称为 sp 杂化。如：

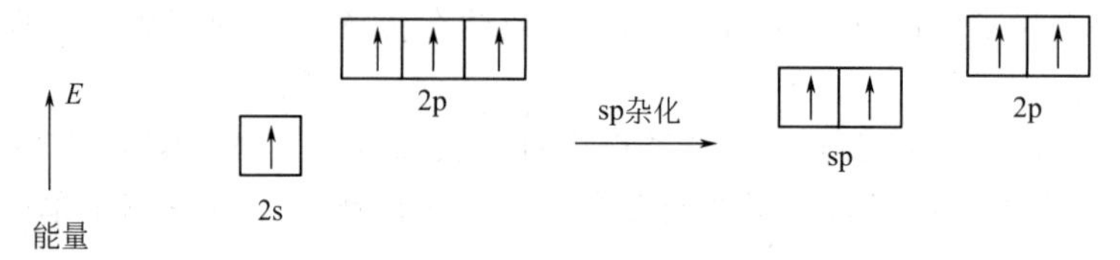

sp 杂化轨道的形状与 sp^3、sp^2 杂化轨道的形状相似，sp 杂化轨道含有 1/2 的 s 成分和 1/2 的 p 成分，两个 sp 杂化轨道伸向碳原子核的两边，它们的对称轴在一条直线上，互呈 180°夹角。碳原子还余下两个未参与杂化的 2p 轨道，这两个 2p 轨道仍保持原来的形状，其对称轴不仅互相垂直，而且都垂直于 sp 杂化轨道对称轴所在的直线。为方便起见，将 sp 杂化轨道只看作一条直线，则两个 2p 轨道垂直于这条直线（图 1-3）。

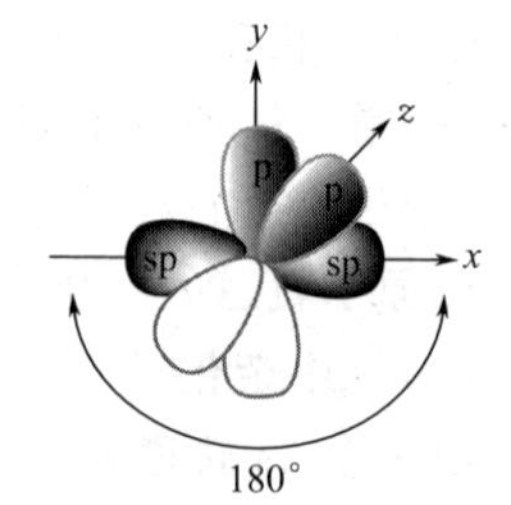

图 1-3　sp 杂化的碳原子

当一个碳原子与其他两个原子直接键合时，该原子为 sp 杂化。三键碳均为 sp 杂化。例如：$HC\equiv CH$、$CH_3C\equiv CH$、$HC\equiv N$ 中的碳原子为 sp 杂化。

1.3.3.3　σ 键和 π 键

碳原子的三种杂化轨道与 s 轨道、p 轨道的成键方式不同，可以形成两种共价键，即 σ 键和 π 键。

原子轨道沿键轴（两原子核间连线）方向以“头碰头”方式重叠所形成的共价键称为 σ 键，如图 1-4 所示。形成 σ 键时，原子轨道的重叠部分对于键轴呈圆柱形对称，沿键轴方向旋转任意角度，轨道的形状和符号均不改变。由于形成 σ 键时成键原子轨道沿键轴方向重叠，达到了最大程度的重叠，所以 σ 键的键能大，稳定性高。

原子轨道垂直于键轴以“肩并肩”方式重叠所形成的化学键称为 π 键，见图 1-5。形成 π 键时，原子轨道的重叠部分对等地分布在包括键轴在内的平面上、下两侧，形状相同，符号相反。p 轨道常参与形成 π 键，d 轨道也能参与形成 π 键。π 键通常比 σ 键弱，主要是因为平行的 p 轨道间重叠程度较小。

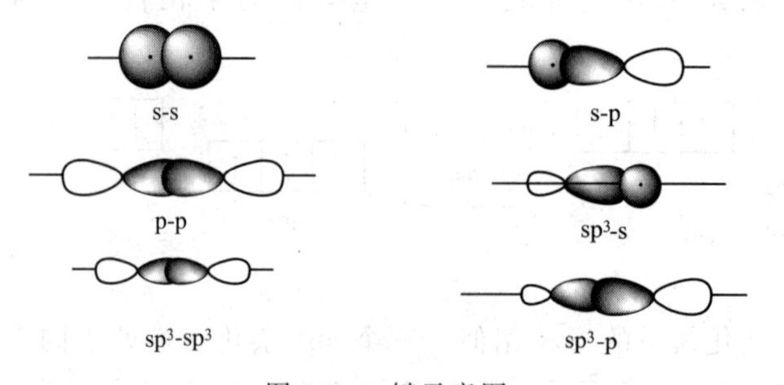

图 1-4　σ 键示意图

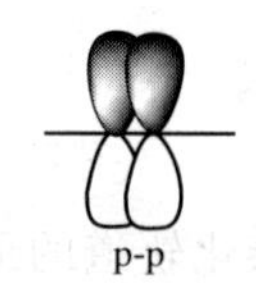

图 1-5　π 键示意图

1.3.4 共价键的键参数

(1) 键长

形成共价键的两个原子核间的距离称为键长，单位常以 pm 表示。不同原子组成的共价键具有不同的键长。同一类型的共价键键长在不同的化合物中可能稍有差异。例如：

$$CH_3—CH_2\overset{154pm}{——}CH_3 \qquad CH_2═CH\overset{151pm}{——}CH_3 \qquad HC≡C\overset{146pm}{——}CH_3$$

一些常见共价键的键长见表 1-1。

表 1-1 常见共价键的键长

键类型	键长/pm	键类型	键长/pm
H—H	74	C—F(氟代烷)	141
C—H	109	C—Cl(氯代烷)	177
C—C(烷烃)	154	C—Br(溴代烷)	191
C═C(烯烃)	134	C—I(碘代烷)	212
C≡C(炔烃)	120	C—O(醇)	143
C═C(苯)	139	C═O(醛酮)	122

一般说来，形成的共价键越短，表示键越强，越牢固。应用 X 衍射光谱等近代物理方法，可以测定各种键的键长。

(2) 键角

二价以上的原子与其他原子成键时，两个共价键之间的夹角称为键角。键角反映了分子的空间结构。例如甲烷分子中 4 个 C—H 键间的键角都是 109.5°，甲烷分子是正四面体结构。键角不仅与碳原子的杂化方式有关，还与碳原子上所连接的原子或基团有关。例如：

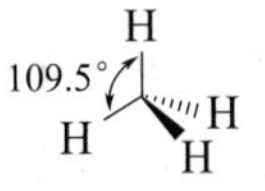

甲烷(正四面体)

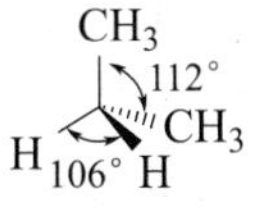

丙烷

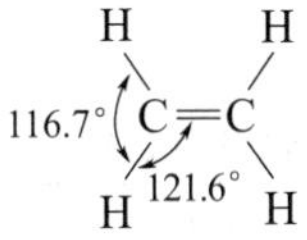

乙烯(平面形)

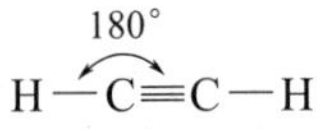

乙炔(直线形)

(3) 键能

某一种共价键形成过程中放出的能量或者断裂时吸收的能量的平均值，称为键能。键能表示共价键的牢固程度。当 A 和 B 两个原子（气态）结合生成 A—B 分子（气态）时，放出的能量就是键能。

$$A(气态)+B(气态)\longrightarrow A—B(气态)$$

键的解离能是指某一个共价键形成时所放出的能量或断裂时所吸收的能量。显然，要使 1mol A—B 双原子分子（气态）解离为原子（气态）时，所需要的能量叫作 A—B 键的解离能，以符号 D(A—B) 表示。

键的解离能和键能单位通常用 $kJ \cdot mol^{-1}$ 表示。

二者的含义不同：标准状况下，气态双原子分子的键能等于其解离能；对于多原子分子，键能和解离能并不相同。例如：甲烷分子中四个 C—H 键的解离能是不同的，第一个 C—H 键的解离能为 435.1kJ·mol^{-1}，第二、第三、第四个 C—H 键的解离能分别为 443.5kJ·mol^{-1}、443.5kJ·mol^{-1}、338.9kJ·mol^{-1}，这四个共价键解离能的平均值为 415.3kJ·mol^{-1}，即为 C—H 键的键能。

键能反映了两个原子的结合程度，键能越大，结合越牢固。一些常见共价键的键能列于表 1-2 中。

表 1-2 常见共价键的键能

共价键	键能/kJ·mol^{-1}	共价键	键能/kJ·mol^{-1}
C—H	414	C—Cl	339
C—C	347	C—Br	285
C═C	611	C—I	218
C≡C	837	O—H	464
C—O	360	N—H	389

(4) 键的极性

键的极性是由成键的两个原子之间电负性的差异引起的。相同的原子形成的共价键，成键的电子云均等地分配在两个原子之间，不偏向任何原子，这样的共价键没有极性。不同的原子形成共价键时，由于元素的电负性（吸引电子的能力）不同，使得成键电子云靠近电负性较大的原子，使其带有部分负电荷（以 δ^- 表示），电负性小的原子带部分正电荷（以 δ^+ 表示），这样的共价键称为极性共价键。例如，氯甲烷分子中的 C—Cl 键，由于氯的电负性大于碳，成键电子云偏向氯原子，使 C—Cl 键产生了偶极。

$$\overset{\delta^+}{H_3C}\longrightarrow\overset{\delta^-}{Cl}$$

共价键的极性用偶极矩（μ）来表示。偶极矩 μ 等于正、负电荷中心的距离 d 与正或负电荷 q 的乘积，单位为 C·m（库·米），国际上习惯使用 Debye（简写为 D）。1D＝3.336×10^{-30}C·m。符号 $+\!\!\!\longrightarrow$ 表示箭头指向负的一端。表 1-3 列出一些常用元素的电负性数据。从成键原子的电负性值可以大致判断共价键极性的大小，差值越大，极性越大。一般共价键电负性差值在 0.6～1.7 之间。

表 1-3 一些常用元素的电负性值

元素	电负性值	元素	电负性值	元素	电负性值
H	2.1	N	3.0	F	4.0
C(sp^3)	2.48	O	3.5	Cl	3.0
C(sp^2)	2.75	P	2.1	Br	2.8
C(sp)	3.29	S	2.5	I	2.5

杂化轨道的电负性，由于 s 轨道在内层，受核的束缚比 p 轨道大，所以 s 成分越多，轨道的电负性越大。sp^3、sp^2 和 sp 杂化轨道中的 s 成分分别为 1/4、1/3 和 1/2，因此杂化轨道的电负性顺序为：sp＞sp^2＞sp^3。

分子的偶极矩是各个共价键偶极矩的矢量和。偶极矩为零的分子是非极性分子；偶极矩不为零的分子是极性分子；偶极矩越大，分子的极性越强。在双原子分子中，共价键的极性就是分子的极性。但对多原子的分子来说，分子的极性取决于分子的组成和结构。例如：

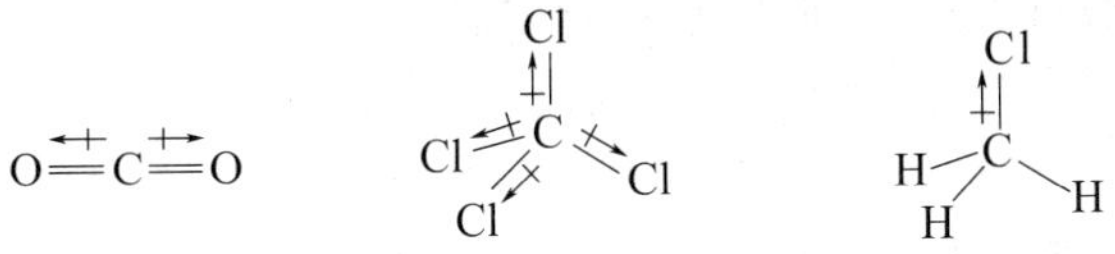

μ=0D	μ=0D	μ=1.87D
二氧化碳	四氯化碳	一氯甲烷
(非极性分子)	(非极性分子)	(极性分子)

分子的极性越大，分子间相互作用力就越大。分子极性的大小直接影响其沸点、熔点及溶解度等物理性质和化学性质。

1.3.5 有机分子间的作用力与氢键

分子间作用力，又称范德华力，是存在于中性分子或原子之间的一种与金属键、离子键、共价键相比较弱的电性吸引力。其能量大约为几到几十 $kJ \cdot mol^{-1}$，比化学键能小1～2个数量级。范德华力又可以分为三种作用力：取向力、诱导力和色散力。这三种力的贡献不同，通常色散力的贡献最大，只有偶极矩很大的分子（如水），取向力才是主要的；而诱导力通常是很小的。

当两个极性分子相互接近时，由于它们偶极的同极相斥，异极相吸，两个分子必将发生相对转动。这种偶极子的互相转动，就使偶极子中极性相反的极相对排列，叫作“取向”。极性分子的永久偶极矩之间的相互作用就称为取向力。取向力发生在极性分子与极性分子之间。

极性分子偶极所产生的电场对非极性分子发生诱导影响，使非极性分子电子云变形。非极性分子的电子云与原子核发生相对位移，非极性分子中的正、负电荷重心不再重合，产生了偶极。这种电荷重心的相对位移叫作“变形”，因变形而产生的偶极，叫作诱导偶极。诱导偶极和固有偶极相互吸引，这种由于诱导偶极而产生的作用力，叫作诱导力。在极性分子和非极性分子之间以及极性分子和极性分子之间都存在诱导力。

色散力在所有分子或原子间都存在，是分子的瞬时偶极间的作用力。由于电子的运动，瞬间电子的位置对原子核是不对称的，也就是说正电荷重心和负电荷重心发生瞬时的不重合，从而产生瞬时偶极。色散力和相互作用分子的变形性有关，变形性越大（一般分子量越大，变形性越大），色散力越大；色散力和分子距离的7次方成反比。由于从量子力学导出的这种力的理论公式和光色散公式相似，故这种力称为色散力。

氢原子与电负性大、半径小的原子X（O、F、N等）以共价键结合，若与电负性大、半径小的原子Y（O、F、N等）接近，H与Y之间产生作用，生成X—H…Y形式的一种特殊的分子间或分子内相互作用，称为氢键。X与Y可以是同一种类分子，如水分子之间的氢键；也可以是不同种类分子，如一水合氨分子（$NH_3 \cdot H_2O$）之间的氢键。

氢键不同于上述三种范德华力，它具有饱和性和方向性。由于氢原子特别小而原子X和Y比较大，所以X—H中的氢原子只能和一个Y原子结合形成氢键。同时由于负离子之间的相互排斥，另一个电负性大的原子Y′就难于再接近氢原子，这就是氢键的饱和性。

氢键具有方向性则是由于X—H与原子Y的相互作用，只有当X—H…Y在同一条直线上时最强，同时原子Y一般含有未共用电子对，在可能范围内氢键的方向和未共用电子对的对称轴一致，这样可使原子Y中负电荷分布最多的部分最接近氢原子，这样形成的氢键最稳定。

氢键属于广义的范德华力。

典型的氢键中，X和Y是电负性很强的F、N和O原子。但C、S、Cl、P甚至Br和I

原子在某些情况下也能形成氢键，但通常键能较低。碳在与数个电负性强的原子相连时也有可能产生氢键，例如氯仿 $CHCl_3$ 中。

分子间形成氢键时，化合物的熔点、沸点显著升高。HF、H_2O 和 NH_3 等第二周期元素的氢化物，由于分子间氢键的存在，要使其固体熔化或液体汽化，必须给予额外的能量破坏分子间的氢键，所以它们的熔点、沸点均高于各自同族的氢化物。有机物中的醇、酚、酸等也有类似的情况。

值得注意的是，能够形成分子内氢键的物质，其分子间氢键将被削弱，因此它们的熔点、沸点不如只能形成分子间氢键的物质高。硫酸、磷酸都是高沸点的无机强酸，但是硝酸由于可以生成分子内氢键，是挥发性的无机强酸。可以生成分子内氢键的邻硝基苯酚，其熔点远低于它的同分异构体对硝基苯酚。

1.4 研究有机化合物的一般方法

研究一个新的有机物一般要经过下列步骤。

① 分离提纯。研究一个新的有机物首先要把它分离提纯，保证达到应有的纯度。分离提纯的方法很多，常见的方法有：重结晶法、升华法、蒸馏法、分馏法、萃取法、分液法、过滤法、洗气法、吸附法、色谱分析法、离子交换法、渗析法、盐析法等。

② 纯度的检定。纯有机物有固定的物理常数，如熔点、沸点、相对密度、折射率等。测定有机物的物理常数，与已知纯物质比较，就可以断定其纯度。纯的有机物的熔距很小，不纯的物质则没有恒定的熔点。

③ 确定实验式和分子式。提纯后的有机物，就可以进行元素定性分析，确定它是由哪些元素组成的，接着做元素定量分析，求出各元素的质量比，通过计算就能得出它的实验式。再进一步测定其分子量，从而确定分子式。

④ 确定结构式。应用现代物理方法，能够准确、迅速地确定有机物的结构，进而确定其结构式。现代物理方法如 X 光衍射、各种光谱法、核磁共振谱和质谱。

有机化合物的结构表征（即测定）是从分子水平认识物质的基本手段，是有机化学的重要组成部分。过去，主要依靠化学方法进行有机化合物的结构测定，其缺点是费时、费力、费钱，需要的样品量大。例如：鸦片中吗啡碱结构的测定，从 1805 年开始研究，直至 1952 年才完全阐明，历时 147 年。而现在的结构测定，则采用现代仪器分析法，其优点是省时、省力、省钱、快速、准确，样品消耗量是微克级的，甚至更少。它不仅可以研究分子的结构，而且还能探索到分子间各种集聚态的结构构型和构象的状况，对人类所面临的生命科学、材料科学的发展，是极其重要的。现在确认一个有机化合物的结构通常使用核磁共振的碳谱、氢谱以及高分辨质谱，有时还需要单晶 X 光衍射的数据。

1.5 有机化合物的结构表示

分子式是以元素符号表示分子组成的式子，它不能表明分子的结构，因此在有机化学中应用甚少，分子结构必须使用构造式或构型式表示。

1.5.1 有机化合物构造的表示

分子中原子相互连接的顺序和方式叫作构造。表示分子构造的化学式称为构造式。有机化合物构造式的表示有三种方法：

(1) 蛛网式

在蛛网式中，以一条短线表示一对电子。例如：

乙醇　　乙烯　　$H—C\equiv C—H$ 乙炔　　苯

该书写方法清楚地表示出分子中各原子之间的结合关系，缺点是书写烦琐。

(2) 结构简式

为了书写方便，常常将单键省去（环状化合物环上的单键不能省去），分子中相同的原子合并，在该原子的元素符号的右下角用阿拉伯数字写出数目。例如：

CH_3CH_2OH　　$CH_2=CH_2$　　$HC\equiv CH$

(3) 键线式

键线式只需写出锯齿形骨架，用锯齿线的角（120°）及其端点代表碳原子，每个碳原子上所连接的氢原子可以省略不写，但除氢原子以外的其他原子必须写出。例如：

2-甲基戊烷　　3-甲基-2-戊醇

1.5.2 有机化合物立体结构的表示

在具有确定构造的分子中，各原子在空间的排布叫作分子的构型，即它们的立体结构。立体结构常借助分子模型表示，最常用的模型是球棍模型和比例模型（斯陶特模型）。甲烷立体结构的球棍模型和比例模型表示如图 1-6(a)（b）所示。也可以用楔线式来表示中心碳原子（或其他原子）上各个价键在三维空间中的结构，其中细线“—”表示在纸面上的键，楔形实线“◣”表示纸面前方的键，楔形虚线“⋯”表示伸向纸面后方的键［图 1-6(c)］。

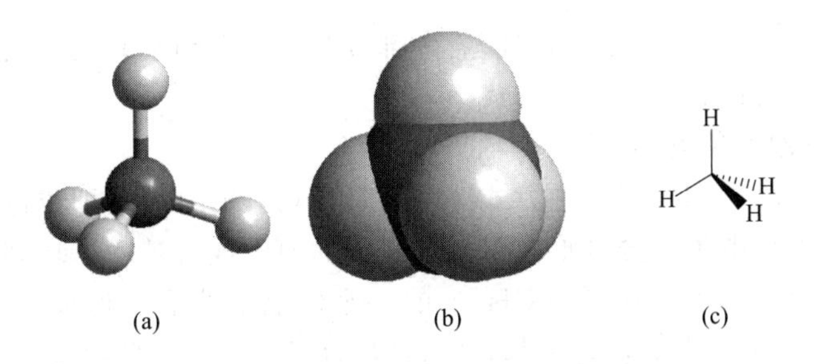

(a)　(b)　(c)

图 1-6　甲烷分子的模型和楔线式

1.6 有机化合物分子中的电子效应、共价键的断裂和有机反应类型

1.6.1 有机化合物分子中的电子效应

1.6.1.1 诱导效应

诱导效应是指在有机物分子中，由于原子或者基团电负性的差异，使分子中成键电子云向某一方向发生偏移的效应，常用“I”表示。例如：

$$-\overset{|}{\underset{|}{C_4}}\rightarrow\overset{|\delta\delta\delta^+}{\underset{|}{C_3}}\rightarrow\overset{|\delta\delta^+}{\underset{|}{C_2}}\rightarrow\overset{|\delta^+}{\underset{|}{C_1}}\rightarrow\overset{\delta^-}{Cl}$$

在碳链的一端连有一个氯原子，由于氯的电负性大于碳，使氯原子带部分负电荷（δ^-），C_1 上带部分正电荷（δ^+），从而使 C_1—C_2 共价键上的一对电子也偏向 C_1，使 C_2 带有比 C_1 更少的正电荷，依次下去，C_2 又使 C_3 带有比 C_2 更少的正电荷。也就是说氯原子的作用影响可通过诱导作用传递到相邻的碳原子上去，影响碳链上其他共价键上的电子云分布。由吸电子基团引起的诱导效应称为吸电子诱导效应（－I 效应）；斥电子基团引起的诱导效应称为斥电子诱导效应（＋I 效应）。

在比较各种原子或基团的诱导效应时，常以氢原子为标准。原子或基团的电负性小于氢的，叫斥电子基，用“＋I”表示，反之叫吸电子基，用“－I”表示。

诱导效应有两个特点：①沿着 σ 键分子链传递；②渐远渐减。诱导效应传递到第三个碳上已经很小，到第五个碳原子，完全消失，一般经过 2～3 个碳原子可以忽略不计。诱导效应是一种静电作用，是永久性的。

1.6.1.2 共轭效应

单键和双键相互交替的共轭体系或者其他的共轭体系中，在受到外电场的影响（如试剂进攻）时，电子效应可以通过 π 电子的运动，沿着整个共轭链传递，这种通过共轭体系传递的电子效应称为共轭效应，常用“C”表示。受这种效应的影响使得分子能量降低，稳定性增强，键长趋于平均化。根据共轭作用的结果，共轭效应也分斥电子的共轭效应（＋C 效应）和吸电子的诱导效应（－C 效应）。

共轭效应沿着整个共轭体系传递的特点是单、双键出现交替极化现象，其强度不因链的增长而减弱。

1.6.2 共价键的断裂和有机反应类型

有机化合物发生化学反应，总是伴随着一部分共价键的断裂和新的共价键的生成。根据共价键断裂的方式，可以将有机反应分成不同的类型。

1.6.2.1 共价键的断裂

共价键的断裂有均裂和异裂两种方式。均裂是指均等的分裂，即成键的两原子从共享的一对电子中各得到一个电子，分别形成带有单电子的原子或者基团。均裂产生的带单电子的原子或基团称为自由基。例如甲烷（CH_4）的一个碳氢键均裂，形成均带有一个单电子的 H_3C・和・H，“H_3C・”为甲基自由基，“・H”为氢自由基，自由基通常用“R・”表示。均裂反应一般在光照条件或高温加热下进行。

$$H_3C \frown H \xrightarrow{均裂} H_3C\cdot + \cdot H$$

异裂是指非均等的分裂，成键两原子之间的共用电子对完全转移到一个原子上，形成两个带相反电荷的离子。共价键异裂产生的是离子。异裂一般需要酸、碱催化或在极性物质存在下进行。

自由基、正碳离子、负碳离子均不稳定，只能瞬间存在。

$$H_3C-\underset{CH_3}{\overset{CH_3}{C}}-Cl \xrightarrow{异裂} H_3C-\underset{CH_3}{\overset{CH_3}{C^+}} + Cl^-$$

1.6.2.2 有机反应类型

根据共价键的断裂方式，有机反应分为两大类：自由基型反应和离子型反应。共价键均裂生成自由基而引发的反应称为自由基反应；共价键异裂生成离子而引发的反应称为离子型反应。

离子型反应根据反应实际条件的不同，又可分为亲电反应和亲核反应。

亲电反应又可再分为亲电加成反应和亲电取代反应；亲核反应也可再分为亲核加成反应和亲核取代反应。

在有机反应中还有一类反应，叫协同反应，这类反应的特点是旧化学键断裂和新化学键形成同时（或几乎同时）进行。协同反应为数不多，本书涉及的主要是自由基型反应和离子型反应。

1.7 有机化学中的酸碱理论

有机化学中的酸碱理论是理解有机反应的最基本的概念之一，目前广泛应用于有机化学的是布朗斯特-劳里酸碱质子理论和路易斯酸碱电子理论。

1.7.1 布朗斯特-劳里酸碱质子理论

布朗斯特认为，凡是能释放出质子的分子或离子都是酸；凡是能与质子结合的分子或离子均为碱。酸释放出质子后生成碱，这个碱称为共轭碱；碱接受质子后生成酸，这个酸称为共轭酸。酸碱质子理论体现了酸碱两者相互转化、相互依存的关系。例如：

$$\underset{酸}{HCl} + \underset{碱}{NH_3} \rightleftharpoons \underset{共轭酸}{NH_4^+} + \underset{共轭碱}{Cl^-}$$

$$\underset{酸}{H_2SO_4} + \underset{碱}{C_2H_5OH} \longrightarrow \underset{共轭酸}{C_2H_5OH_2^+} + \underset{共轭碱}{HSO_4^-}$$

在共轭酸碱中，一种酸的酸性愈强，其共轭碱的碱性就愈弱；同理，一种碱的碱性愈强，其共轭酸的酸性就愈弱。酸碱反应中平衡总是有利于生成较弱的酸和较弱的碱。

酸的强度，通常用酸在水中的解离平衡常数 K_a 或其负对数 pK_a 表示，K_a 越大或 pK_a 越小，酸性越强。碱的强度则用碱在水中的解离平衡常数 K_b 或其负对数 pK_b 表示，K_b 越大或 pK_b 越小，碱性越强。在水溶液中，酸的 pK_a 与共轭碱的 pK_b 之和为 14。即：碱的

$pK_b=14-$共轭酸 pK_a。

1.7.2 路易斯酸碱电子理论

路易斯认为，凡是能接受外来电子对的都叫作酸，凡是能给予电子对的都叫作碱。也就是说，酸是电子对的接受体，碱是电子对的给予体。

根据路易斯酸碱概念，缺电子的分子、原子和正离子都属于路易斯酸。如三氯化铝（$AlCl_3$）中铝的外层有六个电子，可以接受一对电子。因此三氯化铝是路易斯酸。同样，三氯化铁也是路易斯酸，在三氯化铁（$FeCl_3$）分子中铁原子外层也是六个电子，也能接受一对电子。路易斯碱是能给出孤对电子的分子或离子，如 NH_3、RSH、ROH、X^-、HO^-、RO^- 等都是路易斯碱。

路易斯酸能接受外来电子对，因此它具有亲电性，在反应中有亲近另一分子负电荷中心的倾向，所以又叫作亲电试剂；路易斯碱能给予电子对，因而它具有亲核性，在反应时有亲近另一分子正电荷中心的倾向，叫作亲核试剂。

有机化学中，常常把一个有机反应的发生，归因于两个分子或离子不同电性部分（亲电部分和亲核部分）相互作用的结果。所以路易斯酸碱及亲电、亲核的概念，是学习有机化学必须掌握的基本概念。有机化学反应的学习过程中要经常通过亲电、亲核的概念来理解反应，还要会用亲电、亲核的概念来判断反应有可能生成什么样的产物。

【阅读材料】

分子轨道理论

分子轨道理论是1932年由美国化学家密立根及德国物理学家洪特提出的，是处理双原子分子及多原子分子结构的一种有效的近似方法，是现代共价键理论之一。分子轨道理论从分子的整体性来讨论分子的结构，认为原子形成分子后，电子不再属于个别的原子轨道，而是属于整个分子的分子轨道。分子轨道由原子轨道组合而成，当一定数目的原子轨道重叠时，就可形成同样数目的分子轨道。

由原子轨道组成分子轨道时，必须符合三个条件。

① 对称性匹配　组成分子轨道的原子轨道的符号（位相）必须相同。

② 原子轨道的重叠具有方向性　只能在特定方向上形成分子轨道。

③ 能量相近　只有能量相近的原子轨道才能组成分子轨道。

在分子中电子填充分子轨道的原则服从能量最低原理、泡利不相容原理和洪特规则。

以氢原子为例，两个氢原子的1s轨道可以组合成两个分子轨道，两个波函数相加得到的分子轨道，其能量低于原子轨道，叫作成键轨道，两个波函数相减得到的分子轨道，其能量高于原子轨道，叫作反键轨道，在基态下，氢分子的两个电子都在成键轨道中。

【巩固练习】

1-1　什么是有机化合物？它有哪些特点？

1-2　下列各化合物哪个有偶极矩？画出其方向。

a. I_2　b. CH_2Cl_2　c. HBr　d. $CHCl_3$　e. CH_3OH　f. CH_3OCH_3

1-3　根据S与O的电负性差别，H_2O 与 H_2S 相比，哪个有较强的偶极作用力或氢键？

1-4　将下列化合物中标有字母的碳碳键，按照键长增加排列其顺序。

$$CH_3\overset{a}{-}CH_2-CH_3 \qquad CH_3\overset{b}{-}C\equiv CH \qquad CH_3\overset{c}{-}CH=CH_2$$

$$CH_3-C\overset{d}{\equiv}CH \qquad CH_3-CH\overset{e}{=}CH_2$$

1-5　按酸碱质子理论，下列化合物哪些为酸？哪些为碱？哪些既能为酸，又能为碱？

HI、SO_4^{2-}、H_2O、HCO_3^-、NH_4^+、$HClO_4$、HS^-、I^-、CN^-

1-6　写出下列各化合物可能的结构式，并指出其所属化合物的类型。

（1）C_2H_6O　（2）C_3H_6O　（3）C_6H_7N　（4）$C_7H_6O_2$

1-7　用亲电、亲核的概念来判断以下反应可能生成的产物。

$$CH_3-I + OH^- \longrightarrow$$

参考答案

1-1　略。

1-2

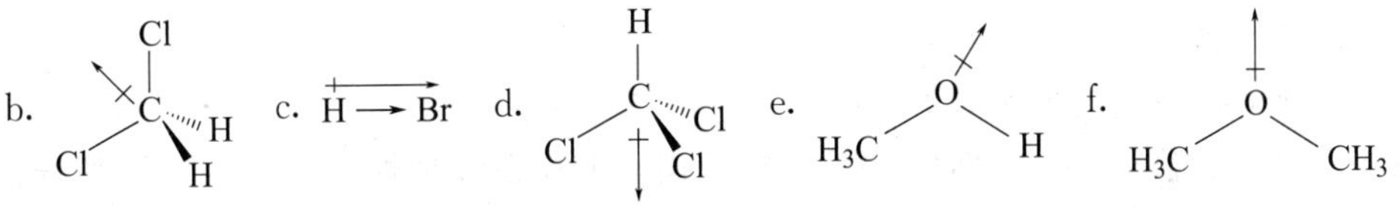

b. Cl, C, H, Cl, H　c. $\overset{+\!\!\longrightarrow}{H \longrightarrow Br}$　d. H, C, Cl, Cl, Cl　e. H_3C, O, H　f. H_3C, O, CH_3

1-3　电负性 O>S，H_2O 与 H_2S 相比，H_2O 有较强的偶极作用及氢键。

1-4　d<e<b<c<a。

1-5　酸：HI、NH_4^+、$HClO_4$

碱：SO_4^{2-}、I^-、CN^-

既能为酸，又能为碱：H_2O、HCO_3^-、HS^-

1-6　略。

1-7　$CH_3OH + I^-$。

（陈震　编　　姜洪丽　校）

第2章 有机化合物的分类及命名

有机化合物的组成元素不过有C、H、O、N、X（卤素）、S、P、Si等十几种，但是有机化合物种类繁多，数目庞大，即使是同一分子式，也存在多种性质与结构不同的异构体。若没有合理的分类来梳理不同结构的化合物，没有一个完整的命名方法来区分各个化合物，在使用及研究中会造成极大的混乱。因此熟悉有机化合物的常见分类方式、掌握每一类化合物的命名是有机化学的一项重要任务。

2.1 有机化合物的分类

有机化合物数目众多、结构复杂、性质各异，分类方式也有多种角度。

2.1.1 按组成元素分类

(1) 烃类物质

烃类物质是只含碳、氢两种元素的有机化合物，如烷烃、烯烃、炔烃、芳香烃等。其中全部由单键连接的链烃称为饱和烃，即烷烃，全部以单键连接的环烃称为环烷烃。如果分子中存在没有被占满的键，如双键或三键，就是不饱和烃，如烯烃、炔烃。

(2) 烃的衍生物

烃分子中的氢原子被其他原子或原子团所取代而生成的一系列化合物称为烃的衍生物，如卤代烃、醇、醛、羧酸、酯等。

2.1.2 按碳的骨架分类

(1) 链状化合物

这类化合物分子中的碳原子相互连接成链状，其中链烃最初是在脂肪中发现的，所以又叫脂肪族化合物。其结构特点是碳与碳间连接成不闭口的链。

$CH_3CH_2CH_2CH_3$　　$CH_3CH_2CH{=}CH_2$　　$CH_3CH_2CH_2OH$

(2) 环状化合物

环状化合物指分子中原子以环状排列的化合物。环状化合物又分为脂环化合物和芳香化合物。

脂环化合物：性质与脂肪族化合物类似的环状化合物，如环丙烷、环己烯、环己醇等。

芳香化合物：性质与苯类似的具有芳香性的环状化合物，包括苯环、稠环或某些具有苯环或稠环性质的杂环等，如苯及其同系物、稠环芳烃、吡咯、呋喃、吡啶等。

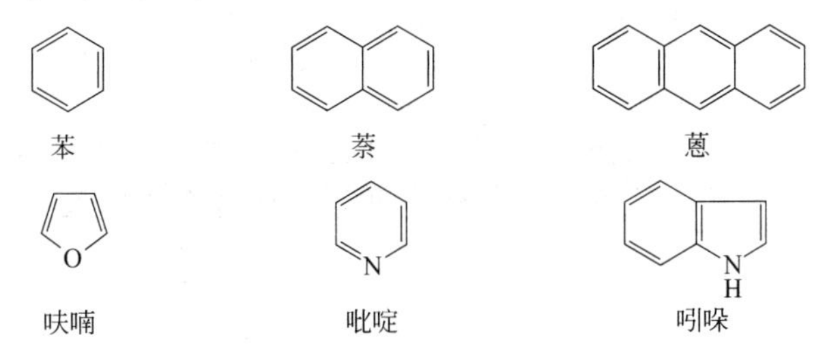

2.1.3 按官能团分类

官能团，是决定有机化合物的化学性质的原子或原子团。有机化学反应主要发生在官能团上，官能团对有机物的性质起决定作用。拥有相同官能团的物质，往往具有类似的性质，属于一类有机物。本教材的编写思路主要以官能团为线索。部分常见官能团及其对应化合物见表 2-1。

表 2-1 常见官能团及其对应化合物实例

化合物类别	官能团	官能团名称	实例	
烷烃	C—C	碳碳单键	CH_3CH_3	乙烷
烯烃	C═C	碳碳双键	$CH_2{=}CH_2$	乙烯
炔烃	C≡C	碳碳三键	$HC{\equiv}CH$	乙炔
卤代烃	—X	卤素	CH_3Cl	一氯甲烷
芳烃	，	苯环，萘环（芳环）	C_6H_6，$C_{10}H_8$	苯，萘
醇	—OH	醇羟基	C_2H_5OH	乙醇
酚	—OH	酚羟基	C_6H_5OH	苯酚
醚	C—O—C	醚键	$C_2H_5OC_2H_5$	乙醚
醛	—CHO	醛基	CH_3CHO	乙醛
酮	$\rangle C{=}O$	酮基	CH_3COCH_3	丙酮
羧酸	—COOH	羧基	CH_3COOH	乙酸
酯	—COOR	酯基	$CH_3COOCH_2CH_3$	乙酸乙酯
腈	—C≡N	氰基	CH_3CN	乙腈
硝基化合物	$—NO_2$	硝基	CH_3NO_2	硝基甲烷
胺	$—NH_2$	氨基	CH_3NH_2	甲胺
	—NHR	亚氨基	$(CH_3)_2NH$	二甲胺

当然，含有氮、磷、硫、硅元素的化合物的结构与种类也比较多，这些内容将在后续的章节里简单介绍。

有机化合物的分类可以图 2-1 概括。

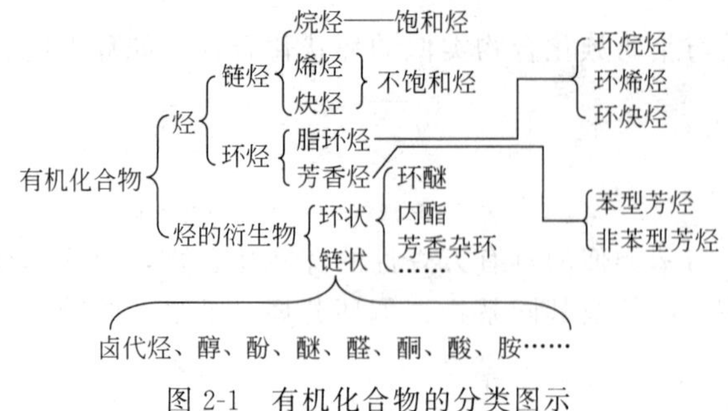

图 2-1 有机化合物的分类图示

需要注意的是，具有多个官能团的复杂有机化合物，其官能团具有各自的独立性（也会有一定的相互影响），在不同条件下的化学性质可分别从各个官能团角度讨论，这类物质的类型也同时属于这几种类型。

如 $HO-\overset{\displaystyle O}{\overset{\|}{C}}-C_6H_3(OH)-\overset{\displaystyle O}{\overset{\|}{C}}H$，具有四个官能团，即苯基、羟基、醛基、羧基，所以这个化合物可看作芳香化合物、酚、醛、羧酸。

2.1.4 具体有机化合物的分类

(1) 碳氢的分类

在有机物中，存在大量的碳原子，这些碳原子所处位置不尽相同。根据分子中碳原子所连碳原子数目的不同，可分为伯、仲、叔和季四种类型。只与一个碳原子直接相连的碳原子称伯碳，又称一级碳原子或 1°碳原子；与两个碳原子直接相连的碳原子称仲碳，又称二级碳原子或 2°碳原子；依次类推与三个、四个碳原子相连的碳原子分别称叔碳（三级碳原子或 3°碳原子）和季碳（四级碳原子或 4°碳原子）。例如：

```
          (i)   (i)
          CH3   CH3   H
 (i)       |(iv) |(iii) |(ii) (i)
 CH3 ——  C ——  C ——  C —— CH3
           |      |      |
          CH3    H      H
          (i)
```

该结构中的 C_{i} 为伯碳（1°）；C_{ii} 为仲碳（2°）；C_{iii} 为叔碳（3°）；C_{iv} 为季碳（4°）。

相应地，与伯、仲、叔碳相连的氢原子分别称为伯、仲、叔氢原子。即 1℃上的氢称为一级氢，用 1°H 表示，2℃上的氢称为二级氢，用 2°H 表示，3℃上的氢称为三级氢，用 3°H 表示。季碳上没氢，故氢原子有三类。

它们在化学变化中表现出不同的反应活性。

【问题 2.1】 指出下列化合物中碳、氢的种类。

```
            6
           CH3
 1         2|     3       4       5
 CH3 ——  C —— CH —— CH2 —— CH3
            |      |
           CH3    CH3
            7      8
```

(2) 伯、仲、叔烃的衍生物的分类

烃的衍生物有多种分类方式，其中有一类也是分为伯、仲、叔类型，它们的分类绝大部分都是按照其官能团所连碳的类型来分的，只有胺类化合物（含氨基的化合物）是按照氮原子的类型来分的，氮原子的类型参照碳原子。如：

根据卤素所连接饱和碳原子的类型不同，卤代烃可分为伯（1°）卤代烃、仲（2°）卤代烃、叔（3°）卤代烃。

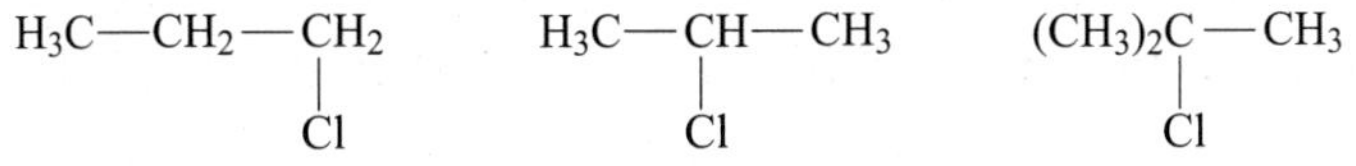

$H_3C—CH_2—CH_2Cl$　伯(1°)卤代烃

$H_3C—CH(Cl)—CH_3$　仲(2°)卤代烃

$(CH_3)_2C(Cl)—CH_3$　叔(3°)卤代烃

根据羟基所连的碳原子类型不同，可将醇分为伯醇（1°醇）、仲醇（2°醇）和叔醇（3°醇）。

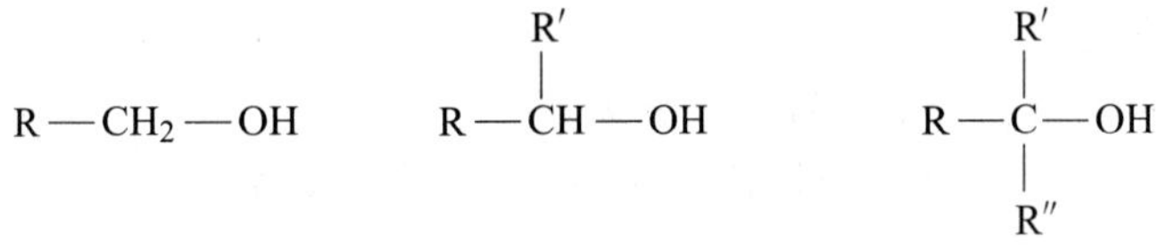

$R—CH_2—OH$　伯醇

$R—CH(R')—OH$　仲醇

$R—C(R')(R'')—OH$　叔醇

根据与硝基所相连的碳原子类型的不同分为伯、仲、叔硝基化合物。

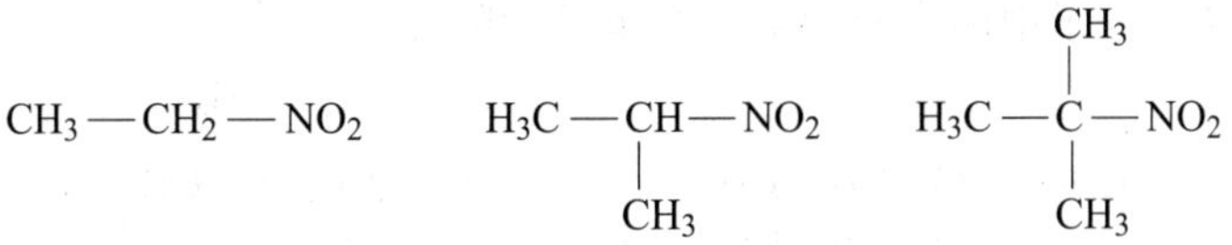

$CH_3—CH_2—NO_2$　1°硝基化合物

$H_3C—CH(CH_3)—NO_2$　2°硝基化合物

$H_3C—C(CH_3)_2—NO_2$　3°硝基化合物

根据胺分子中氮原子上所连烃基的个数，氮原子上连有1个、2个、3个、4个烃基的胺称为伯胺、仲胺、叔胺、季铵。

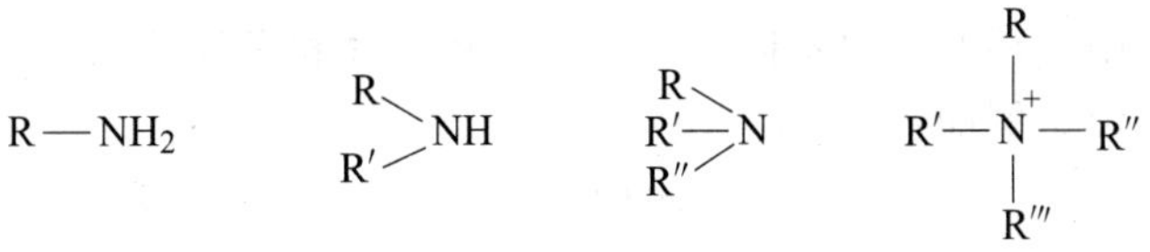

$R—NH_2$　伯胺

$RR'NH$　仲胺

$RR'R''N$　叔胺

$RR'R''R'''N^+$　季铵

季铵类化合物包括季铵碱（$R_4N^+OH^-$）和季铵盐（$R_4N^+X^-$）。

【问题2.2】 根据伯、仲、叔的分类方式，判断下列醇与胺的类型。

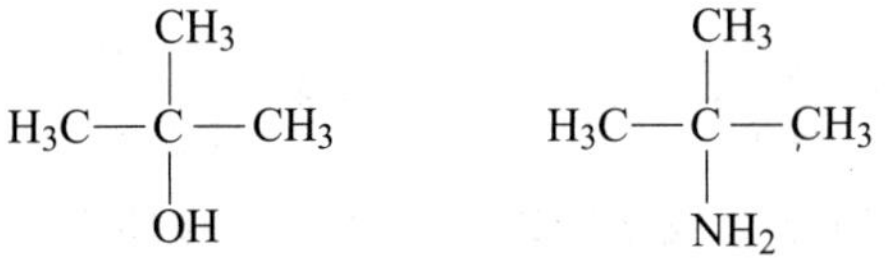

$H_3C—C(CH_3)(OH)—CH_3$

$H_3C—C(CH_3)(NH_2)—CH_3$

(3) 环烷烃的分类

环烷烃还可以根据分子中碳环的数目多少分类，只含一个碳环的称单环烃，含两个或以上的称为多环烃。

单环　　多环

单环烷烃根据成环碳原子数目的不同，又可分为3碳、4碳的小环；5碳、6碳的中环和 7 碳以上的大环。其中 5 碳和 6 碳的环烃最为稳定，也最为重要和常见。

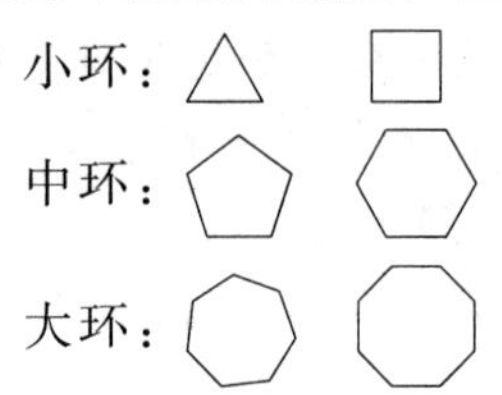

多环烷烃又可以根据环与环之间的连接形式不同进行分类。环与环之间共用一个碳原子的多环烷烃称为螺环烃；环与环之间共用两个及以上碳原子的多环烷烃称为桥环烃。

螺环　　桥环

(4) 二烯烃的分类

根据分子中两个双键的相对位置可以分为：

① 累积二烯烃　分子中两个双键连在同一个碳原子上，如：

$$CH_2{=}C{=}CH_2$$

② 孤立二烯烃　分子中两个双键被一个以上的单键所隔开，如：

$$CH_2{=}CH{-}CH_2{-}CH{=}CH_2$$

③ 共轭二烯烃　分子中两个双键被一个单键所隔开，如：

$$CH_2{=}CH{-}CH{=}CH_2 \qquad CH_2{=}CH{-}\underset{}{\overset{CH_3}{\overset{|}{C}}}{=}CH_2$$

累积二烯烃数目很少。孤立二烯烃与一般烯烃性质相似。共轭二烯烃最为重要，具有某些不同于普通烯烃的性质。

(5) 芳香烃的分类

根据分子中是否含有苯环，可将芳香烃分为苯型芳烃和非苯型芳烃。苯型芳烃是比较经典的芳烃。按照分子中苯环的数目不同，可分为单环芳烃和多环芳烃。单环芳烃是指分子中只含有 1 个苯环的芳烃。例如：

$-CH_2CH_3$　　$-CH{=}CH_2$

苯 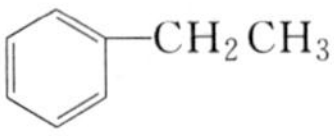　　乙苯 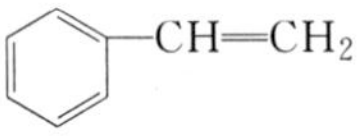　　苯乙烯

多环芳烃是指分子中含有 2 个或 2 个以上苯环的芳烃。根据苯环的连接方式不同又可分为联苯和联多苯、多苯代脂烃和稠环芳烃三类。例如：

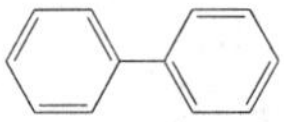

$-CH_2-$

联苯 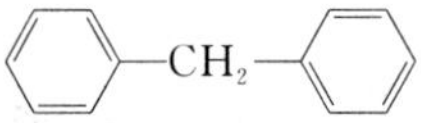　　二苯甲烷（多苯代脂烃）

稠环芳烃是指分子中含有 2 个或 2 个以上苯环，环和环之间通过共用 2 个相邻碳原子稠合而成的芳烃。以下为三种简单的稠环芳烃：

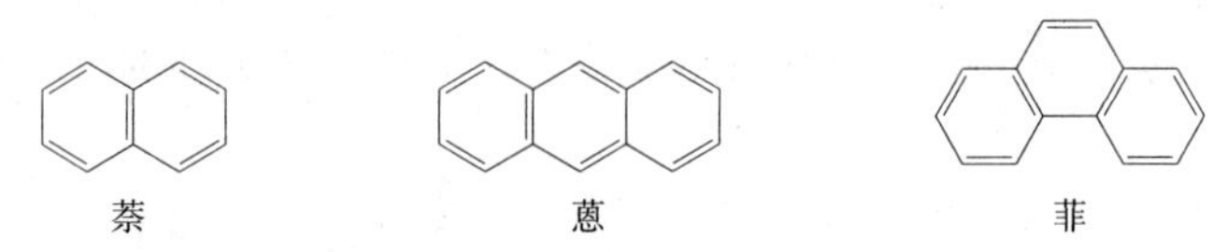

萘　　蒽　　菲

(6) 卤代烃的分类

根据卤原子的不同，可将卤代烃分为氟代烃、氯代烃、溴代烃和碘代烃；按照卤原子数目的多少，可将卤代烃分为一卤代烃、二卤代烃和多卤代烃；根据烃基的不同，可将卤代烃

分为饱和卤代烃、不饱和卤代烃（卤代芳烃）。

饱和脂肪族卤代烃，如：

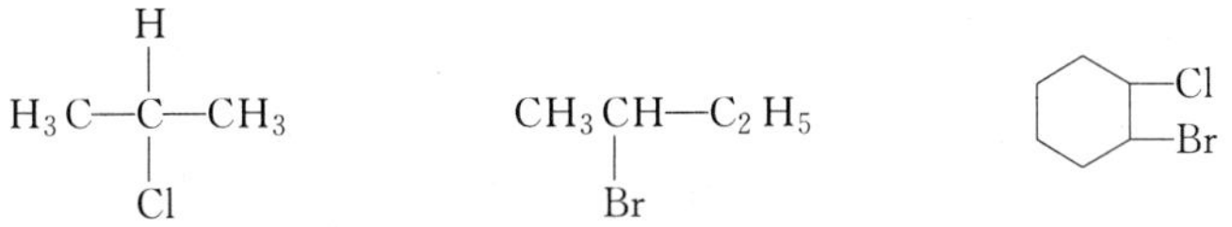

$H_3C-CH(Cl)-CH_3$　　$CH_3CH(Br)-C_2H_5$　　1-氯-2-溴环己烷（环己烷上连 —Cl、—Br）

芳香族卤代烃（也称卤代芳烃），如：

$C_6H_5-CH_2Br$　　$Cl-C_6H_4-Br$

不饱和脂肪族卤代烃，如：

$H_2C=CHCl$　　$CH_3CH=CH(CH_2)_3Br$

(7) 醇的分类

根据羟基所连的烃基结构不同，可将醇分为脂肪醇、脂环醇、芳香醇。脂肪醇又可分为饱和脂肪醇与不饱和脂肪醇。

CH_3CH_2OH　　$CH_2=CHCH_2OH$　　环戊基—OH　　$C_6H_5-CH_2OH$

饱和脂肪醇　　不饱和脂肪醇　　脂环醇　　芳香醇

根据分子中所含的羟基的数目，可将醇分为一元醇、二元醇等，含 2 个以上羟基的醇称为多元醇。

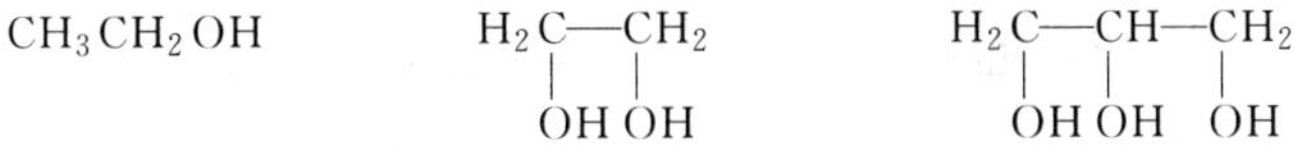

CH_3CH_2OH　　$H_2C(OH)-CH_2(OH)$　　$H_2C(OH)-CH(OH)-CH_2(OH)$

(8) 酚的分类

根据酚羟基所连芳基的不同可分为苯酚（最简单的酚）和萘酚等，其中萘酚因酚羟基位置不同，又分为 α-萘酚和 β-萘酚。

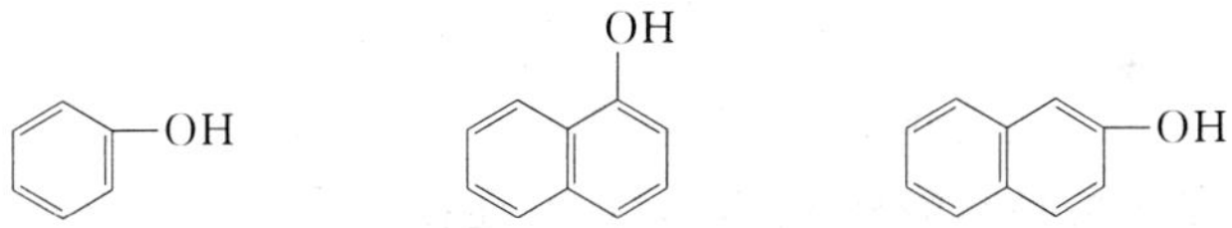

苯酚　　α-萘酚　　β-萘酚

根据酚羟基的数目不同可分为一元酚、二元酚和多元酚等。

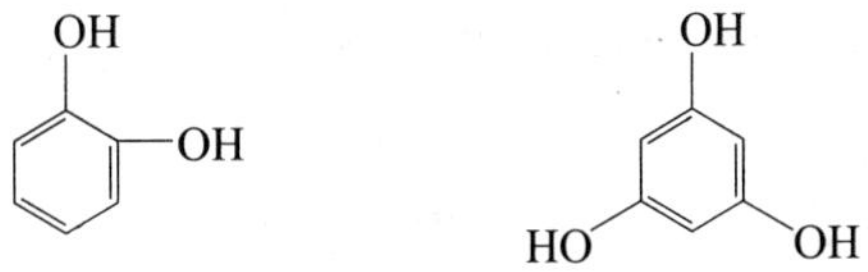

（邻苯二酚：OH, OH）　　（间苯三酚：OH, HO, OH）

(9) 醚的分类

醚可根据与氧原子相连的烃基结构，分为单醚、混醚和环醚。两个烃基相同的醚称为单醚，如乙醚；两个烃基不同称为混醚，如苯甲醚；具有环状结构的醚称为环醚，如环氧乙烷。

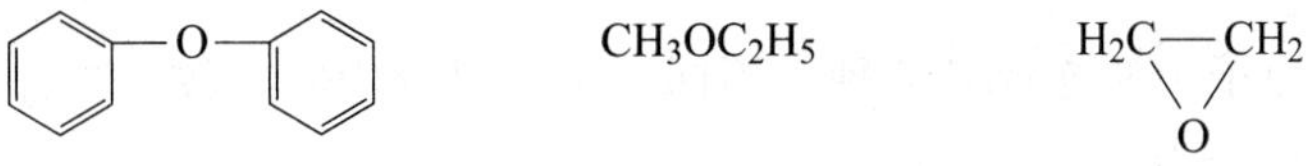

$C_6H_5-O-C_6H_5$　　$CH_3OC_2H_5$　　H_2C-CH_2（O 环）

单醚　　混醚　　环醚

还可以根据烃基种类不同，将醚分为脂肪醚和芳香醚，两个烃基都是脂肪烃基的称为脂肪醚；其中一个或者两个都是芳香烃基的则属于芳香醚。

(10) 醛和酮的分类

根据与羰基连接的烃基不同，可将醛和酮分为脂肪醛、脂肪酮、芳香醛和芳香酮。例如：

$CH_3CH_2CH_2CHO$	$CH_3-\overset{O}{\overset{\|}{C}}-CH_2CH_3$	C_6H_5-CHO	$C_6H_5-\overset{O}{\overset{\|}{C}}-CH_2CH_3$
脂肪醛	脂肪酮（脂肪族甲基酮）	芳香醛	芳香酮

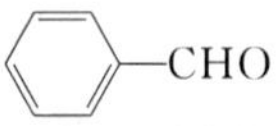

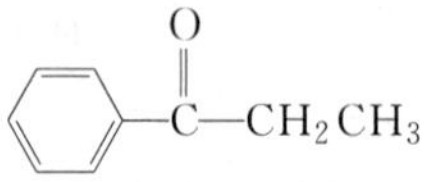

脂肪醛、酮可根据分子中是否含有不饱和碳碳键分为饱和醛、饱和酮、不饱和醛及不饱和酮。例如：

$CH_3CH_2CH_2CHO$	$CH_3-\overset{O}{\overset{\|}{C}}-C_2H_5$	$CH_3CH{=}CHCHO$	$CH_3-\overset{O}{\overset{\|}{C}}-CH{=}CH_2$
饱和醛	饱和酮	不饱和醛	不饱和酮

根据分子中所含的羰基数，可将醛和酮分为一元醛、酮和多元醛、酮。另外，酮根据分子中与羰基相连的两个烃基是否相同，分为（简）单酮和混酮。

(11) 羧酸的分类

根据与羧基相连的烃基的种类，羧酸可以分为脂肪酸和芳香酸；根据烃基的饱和程度，羧酸可以分为饱和酸和不饱和酸；根据羧酸分子中羧基的数目，羧酸可以分为一元酸，二元酸和多元酸等。

CH_3CO_2H	$HOOC-COOH$	$PhCOOH$	$CH_3CH{=}CHCOOH$
脂肪酸	脂肪酸	芳香酸	不饱和脂肪酸
一元酸	二元酸	一元酸	一元酸

(12) 取代羧酸的分类

根据取代基的不同，取代羧酸可分为羟基酸、羰基酸、卤代酸、氨基酸等。

$R-\underset{X}{\underset{\|}{CH}}-COOH$	$R-\underset{OH}{\underset{\|}{CH}}-COOH$	$R-\underset{O}{\underset{\|\|}{C}}-COOH$	$R-\underset{NH_2}{\underset{\|}{CH}}-COOH$
卤代酸	羟基酸	羰基酸	氨基酸

羟基连在脂肪烃基上的羟基酸称为醇酸，羟基连在芳香烃基上的羟基酸称为酚酸。羰基酸分为醛酸和酮酸。

(13) 羧酸衍生物的分类

根据酰基后面所连的基团不同，羧酸衍生物分为酰卤、酸酐、酯、酰胺。

$CH_3\overset{O}{\overset{\|\|}{C}}-Cl$	$CH_3\overset{O}{\overset{\|\|}{C}}-O-\overset{O}{\overset{\|\|}{C}}CH_3$	$CH_3\overset{O}{\overset{\|\|}{C}}-OCH_2CH_3$	$CH_3\overset{O}{\overset{\|\|}{C}}-NHCH_2CH_3$
酰卤	酸酐	酯	酰胺

(14) 硝基化合物的分类

硝基化合物根据烃基的不同，分为脂肪族、芳香族及脂环族硝基化合物；根据硝基的数目分为一硝基化合物和多硝基化合物。

(15) 胺的分类

根据分子中氮原子上所连烃基的种类不同，胺可以分为脂肪胺、芳香胺；根据分子中所含氨基的数目，胺可分为一元胺和多元胺。

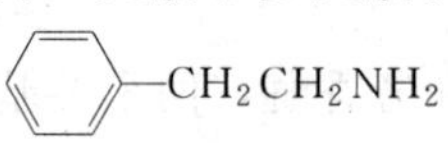

$C_6H_5-CH_2CH_2NH_2$	$C_6H_5-NHCH_3$
脂肪胺	芳香胺

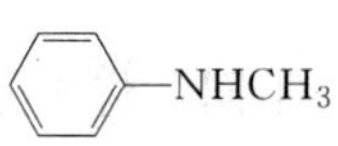

(16) 杂环化合物的分类

杂环化合物的分类可按环的数目不同，分为单杂环和稠杂环。单杂环按环的大小又可分为五元杂环和六元杂环；稠杂环又可分为由苯环与单杂环稠合而成的苯稠杂环和由单杂环互相稠合而成的杂稠杂环。杂环中的杂原子可以是一个、两个或多个，杂原子可以相同或不同。常见杂环化合物见表 2-2。

表 2-2 常见杂环化合物

杂环种类		重要杂环					
单杂环	五元杂环	 呋喃	 噻吩	 吡咯	 噻唑	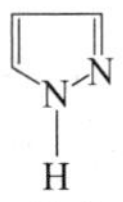 吡唑	 咪唑
	六元杂环	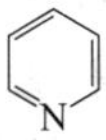 吡啶	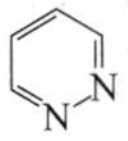 哒嗪	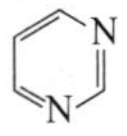 嘧啶	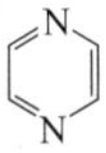 吡嗪	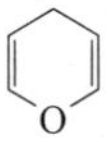 吡喃	
稠杂环		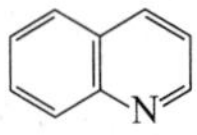 喹啉	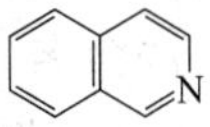 异喹啉	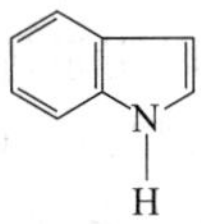 吲哚	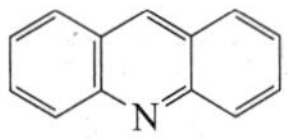 吖啶	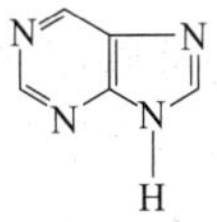 嘌呤	

(17) 糖的分类

糖依据官能团可分为醛糖和酮糖，多羟基醛为醛糖，多羟基酮为酮糖。

糖依据碳原子数可分为某碳糖，如三碳糖、四碳糖、五碳糖、六碳糖、七碳糖、八碳糖等。

依分子的水解情况，糖可分为单糖、寡糖、多糖。不能被水解为更小分子的糖属于单糖，如葡萄糖、果糖等。含有 2～10 个单糖单位，彼此以糖苷键连接，水解以后产生单糖的糖类叫寡糖，又称为低聚糖。自然界以游离状态存在的低聚糖主要有二糖（如麦芽糖、蔗糖和乳糖）、三糖（如棉籽糖）等。由许多单糖分子或其衍生物缩合而成的高聚物称为多糖，如淀粉、纤维素。

【问题 2.3】 根据糖的分类方式，判断一下人们熟知的葡萄糖属什么类型？

(18) 油脂的分类

脂肪中的三个酰基相同时，称为单三酰甘油，不同时称为混三酰甘油。天然油脂多为混三酰甘油的混合物。

(19) 氨基酸的分类

根据氨基和羧基的位置，有 α-氨基酸和 β-氨基酸等类型。

根据氨基与羧基的数目，氨基酸分为中性、酸性以及碱性氨基酸。中性氨基酸中氨基与羧基的数目相等，酸性氨基酸中羧基数目多于氨基数目，碱性氨基酸中氨基数目多于羧基。

以上为本课程中主要物质的分类，有关有机硫、磷、硅化合物的分类以及某些物质特殊的分类在后续章节有所涉及。

2.2 有机化合物的命名概述

现代书籍、期刊中经常使用普通命名法和国际纯粹与应用化学联合会（IUPAC）命名法，后者简称系统命名法。当然在工业上以及日常生活中，常见物质的俗名经常出现。

2.2.1 基团

有机物失去一个原子或一个原子团后剩余的部分即为基团，其名称与原来的有机物及其组成有关。基团包括各种官能团和以游离状态存在的自由基。

(1)（环）烷基

烷烃去掉一个氢原子后剩下的部分称为烷基。英文名称为 alkyl，即将烷烃的词尾-ane 改为-yl。甲烷、乙烷分子中只有一种氢，只能产生一种甲基和一种乙基。丙烷分子中有两种不同的氢，可以产生两种丙基。丁烷有两种异构体，每种异构体分子中都有两种不同的氢，所以能产生四种丁基。戊烷有三种异构体，一共可产生八种戊基。

烷基可以用普通命名法命名，也可以用系统命名法命名。

普通命名法通过词头来区分它们。词头正（*n*）表示该烷基是一条直链。异（*iso*）表示链的端基有（CH_3)$_2$CH—结构，而链的其他部位无支链。新（*neo*）表示链的端基有（CH_3)$_3$C—结构，而链的其他部位无支链。此外还可以用二级、三级等词头来表明失去氢原子的碳为二级碳和三级碳。显然烷基的普通命名只适用于简单的烷基。

烷基的系统命名法适用于各种情况，它的命名方法是：将失去氢原子的碳定位为 1，从它出发，选一条最长的链为烷基的主链，从 1 位碳开始，依次编号，不在主链上的基团均作为主链的取代基处理。写名称时，将主链上的取代基的编号和名称写在主链名称前面。例如：下面的烷基从 1 号碳出发，有三个编号的方向，选碳原子数最多的方向编号，该碳链为烷基的主链，称为丁基，在该主链的 1 位碳上有两个取代基：甲基、乙基。所以该烷基的名称为 1-甲基-1-乙基丁基。

$$\overset{4}{C}H_3\overset{3}{C}H_2\overset{2}{C}H_2\overset{1}{C}(CH_3)(CH_2CH_3)—$$

表 2-3 列出了一些常见烷基的名称。

表 2-3 常见烷基的名称

烷烃	相应的烷基	普通命名法	IUPAC 命名法
		中英文名称及英文缩写	中文名称(英文名称)
CH_4	CH_3—	甲基,methyl,Me	
CH_3CH_3	CH_3CH_2—	乙基,ethyl,Et	
$CH_3CH_2CH_3$	$CH_3CH_2CH_2$—	(正)丙基,*n*-propyl,*n*-Pr	丙基(propyl,Pr)
	$\overset{1}{C}H_3\overset{2}{C}HCH_3$（1 位碳上连接）	异丙基,isopropyl,*i*-Pr	1-甲基乙基(1-methylethyl)

续表

烷烃	相应的烷基	普通命名法	IUPAC 命名法
		中英文名称及英文缩写	中文名称(英文名称)
$CH_3(CH_2)_2CH_3$	$CH_3CH_2CH_2CH_2—$	(正)丁基,*n*-butyl,*n*-Bu	丁基(butyl,Bu)
	$\overset{1}{C}H_3\overset{2}{C}H_2\underset{\vert}{\overset{3}{C}}HCH_3$	仲丁基,*sec*-butyl,*s*-Bu	1-甲(基)丙基(1-methylpropyl)
$CH_3\underset{\underset{CH_3}{\vert}}{C}HCH_3$	$\overset{3}{C}H_3\underset{\underset{CH_3}{\vert}}{\overset{2}{C}}H\overset{1}{C}H_2—$	异丁基,isobutyl,*i*-Bu	2-甲基丙基(2-methylpropyl)
	$\overset{2}{C}H_3\underset{\underset{CH_3}{\vert}}{\overset{\vert}{\overset{1}{C}}}CH_3$	叔丁基,*tert*-butyl,*t*-Bu	1,1-二甲基乙基(1,1-dimethylethyl)

取代烷基的命名是在烷基前面加上取代基，如氯甲基，$ClCH_2—$。

烷烃分子去掉两个氢原子后叫亚某基，如亚甲基等。

$—CH_2—$	$—CH_2CH_2—$	$—CH_2CH_2CH_2—$
亚甲基	1,2-亚乙基	1,3-亚丙基

环烷烃分子失去氢得到环烷基，如环丁基等。

(2) 烯基

烯烃去掉一个氢原子，称为某烯基。烯基的编号从带有自由价的碳原子开始。下面是三个烯基的普通命名法和IUPAC命名法。

	$H_2C═CH—$	$H_3C—CH═CH—$	$H_2C═CH—CH_2—$
普通命名	乙烯基	丙烯基	烯丙基
IUPAC 名	乙烯基	1-丙烯基	2-丙烯基

注意烯丙基和丙烯基的区别。烯丙基是丙烯失去双键碳以外碳上的氢得到的基团，丙烯基是丙烯直接失去双键碳上的氢得到的基团，烯丙基因其存在特殊的结构而呈现特殊的性质，在后期学习中经常用到。

(3) 炔基

炔烃去掉一个氢原子即得炔基，与烯基极为类似，如：

$HC≡C—$	$H_3CC≡C—$	$HC≡CCH_2—$
乙炔基	1-丙炔基	2-丙炔基
	丙炔基（普通命名法）	炔丙基（普通命名法）

(4) 芳基

芳烃分子中去掉1个氢原子后，剩下的基团称为芳基，可用“Ar—”表示。苯分子去掉1个氢原子后剩下的基团（$C_6H_5—$）称为苯基，也可用“Ph—”表示。甲苯分子中甲基上去掉1个氢原子后得到的基团称为苯甲基或苄基。甲苯分子中苯环上去掉1个氢原子后剩下的基团称为甲苯基，根据失去的氢原子与甲基的相对位置，甲苯基有3种。例如：

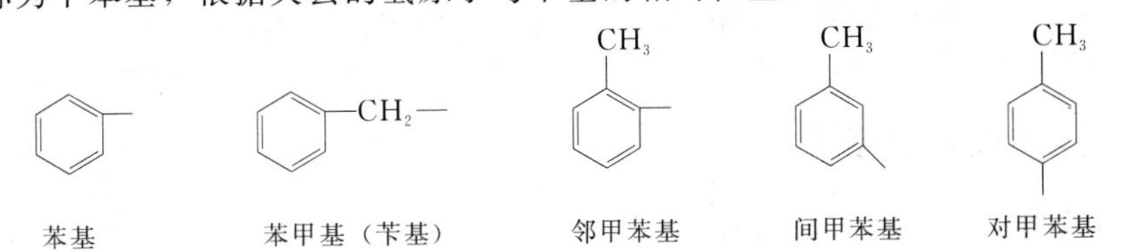

苯基　　苯甲基（苄基）　　邻甲苯基　　间甲苯基　　对甲苯基

(5) 烷氧基

醇分子中去掉 1 个羟基氢原子后，剩下的基团称为烷氧基，通式为 RO—，名称为某氧基。

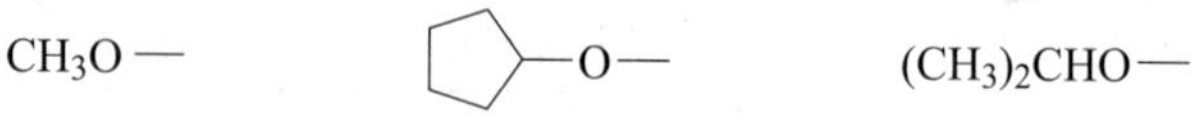

CH_3O— 甲氧基　　环戊氧基　　$(CH_3)_2CHO$— 1-甲乙氧基

(6) 酰基

酰基指的是有机或无机含氧酸去掉羟基后剩下的一价原子团，通式为 R—M(O)—。通常酰基中的 M 原子都为碳，但硫、磷等原子也可以形成类似的酰基化合物，如磺酰基等。

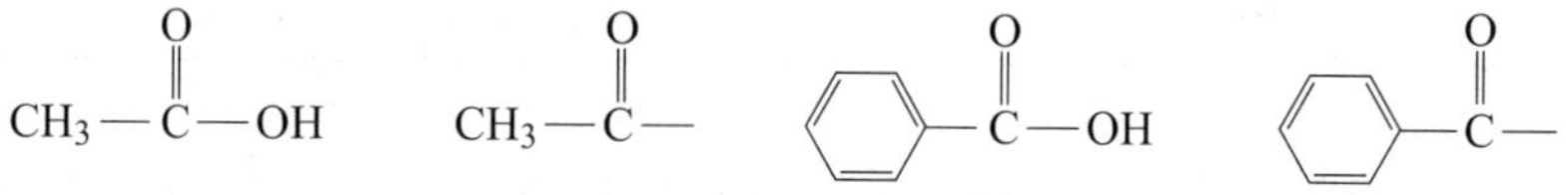

$CH_3-C(=O)-OH$ 乙酸　　$CH_3-C(=O)-$ 乙酰基　　$C_6H_5-C(=O)-OH$ 苯甲酸　　$C_6H_5-C(=O)-$ 苯甲酰基

羰基与酰基的区别：羰基是能连两个基团的原子团，而酰基则是一端已经连上了一个烃基，只能再连一个烃基的原子团。

2.2.2 取代基的次序规则

有机化合物中各种基团可以按一定的规则来排列其先后次序，这个规则称为次序规则，其主要内容如下。

① 将单原子取代基按原子序数大小排列，原子序数大的顺序在前，原子序数小的顺序在后，在同位素中质量高的顺序在前，有机化合物中常见的元素顺序如下：

$$I>Br>Cl>S>P>F>O>N>C>D>H$$

② 在原子团参与的比较中，要依次比较其中的原子，大原子所在的原子（团）顺序在前，各原子不可加和。如果第一个原子不同，则大原子所在原子（团）顺序在前；若相同，则比较与它相连的其他原子，比较时，先比较最大的，若相同，再按顺序比较居中的、最小的。如—CH_2Cl 与—CHF_2，第一个均为碳原子，再按顺序比较与碳相连的其他原子，在—CH_2Cl 中拿 Cl 和在—CHF_2 中拿 F 比较，因为 Cl 比 F 在前，故—CH_2Cl 在前。一定不要拿一个 Cl、两个 H 的原子序数加和与两个 F 和一个 H 的原子序数加和比较。

③ 含有双键或三键的基团，可认为连有两个或三个相同的原子。

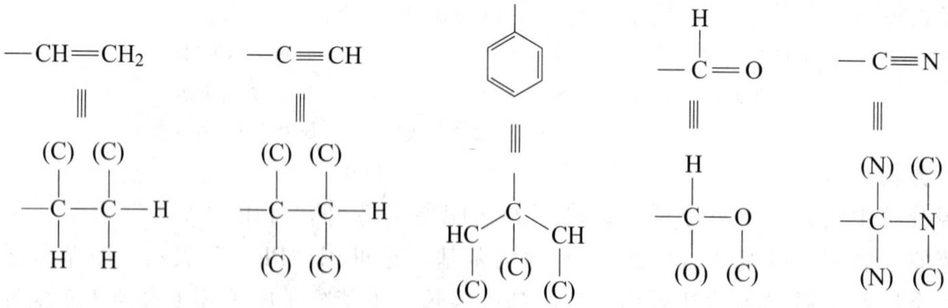

—CH═CH$_2$ ≡ —C(C)(H)—C(C)(H)—H

—C≡CH ≡ —C(C)(C)—C(C)(C)—H

苯基 ≡ —C(HC(C))(C)(CH(C))

—CH═O ≡ —C(H)(O)—O(C)

—C≡N ≡ —C(N)(N)—N(C)(C)

由次序规则可以判断，下列基团排列顺序为：

$$-C(CH_3)_3>-CH(CH_3)_2>-CH_2CH_2CH_3>-CH_3>-H$$

$$-COOR>-COOH>-COR>-CHO>-C\equiv N>-C\equiv CH>-CH=CH_2$$

2.2.3 官能团优先次序

当对多个官能团分子进行命名时，存在哪个官能团作母体，哪个作取代基的问题，需要有一个确定官能团优先次序的规定。

—COOH（羧基）>—SO_3H（磺酸基）>—COOR（酯基）>—COX（卤基甲酰基）>—$CONH_2$（氨基甲酰基）>—CN（氰基）>—CHO（醛基）>—CO—（酮基）>—OH（醇羟基）>—OH（酚羟基）>—SH（巯基）>—NH_2（氨基）>—O—（醚基）>—C═C（双键）>—C≡C（三键）>R—（烷基）>X—（卤素）>—NO_2（硝基）

当一个有机物分子中出现两种或两种以上官能团时，把序号排在前面的作为母体，排在后面的看成取代基。

本章所述的命名问题，主要涉及基本的命名规则，有关特别复杂物质的命名在此不作论述，有关复杂同分异构的命名将在后续有关章节学习。

2.3 有机化合物的俗名

有机化合物的俗名往往是根据来源或某些特性来命名的。因为拥有俗名的物质使用广泛，而且有些物质结构太复杂，无法用系统命名法命名或用系统命名法特别麻烦，所以许多物质的俗名还是值得学习的。部分物质的结构简式与俗名见表 2-4。

表 2-4 部分物质的结构简式与俗名

结构简式	俗名	结构简式	俗名
CH_4	沼气(天然气)	$CO(NH_2)_2$	尿素
	立方烷		金刚烷
$CHCl_3$	氯仿	$COCl_2$	光气
CH_3OH	木精	CH_3CH_2OH	酒精
OH	石炭酸	O_2N NO_2 OH NO_2	苦味酸
CH_2OH HC—OH CH_2OH	甘油	CH_2ONO_2 HC—ONO_2 CH_2ONO_2	硝化甘油
HCHO	蚁醛(福尔马林)	CH_3—CHOH—COOH	乳酸
CHO O	糠醛	COOH	安息香酸
COOH OH	水杨酸	COOH $OCOCH_3$	乙酰水杨酸(阿司匹林)

续表

结构简式	俗名	结构简式	俗名
COOH | CHOH | CHOH | COOH	酒石酸	CH_2COOH | HOC — COOH | CH_2COOH	柠檬酸
$HOOCCHOHCH_2COOH$	苹果酸	$CH_3(CH_2)_7CH=CH(CH_2)_7COOH$	油酸
HCOOH	蚁酸	HOOCCOOH	草酸
CH_3COOH	醋酸	CH_3CH_2COOH	初油酸
$CH_3(CH_2)_{14}COOH$	软脂酸	$CH_3(CH_2)_{16}COOH$	硬脂酸
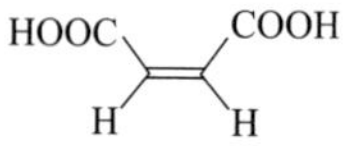 HOOC　COOH H　H	马来酸	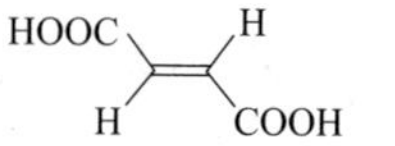 HOOC　H H　COOH	富马酸

【问题 2.4】 查阅资料，列举五种以上常见物质俗名的来历。

2.4 有机化合物的普通命名法

2.4.1 烷烃

直链烷烃的名称用“碳原子数＋烷”来表示。当碳原子数为 1～10 时，依次用天干“甲、乙、丙、丁、戊、己、庚、辛、壬、癸”表示。碳原子数超过 10 时，用数字表示。例如：六个碳的直链烷称为己烷。十四个碳的直链烷烃称为十四烷。命名有支链的烷烃时，用“正”表示无分支，用“异”表示端基有 $(CH_3)_2CH—$结构，用“新”表示端基有 $(CH_3)_3C—$结构。例如戊烷的三个同分异构体的普通命名如下：

(正)戊烷　　异戊烷　　新戊烷

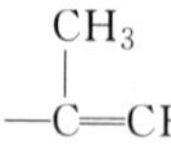

2.4.2 烯（炔）烃

烯烃的普通命名法和烷烃的普通命名法类似，用正、异等词头来区别不同的碳架。该法只适用于简单烯烃。例如：

$$\begin{array}{c} CH_3 \\ | \\ CH_3—C=CH_2 \end{array}$$

异丁烯

2.4.3 卤代烃

卤代烃的普通命名法用烃基加卤素来命名，称为某烃基卤。例如：

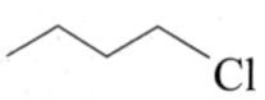

Cl　F　Br　I

正丁基氯 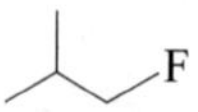　　异丁基氟 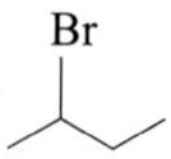　　二级丁基溴 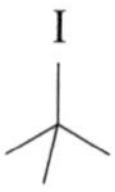　　三级丁基碘

2.4.4 醇

醇的普通命名法用烃基后面加一个“醇”字进行，“基”字一般可以省略。如：

CH_3CH_2OH 乙醇　　正丙醇 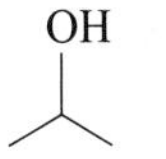　　异丙醇

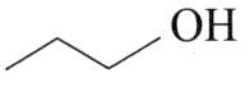

2.4.5 醚

简单醚的普通命名法是在相同的烃基名称前写上“二”字，然后写上“醚”字，习惯上“二”字也可以省略不写；混合醚的普通命名法是按优先基团后列出的规则将两个烃基分别列出，然后写上“醚”字，若存在芳香环，则需先写芳香基团。下列名称中括号中的“基”字可以省略：

CH_3OCH_3 二甲(基)醚或甲醚　　$CH_3OCH_2CH_3$ 甲(基)乙(基)醚　　$CH_2{=}CHCH_2OC{\equiv}CH$ 烯丙(基)乙炔(基)醚

2.4.6 醛和酮

醛的普通命名法是按氧化后所生成的羧酸的普通名称来命名，将相应的“酸”字改成“醛”字，碳链从醛基相邻碳原子开始，用α，β，γ…编号。酮的普通命名法按羰基所连接的两个烃基的名称来命名，按优先基团后列出规则，然后加“甲酮”，下面括号中的“基”字或“甲”字可以省去，但对于比较复杂的基团的“基”字，则不能省去。酮的羰基与苯环连接时，则称为酰基苯。

丙烯醛 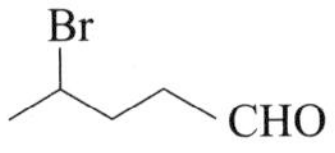　　γ-溴戊醛 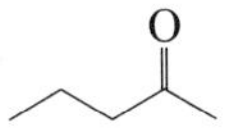　　甲(基)乙(基)(甲)酮 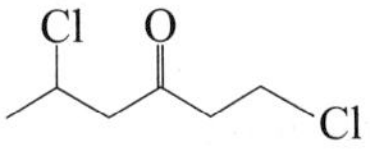　　β-氯乙基-β'-氯丙基甲酮

2.4.7 羧酸

羧酸的普通命名法是选含有羧基的最长的碳链为主链，取代基的位置从羧基邻接的碳原子开始，用希腊字母表示，依次为α，β，γ，δ，ε等，最末端碳原子可用ω表示，然后按命名的基本格式写出名称。

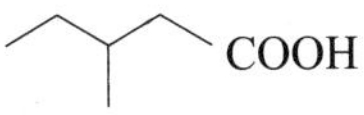

β-甲基戊(缬草)酸 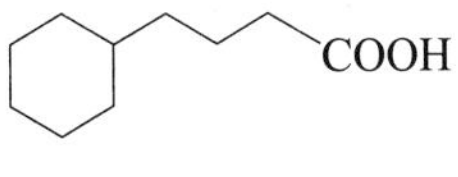　　γ-环己基丁(酪)酸

2.4.8 羧酸衍生物

将羧酸普通名称的词尾做相应的变化即可得到羧酸衍生物的普通名称。词尾的变化规律以乙酸为例予以说明（见划线部分）。

CH_3COOH 乙酸　　CH_3COCl 乙酰氯　　$CH_3COOCOCH_3$ 乙酸酐　　$CH_3COOCH_2CH_3$ 乙酸乙酯　　CH_3CONH_2 乙酰胺

混酐命名时，将简单的酸放前面，复杂的酸放后面。二元酸形成的环状酸酐命名时在二

元酸的名称后加“酐”字。

内酯命名时，用“内酯”二字代替“酸”字并标明羟基的位置。脂肪酸与多元醇形成的酯，也有将醇的名称放在后面来称呼的。

当酰胺氮原子上有取代基时，需要用字母“*N*”标出其位置，写在母体前面。

$CH_3-\overset{O}{\overset{\|}{C}}-O-\overset{O}{\overset{\|}{C}}-CH_2CH_3$

乙丙酸酐

α-甲基-γ-丁内酯

$CH_3CH_2CH_2CH_2\overset{O}{\overset{\|}{C}}N(CH_3)_2$

N,*N*-二甲基戊酰胺

2.4.9 胺

胺的普通命名法可将氨基作为母体官能团，把它所含烃基的名称和数目写在前面，按简单到复杂先后列出，后面加上“胺”字。对于脂环或芳香仲胺与叔胺，要用字母“*N*”标出其位置，写在母体前面。例如：

$(CH_3)_2NH$

二甲胺

环己胺

N,*N*-二甲基苯胺

普通命名法一般只适用于简单的化合物，复杂的化合物命名需要用系统命名法。

2.5 有机化合物的系统命名法

2.5.1 链烷烃

2.5.1.1 直链烷烃

直链烷烃的系统命名法与普通命名法极为相似，不同点是一般省掉“正”，直接用“碳原子数＋烷”来表示。表 2-5 列出了一些正烷烃的名称。

表 2-5 正烷烃的名称

构造式	中文名	构造式	中文名
CH_4	甲烷	$CH_3(CH_2)_5CH_3$	(正)庚烷
CH_3CH_3	乙烷	$CH_3(CH_2)_6CH_3$	(正)辛烷
$CH_3CH_2CH_3$	丙烷	$CH_3(CH_2)_7CH_3$	(正)壬烷
$CH_3(CH_2)_2CH_3$	(正)丁烷	$CH_3(CH_2)_8CH_3$	(正)癸烷
$CH_3(CH_2)_3CH_3$	(正)戊烷	$CH_3(CH_2)_9CH_3$	(正)十一烷
$CH_3(CH_2)_4CH_3$	(正)己烷	$CH_3(CH_2)_{98}CH_3$	(正)一百烷

2.5.1.2 支链烷烃

普通有机化合物系统命名的基本格式为：

取代基 ＋ 母体

取代基位置号＋个数＋名称　　官能团位置号＋名称

命名时，首先要确定主链。确定主链的原则是：首先考虑最长的碳链作主链。若有两条或多条等长的最长链时，则根据侧链的数目来确定主链，多的优先。若仍无法分出哪条链为主链，则依次考虑下面的原则：侧链位次小的优先，各侧链碳原子数多的优先，侧分支少的优先。

主链确定后，要根据最低系列原则对主链进行编号。最低系列原则的内容是：使取代基的位次尽可能小，若有多个取代基，取代基位次之和要小，位次之和相同时，小取代基位次要小。取代基的位次写在取代基的名称前，用一短线与取代基的名称相连。

最后，根据有机化合物名称的基本格式（取代基在前，母体在后）写出全名。当一个化合物中有两种或两种以上的取代基时，按次序规则确定次序，次序规则中小的基团放在前面，多个相同取代基要合并写，必须分别标清位次。

下面是几个实例：

```
 1   2   3   4   5   6        2, 4, 5
 6   5   4   3   2   1        2, 3, 5*
CH3CHCH2CHCHCH3
     |       |   |
    CH3    H3C  CH3
```

选六碳链为主链。主链有两种编号方向，第一行编号，取代基的位号为 2、4、5，第二行编号，取代基的位号为 2、3、5。根据最低系列原则，用第二行编号。该化合物的名称为 2,3,5-三甲基己烷。2，3，5 分别为三个甲基的位次号，“三”是甲基的数目。

```
 1   2   3   4      5       6       7  8      4, 5, 6, 7
 8   7   6   5      4       3       2  1      2, 3, 4, 5*
CH3CH2CH2CH — CH — CH — CHCH3
             |      |       |       |
            CH3   6CH2     CH3     CH3
                    |
                  7CH2
                    |
                  8CH3
```

本化合物有两个八碳的最长链，其中横向长链有四个侧链，弯曲的长链只有两个侧链，所以选横向长链为主链。主链有两种编号方向，第一行取代基的位号是 4，5，6，7，第二行取代基的位号是 2，3，4，5，根据最低系列原则，选第二行编号。该化合物的中文名称是 2,3,5-三甲基-4-丙基辛烷。

```
 1   2       3      4       5       6      7      3, 4, 6
 7   6       5      4       3       2      1      2, 4, 5*
CH3CH2 — CH — CH — CH2 — CH — CH3
          |     |4      5      6|       7
        H3C   3CH2              CH3
                |
              2CH — CH3
                |
              1CH3
```

本化合物有两个七碳的最长链，侧链数均为三个，所以根据侧链的位次来决定主链。横向长链的侧链位次为 2，4，5，弯曲长链的侧链位次为 2，4，6，小的优先，所以选横向长链为主链。本化合物的中文名称为 2,5-二甲基-4-异丁基庚烷或 2,5-二甲基-4-(2-甲丙基）庚烷。括号中的“2”是取代烷基上的编号，复杂取代基本身需要编号时，要把与主链相连的第一个碳定位为 1 号位置，同时用括号表示出复杂取代基。

2.5.2 环烷烃

2.5.2.1 单环烷烃的命名

环上没有取代基的环烷烃命名时只需在相应的烷烃前加“环”字。例如：

环丙烷　环丁烷　环戊烷　环己烷

环上有取代基的单环烷烃命名分两种情况。环上的取代基比较复杂时，应将链作为母体，将环作为取代基，按链烷烃的命名原则和命名方法来命名。例如：

$CH_3CH_2CH(C_6H_{11})CH_2CH(CH_3)CH_3$　2-甲基-4-环己基己烷

当环上的取代基比较简单时，通常将环作为母体来命名。例如：

C_6H_{11}—CH_2CH_3　乙基环己烷

环上有多个取代基时，要对母体环编号，编号仍遵守最低系列原则。例如：

1,4-二甲基-2-乙基环己烷

2.5.2.2　桥环烷烃

桥环烷烃中共用的碳原子称为桥头碳，两个桥头碳之间可以是碳链，也可以是一个键，称为桥。将桥环烷烃变为链状化合物时，要断裂碳链，断裂几次就属于几环，如需断两次的桥环烷烃称为二环，断三次的称为三环等。

编号时要从一个桥头碳开始，先编最长的桥，编回另外一个桥头碳，再编次长桥，最后编小桥，如编号可以选择，则使取代基的位号尽可能最小。命名时，先写取代基，再写某环，然后将桥头碳之间的碳原子数（不包括桥头碳）由多到少顺序列在方括弧内（零不能省略），数字之间在右下角用圆点隔开，最后写上包括桥头碳在内的桥环烷烃碳原子总数的烷烃的名称。

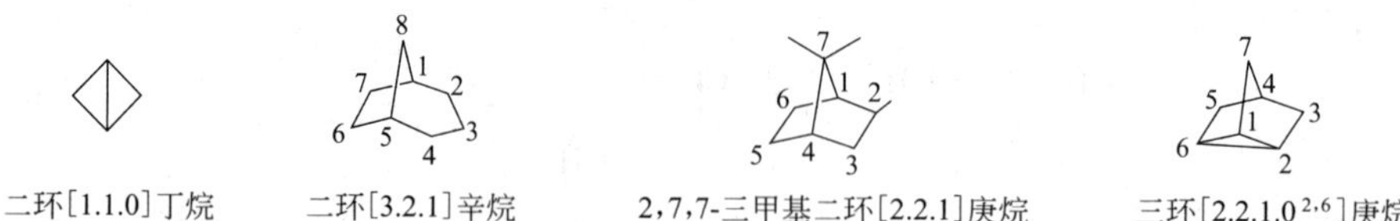
二环[1.1.0]丁烷　二环[3.2.1]辛烷　2,7,7-三甲基二环[2.2.1]庚烷　三环[2.2.1.0^{2,6}]庚烷

上式三环烃中，在2，6位中间无碳原子（2，6位碳称为偏桥头碳），因此用零表示，在零的右上角标明位号（表示偏桥位置），位号中间用逗号隔开。

2.5.2.3　螺环烷烃

螺环烷烃中共用的碳原子称为螺原子。螺环的编号是从小环上的靠近螺原子的碳开始编号，由第一个环顺序编到第二个环，命名时先写词头"螺"，再在方括弧内按编号顺序写出除螺原子外的环碳原子数，数字之间用圆点隔开，最后写出包括螺原子在内的碳原子数的烷烃名称，如有取代基，则同桥环处理方式：

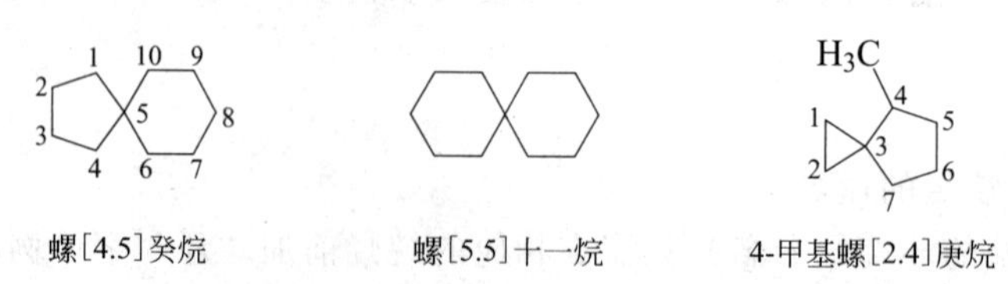
螺[4.5]癸烷　螺[5.5]十一烷　4-甲基螺[2.4]庚烷

2.5.3 普通烯烃和炔烃

2.5.3.1 单烯烃和单炔烃

单烯烃的系统命名可按下列步骤进行：

① 先找出含双键的最长碳链，把它作为主链，并按主链中所含碳原子数把该化合物命名为某烯。十个碳以上用汉字数字，再加上“碳”字，如十二碳烯。

② 从主链靠近双键的一端开始，依次将主链的碳原子编号，使双键的碳原子编号较小。双键在链中央时，让取代基的位号尽可能小。

③ 把双键碳原子的最小编号写在烯的名称的前面。取代基所在碳原子的编号写在取代基之前，取代基也写在某烯之前。

$CH_3CH_2CH{=}CH_2$　1-丁烯

$CH_3CH{=}CHCH_3$　2-丁烯

$CH_3C(CH_3)(CH_2CH_3)CH{=}CH_2$　3,3-二甲基-1-戊烯

单炔烃的系统命名方法与单烯烃相同。

$CH{\equiv}CH$　乙炔

$CH_3CH_2C{\equiv}CCH_3$　2-戊炔

$CH_3CH(Cl)CH(CH_3)CH_2C{\equiv}CCH_3$　5-甲基-6-氯-2-庚炔

2.5.3.2 多烯烃和多炔烃

取含双键（或三键）最多的最长碳链作为主链，称为某几烯。主链碳原子的编号，从离双键较近的一端开始，双键的位置由小到大排列，写在母体名称前。其他原则同烷烃命名。例如：

$CH_2{=}C{=}CHCH_3$　1,2-丁二烯

$CH_2{=}CH{-}CH{=}CH_2$　1,3-丁二烯

$CH_2{=}C(CH_3){-}CH{=}CH_2$　2-甲基-1,3-丁二烯

$CH{\equiv}C{-}CH(CH_3){-}C{\equiv}CH$　3-甲基-1,4-戊二炔

2.5.3.3 烯炔

若分子中同时含有双键与三键，用烯炔作词尾，给双键、三键以尽可能小的编号，如果位号有选择时，使双键位号比三键小，书写时先烯后炔：

$CH_3CH{=}CHC{\equiv}CH$　3-戊烯-1-炔

$HC{\equiv}CCH_2CH{=}CH_2$　1-戊烯-4-炔

$CH{\equiv}CCH_2CH{=}CHCH_2CH_2CH{=}CH_2$　4,8-壬二烯-1-炔

2.5.4 芳香烃

2.5.4.1 含苯基的单环芳烃

烃基是简单的烷基时，将苯作为母体，烃基作为取代基，称为××苯。烃基结构复杂，尤其是含官能团时将苯作为取代基，苯环以外的部分作为母体，称为苯（基）某某。

一元烃基取代苯中，取代基为 1 号位，“1”一般省略。

$C_6H_5{-}CH_3$　甲苯

$C_6H_5{-}CH(CH_3)_2$　异丙苯

(苯为母体)

$C_6H_5{-}CH{=}CH_2$　苯乙烯

$C_6H_5{-}C{\equiv}CH$　苯乙炔

(苯为取代基)

苯的二元烃基取代物有三种异构体，命名时用邻（*o*）表示两个取代基处于邻位，用间

(m) 表示两个取代基处于中间相隔一个碳原子的两个碳上，用对 (p) 表示两个取代基处于对角位置，也可用 1,2-、1,3-、1,4-表示。例如：

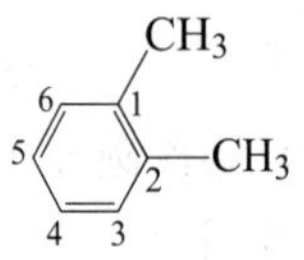

CH_3 6 1 5 2 —CH_3 4 3

邻二甲苯(o-二甲苯)
1,2-二甲苯

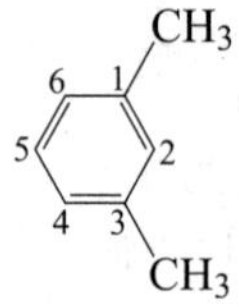

CH_3 6 1 5 2 4 3 CH_3

间二甲苯(m-二甲苯)
1,3-二甲苯

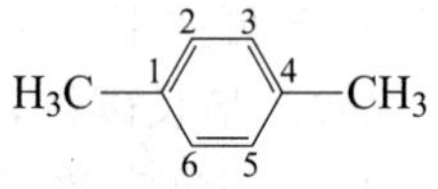

2 3 H_3C—1 4—CH_3 6 5

对二甲苯(p-二甲苯)
1,4-二甲苯

若苯环上有三个相同的取代基，常用“连”为词头，表示三个基团处在 1，2，3 位。用“偏”为词头，表示三个基团处在 1，2，4 位。用“均”为词头，表示三个基团处在 1，3，5 位。例如：

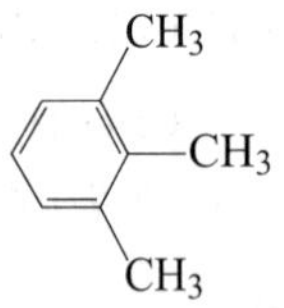

CH_3 —CH_3 CH_3

1,2,3-三甲苯
(连三甲苯)

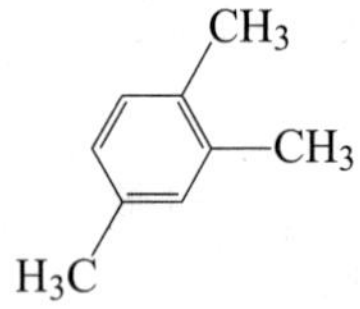

CH_3 —CH_3 H_3C

1,2,4-三甲苯
(偏三甲苯)

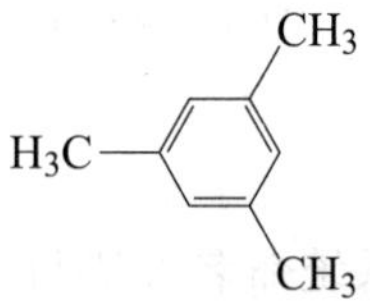

CH_3 H_3C— CH_3

1,3,5-三甲苯
(均三甲苯)

2.5.4.2 多环芳烃

(1) 多苯代脂烃的命名

多苯代脂烃命名时，一般是将苯基作为取代基，链烃作为母体。例如：

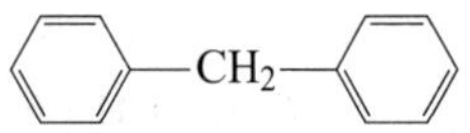

—CH_2—

二苯甲烷

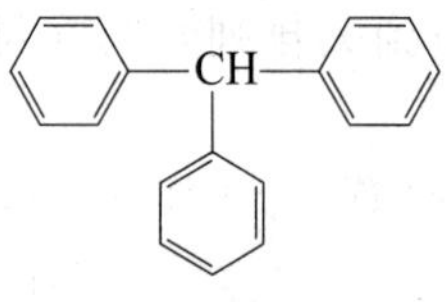

CH—

三苯甲烷

—CH_2CH_2—

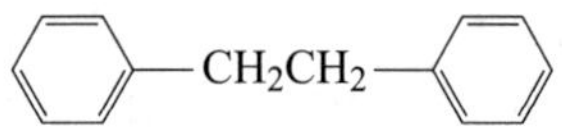

1,2-二苯乙烷

(2) 联苯型化合物

联苯类化合物的编号总是从苯环和单键的直接连接处开始，第二个苯环上的号码分别加上 (′) 符号。苯环上如有取代基，编号的方向应使取代基位置尽可能小，命名时以联苯为母体。例如：

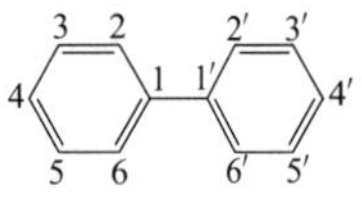

3 2 2′ 3′ 4 1 1′ 4′ 5 6 6′ 5′

二联苯(简称联苯)

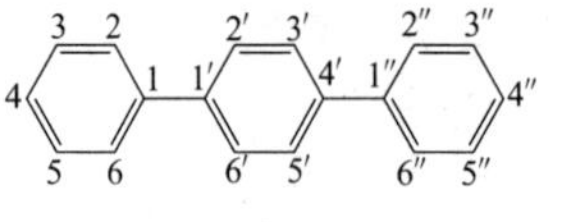

3 2 2′ 3′ 2″ 3″ 4 1 1′ 4′ 1″ 4″ 5 6 6′ 5′ 6″ 5″

三联苯

H_3C CH_3 3′ 2′ 2 3 1′ 1 4′ 4 5′ 6′ 6 5

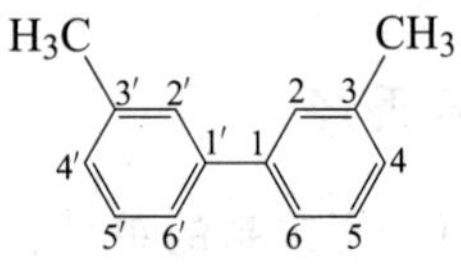

3,3′-二甲基联苯

(3) 稠环芳烃

最简单最重要的稠环芳烃是萘、蒽、菲，编号都是固定的，如下所示：

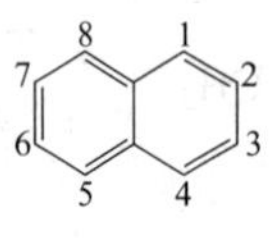

8 1 7 2 6 3 5 4

萘

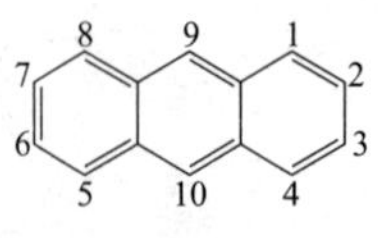

8 9 1 7 2 6 3 5 10 4

蒽

9 10 8 1 7 2 6 5 4 3

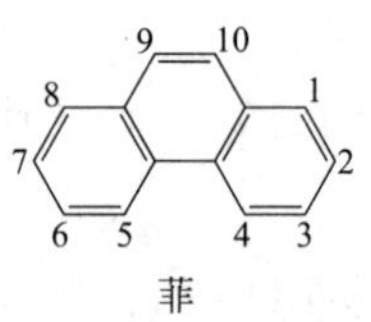

菲

萘分子的 1、4、5、8 位是等同的位置，称为 α 位，2、3、6、7 位也是等同的位置，称

为 β 位。蒽分子的 1、4、5、8 位等同，也称为 α 位，2、3、6、7 位等同，也称为 β 位，9、10 位等同，称为 γ 位。菲有五对等同的位置，它们分别是：1、8，2、7，3、6，4、5，9、10。取代稠环芳烃的名称格式与有机化合物名称的基本格式一致。例如：

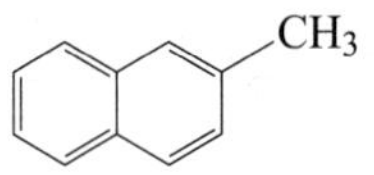

CH_3 CH_2CH_3 CH_3

2-甲基萘(或 β-甲基萘) 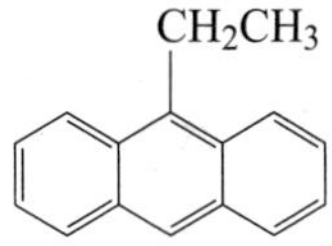　　9-乙基蒽 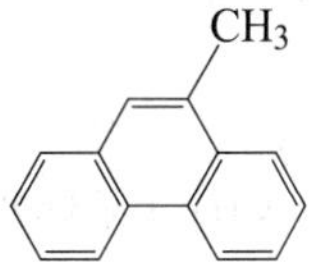　　9-甲基菲

2.5.5 烃的衍生物

2.5.5.1 常见官能团的词头、词尾名称

在有机化合物的命名中，官能团有时作为取代基，有时作为母体官能团。前者要用词头名称表示，后者要用词尾名称表示。表 2-6 列出了一些常见官能团的词头、词尾名称。

表 2-6 常见官能团的词头、词尾名称

基团	词头名称	词尾名称	基团	词头名称	词尾名称
$-COOH$	羧基	酸	$-SO_3H$	磺酸基	磺酸
$-COOR$	酯基	酯	$-COX$	卤甲酰基	酰卤
$-CONH_2$	氨基甲酰基	酰胺	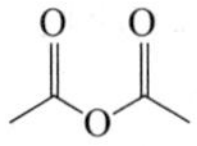 $-C(=O)-O-C(=O)-$	—	酸酐
$-CN$	氰基	腈			
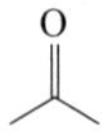 $>C=O$	某酰基或氧代	酮	$-CHO$	甲酰基或氧代	醛
			$-OH$	羟基	醇
$-OH$	羟基	酚	$-NH_2$	氨基	胺
$-OR$	烷氧基	醚	$-R$	烃基	—

2.5.5.2 单官能团化合物

单官能团化合物的系统命名有两种情况。

一种情况是将官能团作为取代基，仍以烷烃为母体，按烷烃的命名原则来命名。当官能团是卤素、硝基、亚硝基时，采用这种方法来命名。若官能团是醚键时，如果烃基较复杂也可以采用这种方式来命名。取较长的烃基作为母体，把余下的碳数较少的烷氧基（RO—）作取代基，如有不饱和烃基存在时，选不饱和程度较大的烃基作为母体：例如

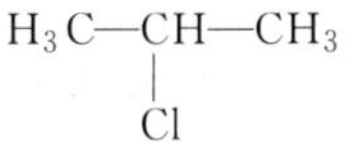

$H_3C-CH(Cl)-CH_3$　　$CH_3CH(OCH_3)CH_2CH_2CH_3$　　$CH_3CH(CH_3)-CH_2CH_2CH(NO_2)-CH_3$

2-氯丙烷 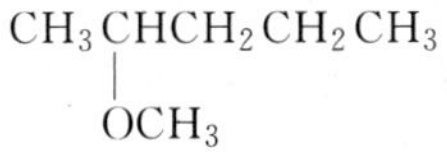　　2-甲氧基戊烷 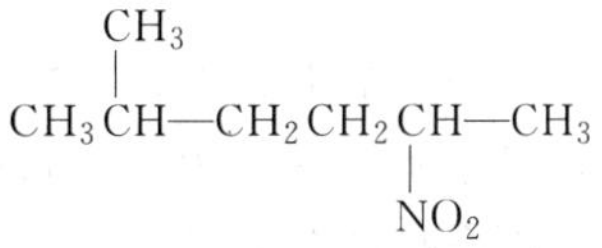　　2-甲基-5-硝基己烷

另一种情况是将含官能团的最长链作为母体化合物的主链，根据主链的碳原子数称为某A（A＝醇、醛、酮、酸、酰卤、酰胺、腈等，其中腈的氰基碳要算在主链里面）。从靠近官能团的一端开始，依次给主链碳原子编号。在写出全名时，把官能团所在的碳原子的号数写在“某”之前（不产生歧义的可以不写），并在某 A 与数字之间画一短线，支链的位置和名称写在某 A 的前面，并分别用短线隔开。如：

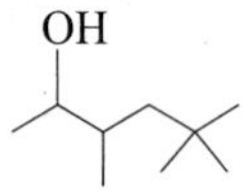

3,5,5-三甲基-2-己醇 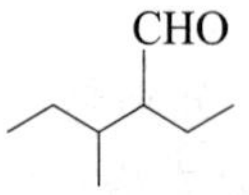　　3-甲基-2-乙基戊醛 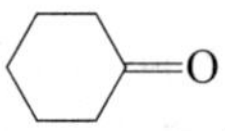　　环己酮 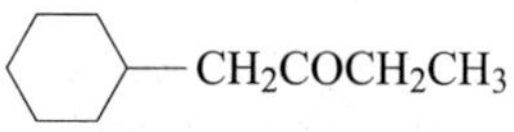　　1-环己基-2-丁酮

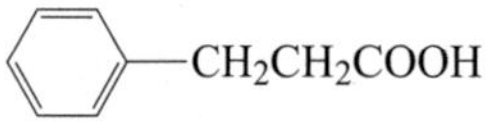

3-苯基丙酸 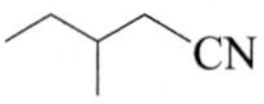　　3-甲基戊腈 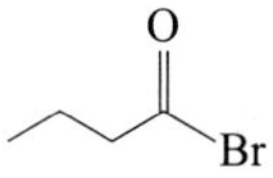　　丁酰溴 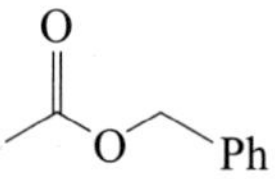　　乙酸苄酯

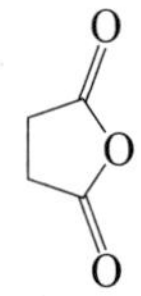

丁二酸酐 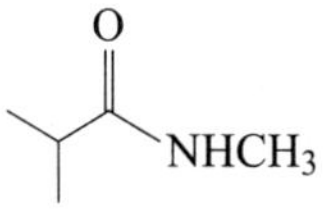　　2,*N*-二甲基丙酰胺

当一个环与一个带末端官能团的链相连，而此链中又无杂原子和重键时，环作取代基，即将两者的名称连接起来为此化合物的名称。

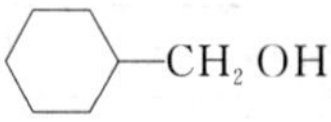

环己甲醇 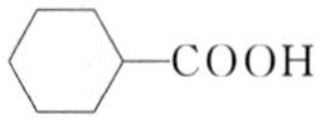　　环己甲酸

2.5.5.3　含多个相同官能团化合物

分子中含有两个或多个相同官能团时，命名应选官能团最多的长链为主链，然后根据主链的碳原子数称为某 *n* 醇（或某 *n* 醛、某 *n* 酮、某 *n* 酸等），*n* 是主链上官能团的数目。例如七碳链的二元醇称为庚二醇。编号时要使主链上所有官能团的位置号尽可能小。最后按名称格式写出全名。分析两个例子：

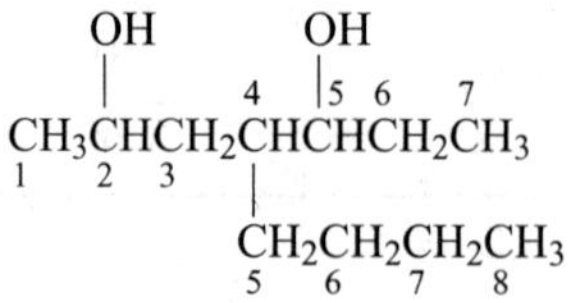

$$\begin{array}{l} \quad\ \ \text{OH} \qquad\quad \text{OH} \\ CH_3CH(OH)CH_2CH(CH_2CH_2CH_2CH_3)CH(OH)CH_2CH_3 \end{array}$$

该化合物的八碳链上有一个羟基，七碳链上有两个羟基，应选含羟基多的七碳链为主链。为了使主链上官能团的位置号尽可能小，编号应从左至右。主链的 4 位上有一个取代基——正丁基。所以该化合物的名称是 4-丁基-2,5-庚二醇。

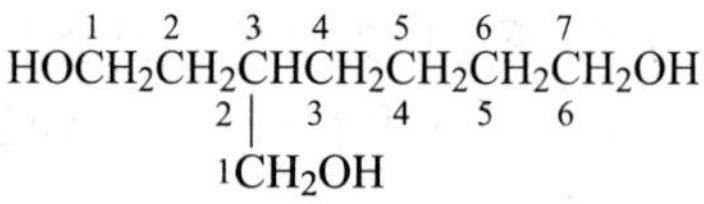

$$HOCH_2CH_2CH(CH_2OH)CH_2CH_2CH_2CH_2OH$$

该化合物中的七碳链和六碳链均有两个羟基，所以应选长的七碳链为主链。由于从左至右和从右至左两种编号中，主官能团的位置号相同，所以要让取代基——羟甲基位置号尽可能小。本化合物的名称是 3-羟甲基-1,7-庚二醇。

下面再举几个实例。

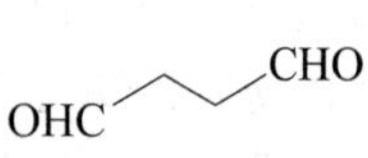

丁二醛 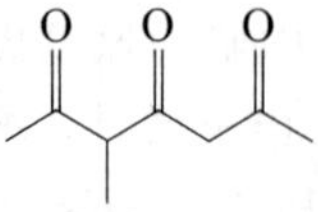　　3-甲基-2,4,6-庚三酮 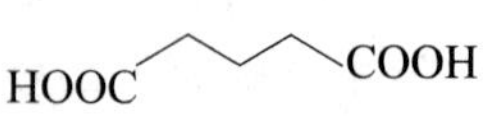　　戊二酸 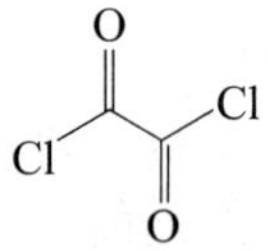　　乙二酰二氯

丁二酰胺　　丙二酸二乙酯　　己二腈

2.5.5.4　含多种官能团化合物

当分子中含有多种官能团时，首先要确定一个主官能团，确定主官能团的方法是官能团优先次序规则（2.2.3），排在前面的官能团总是主官能团。然后，选含有主官能团及尽可能含较多官能团的最长碳链为主链。主链编号的原则是要让主官能团的位次尽可能小。命名时，根据主官能团确定母体的名称，其他官能团作为取代基用词头表示。然后根据名称的基本格式写出名称。分析几个实例：

$$\underset{5}{CH_3}\underset{4}{CH_2}\underset{3}{\overset{O}{\overset{\|}{C}}}\underset{2}{CH_2}\underset{1}{CHO}$$

上述分子中有两个官能团，醛基是主官能团。醛的编号总是从醛基开始。酮羰基的氧与链中的 3 位碳相连，用 3-氧代表示，名称是 3-氧代戊醛。

$$HO\overset{1}{C}H_2-\overset{2}{C}H(OH)-\overset{3}{C}H_2OCH_3$$

上述分子中有两个羟基、一个醚键，母体化合物应为醇。醚的甲氧基作为取代基，名称是 3-甲氧基-1,2-丙二醇。

当多种官能团化合物中含有烯（炔）键时，一般把表示主链碳数的字或数写在烯（炔）前，如某烯醇、某烯酸。

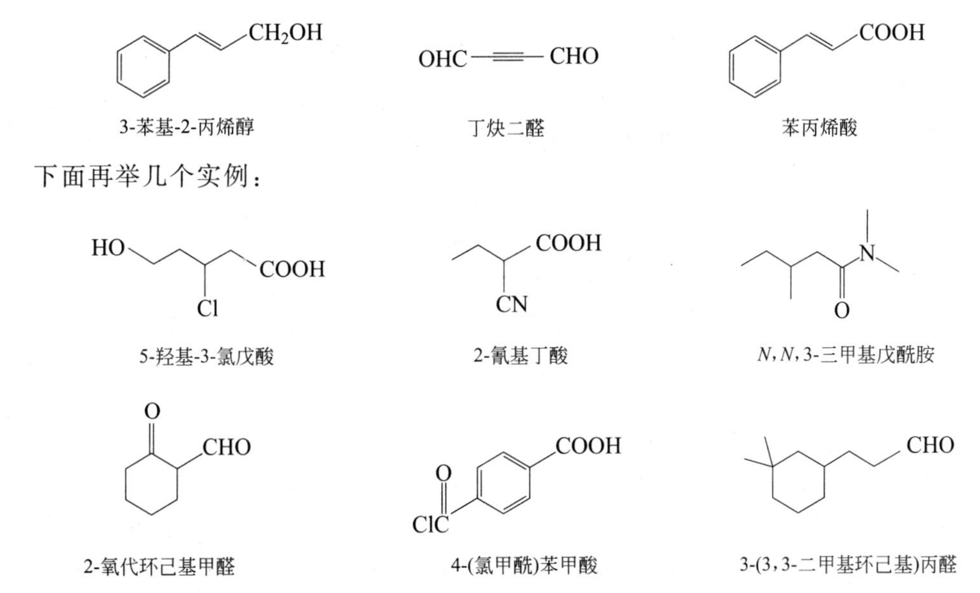

3-苯基-2-丙烯醇　　丁炔二醛　　苯丙烯酸

下面再举几个实例：

5-羟基-3-氯戊酸　　2-氰基丁酸　　*N*,*N*,3-三甲基戊酰胺

2-氧代环己基甲醛　　4-(氯甲酰)苯甲酸　　3-(3,3-二甲基环己基)丙醛

2.5.5.5　环氧化合物和冠醚

(1) 环氧化合物

环氧化合物命名时用环氧作词头，写在母体烃名之前。最简单的环氧化合物是环氧乙烷。除环氧乙烷外，其他环氧化合物命名时还需用数字标明环氧的位置，并用一短线与环氧

相连。例如：

环氧乙烷　　2，3-环氧丁烷　　4-甲基-4，5-环氧-1-戊烯

五元和六元的环氧化合物习惯于按杂环体系来命名。例如1,4-环氧丁烷更习惯于称为四氢呋喃，因为它可以看作是杂环化合物呋喃加上四个氢原子后形成的。有的环氧化合物也可以按杂环的系统命名法来命名。在杂环化合物的命名中，氧杂等于噁，氮杂等于吖，硫杂等于噻。

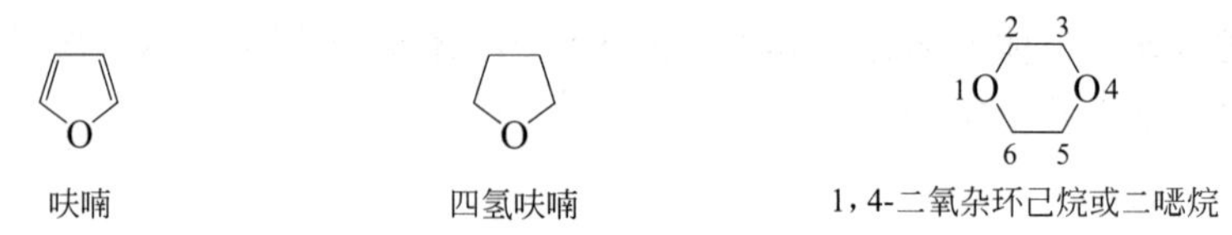

呋喃　　四氢呋喃　　1，4-二氧杂环己烷或二噁烷

(2) 冠醚的命名

含有多个氧的大环醚，因其结构很像王冠，称为冠醚。命名时用“冠”表示冠醚，在“冠”字前面写出环中的总原子数（碳和氧），并用一短线隔开，在“冠”字后表示环中的氧原子数，也用一短线隔开，就得全名：

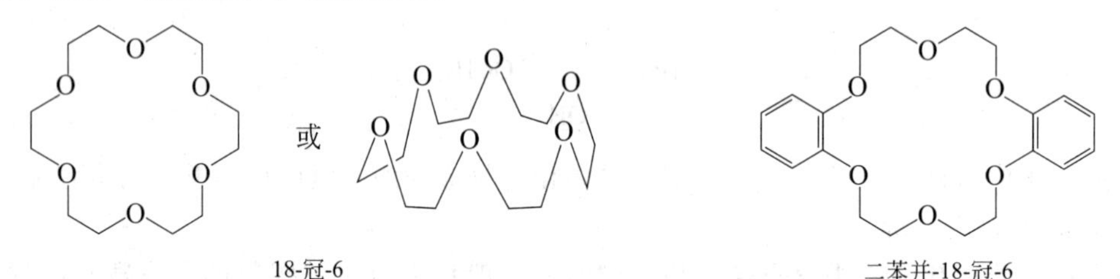

18-冠-6　　二苯并-18-冠-6

有关同分异构如构象异构、顺反异构、对映异构等的命名要求以及特殊结构如杂环等相关复杂物质的命名在后续章节里会详细介绍。

【阅读材料】

发展中的有机化合物命名

对数目庞大的有机化合物进行恰当的命名，名称能够反映出化合物真实的结构，命名规则就必须是科学的、系统的。为此，国际纯粹和应用化学联合会设立了专门的委员会，提出了有机化学命名法（IUPAC Nomenclature of Organic Chemistry)，并形成了一个长期处理命名问题的开放性运行机制，不断地修订和补充，成为全球有机化学界最广泛使用的系统。另外，美国化学会有因《化学文摘》索引需要而建立的CAS命名系统，其基本框架与IUPAC的差别不大。

化合物系统中文命名同样是个系统性的大工程。中国化学会最早于1978年专门成立了“有机化学名词小组”，针对1960年《有机化学物质的系统命名原则》进行增补和修订，1980年发布了《有机化学命名原则》(1980)。自2008年起，全国科学技术名词审定委员会和中国化学会组建的第二届化学名词审定委员会有机化学学科组，开始探索《命名原则》的更新修订工作。2011年在国家自然科学基金会的委主任基金支持下成立了由中国科学院上海有机化学研究所为主体的《有机化合物命名原则》修订工作小组。2015年中国化学会专门组建了有机化合物命名审定委员会，进行了再一轮的审阅和修改而最后定稿《有机化合物命名原则2017》。

中英文有机化合物命名相互转换时需要考虑的问题是前缀中取代基的排序。在1980年版命名原则中各取代基的名称按次序规则中的大小由小至大依次排列，但在IUPAC英文命名时则采用各取代基的名称按其英文字母顺序依次排列。由于取代基，尤其是多键取代基的大小有时难以按次序规则确定，而且这一排列顺序有时还涉及命名中的位次编号问题，因此《有机化合物命名原则2017》建议采用IUPAC的按其英文字母顺序的排列次序。但是鉴于国内英语普及率不足的问题，学生对取代基的英文学习不足，故本教材仍沿用1980年版命名原则。

命名原则是建议表达的各种类别有机化合物结构的名称，但不一定是该结构的唯一名称，可能还有俗名、半俗名，也可能还有由不同命名途径得到的其他不同名称。但是无论以何种方式命名，化合物名称所表示的结构应是唯一的。

《有机化合物命名原则2017》虽然是国内有机化学领域的权威工具书，但有机化合物的结构类型十分繁杂，难免还有不少命名的表达尚未妥善处置。随着有机化学的不断发展，有机化合物的命名原则需要不断修订更新。

【巩固练习】

2-1 画出俗名为下列名称的化合物的结构。

1. TNT　2. 木精　3. 甘露醇　4. 石炭酸
5. 蚁醛　6. 碘仿　7. 安息油　8. 冰醋酸
9. 乳酸　10. 糠醇　11. 苦味酸　12. 硝化甘油
13. 草酸　14. 苯酐　15. 水杨酸　16. 阿司匹林

2-2 画出普通命名为下列名称的化合物的结构。

1. 新戊烷　2. β-氯乙苯　3. 对氨基苯磺酸
4. 异丁烷　5. 对甲苯酚　6. 对氨基苯甲酸乙酯
7. 异丁烯　8. 戊内酰胺　9. 甲基环己基醚
10. 苄氯　11. N-甲基苯胺　12. 碘化二甲基二乙基铵
13. 苯甲醇　14. 碳酸二异丙酯　15. N,3-二乙基己酰胺
16. 苯甲醚　17. 邻苯二甲酸酐　18. α-苯丙酸苯酯
19. 庚酰氯　20. 乙酰水杨酸　21. 丙酰丙酸乙酯
22. 三丁基胺　23. 邻硝基苯胺　24. 丙二酸二乙酯

2-3 命名下列化合物（主要用系统命名法）。

1. $(CH_3)_2CHCH_2CH_2CH(CH_3)_2$

2. $(CH_3CH_2)_4C$

3.
$$\begin{array}{l} \qquad\qquad\quad CH_3 \\ \qquad\qquad\quad | \\ (CH_3CH_2)_2CH-CH-CH_2-CH_3 \end{array}$$

4.
$$\begin{array}{l} CH_3-CH_2-CH_2-CH-CH=CH_2 \\ \qquad\qquad\qquad\qquad\ \ | \\ \qquad\qquad\qquad\qquad CH_3 \end{array}$$

5.
$$\begin{array}{l} CH_3CH_2CHCH_2CH_3 \\ \qquad\quad | \\ \qquad CH=CH_2 \end{array}$$

6.
$$\begin{array}{l} CH_2=C-CH=CH_2 \\ \qquad\quad | \\ \qquad CH_2CH_3 \end{array}$$

7. $(CH_3)_3C-C\equiv C-C\equiv C-C(CH_3)_3$

8.
$$\begin{array}{l} HC\equiv C-C=CH_2 \\ \qquad\qquad | \\ \qquad\quad CH_2CH_3 \end{array}$$

9.

10. C_2H_5

11.

12. H COOH

13. Cl Cl

14. OCH_3 OH

15. NO_2 CH_3

16. NH_2 NO_2

17. OH

18. $—CH_2—$ $—COOH$

19. $CH_3—\overset{CH_3}{\underset{CH_3}{C}}—CH_2Br$

20. $CH_3—\overset{Br}{CH}—\overset{CH_2Cl}{CH}—CH_2CH_2CH_3$

21. $CH_3—\underset{Br}{CH}—CH═CH—CH_3$

22. $ClCH_2CH_2\underset{CH_3}{CH}CH_2\underset{CH_2CH_3}{CH}CH_2OH$

23. $HC≡C—\underset{OH}{CH}—CH_3$

24. Ph Ph H OH

25. OH CH_2OH

26. $CH_3O—$ $—O—$ $—OCH_3$

27. $PhCH_2OCH_2CH═CH_2$

28. $(CH_3CH_2)_3CCH_2OH$

29. $Ph—\overset{O}{\overset{\|}{C}}—CH_3$

30. $Cl_3C—CHO$

31. O O

32. $—CH_2—\overset{O}{\overset{\|}{C}}—CH_3$

33. CHO CH_3O CH_3

34. $\overset{O}{\overset{\|}{C}}—CH_3$ HO CH_3

35. $CH_3\underset{Br}{CH}\underset{CH_2CH_3}{CH}COOH$

36. COOH COOH

37. COOH, CHO（苯环间位取代结构式）

38. CH_2COOH, $COOH$（苯环邻位取代结构式）

39. $CH_3CH(COOH)_2$

40. $ClCH_2CH_2COOC_6H_5$

41. $C_2H_5O\overset{O}{\overset{\|}{C}}Cl$

42. $H\overset{O}{\overset{\|}{C}}—N(CH_3)_2$

43. $CH_2—\overset{O}{\overset{\|}{C}}$, $CH_2—\underset{O}{\underset{\|}{C}}$, $N—Br$（环状结构式）

44. H_2C, $CH_2—C=O$, O, $CH_2—C=O$（环状结构式）

45. $CH_3—CO\underset{CH_3}{\underset{|}{C}H}—COOC_2H_5$

46. $CH_3CH_2—\underset{O}{\underset{\|}{C}}—COOH$

47. OH, CH_2COOH（环戊烷结构式）

48. NHC_2H_5（苯环结构式）

49. $O_2N—C_6H_4—N(CH_3)_2$（对位）

50. $H_2NCH_2—\underset{CH_3}{\underset{|}{C}H}—CH_2NH_2$

51. $CH(CH_3)_2$, $\overset{+}{N}(CH_3)_3OH^-$（环己烷结构式）

52. $H_3C—C_6H_4—\overset{+}{N}H_3HSO_4^-$（对位）

参考答案

【问题 2.1】 C_1，C_5，C_6，C_7，C_8 为伯碳，其上的氢为伯氢，共 15 个；C_2 为季碳；C_3 为叔碳，其上氢为叔氢，共 1 个；C_4 为仲碳，其上为仲氢，共 2 个。

【问题 2.2】 前者为叔醇，后者伯胺。

【问题 2.3】 六碳、己醛糖。

【问题 2.4】 略。

巩固练习

2-1、2-2（略）。

2-3

1. 2,5-二甲基己烷
2. 3,3-二乙基戊烷
3. 3-甲基-4-乙基己烷
4. 3-甲基己烯
5. 3-乙基戊烯
6. 2-乙基-1,3-丁二烯
7. 2,2,7,7-四甲基-3,5-辛二炔
8. 2-乙基丁烯-3-炔
9. 二环[3.3.0]辛烷
10. 2-乙基二环[4.2.0]辛烷
11. 二环[2.2.1]-2,5-庚二烯
12. 螺[3.3]庚基-3-甲酸
13. 1,3-二氯苯
14. 3-甲氧基苯酚
15. 4-硝基甲苯
16. 2-硝基苯胺
17. 2-萘酚
18. 4-苯甲基苯甲酸
19. 2,2-二甲基-1-溴丙烷
20. 3-氯甲基-2-溴己烷
21. 4-溴-2-戊烯
22. 4-甲基-2-乙基-6-氯己醇

23. 3-丁炔-2-醇
24. 3,3-二苯基环戊醇
25. 3-羟基苯甲醇
26. 二(4-甲氧基苯)醚
27. 烯丙基苄基醚
28. 2,2-二乙基丁醇
29. 1-苯基乙酮
30. 三氯乙醛
31. 1,3-环辛二酮
32. 1-环丙基丙酮
33. 3-甲基-4-甲氧基苯甲醛
34. 1-(3-甲基-4-羟基苯基)乙酮
35. 2-乙基-3-溴丁酸
36. 1,1-环丙基二甲酸
37. 3-甲酰基苯甲酸
38. 2-羧基苯乙酸
39. 2-甲基丙二酸
40. 3-氯丙酸苯酯
41. 氯甲酸乙酯
42. *N*,*N*-二甲基甲酰胺
43. *N*-溴代丁二酰亚胺
44. 戊二酸酐
45. 2-甲基-3-氧代丁酸乙酯
46. 2-丁酮酸
47. 1-羟基环戊基乙酸
48. *N*-乙基苯胺
49. *N*,*N*-二甲基-4-硝基苯胺
50. 3-甲基-1,3-丙二胺
51. 氢氧化三甲基(1-异丙基环己基)铵
52. 硫酸氢-4-甲基苯基铵

(林晓辉　编　　李娜　校)

第3章 烷烃及环烷烃

有机化合物中有一类数量众多，组成上只含碳、氢两种元素的化合物，称为烃类化合物，简称烃。烃分子中的氢原子被其他种类原子或原子团替代后，衍生出许多其他类别的有机物。因此，烃可看成是有机物的母体，是最简单的一类有机物。

烃在自然界中主要存在于天然气、石油和煤炭中，是古老生物埋藏于地下经历特殊地质作用形成的，是不可再生的宝贵资源，是社会经济发展的主要能源物质，也是合成各类生活用品和临床药物的基础原料。本章讨论两类饱和烃——烷烃和环烷烃。

3.1 烷 烃

饱和烃分子中碳原子彼此连接成开放的链状结构的烃称为开链烃，因其结构与人体脂肪酸链状结构相似又称脂肪烃，具有这种结构特点的有机物统称脂肪族化合物。分子中原子间均以单键连接的开链烃称为饱和开链烃，简称烷烃。

3.1.1 烷烃的通式、同系列和同分异构现象

最简单的烷烃是甲烷，其分子式是 CH_4，然后依次是乙烷 C_2H_6、丙烷 C_3H_8、丁烷 C_4H_{10}、戊烷 C_5H_{12}、……，可以用通式 C_nH_{2n+2}来表示烷烃。其中 n 为碳原子数目，从理论上讲 n 可以很大，目前已知的烷烃中 n 已大于 100。从烷烃的例子可以看出，任何两个烷烃的分子间都相差一个或几个 CH_2 基团。这些具有同一通式、结构和性质相似、相互间相差一个或几个 CH_2 基团的一系列化合物称为同系列。同系列中的各个化合物互为同系物，相邻同系物之间的差叫作同系差。同系列是有机化学中的普遍现象，同系列中各个同系物，特别是高级同系物具有相似的结构和性质。在每一同系列里只要研究几个代表物就可以推知其他同系物的性质，为我们学习研究有机物的结构和性质提供了方便。同系物虽有共性，但每个具体化合物也可能有个性，尤其是同系列中第一个化合物往往有突出的个性。因此除要了解同系物的共性外，也要了解具体化合物的个性。在烷烃的同系列中，甲烷分子中的四个氢原子是等同的，所以用一个甲基取代任何一个氢原子，都得到唯一的产物乙烷。乙烷分子

中的六个氢原子也是等同的，所以用甲基取代任何一个氢原子也得到唯一的产物丙烷。丙烷分子中有两类氢原子：一类是连在两端碳原子上的六个氢原子，其中任意一个氢原子用甲基取代时，都得到四个碳原子成一直链的正丁烷；另一类是连接在中间碳原子上的两个氢原子，其中任一个氢原子用甲基取代时都得到含有支链的异丁烷。

$CH_3-CH_2-CH_2-CH_3$

正丁烷

$CH_3-CH(CH_3)-CH_3$

异丁烷

很明显，这两种丁烷结构上的差异是由于分子中碳原子连接方式不同而产生的。这种分子式相同而构造式不同的异构体叫作构造异构体。这种由于碳链的构造式不同而产生的同分异构体又称碳链异构体。同理，由丁烷的两种同分异构体可以衍生出三种戊烷：

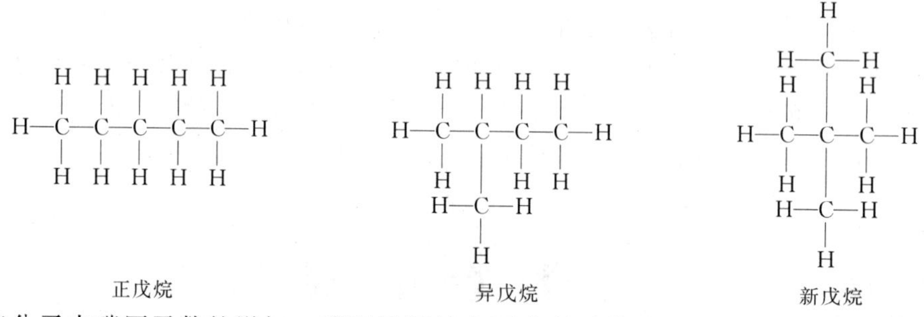

正戊烷　异戊烷　新戊烷

随着分子中碳原子数的增加，碳原子间就有更多的连接方式，异构体的数目迅速增加。己烷有 5 个同分异构体，庚烷有 9 个，辛烷有 18 个，而癸烷有 75 个，二十烷有 366319 个。

【问题 3.1】 画出己烷的五种碳链异构体。

3.1.2 烷烃的分子结构

(1) 甲烷分子结构

甲烷是家用天然气的主要成分，也是农村沼气和煤矿瓦斯的主要成分，广泛存在于自然界中，是最简单的烷烃。

甲烷分子式是 CH_4，一个碳原子与四个氢原子共用一对电子，以四个共价单键结合而成，如图 3-1 所示。

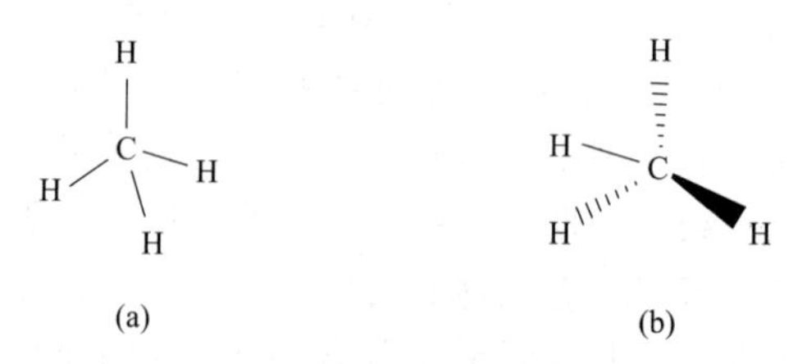

图 3-1　甲烷分子结构示意图

结构式并不能反映甲烷分子中的五个原子在空间的位置关系。原子的空间位置关系属于分子结构的一部分，因而也是决定该物质性质的重要因素。将甲烷的立体结构在纸平面上表示出来，常通过实线和虚线来实现。如图 3-1(b) 所示，虚线表示在纸平面后方，远离观察者，粗实线（楔形）表示在纸平面前方，靠近观察者，实线表示在纸平面上，这种表示方式称透视式。

将甲烷透视式中的每两个原子用线连接起来，甲烷在空间形成四面体。根据现代物理方法测定，甲烷分子为正四面体结构，碳原子处于四面体中心，四个氢原子位于四面体四个顶点。四个碳氢键的键长都为 109 pm，键能为 $414.9kJ \cdot mol^{-1}$，所有 H—C—H 的键角都是 109.5°。

碳原子核外价电子层结构为 $2s^2 2p^2$，按照经典价键理论，共价键的形成是电子配对的过程。碳原子价电子层上只有两个单电子，因而碳原子应该只能形成两个共价键，是二价原子，但是甲烷中碳原子有四个共价键，呈四价。现代价键理论认为烷烃中碳原子核外价电子层结构 $2s^2 2p^2$ 中的 s 轨道上的一个电子吸收能量激发到能量稍高的 p 轨道上，从而形成了 $2s^1 2p^3$ 价电子层结构，即四个单电子，解决了烷烃碳原子是四价的问题。

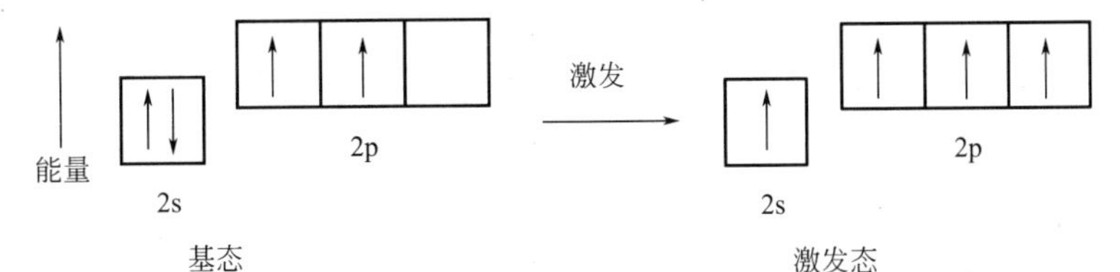

但因 s 轨道与 p 轨道能量不同，所以形成的四个共价键中有一个应该与其他三个能量不同，键长也不同，但是事实是他们都完全一样。为了解决这个困惑，化学家们提出了杂化轨道理论，该理论认为碳原子在与其他四个原子成键时首先将能量不同的一个 s 轨道与三个 p 轨道进行重新组合，形成四个能量相同的成键能力更强的新轨道，这个轨道称 sp^3 杂化轨道。

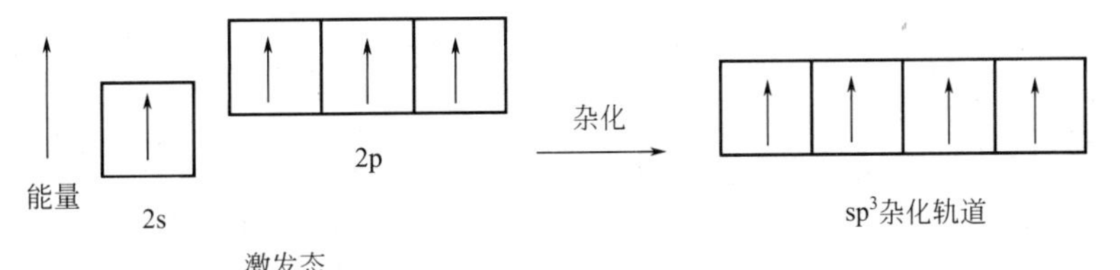

为了使轨道之间的排斥力最小，四个轨道只有呈正四面体分布（轨道之间夹角均为 109.5°），彼此之间距离最远而排斥力最小，见图 3-2。根据原子间成键时，成键轨道重叠越大，所形成的共价键越稳定的原理，四个氢原子只有沿着四个 sp^3 杂化轨道伸展方向（即沿四面体四个顶点方向）才能完成最大重叠，形成最稳定的四个碳氢 σ 键，分子内任意两个共价键之间的夹角仍为 109.5°，见图 3-2。因而，甲烷分子呈正四面体结构。

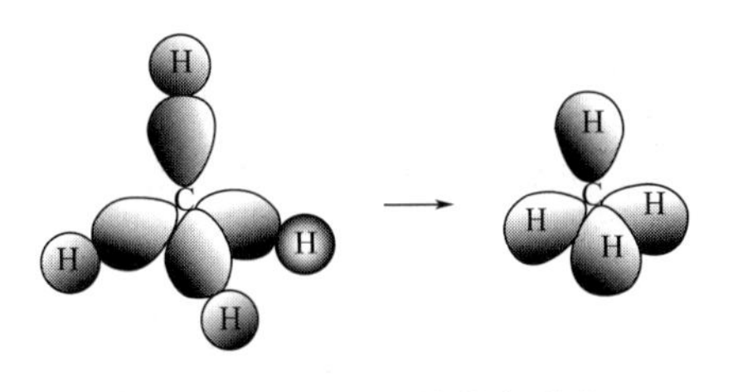

图 3-2　甲烷分子结构与形成

(2) 烷烃同系物的结构

乙烷分子中的碳原子也是以 sp^3 杂化的，两个碳原子各以一个 sp^3 轨道重叠形成 σ 键。两个碳原子又各以三个 sp^3 杂化轨道分别与氢原子的 s 轨道重叠形成六个等同的 σ 键，如图 3-3 所示。

从乙烷分子形成示意图可以看出 C—H σ 键和 C—C σ 键中成键原子的电子云是沿着它

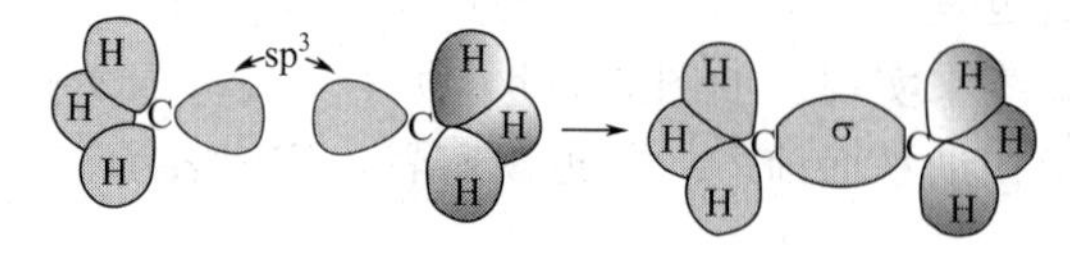

图 3-3　乙烷分子形成示意图

们的轴向重叠的，只有这样才能达到最大程度重叠，成键原子绕键轴相对旋转时，并不影响电子云的重叠程度，不会破坏 σ 键，σ 单键可以自由旋转。由于碳的价键分布呈四面体形，而且碳碳单键可以自由旋转，所以三个碳以上烷烃分子中的碳链不是像构造式那样表示的直线形，而是以锯齿形或其他可能的形式存在，所以所谓“直链”烷烃是指分子中无支链，碳碳单键的键长是 154 pm，键能为 345.6kJ · mol^{-1}，键角为 109.5°左右。

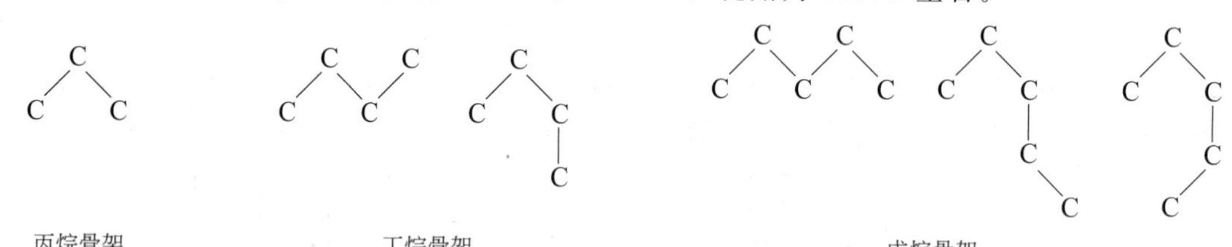

丙烷骨架　　丁烷骨架　　戊烷骨架

3.1.3 构象

烷烃分子中 σ 单键的特点是成键原子可以围绕键轴任意旋转。例如在乙烷分子中，碳碳单键可以自由转动，假定固定其中一个碳原子，另一个碳原子围绕碳碳单键旋转，则每转动一个角度，乙烷分子中原子在空间就会形成一个排列形式，因此，乙烷在空间会形成若干不同排列形式，每个排列形式为乙烷的一个构象，不同构象之间互称构象异构体，属于立体异构的一种。

(1) 构象表示

在纸平面上将烷烃的空间构象以及构象异构体之间的差异表示出来，常用两种表示方式，一种是锯架式（也称透视式），一种是纽曼投影式。

锯架式是在分子球棍模型基础上，用实线表示分子中各原子或基团在空间的相对位置关系的一种表示形式。锯架式比较直观，分子中所有原子和键都能看见，但画起来有些难度。

纽曼投影式是将视线放在碳碳键键轴上，距离观察者较近的一个碳原子用一圆圈表示，从圆圈中心开始画三条实线，表示该碳原子上所连的三个原子或原子团，距离观察者较远的碳原子因被较近碳原子遮挡，因而不画出，只从圆圈边线开始画三条实线，表示较远碳原子上所连的三个原子或者原子团。纽曼投影式书写方便，且在表示分子空间结构时比较直观。

乙烷锯架式　　乙烷纽曼投影式

(2) 乙烷和丁烷的构象

由于碳碳单键的自由旋转，乙烷可以有无数个构象，但在这些构象中，交叉式和重叠式最为典型，其他构象处于两者之间的状态。

锯架式

乙烷交叉式构象　　乙烷重叠式构象

纽曼投影式

乙烷交叉式构象　　乙烷重叠式构象

在乙烷交叉式构象中，一个碳原子上的碳氢键处于另一个碳原子上两个碳氢键中间位置。此时，两个碳原子上连接的氢原子相距最远，相互之间的斥力最小，因而分子内能最小，也最稳定，这种构象称为优势构象。在乙烷重叠式中，两个碳原子上的碳氢键两两重叠，两个碳原子上连接的氢原子相距最近，相互之间的斥力最大，分子内能最大，最不稳定。其他构象的内能和稳定性介于两者之间。尽管乙烷重叠式和交叉式构象之间内能不同，但差异较小（12.5kJ·mol^{-1}），常温下分子间的碰撞产生的能量（83.7kJ·mol^{-1}）就足以使不同构象之间快速转变，无法分离出某个构象，因而乙烷实质上是交叉式和重叠式以及介于两者之间无数种构象异构体的平衡混合物。交叉式最稳定，在平衡混合物中占有最高比例，所以一般情况下用交叉式表示乙烷。

丁烷分子中有三个碳碳单键，每个碳碳单键都可以通过自由旋转产生若干构象异构体。若固定丁烷两端碳原子，旋转中间两碳原子的单键，也会产生无数个构象，每转动一个60°就得到一个典型构象，这样一共得到四种代表性构象，如下所示：

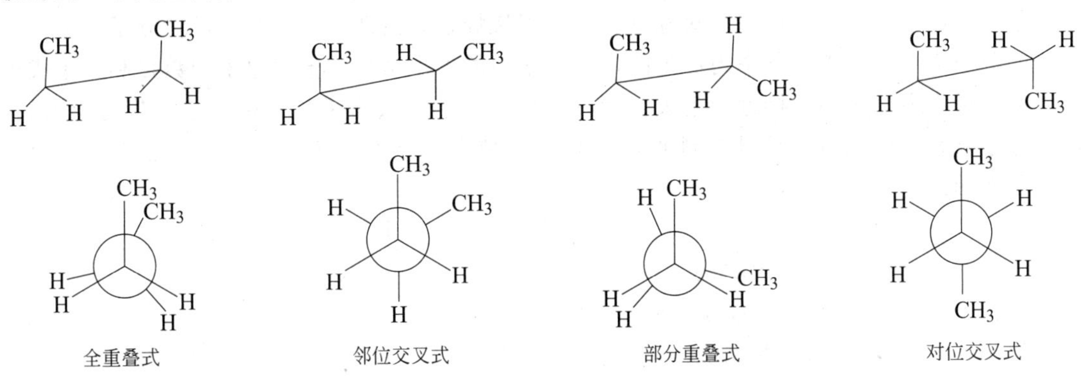

全重叠式　　邻位交叉式　　部分重叠式　　对位交叉式

在全重叠式中，体积最大的两个甲基处于重叠状态，距离最小，分子内斥力最大，能量最高，最不稳定；在对位交叉式中，体积最大的两个甲基距离最远，分子内斥力最小，能量最低，最稳定。四种构象内能高低顺序为：

全重叠式>部分重叠式>邻位交叉式>对位交叉式

对位交叉式的两个较大基团甲基相距最远，相互排斥力最小，是优势构象式，是丁烷主要存在形式。全重叠式两个较大基团甲基相距最近，相互排斥作用最强，是最不稳定构象。和乙烷一样，丁烷的各种构象之间的能量差别（22.6kJ·mol^{-1}）也不大，在室温下仍可通过 σ 键的旋转相互转变，形成以优势构象为主的各种构象平衡混合物，因而室温下不能分离出各构象异构体。

3.1.4 烷烃的物理性质

有机化合物的物理性质通常包括物质的存在状态、颜色、气味、相对密度、熔点、沸点和溶解度等。对于一种纯净有机化合物来说，在一定条件下，这些物理常数有固定的数值，因此是判定该化合物的重要参考数据。甲烷在常温下是一种无色、无味、难溶于水、密度比空气小的气体，甲烷的同系物与甲烷结构相似，但同系物之间又有差异，总体呈现随分子量的递增而有规律地变化。表 3-1 列出了正烷烃的一些物理常数。

表 3-1 几种正烷烃的物理性质（常温常压）

名称	分子式	结构简式	常温下状态	熔点/℃	沸点/℃
甲烷	CH_4	CH_4	气	−182.5	−164.0
乙烷	C_2H_6	CH_3CH_3	气	−183.3	−88.63
丙烷	C_3H_8	$CH_3CH_2CH_3$	气	−189.7	−42.07
丁烷	C_4H_{10}	$CH_3(CH_2)_2CH_3$	气	−183.4	−0.5
戊烷	C_5H_{12}	$CH_3(CH_2)_3CH_3$	液	−129.7	36.07
庚烷	C_7H_{16}	$CH_3(CH_2)_5CH_3$	液	−90.61	98.42
辛烷	C_8H_{18}	$CH_3(CH_2)_6CH_3$	液	−56.79	125.7
癸烷	$C_{10}H_{22}$	$CH_3(CH_2)_8CH_3$	液	−29.7	174.1
十六烷	$C_{16}H_{34}$	$CH_3(CH_2)_{14}CH_3$	液	18.1	286.5
十七烷	$C_{17}H_{36}$	$CH_3(CH_2)_{15}CH_3$	固	22.0	301.8
十九烷	$C_{19}H_{40}$	$CH_3(CH_2)_{17}CH_3$	固	32.0	330.0

烷烃随分子中碳原子的增加，物理性质呈现规律性的变化。主要规律归纳如下：

① 物质状态 常温常压下，C_1～C_4 的直链烷烃是气体，C_5～C_{16}是液体，C_{17}以上是固体。

② 沸点 烷烃分子中只有 C—H σ 键和 C—C σ 键，由于碳和氢的电负性相近，σ 键的极性很小，而且碳的四价在空间对称分布，所以烷烃是非极性分子。在非极性分子中，分子之间的吸引力主要是由范德华力产生的，范德华力的大小又与分子中原子的数目和大小成正比，分子量大者分子间的接触面也大，所以，烷烃分子中碳原子数愈多，范德华力也愈大。对于分子量相同的同分异构体的沸点，则是支链越多，分子间接触面越小，范德华引力越小，因而沸点越低。例如：

	沸点	熔点
正戊烷	36℃	−129℃
异戊烷	25℃	−159℃
新戊烷	9℃	−18℃

熔点虽然也随烷烃分子量增加而升高，但是不完全一致，这主要因为物质熔点除与分子量有关之外，还与该物质在晶体中排列的紧密程度密切相关。偶数碳原子的烷烃分子对称性好，因此它们在晶格中排列更紧密，分子间范德华作用力也愈强，故熔点要高一些。对于同分异构体，则对称性高的物质熔点相对较高。如新戊烷的熔点高于正戊烷和异戊烷。

③ 溶解度 烷烃的极性很小，不溶于极性大的水中，易溶于非极性或者弱极性的有机溶剂如四氯化碳、乙醚、苯等，这符合“相似相溶”经验规则。同样液态的烷烃也常被用作有机溶剂溶解某些有机化合物。例如戊烷和己烷的混合物（也称石油醚）常用来提取草药中的活性成分。

④ 相对密度 烷烃的相对密度也随着碳原子数的增加而增大，但增加的幅度很小，始

终都小于水（$1kg \cdot L^{-1}$）。

3.1.5 烷烃的化学性质

烷烃的化学性质很不活泼，在常温下烷烃与强酸、强碱、强氧化剂、强还原剂等都不易起反应。例如与高锰酸钾、重铬酸钾和溴水等都不反应。所以烷烃在有机反应中常用来作溶剂。烷烃的稳定性是由于分子中碳碳 σ 键和碳氢 σ 键比较牢固。碳原子和氢原子电负性差别很小，因而烷烃碳氢 σ 键的电子不易偏向某一原子。在整个分子中，电子分布是均匀的，键不易极化。所以烷烃在一般条件不易被试剂进攻，致使烷烃化学性质稳定。但烷烃的稳定性也是相对的，在一定条件下，如光照、加热、催化剂的影响下，烷烃也可以和一些试剂发生反应。

(1) 氧化反应

烷烃在常温下，不与氧化剂反应，但都可以在空气中燃烧，彻底氧化为二氧化碳和水，同时放出大量的热能。例如天然气中甲烷的燃烧：

$$CH_4 + 2O_2 \xrightarrow{\text{点燃}} CO_2 + 2H_2O + \text{热能}$$

若氧气不足，则会生成有毒的一氧化碳和水。因而在使用天然气时，应保持室内通风，以免发生一氧化碳中毒。人体内也在不断地发生燃烧氧化反应，产生的能量供给细胞，不过体内的氧化反应非常缓和，不像甲烷燃烧那样剧烈。另外，为人体提供能量的不是甲烷，也并非其他烷烃，而是烃的衍生物——糖类和脂肪。

烷烃除了在点燃或者高温情况下能够发生燃烧氧化之外，也能在催化剂作用下被空气氧化。如石蜡等高级烷烃在高锰酸钾催化下，被空气中的氧气氧化生成多种脂肪酸。

$$RCH_2CH_2R' + O_2 \xrightarrow[\triangle]{KMnO_4} RCOOH + R'COOH$$

中学和大学无机化学从电子得失和电子偏移的角度介绍过氧化还原反应，但是有机化合物均为共价化合物，电子的得失和偏移都不太容易判断。因而，有机化学常从得氧失氧和得氢失氢的角度来判定氧化还原反应。得氧或失氢的反应称为氧化反应；失氧或得氢的反应称为还原反应。氧化还原反应也是常见且重要的有机反应类型。

烷烃同系物的结构与甲烷相似，根据结构与性质的关系，由上面甲烷的性质可以推测其他烷烃的性质。这是学习有机化学的重要方法，也是学好有机化学的思维模式。

(2) 热裂反应

烷烃在隔绝空气的条件下进行的分解叫热裂反应。

烷烃的热裂是一个复杂的反应，烷烃热裂可生成小分子烃，也可脱氢转变为烯烃和氢。

$$CH_3CH_2CH_2CH_3 \xrightarrow{\text{热裂}} \begin{cases} H_2C{=}CHCH_2CH_3 + CH_3CH{=}CHCH_3 + H_2 \\ H_2C{=}CHCH_3 + CH_4 \\ H_2C{=}CH_2 + CH_3CH_3 \end{cases}$$

热裂反应主要用于生产燃料，近年来热裂已被催化裂化所代替。工业上利用催化裂化把高沸点的重油转变为低沸点的汽油，从而提高石油的利用率，增加汽油的产量，提高汽油的质量。

(3) 卤代反应

烷烃中的氢原子被其他元素的原子或基团所替代的反应称取代反应，被卤素取代的反应称为卤代反应。烷烃在光照、高温或催化剂的作用下，可与卤素单质发生反应。例如，甲烷与氯气在光照下发生反应：

$$CH_4 + Cl_2 \xrightarrow{\text{光照}} CH_3Cl + HCl$$

$$CH_3Cl + Cl_2 \xrightarrow{光照} CH_2Cl_2 + HCl$$

$$CH_2Cl_2 + Cl_2 \xrightarrow{光照} CHCl_3 + HCl$$

$$CHCl_3 + Cl_2 \xrightarrow{光照} CCl_4 + HCl$$

甲烷分子中的氢原子可逐一被氯原子所替代，生成一氯甲烷、二氯甲烷、三氯甲烷（又称氯仿）和四氯甲烷（又称四氯化碳）。因此所得产物是氯代烷的混合物。但反应条件对反应产物的组成影响很大。控制反应条件可以使主要产物为某一种氯代烷。若反应温度控制在400～500℃，甲烷与氯气之比为10∶1时，主要产物为一氯甲烷；若控制甲烷与氯气之比为0.263∶1时，则主要产物为四氯化碳。

甲烷的氯代在强光直射下极为激烈，以致发生爆炸产生碳和氯化氢。

反应历程是研究反应所经历的过程，反应历程又称反应机理。它是有机化学理论的主要组成部分。反应机理是在综合大量实验事实的基础上提出的一种理论假设，如果这种假设能圆满地解释实验事实和所观察到的现象，并且根据这种假设所做的推论又能被新的实验事实所证实，那么这种理论假设就是该反应的反应机理。

氯气与甲烷反应有如下实验事实：

① 甲烷和氯气混合物在室温下及黑暗处长期放置并不发生化学反应；

② 将氯气用光照射后，在黑暗处放置一段时间再与甲烷混合，反应不能进行，若将氯气用光照射，迅速在黑暗处与甲烷混合，反应立即发生，且放出大量的热量；

③ 将甲烷用光照射后，在黑暗处迅速与氯气混合，也不发生化学反应。

从上述实验事实可以看出，甲烷氯代反应的进行与光对氯气的照射有关。首先，在光照射下氯气分子吸收能量，其共价键发生均裂，产生两个活泼氯自由基。

$$Cl:Cl \xrightarrow{光照} 2Cl\cdot \text{（氯自由基）} \quad \text{链引发}$$

活泼的氯自由基再从甲烷分子中夺取一个氢原子，生成新的自由基（甲基自由基）和氯化氢。

$$Cl\cdot + CH_4 \longrightarrow HCl + \cdot CH_3 \text{（甲基自由基）}$$

甲基自由基与氯自由基一样活泼，它与氯气分子作用，生成一氯甲烷，同时产生新的氯自由基。

$$\cdot CH_3 + Cl_2 \longrightarrow Cl\cdot + CH_3Cl \text{（一氯甲烷）}$$

新的氯自由基不但可以夺取甲烷分子中的氢，也可以夺取氯甲烷分子中的氢，生成甲基自由基和氯甲基自由基。如此循环，可以使反应连续进行，生成一氯甲烷、二氯甲烷、三氯甲烷、四氯化碳等。甲烷氯代反应的每一步会消耗掉一个自由基，同时又会为下一步反应产生一个新的自由基，从而使反应能够连续不断地持续下去，这样的反应又称为链式反应。

$$\left.\begin{array}{l} Cl\cdot + CH_4 \longrightarrow HCl + \cdot CH_3 \text{（甲基自由基）} \\ \cdot CH_3 + Cl_2 \longrightarrow Cl\cdot + CH_3Cl \text{（一氯甲烷）} \\ Cl\cdot + CH_3Cl \longrightarrow HCl + \cdot CH_2Cl \text{（氯甲基自由基）} \\ \cdot CH_2Cl + Cl_2 \longrightarrow Cl\cdot + CH_2Cl_2 \text{（二氯甲烷）} \end{array}\right\} \text{链增长}$$

在自由基反应中，虽然只有少数自由基就可以引起一系列反应，但反应不能无限制地进行下去。因为随着反应的进行，氯气和甲烷的含量不断降低，自由基的含量相对增加，自由基之间的碰撞机会增加，产生了自由基之间的结合导致反应的终止。

$$\left.\begin{array}{l} Cl\cdot + \cdot CH_3 \longrightarrow CH_3Cl \\ Cl\cdot + Cl\cdot \longrightarrow Cl_2 \\ \cdot CH_3 + \cdot CH_3 \longrightarrow CH_3CH_3 \end{array}\right\} \text{链终止}$$

由此可见，反应的最终产物是多种卤代烃的混合物。

从上述反应的全过程可以看出，自由基反应通常包括三个阶段：链引发，即吸收能量开始产生自由基的阶段；链增长，即反应连续进行的阶段，其特点是生成产物和新的自由基；链终止，即自由基相互结合，使反应终止的阶段。反应一旦触发，就会产生连锁反应，直到自由基消耗完为止。例如爆炸、燃烧多属于这类反应。

其他烷烃的氯代反应与甲烷的氯代反应一样，均为自由基反应机理。但对不同的烷烃，由于结构的差异，产物较甲烷复杂。例如氯与丙烷的反应，由于丙烷分子中存在伯氢和仲氢，因此得到两种不同的氯代产物：1-氯丙烷和 2-氯丙烷。其产物比例如下：

$$CH_3CH_2CH_3 + Cl_2 \xrightarrow[\text{或}\triangle]{h\nu} \underset{\substack{\text{1-氯丙烷}\\45\%}}{CH_3CH_2CH_2Cl} + \underset{\substack{\text{2-氯丙烷}\\55\%}}{CH_3\underset{\displaystyle Cl}{\underset{|}{C}}HCH_3}$$

丙烷分子中有六个伯氢和两个仲氢，氯自由基与伯氢相遇的机会为仲氢的三倍，但一氯代产物中，2-氯丙烷的收率反而比 1-氯丙烷高，说明仲氢比伯氢活性大，更容易被取代。伯氢与仲氢的相对活性为：

$$\frac{\text{伯氢}}{\text{仲氢}}=\frac{45/6}{55/2}=1:3.8$$

氯与异丁烷的反应也生成两种产物，产物比例如下：

$$\underset{\text{异丁烷}}{H_3C-\underset{\displaystyle CH_3}{\underset{|}{\overset{\displaystyle CH_3}{\overset{|}{C}}}}-H} + Cl_2 \xrightarrow[\text{或}\triangle]{h\nu} \underset{\substack{\text{2-甲基-1-氯丙烷}\\63\%}}{H_3C-\underset{\displaystyle CH_2Cl}{\underset{|}{\overset{\displaystyle CH_3}{\overset{|}{C}}}}-H} + \underset{\substack{\text{2-甲基-2-氯丙烷}\\37\%}}{H_3C-\underset{\displaystyle CH_3}{\underset{|}{\overset{\displaystyle CH_3}{\overset{|}{C}}}}-Cl}$$

伯氢与叔氢的相对活性为：

$$\frac{\text{伯氢}}{\text{叔氢}}=\frac{63/9}{37/1}=1:5$$

实验结果表明，仲氢活性是伯氢的 3.8 倍，叔氢活性是伯氢的 5 倍，烷烃中各种氢的活性顺序为：叔（3°）氢＞仲（2°）氢＞伯（1°）氢。

上述结论可由键的解离能或自由基的稳定性加以解释。不同类型氢的解离能不同。3°氢的解离能最小，故反应时这个键最容易断裂，所以三级氢在反应中活性最高。

$$H_3C-H \longrightarrow \cdot CH_3 + \cdot H \qquad 434.7\,kJ\cdot mol^{-1}$$

$$H_3C-\underset{\displaystyle H}{\underset{|}{\overset{\displaystyle H}{C}}}-CH_3 \longrightarrow H_3C-\underset{\bullet}{\overset{\displaystyle H}{C}}-CH_3 + \cdot H \qquad 397\,kJ\cdot mol^{-1}$$

$$H_3C-\underset{\displaystyle CH_3}{\underset{|}{\overset{\displaystyle H}{C}}}-CH_3 \longrightarrow H_3C-\underset{\displaystyle CH_3}{\underset{|}{\overset{\bullet}{C}}}-CH_3 + \cdot H \qquad 380.4\,kJ\cdot mol^{-1}$$

从自由基的稳定性来说，稳定性次序为：3°R· ＞2°R· ＞1°R· 。

一般来讲，自由基越稳定，越容易生成，其反应速率越快。由于大多数自由基只在反应的瞬间存在，寿命很短，所以稳定性是相对的。

3.1.6 烷烃的来源及用途

烷烃广泛存在于自然界中，它的主要来源是天然气和石油。天然气和沼气的主要成分是甲烷。石油的成分很复杂，是各种烷烃的混合物，还有一些环烷烃及芳香烃。某些动植物体中也有少量烷烃存在，如在烟草叶上的蜡中含有二十七烷和三十一烷；白菜叶上的蜡含有二十九烷；苹果皮上的蜡含二十七烷和二十九烷。此外，某些昆虫的外激素就是烷烃，所谓“昆虫外激素”是同种昆虫之间借以传递信息而分泌的化学物质。例如有一种蚁，它们通过分泌一种有气味的物质来传递警戒信息，经分析，这种物质含有正十一烷和正十三烷。又如雌虎蛾引诱雄虎蛾的性外激素是甲基十七烷，这样人们就可合成这种昆虫性外激素并利用它将雄虎蛾引至捕集器中将它们杀死。昆虫激素的作用往往是专一的，所以利用它只能杀死某一种昆虫而不伤害其他昆虫，这便是近年来发展起来的第三代农药。

基于烷烃在物理性质和化学性质上的特点，也有一些在医药上的应用。最常见的有液体石蜡，液体石蜡是十八个碳到二十四个碳原子的烷烃混合物，常温下是无色透明的液体，不溶于水和醇，溶于醚和氯仿，医药上用作缓泻剂，也常作基质，用于滴鼻剂或喷雾剂的配制。其次是固体石蜡，它是二十五个碳到三十四个碳原子的烷烃混合物，常温下是白色蜡状固体，医药上用于蜡疗和调节软膏的硬度，也是制造蜡烛的原料。另外还有液体石蜡和固体石蜡的混合物凡士林，常含色素而呈黄色，呈软膏状半固体，不溶于水，溶于乙醚和石油醚，因不被皮肤吸收，且化学性质稳定，不与药物起反应，而常用作软膏的基质。

3.2 环烷烃

分子中原子间以单键连接，且碳原子首尾连接成环状的烃称环烷烃。环烷烃因其结构、性质与烷烃相似，又称脂环烃。

3.2.1 环烷烃的结构

(1) 环烷烃的顺反异构

环烷烃分子中，环上碳碳σ键受环的限制，无法像烷烃中那样自由旋转，因此，当环上有两个或以上取代基时，这些取代基在空间可以形成不同的排列方式，形成同分异构体，如1,4-二甲基环己烷。若将环己烷视为一平面，则两个甲基在环平面同侧称为顺式，在环平面异侧称为反式，分别在其名称前冠以“顺”或“反”字。

顺-1,4-二甲基环己烷　　反-1,4-二甲基环己烷

在1,4-二甲基环己烷的顺反两种异构中，分子中原子间的连接顺序和结合方式完全相同，只是两个甲基在空间的排列方式不同。像这种因分子中碳碳σ键不能自由旋转，导致分子中的原子或原子团在空间形成不同排列产生的同分异构称为顺反异构。顺反异构属于立体异构中的构型异构。

(2) 环烷烃的稳定性

环烷烃的稳定性与组成环的碳原子数密切相关，环的稳定性的大小反映了分子内能的不同。内能越大，环越不稳定。根据热力学试验得知，各种环烷烃在燃烧时由于环的大小不同，燃烧热不同。表3-2给出了一些环烷烃的燃烧热数值。

表 3-2　环烷烃的燃烧热

名称	分子燃烧热 /kJ·mol^{-1}	CH_2 燃烧热 /kJ·mol^{-1}	名称	分子燃烧热 /kJ·mol^{-1}	CH_2 燃烧热 /kJ·mol^{-1}
环丙烷	2091.0	697.0	环辛烷	5308.0	663.5
环丁烷	2744.8	686.2	环壬烷	5979.6	664.4
环戊烷	3320.0	664.0	环癸烷	6635.0	663.5
环己烷	3951.0	658.5	环十一烷	7289.7	662.7
环庚烷	4636.1	662.3			

从环烷烃的燃烧热数值可以看出，由环丙烷到环戊烷，随着环增大，每个 CH_2 的燃烧热依次减小，这说明环越小能量越高，所以不稳定。由环己烷开始，每个 CH_2 的燃烧热趋于恒定，而且和烷烃分子每个 CH_2 的燃烧热（658.6kJ·mol^{-1}）相当接近，所以较稳定。即三碳环最不稳定，四碳环比三碳环稍稳定一些，五碳和六碳环比较稳定。近代电子理论认为，烷烃分子中每个碳原子都采取 sp^3 杂化，且它们都沿着轨道对称轴相互重叠，形成稳定的 σ 键，两个 σ 键间的夹角约为 109.5°。而在环烷烃中，每个碳原子也采取 sp^3 杂化，形成 σ 键的情况要比烷烃复杂得多。

为了从结构上对这一事实给出较为合理的解释，1885 年 Baeyer 提出了张力学说。他假定成环碳原子都在同一平面上，且成环后形成特定的键角。环丙烷分子呈正三角形，键角为 60°；环丁烷是正四边形，键角为 90°；环戊烷为正五边形，键角为 108°；环己烷是正六边形，键角是 120°。

环丙烷　　环丁烷　　环戊烷　　环己烷

饱和碳原子 sp^3 杂化轨道成键后正常键角应为 109.5°，环烷烃的键角与正常键角比较，均存在一定的角度偏差，环烷烃分子的键角有恢复到正常键角的倾向，因而环产生了张力，这个张力称为角张力。环的键角偏离正常键角（109.5°）越大，则环中张力越大，环越不稳定，所以环丙烷不如环丁烷稳定，环戊烷和环己烷比较稳定。Baeyer 张力学说比较直观地说明了环的稳定性与环大小的关系，对于初学者认识环烷烃性质很有帮助。但 Baeyer 张力学说是建立在成环碳原子都在同一平面这一假定基础上的，与实际情况并不完全相符。

根据现代价键理论的观点，成键原子之间要形成化学键，必须使成键两原子各自的成键轨道处于最大重叠的位置，才能形成稳定的共价键。环烷烃的饱和碳原子 sp^3 杂化轨道成键后键角应为 109.5°，但是环丙烷分子中任两个碳原子的 sp^3 杂化轨道不可能在两原子直线方向上成 60°角完成最大重叠。根据现代物理仪器研究发现，环丙烷分子中的 sp^3 杂化轨道在两碳原子连线之外发生了部分重叠，形成弯曲状重叠的弯曲键，见图 3-4。该键比烷烃中的 σ 键弱，容易受外界电场作用，而发生断键，因而环丙烷化学性质最不稳定。随着环的增大，环内部角度逐渐增大，且除环丙烷之外，成环碳原子并不都在同一平面上，这更使得环烷烃分子内的键角逐渐与正常键角（109.5°）靠近。因而，环戊烷和环己烷比较稳定。

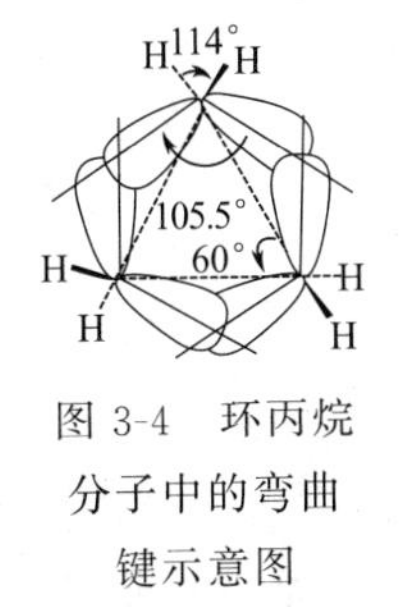

图 3-4　环丙烷分子中的弯曲键示意图

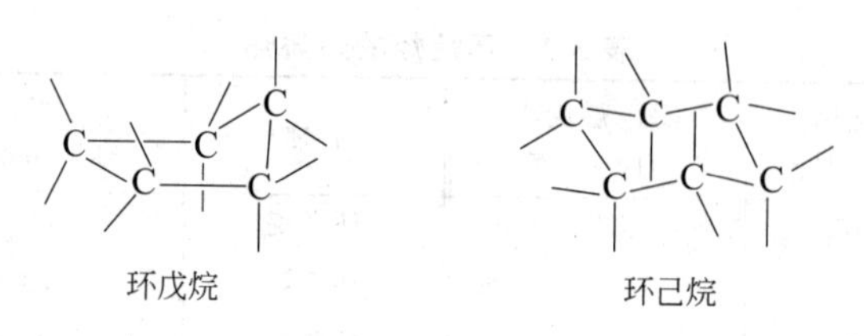

环戊烷　　　　环己烷

3.2.2 单环烷烃的物理性质

单环烷烃不溶于水，熔、沸点也随分子中碳原子数的增加而逐渐增大，分子对称性和分子之间的接触面均比烷烃要高和大，因而熔、沸点比相同碳原子数的烷烃要高，密度也比相应的烷烃要高一些。部分单环烷烃的物理常数见表 3-3。

表 3-3 部分单环烷烃的物理常数（常温常压）

名称	分子式	常温下状态	熔点/℃	沸点/℃
环丙烷	C_3H_6	气体	−127.4	−32.9
环丁烷	C_4H_8	气体	−50	12
环戊烷	C_5H_{10}	液体	−93.8	49.3
环己烷	C_6H_{12}	液体	6.5	80.7
环庚烷	C_7H_{14}	液体	−12	118.5

3.2.3 单环烷烃的化学性质

单环烷烃与烷烃相比，分子内原子间均以 σ 单键结合，所以化学性质非常相似，但单环烷烃由于碳链成环，结构与烷烃不完全相同，因而化学性质也有不同于烷烃之处。总体上单环烷烃较为稳定，一般与强酸、强碱、强氧化剂等试剂均不反应。

(1) 取代反应

环戊烷和环己烷等因结构与烷烃更为相似，较容易发生取代反应。例如环己烷与溴，在高温或光照下能发生溴代反应，生成溴代环烷烃及溴化氢。

$$\text{环己烷} + Br_2 \xrightarrow{\text{光照}} \text{环己基}{-}Br + HBr$$

与烷烃卤代反应一样，环烷烃的卤代反应也属于自由基取代反应。

(2) 开环加成

含四个碳原子以下的环烷烃因分子中存在弯曲幅度较大的 σ 单键，很容易受外界电场作用而断裂，发生加成反应（加成反应在后面不饱和烃章节中会有进一步介绍）。

① 与氢气加成　环丙烷和环丁烷在催化剂作用下，能与氢气发生开环加成生成相应的烷烃。

$$\text{环丙烷}(H_2C{-}CH_2{-}CH_2) + H_2 \xrightarrow[80℃]{Ni} CH_3{-}CH_2{-}CH_3$$

$$\text{环丁烷}(H_2C{-}CH_2{-}CH_2{-}CH_2) + H_2 \xrightarrow[200℃]{Ni} CH_3{-}CH_2{-}CH_2{-}CH_3$$

从反应形式上看，氢气中两个氢原子分别连接到被打开的碳环两端碳原子上，产物转变为开链化合物，这类反应称为开环加成反应。环戊烷和环己烷等则较难发生开环加成反应。

② 与卤素和卤化氢加成　环丙烷常温下就能与溴、碘化氢发生开环加成反应。

$$\text{环丙烷} + Br_2 \longrightarrow \underset{Br}{CH_2}-CH_2-\underset{Br}{CH_2}$$ 1,3-二溴丙烷

$$\text{环丙烷} + HI \longrightarrow \underset{H}{CH_2}-CH_2-\underset{I}{CH_2}$$ 1-碘丙烷

环丁烷只有在加热时才能与溴、碘化氢发生开环加成。例如：

$$\text{环丁烷} + Br_2 \xrightarrow{\triangle} \underset{Br}{CH_2}-CH_2-CH_2-\underset{Br}{CH_2}$$ 1,4-二溴丁烷

$$\text{环丁烷} + HI \xrightarrow{\triangle} \underset{H}{CH_2}-CH_2-CH_2-\underset{I}{CH_2}$$ 1-碘丁烷

同样，环戊烷和环己烷等环烷烃也很难与卤素、卤化氢发生开环加成反应。从上述反应不难看出，环丙烷和环丁烷最为活泼，容易发生开环加成；环戊烷和环己烷等相对稳定，较难开环，容易发生取代反应。但是两类环烷烃都难发生氧化反应，即便是最活泼的环丙烷也不能被高锰酸钾氧化。

3.3 环烷烃的构象

3.3.1 环丙烷、环丁烷和环戊烷的构象

烷烃通过碳碳单键的旋转产生不同构象，环烷烃分子中碳碳单键的旋转因环的存在而受阻，但若两个或以上碳碳单键协同转动，则也会产生若干不同构象，且伴有键角的转动和变化。

（1）环丙烷构象

环丙烷分子中三个碳原子只能同处一平面，因而只有一种平面式构象。

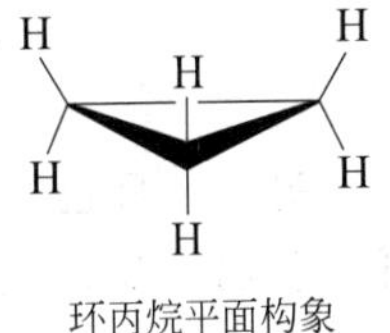

环丙烷平面构象

环丙烷分子内存在较大角张力，且环丙烷平面式构象中，所有碳氢键都处于重叠状态，分子内存在较大斥力。因而，环丙烷是极不稳定的环烷烃。

（2）环丁烷构象

环丁烷存在两种典型构象：一种是四个碳原子位于同一平面的平面式构象，与环丙烷相似，分子内存在较大角张力，且碳原子上的碳氢键处于重叠状态，分子内斥力较大，因而平面式构象是环丁烷最不稳定的构象；另一种则是平面式构象中的一个碳原子沿平面向上或向下翻转形成的蝶式构象，环内碳碳键虽仍是弯曲键，但键角更接近 109.5°，且相连碳原子上的氢原子处于交叉式，分子内角张力和斥力达到最小，因而蝶式构象是环丁烷的优势构象。

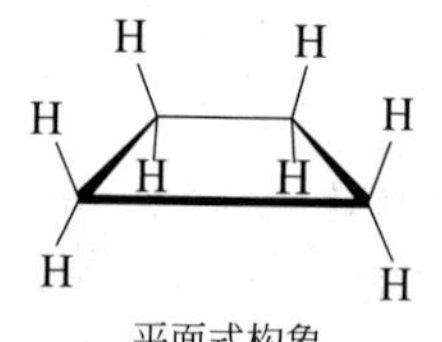

平面式构象

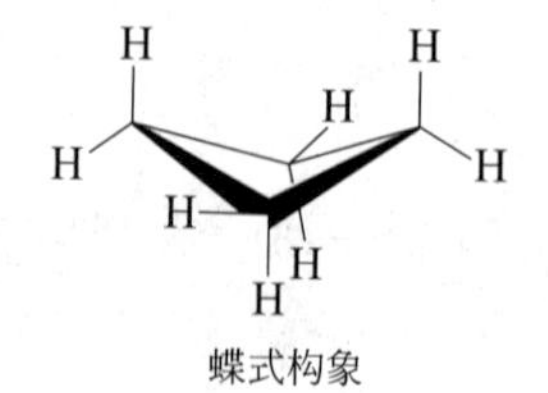

蝶式构象

(3) 环戊烷构象

环戊烷也存在两种典型构象，一种是四个碳原子位于同一平面，另外一个碳原子沿平面向上或向下翻转形成信封式构象；另一种是三个碳原子位于同一平面，另外两个碳原子分别位于平面上下方的半椅式构象。在这两种典型构象中碳碳键的键角比环丙烷构象中碳碳键的键角更接近 109.5°，环也更稳定，但在信封式构象中，平面碳原子上的碳氢键处于重叠式状态，斥力较大，内能相对较半椅式构象高，因而半椅式构象是环戊烷的优势构象。

环戊烷的衍生物是自然界生物体内广泛存在的结构，如生命体遗传基因中的核糖中，以及临床许多药物结构之中。为了书写的方便，一般用正五边形表示五元环，环上的原子或基团写在环的上下方。

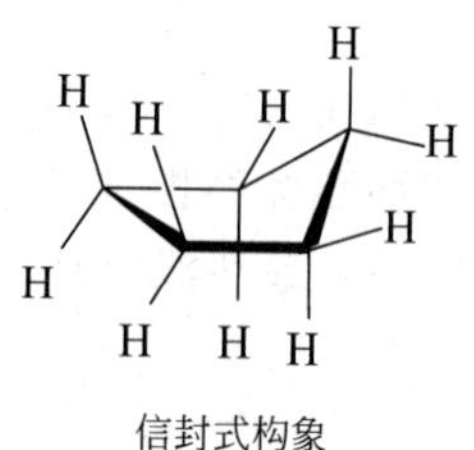

信封式构象

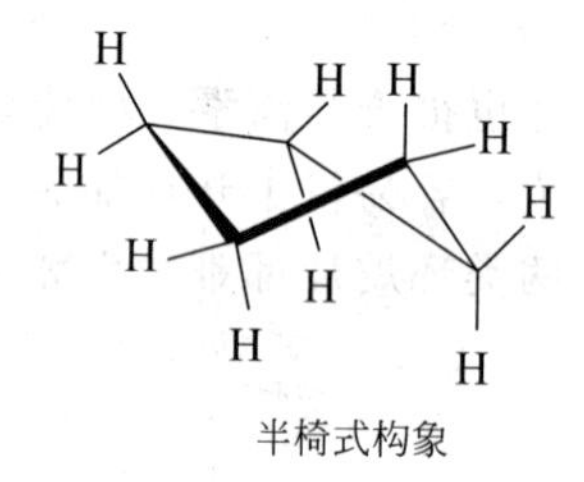

半椅式构象

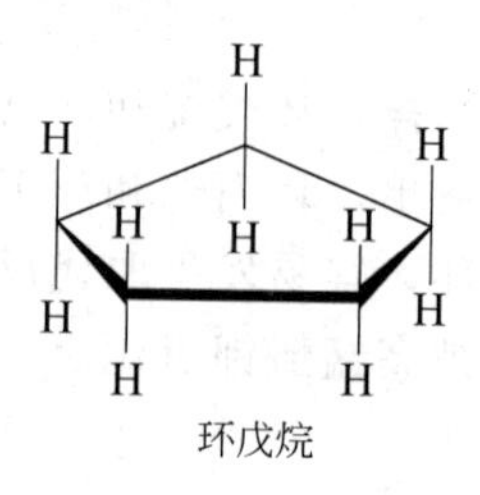

环戊烷

3.3.2 环己烷的构象

(1) 椅式与船式构象

环己烷分子存在椅式和船式两种典型构象。在这两种构象中，环内所有碳碳键键角均接近饱和碳四面体键角，几乎没有角张力。在船式构象中，C_1 和 C_4 上的两个氢原子相距较近，相互之间斥力较大，而在椅式构象中则相距较远，不产生斥力。

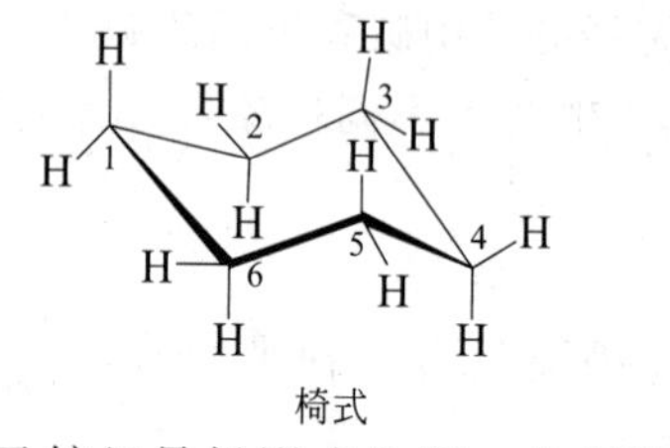

椅式

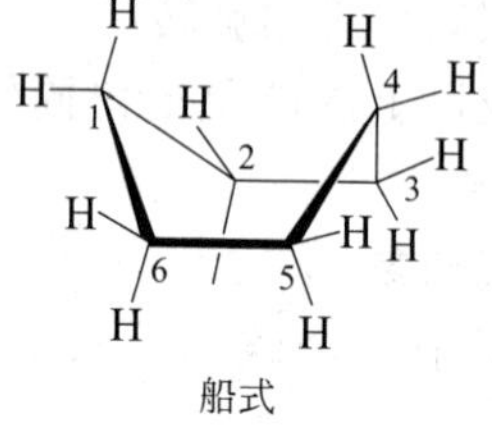

船式

另外从环己烷纽曼投影式分析，分别沿着椅式构象中的 C_5、C_6 和 C_2、C_3 之间的键轴可以看出，相连碳原子上的氢原子都处于交叉式；而在船式构象中则处于重叠式。所以椅式比船式内能更低，是最稳定的一种构象，即环己烷的优势构象。

环己烷的衍生物也是自然界生物体内广泛存在的结构单元，为了书写的方便，一般用正六边形表示六元环，环上的原子或基团写在环的上下方，有时为了表示环上原子或基团在空间的位置关系，常使用椅式构象。

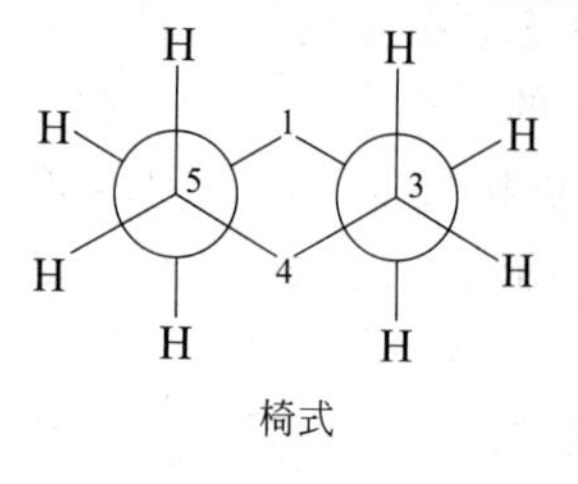

椅式

船式

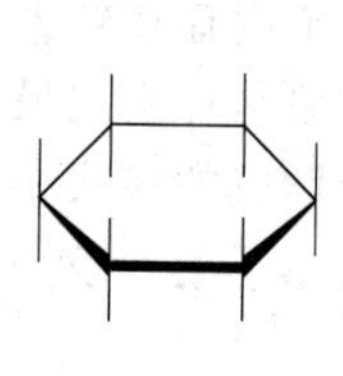

环己烷

(2) 竖键与横键

在环己烷椅式构象中，C_1、C_3、C_5 与 C_2、C_4、C_6 各形成上下两个互相平行的平面。十二个碳氢键可分为两类，一类是垂直于 C_1、C_3 和 C_5 形成的平面（或 C_2、C_4 和 C_6 形成的平面），包含实线键和虚线键共六个，称为 a 键，也称直立键或竖键；另一类则是大致与平面平行的六个键称为 e 键，也称平伏键或横键。

a键　　e键

环己烷不同构象之间能通过碳原子的振动和碳碳键的转动实现互相转变。椅式环己烷也可以通过环的扭转从一种椅式构象变为另一种椅式构象，同时原来的 a 键和 e 键分别转变成 e 键和 a 键。

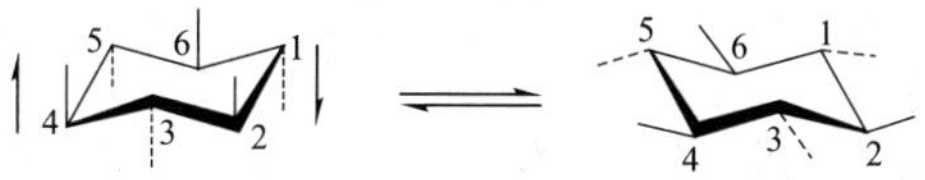

(3) 取代环己烷的优势构象

从环己烷椅式构象中不难发现，处于 a 键上的氢原子之间的距离要比处于 e 键上的氢原子之间的距离近很多，若 1 号碳原子 a 键上的氢原子被甲基取代形成甲基环己烷，C_1 上的甲基受 C_3 和 C_5 上的氢原子排斥作用，内能较高，稳定性差；若甲基取代 1 号碳原子 e 键上的氢，则甲基受到 C_3 和 C_5 上的氢原子排斥作用较小，内能较低，稳定性强，是甲基环己烷的优势构象。

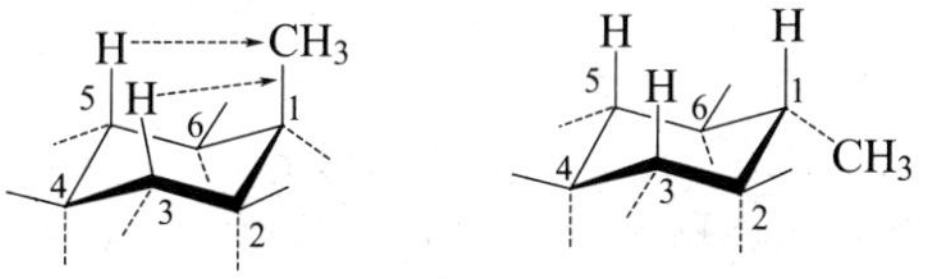

环己烷椅式构象的碳环可以翻转，e 键和 a 键实现互换，因此甲基环己烷为两种构象的平衡混合体。因甲基在 e 键的甲基环己烷是优势构象，所以在构象平衡混合体中占有更高比例。这种构象是甲基环己烷的主要存在形式。

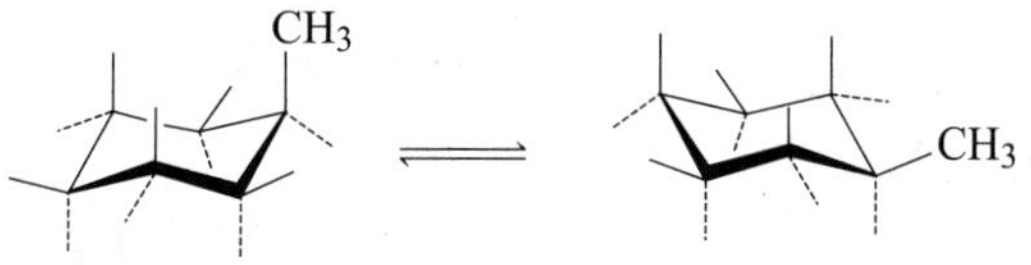

一元取代环己烷中，取代基位于 e 键的构象是优势构象，环己烷多元取代物最稳定的构象是取代基位于 e 键最多的构象，环己烷上取代基不同时，较大取代基位于 e 键的构象最稳定。

【阅读材料】

化学家卡尔·肖莱马

卡尔·肖莱马（Carl Schorlemmer）是一位共产主义战士，同时又是一位优秀的化学家。肖莱马 1834 年 9 月 30 日出生于德国黑森州达姆施塔特市的一个手工业家庭，1859 年

卡尔·肖莱马

进入吉森大学化学系，由于交不起学费，只读了一个学期就中途辍学。1859 年肖莱马到英国曼彻斯特担任欧文斯学院化学教授罗斯科的私人助手，从此定居英国。1861 年肖莱马成为正式助手，在该院的化学实验室里工作，1872 年开始发表论文，由于他致力于科学，1871 年当选为英国皇家学会会员，1874 年任教授，为英国第一位有机化学教授。

肖莱马的化学研究从脂肪烃作为起点。他从石油中分离出戊烷、己烷、庚烷和辛烷。对丙烷和庚烷分别进行氯代得到 1-氯丙烷和两种氯庚烷，从而水解得到相应的醇。肖莱马测定烷烃的沸点，发现直链烷烃比其异构体有较高的沸点，揭示了结构与性质的关系。

【巩固练习】

3-1 选择题

1. 下列有机物中属于烃类的是（　　）。

A. CH_3Br　　B. $C_6H_5NO_2$　　C. C_4H_{10}　　D. C_2H_5OH

2. 下列分子式属于烷烃的是（　　）。

A. C_5H_8　　B. C_4H_{10}　　C. C_3H_6　　D. C_8H_{10}

3. 烷烃分子中碳原子的空间构型是（　　）。

A. 三角形　　B. 四边形　　C. 四面体　　D. 平面形

4. 某烷烃分子式为 C_5H_{12}，其中一元氯代物有三种，那么它的结构为（　　）。

A. 正戊烷　　B. 异戊烷　　C. 新戊烷　　D. 不存在这种物质

5. 能与甲烷反应的是（　　）。

A. NaOH　　B. HCl　　C. Br_2　　D. $KMnO_4$

6. 最容易发生开环加成的环烷烃是（　　）。

A. C_3H_6　　B. C_4H_8　　C. C_5H_{10}　　D. C_6H_{12}

7. 常温能使溴褪色的是（　　）。

A. 丙烷　　B. 环丙烷　　C. 环戊烷　　D. 环己烷

8. 下列烷烃结构中，含有两个仲碳原子的是（　　）。

A. 丙烷　　B. 乙烷　　C. 异丁烷　　D. 丁烷

9. 下列几种构象最稳定的是（　　）。

A. H　C_2H_5　H_3C　H　$(H_3C)_3C$

B. CH_3　H　H　C_2H_5　$(H_3C)_3C$

C. H　$C(CH_3)_3$　H_3C　H　C_2H_5

D. CH_3　C_2H_5　H　H　$(H_3C)_3C$

10. 下列各组互为同分异构体的是（　　）。

A. 丙烷和 2-甲基丙烷　　B. 戊烷和环戊烷

C. 丁烷和 2-甲基丙烷　　D. 异丁烷和异戊烷

3-2 将下列自由基按照稳定性由大到小的顺序排列。

(1) $(CH_3)_3C\cdot$ (2) $CH_3\dot{C}HC_2H_5$ (3) $Ph_3C\cdot$ (4) $CH_3CH_2\cdot$

3-3 完成下列反应式。

(1) $CHCl_3+Cl_2 \xrightarrow{光照}$

(2) $CH_3CH_3+Br_2 \xrightarrow{\triangle}$

(3) $CH_3CH_2CH_3+O_2 \xrightarrow{点燃}$

3-4 简答题：归纳总结烷烃和环烷烃在结构与性质上的异同点。

参考答案

【问题 3.1】

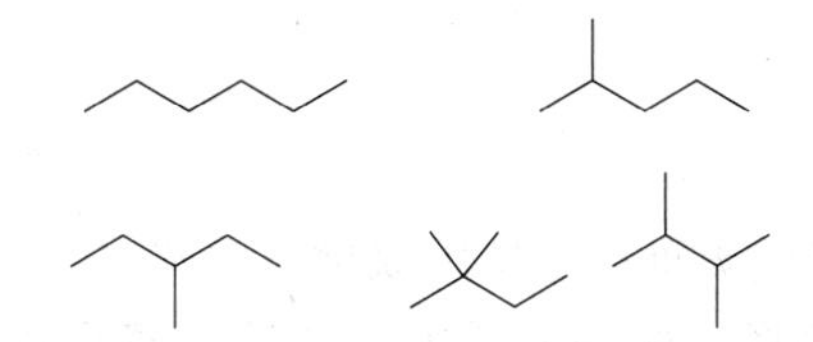

3-1

1. C 2. B 3. C 4. A 5. C 6. A 7. B 8. D 9. B 10. C

3-2 (3)>(1)>(2)>(4)

3-3 (1) CCl_4 (2) CH_3CH_2Br (3) CO_2+H_2O

3-4 略。

（侯超 编 姜洪丽 校）

第4章 不饱和烃

不饱和烃是指分子中含有碳碳重键（碳碳双键或碳碳三键）的烃类化合物。分子中含有碳碳双键的烃类化合物称为烯烃。根据分子中所含碳碳双键的数目，烯烃又可以分为单烯烃、二烯烃和多烯烃，通常所说的烯烃指的是单烯烃。分子中含有碳碳三键的烃类化合物称为炔烃。

4.1 烯 烃

烯烃中的碳碳双键是其官能团，反应多发生在碳碳双键上。由于链状烯烃比相应的烷烃少两个氢原子，所以其通式为 C_nH_{2n}。

4.1.1 烯烃的结构、异构和顺反异构体的标记

(1) 结构

烯烃中双键碳原子为 sp^2 杂化态，三个 sp^2 杂化轨道处于同一平面。以最简单的烯烃——乙烯（$CH_2=CH_2$）为例，两个相邻的碳原子分别以一个 sp^2 杂化轨道沿键轴方向重叠形成碳碳 σ 键，两个垂直于 sp^2 杂化轨道所处平面且未参与杂化的 p 轨道彼此侧面重叠形成 π 键。所以，烯烃中的碳碳双键是由一个 σ 键和一个 π 键组成的。同时，两个碳原子又各自以其剩余的 sp^2 杂化轨道与两个氢原子的 s 轨道重叠形成碳氢 σ 键。乙烯分子中 5 个 σ 键处于同一平面上，π 电子云则垂直并对称地分布在 σ 键所在平面上方和下方。乙烯分子的键长、键角以及分子结构见图 4-1、图 4-2。

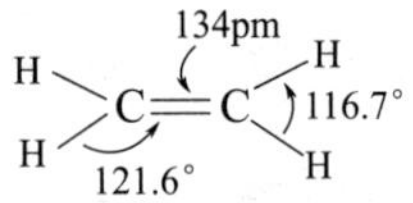

图 4-1 乙烯分子的键长与键角

乙烯中碳碳双键的键能为 $610kJ \cdot mol^{-1}$，乙烷中碳碳单键的键能为 $345kJ \cdot mol^{-1}$，即 π 键的键能约为 $265kJ \cdot mol^{-1}$。由此可见，π 键不如 σ 键牢固，强度较小。

π 键的特征：①形成 π 键的两个 p 轨道为侧面重叠，其重叠程度较小，不如 σ 键牢固，容易断裂；②π 电子云分布在 σ 键的上方和下方，离核较远，受核的约束力较小，流动性较大，易极化，易受缺电子试剂（亲电试剂）进攻而发生反应；③π 键不是按键轴方向重叠，

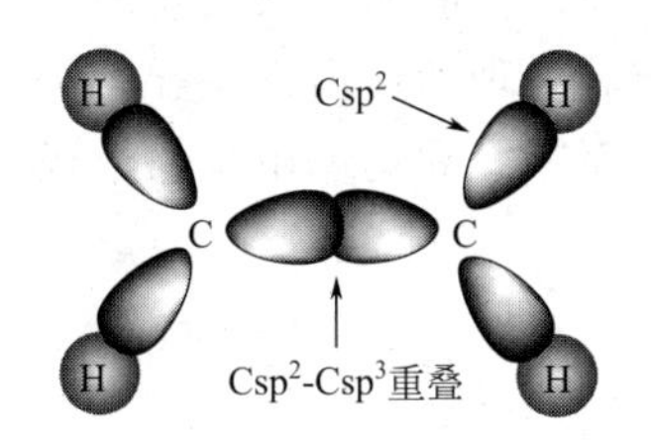

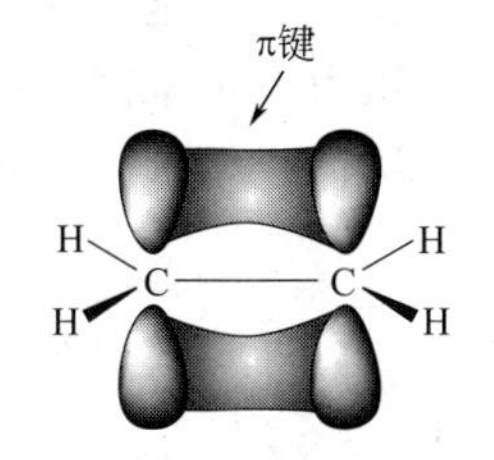

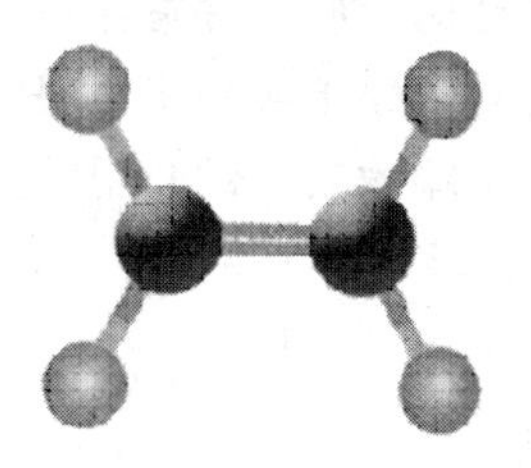

图 4-2　乙烯分子的结构

如果旋转会使其破裂，这需要较高的能量，所以双键连接的两个碳原子不能自由旋转。当双键碳原子连有不同的原子或基团时会产生顺反异构。

(2) 同分异构现象

烯烃的异构现象比较复杂，其异构体的数目比相同碳原子的烷烃要多。构造异构中包括碳链异构、双键位置异构，另外还有因双键而引起的顺反异构。

① 构造异构　以戊烯为例，它有五个构造异构体：

$CH_3CH_2CH_2CH{=}CH_2$ (Ⅰ)　　$CH_3CH_2CH{=}CHCH_2$ (Ⅱ)

$CH_3CH(CH_3)CH{=}CH_2$ (Ⅲ)　　$CH_3C(CH_3){=}CHCH_3$ (Ⅳ)　　$CH_3CH_2C(CH_3){=}CH_2$ (Ⅴ)

（Ⅰ）、（Ⅱ）与（Ⅲ）、（Ⅳ）、（Ⅴ）之间是由于碳链的骨架不同而引起的异构，称为碳链异构。而（Ⅰ）、（Ⅱ）之间或（Ⅲ）、（Ⅳ）、（Ⅴ）之间的碳链骨架相同，是由于双键在碳链位置不同而引起的异构，称为位置异构。

② 顺反异构　产生顺反异构的原因是烯烃分子中存在着限制碳原子自由旋转的双键，当双键碳原子上连接不同的原子或基团时，这些原子或基团在双键碳原子上的空间排列方式是固定的，即产生了和环烷烃一样的顺反异构现象。例如，2-丁烯有两种构型。

H、H_3C / C=C \ H、CH_3（顺-2-丁烯）　　H、H_3C / C=C \ CH_3、H（反-2-丁烯）

顺-2-丁烯　　反-2-丁烯

当两个相同的原子或基团（例如氢原子或甲基）在双键同侧时称为顺式，在双键异侧时称为反式。

并不是所有烯烃都能产生顺反异构，只有当每个双键碳原子所连接的两个原子或基团不同时，烯烃才有顺反异构体，即顺反异构体必须符合下列结构特点。

$(a)(b)C{=}C(a)(b)$　　$(a)(b)C{=}C(a)(d)$　　$(a)(b)C{=}C(e)(d)$

例如，1-丁烯、2-甲基-2-丁烯均无顺反异构体。

$(H)(H)C{=}C(H)(CH_2CH_3)$　　$(H_3C)(H_3C)C{=}C(H)(CH_3)$

1-丁烯　　2-甲基-2-丁烯

顺反异构体属于不同的化合物，不仅理化性质不同，往往还有不同的生理活性。一些有生理活性的物质也常常存在特定的构型，主要是由于双键碳原子上的原子或基团的空间距离不同，导致原子或基团之间的相互作用力大小不同，从而使其生理活性出现差异。例如，己烯雌酚是雌激素，供药用的是反式异构体，生理活性较强；而顺式异构体由于两个羟基间距离较小，生理活性弱。

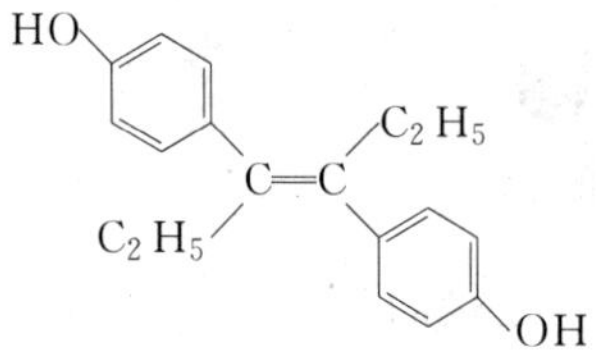

反己烯雌酚 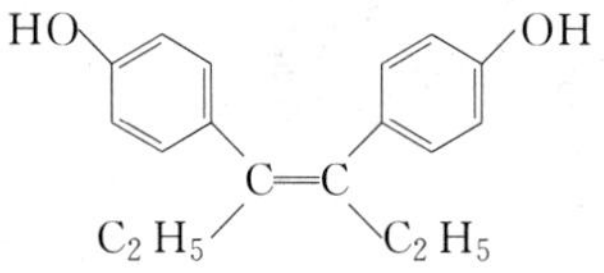　　　　顺己烯雌酚

(3) 顺反异构体的两种标记方法

① 顺反构型标记法　只适用于两个双键碳原子上连有相同的原子或基团的分子。当两个相同原子或基团处于双键同侧时，称为顺式；分处于双键异侧时，称为反式。命名时需在烯烃名称前加上表示构型的“顺”或“反”加以区别。例如：

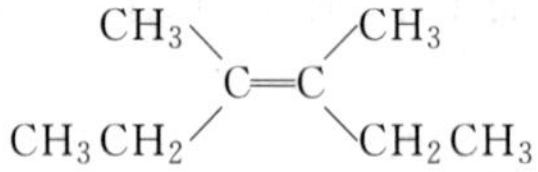

顺-3,4-二甲基-3-己烯 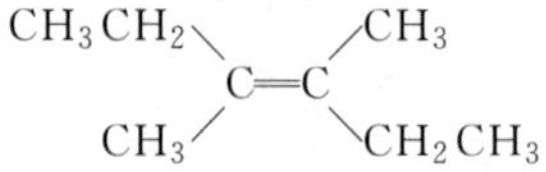　　　　反-3,4-二甲基-3-己烯

② Z/E 构型标记法　当双键碳原子上连接四个不相同的原子或基团时，则无法用顺反命名法命名，需要用以“次序规则”为基础的 Z/E 构型命名法命名。

次序规则是确定有机化合物取代基优先次序的规则，利用此规则可以将所有基团按次序进行排列。当采用 Z/E 构型命名法时，首先根据次序规则，确定每个双键上基团的优先次序，若两个优先基团在双键轴线的同侧称为 Z 构型（Z 型），若在异侧则称为 E 构型（E 型）。

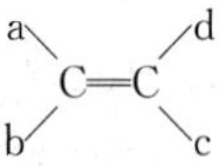

a 优于 b
c 优于 d

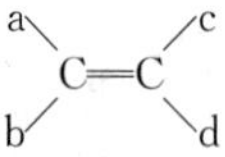

E 型　　　　Z 型

书写时将 Z 或 E 写在化合物名称的前面，并用半字线隔开。

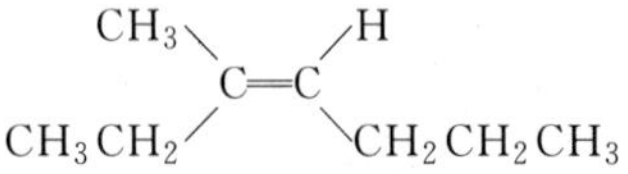

(Z)-3-甲基-3-庚烯 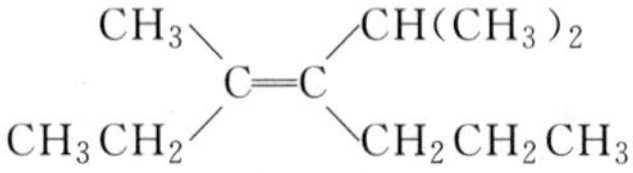　　　　(E)-3-甲基-4-异丙基-3-庚烯

Z/E 构型命名法适用于所有顺反异构体，命名有顺反异构的烯烃时，Z/E 构型命名法与顺反构型命名法可以同时并用，但两种命名法之间无必然的对应关系。例如：

(Z)或顺-2,3-二溴-2-戊烯 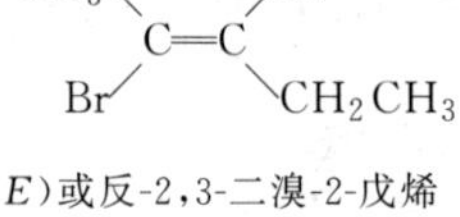　　　　(E)或反-2,3-二溴-2-戊烯

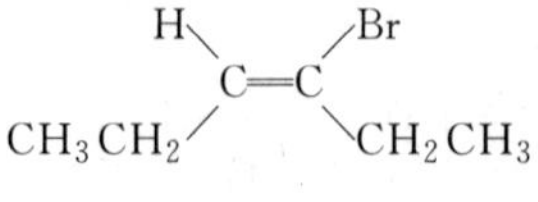

(E)-3-溴-3-己烯(顺-3-溴-3-己烯) 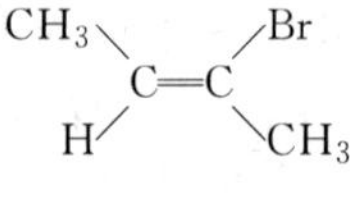　　　　(Z)-2-溴-2-丁烯(反-2-溴-2-丁烯)

【问题 4.1】 下列化合物是否有构型异构？如有写出构型式并命名。

(1) 1,3-己二烯　　　　(2) 2-甲基-3-乙基-2-己烯

4.1.2 烯烃的物理性质

烯烃的物理性质与烷烃类似，沸点和相对密度随分子量的增加而升高。在常温常压下，含 2～4 个碳原子的烯烃为气体，含 5～18 个碳原子的烯烃为液体，含 18 个以上碳原子的烯烃为固体。烯烃极难溶于水而易溶于非极性有机溶剂，但烯烃可溶于浓硫酸。一些常见烯烃的物理常数见表 4-1。

表 4-1 常见烯烃的物理常数

名称	熔点/℃	沸点/℃	密度(液态时)/$g\cdot cm^{-3}$
乙烯	−160.1	−103.7	0.00126
丙烯	−185.2	−47.40	0.519
1-丁烯	−185.4	−6.300	0.589
1-戊烯	−165.0	29.20	0.641
1-己烯	−139.8	64.00	0.678
1-庚烯	−119.0	94.00	0.697
1-辛烯	−101.7	121.3	0.714
1-壬烯	−81.70	146.0	0.731
1-癸烯	−66.30	170.3	0.741
2-甲基丙烯	−140.3	−6.900	0.594
2-甲基-1-丁烯	−137.0	31.00	0.652
3-甲基-1-丁烯	−168.0	20.10	0.627
顺-2-丁烯	−139.3	3.700	0.621
反-2-丁烯	−105.8	0.9000	0.604

烯烃属于极性非常小的有机化合物，但烯烃由于分子中存在着易流动的 π 键，而且分子中不同杂化态碳原子的电负性也不一样，因而偶极矩比烷烃稍大。根据杂化理论，在碳原子的 sp^n 杂化轨道中，n 越小，s 的性质则越强，轨道的电负性越大。这是由于 s 电子比 p 电子更靠近原子核，与原子核结合得更紧，所以碳原子的电负性随杂化轨道 s 成分的增大而增大。如丙烯分子中的 sp^2 杂化碳原子的电负性比 sp^3 杂化碳原子大，甲基与双键碳相连，键中的电子偏向 sp^2 杂化碳原子，形成偶极，其偶极矩（μ）为 0.35D。

H, H, H, CH_3

μ=0.35D

偶极矩的差异对顺反异构的沸点也有影响。烯烃顺反异构体的偶极矩不同，对称的反式烯烃分子偶极矩为零，这是由于在反式异构体中键矩相反，相互抵消，矢量和等于零。顺式异构体因键矩不能抵消，偶极矩不为零，总是偶极分子。如顺-2-丁烯的沸点就比反-2-丁烯高。反式异构体对称性好，在晶格中排列紧密，熔点较顺式高。顺反异构体在偶极矩、沸点和熔点方面的差别可用于两者的区别。

CH_3, CH_3, H, H

μ=0.33D

沸点3.7℃

H, CH_3, CH_3, H

μ=0

沸点0.9℃

4.1.3 烯烃的化学性质

碳碳双键是烯烃的反应中心，双键中的 π 键活泼易断裂，能与亲电试剂或带有一个单电子的试剂（如自由基）等发生加成反应，烯烃还易于发生氧化反应和聚合反应。烯烃分子中的 α-氢原子也可发生自由基型的取代反应。

（1）加成反应

在烯烃的碳碳双键中，π 键的强度比 σ 键小，π 键在进行化学反应时容易断裂，在 π 键断开处形成两个强的 σ 键，生成一个分子，此反应称为加成反应。

烯烃分子中的 π 电子云比较暴露，容易被缺电子试剂进攻引起加成反应。这些缺电子试剂为亲电试剂。在有机化学中，习惯把烯烃这一类化合物看作基质，把亲电试剂等许多试剂看作进攻试剂。通常规定，区分一个反应是亲电反应还是亲核反应，是由进攻试剂决定，所以由亲电试剂对烯烃的加成反应称为烯烃的亲电加成反应。

① 亲电加成反应　烯烃可与卤化氢、硫酸、水、卤素、次卤酸等发生反应。

a. 与卤化氢加成　烯烃与卤化氢反应生成相应的一卤代烷：

$$>C{=}C< + HX \longrightarrow -\underset{H}{\underset{|}{C}}-\underset{X}{\underset{|}{C}}-$$

该反应通常是将干燥的卤化氢气体直接通入烯烃中进行反应，有时也使用乙酸等中等极性的溶剂，一般不用卤化氢水溶液，其主要原因是避免水与烯烃发生加成反应。

烯烃与卤化氢反应分两步进行，首先卤化氢中的氢进攻双键的 π 电子云，经过渡态后形成碳正离子中间体；之后，卤素负离子进攻碳正离子，经又一过渡态后生成卤代烷。

$$>C{=}C< + H{-}X \longrightarrow \left[\begin{matrix} \overset{\delta^-}{X}\cdots\overset{\delta^+}{H} \\ \vdots \\ -C\text{=}\overset{\delta^+}{C}- \end{matrix} \right]^{1} \longrightarrow -\overset{H}{\overset{|}{\underset{|}{C}}}-\overset{+}{C}<$$

$$-\overset{H}{\overset{|}{\underset{|}{C}}}-\overset{+}{C}< + X^- \longrightarrow \left[-\overset{H}{\overset{|}{\underset{|}{C}}}-\overset{|}{\underset{|}{\overset{\delta^+}{C}}}-\overset{\delta^-}{X} \right]^{1} \longrightarrow -\overset{H}{\overset{|}{\underset{|}{C}}}-\overset{|}{\underset{|}{C}}-X$$

第一步生成碳正离子所需的活化能比第二步高，反应较慢，对整个反应速率起决定作用。

反应机理表明，卤化氢与烯烃加成反应活性会随其酸性的增强而增强，即：HI＞HBr＞HCl＞HF。氟化氢毒性大，与烯烃反应时会发生聚合，应用较少；碘化氢与烯烃加成时，因碘化氢具还原性，能将生成的碘代烷还原成烷烃，应用也较少。所以在有机合成中使用最多的是 HBr 和 HCl。

当卤化氢与结构对称的烯烃（如乙烯）发生加成反应时，只能生成一种加成产物：

$$CH_2{=}CH_2 + HX \longrightarrow CH_3CH_2X$$

但卤化氢与不对称烯烃（如丙烯）发生反应时，则可能生成两种产物，异丙基卤或正丙基卤：

$$CH_3CH{=}CH_2 \xrightarrow{HX} \begin{cases} CH_3\underset{X}{\underset{|}{C}}HCH_3 \\ CH_3CH_2CH_2X \end{cases}$$

在考查了许多同类加成反应后，俄国化学家马尔科夫尼可夫在 1869 年提出，卤化氢与不对称烯烃的加成时具有择向性，卤化氢中的氢总是优先加到含氢较多的双键碳原子上。该规律称为马尔科夫尼可夫规则，简称马氏定则。应用马氏定则可以预测反应的主要产物。例如：

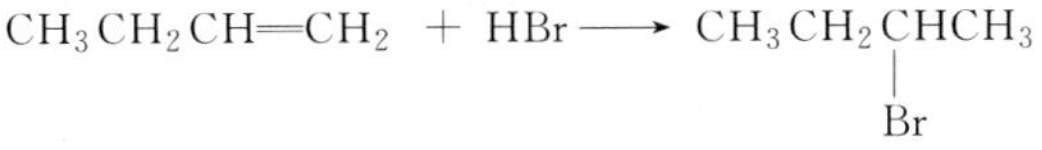

$$CH_3CH_2CH{=}CH_2 + HBr \longrightarrow \underset{\underset{Br}{|}}{CH_3CH_2CHCH_3}$$

(80%)

马氏定则可从反应机理进行解释，如以1-丙烯与卤化氢的加成反应为例：

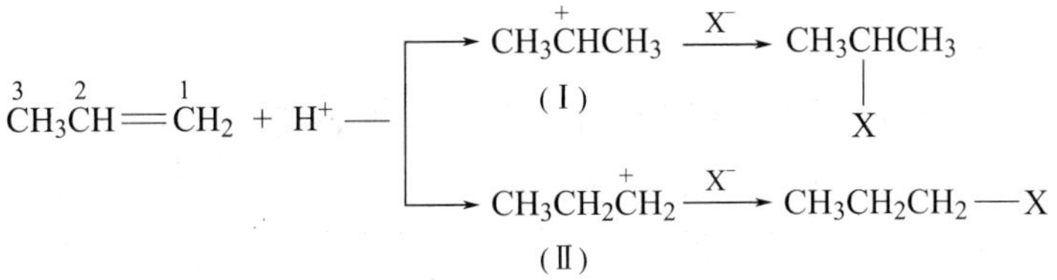

$$\overset{3}{C}H_3\overset{2}{C}H{=}\overset{1}{C}H_2 + H^+ \longrightarrow \begin{cases} CH_3\overset{+}{C}HCH_3\ (\text{I}) \xrightarrow{X^-} CH_3\underset{\underset{X}{|}}{C}HCH_3 \\ CH_3CH_2\overset{+}{C}H_2\ (\text{II}) \xrightarrow{X^-} CH_3CH_2CH_2{-}X \end{cases}$$

H^+有两种加成的取向，若加到C_1上则形成碳正离子（Ⅰ），若加到C_2上则形成碳正离子（Ⅱ）。（Ⅰ）式为2°碳正离子，（Ⅱ）式为1°碳正离子。如前所述，该反应中生成碳正离子的这一步对反应起决定作用。在一般有机化学反应中，能够生成较稳定中间体（或过渡态）的反应其反应速率就快，所以在亲电试剂与碳碳双键的亲电加成反应中，优先生成较稳定的碳正离子，因为生成较稳定的中间体（或过渡态）所需的反应活化能低，更容易形成。碳正离子的稳定性次序为：

$$3°\text{碳正离子} > 2°\text{碳正离子} > 1°\text{碳正离子} > \overset{+}{C}H_3$$

故加成取向以（Ⅰ）为主，得到的主要产物为CH_3CHXCH_3，与按马氏定则规定的形成产物一致。

碳正离子的稳定性次序可从诱导效应和超共轭效应加以解释：

根据静电学原理，带电体系的电荷越分散，体系就越稳定。碳正离子上所接的烷基越多，其正电荷就越分散，碳正离子就越稳定，烷基通过斥电子效应（+I）和σ-p效应（见4.3.2），使碳正离子稳定。烷基的给电子效应顺序为：

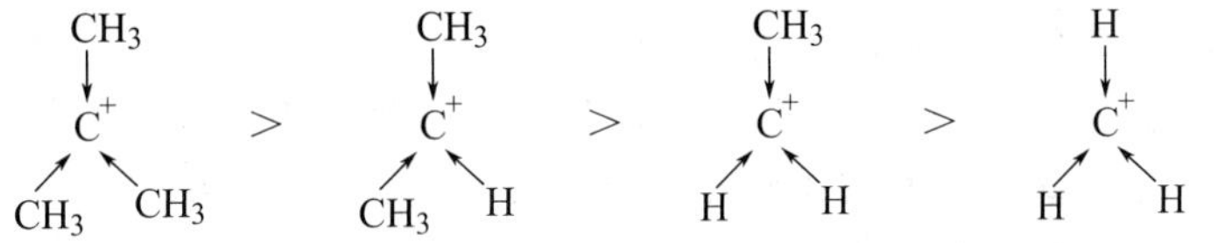

$$(CH_3)_3C^+ > (CH_3)_2CH^+ > CH_3CH_2^+ > CH_3^+$$

σ-p超共轭效应可通过电荷分散稳定碳正离子。在叔丁基碳正离子中有9个α-C—H σ键可以和中心碳正离子的p轨道发生σ-p超共轭效应，异丙基碳正离子和乙基碳正离子分别有6个和3个α-C—H σ键发生σ-p超共轭效应，而甲基碳正离子则不存在超共轭效应，所以其稳定性顺序为：

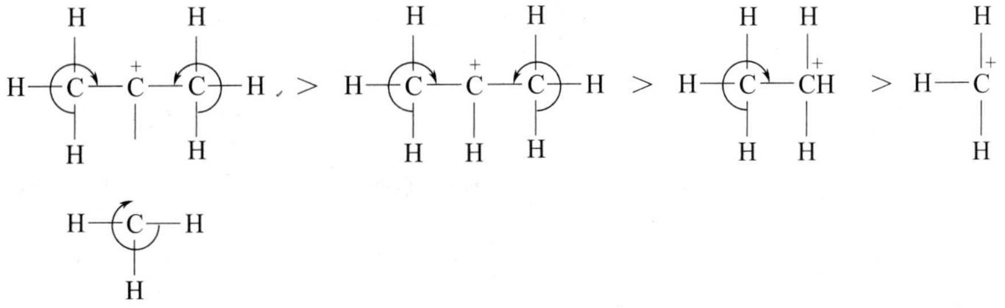

$$(CH_3)_3C^+ > (CH_3)_2CH^+ > CH_3CH_2^+ > CH_3^+$$

通过上述分析，已明确了加成反应的区域选择性取决于碳正离子的稳定性。据此可解释当3,3,3-三氟乙烯与氯化氢发生加成反应时的加成取向。

$$F_3C—CH=CH_2 \xrightarrow{HCl} \begin{cases} F_3C—\overset{+}{C}H—CH_2(H) \ (\text{I}) \longrightarrow F_3C—CH(Cl)—CH_2(H) \\ F_3C—CH(H)—\overset{+}{C}H_2 \ (\text{II}) \longrightarrow F_3C—CH(H)—CH_2(Cl) \end{cases}$$

较稳定　　　主要产物

比较碳正离子（Ⅰ）和（Ⅱ）的结构可看出：（Ⅰ）中带正电荷的碳原子直接与强吸电子基团三氟甲基（$F_3C—$）相连，三氟甲基的吸电子效应使正电荷更加集中，从而使这一碳正离子更不稳定；（Ⅱ）中带正电荷的碳原子距三氟甲基较远，受吸电子效应的影响相对较小，因而稳定性大于（Ⅰ），生成速率快，导致质子主要加在碳碳双键上含氢较少的碳原子上。这一反应从直观上看是反马氏定则的加成，但事实上该反应也是按能生成更稳定的碳正离子的途径进行的。所以马氏定则应描述为“当不对称试剂与不对称烯烃发生亲电加成时，试剂中正电性部分主要加到能形成较稳定碳正离子的那个碳原子上”更为合适。

烯烃与卤化氢的加成经碳正离子，往往会有重排产物。如HCl与3-甲基-1-丁烯的加成，不仅可得到预期产物2-甲基-3-氯丁烷，还能得到重排产物2-甲基-2-氯丁烷。

$$(CH_3)_2CHCH=CH_2 + HCl \longrightarrow (H_3C)_2C(H)—\overset{+}{C}H—CH_3 \xrightarrow{Cl^-} (CH_3)_2CHCH(Cl)CH_3$$

$$\downarrow \text{重排 氢迁移}$$

$$(H_3C)_2\overset{+}{C}—CH_2—CH_3 \xrightarrow{Cl^-} (CH_3)_2C(Cl)CH_2CH_3$$

在重排时，氢带着一对电子转移到相邻带正电荷的碳原子上，形成较稳定的叔碳正离子，它再与氯负离子结合产生重排产物。

重排是碳正离子的特征之一。不仅氢原子能发生迁移，有时烷基也能发生类似的迁移，由一种碳正离子重排成更稳定的碳正离子，从而得到骨架发生改变的产物，如3,3-二甲基丁烯与氯化氢的加成，会发生甲基带着电子对的迁移。

$$H_3C—C(CH_3)_2—CH=CH_2 \xrightarrow{H^+} H_3C—C(CH_3)_2—\overset{+}{C}HCH_3 \xrightarrow{Cl^-} H_3C—C(CH_3)_2—CH(Cl)—CH_3 \ (17\%)$$

$$\downarrow \text{重排 甲基迁移}$$

$$H_3C—\overset{+}{C}(CH_3)—CH(CH_3)—CH_3 \xrightarrow{Cl^-} H_3C—C(CH_3)(Cl)—CH(CH_3)—CH_3 \ (83\%)$$

b. 与硫酸和水加成　烯烃可与浓硫酸发生加成反应，0℃时质子和硫酸氢根分别加成到双键的两个碳原子上，形成硫酸氢酯，硫酸氢酯可被水解生成醇：

$$\text{>C=C<} + HOSO_2OH \longrightarrow \underset{\text{硫酸氢酯}}{-\underset{H}{\overset{|}{C}}-\underset{OSO_2OH}{\overset{|}{C}}-} \xrightarrow{H_2O} -\underset{H}{\overset{|}{C}}-\underset{OH}{\overset{|}{C}}-$$

加成的机理与烯烃与卤化氢加成的机理类似，也是通过碳正离子中间体进一步形成加成产物。不对称烯烃与硫酸加成取向亦符合马氏定则。

烯烃通过硫酸氢酯制备醇的方法称为间接水合法。工业上生产低级醇类就是将烯烃直接通入不同浓度的硫酸中，然后加水稀释，加热即可水解为相应的醇。

$$(H_3C)_2C=CH_2 \xrightarrow[25℃]{50\%H_2SO_4} (H_3C)_2\underset{OSO_3H}{\underset{|}{C}}-CH_3 \xrightarrow[\triangle]{H_2O} (H_3C)_2\underset{OH}{\underset{|}{C}}-CH_3$$

烯烃亦可在酸催化下与水生成醇，该方法为烯烃的直接水合法。如乙烯在磷酸催化下，在 300℃和 7MPa 压力下与水反应生成乙醇。

$$H_2C=CH_2 + H_2O \xrightarrow[300℃，7MPa]{H_3PO_4} CH_3CH_2OH$$

c. 与卤素加成　烯烃可与卤素进行加成反应生成邻二卤代烷。

$$\text{>C=C<} + X_2 \longrightarrow \text{>}\underset{X}{\underset{|}{C}}-\underset{X}{\underset{|}{C}}\text{<}$$

实验表明，卤素种类不同，在同样条件下的反应活性也不同，其反应活性次序依次为：$F_2>Cl_2>Br_2>I_2$。氟与烯烃反应十分剧烈，同时伴有其他副反应；碘一般不易与烯烃发生加成反应；烯烃与氯或溴的加成，无论在实验室或工业上都有应用价值，可用于制备邻二氯代烷和邻二溴代烷。将烯烃加入溴的四氯化碳溶液，溴的红色迅速褪去，此反应可作为烯烃的鉴别方法。

卤素与烯烃的亲电加成反应分两步完成，现以乙烯与溴的加成反应为例说明。

第一步，非极性的溴分子向乙烯的 π 电子云靠近，由于受 π 电子云的影响而发生极化(其中靠近双键的溴原子带部分正电荷；另一端带部分负电荷)，极化使溴溴键发生异裂，一个溴原子带负电荷离去，同时形成一个环状中间体——溴鎓离子：

$$\text{C—C}\cdots Br^{+}-Br^{-} \longrightarrow \text{C—C}\cdots Br^{+} + Br^{-}$$

由于溴的原子半径较大，形成三元环时张力较小，加之电负性较小，较易给出电子而成环。在溴鎓离子中又因每个原子都具八隅体结构而处于较低的能量状态，所以反应通过溴鎓离子来完成是能量上有利的途径。

第二步，溴负离子从三元环的背面进攻溴鎓离子中的一个碳原子，得到加成产物。

$$\text{C—C}(Br^{+}) + Br^{-} \longrightarrow Br-\text{C—C}-Br$$

实验证明，当溴与乙烯的加成反应分别在水、氯化钠水溶液或甲醇中进行时，会发生混杂加成：

$$CH_2=CH_2+Br_2 \begin{cases} \xrightarrow{H_2O} BrCH_2CH_2Br + BrCH_2CH_2OH \\ \xrightarrow{H_2O,\ Cl^-} BrCH_2CH_2Br + BrCH_2CH_2Cl + BrCH_2CH_2OH \\ \xrightarrow{CH_3OH} BrCH_2CH_2Br + BrCH_2CH_2OCH_3 \end{cases}$$

上述反应表明，溴与烯烃的加成反应不是两个溴原子同时加到双键碳原子上的。如果是两个溴同时加成，则不会发生混杂加成。从产生的混合产物分析，是 Br^+ 先加到乙烯分子中，之后 Br^- 再加到双键的另一端。所以当溶液存在其他负离子时会发生混杂加成。

d. 与次卤酸加成 烯烃与氯或溴的水溶液作用，生成邻氯（溴）代醇，相当于在双键上加了一分子的次卤酸。

$$>C=C< + X_2 \xrightarrow{H_2O} -\underset{X}{\overset{|}{C}}-\underset{OH}{\overset{|}{C}}-$$

该反应机理分两步进行，第一步先生成卤鎓离子中间体，第二步 H_2O 分子从三元环的背面进攻，最后得到反式加成产物。

$$>C=C< \xrightarrow{X_2} \text{(卤鎓离子 } X^+\text{，} H_2\ddot{O} \text{ 背面进攻)} \longrightarrow -\overset{X}{\overset{|}{C}}-\underset{OH_2}{\overset{+}{C}}- \xrightarrow{-H^+} -\overset{X}{\overset{|}{C}}-\underset{OH}{\overset{|}{C}}-$$

不对称烯烃与次卤酸的加成，是卤原子加到含氢较多的双键碳原子上。如：

$$CH_3CH=CH_2 \xrightarrow{H_2O,\ Cl_2} CH_3\underset{OH}{\underset{|}{C}}HCH_2Cl$$

该反应可能的副产物是邻二卤化物（生成卤鎓离子，同时产生的卤负离子进攻卤鎓离子而形成），为了减少二卤化物生成，可控制卤素在水溶液中的浓度或加入银盐除去卤负离子。

② 自由基加成反应 当有过氧化物存在时，烯烃与溴化氢的加成方向则表现为反马氏定则的特性。例如：

$$CH_3CH=CH_2 + HBr \xrightarrow{\text{过氧化物}} CH_3CH_2CH_2Br$$

这一反应是按自由基加成反应历程进行的。过氧化物在反应中能诱发自由基的生成，使 HBr 均裂产生溴自由基，并与烯烃作用发生自由基加成。

$$CH_2=CHCH_3 + \cdot Br \longrightarrow \underset{(\text{I})}{CH_3\dot{C}HCH_2Br} + \underset{(\text{II})}{CH_3CHBr\dot{C}H_2}$$

由于在烷烃中已学习了自由基的稳定性次序是：3°自由基>2°自由基>1°自由基>$\cdot CH_3$。所以，自由基（Ⅰ）（2°自由基）比（Ⅱ）（1°自由基）稳定性大，故反应按反马氏定则方向进行。

这一反马氏定则的现象是卡拉施于1933年发现的，称为卡拉施效应，也称为过氧化物效应，但在氯化氢或碘化氢与烯烃的加成中则无此效应。

③ 硼氢化反应 烯烃与硼烷在醚溶液中反应，硼烷中的硼原子和氢原子分别加到碳碳双键的两个碳原子上生成烷基硼烷，此反应称为硼氢化反应。

硼氢化反应中乙硼烷的无水四氢呋喃（THF）溶液是常用的试剂。因为甲硼烷（BH_3）

分子中的硼原子的价电子层只有六个电子，很不稳定，甲硼烷不能单独存在。两个甲硼烷很容易结合成乙硼烷（B_2H_6），乙硼烷是能独立存在的最简单的硼烷。乙硼烷通常在醚中先离解成甲硼烷-醚的络合物后再发生加成反应。

硼氢化反应发生时，亲电试剂 BH_3 中缺电子的硼原子加到含氢较多的双键碳原子上，而氢则加到含氢较少的双键碳原子上，生成一烷基硼烷，一烷基硼烷中仍含有 B—H 键，可继续与烯烃发生加成，直至生成三烷基硼烷。

$$RCH{=}CH_2 \xrightarrow{BH_3 \cdot THF} RCH_2CH_2BH_2 \xrightarrow{RCH{=}CH_2} (RCH_2CH_2)_2BH \xrightarrow{RCH{=}CH_2} (RCH_2CH_2)_3B$$

反应虽然分为三步，由于反应非常迅速，通常分离不出一烷基硼烷和二烷基硼烷。如果双键碳原子上取代基的数目较多，位阻增大，调节试剂的用量比也可使反应停止在生成一烷基硼烷或二烷基硼烷阶段。

分析上述反应可知，不对称烯烃与硼烷反应得到的是反马氏加成产物。这是因为硼的电负性（2.0）比氢（2.1）略小，且具有空 p 轨道，表现出亲电性，加之硼烷体积较大，因此加成时硼加到电子云密度较大且空间位阻较小的含氢较多的双键碳上。

该反应过程中不生成碳正离子中间体，而是通过形成四中心的过渡态的历程进行的：

$$\rangle C{=}C\langle \xrightarrow{\overset{\delta^-}{H}—\overset{\delta^+}{BH_2}} \text{[H—B 四中心过渡态]} \longrightarrow \text{H—C—C—B}$$

这样的过渡态决定了硼烷与烯烃的加成不会发生重排，而且是顺式加成反应。

生成的三烷基硼烷通常不分离出来，而是直接用过氧化氢的碱性溶液处理，使之氧化、水解生成醇：

$$(RCH_2CH_2)_3B \xrightarrow{H_2O_2,\ HO^-} 3RCH_2CH_2OH + H_3BO_3$$

这一反应与硼氢化反应合起来称为烯烃的硼氢化-氧化反应，它提供了一种制备醇的方法，而这些醇是不能用酸催化水合方法制备的：

1-甲基环戊烯 $\xrightarrow{H_2SO_4} \xrightarrow{H_2O}$ 1-甲基环戊醇（CH_3、OH 连在同一碳上）

1-甲基环戊烯 $\xrightarrow{B_2H_6} \xrightarrow{H_2O_2,\,HO^-}$ 2-甲基环戊醇（CH_3、OH 连在相邻碳上）

④ 催化加氢　烯烃与氢在催化剂存在下可发生加成反应生成相应的饱和烃，该反应称为催化加氢或催化氢化。在有机化学中常将加氢反应称为还原反应。

$$\rangle C{=}C\langle + H_2 \xrightarrow{催化剂} \underset{H}{\overset{|}{-C}}—\underset{H}{\overset{|}{C-}}$$

尽管催化加氢反应是放热反应，但如没有催化剂的参与，反应在 200℃时仍不能进行，因为这一反应的活化能相当大，而催化剂可降低活化能，使反应易于进行。常用的催化剂是分散程度较高的铂（Pt）、钯（Pd）、镍（Ni）等金属细粉。一般工业上多使用活性较高的多孔海绵状结构的催化剂兰尼镍。上述催化剂不溶于有机溶剂，称为非均相催化剂或异相催化剂。近年来又发展了可溶于有机溶剂的催化剂，称为均相催化剂，使用这类催化剂在多数情况下可避免烯烃的重排和分解。常用的如氯化铑与三苯基膦的配合物［$RhCl(PPh_3)$］，称威尔森催化剂。

1mol 烯烃氢化时所放出的热量称为氢化热。氢化热常常可以提供有关不饱和化合物的相对稳定性的信息。两个不同的烯烃氢化时消耗同样量的氢气，生成同一产物，但氢化热不同，则说明它们的内能不同。氢化热小的分子内能较小，较稳定。如顺-2-丁烯和反-2-丁烯催化加氢都生成丁烷，但两者氢化热不同，顺-2-丁烯的氢化热为 119.7kJ · mol^{-1}，反-2-丁烯的氢化热为 115.5kJ · mol^{-1}，比较两者氢化热可推断反-2-丁烯比顺-2-丁烯稳定。这是由于顺-2-丁烯的两个甲基位于双键的同侧，拥挤程度较大，分子内能较高。常见烯烃的氢化热数据见表 4-2。

表 4-2　常见烯烃的氢化热

烯烃	氢化热/kJ · mol^{-1}	烯烃	氢化热/kJ · mol^{-1}
乙烯	137.2	顺-2-丁烯	119.7
丙烯	125.9	反-2-丁烯	115.5
1-丁烯	126.8	异丁烯	118.8
1-戊烯	125.9	顺-2-戊烯	119.7
1-庚烯	125.9	反-2-戊烯	115.5
3-甲基-1-丁烯	126.8	2-甲基-1-丁烯	119.2
3,3-二甲基-1-丁烯	126.8	2,3-二甲基-1-丁烯	117.2
4,4-二甲基-1-戊烯	123.4	2-甲基-2-丁烯	112.5
		2,3-二甲基-2-丁烯	111.3

从表 4-2 的数据可以看出，烯烃的稳定性除了受双键构型的影响外，还与双键在分子中所处的位置有关。连接在烯烃双键碳上的烷基越多，烯烃就越稳定。

烯烃氢化可定量得到烷烃，根据反应中消耗的氢气量可以推测分子所含碳碳双键的数目，可为推断结构提供依据。催化氢化在工业上也有着十分重要的用途，工业上将植物油催化氢化，使分子熔点升高，成为固态脂肪；石油加工制得的粗汽油中，含有少量烯烃，因易氧化聚合影响汽油的质量，若进行加氢处理则可提高汽油的质量。

(2) 氧化反应

烯烃中的碳碳双键易被氧化，发生双键断裂，氧化产物的结构随氧化剂及氧化条件的不同而不同。

① 高锰酸钾氧化　烯烃可与冷稀、中性或碱性高锰酸钾溶液反应生成邻二醇。

$$\gt C{=}C\lt \; + \; \underset{\text{中性或碱性}}{KMnO_4} \longrightarrow \underset{\text{邻二醇}}{\gt \underset{OH}{\underset{|}{C}}{-}\underset{OH}{\underset{|}{C}}\lt}$$

上述反应称为拜尔试验。由于生成的邻二醇易被进一步氧化生成羟基酮或使碳碳键断裂，所以该反应用于合成邻二醇意义不大。但在反应过程中，高锰酸钾溶液的紫色会逐渐褪去，生成褐色的二氧化锰沉淀，故可据此现象来鉴别化合物中是否有碳碳双键或其他碳碳不饱和键的存在。

如果用酸性高锰酸钾、重铬酸钾溶液等强氧化剂氧化烯烃，分子中的碳碳双键会完全断裂，根据烯烃结构的不同生成相应的羧酸、酮和二氧化碳。

$$R-CH=CH_2 \xrightarrow[H^+]{KMnO_4} R-COOH + CO_2$$

$$RR'C=CH-R'' \xrightarrow[H^+]{KMnO_4} RR'C=O + R''-COOH$$

根据氧化产物的不同可推测烯烃的结构。

② 臭氧氧化　在低温下，将臭氧通入烯烃或烯烃的溶液中，臭氧可与碳碳双键加成生成臭氧化合物。臭氧化合物不稳定，在还原剂（如锌粉）存在下水解得到醛或酮。

$$>C=C< \xrightarrow{O_3} \text{臭氧化合物} \xrightarrow[H_2O]{Zn} >C=O + O=C<$$

臭氧化合物

通过臭氧氧化的产物也可推测原来烯烃的结构，例如：

$$CH_3CH_2CH=C(CH_3)_2 \xrightarrow[(2)\ H_2O,\ Zn]{(1)\ O_3} CH_3CH_2CHO + O=C(CH_3)_2$$

$$H_3C(H)C=CH_2 \xrightarrow[(2)\ H_2O,\ Zn]{(1)\ O_3} H_3C(H)C=O + O=CH_2$$

(3) α-H 的卤代反应

与碳碳双键相连的碳原子称为 α-碳原子。与其相连的氢称为 α-氢或烯丙位氢。由于受双键的影响，其活性高于其他位置上的氢原子，在一定条件下，易发生卤代反应。丙烯与氯在常温下主要发生亲电加成反应，但在高温或过氧化物存在下，丙烯可氯代得到 3-氯丙烯。

$$CH_3CH=CH_2 + Cl_2 \xrightarrow{500℃} ClCH_2CH=CH_2 + HCl$$

氯丙烯（82%）

该反应与烷烃在光照下的卤代反应相似，属于自由基取代反应。

烯烃的 α-H 卤化必须控制在高温及低浓度卤素的条件下。如在实验室需在较低温度下进行 α-H 卤代反应，可采用 *N*-溴代丁二酰亚胺（N—Br，NBS）作为溴化剂。

$$\text{环己烯} \xrightarrow[(C_6H_5COO)_2,\ \triangle]{NBS,\ CCl_4} \text{3-溴环己烯} + \text{丁二酰亚胺（NH）}$$

(4) 聚合反应

聚合反应是烯烃的一种重要反应。在引发剂的作用下，烯烃分子中的 π 键打开，通过自身相互加成方式生成分子量较大的化合物。参加反应的烯烃称为单体，形成的产物称为聚合物。

$$nH_2C=CH_2 \xrightarrow[>100℃,\ >100MPa]{PhC(=O)-OOC(CH_3)_3} \left[-\underset{H}{\overset{H}{C}}-\underset{H}{\overset{H}{C}}- \right]_n$$

20世纪50年代，德国化学家齐格勒和意大利化学家纳塔发明了由三氯化钛或四氯化钛和三乙基铝组成的齐格勒-纳塔（Ziegler-Natta）催化剂，并因此获得1963年诺贝尔化学奖。该催化剂可在常压下催化乙烯聚合，所得聚乙烯具有立体规整性好、密度高、结晶度高等特点。

$$nH_2C{=}CH_2 \xrightarrow{\text{Ziegler-Natta催化剂}} \left[\begin{array}{cc} H & H \\ | & | \\ -C- & -C- \\ | & | \\ H & H \end{array} \right]_n \quad \text{低压聚乙烯}$$

聚乙烯可加工成各种聚乙烯塑料制品，它在工业、农业、国防上都有着广泛的应用。

4.1.4 烯烃的制备

在工业上，低级烯烃主要靠石油裂解制取。实验室制备烯烃主要有以下几种方法。

(1) 醇的分子内脱水

醇在催化剂存在下加热，会发生分子内的脱水反应生成烯烃。常用的催化剂有浓H_2SO_4、Al_2O_3和P_2O_5等。

$$CH_3CH_2OH \xrightarrow[170℃]{\text{浓 } H_2SO_4} CH_2{=}CH_2 + H_2O$$

$$CH_3CH_2OH \xrightarrow[350\sim360℃]{Al_2O_3} H_2C{=}CH_2 + H_2O$$

(2) 卤代烷脱卤化氢

卤代烷与强碱（如氢氧化钾、乙醇钠）的醇溶液共热时，可脱去一分子卤化氢生成相应的烯烃。

$$\underset{\underset{Br}{|}}{CH_3CH_2CHCH_3} \xrightarrow[80℃]{KOH,\ C_2H_5OH} \underset{80\%}{CH_3CH{=}CHCH_3} + \underset{20\%}{CH_3CH_2CH{=}CH_2}$$

(3) 邻二卤代烷脱卤素

邻二卤代烷与锌粉一起在醇溶液中共热，可脱去一分子卤素生成烯烃。

$$CH_3\underset{\underset{Br}{|}}{CH}\underset{\underset{Br}{|}}{CH_2} \xrightarrow[\triangle]{Zn, C_2H_5OH} CH_3CH{=}CH_2 + ZnBr_2$$

该反应较少用于烯烃的制备，因为邻二卤代烷一般都是通过烯烃与卤素的加成制备而得，但在有机分子中引入双键时常采用此法。

4.1.5 代表性化合物

(1) 乙烯

乙烯稍带甜味，易燃，几乎不溶于水，易溶于乙醇、乙醚等有机溶剂。乙烯有较强的麻醉作用，麻醉迅速，但苏醒也快。因此长期接触乙烯有头晕、乏力和注意力不集中等症状。乙烯可用作水果和蔬菜的催熟剂。乙烯用量最大的是生产聚乙烯，聚乙烯是日常生活中最常用的高分子材料之一。

(2) β-胡萝卜素

胡萝卜素最初是从胡萝卜中发现的，有α、β、γ三种异构体，其中β-胡萝卜素的活性最强且最重要。

β-胡萝卜素是深橘红色并带有金属光泽的晶体，熔点为183～184℃，不溶于水，易溶于有机溶剂。β-胡萝卜素进入人体后，可被小肠黏膜或肝脏中的加氧酶转变为维生素A（又名视黄醇)，所以又被称为维生素 A 原。由于摄入过量维生素 A 会造成中毒，因此不易直接食用大量的维生素 A，人体所需维生素 A 通常可以通过储备的足量的 β-胡萝卜素转化得来，所以 β-胡萝卜素是维生素 A 的一个安全来源。

β-胡萝卜素

维生素A

β-胡萝卜素广泛存在于植物的花、叶、果实及蛋黄、奶油中，其中绿色蔬菜、甘薯、胡萝卜、木瓜等含有丰富的 β-胡萝卜素，而胡萝卜中 β-胡萝卜素的含量是最高的。随着对天然 β-胡萝卜素需求的增加，人们开始从海藻中提取 β-胡萝卜素。

β-胡萝卜素被认为是最有希望的抗氧化剂，可以防止和消除体内代谢过程中产生的自由基。β-胡萝卜素还具有防癌、抗癌、防治白内障及抗射线对人体损伤等功效。β-胡萝卜素是人体必需的维生素之一，正常人每天需摄入 6mg。

(3) 角鲨烯

角鲨烯最初是从鲨鱼的肝脏中发现的，其化学名为 2,6,10,15,19,23-六甲基-2,6,10,14,18,22-二十四碳六烯，又称鱼肝油萜。深海鲨鱼肝中角鲨烯含量高，其他动物油脂中也含有较低角鲨烯，如牛脂、猪油。

角鲨烯广泛分布在人体内膜、皮肤、皮下脂肪、肝脏、指甲、脑等器官内，在人体脂肪细胞中浓度很高，皮脂中含量也较多，每人每天可分泌角鲨烯约 125～425mg，头皮脂分泌量最高。角鲨烯在植物中分布也很广，但含量不高，多低于植物油中不皂化物的 5%。

角鲨烯能促进肝细胞再生并保护肝细胞，从而改善肝脏功能；具有抗疲劳和增强机体的抗病能力，提高人体免疫功能的功效；能保护肾上腺皮质功能，提高机体的应激能力；具有抗肿瘤的作用，尤其在癌切除外科手术后或采用放化疗时使用，效果显著，能防止癌症向肺部转移。角鲨烯是一种无毒性的具有防病治病作用的海洋生物活性物质。

角鲨烯

4.2 炔 烃

炔烃比同碳数的烯烃少两个氢原子，通式为 C_nH_{2n-2}。炔烃与含相同碳原子数的二烯烃互为同分异构体。

4.2.1 炔烃的结构和异构

(1) 炔烃的结构

乙炔是最简单的炔烃，分子中含有一个碳碳三键和两个碳氢单键。各键角均为 180°，是直线形结构（图 4-3）。其三键碳原子为 sp 杂化，两个 sp 杂化轨道互成 180°，分子中两个碳原子各以一个 sp 杂化轨道相互重叠形成一个碳碳 σ 键，又分别以另一个 sp 杂化轨道和氢原子的 1s 轨道形成碳氢 σ 键（图 4-4），两个碳原子上相互垂直的两对 p 轨道侧面重叠生成两个 π 键（图 4-5），π 电子云以碳碳 σ 键为轴对称分布，呈圆筒状，乙炔分子中各 σ 键与两个 π 键相互垂直，分子模型见图 4-6。

180°　106pm

H—C≡C—H

120pm

图 4-3　乙炔分子中的键长和键角

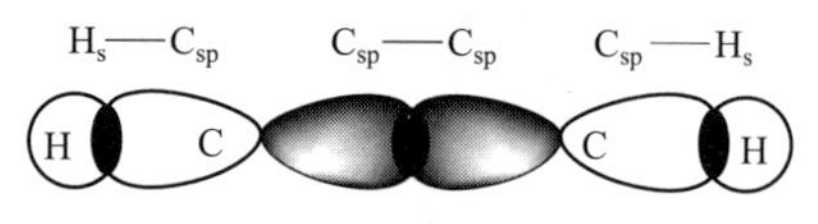

图 4-4　乙炔分子中的 σ 键

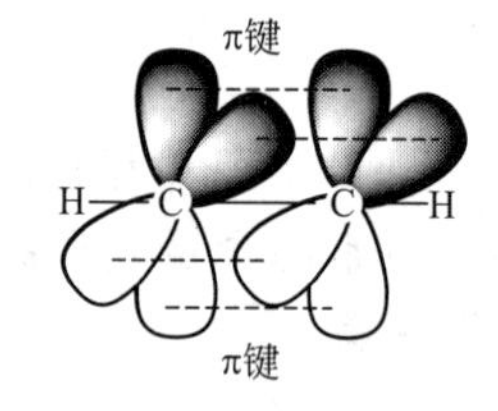

图 4-5　乙炔分子中 π 键

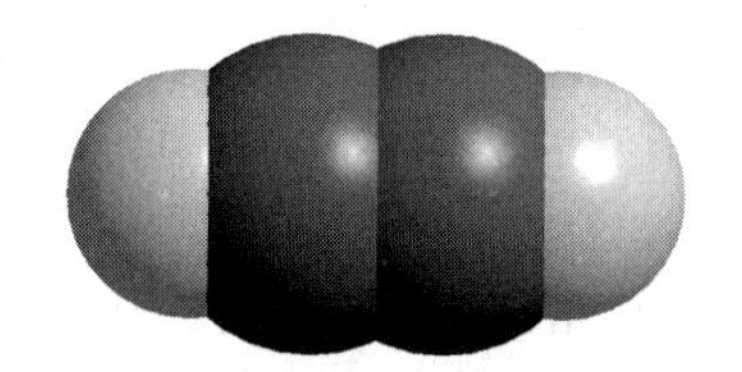

图 4-6　乙炔分子模型

三键碳原子为 sp 杂化，s 成分高，成键原子核间距离缩短。因此，乙炔与乙烯或乙烷相比较，其碳氢键和碳碳键都缩短。

(2) 炔烃的异构

炔烃的异构现象比烯烃简单得多，主要分为碳链异构和位置异构。在位置异构中，三键在链端的尤为特殊，称为端基炔，三键不在链端的为非端基炔。

$CH_3CH_2CH_2C{\equiv}CH$　　　$CH_3CH_2C{\equiv}CCH_3$

1-戊炔（端基炔）　　　2-戊炔（非端基炔）

4.2.2 炔烃的物理性质

炔烃的沸点、熔点比含相同碳原子的烯烃高，非端基炔的沸点、熔点比具有相同碳原子的端基炔高。炔烃的相对密度小于 1，不溶于水，易溶于烷烃、四氯化碳、乙醚等有机溶剂。一些常见炔烃的物理常数见表 4-3。

表 4-3　常见炔烃的物理常数

名称	熔点/℃	沸点/℃	相对密度(液态时)
乙炔	−81.8(118.7kPa)	−84.0	0.6179
丙炔	−101.5	−23.2	0.6714
1-丁炔	−125.9	8.10	0.6682
2-丁炔	−32.30	27.0	0.6937
1-戊炔	−106.5	40.2	0.6950
2-戊炔	−109.5	56.1	0.7127
3-甲基-1-丁炔	−89.70	29.0	0.6660
1-己炔	−132.4	71.4	0.7195
2-己炔	−89.60	84.5	0.7305
3-己炔	−103.2	81.4	0.7255
3,3-二甲基-1-丁炔	−81.00	38.0	0.6686
1-庚炔	−81.00	99.7	0.7328
1-辛炔	−79.60	126	0.7470
1-壬炔	−36.00	160	0.7600
1-癸炔	−40.00	182	0.7650
1-十八碳炔	28.00	180(12.7kPa)	0.8025

4.2.3 炔烃的化学性质

三键是炔烃的官能团，由一个 σ 键和两个 π 键构成，炔烃分子中含有键能较弱的 π 键，化学性质较为活泼，易发生与烯烃类似的加成、氧化等反应。

(1) 加成反应

① 亲电加成反应　炔烃与烯烃一样，也能和卤化氢、卤素、水等亲电试剂发生亲电加成反应。炔烃的亲电加成反应亦服从马氏定则。

a. 与卤素加成　炔烃可与氯、溴加成，首先生成卤代烯烃，再生成卤代烷烃。

$$HC\equiv CH + Br_2 \xrightarrow{CCl_4} \underset{\text{1,2-二溴乙烯}}{HBrC=CBrH} \xrightarrow[CCl_4]{Br_2} \underset{\text{1,1,2,2-四溴乙烷}}{CHBr_2-CHBr_2}$$

在 1,2-二溴乙烯分子中由于双键碳上各连有一个电负性大的卤原子，其吸电子诱导效应（—I）使双键的 π 电子云密度降低，继续发生亲电加成反应的活性大大减弱。所以，炔烃加卤素的反应可以停留在生成的卤代烯烃阶段。在室温时乙烯和溴的四氯化碳溶液立即反应，使溴的红棕色迅速褪去，而乙炔则反应较慢，说明三键的反应活性小于双键。

b. 与卤化氢加成　炔烃与一分子卤化氢反应生成单卤代烯烃，进一步反应则可生成两个卤原子连在同一碳原子上的偕二卤化物。该反应可停留在第一步。

$$RC\equiv CH + HX \longrightarrow R-CX=CH_2 \xrightarrow{HX} R-CX_2-CH_3$$

$X=I，Br，Cl$

不对称炔烃与卤化氢的亲电加成反应也遵守马氏定则。例如：

$$CH_3C\equiv CH + HCl \xrightarrow{HgCl_2} CH_3CCl=CH_2 \xrightarrow[HgCl_2]{HCl} CH_3-CCl_2-CH_3$$

若三键在碳链中间，则生成反式加成产物。例如：

$$CH_3CH_2C\equiv CCH_2CH_3 + HCl \longrightarrow \underset{\text{(H 与 } CH_2CH_3 \text{ 同侧，} CH_3CH_2 \text{ 与 Cl 同侧)}}{(H)(CH_3CH_2)C=C(CH_2CH_3)(Cl)}$$

炔烃和 HBr 在过氧化物存在或光照下，也可以发生自由基型加成反应，加成方向表现为反马氏定则特性。例如：

$$CH_3C\equiv CH + HBr \xrightarrow{\text{过氧化物}} CH_3CH=CHBr \xrightarrow[HBr]{\text{过氧化物}} CH_3CHBrCH_2Br$$

c. 与水加成　炔烃的水合反应通常在硫酸溶液中进行，反应体系中还常加入醇或有机酸以增大炔烃在反应体系中的溶解度，反应中以 $HgSO_4$ 为催化剂。例如：乙炔在 10%硫酸和 5%硫酸汞水溶液中发生加成反应，生成乙醛。

$$HC\equiv CH + H_2O \xrightarrow[HgSO_4]{H_2SO_4} \underset{\text{乙烯醇（烯醇式）}}{[CH_2=CH-OH]} \xrightarrow{\text{分子内重排}} \underset{\text{乙醛（酮式）}}{CH_3-\overset{O}{\overset{\|}{C}}-H}$$

水合产物遵循马氏定则，除乙炔的水合生成乙醛外，其他炔的水合都生成酮。例如：丙炔加成得丙酮，苯乙炔加成得苯乙酮。

$$CH_3C\equiv CH + H_2O \xrightarrow[HgSO_4]{H_2SO_4} \left[CH_3-\underset{OH}{\underset{|}{C}}=CH_2 \right] \longrightarrow CH_3-\underset{O}{\underset{\|}{C}}-CH_3$$

丙酮

$$C_6H_5-C\equiv CH + H_2O \xrightarrow[HgSO_4]{H_2SO_4} C_6H_5-\underset{O}{\underset{\|}{C}}-CH_3$$

苯乙酮

烯醇上羟基氢可以转移到相邻的双键碳上形成醛或酮，而醛、酮中 α-碳上的氢质子也可转移到羰基的氧上形成烯醇，这种质子可逆的相互转移现象称为互变异构。该反应为可逆反应，一般烯醇结构不稳定平衡倾向于形成醛或酮。

$$-CH=\underset{H-O}{\underset{|}{C}}- \rightleftharpoons -\overset{\alpha}{CH_2}-\underset{O}{\underset{\|}{C}}-$$

烯醇式　　　　酮式

d. 炔烃亲电加成反应机理　炔烃与卤化氢、卤素等发生亲电加成反应时，三键首先提供一对电子与亲电试剂（E^+）结合，形成活性很高的烯基碳正离子后与溶液中的阴离子（Nu^-）迅速结合，生成加成产物。

$$RC\equiv CH + E^+ \longrightarrow R\overset{+}{C}=CHE$$

乙烯型碳正离子

$$R\overset{+}{C}=CHE + Nu^- \longrightarrow \underset{Nu}{\underset{|}{RC}}=CHE$$

三键发生亲电加成反应时生成的乙烯型碳正离子，比双键发生相同类型反应时生成的活性中间体更不稳定，因此，炔烃发生亲电加成反应活性小于烯烃。如果分子中同时含有碳碳三键和双键，在较低温度下小心操作，卤素可以优先加到双键上。

$$CH_2=CHCH_2C\equiv CH + Br_2 \longrightarrow \underset{Br}{\underset{|}{C}H_2}\underset{Br}{\underset{|}{C}H}CH_2C\equiv CH$$

4,5-二溴-1-戊炔(90%)

② 硼氢化反应　炔烃的硼氢化反应可以停留在生成三烯基硼烷一步，硼原子加在取代基较少、位阻较小的三键碳原子上，得到顺式加成产物。生成的三烯基硼烷用乙酸处理生成烯烃；若用碱性过氧化氢处理则最终得到醛或酮。

$$6RC\equiv CR \xrightarrow{B_2H_6} 2\left[(R)(H)C=C(R)- \right]_3 B \xrightarrow{3CH_3COOH} 3\ (R)(H)C=C(R)(H)$$

$$\xrightarrow{H_2O_2,\ OH^-} (R)(H)C=C(R)(OH) \longrightarrow RCH_2-\underset{O}{\underset{\|}{C}}-R$$

端基炔和硼烷作用，先生成烯基硼烷，经碱性过氧化氢氧化后，均得到烯醇，异构化后生成醛，炔烃硼氢化是制备醛的一种方法，因炔烃的直接水合只有乙炔可得到乙醛，其他炔烃则只能得酮。

$$CH_3(CH_2)_5C{\equiv}CH \xrightarrow{R_2BH} \underset{H\quad\quad BR_2}{\overset{CH_3(CH_2)_5\quad\quad H}{C{=}C}} \xrightarrow{H_2O_2/OH^-} CH_3(CH_2)_5CH_2CHO$$

③ 催化加氢　炔烃在铂、钯、镍等过渡金属催化下与氢加成，生成相应的烯烃后并进一步被彻底还原得到相应的烷烃。

$$R{-}C{\equiv}C{-}R' + H_2 \xrightarrow{Pt 或 Pd} \underset{H\quad\quad H}{\overset{R\quad\quad R'}{C{=}C}} \xrightarrow[Pt 或 Pd]{H_2} R{-}CH_2CH_2{-}R'$$

高纯铂粉或钯粉催化氢化能力很强，上述反应通常难以停留在生成的烯烃阶段。若使用特殊催化剂（如林德拉催化剂）催化氢化，反应则可停留在烯烃阶段，得到较高收率的顺式烯烃。

$$CH_3CH_2C{\equiv}CCH_2CH_3 + H_2 \xrightarrow{Pd,\ CaCO_3} \underset{H\quad\quad H}{\overset{CH_3CH_2\quad\quad CH_2CH_3}{C{=}C}} \quad 顺式加成（90\%）$$

林德拉催化剂是将金属钯的细粉沉淀在碳酸钙（或 $BaSO_4$）上，再用乙酸铅或少量喹啉处理而制成。铅盐或喹啉中含有的微量的硫化物能降低钯的催化活性，可使催化加氢停留在烯烃阶段。

若炔烃在液氨（-33℃）中用碱金属（Li、Na、K）还原，则生成反式烯烃。

$$CH_3CH_2C{\equiv}CCH_2CH_3 + H_2 \xrightarrow[液 NH_3]{Na} \underset{H\quad\quad CH_2CH_3}{\overset{CH_3CH_2\quad\quad H}{C{=}C}}$$

终产物的立体化学，很可能取决于烯基自由基被还原生成烯基负离子这一步。两个体积较大的 R 基位于双键同一侧时较不稳定，而位于异侧的则较稳定，因此，以两个 R 基位于异侧时的构型继续反应占有明显优势。顺式和反式烯基负离子之间的转换极为缓慢，当它们还未来得及转换之前，就被迅速质子化，生成反式烯烃的主产物。

反式烯基自由基（R、H / C=C· / R'）→Na→ 反式烯基负离子 →快→ $\underset{H\quad\quad R'}{\overset{R\quad\quad H}{C{=}C}}$

反式烯基自由基
较稳定

⇅　　　　⇅ 转换极慢

顺式烯基自由基（R、H / C=C· / R'）→Na→ 顺式烯基负离子

顺式烯基自由基
较不稳定

使用氢化铝锂在高沸点溶剂（如二乙二醇二甲醚）中加热，也可将炔烃还原为烯烃，三键在碳链中间的也生成反式烯烃。

$$CH_3CH_2C{\equiv}CCH_2CH_3 \xrightarrow[THF,\ 二甘醇二甲醚]{LiAlH_4} \underset{H\quad\quad CH_2CH_3}{\overset{CH_3CH_2\quad\quad H}{C{=}C}}$$

④ 亲核加成　炔烃与烯烃在化学性质上的重要差异，还在于炔烃可与 HCN、RONa、RCOOH 等强亲核试剂发生加成反应。此类试剂的活性是带负电荷部分或电子云密度加大

的部位，具有亲核性，故称亲核试剂。由亲核试剂引起的加成反应称亲核加成反应。例如：

乙炔在 Cu_2Cl_2-NH_4Cl 的酸性溶液中，与 HCN 发生反应可生成丙烯腈。

$$nHC\equiv CH + nHCN \xrightarrow[20\sim25℃]{Cu_2Cl_2\text{-}NH_4Cl} \underset{\text{丙烯腈}}{nCH_2=CH-CN} \xrightarrow{\text{聚合}} \underset{\text{聚丙烯腈}}{\left[CH_2-\underset{\substack{|\\CN}}{CH} \right]_n}$$

丙烯腈聚合可得聚丙烯腈，后者是人造羊毛的原料。

乙炔与乙醇在碱催化加热条件下，生成乙烯基乙醚，产物是合成磺胺类药物的原料。

$$HC\equiv CH + C_2H_5OH \xrightarrow[150℃，加压]{C_2H_5OK} C_2H_5OCH=CH_2$$

将乙炔通入乙酸锌的乙酸溶液中，可发生加成反应，得到乙酸乙烯酯。

$$HC\equiv CH + CH_3COOH \xrightarrow[170\sim210℃]{Zn(OAc)_2/\text{活性炭}} \underset{\text{乙酸乙烯酯}}{CH_3-\overset{\overset{O}{\|}}{C}-O-CH=CH_2}$$

乙酸乙烯酯是制备聚合物的原料，这种聚合物主要以胶乳形式用于乳胶漆、表面涂料、黏合剂等方面。

(2) 氧化反应

炔烃能被高锰酸钾、重铬酸钾、臭氧等氧化剂氧化。在用高锰酸钾氧化炔烃时，高锰酸钾的紫色褪去，在碱性介质中生成褐色的二氧化锰沉淀，在酸性介质中溶液为无色。

在温和条件下用 $KMnO_4$ 水溶液（pH=7.5）氧化非端基炔烃，可以得到 1,2-二酮化合物。

$$CH_3(CH_2)_7C\equiv C(CH_2)_7CH_3 \xrightarrow[pH\ 7.5]{KMnO_4/H_2O} CH_3(CH_2)_7\overset{\overset{O}{\|}}{C}-\overset{\overset{O}{\|}}{C}(CH_2)_7CH_3$$

在剧烈条件下氧化，碳碳三键全部断裂，炔烃的结构不同，则氧化的产物也各异，端基炔烃生成羧酸和二氧化碳，非端基炔烃被氧化则只生成羧酸。

$$RC\equiv CH \xrightarrow[100℃]{KMnO_4/H_2O} RCOOH + CO_2$$

$$RC\equiv CR' \xrightarrow[100℃]{KMnO_4/H_2O} RCOOH + R'COOH$$

(3) 聚合反应

乙炔在一定条件下，可以自身加成而生成链状或环状的聚合物。与烯烃不同，炔烃一般不形成高聚物。例如：

$$2HC\equiv CH \xrightarrow[\triangle]{Cu_2Cl_2\text{-}NH_4Cl\text{-}HCl} CH_2=CH-C\equiv CH \xrightarrow{HC\equiv CH} CH_2=CH-C\equiv C-CH=CH_2$$

$$3HC\equiv CH \xrightarrow[60\sim70℃，压力]{\text{催化剂}} \text{苯}$$

$$4HC\equiv CH \xrightarrow[50℃，压力]{Ni(CN)_2} \text{环辛四烯}$$

特殊催化条件下，可以制得聚乙炔，聚乙炔是人类历史上发现的第一种有机导电化合物。

(4) 炔烃活泼氢的反应

① 炔氢的酸性　由于炔烃三键碳原子为 sp 杂化，轨道中 s 成分较大，电子云离碳核

近，结合紧密，所以乙炔可形成较稳定的乙炔负离子（$HC\equiv C:^-$），使乙炔基上的氢（简称炔氢）显酸性。

当乙炔和氨基钠放在一起时，得到乙炔钠，放出氨，说明氨的酸性不如乙炔。而乙炔钠和水在一起则放出乙炔，生成氢氧化钠，说明水的酸性比乙炔强。

$$HC\equiv CH + \overset{+}{Na}NH_2^- \rightleftharpoons NH_3 + CH\equiv C\bar{:}\overset{+}{Na}$$

$$H_2O + CH\equiv C\bar{:}\overset{+}{Na} \rightleftharpoons HC\equiv CH + NaOH$$

酸性的次序为：

$$H_2O > HC\equiv CH > NH_3$$

乙炔的酸性同无机酸的酸性有很大的差别，其没有酸味，也不能使石蕊试纸变红，只有很小的失去氢质子的倾向。与其他有机物相比，它有微弱的酸性，而甲烷、乙烯上的氢则不显酸性。

	HOH	HC≡CH	CH_2=CH_2	CH_3CH_3
pK_a	15.7	25	44	50

② 金属炔化物的生成　乙炔或端基炔的炔氢可以被金属取代，生成金属炔化物。例如：乙炔（或端基炔烃）与金属钠反应生成乙炔钠（或炔化钠），并放出氢气。

$$2HC\equiv CH + 2Na \xrightarrow{110℃} \underset{\text{乙炔钠}}{2HC\equiv CNa} + H_2$$

$$2RC\equiv CH + 2Na \longrightarrow \underset{\text{炔化钠}}{2RC\equiv CNa} + H_2$$

当金属钠过量时，可生成乙炔二钠。

$$2CH\equiv CH + 2Na \xrightarrow{190\sim 220℃} \underset{\text{乙炔二钠}}{NaC\equiv CNa} + H_2$$

炔化钠是一个弱酸强碱盐，分子中的碳负离子是很强的亲核试剂，在有机合成中是非常有用的中间体。例如，它与伯卤代烷反应，可制备更高级的炔烃：

$$RC\equiv CNa + R'X \longrightarrow RC\equiv CR'$$

应用炔化物和卤代烷反应以及前述炔烃还原反应的立体化学，可以从乙炔合成较长碳链的顺式或反式烯烃，所得产物在立体化学上的纯度相当高。

$$HC\equiv CH \xrightarrow[\text{液 }NH_3]{NaNH_2} \xrightarrow{CH_3I} HC\equiv CCH_3 \xrightarrow[\text{液 }NH_3]{NaNH_2} \xrightarrow{n\text{-}C_3H_7Br} n\text{-}C_3H_7C\equiv CCH_3$$

$$n\text{-}C_3H_7C\equiv CCH_3 \xrightarrow[\text{Pd/CaCO}_3\text{/喹啉}]{H_2} \text{(顺式)}\ CH_3CH_2CH_2(H)C=C(H)CH_3$$

$$n\text{-}C_3H_7C\equiv CCH_3 \xrightarrow{\text{Na/液}NH_3} \text{(反式)}\ CH_3CH_2CH_2(H)C=C(H)CH_3$$

炔氢不仅能与金属钠反应，而且还可与一些重金属盐作用，形成相应的金属炔化物。例如：乙炔通入到硝酸银的氨溶液或氯化亚铜的氨溶液中，则生成白色的乙炔银或红棕色的乙炔亚铜沉淀。

$$HC\equiv CH + 2[Ag(NH_3)_2]^+NO_3^- \longrightarrow \underset{\text{乙炔银(白色)}}{AgC\equiv CAg\downarrow} + 2NH_4NO_3 + 2NH_3$$

$$HC\equiv CH + 2[Cu(NH_3)_2]^+Cl^- \longrightarrow \underset{\text{乙炔亚铜(红棕色)}}{CuC\equiv CCu\downarrow} + 2NH_4Cl + 2NH_3$$

其他端基炔也能与 Ag^+ 及 Cu^+ 等重金属正离子作用，生成不溶性的盐。此反应灵敏，现象明显，可用于端基炔和非端基炔的鉴别。这些重金属炔化物在干燥状态下，受热或撞击易爆炸，对不再使用的重金属炔化物应加酸（稀硝酸或稀盐酸）处理，以免发生危险。

4.2.4 炔烃的制备

(1) 乙炔的工业来源

乙炔是工业上最重要的炔烃，通常用电石水解法制备。电石是由焦炭与生石灰在高温下反应生成。

$$3C + CaO \xrightarrow{2200℃} \underset{\text{电石}}{CaC_2} + CO$$

$$CaC_2 + 2H_2O \longrightarrow HC\equiv CH + Ca(OH)_2$$

电石法可直接得到99%的乙炔，但耗电量大，成本较高，目前一般不用该法。

乙炔的另一个制备方法是由甲烷在高温条件下部分氧化而得到。

$$5CH_4 + 3O_2 \xrightarrow{500℃} HC\equiv CH + 3H_2O + 3CO + 6H_2$$

乙炔还可由甲烷在1500℃电弧中加热、裂解而得到。

$$2CH_4 \xrightarrow{1500℃\text{电弧}} HC\equiv CH + 3H_2$$

乙炔为无色无臭的气体，燃烧时温度很高，氧炔焰温度在3000℃以上，可用来焊接和切割金属。乙炔是重要的有机合成的原料，也是合成许多药物的基本原料之一。乙炔极易受震动、热或火花的作用而发生猛烈爆炸，运输时必须注意安全。

(2) 炔烃的制法

① 二卤代烷脱卤化氢　邻二卤代烷或偕二卤代烷（两个卤原子连在同一碳原子上）在强碱（常用 $NaNH_2$）和高温条件下，能脱去两分子卤化氢生成炔烃。

$$(CH_3)_3CCH_2CHCl_2 \xrightarrow[\triangle]{NaNH_2} (CH_3)_3CC\equiv CNa \xrightarrow{H_2O} (CH_3)_3CC\equiv CH$$

$$CH_3(CH_2)_7\underset{\underset{Br}{|}}{C}HCH_2Br \xrightarrow[\triangle]{NaNH_2} CH_3(CH_2)_7C\equiv CNa \xrightarrow{H_2O} CH_3(CH_2)_7C\equiv CH$$

② 伯卤代烷与炔钠反应　端基炔钠中的碳负离子是很强的亲核试剂，与卤代烃发生取代反应延长碳链，可生成更高级炔烃。

$$(CH_3)_2CHCH_2C\equiv CH \xrightarrow{NaNH_2} (CH_3)_2CHCH_2C\equiv CNa \xrightarrow{CH_3CH_2Br} (CH_3)_2CHCH_2C\equiv CCH_2CH_3$$

从乙炔也可制得二取代乙炔：

$$HC\equiv CH \xrightarrow[(2)\ CH_3CH_2Br]{(1)\ NaNH_2} CH\equiv CCH_2CH_3 \xrightarrow[(2)\ CH_3Br]{(1)\ NaNH_2} CH_3C\equiv CCH_2CH_3$$

由于炔基负离子的碱性极强，容易使仲或叔卤代烃发生消除反应，因此，该法只能用伯卤代烷。

4.2.5 代表性化合物

某些天然产物中也含有碳碳三键结构，如三键在9位和6位的硬脂炔酸和十八碳-6-炔酸，都是存在于某些植物种子中的天然产物。

$CH_3(CH_2)_7C{\equiv}C(CH_2)_7COOH$

硬脂炔酸

$CH_3(CH_2)_{10}C{\equiv}C(CH_2)_4COOH$

十八碳-6-炔酸

毒芹素则是从草本植物水毒芹中分离出的有毒化合物。

$$HOCH_2CH_2CH_2C{\equiv}C{-}C{\equiv}C{-}CH{=}CHCH{=}CHCH{=}CHCH(OH)CH_2CH_2CH_3$$

毒芹素

4.3 二烯烃

分子中含有两个碳碳双键的开链烃称为二烯烃，其通式为 C_nH_{2n-2}，与炔烃相同。

4.3.1 二烯烃的结构

(1) 累积二烯烃

两个双键连接在同一个碳原子上的二烯烃叫作累积二烯烃，此类化合物结构不稳定，数量少，实际应用也不多。

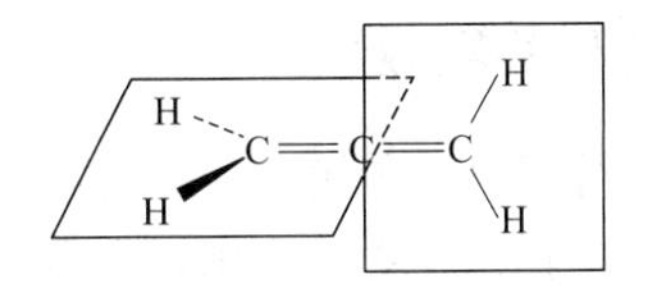

最简单的累积二烯烃为丙二烯，其他累积二烯烃可看成是丙二烯的衍生物，其结构与丙二烯相似。在丙二烯分子中（图 4-7），1 位和 3 位的碳原子都是 sp^2 杂化，而 2 位碳原子是 sp 杂化。1 位和 3 位的碳原子分别与 2 位碳原子和两个氢原子形成三个 σ 键。1 位和 3 位的碳原子上各有一个 p 轨道与 2 位碳原子的两个 p 轨道组成了两个相互垂直的 π 轨道。丙二烯分子中三个碳是呈线型的，而整个分子是两个相互垂直的平面组成的非平面分子。

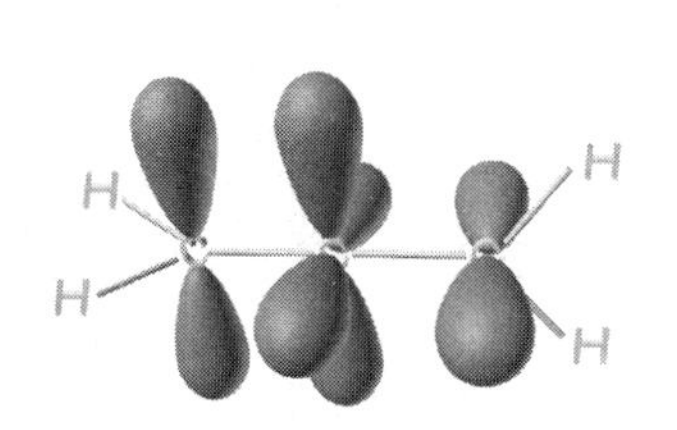

图 4-7 丙二烯的结构

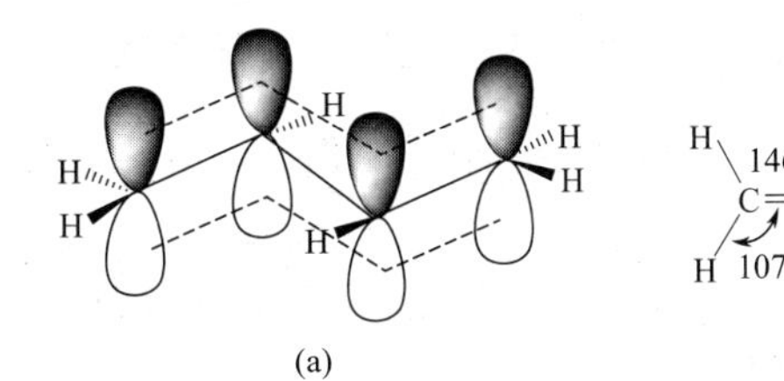

图 4-8 1,3-丁二烯的分子结构

(2) 共轭二烯烃

两个双键被一个单键隔开（即单、双键相互交替排列）的二烯烃叫作共轭二烯烃。

最简单的共轭二烯烃是 1,3-丁二烯，近代物理方法测得其分子结构如图 4-8 所示。在 1,3-丁二烯分子中，四个碳原子和六个氢原子都处于同一个平面，所有的键角接近 120°。1,3-丁二烯分子中碳碳双键的键长与单烯烃中的双键的键长（133pm）相比要略长一点，而其中碳碳单键的键长比一般烷烃中的单键（154pm）短，即 1,3-丁二烯分子中，碳碳单键和双键的键长趋向于部分平均化。

1,3-丁二烯分子中四个碳原子均为 sp^2 杂化，所形成的三个碳碳 σ 键和六个碳氢 σ 键在同一平面上，每个碳原子中各有一个未参与杂化的 p 轨道垂直于 σ 键所在的平面。C_1—C_2 的两个 p 轨道及 C_3—C_4 的两个 p 轨道形成分子中的两个 π 键，这两个 π 键靠得很近，在 C_2—C_3 间发生一定程度的重叠，使 π 电子云离域，形成大 π 键。分子中的两个 π 键不是孤立存在，而是相互结合成一个整体，称为 π-π 共轭体系。

由于 π 电子的离域，它不再局限（定域）于 C_1 和 C_2 或 C_3 和 C_4 之间，而是在整个分子中运动，即每个 π 电子均受到四个碳原子核的吸引，从而使分子的内能降低，稳定性增强。例如 1,4-戊二烯的氢化热为 $254kJ \cdot mol^{-1}$，1,3-戊二烯的氢化热为 $226kJ \cdot mol^{-1}$，说明共轭二烯烃内能较低，较稳定。共轭的 1,3-戊二烯比非共轭 1,4-戊二烯的能量降低了 $28kJ \cdot mol^{-1}$。降低的能量叫作离域能，也称共轭能。由于 π 电子的离域，1,3-丁二烯中的碳碳双键的键长比普通的碳碳双键长，碳碳单键比乙烷中的碳碳单键短，单键和双键的键长有平均化的趋势，这是共轭体系的特征之一。

共轭二烯中 C_2 与 C_3 之间的键存在着一些双键的特征，所以 C_2 和 C_3 之间的自由旋转也受到一定阻碍，因此 1,3-丁二烯存在着两种构象异构体。例如：

约97.5% *S*-反式 ⇌ 约2.5% *S*-顺式

4.3.2 共轭体系和共轭效应

除了 1,3-丁二烯分子外，在单双键间隔的多烯烃中都存在 π-π 共轭体系。在共轭体系中，π 电子的离域使电子云密度平均化，体现在键长也发生平均化；π 电子的离域也使电子可以在更大的空间运动，从而降低了体系的内能，使分子更稳定，即共轭体系比相应的非共轭体系稳定。

在共轭体系中，由于 π 电子的离域，当共轭体系的一端受到外电场的影响时，这种影响（电子效应）会沿着共轭链传递，这种通过共轭体系传递的电子效应称为共轭效应。共轭效应分为斥电子共轭效应和吸电子共轭效应。它和诱导效应的产生原因和作用方式是不同的。诱导效应是建立在定域基础上，是短程作用，单向极化；共轭效应是建立在离域基础上，是单双键交替极化，其强度不因共轭链的增长而减弱。例如：

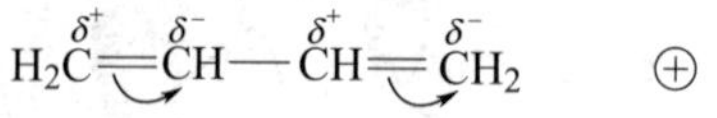

$$\overset{\delta^+}{H_2C}{=}\overset{\delta^-}{CH}{-}\overset{\delta^+}{CH}{=}\overset{\delta^-}{CH_2} \qquad \oplus$$

共轭效应　　外电场

除 π-π 共轭外，还有 p-π 共轭、p-p 共轭以及超共轭等。

(1) p-π 共轭

p-π 共轭是指含有 p 轨道的原子与含 π 轨道的原子连接组成的共轭体系。含 p 轨道的原子通常是碳、氧、氮、硫或卤素等。如氯乙烯、烯胺、乙烯基醚和烯丙型（苄基型）活性中间体等。

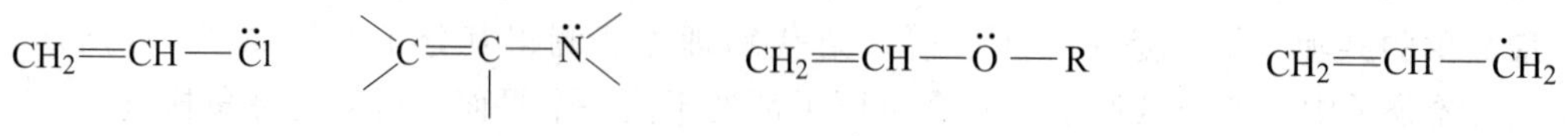

$CH_2{=}CH{-}\ddot{Cl}$　氯乙烯

$>C{=}C{-}\ddot{N}<$　烯胺

$CH_2{=}CH{-}\ddot{O}{-}R$　乙烯基醚

$CH_2{=}CH{-}\dot{C}H_2$　烯丙基自由基

上述分子中都存在 p-π 共轭，但由于参与共轭 p 轨道不完全相同，p-π 共轭电子离域的方向是不同的。

在烯胺、氯乙烯、乙烯基醚等分子中，杂原子的一对 p 电子向双键方向偏移，使得 2 位碳原子周围的电子云密度增加，如烯胺化合物的 2 位碳原子有明显的亲核性。

烯胺中电子的离域

在烯丙型（苄基型）碳正离子的结构中，一个缺电子的 p 轨道和 π 轨道之间有共轭作用，正电荷可以通过共轭体系离域到其他不饱和碳原子上而得到分散，所以这种碳正离子的稳定性比较高。

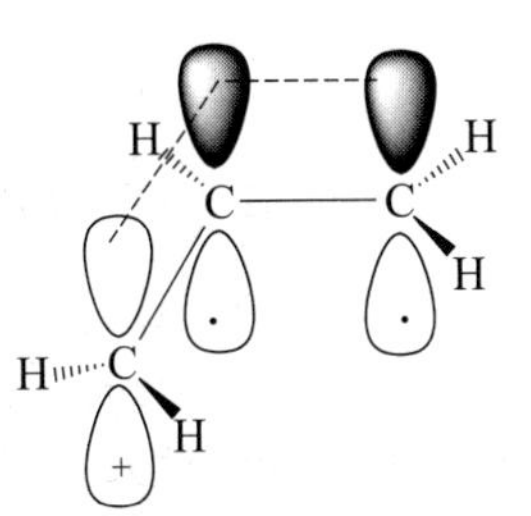

烯丙基碳正离子的p-π共轭

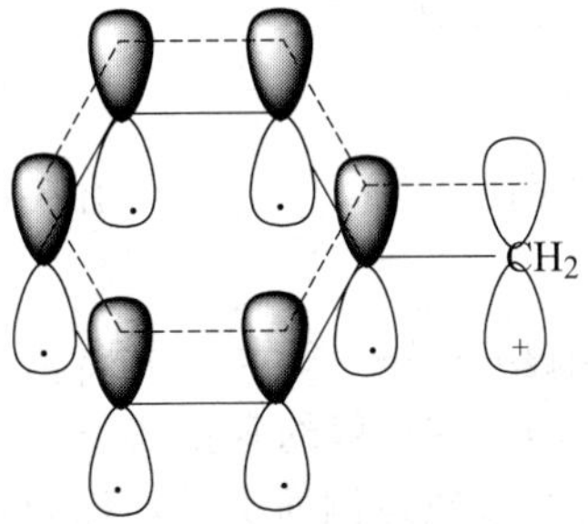

苄基碳正离子的p-π共轭

烯烃分子中的 α-氢原子比较活泼，容易发生自由基卤代反应，主要原因是反应中形成的烯丙型自由基，其电子通过 p-π 共轭而发生离域，使自由基能量降低、稳定性增加而较易生成。

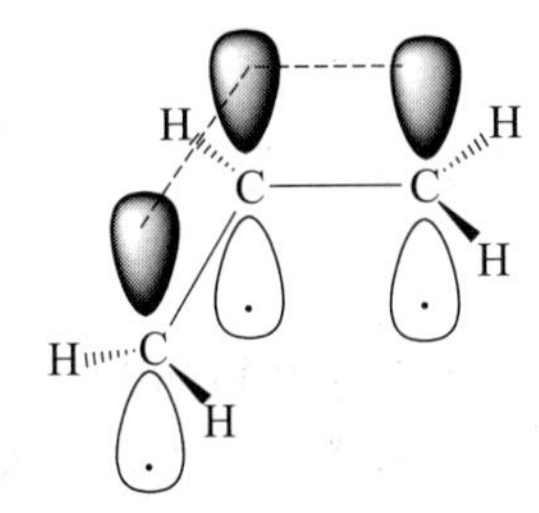

烯丙基自由基的p-π共轭

（2）p-p 共轭

p-p 共轭通常是指一个缺电子的 p 轨道与一个含未公用电子对的 p 轨道之间的共轭作用。例如：氯甲基甲基醚很容易发生水解反应，就是因为形成的甲氧基甲基正离子通过 p-p 共轭作用得到稳定化。

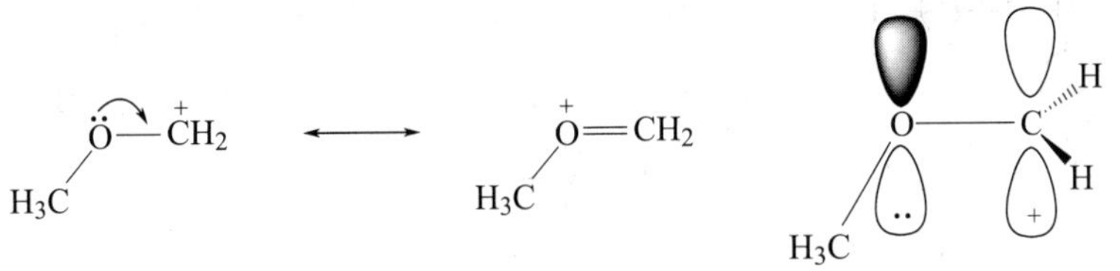

事实表明，当碳正离子上连有 N、O 和 S 等带有未共用电子对的原子时，其稳定性明显提高。

（3）超共轭效应

超共轭效应是指碳氢 σ 轨道与相邻的 π 轨道或 p 轨道因轨道相互重叠而产生的电子离域现象。在连接有烷基的不饱和化合物、碳正离子、自由基中都存在超共轭效应。由于超共轭是轨道间以一定角度部分重叠，轨道的重叠程度很小，因而超共轭效应比共轭相应要弱得多。超共轭作用一般是给电子的，不同烷基的超共轭作用大小为：$—CH_3>—CH_2R>—CHR_2>—CR_3$。

① σ-π 超共轭　以丙烯分子为例，甲基中的碳氢 σ 轨道与 π 轨道可以在侧面相互重叠，使得 σ 电子部分地离域到 π 轨道上。这种由 σ 轨道与 π 轨道参与的电子离域称为 σ-π 超共轭

效应。σ-π 超共轭效应使 σ 电子和 π 电子离域到更多的原子周围，分子的能量降低，稳定性增加。

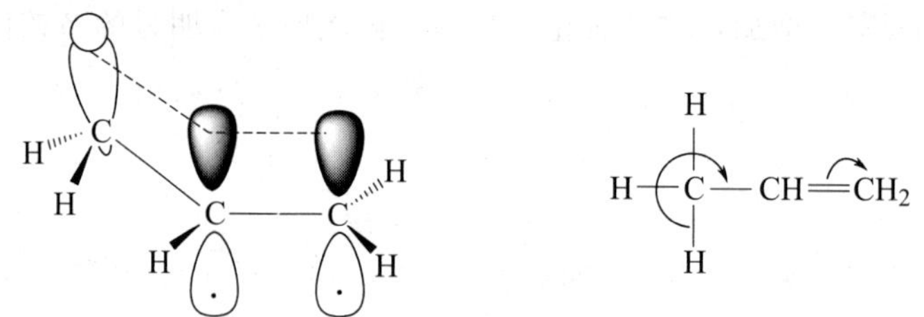

丙烯分子的超共轭

丙烯分子中甲基的三个碳氢 σ 轨道都有可能参与超共轭，因此能参与超共轭的碳氢 σ 键越多，超共轭效应越强。

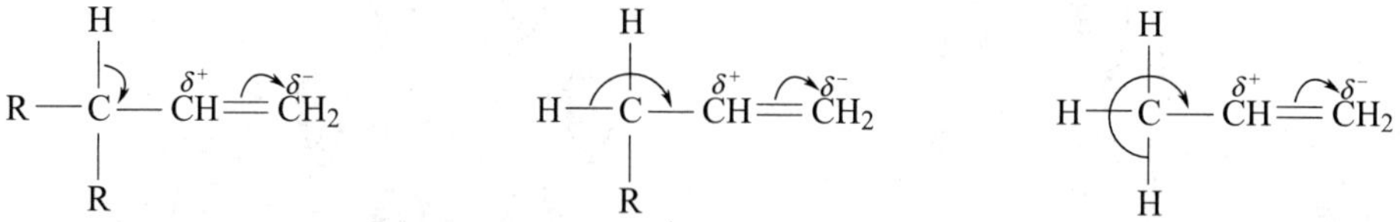

一个碳氢σ键参与超共轭　　两个碳氢σ键参与超共轭　　三个碳氢σ键参与超共轭

② σ-p 超共轭　在一般的碳正离子中，带正电荷的碳原子是 sp^2 杂化，还有一个空的 p 轨道，碳氢 σ 键与 p 轨道侧面交盖，称为 σ-p 超共轭。

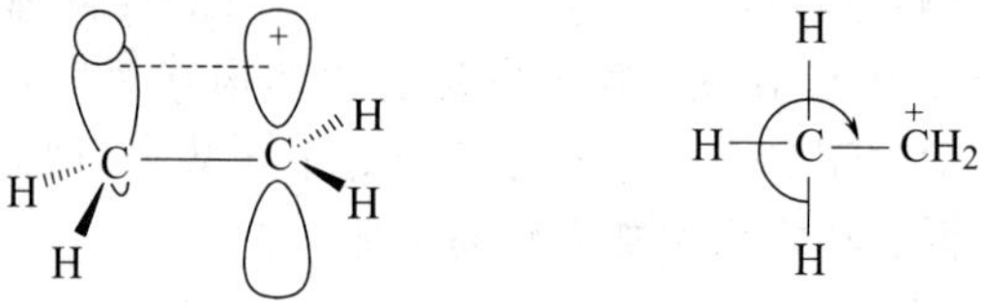

碳正离子的超共轭

参与超共轭的碳氢 σ 键越多，正电荷就越分散，碳正离子越稳定。碳正离子的稳定性次序为：叔碳正离子＞仲碳正离子＞伯碳正离子＞甲基正离子。

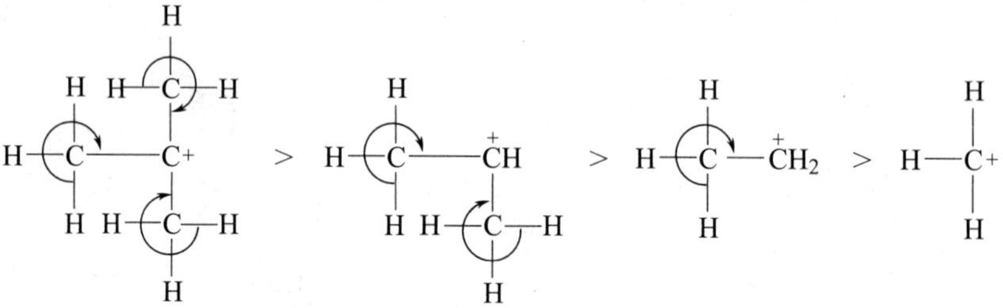

烷基自由基中的碳原子也是 sp^2 杂化，p 轨道上有一个单电子。大部分自由基也存在 σ-p 超共轭。超共轭效应使自由基稳定。同样自由基的稳定性顺序为：叔碳自由基＞仲碳自由基＞伯碳自由基＞甲基自由基。

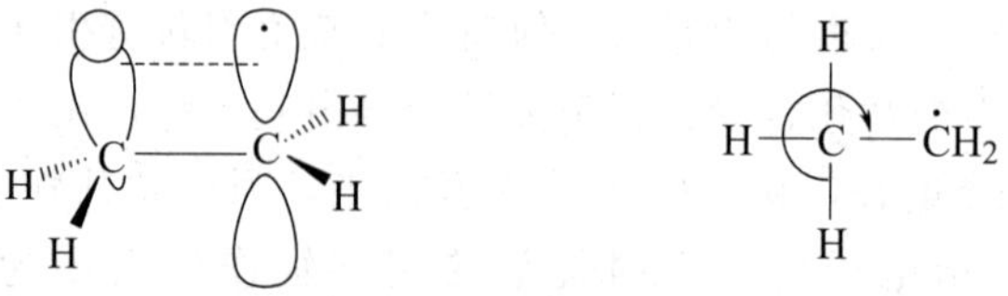

自由基的超共轭

【问题 4.2】 比较下列各组结构的稳定性并说明理由。

（1）A. 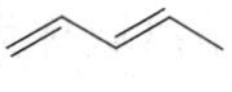　　B.

(2) A. $CH_2=CH-\overset{+}{C}H_2$　B. $CH_2=CH-\overset{+}{C}(CH_3)_2$

C. $CH_2=CH-\overset{+}{C}HCH_3$

(3) A. $\dot{C}H_2-CH=CH-CH=CH_2$　B. $\dot{C}H_2-CH_2-CH=CH-CH_3$

C. $\dot{C}H_2-CH=CH-CH_2CH_3$

(4) A. $\overset{+}{C}H_2-CH=CH_2$　B. $CH_2=CH-\overset{+}{C}H-CH=CH_2$

C. $CH_3-CH=CH-CH_2-\overset{+}{C}H_2$

4.3.3 共轭二烯烃的化学性质

(1) 加成反应

共轭二烯烃可以与卤素、卤化氢等亲电试剂发生加成反应，可生成两种产物。例如，1,3-丁二烯与溴发生加成反应时，既可得到3,4-二溴-1-丁烯，又可得到1,4-二溴-2-丁烯。

$$CH_2=CH-CH=CH_2 + Br_2 \begin{cases} \xrightarrow{1,2\text{-加成}} \underset{Br}{\underset{|}{C}H_2}-\underset{Br}{\underset{|}{C}H}-CH=CH_2 \\ \xrightarrow{1,4\text{-加成}} \underset{Br}{\underset{|}{C}H_2}-CH=CH-\underset{Br}{\underset{|}{C}H_2} \end{cases}$$

3,4-二溴-1-丁烯的生成是溴加成到1,3-丁二烯的同一双键上，称为1,2-加成。1,4-二溴-2-丁烯的生成是1,3-丁二烯的两个双键都打开，溴加成到C_1和C_4上，再在C_2和C_3间形成一个新的双键，称为1,4-加成反应，也称共轭加成。1,2-加成和1,4-加成常在反应中同时发生，这是共轭烯烃的共同特征。

1,3-丁二烯与亲电试剂溴化氢的加成反应也可得到两种产物：

$$CH_2=CH-CH=CH_2 + HBr \begin{cases} \xrightarrow{1,2\text{-加成}} H_3C-\underset{Br}{\underset{|}{C}H}-CH=CH_2 \\ \xrightarrow{1,4\text{-加成}} \underset{Br}{\underset{|}{C}H_2}-CH=CH-CH_3 \end{cases}$$

① 反应机理　共轭二烯烃与卤素、卤化氢的加成按亲电加成机理进行，反应分两步进行。现以1,3-丁二烯与溴化氢的加成为例进行讨论。第一步先生成碳正离子中间体。H^+进攻C_1或C_2，分别生成活性中间体烯丙基碳正离子（Ⅰ）和伯碳正离子（Ⅱ）：

$$\overset{4}{C}H_2=\overset{3}{C}H-\overset{2}{C}H=\overset{1}{C}H_2 + H^+ \begin{cases} \longrightarrow CH_2=CH-\overset{+}{C}H-CH_3 \quad (\text{Ⅰ}) \\ \longrightarrow CH_2=CH-CH_2-\overset{+}{C}H_2 \quad (\text{Ⅱ}) \end{cases}$$

烯丙基碳正离子（Ⅰ）属于p-π共轭体系，其上两个电子能够离域，正电荷能被较好地分散而稳定。但伯碳正离子（Ⅱ）不能共振而不稳定。所以1,3-丁二烯与HBr加成的第一步中，H^+总是加到末端碳原子上。烯丙基碳正离子（Ⅰ）中的两个电子的离域可以由下式表达：

$$\left[H_2C=CH-\overset{+}{C}H-CH_3 \longleftrightarrow H_2\overset{+}{C}-CH=CH-CH_3\right] \equiv H_2\overbrace{C=CH=C}^{+}H-CH_3$$

由电子的离域形式可以看出，烯丙基碳正离子（Ⅰ）的结构形式不是唯一的，它存在两种可能。所以，第二步 Br^- 进攻碳正离子时，进攻极限式（Ⅲ）得到 1,2-加成产物；进攻极限式（Ⅳ）得到 1,4-加成产物：

$$H_2C=CH-CH=CH_2 + H^+ \longrightarrow \begin{cases} CH_2=CH-CH_2-\overset{+}{C}H_2 \quad \text{不稳定} \\ CH_2=CH-\overset{+}{C}H-CH_3 \ (\text{Ⅲ}) \longleftrightarrow H_2\overset{+}{C}-CH=CH-CH_3 \ (\text{Ⅳ}) \end{cases}$$

$$(\text{Ⅲ}) \xrightarrow{Br^-} CH_2=CH-CH(Br)-CH_3 \qquad (\text{Ⅳ}) \xrightarrow{Br^-} H_2C(Br)-CH=CH-CH_3$$

② 两种加成产物的比率　在反应中产生的 1,2-加成物和 1,4-加成物的相对数量受共轭二烯烃的结构、试剂和反应温度等条件的影响，一般低温有利于 1,2-加成，高温有利于 1,4-加成：

$$H_2C=CH-CH=CH_2 + HBr \xrightarrow{-80℃} \underset{20\%}{CH_2(H)-CH=CH-CH_2(Br)} + \underset{80\%}{CH_2(H)-CH(Br)-CH=CH_2}$$

$$H_2C=CH-CH=CH_2 + HBr \xrightarrow{40℃} \underset{80\%}{CH_2(H)-CH=CH-CH_2(Br)} + \underset{20\%}{CH_2(H)-CH(Br)-CH=CH_2}$$

如前所述，1,2-加成产物和 1,4-加成产物的生成都是先生成烯丙基碳正离子中间体，所以形成这两种产物的相对数量取决于第二步反应。

上述（Ⅲ）为仲碳正离子，（Ⅳ）为伯碳正离子，（Ⅲ）比（Ⅳ）稳定，对共振杂化体贡献大，因此 C_2 比 C_4 容易接受 Br^- 进攻，1,2-加成所需的活化能较小，反应速率比 1,4-加成快，如图 4-9 所示。

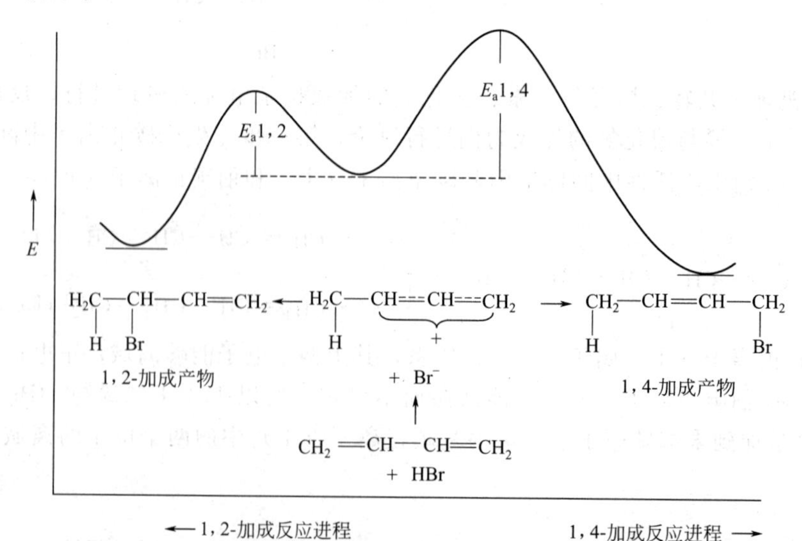

图 4-9　1,3-丁二烯的 1,2-加成和 1,4-加成的势能变化图

由图 4-9 可看出 1,4-加成比 1,2-加成所需要的活化能高，即 1,4-加成需提供较多的能量。但 1,4-加成产物比 1,2-加成产物稳定，这一点可以通过超共轭效应推理出来，所以在较高温度下以 1,4-加成为主。

在较低温度的条件下反应，以 1,2-加成产物为主，产物的比率由反应速率决定，称动力学控制；在较高温度的条件下反应，以 1,4-加成产物为主，产物的比率由产物的稳定性决定，称热力学控制。

(2) 双烯合成

共轭二烯烃与含碳碳双键或三键的化合物也可发生 1,4-加成生成环状化合物，此类反应称为双烯合成。该反应是由德国化学家奥托·狄尔斯和他的学生库尔特·阿尔德发现的，并因此获得 1950 年的诺贝尔化学奖，所以又称为狄尔斯-阿尔德反应。

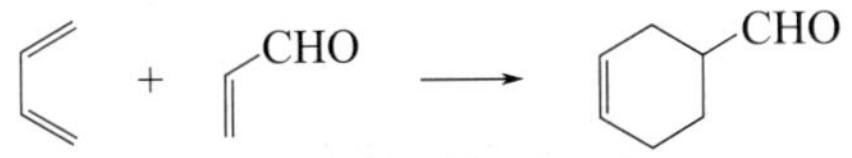

CHO　　CHO

反应中，共轭二烯烃称双烯体，不饱和化合物称亲双烯体。反应要求双烯体为 S-顺式构象，且具有供电子基的双烯体和具有吸电子基的亲双烯体可使反应较易进行。反应属于顺式加成，加成产物保持原来双烯体和亲双烯体的构型。

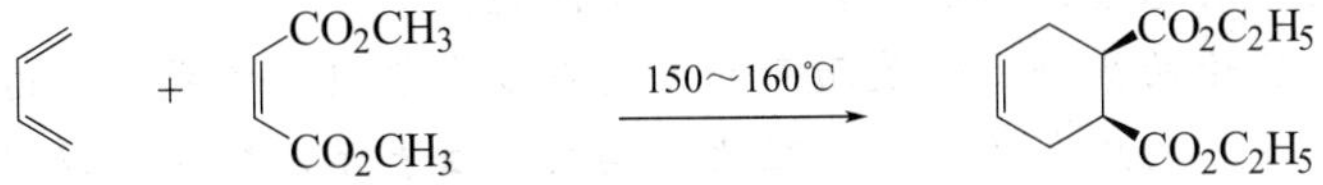

CO_2CH_3　CO_2CH_3　150～160℃　$CO_2C_2H_5$　$CO_2C_2H_5$

1,3-丁二烯　顺丁烯二酸二甲酯　顺-4-环己烯-1,2-二甲酸二甲酯

共轭二烯烃与顺丁烯二酸酐反应生成的 4-环己烯-1,2-二甲酸酐是白色固体，该反应常用于鉴别共轭二烯烃和隔离二烯烃。

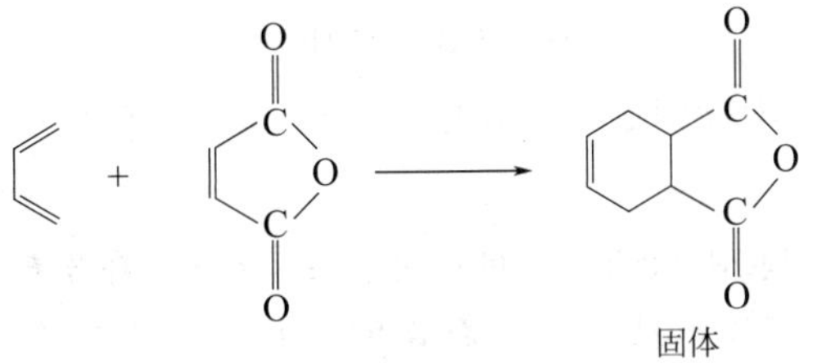

固体

双烯合成反应是一类不同于离子型和自由基型的反应。反应时旧键的断裂和新键的形成是同时进行的，经过一个环状过渡态，形成环加成产物。反应只通过过渡态而不生成活性中间体，是一步完成的协同反应。其反应机理如下：

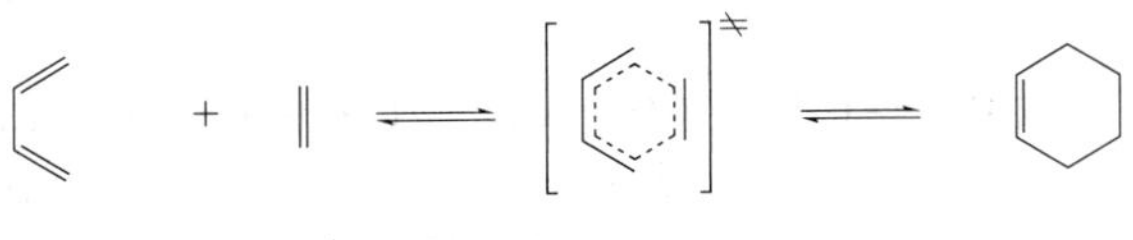

环状过渡态

双烯合成反应的用途非常广泛，是合成六元环状化合物的重要方法。

4.3.4 代表性化合物

含二烯烃或多烯烃的药物一般较少，仅见于大环内酯类抗生素或者免疫抑制剂。非达霉素是一种大环内酯类抗生素，其作用机理主要是通过抑制细菌的 RNA 聚合酶而产生迅速的抗难治梭状芽孢杆菌感染（CDI）作用。西罗莫司又称雷帕霉素，是一种大环内酯抗生素类免疫抑制剂，临床应用于防治肾移植病人的抗排斥反应。

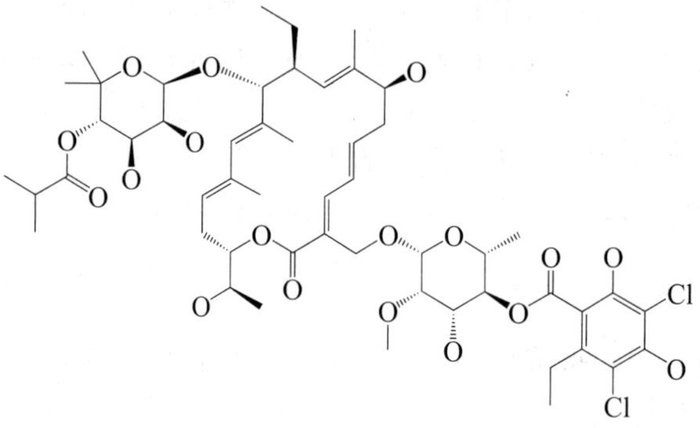

非达霉素

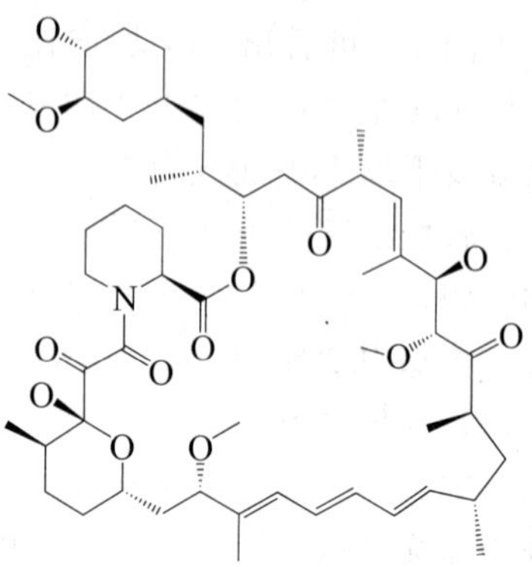

西罗莫司

【阅读材料】

共振论简介

在共轭体系中电子是离域的，使用单一的经典结构式无法准确地表达化合物的真实结构，也不能充分解释化合物的性质。1931 年美国化学家鲍林提出共振论，解决了使用经典结构式无法准确描述具有电子离域的化合物的结构问题。

共振论是在价键理论的基础上发展而来的，是以多个经典结构式来表达电子的离域。共振论认为，具有电子离域的化合物用一个经典结构式无法表示清楚，可以用两个或多个可能的经典结构式表示，真实的结构是这些可能的经典结构式的共振杂化体。这些可能的经典结构式叫作极限结构式或共振结构式。任何一个极限结构都不是真实的分子结构，只有共振杂化体才能确切地代表化合物的真实结构。例如 1,3-丁二烯可以用下列共振结构式表示：

$$H_2C{=}CH{-}CH{=}CH_2 \longleftrightarrow \overset{-}{C}H_2{-}CH{=}CH{-}\overset{+}{C}H_2 \longleftrightarrow \overset{+}{C}H_2{-}CH{=}CH{-}\overset{-}{C}H_2$$

$$\longleftrightarrow \overset{+}{C}H_2{-}\overset{-}{C}H{-}CH{=}CH_2 \longleftrightarrow \overset{-}{C}H_2{-}\overset{+}{C}H{-}CH{=}CH_2 \longleftrightarrow CH_2{=}CH{-}\overset{+}{C}H{-}\overset{-}{C}H_2$$

$$\longleftrightarrow CH_2{=}CH{-}\overset{-}{C}H{-}\overset{+}{C}H_2$$

其中每个经典结构式叫极限结构式，用双向箭头“⟷”符号表示它们之间的共振关系。

共振杂化体并不是所有极限结构式的混合物，也不是互变的平衡体系，而是一个确定的、单一的真实分子。不同的极限式代表了电子离域的限度。分子能写出的极限结构式越多，表示电子离域的可能性越大，体系能量越低，化合物就越稳定。

各个极限结构式对共振杂化体的贡献大小是不同的，极限结构式越稳定，对共振杂化体的贡献越大。

$$\underset{\text{贡献最大}}{H_2C{=}CH{-}CH{=}CH_2} \longleftrightarrow \underset{\text{贡献较小}}{\overset{-}{C}H_2{-}CH{=}CH{-}\overset{+}{C}H_2} \longleftrightarrow \underset{\text{贡献最小}}{\overset{+}{C}H_2{-}\overset{-}{C}H{-}CH{=}CH_2}$$

极限结构式对共振杂化体的贡献大小判断如下：等价的极限结构贡献相等；共价键数目多的极限结构贡献大；原子的价电子数目满足惰性气体电子构型的贡献大；电荷没有分离或分离程度大的极限结构式贡献大；负电荷处在电负性大的原子上的贡献大；键角和键长变形小的贡献大。

$$CH_2{=}CH{-}\overset{+}{C}H_2 \longleftrightarrow \overset{+}{C}H_2{-}CH{=}CH_2 \quad \text{贡献一样}$$

$$\overset{+}{C}H_2{-}\ddot{\underset{..}{O}}H \longleftrightarrow CH_2{=}\overset{+}{\underset{..}{O}}H \quad \text{后者贡献大}$$

$$CH_2{=}CH{-}CH{=}O \longleftrightarrow \overset{+}{C}H_2{-}CH{=}CH{-}\overset{-}{O} \longleftrightarrow CH_2{=}CH{-}\overset{+}{C}H{-}\overset{-}{O} \quad \text{贡献依次变小}$$

$$\overset{-}{C}H_2{-}CH{=}O \longleftrightarrow CH_2{=}CH{-}\overset{-}{O} \quad \text{后者贡献大}$$

共振结构式书写时必须遵循以下原则：

① 共振结构式只是表示电子结构的排布不同，原子之间的排布次序不变。

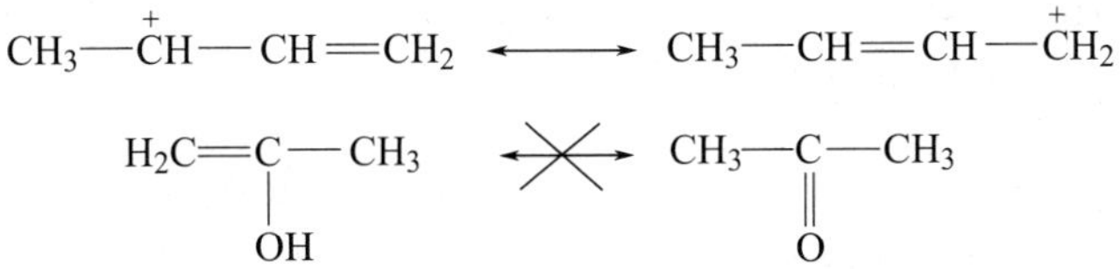

$$CH_3—\overset{+}{C}H—CH═CH_2 \longleftrightarrow CH_3—CH═CH—\overset{+}{C}H_2$$

$$H_2C═\underset{\displaystyle OH}{\underset{|}{C}}—CH_3 \quad \not\longleftrightarrow \quad CH_3—\underset{\displaystyle O}{\underset{\|}{C}}—CH_3$$

② 必须符合经典结构式的写法，碳原子为四价，第二周期元素的价电子不能超过八个。

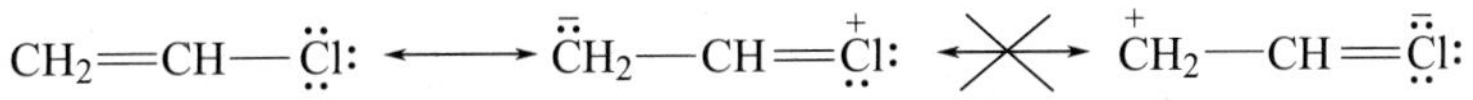

$$CH_2═CH—\ddot{\underset{..}{Cl}}: \longleftrightarrow \overset{-}{C}H_2—CH═\overset{+}{\underset{..}{Cl}}: \quad \not\longleftrightarrow \quad \overset{+}{C}H_2—CH═\overset{-}{\underset{..}{Cl}}:$$

③ 同一个化合物的共振结构式中，配对或不配对的电子数目应保持一致。

$$CH_2═CH—\dot{C}H_2 \longleftrightarrow \dot{C}H_2—CH═CH_2 \quad \not\longleftrightarrow \quad \dot{C}H_2—\dot{C}H—\dot{C}H_2$$

【巩固练习】

4-1 选择题

1. 乙烯不能发生的反应是（　　）。
   A. 加成反应　B. 取代反应　C. 聚合反应　D. 氧化反应
2. 丙烯与溴化氢反应的主要产物是（　　）。
   A. 1-溴丙烷　B. 2-溴丙烷　C. 2-溴丙烯　D. 1,2-二溴丙烷
3. 下列化合物存在顺反异构现象的是（　　）。
   A. 2-甲基-1-丁烯　B. 2,3,4-三甲基-2-戊烯
   C. 3-甲基-2-戊烯　D. 2-乙基-1,1-二溴-1-丁烯
4. 下列化合物不能使高锰酸钾褪色的是（　　）。
   A. 环丙烷　B. 1-丁烯　C. 1,3-丁二烯　D. 3-甲基-1-戊炔
5. 下列化合物不能使溴的四氯化碳溶液褪色的是（　　）。
   A. 环己烯　B. 环己烷　C. 2-丁炔　D. 2-丁烯
6. 下列化合物被酸性高锰酸钾溶液氧化后，只生成羧酸的是（　　）。
   A. 甲基丙烯　B. 1-丁烯
   C. 2,3-二甲基-2-丁烯　D. 2,5-二甲基-3-己烯
7. 下列化合物能与银氨溶液反应生成白色沉淀的是（　　）。
   A. 1-戊烯　B. 1-戊炔　C. 2-戊炔　D. 乙烯
8. 下列烯烃中属于共轭烯烃的是（　　）。
   A. 1,3,5-己三烯　B. 1,4-戊二烯　C. 2,5-庚二烯　D. 丙二烯
9. 鉴定端基炔烃常用的试剂是（　　）。
   A. 氯化亚铜的氨溶液　B. 溴的四氯化碳溶液
   C. 酸性高锰酸钾溶液　D. 中性或碱性高锰酸钾溶液
10. 丙炔加水生成的产物为（　　）。
   A. 丙醛　B. 丙酸　C. 丙酮　D. 2-丙醇

4-2 写出下列化合物的名称或结构式。

1. 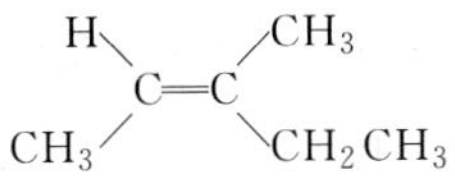 $\overset{H}{\underset{CH_3}{}}\!\!>C═C<\!\!\overset{CH_3}{\underset{CH_2CH_3}{}}$

2. 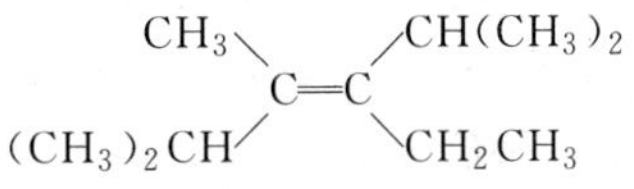 $\overset{CH_3}{\underset{(CH_3)_2CH}{}}\!\!>C═C<\!\!\overset{CH(CH_3)_2}{\underset{CH_2CH_3}{}}$

3. (3*Z*,5*Z*)-6-甲基-2-氯-3,5-辛二烯　　　4. 顺-4-甲基-2-戊烯

4-3　完成下列反应式。

1. $CH \equiv CH + HBr \longrightarrow$

2. 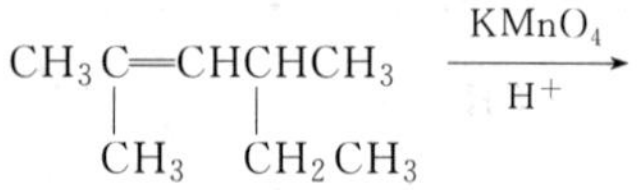 $\underset{CH_3}{\underset{|}{CH_3C}}=\underset{CH_2CH_3}{\underset{|}{CHCH}}CH_3 \xrightarrow[H^+]{KMnO_4}$

3. $CH \equiv C\underset{CH_3}{\underset{|}{CH}}CH_3 + H_2O \xrightarrow[H_2SO_4]{HgSO_4}$

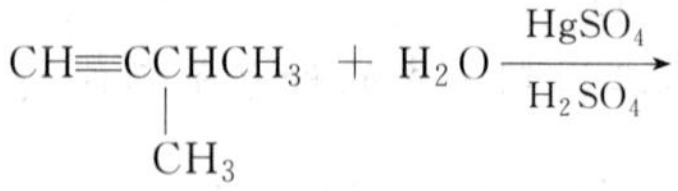

4. $CH_3C \equiv CH + Cu(NH_3)_2Cl \longrightarrow$

5. $CH_2=CH-CH=CH_2 + HBr \xrightarrow{高温}$

6. 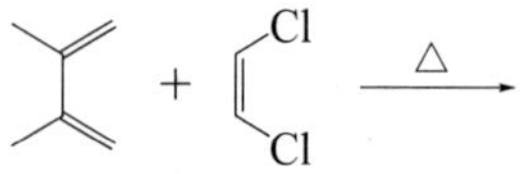 2,3-二甲基-1,3-丁二烯 + 顺-1,2-二氯乙烯（Cl, Cl） $\xrightarrow{\triangle}$

4-4　用化学方法鉴别下列化合物。

正丁烷、1-丁烯、1-丁炔、2-丁炔

4-5　解释下列实验事实。

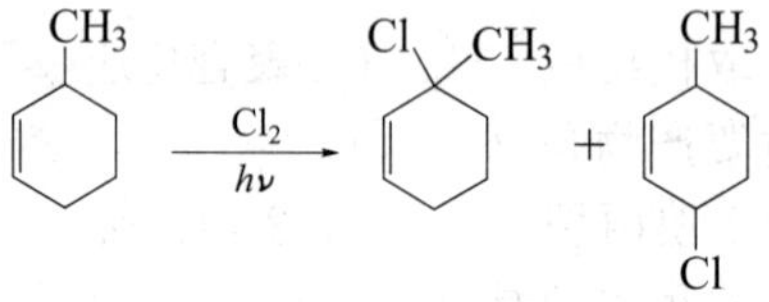

3-甲基环己烯（CH_3） $\xrightarrow[h\nu]{Cl_2}$ 3-氯-3-甲基环己烯（Cl, CH_3）(主) + 6-氯-3-甲基环己烯（CH_3, Cl）(次)

4-6　推断题

1. 化合物 A、B 和 C，其分子式均为 C_6H_{10}，经催化加氢都生成 2-甲基戊烷。A 能与银氨反应。B 可与顺丁烯二酸酐反应，B 用高锰酸钾氧化时，得到其中一个产物为 CH_3COCH_3。C 用高锰酸钾氧化时，生成 CH_3COCH_2COOH 和 CO_2。试写出 A、B 和 C 的构造式。

2. 化合物 A 和 B，其分子式均为 C_6H_8，A 和 B 都可与顺丁烯二酸酐反应。A 发生臭氧化反应生成乙二醛（OHCCHO）和丁二醛（$OHCCH_2CH_2CHO$），B 发生臭氧化反应的产物是乙二醛（OHCCHO）和 2-甲基丙二醛 $OHCCH(CH_3)CHO$。试写出 A 和 B 的构造式。

参考答案

【问题 4.1】（1）有

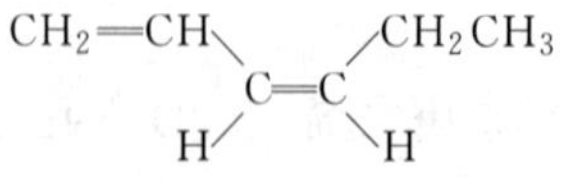

$$\underset{H}{\overset{CH_2=CH}{}}\!\!\gt C=C \lt\!\!\underset{H}{\overset{CH_2CH_3}{}} \qquad\qquad \underset{H}{\overset{CH_2=CH}{}}\!\!\gt C=C \lt\!\!\underset{CH_2CH_3}{\overset{H}{}}$$

(*Z*)-1,3-己二烯 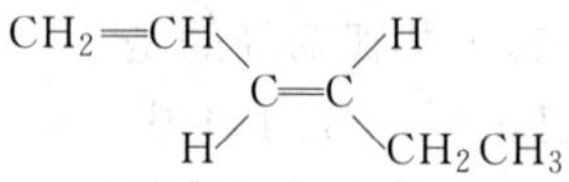　　　(*E*)-1,3-己二烯

（2）无

【问题 4.2】（1）稳定性 A>B，A 中有 π-π 共轭而 B 没有；（2）稳定性 B>C>A，A 中只有 p-π 共轭，B、C 中除了有 p-π 共轭外，还分别有 6 个和 3 个 σ-p 超共轭；（3）稳定性 A>C>B，A 和 C 中都有 p-π 共轭，且 A 中 p-π-π 共轭，共轭体系更大；（4）稳定性 B>A>C，A 和 B 中都有 p-π 共轭，且 B 中有 2 个 p-π 共轭。

4-1

1. B　2. B　3. C　4. A　5. B　6. D　7. A　8. A　9. A　10. C

4-2

1. 反-3-甲基-2-戊烯

2. 2,3,5-三甲基-4-乙基-3-己烯

3. 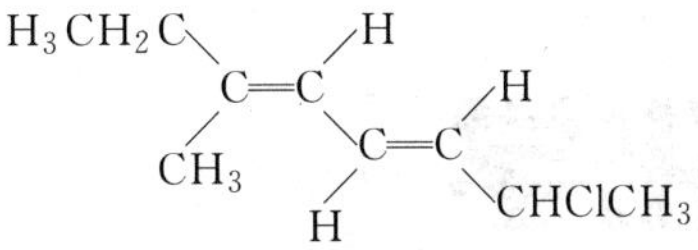 H_3CH_2C / C=C (H) / CH_3 — C=C (H, H) — $CHClCH_3$

4. 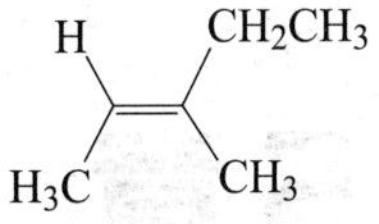 H, CH_2CH_3 / C=C / H_3C, CH_3

4-3

1. 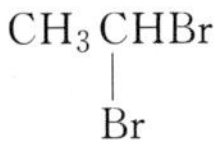 CH_3CHBr (Br)

2. 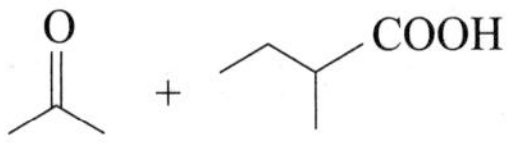 丙酮 + 3-甲基丁酸 (COOH)

3. $CH_3—\overset{O}{\overset{\|}{C}}—CHCH_3$ (CH_3)

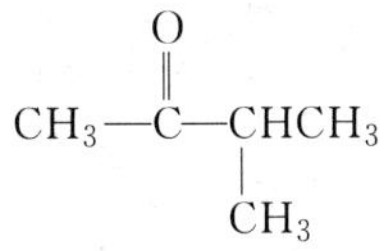

4. $CH_3C\equiv CCu + 2NH_4Cl + 2NH_3\uparrow$

5. 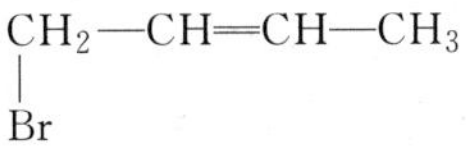 $CH_2—CH{=}CH—CH_3$ (Br)

6. 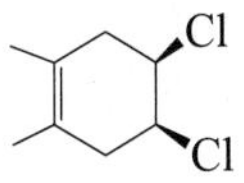 1,2-二甲基-4,5-二氯环己烯 (Cl, Cl)

4-4

	$AgNO_3/NH_3$	Br_2/H_2O	$KMnO_4/H^+$
正丁烷	—	—	
1-丁烯	—	褪色	气体
2-丁炔	—	褪色	—
1-丁炔	白色沉淀		

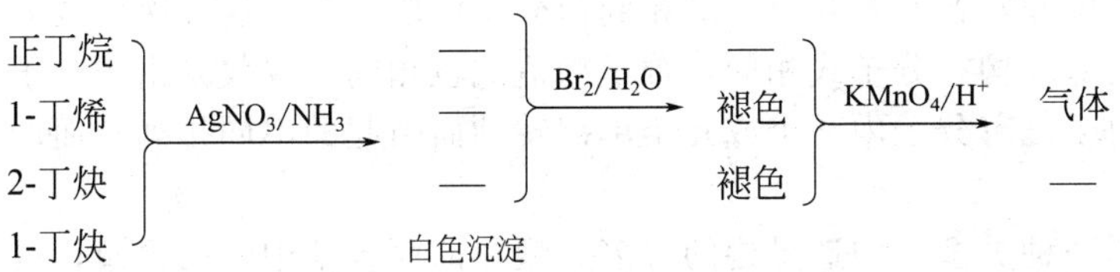

4-5

这个反应机理是烯烃 α-H 的自由基氯代。有两种 α-H 分别生成 A 和 B 两种自由基，都是有 p-π 共轭和 σ-p 超共轭，因为 A 中有 5 个 σ-p 超共轭、B 中只有 2 个 σ-p 超共轭，A 比 B 更稳定，故得到的产物 A 为主要产物。

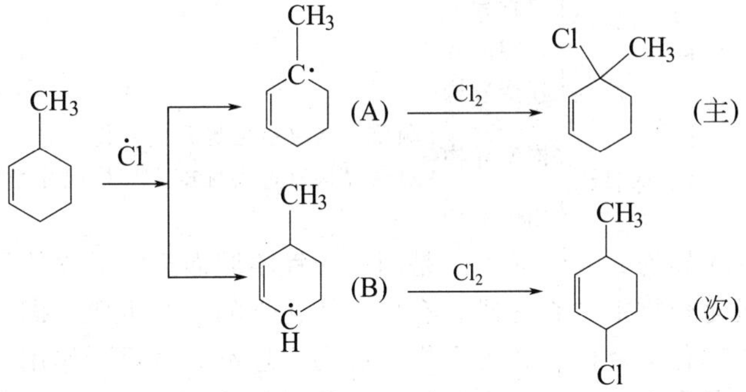

CH_3 环己烯 $\xrightarrow{\dot{C}l}$ (A) $\xrightarrow{Cl_2}$ Cl, CH_3 (主)

(B) $\xrightarrow{Cl_2}$ CH_3, Cl (次)

4-6

1. A. 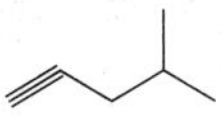 B. 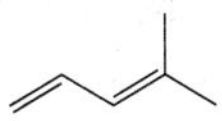 C.

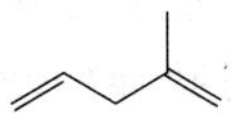

2. A.  B.

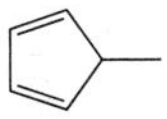

（姜洪丽　编　　侯超　校）

第5章 立体化学

异构现象在有机化合物中非常普遍，凡分子式相同而分子中原子相互连接次序或方式不同所产生的异构现象称为构造异构，分子式相同，分子构造式也相同，仅仅是由于分子中原子在空间排列不同（包括由于绕着分子内一个或几个单键转动而引起的不同排列）而产生的异构现象，称为立体异构。

对映异构是立体异构的一种类型。构造异构的许多类型在前面各章中多已提及，过去曾把结构当作构造的同义词使用，按照 IUPAC 的建议，把结构按构造、构型和构象三个层次进行研究，“结构”一词只有含义更广泛时使用。三个层次都存在着异构现象，其中构型和构象两个层次均属立体异构范畴。

- 同分异构
  - 构造异构
    - 碳链异构
    - 位置异构
    - 官能团异构
    - 互变异构
  - 立体异构
    - 构型异构
      - 顺反异构（过去称几何异构）
      - 对映异构（过去称旋光异构或光学异构）
    - 构象异构

对映异构又称旋光异构或光学异构，是因旋光性不同而产生的立体异构现象。对映异构现象普遍存在于有机化合物中，它是研究有机立体化学的一个重要方面，对深入研究物质的结构、各类反应的立体化学及探讨各类有机反应的机理都起着重要作用。而物质的旋光性与生理、病理、药理现象有密切关系，自然界中的很多物质都存在着对映异构现象，尤其在生物体内重要生理活性物质的特殊性质与旋光性有关。例如组成人体蛋白质的氨基酸以及人体所需的糖类物质等，都存在着对映异构现象。

5.1 偏振光和旋光性

5.1.1 偏振光和物质的旋光性

我们通常见到的光为自然光，也称普通光。光是一种电磁波，它可在垂直于其前进方向上的任何平面上振动。如果将普通光通过一块特制的尼科尔棱镜，因为此棱镜只允许与其晶轴平行振动的光通过，其他各个方向的光都被挡住，所以普通光通过此棱镜后只在一个平面上振动，形成平面偏振光，简称偏振光，偏振光振动的平面叫偏振面。凡能使偏振光的偏振面旋转的性质称为旋光性。具有旋光性的物质称为旋光性物质或光学活性物质，如乳酸、葡萄糖、甘油醛等；否则，称非旋光性物质，如水、乙醇、丙酮等。平面偏振光的产生见图 5-1。

图 5-1　平面偏振光的产生

自然界中有许多物质具有使偏振光的偏振面发生改变的这种旋光现象，这样的物质具有旋光性或光学活性。例如，在两个晶轴相互平行的尼科尔棱镜之间放入乙醇、丙酮等物质时，通过第二个尼科尔棱镜观察仍能见到最大强度的光，视场光强不变，说明它们不具有旋光性；但在两个尼科尔棱镜之间放入葡萄糖、果糖、乳糖等物质的溶液时，通过第二个尼科尔棱镜观察，视场光强减弱，只有将第二个尼科尔棱镜向左或向右旋转一定角度后，又能恢复原来最大强度的光，即葡萄糖、果糖或乳糖将偏振光的偏振面旋转了一定的角度，说明它们具有旋光性。光学活性物质旋转偏振见图 5-2。

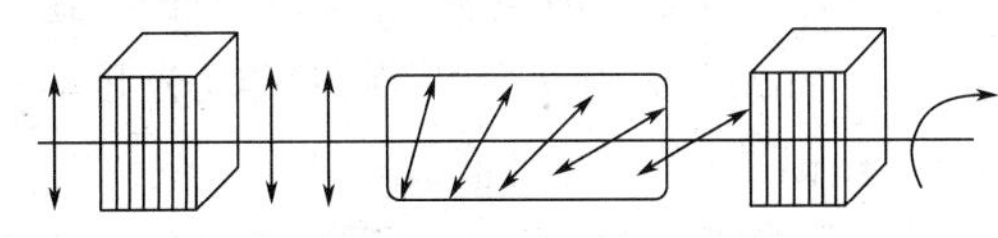
图 5-2　光学活性物质旋转偏振

5.1.2　旋光仪

偏振光的偏振面被旋光性物质所旋转的角度称为旋光度，用 α 表示。测定物质旋光度的仪器称为旋光仪，旋光仪的结构和组成见图 5-3。旋光仪主要由 1 个单色光源、2 个尼科尔棱镜、1 个盛放样品的盛液管和 1 个能旋转的刻度盘组成。其中第 1 个棱镜是固定的，称为起偏镜，第 2 个棱镜可以旋转，称为检偏镜。

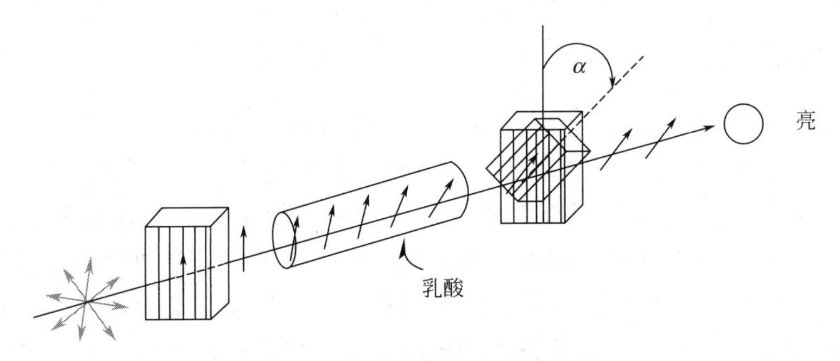

图 5-3　旋光仪结构和组成示意

测定时，把两个尼科尔棱镜的晶轴相互平行时作为零点，视野明亮；当加入非旋光性物质时，偏振光通过样品管后仍可完全通过检偏镜，视野明亮，刻度仍为零点；而当加入光学活性物质时，偏振光振动平面发生向左或向右的转动，这时只有向左或向右旋转检偏镜才能使光线完全通过，此时，刻度盘上的读数即为该物质的旋光度，用 α 表示。如果从面对光线射入的方向观察，能使偏振光的偏振面按顺时针方向旋转的旋光性物质称为右旋体，用符号

"+"或"*d*"表示；反之，则称为左旋体，用符号"−"或"*l*"表示。

5.1.3 旋光度和比旋光度

物质的旋光性除了与物质本身的特性有关外，还与测定时所用溶液的浓度、盛液管的长度、测定时的温度、光的波长以及所用溶剂等因素有关。对于某一物质来说，用旋光仪测得的旋光度并不是固定不变的，所以说旋光度不是物质固有的物理常数。因此，为了能比较物质的旋光性能的大小，消除这些不可比因素的影响，通常采用比旋光度 $[\alpha]_{\lambda}^{t}$ 来描述物质的旋光性。比旋光度 $[\alpha]_{\lambda}^{t}$ 是物质固有的物理常数，可以作为鉴定旋光性物质的重要依据。比旋光度定义为：在一定的温度下，盛液管长度为 1dm，待测物质的浓度为 1g·mL^{-1}，光源波长为 589nm（即钠光灯的黄线）时所测的旋光度。旋光度与比旋光度之间的关系可用下式表示：

$$[\alpha]_{\lambda}^{t}=\frac{\alpha}{cl}$$

式中，t 为测定时的温度（一般是室温），℃；λ 为光源波长，常用钠光（D）作为光源，波长为 589nm；α 为实验所测得的旋光度，(°)；c 为待测溶液的浓度（液体化合物可用密度），g·mL^{-1}；l 为盛液管长度，dm。

当所测物质为溶液时，所用溶剂不同也会影响物质的旋光度。因此使用非水溶剂时，需注明溶剂的名称，例如，右旋酒石酸在乙醇中，浓度为 5%时，其比旋光度为：

$$[\alpha]_{D}^{20}=+3.79^{\circ}\quad(\text{乙醇},5\%)$$

比旋光度和物质的熔点、沸点、密度等一样，是重要的物理常数，有关数据可在文献或手册中查到。通过旋光度的测定，可以计算出物质的比旋光度。利用比旋光度可以进行旋光性物质的定性鉴定及含量和纯度的分析。制糖工业中，常用旋光度来控制糖液的浓度。

5.2 对映异构

5.2.1 手性和旋光性

1811 年法国物理学家阿瑞洛在研究石英的光学性质时发现：天然的石英有两种晶体，一种使偏振光左旋，称"左旋石英"；另一种使偏振光右旋，称"右旋石英"。这两种石英不具有任何对称性，两者互为实物与镜像的关系，互相不能重叠，如同人的左、右手。1815 年，法国物理学家拜奥特观察到蔗糖水溶液、酒石酸水溶液、松节油的酒精溶液、樟脑的酒精溶液等都具有旋光能力，他认为石英晶体对偏振光的旋转与有机溶液对偏振光的旋转是不同的。由石英产生的旋光性是由石英整体产生的，由有机物质产生的旋光性是由单个分子产生的，因此他推想旋光性应该和物质组成的不对称有关。1848 年，法国科学家巴斯德在研究酒石酸盐时，首次用人工方法分开了酒石酸铵的两种晶体，这两种晶体互为实物与镜像关系，旋光性能相同，但旋光方向相反。由此他指出：如同晶体本身一样，构成晶体的分子互为镜像，相互不能重叠。

自然界的物质按对偏振光的作用表现不同，可分为旋光性与非旋光性两大类。为什么有些物质可使偏振光的振动面旋转？研究证明，物质的旋光性来自分子的手性。

人的左手和右手外形相似，但不能完全重合。如果把左手放到镜子前面，其镜像恰好与右手相同，左右手的关系实际上是实物与镜像的关系，互为对映但不能重合。我们将这种实物与其镜像不能重合的特征称为物质的手性。

5.2.2 手性分子

自然界中的一些有机化合物的分子存在着实物与镜像不能重合的特性，即手性。我们把这种有手性的分子称为手性分子，没有手性的分子称为非手性分子。如乳酸分子、樟脑分子就是手性分子，而乙醇分子、丙酸分子等是非手性分子。以乳酸手性分子为例，图 5-4 为两种乳酸分子的模型，乳酸分子有两种构型，如同人的左右手一样，相似而又不能重合。

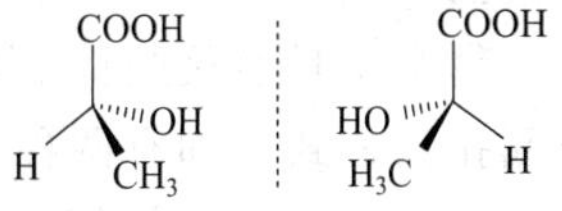

图 5-4 两种乳酸分子的模型

自然界中一部分化合物具有旋光性，而大多数化合物则不具有旋光性，研究结果表明，物质是否具有旋光性与物质分子的结构有关，具有旋光性的物质分子都是手性分子。

判断一个化合物分子是否具有手性，关键要看该分子中是否存在对称因素，例如看其分子中是否存在对称面或对称中心等，如果在一个分子中找不到任何对称因素，则该分子就是手性分子，具有旋光性。若存在某种对称因素使该分子能与自己的镜像相重合，就不具有手性，无旋光性。

对称因素包括对称面、对称中心和对称轴，对称轴不能作为分子手性的判断依据，故应用较多的是对称面和对称中心。对称面是指把分子分成实物与镜像关系的假想平面；对称中心是设想分子中有一个点，从分子的任何一原子或基团向该点引一直线并延长出去，在距该点等距离处总会遇到相同的原子或基团，则这个点称为分子的对称中心。有对称面或对称中心的分子都是非手性分子。

5.2.3 手性碳原子

1874 年，荷兰化学家范特霍夫和法国化学家勒贝尔分别提出了碳四面体学说：如果碳原子位于一个正四面体中心，那么与碳相连的四个原子或基团将占据四面体的四个顶点，它们若有旋光性应归结于不对称取代的碳原子。

C^*abcd 可有两种不同的排布方式：

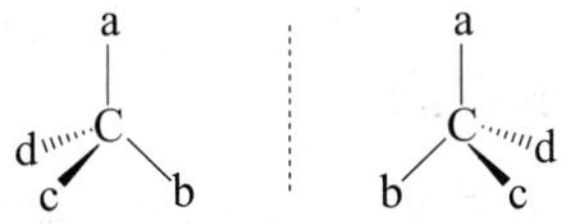

它们代表两种不同的空间构型，两者互为镜像关系，正如人的左、右手关系。这种分子与其镜像的不重合性称为分子的手性或手征性，具有手性的分子称为手性分子。具有四个不同原子或基团的不对称碳原子称为手性碳或手性中心。手性碳原子或不对称碳原子，用 C^* 表示。乳酸、丙氨酸和甘油醛等分子中都含有手性碳原子。

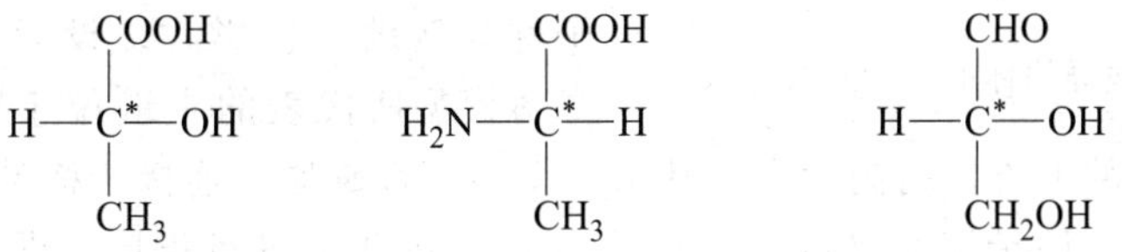

乳酸　　丙氨酸　　甘油醛

除碳原子外，还有一些元素（如 N、S、P 等）的共价键化合物也是四面体结构。当这些元素的原子所连基团互不相同，该原子也是手性原子。含有这些手性原子的分子也可能是手性分子。

5.2.4 对映体

1863年，德国有机化学家韦斯立森努斯对乳酸进行了一系列研究发现：肌肉乳酸（+）和发酵乳酸（−）具有相同的组成，但旋光方向相反。因此，他断言：如果分子在构造上是相同的，然而性质不同的话，这种差别，应当是由原子在空间的不同排布所造成。

乳酸是具有旋光性的化合物，与手性碳原子相连的4个不同原子或原子团有两种不同的空间排列方式，即有两种不同的构型。将两种乳酸模型分子中的手性碳原子相互重合，再将连在该碳原子上的任何2个原子团，如甲基和羧基重合，而剩下的氢原子和羟基则不能重合。正如人的左右手关系一样，相似但又不能重合，互为实物和镜像。我们将这种彼此成实物和镜像关系，不能重合的一对立体异构体，称为对映异构体，简称对映体。产生对映体的现象称为对映异构现象。由于每个对映异构体都有旋光性，所以又称旋光异构体或光学异构体。一对对映体分为右旋体和左旋体，如（+）-乳酸和（−）-乳酸。

5.2.5 外消旋体

通过实验我们知道，乳酸的来源不同其旋光度也不同，其中一种是在人体肌肉剧烈运动之后而产生的，它能使偏振光向右旋转，称为右旋乳酸；另一种是由葡萄糖的发酵而产生的，它能使偏振光向左旋转，称为左旋乳酸；还有一种从酸奶中分离出的乳酸，不具有旋光性，比旋光度为零。

为什么从酸奶中分离出来的乳酸，没有旋光性，其比旋光度为零呢？这是因为从牛奶发酵得到的乳酸是右旋乳酸和左旋乳酸的等量混合物，它们的旋光度大小相等，方向相反，互相抵消，这是旋光性消失的原因。一对对映体在等量混合后，得到的没有旋光性的混合物称为外消旋体，用（±）或 *dl* 表示。如外消旋乳酸，可表示为：（±）-乳酸或 *dl*-乳酸。

5.3 含一个手性碳原子的化合物

5.3.1 对映异构体构型的表示方法

对映体在结构上的区别仅在于原子或原子团的空间排布方式的不同，用平面结构式无法表示，为了更直观、更简便地表示分子的立体空间结构，一般用费歇尔投影式表示。该方法是将球棍模型按一定的方式放置，然后将其投影到平面上，即得到1个平面的式子，这种式子称为费歇尔投影式。投影的具体方法是：将立体模型所代表的主链位于竖线上，将编号小的碳原子写在竖线的上方，指向后方，其余2个与手性碳原子连接的横键指向前方，手性碳原子置于纸面中心，用十字交叉线的交叉点表示。按此法进行投影，即可写出费歇尔投影式。例如，乳酸对映异构的模型及投影式见图5-5。

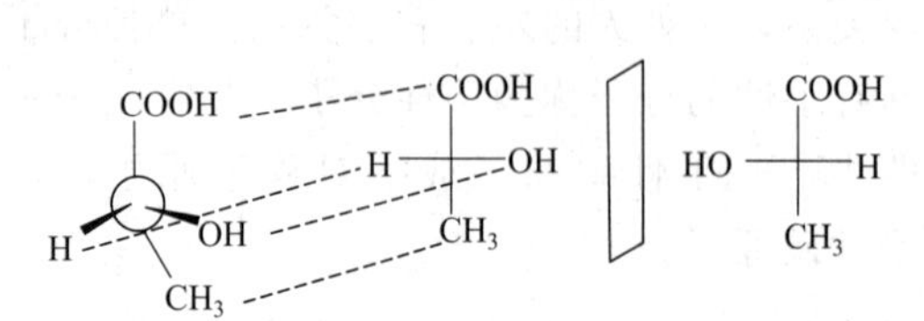

图5-5 乳酸对映异构体的模型及投影式

依费歇尔投影法的规定，可归纳为：①横线和竖线的十字交叉点代表手性碳原子；②横线上连接的原子或原子团代表的是透视式中位于纸面前方的两个原子或原子团；③竖线上连接的原子或原子团代表的是透视式中位于纸面后方的两个原子或原子团。

费歇尔投影式具有严格的投影原则，不能随意改变，应用费歇尔投影式时，应经常考虑到分子的立体结构，应注意以下几点：

① 投影式在纸面上旋转 180°时，构型不变，但旋转 90°时，构型改变成为其对映体。

② 投影式不能离开纸面旋转。

③ 取代基的位置互换一次或奇数次，构型改变成为其对映体；取代基的位置互换两次或偶数次，构型不变。如固定一个基团，其余三个基团依次作顺时针或逆时针调换，构型不变。

5.3.2 对映异构体构型的命名

当 1 个分子中手性碳原子增多时，对映异构体的数目也会增多。1 对对映体中的 2 个异构体之间的差别就在于构型不同，因此，对映体的名称之前应注明其构型。对映体构型的命名有以下两种方法。

5.3.2.1 D、L 构型命名法

D 是拉丁语 Dextro 的字首，意为“右”；L 是拉丁语 Laevo 的字首，意为“左”。在有机化学发展早期，科学家们还没有实验手段可以测定分子中的原子或原子团在空间的排列状况，为了避免混淆，费歇尔选择了以甘油醛作为标准，对对映异构体的构型做了一种人为的规定。指定（+）-甘油醛的构型用羟基位于右侧的投影式表示，并将这种构型命名为 D-构型；指定（－）-甘油醛的构型用羟基位于左侧的投影式来表示，并将这种构型命名为 L-构型。例如：

```
    CHO              CHO
H──┼──OH        HO──┼──H
    CH2OH            CH2OH
```

D-(+)-甘油醛　　　　L-(－)-甘油醛

D-和 L-表示构型，而（+）和（－）则表示旋光方向。构型是人为指定的，从模型或投影式都看不出来，而旋光方向能通过旋光仪测出。旋光性物质的构型与旋光方向是两个概念，两者之间没有必然的联系和对应关系。所以不能根据旋光方向去判断构型，反之亦然。

在人为规定了甘油醛的构型基础上，就能将其他含手性碳原子的旋光化合物与甘油醛联系起来，以确定这些旋光化合物的构型。例如，将右旋甘油醛的醛基氧化为羧基，再将羟甲基还原为甲基得到乳酸。在上述氧化及还原步骤中，与手性碳原子相连的任何一个化学键都没有断裂，所以与手性碳原子相连的原子团在空间的排列顺序不会改变，因此，这种乳酸也属于 D-构型。实验测定，右旋乳酸为 L-构型，而左旋乳酸为 D-构型。例如：

```
     COOH    |      COOH
HO──┼──H     |  H──┼──OH
     CH3     |      CH3
```

L-(+)-乳酸　　　　D-(－)-乳酸

由于这种确定构型的方法是人为规定的，并不是实际测定的，所以称为相对构型。1951 年魏欧德用 X 射线衍射法，成功地测定了一些对映异构体的真实构型（绝对构型），发现人为规定的甘油醛的相对构型，恰好与真实情况完全相符，所以相对构型就成为它的绝对构型。

由于 D、L 构型命名法只适用于表示 1 个手性碳原子的化合物，对于含有多个手性碳原

子的化合物，该方法具有局限性，使用不方便。所以国际纯粹和应用化学联合会（IUPAC）建议采用 *R*、*S* 构型命名法。现在 D、L 构型命名法主要用于糖类和氨基酸等构型的命名。

5.3.2.2 *R*、*S* 构型命名法

R、*S* 构型命名法是目前广泛使用的一种命名方法。该方法不需要与其他化合物联系比较，而是对分子中每个手性碳原子的构型直接命名。其命名规则和步骤如下：

① 根据次序规则，将手性碳原子所连接的 4 个原子或原子团排列成序：a>b>c>d。

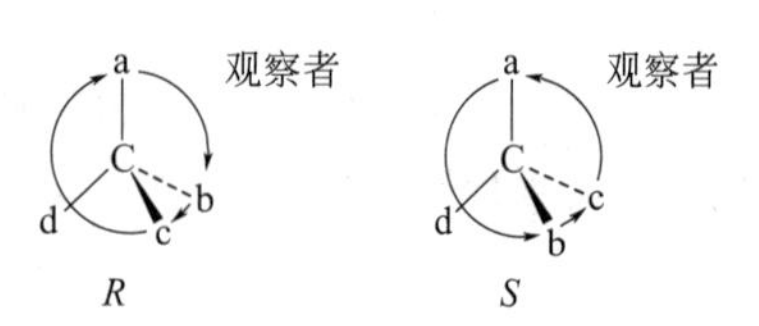

图 5-6 *R*、*S* 构型命名法

② 将最小的原子或原子团 d 摆在离观察者最远的位置，视线与手性碳原子和基团 d 保持在一条直线上，其他原子或原子团朝着观察者。

③ 最后按 a→b→c 画圆，并观察 a→b→c 的排列顺序，如果为顺时针方向，则该化合物的构型为 *R*-构型，如果为逆时针方向，则该化合物的构型为 *S*-构型，见图 5-6。

例如用 *R*、*S* 构型命名法分别命名 D-(+)-甘油醛和 L-(−)-甘油醛的构型。

在 D-(+)-甘油醛分子中，与手性碳原子相连的 4 个基团按照次序规则由大到小的顺序为：—OH>—CHO>—CH_2OH>—H，则以氢原子为四面体的顶端，底部的 3 个角上基团是—OH、—CHO、—CH_2OH，它们是按顺时针方向依次排列，所以是 *R*-构型。

CHO
H—┼—OH ═ H—C(CHO)(OH)(CH_2OH) ← 视线方向
CH_2OH

D-(+)-甘油醛　　*R*-构型

L-(−)-甘油醛分子中，底部的 3 个角上基团—OH、—CHO、—CH_2OH，按逆时针方向依次排列，所以是 *S*-构型。

视线方向 → (OHC)(HO)(HOH_2C)C—H ═ HO—┼—H（上 CHO，下 CH_2OH）

S-构型　　L-(−)-甘油醛

对费歇尔投影式可直接确定其 *R*、*S* 构型，规则为：

① 当最小基团 d 处于横键的左、右端时，a→b→c 顺时针方向排列的为 *S*-构型，逆时针方向排列的为 *R*-构型。

② 当最小基团 d 处于竖键的上、下端时，a→b→c 顺时针方向排列的为 *R*-构型，逆时针方向排列的为 *S*-构型。

例如乳酸：

$$CH_3—\overset{*}{C}H(OH)—COOH$$

乳酸分子只含有 1 个手性碳，所连接的 4 个原子或原子团按次序规则排列成序：—OH>—COOH>—CH_3>—H。其对映体为：

COOH　　　　COOH
H—┼—OH　　HO—┼—H
CH_3　　　　CH_3

R-乳酸　　*S*-乳酸

直接根据投影式确定构型时，应该注意投影式中竖直方向的原子或原子团是伸向纸面后方，而水平方向的原子或原子团伸向纸面前方。此外，D、L构型和R、S构型是两种不同的构型命名法，它们之间不存在固定的对应关系，化合物的构型和旋光方向之间也不存在固定的对应关系。

5.4 含两个手性碳原子的化合物

分子中含有两个手性碳原子时，它们可以是两个相同的手性碳原子，也可以是不相同的两个手性碳原子。

5.4.1 含有两个不相同手性碳原子的化合物

丁醛糖（2,3,4-三羟基丁醛）$\underset{\displaystyle OH}{\underset{|}{CH_2}}—\underset{\displaystyle OH}{\underset{|}{\overset{*}{C}H}}—\underset{\displaystyle OH}{\underset{|}{\overset{*}{C}H}}—CHO$ 含有两个不相同的手性碳原子，它的每个手性碳原子所连的四个原子或原子团是不完全相同的，有四个构型异构体，这四个构型异构体的费歇尔投影式如下：

$$\begin{array}{c}CHO\\ H-\!\!\!+\!\!\!-OH\\ H-\!\!\!+\!\!\!-OH\\ CH_2OH\end{array}\qquad\begin{array}{c}CHO\\ HO-\!\!\!+\!\!\!-H\\ HO-\!\!\!+\!\!\!-H\\ CH_2OH\end{array}\qquad\begin{array}{c}CHO\\ HO-\!\!\!+\!\!\!-H\\ H-\!\!\!+\!\!\!-OH\\ CH_2OH\end{array}\qquad\begin{array}{c}CHO\\ H-\!\!\!+\!\!\!-OH\\ HO-\!\!\!+\!\!\!-H\\ CH_2OH\end{array}$$

D-(−)-赤藓糖（Ⅰ）　L-(+)-赤藓糖（Ⅱ）　D-(−)-苏阿糖（Ⅲ）　L-(+)-苏阿糖（Ⅳ）

这四个构型异构体中，（Ⅰ）和（Ⅱ）、（Ⅲ）和（Ⅳ）是对映体，一对中的任一个与另一对中的任一个，例如，（Ⅰ）和（Ⅲ）、（Ⅳ），（Ⅱ）和（Ⅲ）、（Ⅳ），不是物体与镜像关系，称非对映异构体。

所谓差向异构体，是指含有两个以上手性碳原子的异构体中，只有一个手性碳原子的构型不同，而其他的手性碳原子的构型都相同时，这样的异构体称为差向异构体。等量的（Ⅰ）和（Ⅱ）或等量的（Ⅲ）和（Ⅳ）可分别组成外消旋体。

如前所述，当一个化合物含有一个手性碳原子时，有两个构型异构体；含有两个不相同的手性碳原子时，有四个构型异构体；含有三个不相同的手性碳原子时，应有八个构型异构体；含有 n 个不相同的手性碳原子时，应有 2^n 个构型异构体，并有 2^{n-1} 个外消旋体。

由于赤藓糖和苏阿糖是含有两个手性碳原子的简单的典型化合物，类似的化合物，都可以用赤藓糖与苏阿糖做比较。

在费歇尔投影式中，两个相同基团（—a，—a）在同一边的，与赤藓糖的构型相似，称为赤型；两个相同基团（—a，—a）不在同一边的与苏阿糖的构型相似，称为苏型。

$$\begin{array}{c}R\\ a-\!\!\!+\!\!\!-b\\ a-\!\!\!+\!\!\!-c\\ R'\end{array}\qquad\qquad\begin{array}{c}R\\ a-\!\!\!+\!\!\!-b\\ c-\!\!\!+\!\!\!-a\\ R'\end{array}$$

赤型　　苏型

5.4.2 含有两个相同手性碳原子的化合物

如酒石酸（2,3-二羟基丁二酸），分子中每个手性碳原子所连的四个不同原子或原子团是一样的。有如下三种构型：

COOH
HO—H
H—OH
COOH
（Ⅰ）
（2S,3S）
（+）-酒石酸

COOH
H—OH
HO—H
COOH
（Ⅱ）
（2R,3R）
（−）-酒石酸

COOH
H—OH
H—OH
COOH
（Ⅲ）

COOH
HO—H
HO—H
COOH
（Ⅳ）

（2R,3S）
（m）-酒石酸

（Ⅰ）和（Ⅱ）互为对映体，（Ⅲ）和（Ⅳ）似乎也是对映体，但若将（Ⅳ）沿纸面旋转180°，即可与（Ⅲ）重合。所以（Ⅲ）和（Ⅳ）实际上是同一化合物。不难看出，在（Ⅳ）中有一个对称面，它将分子分成两半，是互为实物与镜像的关系，故（Ⅲ）是非手性分子，因而没有旋光性。这种分子虽然含有手性碳原子，但由于分子内部存在对称因素，使互为镜像的两半分别所产生的旋光性相互抵消，故称为内消旋体，常用 *m*（*meso*）表示。这样，酒石酸分子只有三个旋光异构体，即一个右旋体、一个左旋体和一个内消旋体。它们的某些物理常数见表 5-1。

表 5-1　酒石酸的物理常数

酒石酸	熔点/℃	溶解度/g·(100g H_2O)$^{-1}$	$[\alpha]_D^{25}$(H_2O)	pK_{a_1}
右旋体	170	139	+12°	2.96
左旋体	170	139	−12°	2.96
内消旋体	140	125	0	3.11
外消旋体	204	20.6	0	2.96

大量事实说明，凡具有相同手性碳原子的化合物都有内消旋体。内消旋体和外消旋体一样，都无旋光性，但本质不同，前者是一种化合物，后者是一种可被化学方法拆分的混合物。

5.5 无手性碳原子的旋光异构现象

大多数具有旋光性的化合物分子内都存在手性碳原子，但还有一些化合物虽不含手性碳原子，就整个分子而言却包含了手性因素，使其与它的镜像不能重合，导致产生一对对映体。也就是说，有些旋光物质的分子中不含手性碳原子。下面列举两类实例。

5.5.1 丙二烯型化合物

丙二烯类化合物（>C=C=C<）的结构特点是与中心碳原子相连的两个 π 键所处的平面彼此相互垂直。当丙二烯双键两端碳原子上各连有不同的取代基时，分子没有对称面和对称中心，就产生了手性因素，存在着对映体。如 2,3-戊二烯已分离出对映体：

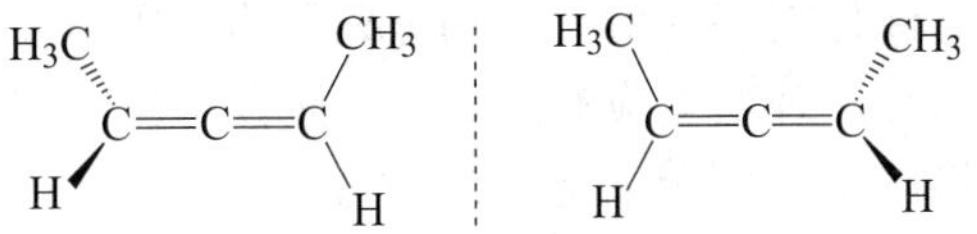

如果任一端碳原子上连有两个相同的取代基，化合物具有对称面，不具有旋光性。

类似于丙二烯类化合物，下列物质也都有旋光性。

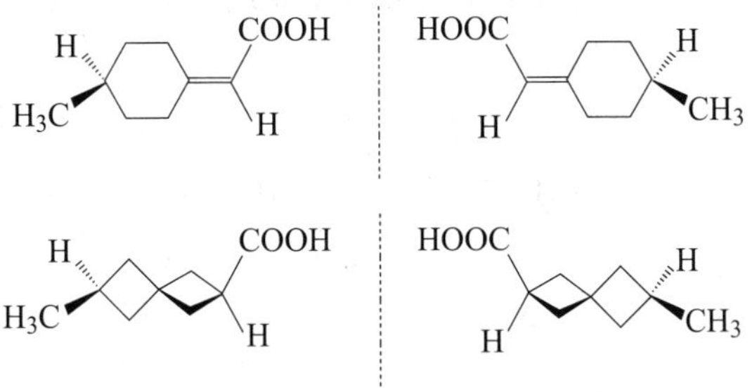

5.5.2 联苯型化合物

联苯化合物分子中两个苯环是在同一平面上，为非手性分子。但当每个苯环的邻位两个氢原子被两个不同的较大基团（如—COOH、—NO_2 等）取代时，两个苯环若继续处于同一个平面上，取代基空间位阻就太大，只有两个苯环处于互相垂直的位置，才能排除这种空间位阻形成一种稳定的分子构象。这种稳定的构象包含了手性因素，产生互不重合的镜像异构体，即对映体，所以联苯邻位连接两个体积较大的取代基不相同时，分子没有对称面与对称中心，有手性，如 6,6′-二硝基-2,2′-二甲酸有一对对映体：

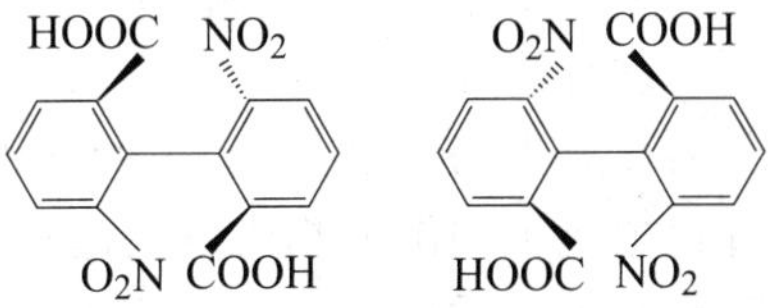

一对对映体

如果同一苯环上所连两个基团相同，分子无旋光性。再如，β-连二萘酚有一对对映异构体：

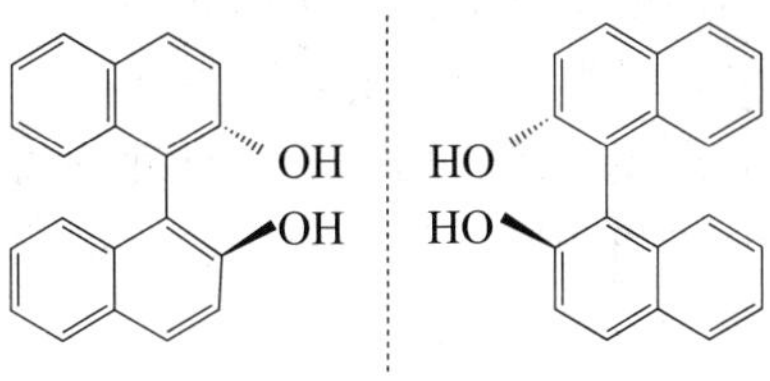

5.6 手性分子的形成

5.6.1 手性分子的形成过程

(1) 生物体中的手性分子

在生物体内存在着许多手性化合物，而且几乎都是以单一的对映体存在。其中为人们熟知的是由活细胞产生的生物催化剂——酶。生物体内所有的酶分子都具有许多手性中心，如糜蛋白酶含有251个手性中心，理论上应有2^{251}个立体异构体，但实际上，只有其中的一种对映异构体存在于相应的机体中。生命细胞中几乎每种反应都需要酶催化，被酶催化而反应的化合物称为底物，大多数底物也都是手性化合物，并且也是以单一的对映体形式存在。

(2) 非手性分子转化成手性分子

手性分子可以由非手性分子通过化学反应转化而成。如正丁烷在控制反应条件下发生氯化反应，可以得到一种主要的取代产物——2-氯丁烷，其分子中包含一个手性碳原子，为手性化合物。

$$\underset{\substack{\text{正丁烷} \\ \text{（非手性化合物）}}}{CH_3CH_2CH_2CH_3} \xrightarrow{Cl_2,\text{光}} \underset{\substack{\text{2-氯丁烷} \\ \text{（手性化合物）}}}{CH_3CH_2\underset{\displaystyle Cl}{\underset{|}{C}}HCH_3}$$

2-氯丁烷是手性化合物，但实际上却不具有旋光性。这是由于这种氯代产物包含着两个等量的对映体，每一个单一的对映体具有旋光性，但整体产物是没有旋光性的，这就是前面所说的外消旋体。

5.6.2 外消旋体的拆分

对映异构体之间的化学性质在非手性环境中几乎没有差别，一对对映体之间的主要物理性质，如熔点、沸点、溶解度等都相同，旋光度也相同，只是旋光方向相反，其不同点主要表现在手性环境下的反应不同及生物活性、毒性等方面。但非对映体之间主要的物理性质则不同，沸点、溶解度等常有差别，可以根据这种差别将其分离。外消旋体虽然是混合物，但它不同于任意两种物质的混合物，常有固定的熔点。

人们从自然界的生物体内分离而获得的大多数光学活性物质是单一的左旋体或右旋体。如右旋酒石酸是从葡萄酒酿制过程中产生的沉淀物中发现的；右旋葡萄糖是从各种不同的糖类物质中得到的，甜菜、甘蔗和蜂蜜等物质中都含有右旋葡萄糖。而以非手性化合物为原料经普通化学方法合成的手性化合物，一般为外消旋体，如以邻苯二酚为原料合成肾上腺素时，得到的是无旋光性的外消旋体。

因为一对对映体往往具有不同的生理活性，所以我们需要通过采用适当的方法将外消旋体中的左旋体和右旋体进行分离，以得到单一的左旋体或右旋体，称为外消旋体的拆分。由于对映体之间的理化性质基本上是相同的，用一般的物理分离法不能达到拆分的目的，拆分外消旋体常用的方法有化学拆分法和诱导结晶拆分法、色谱分离法、酶拆分法等。

(1) 化学拆分法

化学拆分法是先将外消旋体与某种具有旋光性的物质反应，转化为非对映体，由于非对映体之间具有不同的理化性质，可以用重结晶、蒸馏等方法将非对映体分离开，最后再将分离开的非对映体分别恢复成单一的左旋体或右旋体，从而达到拆分的目的。用来拆分对映体的旋光性物质称为拆分剂，如可以用碱性拆分剂来拆分酸性外消旋体。

(2) 诱导结晶拆分法

诱导结晶拆分法是先将需要拆分的外消旋体制成过饱和溶液，再加入一定量的纯左旋体或右旋体的晶种，与晶种构型相同的异构体便立即析出结晶而拆分。这种拆分方法的优点是成本比较低，效果比较好；缺点是应用范围有限，要求外消旋体的溶解度要比纯对映体大。目前生产左旋氯霉素的中间体左旋氨基醇就是采用诱导结晶拆分法进行拆分的。

(3) 色谱分离法

色谱分离法是利用手性柱进行拆分的方法。将某些光学活性物质填充在色谱柱上充当固定相。由于固定相与被拆分的对映体有不同的相互作用，因此在洗脱剂洗脱下，对映体各自能以不同的速度被洗脱出来，从而达到拆分的目的。这种方法在有机合成和药物合成的研究中广泛使用，手性柱的成本较高是这种方法的一个缺点。

(4) 酶拆分法

酶催化的反应对底物是高度立体专一的，因此酶能高选择性地催化单一对映体的化学转化，而另一个对映体不发生化学转化，然后通过一些常规的方法可将衍生物分离开来，最终实现对映体的分离。

5.6.3 不对称合成

拆分的方法都会造成原料的浪费，不对称合成是生产手性药物的更好的途径。不对称合成，也称手性合成、立体选择性合成或对映选择性合成。不对称合成作为一种有机反应，其中底物分子整体中的非手性单元由反应剂以不等量地生成立体异构产物的途径转化为手性单元。或者说不对称合成是这样一个过程，它将潜在手性单元转化为手性单元，使得产生不等量的立体异构产物。这里，促使发生转化的因素可以是化学试剂、催化剂、溶剂或物理因素。

催化剂控制法是使用手性催化剂诱导非手性底物与非手性试剂，直接向手性产物转化的方法。这种方法在工业上应用价值很高，这个领域中的研究是目前科学界的热门。

瑞典皇家科学院于2001年将诺贝尔化学奖奖金的一半授予美国科学家威廉·诺尔斯与日本科学家野依良治，以表彰他们在“手性催化氢化反应”领域所作出的贡献；奖金的另一半授予美国科学家巴里·夏普莱斯，以表彰他在“手性催化氧化反应”领域所取得的成就。

威廉·诺尔斯的贡献是，他发现可以使用过渡金属来对手性分子进行氢化反应，他的研究成果很快便转化成工业产品，如治疗帕金森症的药L-DOPA就是根据诺尔斯的研究成果制造出来的。野依良治在威廉·诺尔斯的基础上进行了深入而广泛的研究，开发出了性能更为优异的手性催化剂。野依良治的科研成果在日本被大规模采用，用于生产香料和香味薄荷脑。左手性（左旋）的薄荷脑有宜人的气味，右手性的则没有这种香气。巴里·夏普莱斯的成就是开发出了用于氧化反应的手性催化剂。

不对称合成中常用对映体过量百分率（%*ee*）的概念来表示合成产品的对映体组成。*ee*即enantiomeric excess的缩写。它表示一个对映体对另一个对映体的过量，通常用百分数表示，定义为在对映体混合物中一个异构体比另一个异构体多出来的量占总量的百分数。

【阅读材料】

手性及手性药物的发展

人们对手性的研究可以追溯到第一位化学诺贝尔奖获得者范特霍夫，当时他就提出了具有革命性的理论，他认为三维结构的一些化合物存在两种构型，且两者互为镜像。

1886年，科学家报道的氨基酸类对映体引起人们味觉感受的差别。1956年普费费尔根据对映体之间药理活性的差异，总结出：一个药物的有效剂量越低，光学异构体之间药理活性的差异就越大。即在光学异构体中，活性高的异构体与活性低的异构体之间活性比例越大，作用于某一受体或酶的专一性越高，作为一个药物它的有效剂量就越低。1953年，联邦德国研究了一种名为“沙利度胺”的新药，该药对孕妇的妊娠呕吐疗效极佳，1957 年该药以商品名“反应停”正式推向市场。两年以后，欧洲的医生开始发现，本地区畸形婴儿的出生率明显上升，此后又陆续发现 12000 多名因母亲服用“反应停”而导致的畸形婴儿！这一事件成为医学史上的一大悲剧。1961 年该药从市场上撤销。后来发现沙利度胺 *R*-构型具有镇静作用，而 *S*-构型却是致畸的罪魁祸首。研究人员进一步研究发现沙利度胺任一异构体在体内都能转变为相应对映体，因此无论是 *S*-构型还是 *R*-构型，作为药物都有一定的致畸作用。

1984 年荷兰药理学家阿里安斯极力提倡手性药物以单一对映体上市，抨击以消旋体形式进行药理研究以及上市。他的一系列论述的发表，引起药物部门广泛的重视。1992 年美国 FDA 规定，新的手性药物上市之前必须分别对左旋体和右旋体进行药效和毒性试验，否则不允许上市。2006 年 1 月，我国 SFDA 也出台了相应的政策法规。

【巩固练习】

5-1 选择题

1. 在有机化合物分子中与 4 个不相同的原子或原子团相连接的碳原子称为（　　）。

   A. 手性碳原子　B. 非手性碳原子　C. 叔碳原子　D. 仲碳原子

2. 下列化合物具有旋光性的是（　　）。

   A. 2-戊醇　B. 丁醛　C. 丁酸　D. 丁二酸

3. 下列化合物中具有对映异构体的是（　　）。

   A. $CH_3CH(OH)CH_2CH_3$　B. $HOCH_2CH_2CH_2CH_2OH$

   C. $CH_3CH_2CH_2CH_2OH$　D. $CH_3CH_2CH_2CH_2CH_3$

4. (±)-乳酸为（　　）。

   A. 内消旋体　B. 外消旋体　C. 顺反异构体　D. 对映异构体

5. 下列叙述中不正确的是（　　）。

   A. 分子与其镜像不能重合的特性叫手性

   B. 没有手性碳原子的分子一定是非手性分子，必无旋光性

   C. 无任何对称因素的分子必定是手性分子

   D. 具有对称面的分子都是非手性分子

6. 对映异构是一种重要的异构现象，它与物质的下列性质有关的是（　　）。

   A. 化学性质　B. 物理性质　C. 旋光性　D. 可燃性

7. 甘油醛的投影式为 $\begin{array}{c} CHO \\ H-\!\!\!-\!\!\!\!+\!\!\!\!-\!\!\!-OH \\ CH_2OH \end{array}$，其构型是（　　）。

   A. *R*-构型　B. *S*-构型　C. *Z*-型　D. *E*-型

8. 2-氯丁烷的投影式为 $\begin{array}{c} CH_3 \\ H-\!\!\!-\!\!\!\!+\!\!\!\!-\!\!\!-Cl \\ C_2H_5 \end{array}$，其构型是（　　）。

   A. *R*-构型　B. *S*-构型　C. *Z*-型　D. *E*-型

9. (2*R*,3*S*)-(−)-2-羟基-3-氯丁二酸的对映体的构型和旋光性为（　　）。

   A. (2*R*,3*S*)-(−)　B. (2*R*,3*S*)-(+)　C. (2*S*,3*R*)-(−)　D. (2*S*,3*R*)-(+)

10. 下列费歇尔投影式中符合（*R*)-2-甲基-1-氯丁烷构型的是（　　）。

A. 上：CH_2CH_3；左：H；右：CH_3；下：CH_2Cl

B. 上：CH_2Cl；左：H；右：CH_3；下：CH_2CH_3

C. 上：CH_3；左：H；右：CH_2Cl；下：CH_2CH_3

D. 上：CH_2Cl；左：H_3C；右：H；下：CH_2CH_3

5-2　计算题

1. 将 5g 某旋光性化合物溶解在 100mL 甲醇中，在温度为 20℃，管长为 1.0dm 的条件下测得旋光度地 $\alpha=-4.64°$，试计算该化合物的比旋光度。

2. 将 260mg 胆固醇样品溶于 5mL 氯仿中，然后将其装满 5cm 长的旋光管，在室温（20℃）通过偏振的钠光测得旋光度为－2.5°，计算胆固醇的比旋光度。

5-3　简答题

1. 一个化合物的氯仿溶液，旋光度为＋10°，用什么方法可以确定它的旋光度是＋10°，而不是－350°？

2. 2-溴-3-氯丁烷有四种立体异构体：

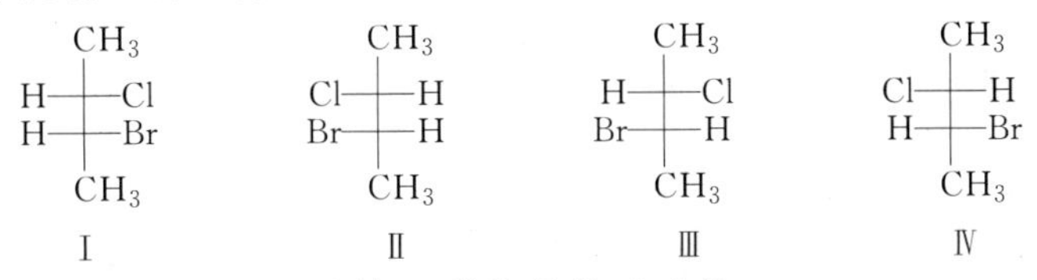

（1）这些异构体中，哪些是对映体？哪些是非对映体？

（2）Ⅰ和Ⅱ对平面偏振光的作用是否相同？Ⅱ和Ⅳ呢？

（3）这些异构体中，哪些异构体的旋光度绝对值相同？

（4）若四个异构体混在一起，用精密分馏装置分馏得几种馏分？并指出馏分的组成。

3. 判断一个分子是不是手性分子有哪些方法？

5-4　给下列物质命名。

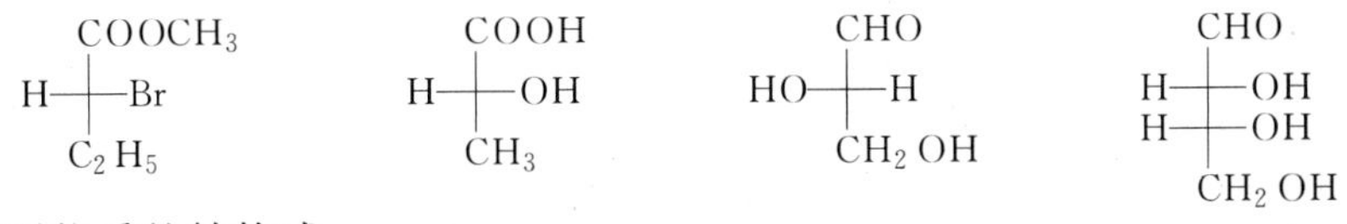

5-5　写出下列物质的结构式。

内消旋酒石酸、(*S*)-*α*-溴代乙苯、(*R*)-2-丁醇、(*S*)-4-异丙基辛烷

参考答案

5-1　1. A　2. A　3. A　4. B　5. B　6. C　7. A　8. B　9. D　10. B

5-2　1. －92.8°（甲醇）

2. －96°（氯仿）

5-3　1. 改变溶液的浓度和旋光管的长度进行旋光度的测试，比较测试的结果，根据旋光度的理论应当是溶液的浓度和旋光管的长度改变时旋光度相应发生变化而比旋光度不变。

2.（1）Ⅰ与Ⅱ、Ⅲ与Ⅳ是对映体。Ⅰ或Ⅱ与Ⅲ或Ⅳ为非对映体。

（2）Ⅰ和Ⅱ对平面偏振光的作用是绝对值相等，方向相反。Ⅱ和Ⅳ对平面偏振光的作用不同。

（3）Ⅰ与Ⅱ旋光度绝对值相同，Ⅲ与Ⅳ旋光度绝对值相同。

（4）两个馏分，每个馏分为一对对映体。

3.（1）最直接的方法是建造一个分子及其镜像的模型。如果两者能重合，说明分子无手性，如果两者不能重合，则为手性分子。

(2) 考察分子有无对称面或对称中心。如果分子有对称面或对称中心，则该分子与其镜像就能重合，分子无手性，没有对映异构现象。既无对称面又无对称中心一般为手性分子。

(3) 如果该分子只有一个手性碳原子（或手性中心），该分子具有手性；分子有两个或两个以上手性碳原子，是否有手性需具体分析。

5-4 (*R*)-2-溴丁酸甲酯、(*R*)-2-羟基丙酸［(*R*)-乳酸］、(*S*)-甘油醛［(L)-甘油醛］、(2*R*,3*R*)-2,3,4-三羟基丙醛

5-5

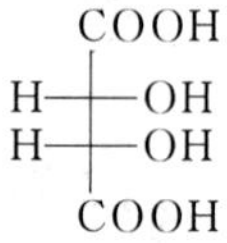

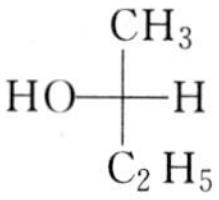

COOH
H—┼—OH
H—┼—OH
COOH

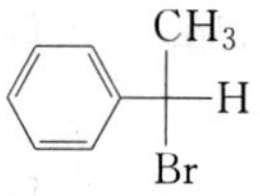

CH_3
C_6H_5—┼—H
Br

CH_3
HO—┼—H
C_2H_5

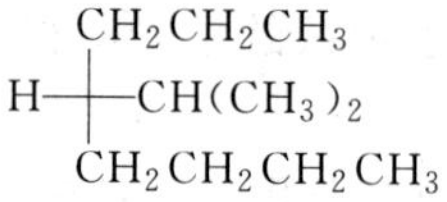

$CH_2CH_2CH_3$
H—┼—$CH(CH_3)_2$
$CH_2CH_2CH_2CH_3$

（陈震 编 陈红余 校）

第6章 芳香烃

芳香烃是具有芳香性的烃类化合物，简称芳烃，分为苯型芳香烃和非苯型芳香烃。苯型芳烃的分子中含有苯环。

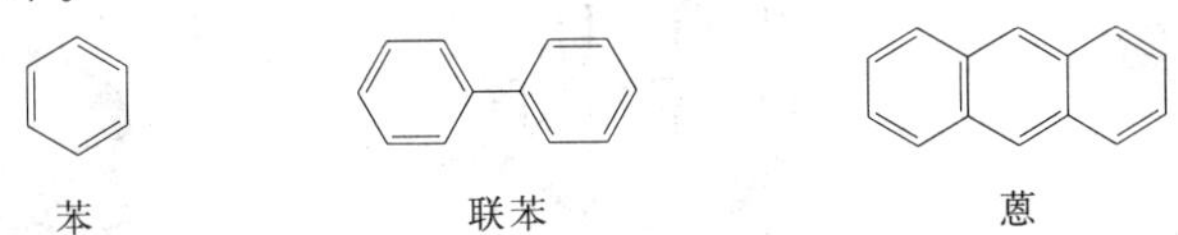

非苯型芳烃是闭合共轭多烯的结构中虽不具有苯环特征，但却具有一定的芳香性的一类化合物。

环戊二烯负离子 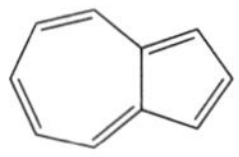　薁

6.1 苯及其同系物

6.1.1 苯的结构

苯是最简单的苯型芳烃，分子中碳氢原子个数比为1∶1，分子式为C_6H_6，说明苯具有高度不饱和性。但是苯却没有不饱和烃那样易加成、易氧化的化学性质，而易发生取代反应。根据大量的实验事实，1865年德国化学家F. A. 凯库勒提出了苯的单双键交替的环状结构，他认为苯是1个平面六元碳环，环上的碳原子以单双键交替排列，每个碳原子还连接1个氢原子，此结构式称为凯库勒式，书写如下：

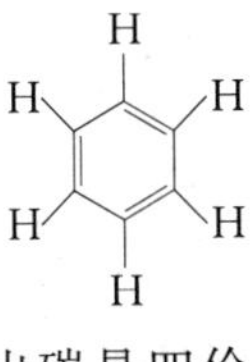

简写为

苯的凯库勒式较好地反映出碳是四价，解释了苯的高度不饱和性和碳氢比例问题。但是

它不能解释：苯结构中既然有 3 个双键为什么不能像不饱和烃那样容易发生加成和氧化反应？显然，凯库勒式未能比较全面地反映出苯的真实结构。

结合近代物理学方法揭示苯的结构：碳氢共平面、碳碳键长等长和所有键角等大的实验事实。杂化轨道理论认为，苯环上的 6 个碳原子都采取 sp^2 杂化，每个碳原子的 3 个 sp^2 杂化轨道分别与其相邻的 2 个碳原子的 sp^2 杂化轨道和 1 个氢原子的 s 轨道"头碰头"重叠形成 3 个 σ 键，键角均为 120°，这样 6 个碳原子就形成 1 个对称的正六边形结构，苯分子中所有的原子都在同 1 个平面上［图 6-1(a)］。此外，每个碳原子上未参与杂化的 p 轨道都垂直于碳环平面，相邻的 2 个 p 轨道彼此平行"肩并肩"重叠形成 1 个闭合的环状共轭（π-π）体系，这个闭合的共轭体系称为芳香大 π 键［图 6-1(b)］。大 π 键的 π 电子云对称而均匀地分布在六元碳环平面的上、下两侧［图 6-1(c)］。由于共轭效应的作用，π 电子云离域，电子云密度完全平均化，苯分子的碳碳键键长完全平均化，从而没有单双键的区别［图 6-1(d)］；共轭体系内能降低，因此苯分子很稳定，一般情况不发生加成反应和氧化反应。

苯分子的结构式也可采用 1 个正六边形中心加 1 个圆圈来表示，圆圈代表离域的 π 电子云，书写如图 6-1(e) 所示。

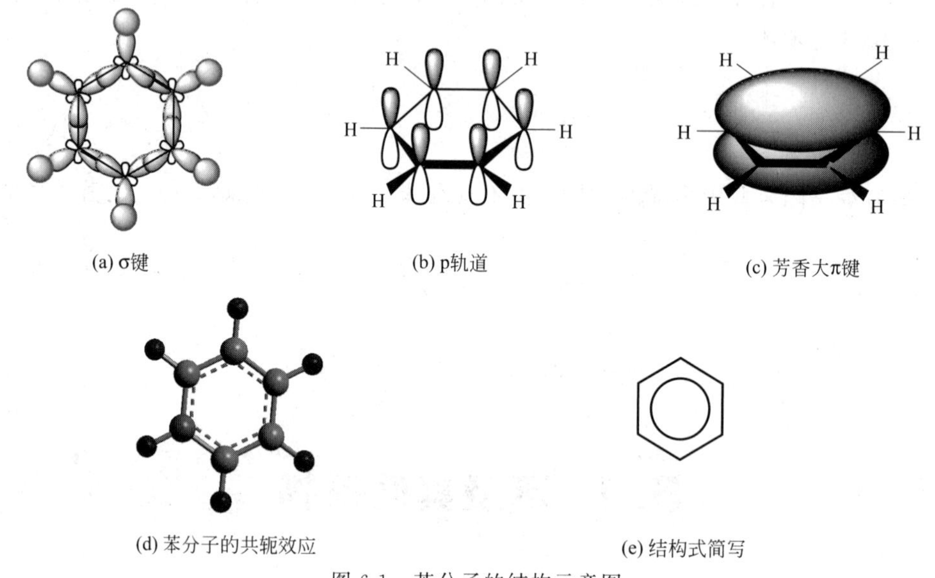

图 6-1　苯分子的结构示意图

6.1.2　苯同系物的异构体

苯的同系物是指苯上的氢被烃基取代的产物，组成上相差一个或若干个 CH_2 原子团，分为一取代苯、二取代苯和多取代苯。

(1) 一元取代苯

以苯为母体，烷基为取代基进行命名，称为"某苯"。

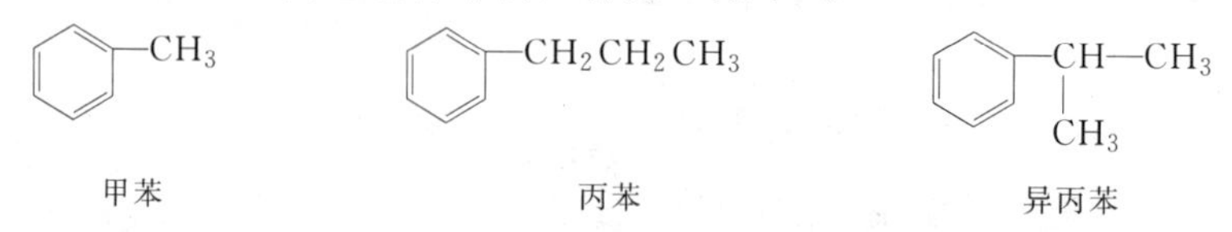

(2) 二元取代苯

以苯为母体，烷基为取代基进行命名，编号原则是所有取代基位次之和最小。当 2 个取代基相同时，还可用“邻或 *o*-(*ortho*-)、间或 *m*-(*meta*-)、对或 *p*-(*para*-)”来表示取代基的相对位置。

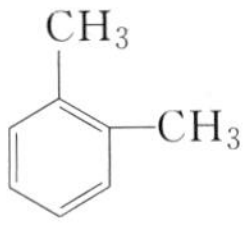

1,2-二甲苯
(邻二甲苯)
(*o*-二甲苯)

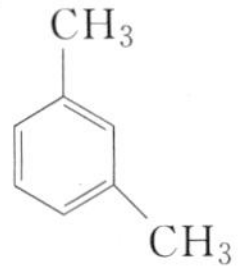

1,3-二甲苯
(间二甲苯)
(*m*-二甲苯)

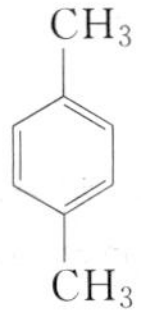

1,4-二甲苯
(对二甲苯)
(*p*-二甲苯)

(3)三元取代苯

以苯为母体,烷基为取代基进行命名,编号原则是所有取代基位次之和最小。当3个取代基相同时,还可用“连、偏、均”来表示取代基的相对位置。

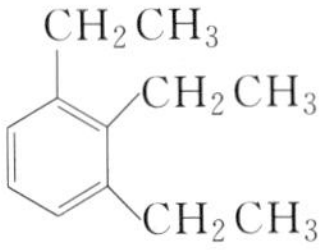

1,2,3-三乙苯
(连三乙苯)

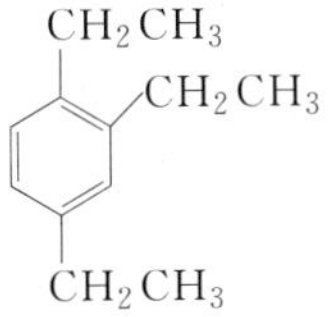

1,2,4-三乙苯
(偏三乙苯)

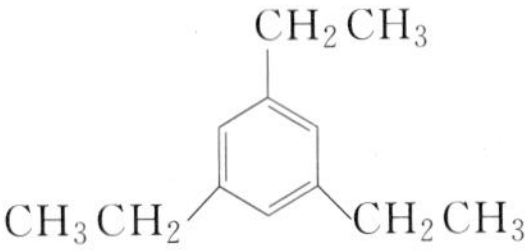

1,3,5-三乙苯
(均三乙苯)

6.1.3 苯及其同系物的物理性质

苯及其同系物一般为无色液体，均不溶于水，易溶于乙醚、四氯化碳等有机溶剂，密度比水小。在苯的同系物中每增加一个—CH_2—，沸点增加 20～30℃，含相同碳原子数的异构体沸点相差不大。熔点不仅取决于分子量，也取决于分子的结构，一般来说，对称的分子熔点较高。苯及其同系物易燃烧，一般都有毒性，长期吸入它们的蒸气，会损害造血器官和神经系统，因此在使用此类物质时一定要注意采取防护措施。苯及其同系物的物理常数列于表6-1。

表 6-1 苯及其同系物的物理常数

名称	熔点/℃	沸点/℃	密度/g·cm^{-3}
苯	5.5	80	0.879
甲苯	−95	111	0.866
邻二甲苯	−25	144	0.880
间二甲苯	−48	139	0.864
对二甲苯	13	138	0.861
连三甲苯	−25	176	0.894
偏三甲苯	−44	169	0.889

6.1.4 苯及其同系物的化学性质

苯及其同系物具有环状闭合共轭体系，π 电子云高度离域，具有离域能，体系能量低，较稳定，在化学性质上表现为易进行亲电取代反应，不易进行加成反应和氧化反应，这种性质称为芳香性。所以它们的化学性质一般发生在苯环及其附近，主要涉及苯环上 C—H 键断裂的取代反应、苯环侧链上 α-H 引发的氧化反应、取代反应等。

亲电取代反应

H

氧化反应
自由基取代反应

CH_3

α

(1) 苯及其同系物的亲电取代反应

苯环的 π 电子云分布在环平面的上、下方，一定条件下，容易受到亲电试剂的进攻而发生苯环上氢原子被取代的反应，因此苯环上的取代反应属于亲电取代反应。

① 卤代反应　苯在催化剂（FeX_3 或 Fe 粉）存在下，与卤素反应，生成卤苯的反应称为卤代反应。在卤代反应中，卤素的活性顺序为：$F_2>Cl_2>Br_2>I_2$。氟太活泼，不好控制；碘又过于稳定，不易反应；所以，氟苯和碘苯一般不用此反应制备。

$$C_6H_6 + Cl_2 \xrightarrow[55\sim60℃]{FeCl_3\text{ 或 }Fe} C_6H_5-Cl + HCl$$

氯苯

$$C_6H_6 + Br_2 \xrightarrow[55\sim60℃]{FeBr_3\text{ 或 }Fe} C_6H_5-Br + HBr$$

溴苯

② 硝化反应　混酸（浓硝酸和浓硫酸的混合物）与苯共热，苯环上的氢原子被硝基取代生成硝基苯，称为硝化反应。

$$C_6H_6 + HNO_3\text{（浓）} \xrightarrow[55\sim60℃]{\text{浓 }H_2SO_4} C_6H_5-NO_2 + H_2O$$

硝基苯

③ 磺化反应　苯与浓硫酸或发烟硫酸作用，苯环上的氢原子被磺酸基（$-SO_3H$）取代生成苯磺酸，称为磺化反应。

$$C_6H_6 + H_2SO_4\text{（浓）} \underset{110℃}{\rightleftharpoons} C_6H_5-SO_3H + H_2O$$

苯磺酸

磺化反应是可逆反应，苯磺酸遇到过热水蒸气可以发生水解反应，生成苯和稀硫酸。

$$C_6H_5-SO_3H + H_2O \overset{H^+}{\rightleftharpoons} C_6H_6 + H_2SO_4$$

④ 烷基化和酰基化反应　在无水 $AlCl_3$ 等催化剂的存在下，苯与卤代烷或与酰卤、酸酐作用，氢原子被烷基或酰基取代生成烷基苯或酰基苯，称为傅-克反应。

傅-克烷基化反应：

$$C_6H_6 + CH_3CH_2Cl \xrightarrow[25℃]{AlCl_3} C_6H_5-CH_2CH_3 + HCl$$

乙苯

若卤代烷含有 3 个或 3 个以上碳原子时，反应中常发生烷基的异构化。

$$C_6H_6 + CH_3CH_2CH_2Br \xrightarrow{AlCl_3} C_6H_5-CH(CH_3)_2 + C_6H_5-CH_2CH_2CH_3$$

异丙苯（65%）　　正丙苯（35%）

傅-克酰基化反应：

$$C_6H_6 + C_2H_5-\overset{\overset{\displaystyle O}{\|}}{C}-Br \xrightarrow{AlBr_3} C_6H_5-\overset{\overset{\displaystyle O}{\|}}{C}-C_2H_5 + HBr$$

1-苯基-1-丙酮

(2) 烷基苯侧链上的反应

① 侧链卤代反应　当无催化剂存在时，在紫外线或高温条件下，烷基苯与卤素作用，不是发生苯环上的亲电取代，而是苯环侧链 α-H 发生自由基取代反应。

$$C_6H_5CH(CH_3)CH_3 + Cl_2 \xrightarrow[\text{或加热}]{\text{光照}} C_6H_5CCl(CH_3)CH_3 + HCl$$

2-苯基-2-氯丙烷

② 烷基苯的氧化反应　苯环稳定，难以被氧化，但苯环侧链上的 α-H 易发生氧化反应。一般来说，不论碳链长短，氧化都发生 α-C 上，生成苯甲酸。

$$C_6H_5-CH_3 \xrightarrow[\triangle]{KMnO_4/H^+} C_6H_5-COOH$$

$$C_6H_5-CH_2CH_2CH_2CH_3 \xrightarrow[\triangle]{KMnO_4/H^+} C_6H_5-COOH$$

$$C_6H_5-CH(CH_3)CH_3 \xrightarrow[\triangle]{KMnO_4/H^+} C_6H_5-COOH$$

苯甲酸

$$m\text{-}CH_3CH_2-C_6H_4-CH(CH_3)_2 \xrightarrow[\triangle]{KMnO_4/H^+} m\text{-}HOOC-C_6H_4-COOH$$

间苯二甲酸

$$C_6H_5-C(CH_3)_2CH_3 \xrightarrow[\triangle]{KMnO_4/H^+} \text{不反应}$$

因此，利用此反应可鉴别含 α-H 的烷基苯和不含 α-H 的烷基苯。

(3) 苯亲电取代反应机制

苯的亲电取代反应机制可用以下通式表示：

$$C_6H_5-H + E^+ \xrightarrow{\text{慢}} [C_6H_5(H)(E)]^+ \xrightarrow[\text{快}]{-H^+} C_6H_5-E$$

正碳离子中间体

亲电取代反应历程分两步进行。第一步：亲电试剂（E^+）进攻苯环，获取 1 对 π 电子，与苯环上的 1 个碳原子以 σ 键连接，形成正碳离子中间体。此时，与亲电试剂连接的碳原子由原来的 sp^2 杂化变为 sp^3 杂化，苯环上剩下的 4 个 π 电子在其他 5 个碳原子组成的共轭体系中离域。正碳离子中间体是 3 个共振式的杂化体，不稳定。在亲电取代反应历程的第一步中，由 1 个稳定的苯环结构变成不稳定的正碳离子中间体，需要的活化能较大，反应速率慢，是决定整个亲电取代反应速率的一步。第二步：正碳离子中间体从 sp^3 杂化的碳原子上脱去 1 个质子，将 1 对 π 电子留在苯环上，这个碳原子又重新回到 sp^2 杂化，恢复了苯环 6 个 π 电子离域的闭合共轭体系，生成取代产物。在亲电取代反应历程的第二步中，由不稳定的正碳离子中间体重新回到稳定的苯环结构，需要的活化能较小，反应速率快。

第一步：

$$C_6H_6 + E^+—A^- \xrightarrow{慢} \left[C_6H_6E^+ \longleftrightarrow C_6H_6E^+ \longleftrightarrow C_6H_6E^+ \right] \equiv C_6H_6E^+$$

第二步：

$$C_6H_6E^+ + A^- \xrightarrow{快} C_6H_5E + HA$$

① 卤代反应机制　Cl_2 在 $FeCl_3$ 的作用下生成带正电荷的亲电试剂 Cl^+ 和带负电荷的配离子 $[FeCl_4]^-$。其次，Cl^+ 进攻苯环生成正碳离子中间体。最后，正碳离子中间体失去 1 个 H^+，生成氯苯。

$$Cl_2 + FeCl_3 \longrightarrow Cl^- + [FeCl_4]^+$$

$$Cl^+ + C_6H_6 \overset{慢}{\rightleftharpoons} C_6H_6Cl^+$$

$$C_6H_6Cl^+ + [FeCl_4]^- \xrightarrow{快} C_6H_5Cl + HCl + FeCl_3$$

② 硝化反应机制　浓硝酸在浓硫酸作用下首先产生亲电试剂硝基正离子 NO_2^+，硝基正离子进攻苯环而发生亲电取代反应。

$$HNO_3 + H_2SO_4 \rightleftharpoons NO_2^+ + HSO_4^- + H_2O$$

$$NO_2^+ + C_6H_6 \overset{慢}{\rightleftharpoons} C_6H_6NO_2^+$$

$$C_6H_6NO_2^+ + HSO_4^- \xrightarrow{快} C_6H_5NO_2 + H_2SO_4$$

③ 磺化反应机制　亲电试剂是三氧化硫（SO_3）。

$$2H_2SO_4 \rightleftharpoons SO_3 + HSO_4^- + H_3O^+$$

$$C_6H_6 + {}^+S(=O)_2—O^- \overset{慢}{\rightleftharpoons} C_6H_6SO_3^-$$

$$C_6H_6SO_3^- + HSO_4^- \overset{快}{\rightleftharpoons} C_6H_5SO_3^- + H_2SO_4$$

$$C_6H_5SO_3^- + H_3O^+ \overset{快}{\rightleftharpoons} C_6H_5SO_3H + H_2O$$

④ 傅-克烷基化反应机制　亲电试剂是碳正离子。

$$CH_3CH_2Cl + AlCl_3 \rightleftharpoons CH_3CH_2^+ + [AlCl_4]^-$$

$$CH_3CH_2^+ + C_6H_6 \overset{慢}{\rightleftharpoons} C_6H_6CH_2CH_3^+$$

$$C_6H_6CH_2CH_3^+ + [AlCl_4]^- \xrightarrow{快} C_6H_5CH_2CH_3 + AlCl_3 + HCl$$

6.1.5 取代苯亲电取代反应的定位效应

(1) 定位规则

大量实验事实证明，一些取代苯的亲电取代反应比苯更容易，主要生成邻位和对位产物。

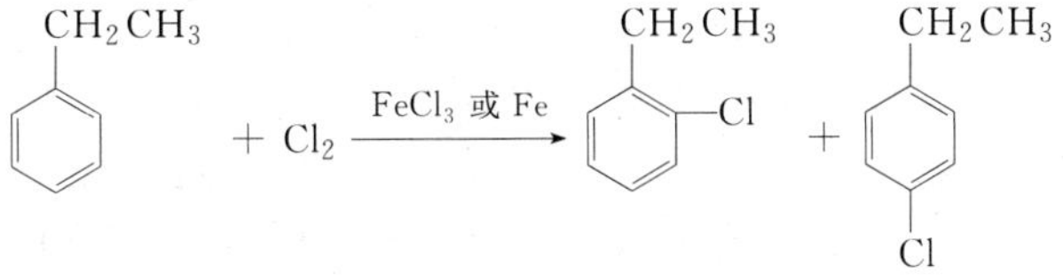

$$C_6H_5CH_2CH_3 + Cl_2 \xrightarrow{FeCl_3\ 或\ Fe} o\text{-}ClC_6H_4CH_2CH_3 + p\text{-}ClC_6H_4CH_2CH_3$$

邻氯乙苯　　对氯乙苯

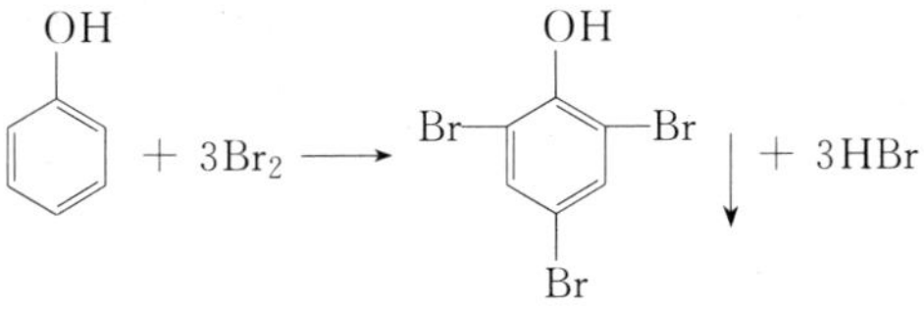

$$C_6H_5OH + 3Br_2 \longrightarrow 2,4,6\text{-}Br_3C_6H_2OH \downarrow + 3HBr$$

2,4,6-三溴苯酚

$$C_6H_5CH_2CH_3 + HNO_3(浓) \xrightarrow[20\sim30℃]{浓\ H_2SO_4} o\text{-}O_2NC_6H_4CH_2CH_3 + p\text{-}O_2NC_6H_4CH_2CH_3$$

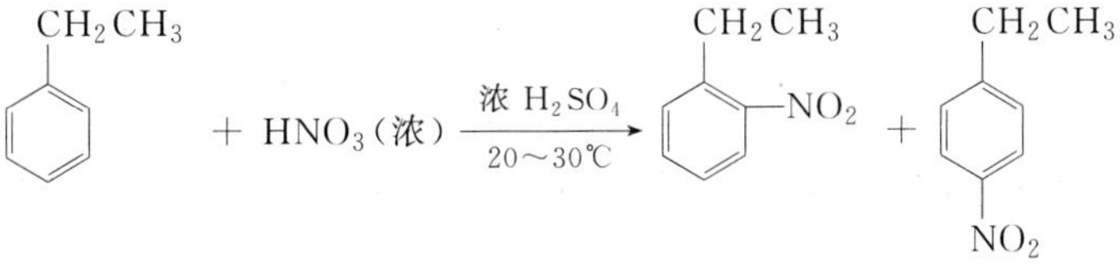

邻硝基乙苯　　对硝基乙苯

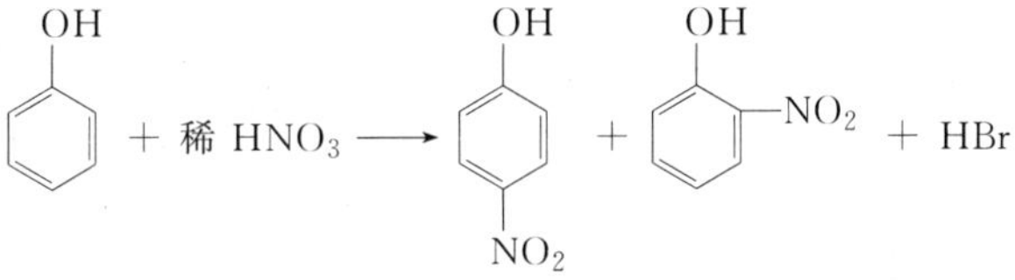

$$C_6H_5OH + 稀\ HNO_3 \longrightarrow p\text{-}O_2NC_6H_4OH + o\text{-}O_2NC_6H_4OH + HBr$$

对硝基苯酚　　邻硝基苯酚

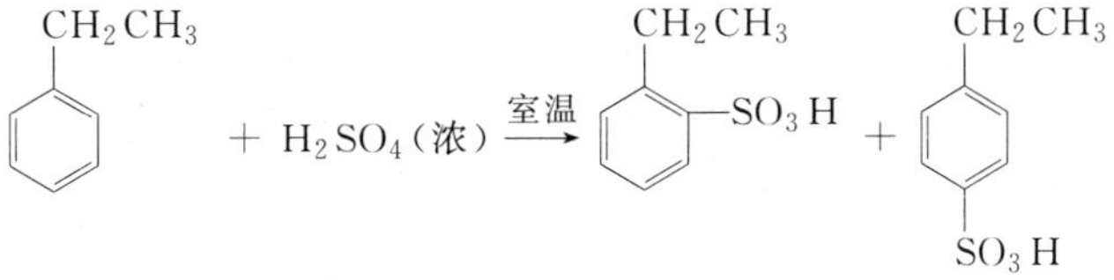

$$C_6H_5CH_2CH_3 + H_2SO_4(浓) \xrightarrow{室温} o\text{-}HO_3SC_6H_4CH_2CH_3 + p\text{-}HO_3SC_6H_4CH_2CH_3$$

邻乙苯磺酸　　对乙苯磺酸

另一些取代苯的亲电取代反应比苯更难，主要生成间位产物。

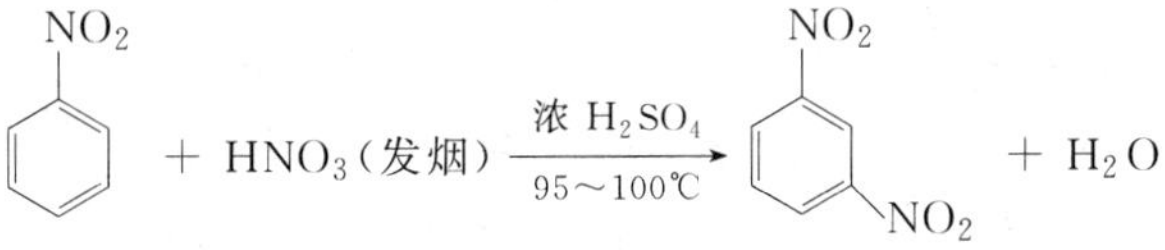

$$C_6H_5NO_2 + HNO_3(发烟) \xrightarrow[95\sim100℃]{浓\ H_2SO_4} m\text{-}C_6H_4(NO_2)_2 + H_2O$$

间二硝基苯

$$C_6H_5COOH \xrightarrow[加热]{混酸} m\text{-}O_2NC_6H_4COOH + H_2O$$

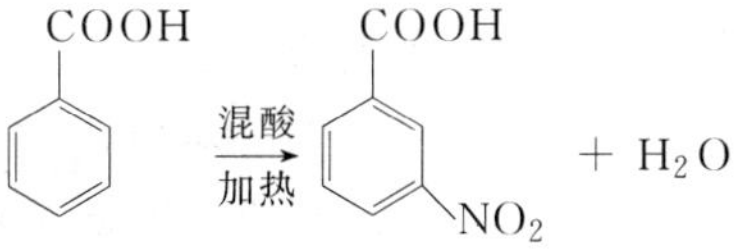

间硝基苯甲酸

从以上实验事实不难看出，烷基、羟基和硝基、羧基对新引入的基团具有不同的导向作用，并且还影响到苯环的亲电取代反应活性，这种导向作用称为定位效应。苯环上原有的基团称为定位基，根据定位效应的不同，定位基可分为邻、对位定位基和间位定位基两类。

① 邻、对位定位基　此类定位基使新引入的取代基进入其邻位和对位，同时使苯环活化（卤素除外）。邻、对位定位基与苯环直接相连的原子都是饱和的，且大多带有孤对电子或负电荷。常见的邻、对位定位基（按由强至弱排列）：$—NR_2$＞—NHR＞$—NH_2$＞—OH＞—OR＞—NHCOR＞—OCOR＞—R＞—Ar＞—X。

② 间位定位基　能使新引入的取代基进入其间位，同时使苯环钝化。间位定位基与苯环直接相连的原子都是不饱和的或带正电荷。常见的间位定位基（按由强至弱排列）：$—N^+R_3$＞$—NO_2$＞—CN＞$—SO_3H$＞—CHO＞—COR＞—COOH。

（2）苯环上已有2个取代基的定位效应

① 2个取代基的定位效应一致　第3个取代基进入苯环的位置由2个取代基共同的定位效应来决定。

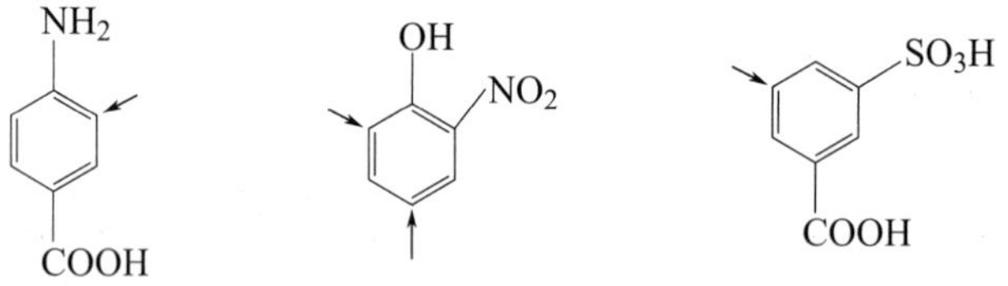

② 2个取代基的定位效应不一致　又可分为两种情况。

a. 原有的2个取代基属于同一类定位基　第3个取代基进入苯环的位置要由定位效应强的取代基来决定。

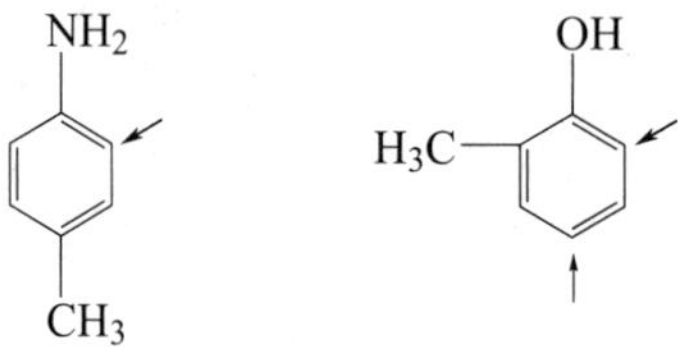

b. 原有的2个取代基属于不同类型定位基　第3个取代基进入苯环的位置一般由邻、对位定位基来决定。

以上只是一般规律，在实际应用中还要考虑取代基的空间位阻作用。因为空间位阻作用的影响，使新引入的取代基不易进入2个定位基中间的位置。

（3）定位规则的理论解释

苯环是1个闭合的共轭体系，π电子云密度完全平均分布。但当苯环上引入1个取代基后，由于取代基的影响，使苯环上电子云密度分布发生变化。在整个苯环的闭合共轭体系中出现了电子云密度较大和较小的现象，从而使各个位置进行亲电取代反应时，难易程度有所不同。定位基对苯环的影响可通过电子效应（诱导效应和共轭效应）和立体效应来进行解释。

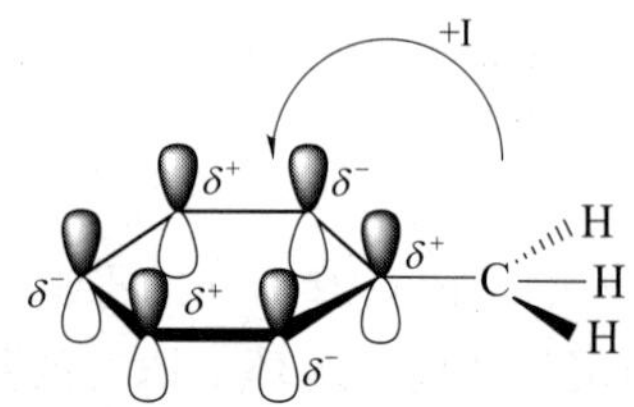

① 邻、对位定位基的影响

a. 甲基　甲基是给电子基，通过给电子诱导效应（+I）和σ-π超共轭效应使苯环上的电子云密度增加，从而使苯环活化。给电子诱导效应和σ-π超共轭效应沿共轭体系较多地传递给甲基的邻、对位，使其电子云密度比间位的要大，邻、对位出现负电中心，整个共轭体系出现正负交替的现象，所以亲电取代反应主要发生在邻、对位。

b. 羟基　羟基的电子效应比较特殊，通过诱导效应表现出吸电子特性（—I），使苯环钝化；形成 p-π 共轭体系表现出很强的给电子共轭效应（+C），使苯环活化。二者相互竞争，由于 O 的 p 轨道与 C 的 p 轨道重叠程度比较大，所以给电子共轭效应起主导作用，使苯环活化，并且活化效果很好，亲电取代反应很快。按照共轭体系的电荷分布特点，羟基的邻位和对位电子云密度比较大，主要生成羟基的邻、对位产物。烷氧基（—OR）、氨基（$—NH_2$）的情况与羟基类似。

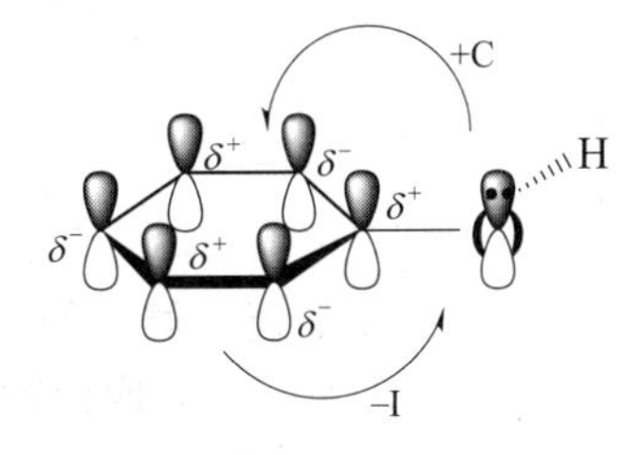

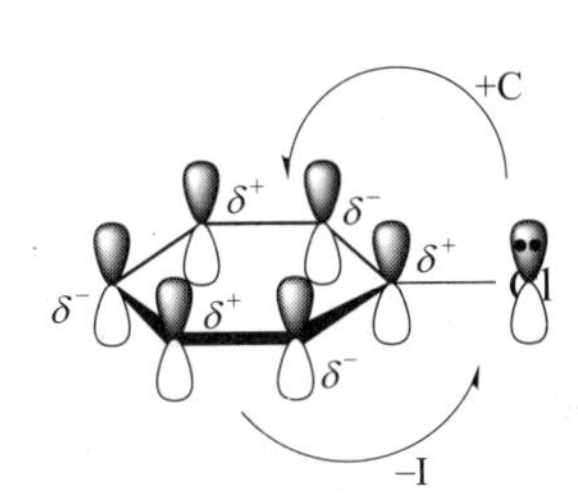

c. 卤素　卤素也同时存在吸电子诱导效应（—I）和给电子共轭效应（p-π 共轭体系）。与羟基不同的是，卤素的吸电子诱导效应起主导作用，所以总的结果是使苯环上的电子云密度降低，从而使苯环钝化。而给电子共轭效应（+C）又会使卤素的邻、对位电子云密度比间位的要大，所以当发生亲电取代反应时，主要生成卤素的邻、对位产物。

② 间位定位基的影响　间位定位基中与苯环直接相连的原子大多数是不饱和的，是吸电子基，通过吸电子诱导效应（—I）和吸电子共轭效应（—C），使苯环电子云密度降低，从而使苯环钝化。并且间位定位基的邻、对位电子云密度降低更多，使硝基的间位电子云密度比邻、对位的要大，所以当发生亲电取代反应时，主要生成间位产物。

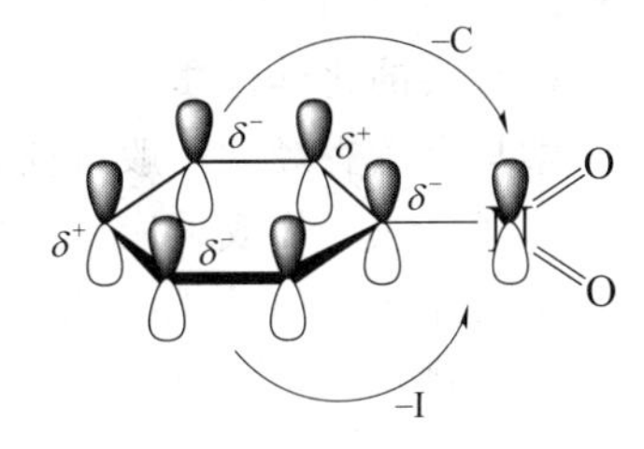

6.2 稠环芳烃

稠环芳香烃是指分子中含有 2 个或 2 个以上苯环，环和环之间通过共用 2 个相邻碳原子稠合而成的多环芳香烃。重要的稠环芳烃有萘、蒽、菲。

6.2.1 萘

(1) 萘的结构和命名

萘是最简单的稠环芳烃，分子式为 $C_{10}H_8$，是由 2 个苯环共用 2 个相邻碳原子稠合而成。萘的结构与苯环类似，每个碳原子均为 sp^2 杂化，除了以 sp^2 杂化轨道形成 C—C σ 键外，各碳原子还以 p 轨道侧面重叠形成闭合的共轭大 π 键，π 电子处于离域状态，具有芳香性，但与苯不同的是，萘分子 π 电子云平均化程度不如苯那么高，这也可以从萘的 C—C 键的键长上看出。

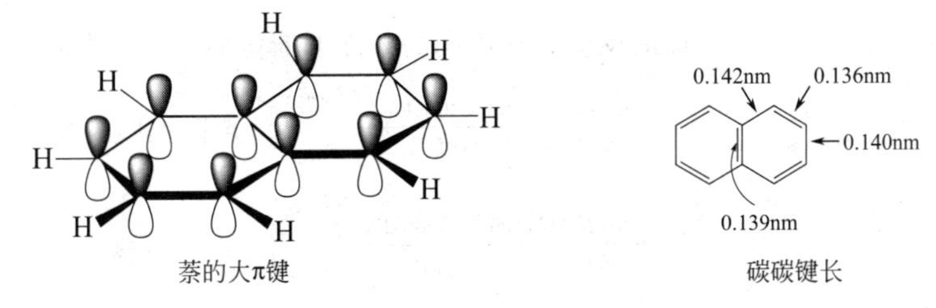

萘的大π键　　碳碳键长

萘分子中稠合边共用碳原子不编号，其他碳原子的位次编号如下所示：

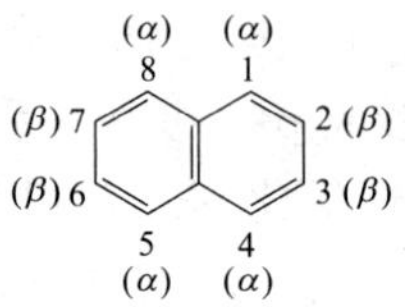

(α) (α)
8 1
(β) 7 2 (β)
(β) 6 3 (β)
5 4
(α) (α)

1、4、5、8位是类似的，又称为α-位碳原子，2、3、6、7位是类似的，又称为β-位碳原子。因此，萘的一元取代物有α-取代物和β-取代物两种位置异构体。

命名时可以用阿拉伯数字标明取代基的位置，也可以用希腊字母标明取代基的位置。

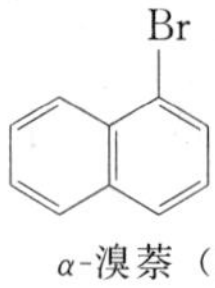

Br　　　SO_3H

α-溴萘（1-溴萘） 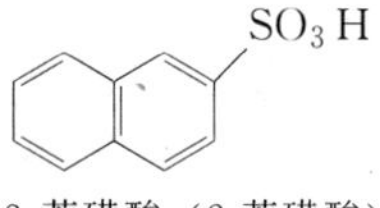　　β-萘磺酸（2-萘磺酸）

(2) 萘的物理性质

萘为白色片状结晶，熔点为80.5℃，沸点为218℃，有特殊气味，易升华，不溶于水，易溶于乙醇、乙醚等有机溶剂，常用作防蛀剂。萘可从煤焦油中分离得到，也可从天然植物中获取，主要用于合成染料、树脂、酸酐、药物等。

(3) 萘的化学性质

萘具有芳香烃的一般特性，但萘的电子云密度平均化程度不如苯，其化学性质比苯要活泼，取代反应、加成反应、氧化反应都比苯更容易进行。

① 取代反应　萘环α-位的电子云密度要比β-位高，所以发生取代反应时，主要得到α-位取代产物。

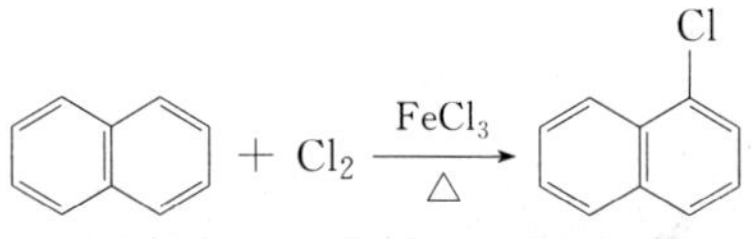

$+ Cl_2 \xrightarrow[\triangle]{FeCl_3}$ Cl

α-氯萘（70%）

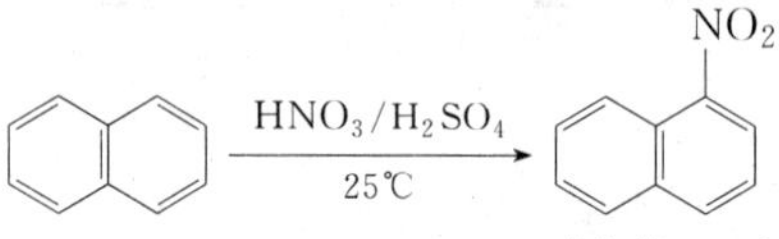

$\xrightarrow[25℃]{HNO_3/H_2SO_4}$ NO_2

α-硝基萘（95%）

萘与浓硫酸反应，温度不同时，所得产物不同。低温时主要生成α-萘磺酸，高温时则主要生成β-萘磺酸。磺化反应是一个可逆反应。

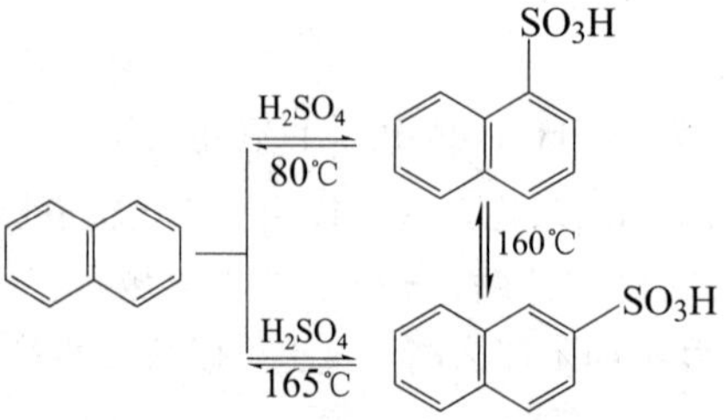

H_2SO_4，80℃ → SO_3H　α-萘磺酸(96%)

160℃

H_2SO_4，165℃ → SO_3H　β-萘磺酸(85%)

② 加成反应　萘比苯易发生加成反应，在不同的条件下催化加氢，可生成不同的加成产物。

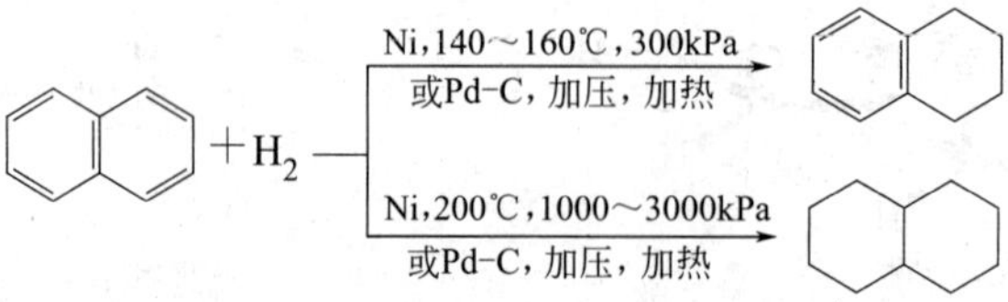

$+H_2$

Ni，140～160℃，300kPa 或Pd-C，加压，加热 → 四氢化萘

Ni，200℃，1000～3000kPa 或Pd-C，加压，加热 → 十氢化萘

③ 氧化反应　萘比苯更容易被氧化，在一定条件下，萘可被氧化成酸酐和醌。

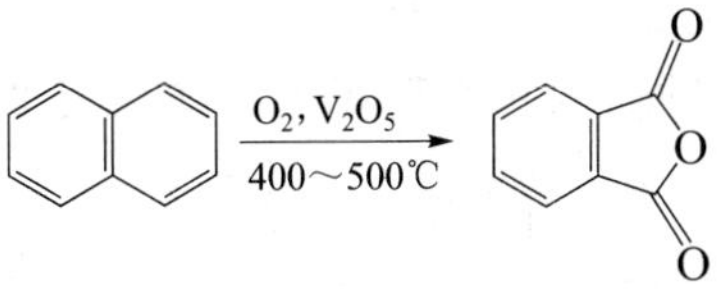

$$\xrightarrow[400\sim500℃]{O_2, V_2O_5}$$

邻苯二甲酸酐

$$\xrightarrow[400\sim500℃]{CrO_3, CH_3COOH}$$

1,4-萘醌

6.2.2　蒽和菲

蒽和菲都存在于煤焦油中。蒽为无色片状晶体，有蓝色荧光，熔点为 216℃，沸点为 342℃，易升华，不溶于水，难溶于乙醇和乙醚，但易溶于热苯。菲为带光泽的无色结晶，熔点为 100℃，沸点为 340℃，不溶于水，易溶于乙醚和苯中。二者互为同分异构体，分子式都为 $C_{14}H_{10}$，由 3 个苯环稠合而成。结构与萘相似，分子中所有原子都在同一平面，存在闭合的共轭大 π 键，C—C 键键长和电子云密度同样不能完全平均化。蒽和菲的结构式和碳原子编号如下：

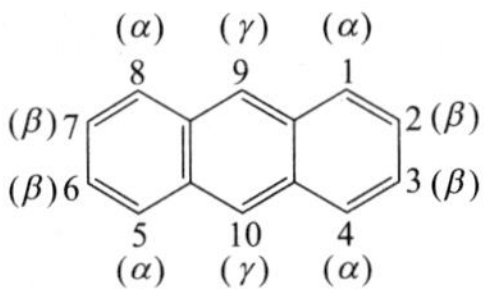

(α)　(γ)　(α)
8　9　1
(β)7　2(β)
(β)6　3(β)
5　10　4
(α)　(γ)　(α)

蒽

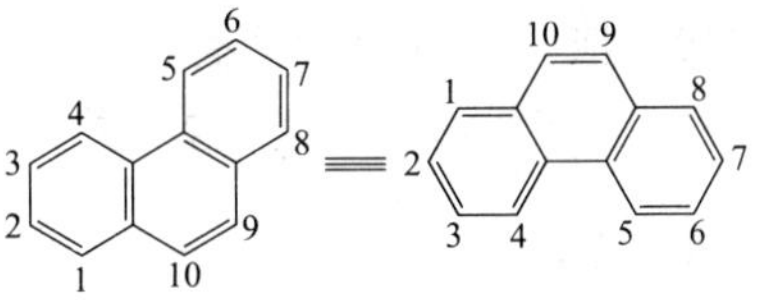

6
5　7
4　8
3　9
2　10
1

10　9
1　8
2　7
3　4　5　6

菲

蒽和菲的芳香性比苯和萘都差，容易发生氧化、加成等反应。蒽和菲的 9 位、10 位最活泼，易氧化成醌。蒽和菲也可与卤素反应，所得产物仍保留 2 个完整的苯环。

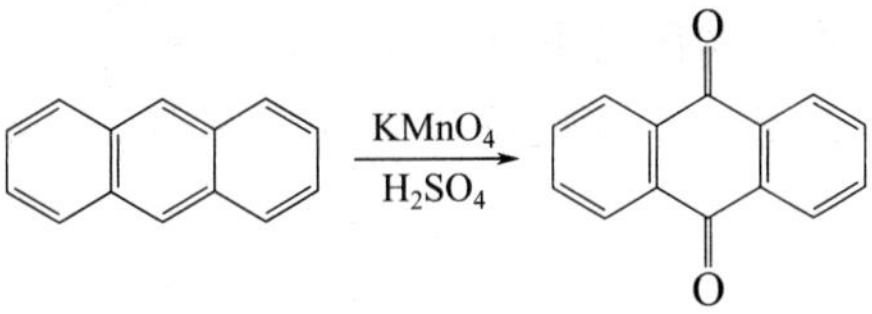

$$\xrightarrow[H_2SO_4]{KMnO_4}$$

9,10-蒽醌

$$\xrightarrow{Br_2}$$

H　Br
H　Br

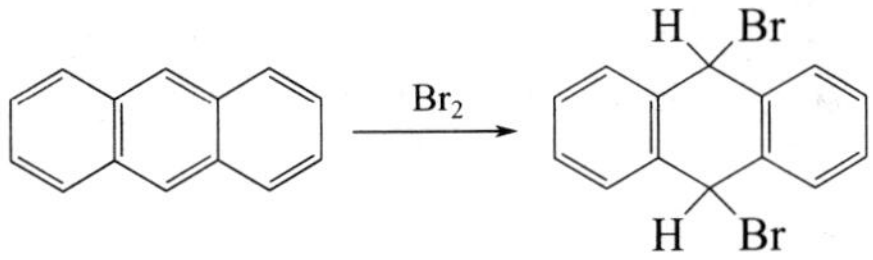

9,10-二溴-9,10-二氢蒽

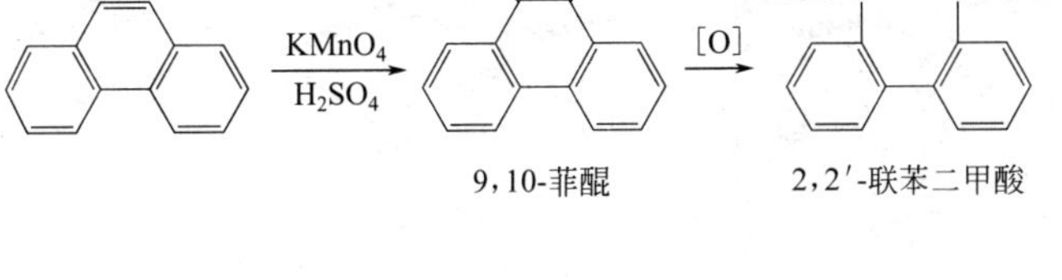

$$\xrightarrow[H_2SO_4]{KMnO_4}\quad\xrightarrow{[O]}$$

HOOC　COOH

9,10-菲醌　　2,2′-联苯二甲酸

6.2.3 多环芳烃

多环芳烃是指能诱发恶性肿瘤的一类稠环芳香烃，大多数是蒽和菲的衍生物。

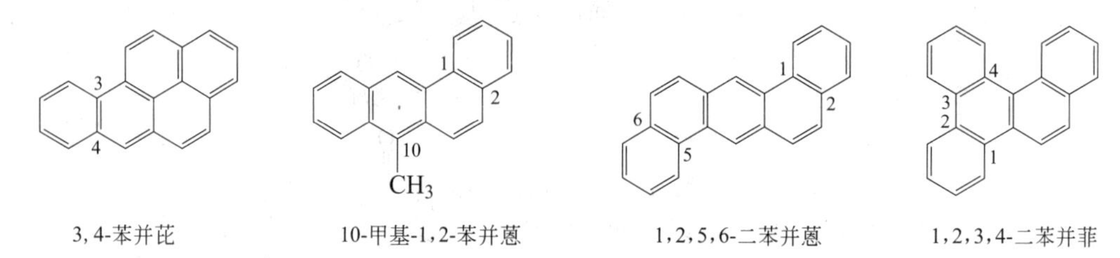

3,4-苯并芘　10-甲基-1,2-苯并蒽　1,2,5,6-二苯并蒽　1,2,3,4-二苯并菲

其中，3,4-苯并芘的致癌作用最强，它是一种强的环境致癌物，可诱发皮肤、肺和消化道癌症。汽车、飞机及各种机动车辆所排出的废气中和香烟的烟雾中均含有多种致癌芳烃。煤的燃烧、干馏以及有机物的燃烧、焦化等也都可以产生此类致癌物质。致癌芳烃是环境污染主要监测项目之一。

6.3 休克尔规则判断芳香性

芳香烃一般都具有苯环，在化学性质上表现出苯环的特殊稳定性，不易发生加成和氧化反应，易发生取代反应，即具有“芳香性”。后来发现许多环状共轭多烯的结构中虽不具有苯环特征，但却具有一定的芳香性。这一类化合物称为非苯型芳香烃，简称非苯芳烃。

6.3.1 休克尔规则

1931年德国化学家E. 休克尔提出了判断芳香体系的规则：若具有同平面的、闭合共轭体系的环状化合物，而且π电子数符合通式$4n+2$（n为0、1、2、3…）的化合物均具有芳香性。这个规则称为休克尔规则，又称为$4n+2$规则。只要符合休克尔规则的分子都具有芳香性。苯具有1个同平面的环状闭合共轭体系，它的π电子数为6，符合休克尔规则，所以苯具有芳香性。同理，萘、蒽、菲等也符合休克尔规则，也都具有芳香性。

6.3.2 非苯芳烃

(1) 环状烯烃离子

某些环状烯烃虽然没有芳香性，但转变成离子（正离子或负离子）后，则可显示芳香性。例如：环丙烯正离子、环戊二烯负离子、环庚三烯正离子和环辛四烯二价负离子。

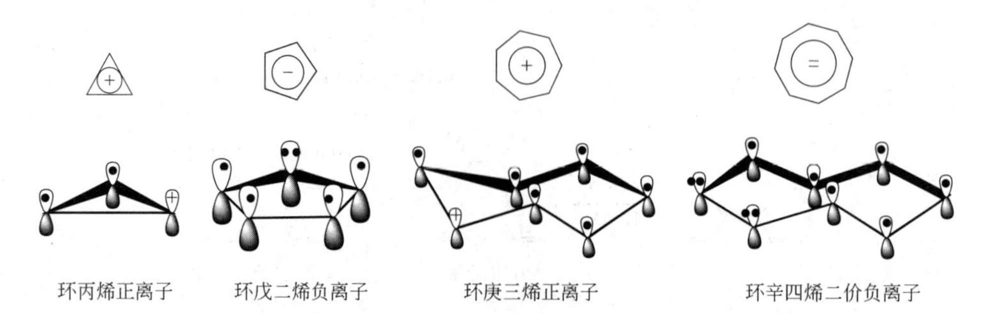

环丙烯正离子　环戊二烯负离子　环庚三烯正离子　环辛四烯二价负离子

环丙烯分子没有芳香性，当其失去1个氢原子和1个电子后就成为具有2个π电子的环丙烯正离子。环丙烯正离子就是1个π_3^2的环状闭合共轭离子，π电子数符合休克尔规则（$n=0$），因此具有芳香性。

环戊二烯分子也没有芳香性，当其转变为环戊二烯负离子后，其π电子数由4个转变为6个，形成1个π_5^6的环状闭合共轭离子，π电子数符合休克尔规则（$n=1$），因此也具有芳香性。

环庚三烯正离子，其π电子数为6，形成1个π_7^6的环状闭合共轭离子，π电子数符合休克尔规则（$n=1$），而环辛四烯二价负离子，其π电子数为10，形成1个π_8^{10}的环状闭合共轭离子，π电子数符合休克尔规则（$n=2$），故它们都具有芳香性。

(2) 薁类化合物

薁类化合物为非苯芳烃，是由一个五元环稠合一个七元环形成的一种倍半萜类化合物。薁类化合物的沸点一般在250～300℃。在挥发油分馏时，高沸点馏分可见到美丽的蓝色、紫色或绿色的现象时，表示可能有薁类化合物存在。薁类化合物溶于石油醚、乙醚、乙醇、甲醇等有机溶剂中，不溶于水，溶于强酸。

薁是一种蓝色固体，是萘的异构体，熔点为99℃，是一个七元环的环庚三烯负离子和五元环的环戊二烯正离子稠合而成的。如果不考虑桥键，它有10个π电子，符合$4n+2$（$n=2$）规则，具有芳香性，具有抗菌、消炎、镇痛等作用。

薁

愈创木醇，又名黄兰醇，三角柱形晶体，具有木香香气，不溶于水，能溶于醇或醚，存在于愈创木挥发油中，是薁类衍生物的代表。

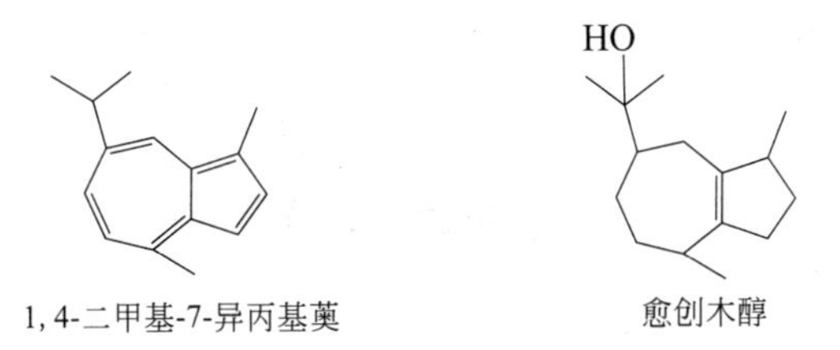

1,4-二甲基-7-异丙基薁　　愈创木醇

【阅读材料】

富勒烯

富勒烯是单质碳被发现的第三种同素异形体。椭圆状或管状结构存在的物质，都可以被叫作富勒烯，富勒烯是这类物质的总称。自从1985发现富勒烯之后，不断有新结构的富勒烯被预言或发现，并超越了单个团簇本身，主要包括：巴基球团簇、碳纳米管、巨碳管、纳米“洋葱”等。

巴基球团簇主要有C_{60}、C_{70}、C_{72}、C_{76}、C_{84}、C_{120}、B_{80}等，其中C_{60}是富勒烯家族中最容易得到、最容易提纯和最廉价的一种，C_{60}及其衍生物也是被研究和应用最多的富勒烯。C_{60}是由60个碳原子组成的对称性的足球状分子，分子直径为0.71nm；60个碳原子采用$sp^{2.28}$杂化方式，即介于平面三角形的sp^2和正四面体的sp^3杂化之间的一种轨道杂化方式，60个碳原子的未杂化p轨道则形成一个非平面的共轭离域大π体系。C_{60}的球面是由12个正五边形和20个正六边形稠合构成的笼状32面体，五边形环为单键，两个六边形环的公共边则为双键，共有30个双键。

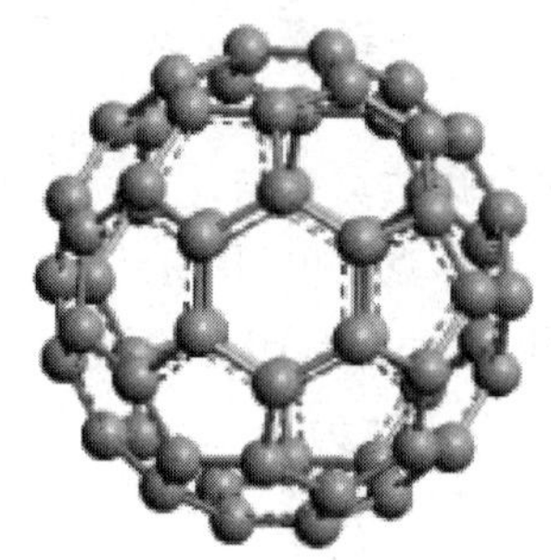
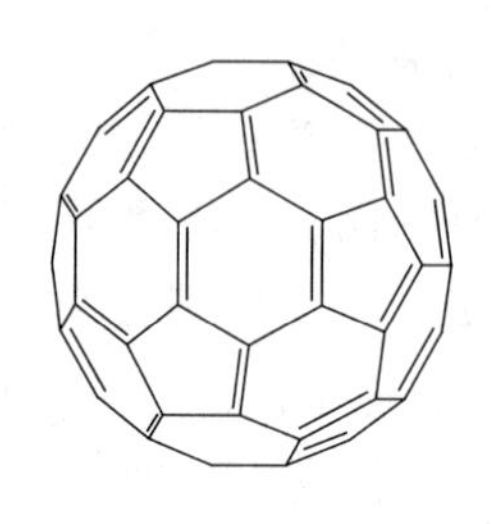

纳米管是中空富勒烯管。这些碳管通常只有几个纳米宽，但是它们的长度可以达到1μm甚至1mm。碳纳米管通常是终端封闭的，也有终端开口的，还有一些是终端没有完全封口的。碳纳米管的独特的分子结构导致它具有奇特的宏观性质，如高抗拉强度、高导电性、高延展性、高导热性和化学惰性。

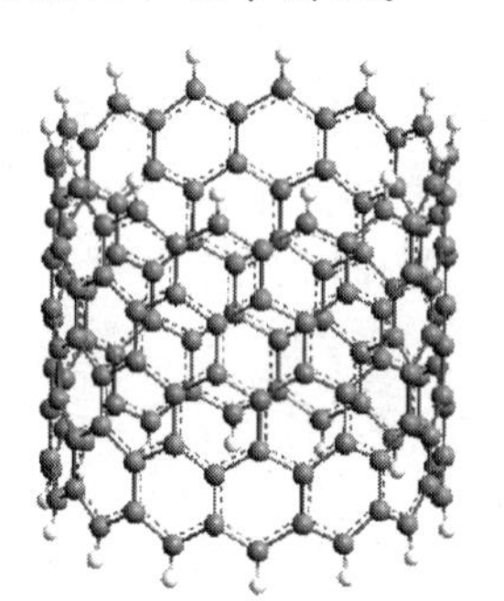
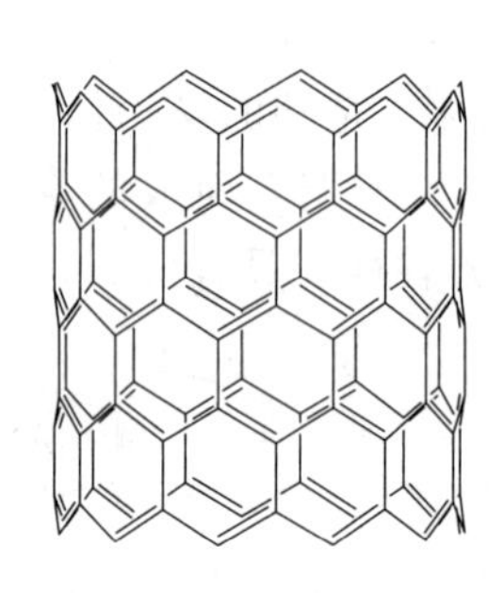

富勒烯及其衍生物在化学、生物学、医药学、材料学等领域都得到广泛的应用，并且取得了可喜的成果，其中对生物特性，如细胞毒性、促使DNA选择性断裂、抗病毒活性和药理学的研究，是最有前景的应用领域之一。

【巩固练习】

6-1　选择题

1. $C_6H_5-(CH_2)_5CH_3$ 被 $KMnO_4$（H^+，△）氧化的主要产物是（　　）。

A. $C_6H_5-(CH_2)_5COOH$　　B. C_6H_5-COOH

C. $C_6H_5-CH_2COOH$　　D. $C_6H_5-(CH_2)_3COOH$

2. 对硝基甲苯硝化时，新引入的硝基主要进入（　　）。

A. 硝基的邻位　B. 甲基的间位　C. 甲基的邻位　D. 硝基的对位

3. 苯环上，间位定位基能使苯环（　　）。

A. 活化　B. 钝化　C. 无影响　D. 以上都不对

4. 苯酚分子中，羟基属于（　　）。

A. 间位定位基　B. 邻位定位基　C. 对位定位基　D. 邻、对位定位基

5. 苯分子中碳原子的杂化方式属（　　）。

A. sp杂化　B. sp^2杂化　C. sp^3杂化　D. sp^2d杂化

6. 下列基团能活化苯环的是（　　）。

A. $-NH_2$　　B. $-COCH_3$　　C. $-CHO$　　D. $-Cl$

7. $C_6H_5-CH_2-$ 基团的名称是（　　）。

A. 苄基　　B. 苯基　　C. 甲苯基　　D. 对甲苯基

8. 下列化合物中，在 Fe 催化下发生卤代反应最快的是（　　）。

A. 乙苯　　B. 邻二硝基苯　　C. 苯酚　　D. 氯苯

9. 在苯分子中，所有的 C—C 键键长完全相同，是因为（　　）。

A. 碳碳成环　　B. 空间位阻　　C. 诱导效应　　D. 共轭效应

10. 芳香性的特点是（　　）。

A. 易取代，难加成，难氧化　　B. 难取代，易加成，易氧化

C. 易取代，易加成，易氧化　　D. 难取代，难加成，难氧化

6-2　选出下列具有芳香性的物质，并说明理由。

1.　　2.　　3.　　4.

5.　　6.　　7.　　8. N

9. O　　10. O O　　11. +　　12. 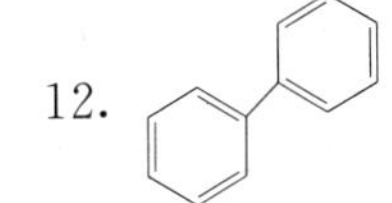

13.　　14.　　15. H H

6-3　完成下列反应式。

1. NO_2-苯 $+ Br_2 \xrightarrow{FeBr_3}$

2. 苯 $+ CH_3Cl \xrightarrow{AlCl_3}$

3. 苯-CH_3 $\xrightarrow[\triangle]{KMnO_4/H^+}$

4. 苯-$CH(CH_3)_2$ $+ Cl_2 \xrightarrow{光照}$

5. H_3C-苯-$CH_2CH_2CH_3$ $\xrightarrow[\triangle]{KMnO_4/H^+}$

6. CH_3, NO_2-苯 $+ HNO_3 \xrightarrow[加热]{H_2SO_4}$

7. NO_2-联苯 $+HNO_3 \xrightarrow[加热]{H_2SO_4}$

8. 萘 $+CH_3Cl \xrightarrow[加热]{AlCl_3}$

9. 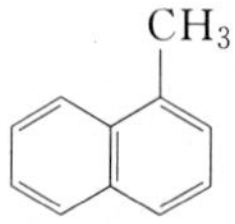 (1-甲基萘，CH_3) $\xrightarrow{H_2SO_4}$

10.  (苯) $+ CH_3COCl \xrightarrow{AlCl_3}$

6-4　用简单的化学方法区分下列化合物。

1. 苯、乙苯、苯乙烯。

2. 环己烷、异丙苯、环己烯。

6-5　推断题。

有 A、B 两种芳烃，分子式均为 C_8H_{10}，用酸性高锰酸钾氧化后，A 生成一元羧酸，B 生成二元羧酸。但与混酸（浓硝酸和浓硫酸）发生硝化反应后，A 得到两种一硝基取代物，而 B 只得到一种一硝基取代物。试推测 A、B 的结构式。

参考答案

6-1　1. B　2. C　3. B　4. D　5. B　6. A　7. A　8. C　9. D　10. A

6-2　具有芳香性的是 3、7、8、11、12、14，理由略。

6-3

1. 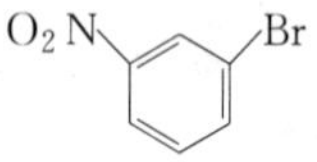 O_2N　Br　2. 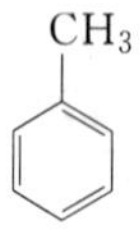 CH_3　3. 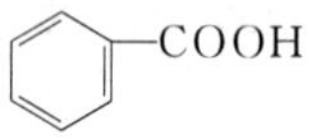 COOH　4. 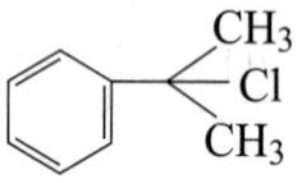 CH_3　Cl　CH_3　5. 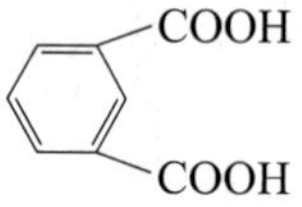 COOH　COOH

6. 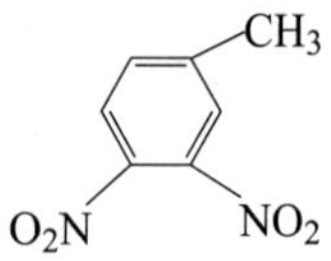 CH_3　O_2N　NO_2　7. 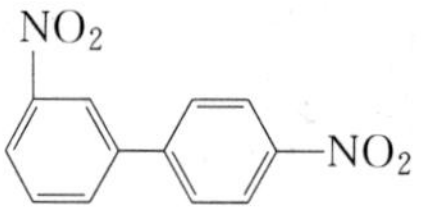 NO_2　NO_2　8. 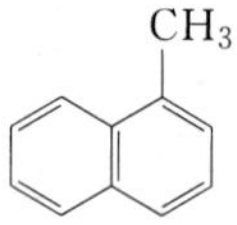 CH_3　9. 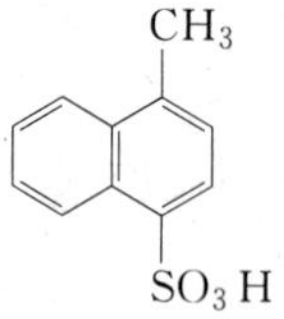 CH_3　SO_3H

10. 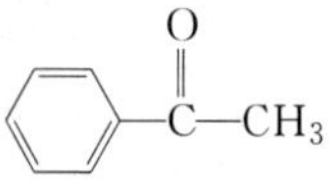 O　C—CH_3

6-4

1.

苯、乙苯、苯乙烯 $\xrightarrow[\text{室温}]{\text{溴水}}$ 无变化、无变化、红棕色褪去；$\xrightarrow{KMnO_4/H^+}$ 无变化、紫红色褪去

2.

环己烷、异丙苯、环己烯 $\xrightarrow{KMnO_4/H^+}$ 无变化、褪色、褪色；$\xrightarrow[\text{室温}]{\text{溴水}}$ 无变化、褪色

6-5

A. 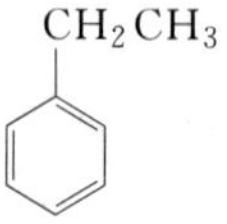 CH_2CH_3　B. 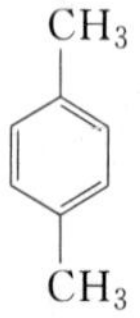 CH_3　CH_3

（朱焰　编　　姜洪丽　校）

第7章 卤代烃

卤代烃是烃分子中的氢原子被卤素原子（—X）取代后生成的化合物，简称卤烃。一般用（Ar）R—X表示。其中—X表示卤素原子（F、Cl、Br、I），是卤代烃的官能团。

卤代烃在自然界中含量很少，主要分布在海洋生物中，大部分卤代烃是由烃和卤素发生取代反应或由不饱和烃与卤素、卤化氢发生加成反应而得到的。许多卤代烃是有机合成的中间体。有些卤代烃是常用的有机溶剂，如二氯甲烷、氯仿、四氯化碳等。三氯乙烯是良好的干洗剂。还有一些卤代烃具有较强的药理活性，广泛应用在医学的各个领域，如氯仿、氟烷是临床上使用的麻醉剂之一；盐酸氮芥是一种抗淋巴肿瘤药；血防846［对二(三氯甲基）苯，因分子式为$C_8H_4Cl_6$而得名］是一种广谱抗寄生虫病药，常用于治疗血吸虫病和肝吸虫病。另外，卤代烃还是重要的化工原料，广泛应用于医药、农药等各个方面。

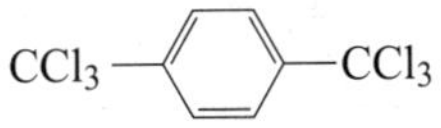

$CCl_3-C_6H_4-CCl_3$

血防846(抗寄生虫病药)

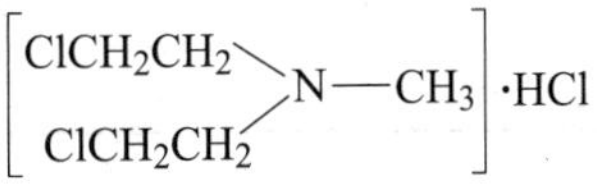

$[(ClCH_2CH_2)_2N-CH_3]\cdot HCl$

盐酸氮芥(抗肿瘤药)

7.1 卤代烃的结构

在卤代烷分子中C—X键中碳原子为sp^3杂化，碳与卤素以σ键相连，价键间的夹角接近于109.5°。因为卤素原子的电负性比碳原子大，所以碳卤键为极性共价键，成键电子对偏向卤原子：

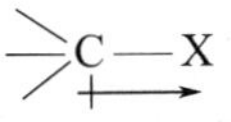

$$\rangle C \xrightarrow{} X \quad X=F, Cl, Br, I$$

碳卤键的极性

在不同种类的卤代烃中，由于卤素原子连接的碳原子种类不同，碳卤键的极性有一定的差异，从而导致不同卤代烃的化学反应中活性也有较大差异。

7.2 卤代烃的物理性质

卤代烃的物理性质因卤原子的种类和数目的不同而异。常温下，除一氯甲烷、一氯乙烷、一溴甲烷、一氯乙烯和一溴乙烯是气体外，其他常见的一卤代烷为液体，十五个碳原子以上的高级卤代烷为固体。

一卤代烃的熔点、沸点变化规律与烷烃相似，即随分子中碳原子数的增多，熔点、沸点升高。具有相同烃基的卤代烃，碘代烃的沸点最高，其次是溴代烃和氯代烃。碳原子数相同、卤原子相同的异构体中，支链越多，沸点越低。由于C—X键的极性使卤代烃分子具有极性（个别分子结构对称的除外，如四氯化碳），因此卤代烃比相应的烷烃的熔点、沸点高。

卤代烃的密度也表现出随分子量增加而升高的规律。除氟代烃和氯代烃外，其他卤代烃的相对密度均大于1。一些卤代烃的物理常数见表7-1。

表7-1 卤代烃的物理常数

烃基+X	氯代烃		溴代烃		碘代烃	
	沸点/℃	相对密度(d_4^{20})	沸点/℃	相对密度(d_4^{20})	沸点/℃	相对密度(d_4^{20})
CH_3X	−24.2		3.6		42.4	2.279
CH_3CH_2X	12.3		38.4	1.440	72.3	1.933
$CH_3CH_2CH_2X$	46.6	0.890	71.0	1.335	102.5	1.747
$(CH_3)_2CHX$	34.8	0.859	59.4	1.310	89.5	1.705
$CH_3(CH_2)_3X$	78.4	0.884	101.6	1.276	130.5	1.617
$CH_3CH_2(CH_3)CHX$	68.3	0.871	91.2	1.258	120	1.595
$(CH_3)_2CHCH_2X$	68.8	0.875	91.4	1.261	121	1.605
$(CH_3)_3CX$	50.7	0.840	73.1	1.222	100(分解)	—
$CH_3(CH_2)_4X$	108	0.883	130	1.223	157	1.517
CH_2CX_2	40	1.336	99	2.49	180(分解)	3.325
CHX_3	61	1.489	151	2.89	升华	4.008
CX_4	77	1.595	189.5	3.42	升华	4.32

所有卤代烃都不溶于水而易溶于乙醇、乙醚等有机溶剂中。有些卤代烃本身也是常用的有机溶剂，如二氯甲烷、二氯乙烷、氯仿、四氯化碳、二氯乙烯、四氯乙烯等。卤代烃溶剂具有密度小、沸点低、易挥发、不易燃、难溶于水等特点，属于弱极性溶剂，主要用于提取生物碱、苷类等亲脂性有机物。

大部分卤代烃有毒，经皮肤接触后，侵犯神经中枢或作用于内脏器官，引起中毒，如溴乙烷中毒可表现出面部潮红，瞳孔扩大，脉搏加快以及头痛、眩晕等症状，严重者有四肢震颤、呼吸困难、发绀、虚脱等症状，并且临床上尚无溴乙烷中毒的特效解毒剂，所以使用时要注意通风和防护。

此外，卤代烃在铜丝上燃烧时能产生绿色火焰，可用于卤代烃的定性鉴定（氟代烃除外）。

7.3 卤代烃的化学性质

卤原子是卤代烃的官能团，卤代烃的许多化学性质都是由于卤原子的存在而引起的。由于卤素原子吸引电子能力强、电负性较大，所以C—X键的共用电子对向卤原子偏移，因此C—X键是一极性共价键。当与一些极性试剂作用时，C—X键易断裂而发生反应，如亲核取代反应、消除反应及生成有机金属化合物的反应等。

当烃基相同时，卤代烃的反应活性一般为：R—I＞R—Br＞R—Cl＞R—F。

7.3.1 亲核取代反应

由于C原子与X原子的电负性不同，C—X键的共用电子对偏向卤原子，使卤原子带有部分负电荷，碳原子带有部分正电荷，因此α-碳原子易受到带负电荷试剂或含有未共用电子对试剂的进攻，使C—X键发生异裂，卤原子以负离子形式离去。NH_3、OH^-等具有较大电子云密度的试剂，易进攻带部分正电荷的碳原子，这些试剂称为亲核试剂，通常用Nu^-表示。由亲核试剂进攻带部分正电荷的碳原子而引起的取代反应，称为亲核取代反应，可以用通式表示为：

$$\gt\overset{\delta^+}{C}—\overset{\delta^-}{X} + Nu^- \longrightarrow \gt\overset{\delta^+}{C}—\overset{\delta^-}{Nu} + X^-$$

在一定条件下（常为碱性条件），卤代烃分子中的卤原子可被OH^-、OR^-、CN^-、NH_3、NO_3^-等原子或原子团所替代，生成相应的烃的衍生物。

(1) 水解反应

将卤代烃与强碱（氢氧化钠、氢氧化钾）的水溶液共热，卤原子被羟基（—OH）取代生成醇。此反应也称为卤代烃的水解反应，是一种制备醇的方法。

$$RX + NaOH \xrightarrow[\triangle]{H_2O} ROH + NaX$$

$$CH_3CH_2Cl + NaOH \xrightarrow[\triangle]{H_2O} CH_3CH_2OH + NaCl$$

(2) 氰解反应

卤代烷和氰化钠或氰化钾（剧毒）在醇溶液中反应可生成腈。氰基经水解可以生成羧基（—COOH），用于制备羧酸及其衍生物，该反应是有机合成中增长碳链的方法之一。

$$RX + NaCN \longrightarrow RCN + NaX$$

$$RCN + H_2O \xrightarrow{H^+/OH^-} RCOOH$$

如：

$$CH_3CH_2CH_2I + NaCN \xrightarrow{乙醇} CH_3CH_2CH_2CN + NaI$$

$$CH_3CH_2CH_2CN + H_2O \xrightarrow{H^+/OH^-} CH_3CH_2CH_2COOH$$

(3) 氨解反应

卤代烃与NH_3反应生成相应的铵盐，经氢氧化钠等强碱处理可制得胺。这是制备胺类化合物的方法之一，但生成的RNH_2可继续与卤代烃反应生成各种胺的混合物，分离和提纯都比较困难，因而这一方法的应用受到很大的限制。

$$RX + 2NH_3 \longrightarrow RNH_2 + NH_4X$$

$$CH_3CH_2CH_2CH_2I + 2NH_3 \longrightarrow CH_3CH_2CH_2CH_2NH_2 + NH_4I$$

(4) 醇解反应

卤代烷与醇钠在加热条件下生成醚。这是制备醚的一种常用方法，称为威廉姆森合成法。

$$RX + NaOR' \longrightarrow ROR' + NaX$$

$$CH_3CH_2Br + NaOCH(CH_3)_2 \longrightarrow CH_3CH_2OCH(CH_3)_2 + NaBr$$

叔卤代烷与醇钠作用不能生成醚，而是发生消除反应生成烯烃。

(5) 与硝酸银反应

卤代烷与硝酸银乙醇溶液作用生成硝酸酯和卤化银沉淀。如：

$$RX + AgNO_3 \xrightarrow{CH_3CH_2OH} RONO_2 + AgX\downarrow$$

$$CH_3CH_2Cl + AgNO_3 \xrightarrow{CH_3CH_2OH} CH_3CH_2ONO_2 + AgCl\downarrow$$

不同卤代烷与硝酸银反应的速率不同，叔卤代烷在常温下与硝酸银作用，仲卤代烷和伯卤代烷在加热条件下才能反应；当烷基相同时，卤代烷的反应活性顺序为：R—I>R—Br>R—Cl。此反应可根据反应速率及卤化银的颜色不同而用于卤代烃的鉴别。

(6) 被其他卤素原子取代

卤代烷可以被其他卤素负离子取代，发生卤素交换反应。

$$R—Cl + NaI \xrightarrow{丙酮} R—I + NaCl$$

这是一个平衡反应，常用于碘代烷和氟代烷的制备。碘代烷不能从烷烃直接碘化获得，而常用碘化钠或碘化钾在丙酮溶液中与氯代烷或溴代烷反应来制备。由于氯化钠或氯化钾在丙酮中溶解度比碘化钠或碘化钾小得多，易从无水丙酮中沉淀析出，从而打破平衡，使反应向着生成碘代烷的方向移动。

7.3.2 卤代烃的亲核取代反应机制

在碱性溶液催化下，不同卤代烃的水解反应是按以下两种不同反应历程进行的：

(1) 双分子亲核取代反应

以溴甲烷水解反应为例，该取代反应一步完成，属于基元反应。

$$CH_3Br + OH^- \longrightarrow CH_3OH + Br^-$$

该反应属于二级反应，反应速率与两种反应物溴甲烷及碱的浓度均有关，速率方程式为 $v=k[CH_3Br][OH^-]$，称为双分子亲核取代反应，简写为 S_N2。在该过程中，OH^- 从溴原子背后进攻带部分正电荷的 α-碳原子，形成一个中间过渡状态，C—O 键逐渐形成与 C—Br 键逐渐断裂同时进行。

$$OH^- + H_3C—Br \xrightarrow{慢} \left[HO\cdots CH_3\cdots Br\right]^{\neq} \xrightarrow{快} HO—CH_3 + Br^-$$

过渡态

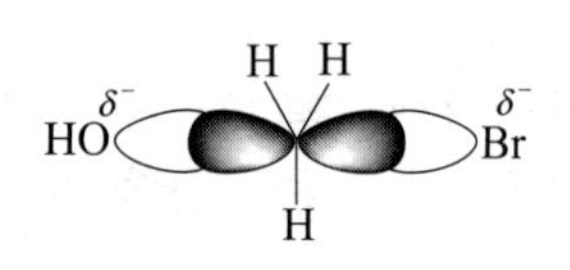

在反应中，氢氧根负离子从溴离子背面接近碳原子，氧原子与碳原子之间的距离逐渐减小，C—Br 键逐渐伸长。在过渡状态中，中心碳原子是 sp^2 杂化，碳原子和三个氢原子差不多在同一平面上，即将离去的溴和将结合的氢氧根负离子在同一 p 轨道的两侧。

在过渡态中，C—O 键已部分形成，C—Br 键已经部分断裂。其键长都超过正常键长，O 原子和 Br 原子都带有部分负电荷。在此后，C—O 键之间的距离进一步缩短，C—Br 键之间的距离进一步增加，三个氢原子也偏向 Br 原子一边，最后，C—O 达到正常键长的距离，溴原子完全离开中心碳原子，成为溴负离子，同时碳原子恢复四面体构型。

在反应过程中随着反应物结构的变化，体系能量也在不断变化，氢氧根负离子从背面接近碳原子，要克服氢原子的阻力，由于三个 C—H 键的偏转，键角发生变化，使体系的能量升高，达到过渡态，五个原子同时挤在碳原子周围，能量达到最高点，随着 Br 原子的离去，张力减小，体系的能量也逐渐降低，如图 7-1 所示。

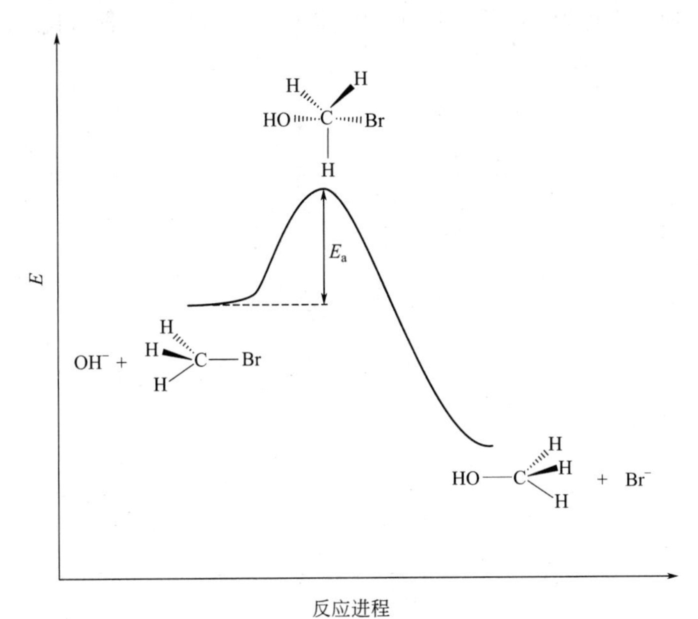

图 7-1　S_N2 反应能量图

过渡态处于能量曲线的顶峰，它与反应底物之间的能量差就是反应的活化能（E_a）。

亲核取代反应具有相应的立体化学特征，在双分子亲核取代反应过程中，亲核试剂从离去基团 Br^- 背面进攻，产物构型和反应物的构型相反，在反应过程中，构型发生了翻转，下面实验结果支持了这一设想，当有光学活性的（*S*）-2-溴丁烷在碱性条件下水解时，得到构型完全翻转的产物（*R*）-2-丁醇。

$$HO^- + \underset{(S)\text{-2-溴丁烷}}{(H_3C)(H_3CH_2C)(H)C—Br} \rightleftharpoons \left[HO\cdots C(CH_3)(H_3CH_2C)(H)\cdots Br\right]^{\neq} \longrightarrow \underset{(R)\text{-2-丁醇}}{HO—C(CH_3)(CH_2CH_3)(H)} + Br^-$$

反应时，中心碳原子构型完全翻转是 S_N2 反应的立体化学特征。这个现象由瓦尔登首先注意到，因此被称为瓦尔登转化，也形象称为“伞”形翻转。

S_N2 反应历程的特点如下：

① 反应速率与卤代烃、亲核试剂二者的浓度均有关；

② 旧键的断裂与新键的形成同时进行，反应一步完成；

③ 反应过程中构型发生瓦尔登转化。

（2）单分子亲核取代反应

以叔丁基溴水解反应为例，该取代反应分两步完成。

① 第一步　叔丁基溴中 C—Br 键发生异裂，生成叔丁基碳正离子和溴负离子。此步反应的反应速率很慢，是整个反应的速率决定步骤。

$$(CH_3)_3C—Br \xrightarrow{\text{慢}} (CH_3)_3C^+ + Br^-$$

② 第二步　生成的叔丁基碳正离子很快与进攻试剂结合生成叔丁醇。

$$(CH_3)_3C^+ + OH^- \xrightarrow{\text{快}} (CH_3)_3C—OH$$

该反应在动力学上属于一级反应，决定整个反应速率的是第一步反应，反应速率只与叔丁基溴的浓度有关，速率方程为 $v=k[(CH_3)_3CBr]$，故称为单分子亲核取代反应，简写为 S_N1。

在反应过程中，能量的变化如图 7-2 所示。

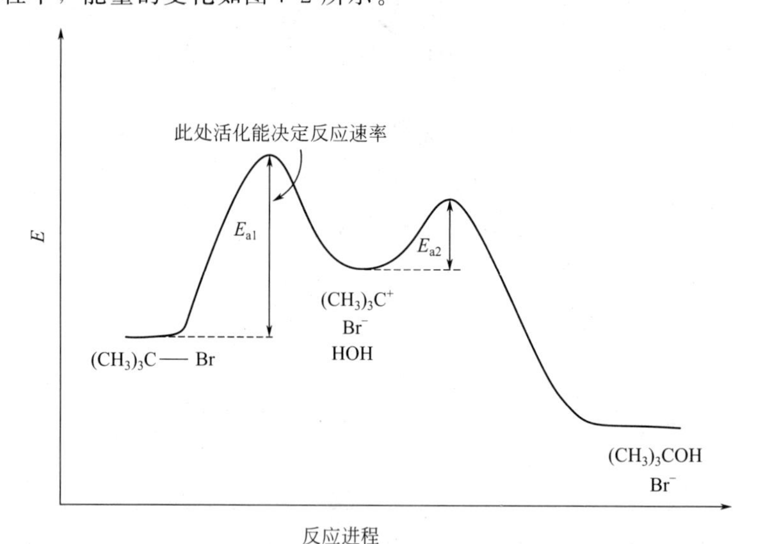

图 7-2 S_N1 反应能量图

在反应中，随着叔丁基溴分子中的 C—Br 键的逐渐伸长，键的极化程度增加，碳原子上所带部分正电荷和溴原子上所带负电荷的量逐渐增加，键的部分断裂使体系能量上升。C—Br 键的极化达到一定程度后，体系能量开始下降，能量图上的第一个高峰就是第一步反应的过渡态。生成的反应中间体叔丁基碳正离子被溶剂包围，要与氢氧根结合，必须脱去部分溶剂分子，因此体系能量再度升高，随着 C—O 键的逐渐形成，体系的能量在达到第二个高峰后又开始下降。生成的活性中间体叔丁基碳正离子位于两个峰之间的谷底。在这两部反应中，第一步反应所需的活化能 E_{a1} 远远大于第二步反应的活化能 E_{a2}。因此整个反应的速率取决于第一步活化能。

在 S_N1 反应中，反应物首先生成平面形的碳正离子，然后亲核试剂从平面两侧机会均等地进攻中心碳原子。如果反应物中心碳原子是手性的，则在反应产物中构型翻转和构型保持的机会均等，产物为一对外消旋体。如（S）-3-溴-3-甲基己烷发生水解反应，得到 3-甲基-3-己醇的外消旋混合物。

$H_3CH_2CH_2C$
H_3C — C — Br $\xrightarrow[\text{丙酮}]{H_2O}$ H_2O → $CH_2CH_2CH_3$ / C^+ / H_3C CH_2CH_3 ← H_2O
H_3CH_2C

(S)-3-溴-3-甲基己烷

HO—C($CH_2CH_2CH_3$)(CH_3)(CH_2CH_3)
(R)-3-甲基-3-己醇
构型翻转

$H_3CH_2CH_2C$—C(H_3C)(H_3CH_2C)—OH
(S)-3-甲基-3-己醇
构型保持

S_N1 反应历程的特点如下：

① 反应速率只与卤代烃的浓度有关，不受亲核试剂浓度的影响；

② 反应分两步进行；

③ 决定反应速率的一步中有活性中间体碳正离子生成。

(3) 影响亲核取代反应的因素

a. 卤代烷结构的影响　卤代烷的结构对亲核取代反应的影响比较明显，主要影响因素有电子效应和空间效应。

卤代烷结构对 S_N2 反应的主要影响是空间效应。由于 S_N2 反应是亲核试剂从后面进攻，故中心碳原子上支链阻碍了亲核试剂的进攻，使反应不易进行。所以进行 S_N2 反应的顺序是：卤代甲烷＞伯卤代烷＞仲卤代烷＞叔卤代烷。同是伯卤代烷，则 β-碳上支链越多，反应越慢。

在 S_N1 反应中，决定反应速率的一步反应是碳正离子的生成，碳正离子越稳定，反应就越容易进行。碳正离子的稳定性顺序是 $3° > 2° > 1° > CH_3^+$，因此 S_N1 反应速率顺序与 S_N2 反应正好相反。

综合以上讨论，卤代烷的结构对亲核取代反应的影响可以归纳为：

$$\xrightarrow{S_N2}$$

3°卤代烷　2°卤代烷　1°卤代烷　CH_3X

$$\xleftarrow[S_N1]{}$$

一般情况下，伯卤代烷的亲核取代总是以 S_N2 机制进行，而叔卤代烷以 S_N1 机制进行。仲卤代烷则两种机制都有可能，亲核试剂和溶剂的性质决定着两种机制的比例。

b. 离去基团的影响　底物中离去基团的离去能力越强，无论对 S_N1 机制还是 S_N2 机制都是有利的。但 S_N1 机制受离去基团离去能力的影响更大，因为 S_N1 的反应速率主要取决于离去基团从反应物中离去这一步骤；而对 S_N2 机制，决定反应速率的步骤还有亲核试剂的参与，所以离去基团的性质所产生的影响相对较小。

离去基团的性质，决定 C—X 键的断裂难易，实验结果表明，烷基结构相同时，卤代烷的亲核取代反应的活性顺序是 RI＞RBr＞RCl＞RF。

c. 亲核试剂的影响　亲核试剂的亲核性是指试剂对带正电荷碳原子的亲核力。在 S_N1 反应中，反应速率只取决于第一步卤代烷的解离，因此试剂的浓度和亲核性的强弱对其影响不大。在 S_N2 反应中，决定反应速率的步骤有亲核试剂的参与，亲核试剂的浓度和亲核性对反应有较大影响。

试剂的亲核性强弱取决于试剂的碱性、可极化性和溶剂化作用。碱性是指试剂与质子结合的能力，而亲核性是指试剂与正电性碳原子结合能力，这是两个概念。试剂的亲核能力与碱性强弱有时是一致的，有时是相反的。亲核性和碱性之间的一般规律是：

中心原子为同一种元素的亲核试剂，其亲核性与碱性的强弱是一致的。例如：

碱性：$RO^- > HO^- > PhO^- > RCOO^- > NO_3^- > ROH > HOH$

亲核性：$RO^- > HO^- > PhO^- > RCOO^- > NO_3^- > ROH > HOH$

中心原子处于同一周期并具有相同电荷的亲核试剂，按元素周期表的位置从左到右，亲核性和碱性都递减，也就是其亲核性与其碱性的强弱是一致的。例如：

$R_3C^- > R_2N^- > RO^- > F^-$　　$RS^- > Cl^-$　　$R_3P > R_2S$

当中心原子处于同一族的亲核试剂，它们的亲核性和碱性强弱顺序受溶剂的影响，在质子溶剂中，它们的亲核性和碱性强弱顺序相反，例如：

碱性：$I^- < Br^- < Cl^- < F^-$　　$HS^- < HO^-$

亲核性：$I^- > Br^- > Cl^- > F^-$　　$HS^- > HO^-$

由于I^-是很好的亲核试剂，同时又是很好的离去基团，在很多溴代烷或氯代烷进行亲核取代反应时，常加入少量碘化钾来催化反应的进行。

d. 溶剂的影响　在卤代烷的亲核取代反应中，溶剂起着重要作用。根据极性以及是否含有活泼氢溶剂，可分为质子性溶剂、偶极溶剂和非极性溶剂。

质子型溶剂是指分子中含有可形成氢键的氢原子的溶剂，如水、醇、羧酸等。质子型溶剂对S_N1反应有利，因为能使解离出来的负离子溶剂化。例如，水可在卤素负离子周围形成氢键，分散卤素负离子的电荷，起到稳定负离子的作用，因此有利于S_N1反应。一般来说，体积越小、电荷越集中的离子，被溶剂化程度越高。碱性越强的离子，与质子型溶剂的氢键作用就越强。但质子型溶剂对S_N2反应是不利的，因它能通过氢键使亲核试剂溶剂化，亲核试剂被溶剂分子包围，在反应时需要先去除溶剂化，才能和卤代烷反应，因此反应活性降低。

偶极溶剂的结构特点是不含有可形成氢键的氢原子，其偶极正端埋在分子内部。例如，氯仿、丙酮、二甲基亚砜、四氢呋喃等。因偶极溶剂的正端埋在分子内部，妨碍了对负离子的溶剂化，但可以使正离子溶剂化，使亲核试剂处于“裸露”的自由状态，亲核能力比在质子溶剂中强，如用偶极溶剂代替质子型溶剂，会使S_N2反应速率大大加快。

非极性溶剂一般是指介电常数小于15，偶极矩为$0\sim6.67\times10^{-30}C\cdot m$的溶剂。例如己烷、苯、乙醚等。在非极性溶剂中，极性分子不容易溶解，分子以缔合的状态存在，使极性分子的反应性降低。

7.3.3　消除反应

有机物分子中脱去一个小分子（如HX、H_2O、NH_3等），生成不饱和化合物的反应称为消除反应。卤代烷与强碱的醇溶液共热，分子中脱去一分子卤化氢，生成烯烃。如：

$$CH_3-\overset{\beta}{\underset{H}{CH}}-\overset{\alpha}{\underset{Cl}{CH_2}} + NaOH \xrightarrow[\triangle]{CH_3CH_2OH} CH_3CH=CH_2 + NaCl + H_2O$$

反应中，卤代烷除α-碳上脱去X外，还从β-碳上脱去H原子，故又称β-消除反应。消除反应的难易与卤代烷的结构有关，不同卤代烷发生消除反应的活性次序为：叔卤代烷＞仲卤代烷＞伯卤代烷。

消除反应也存在消除方向问题，结构不对称的仲卤代烷和叔卤代烷发生消除反应可生成两种不同的烯烃。如：

$$CH_3-\overset{\beta}{CH_2}-\overset{\alpha}{\underset{Br}{CH}}-\overset{\beta'}{CH_3} \xrightarrow[\triangle]{NaOH/乙醇} \begin{cases} CH_3-CH=CH-CH_3 \quad \text{2-丁烯(81\%)} \\ CH_3-CH_2-CH=CH_2 \quad \text{1-丁烯(19\%)} \end{cases}$$

$$CH_3-\overset{\beta}{CH_2}-\overset{\alpha}{\underset{Br}{\overset{CH_3}{C}}}-\overset{\beta'}{CH_3} \xrightarrow[\triangle]{NaOH/乙醇} \begin{cases} CH_3-CH=\overset{CH_3}{C}-CH_3 \quad \text{2-甲基-2-丁烯(71\%)} \\ CH_3-CH_2-\underset{CH_3}{C}=CH_2 \quad \text{2-甲基-1-丁烯(29\%)} \end{cases}$$

从以上所述和大量实验表明：卤代烷脱卤化氢时，氢原子总是从含氢较少的β-碳上脱除，生成双键碳上连接烃基较多的烯烃。这个经验规律称为扎依采夫规则。

7.3.4 双分子消除反应机制

消除反应同亲核取代反应一样，具有两种不同反应机制，即双分子消除（E2）和单分子消除（E1）机制。

(1) 双分子消除反应机制

实验证明，有些卤代烷的消除反应速率与底物和试剂的浓度成正比，这就是 E2 反应机制。在反应中试剂（如 HO^-）进攻并夺取 β-碳上的氢，使 β-碳上的氢原子以质子的形式离去，同时碳卤键拉长断裂，离去基团带着一对电子离去，在 α-碳和 β-碳之间形成双键。

$$HO^- + H{-}C{-}C{-}L \longrightarrow \left[HO^{-}\cdots H \cdots C \overset{\cdots}{=} C \cdots L\right]^{\neq} \longrightarrow C{=}C + HO{-}H + L^-$$

与 S_N2 机制相似，E2 机制也是一个协同反应过程。S_N2 与 E2 一般是在类似的反应条件下进行的，所不同的是，在 S_N2 反应中，试剂进攻的是中心碳原子并与其结合，而在 E2 反应中，试剂进攻的是 β-碳上的氢原子，并将其夺走。

不同卤代烷发生 E2 消除反应的活性次序为：叔卤代烷＞仲卤代烷＞伯卤代烷。

(2) 单分子消除机制

E1 机制与 S_N1 机制一样，消除反应分两步进行。第一步生成碳正离子中间体，第二步试剂夺取 β-碳原子上的氢，生成碳碳双键。第一步是反应控制步骤，这一步只涉及底物分子，反应速率只与底物的浓度有关。

$$-\underset{|}{\overset{H}{\overset{|}{C}}}-\underset{X}{\underset{|}{\overset{|}{C}}}- \underset{}{\overset{慢}{\rightleftharpoons}} -\underset{|}{\overset{H}{\overset{|}{C}}}-\overset{+}{C}< + X^-$$

$$HO^- + -\underset{|}{\overset{H}{\overset{|}{C}}}-CH< \overset{快}{\rightleftharpoons} >C{=}C< + H_2O$$

E1 消除时，首先生成碳正离子中间体，由于从叔卤代烷生成的碳正离子最稳定，因此卤代烷的消除反应活性顺序无论按 E1 机制还是 E2 机制进行反应，都是叔卤代烷＞仲卤代烷＞伯卤代烷。

卤代烷在消除反应中，是以 E1 还是 E2 消除机制进行，与反应条件密切相关，尤其是碱的强度和浓度。在稀碱或弱碱条件下，仲卤代烷和叔卤代烷易发生 E1 消除；但在浓的强碱及低极性溶剂中，反应机制可从 E1 转成 E2。伯卤代烷由于不易产生碳正离子，发生 E1 反应十分困难，在浓碱存在下，可发生 E2 消除，但反应速率也很慢。

7.3.5 亲核取代反应和消除反应的竞争

卤代烷与强碱共热时，消除反应与取代反应往往同时发生，并相互竞争。在取代反应中，试剂进攻的是 α-碳原子；在消除反应中，试剂进攻的是 β-碳上的氢原子。当卤代烃水解时不可避免地会有消除卤化氢的副反应发生；同样，消除卤化氢时也会有水解产物生成。

$$R-\underset{\beta}{CH_2}-\underset{\alpha}{CH_2}-X \xrightarrow{-X^-} R-\underset{\beta}{\overset{H \leftarrow OH^-}{\overset{|}{CH}}}-\underset{\alpha \leftarrow OH^-}{\overset{+}{CH_2}} \begin{cases} \rightarrow RCH_2CH_2OH \\ \rightarrow RCH{=}CH_2 \end{cases}$$

究竟哪种反应占优势取决于卤代烷的分子结构和反应条件。

(1) 卤代烃的分子结构

在强碱如 NaOH、醇钠和极性较小的溶剂的反应条件下，直链的伯卤代烷主要生成取代产物，而相同条件下，仲卤代烷和叔卤代烷更多得到消除产物。

$$CH_3CH_2CH_2CH_2Br \xrightarrow[CH_3OH]{CH_3O^-} \underset{90\%}{CH_3CH_2CH_2CH_2OCH_3} + \underset{10\%}{CH_3CH_2CH{=}CH_2}$$

$$(CH_3)_3CBr \xrightarrow[CH_3OH]{CH_3O^-} \underset{93\%}{(CH_3)_2C{=}CH_2} + \underset{7\%}{(CH_3)_3COCH_3}$$

另外，一些特殊结构的卤代烷若消除后生成稳定的共轭体系，则会提高反应速率，使消除反应产物增加。例如，溴乙烷在 55℃时，在乙醇溶剂中与乙醇钠作用，取代产物占 99%，而消除产物占 1%；当 β-位上的一个氢被苄基取代后的 β-苯基溴乙烷，在同样条件下的反应，取代产物仅为 4.4%，而消除产物却占了 95.6%。

$$CH_3CH_2Br + CH_3CH_2ONa \xrightarrow[55℃]{CH_3CH_2OH} \underset{99\%}{CH_3CH_2OCH_2CH_3} + \underset{1\%}{CH_2{=}CH_2}$$

$$C_6H_5CH_2CH_2Br + CH_3CH_2ONa \xrightarrow[55℃]{CH_3CH_2OH} \underset{4.4\%}{C_6H_5CH_2CH_2OCH_2CH_3} + \underset{95.6\%}{C_6H_5CH{=}CH_2}$$

(2) 亲核试剂的结构和性质的影响

亲核试剂的影响主要在双分子反应中，试剂的碱性强、浓度高、体积大，有利于进攻 β-碳上的氢，形成 E2 过渡态，生成消除产物；试剂的亲核性强、浓度低、体积小，有利于进攻 α-碳，形成 S_N2 过渡态，生成取代产物。因此要合成取代产物时，尽量选择亲核性强的弱碱性试剂；而在需要合成消除产物时，选择碱性强而亲核性弱的试剂。

(3) 反应溶剂的影响

弱极性溶剂有利于消除反应，强极性溶剂有利于取代反应。

(4) 反应温度的影响

反应温度越高，越有利于消除反应。

总之，亲核取代反应与消除反应是并存和相互竞争的两类反应，按哪一种或主要按哪一种反应进行取决于卤代烷烃的结构、试剂的性质和反应条件。直链的伯卤代烷易进行取代反应，常用来制备醚和腈类化合物。仲卤代烷及 β-碳上有支链的伯卤代烷进行 S_N2 反应的速率较慢，在强极性溶剂中，强亲核试剂条件下，有利于 S_N2 反应。在弱极性溶剂中，强碱性条件下，有利于 E2 反应。叔卤代烷难以进行 S_N2 反应，在强碱性条件下有利于 E2 反应，得到消除产物。叔卤代烷在无强碱存在时，一般得到 S_N1 和 E1 的混合物。

7.3.6 卤代烃与金属的反应

卤代烃可以与 K、Na、Mg、Al、Li 等金属反应生成金属有机物，如卤代烃和金属镁在无水乙醚中反应，生成性质非常活泼的有机镁化合物，称为格利雅试剂，简称格氏试剂。

$$RX + 2Li \xrightarrow{己烷} RLi + LiX$$

$$RX + 2Na \longrightarrow RNa + NaX$$

$$RX + Mg \xrightarrow{无水乙醚} RMgX$$

在制备格氏试剂时，生成格氏试剂的反应速率与卤代烃的结构和种类有关，卤素相同，烃基不同的卤代烃，反应速率为伯卤代烷＞仲卤代烷＞叔卤代烷；烃基相同，卤原子不同的卤代烃，反应速率为 R—I＞R—Br＞R—Cl。实验室常用溴代烃制取格氏试剂。

$$CH_3CH_2Br + Mg \xrightarrow[\triangle]{\text{无水乙醚}} CH_3CH_2MgBr$$

但由于格氏试剂中 C—Mg 键具有强极性，使 C 原子带有部分负电荷，所以其性质非常活泼，是有机合成中重要的强亲核试剂。格氏试剂遇水、醇、卤化氢等含活泼氢的物质时，立即作用生成相应的烃，因此在制备格氏试剂时不能与空气、水等接触；格氏试剂在乙醚中稳定，因为它与乙醚生成配合物；制备格氏试剂的溶剂除无水乙醚外，还可以用四氢呋喃；反应体系要尽可能与空气隔绝，常用氮气作保护。

$$RMgX + \begin{cases} \xrightarrow{H_2O} Mg(OH)X + RH \\ \xrightarrow{HOR'} R'OMgX + RH \\ \xrightarrow{NH_3} H_2NMgX + RH \\ \xrightarrow{HX} MgX_2 + RH \\ \xrightarrow{R'C\equiv CH} R'C\equiv CMgX + RH \\ \xrightarrow{CO_2} RCOOMgX \xrightarrow{H_2O} RCOOH \end{cases}$$

7.3.7　还原反应

卤代烷中的卤素可以被活泼的氢还原得到烷烃。催化加氢是还原方法之一。由于反应是断裂碳卤键，并在碳原子和卤原子上各加一个氢，因此也称为氢解。

$$RX + H_2 \xrightarrow{\text{催化剂}} R—H + H—X$$

某些金属（如锌）在乙酸等酸性条件下，也能还原卤代烷。反应中金属原子提供电子，酸提供质子。

$$CH_3CH_2\underset{\underset{Br}{|}}{C}HCH_3 \xrightarrow[CH_3COOH]{Zn} CH_3CH_2CH_2CH_3$$

氢化铝锂是提供氢负离子的还原剂，氢负离子对卤代烷进行亲核取代反应，置换卤素得到烷烃。

$$n\text{-}C_8H_{17}Br + LiAlH_4 \xrightarrow[\text{回流 1h}]{\text{四氢呋喃}} n\text{-}C_8H_{18}$$

7.4　不饱和卤代烃

不饱和卤代烃主要是卤代烯烃，根据卤原子与双键的相对位置不同，可分为三种类型。

7.4.1　乙烯型卤代烯烃

乙烯型卤代烯烃（RCH═CHX）的结构特征是卤原子直接连在双键碳原子上。例如：

$$CH_2{=}CH{-}X \qquad C_6H_5{-}X$$

这类不饱和卤代烃中的卤原子很不活泼，一般条件下难以发生取代反应。如氯乙烯（$CH_2{=}CHCl$）、氯苯与硝酸银醇溶液在加热的条件下也不发生反应。

7.4.2 烯丙型卤代烯烃

烯丙型卤代烯烃（$RCH{=}CHCH_2X$）的结构特点是卤原子与双键相隔一个饱和碳原子。例如：

$$CH_2{=}CH{-}CH_2{-}X \qquad C_6H_5{-}CH_2{-}X$$

这类卤代烃中的卤原子比较活泼，易发生取代反应，其反应活性略强于叔卤代烷。如3-氯丙烯（也称烯丙基氯）（$CH_2{=}CHCH_2Cl$）、氯化苄（也称苄氯）与硝酸银醇溶液在室温下就能反应生成白色的氯化银沉淀。

7.4.3 隔离型卤代烯烃

隔离型卤代烯烃［$CH_2{=}CH(CH_2)_nX$，$n>1$］的结构特点是卤原子与双键相隔2个或多个饱和碳原子，距离较远，也称孤立型卤代烯烃。例如：

$$CH_2{=}CH{-}CH_2CH_2{-}X \qquad C_6H_5{-}CH_2CH_2{-}X$$

这类卤代烯烃由于双键与卤原子之间距离较远，相互之间影响较小，卤原子的活性与卤代烷的卤原子相似，要加热才能发生取代反应。如4-氯-1-丁烯（$CH_2{=}CHCH_2CH_2Cl$）与硝酸银醇溶液作用，必须加热，才有氯化银沉淀生成。

所以，常见不饱和卤代烃的活性顺序如下：

烯丙型卤代烯烃＞隔离型卤代烯烃＞乙烯型卤代烯烃

$$RCH{=}CH{-}CH_2X > RCH{=}CH{-}(CH_2)_nX > RCH{=}CHX$$

$$C_6H_5{-}CH_2Cl > C_6H_5{-}CH_2CH_2Cl > C_6H_5{-}Cl$$

为什么会表现出这样的活性次序？可以用诱导效应和共轭效应来解释。诱导效应和共轭效应虽都是电子效应，都能引起电子云密度发生改变。但不同的是诱导效应中电子云密度分布变化是沿着分子中σ键传递的。由于形成σ键的电子对处于两成键原子核之间，束缚力较大，可极化性较小，所以诱导效应一般经传递3个碳原子后就可以忽略不计了。而共轭效应不同，共轭分子中电子云密度分布变化是沿着π键传递的，由于π电子云处在两个成键原子的上方和下方，受原子核的束缚力小，可极化性大，所以共轭效应不受共轭链的长度影响，不仅产生效应的力度大，而且影响范围广（能涉及整个共轭体系）。因此，当一个分子中同时存在诱导效应和共轭效应时，除特殊情况外，主要考虑共轭效应。

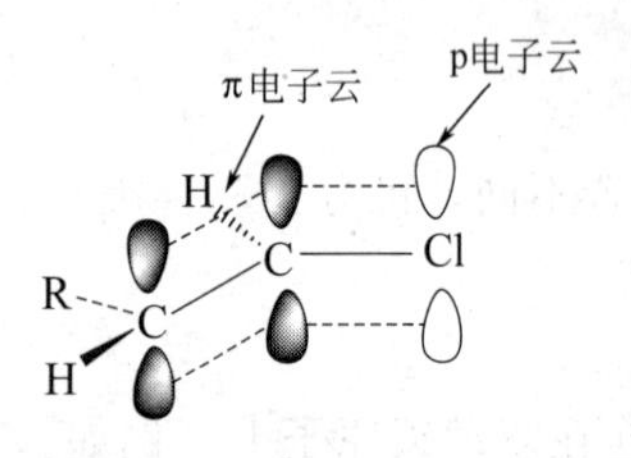

在乙烯型卤代烯烃分子中，卤原子与双键形成p-π共轭，p轨道上的电子与π电子发生电子离域，使得C—X键的极性有所降低，变得更加牢固，所以，乙烯型卤代烯烃中的卤原子很不活泼。

p-π共轭效应使得卤代烃的性质产生了明显的变化，下列数值可以清楚地说明这种变化。

	氯乙烷	氯乙烯
	$CH_3CH_2—Cl$	$CH_2═CH—Cl$
偶极矩	6.84×10^{-30} C·m	1.84×10^{-30} C·m
C—Cl 键长	1.77×10^{-10} m	1.72×10^{-10} m

而在烯丙型卤代烯烃分子中，卤原子与碳碳双键之间由于相隔一个饱和碳原子而不能形成共轭体系，但当 $C^{\delta+}\rightarrow X^{\delta-}$ 键发生异裂后，产生 $C^{\delta+}$，碳原子的杂化状态由原来的 sp^3 杂化转化为 sp^2 杂化，从而 C^+ 的空轨道与双键可形成 p-π 共轭，使 $RCH═CHCH_2^+$ 中的正电荷及 π 电子云都得到分散，使碳正离子趋向稳定而有利于取代反应的进行。

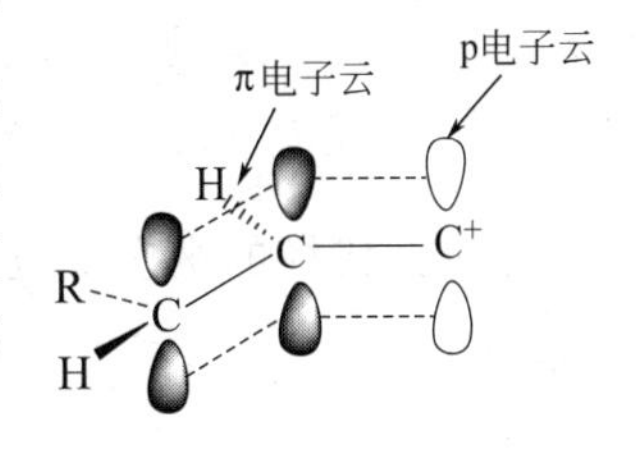

在隔离型卤代烯烃分子中，卤素与双键的位置距离较远，不能形成共轭体系，诱导效应也由于距离较远而很微弱，卤原子与双键之间相互影响不大，所以它的反应活性与卤代烷相似。

7.5 卤代烃的制备

天然存在的卤代烃很少，所以卤代烃一般由合成方法得到。因为卤代烃是有机合成的重要原料，所以卤代烃的化学合成非常重要。卤代烃主要是通过取代、加成和置换等方法制备的。

7.5.1 由烃类制备

烃在光照或高温的条件下卤代，可生成一取代、二取代及多取代卤代烃。一般情况下，通过烷烃的卤代反应来制备卤代烃的意义不大，因为得到的产物是混合物，很难分离。但在实际工作中可以通过控制条件制备所需卤代烃。可用下面这些反应制备卤代烃：

$$(CH_3)_3CH + Cl_2 \xrightarrow{h\nu} (CH_3)_2CHCH_2Cl$$

$$H_2C═CHCH_3 + Cl_2 \xrightarrow{500℃} H_2C═CHCH_2Cl$$

$$H_2C═CHCH_3 + NBS \longrightarrow H_2C═CHCH_2Br$$

通过不饱和烃与 HX、X_2 的亲电加成反应可以得到卤代烃。

$$H_2C═CHCH_3 + Cl_2 \longrightarrow H_2\underset{Cl}{\underset{|}{C}}—\underset{Cl}{\underset{|}{C}}HCH_3$$

$$H_2C═CHCH_3 + HBr \longrightarrow H_3C—\underset{Br}{\underset{|}{C}}HCH_3$$

$$H_2C═CHCH_3 + HBr \xrightarrow{ROOR} H_2\underset{Br}{\underset{|}{C}}—CH_2CH_3$$

$$HC≡CCH_3 + HBr \longrightarrow H_2C═\underset{Br}{\underset{|}{C}}CH_3 \xrightarrow{HBr} H_3C—\overset{Br}{\overset{|}{\underset{Br}{\underset{|}{C}}}}CH_3$$

芳香烃的亲电取代是制备卤代芳烃的常用方法。

$$C_6H_6 + X_2 \xrightarrow{FeX_3} C_6H_5X + HX$$

通过芳香重氮盐可以制备卤代芳烃。

$$C_6H_5N_2^+X^- \xrightarrow{CuX} C_6H_5X$$

通过卤代烃的交换反应，也可制备部分卤代烃。

$$RCl + NaI \xrightarrow{丙酮} RI + NaCl$$

7.5.2 由醇制备

醇分子的羟基可以被卤素取代生成卤代烃。因为醇容易得到，所以这是制备卤代烃的常用方法。常用的试剂有氢卤酸、卤化磷、氯化亚砜。

$$ROH + HX \rightleftharpoons RX + H_2O$$

$$ROH + PX_3 \longrightarrow RX + P(OH)_3$$

$$ROH + PX_5 \longrightarrow RX + POX_3 + HX$$

$$ROH + SOCl_2 \longrightarrow RCl + SO_2 + HCl$$

醇与卤化氢反应是可逆的，为使反应完全，可除去反应中生成的水。但这个反应不是制备卤代烃的好方法，因为在反应中醇易发生重排反应，得到的产物比较复杂。醇与氯化亚砜的反应是制备氯代烃的常用方法，因为生成的副产物都是气体，产物易于纯化。

7.6 重要的卤代烃

(1) 三氯甲烷

三氯甲烷（$CHCl_3$）又称氯仿，是一种无色、味微甜的挥发性液体，沸点为 61.7℃，比水重，不溶于水，是一种不燃性的有机溶剂。氯仿能溶解许多高分子化合物，如油脂、有机玻璃、橡胶等，是优良的有机溶剂。氯仿在日光照射下，能逐渐被氧化成剧毒的光气：

$$2CHCl_3 + O_2 \xrightarrow{光照} 2\ Cl_2C{=}O + 2HCl$$

故氯仿必须保存于密闭的棕色瓶中，并通常加入 1%的乙醇以破坏可能产生的光气。

$$2C_2H_5OH + Cl_2C{=}O \longrightarrow (C_2H_5O)_2C{=}O + 2HCl$$

碳酸二乙酯(无毒)

氯仿是最早使用的全身麻醉药之一，早在 1847 年就用于外科手术的麻醉，但因其对心脏、肝脏的毒性较大，目前临床上已不使用。

(2) 四氯甲烷

四氯甲烷（CCl_4）又称四氯化碳，是一种无色液体，沸点为 76.5℃，比水重，不能燃烧。CCl_4 的沸点不高，遇火容易挥发，而且蒸气比空气重，能把燃烧的物质覆盖，使之与空气隔绝而熄灭火焰，因此它是常用的灭火剂，主要用于油类及电器设备的灭火。但它的蒸气有毒，并且在500℃以上时，能与水反应，生成光气，因此用作灭火剂时，必须注意保持空气流通，以防中毒。

四氯化碳也是良好的有机溶剂，能溶解油脂、树脂、橡胶等物质，但毒性较强，能损害肝脏，使用时要加以防护。

(3) 氟利昂

氟利昂是氟氯烷的俗称，为几种氟氯代甲烷和氟氯代乙烷的总称。其中最常见的是氟利昂-12（CF_2Cl_2，学名为二氟二氯甲烷），商品代号F-12，熔点为-155℃，沸点为-29.8℃，相对密度为1.486（-30℃），常温时为无色气体，略有香味，无毒性，稍溶于水，易溶于乙醇和乙醚，与酸、碱不反应，具有较高的化学稳定性，汽化热大，加压容易液化，被广泛应用在冷冻设备和空气调节装置中作制冷剂（冷媒）或灭火剂等。但是恰恰由于氟氯烷性质稳定，不易被消除，长期使用后，大气中滞留的氟氯烷逐年递增，并随气流上升，在平流层吸收260nm波长的光线发生分解，生成活性较大的氯原子（氯的自由基），氯原子引发自由基反应而对臭氧层产生长久的破坏作用，从而使臭氧层变薄或出现臭氧空洞，使更多的紫外线照射到地球表面，危害地球上的人类、动物和植物。有关反应为：

$$O_3 \underset{光}{\overset{光}{\rightleftharpoons}} O_2 + O\cdot$$

$$\cdot Cl + O_3 \longrightarrow ClO + O_2$$

$$ClO + O\cdot \longrightarrow Cl\cdot + O_2$$

$$总反应：2O_3 \longrightarrow 3O_2$$

所以《保护臭氧层维也纳公约》《关于消耗臭氧层物质的蒙特利尔议定书》等国际公约决定减少并逐步停止氟氯烷的生产和使用，以保护人类的生存环境。近年来氟利昂-12已逐步被新的不含氯的冷媒 R_{134a}（四氟乙烷，$C_2H_2F_4$）等所替代。

(4) 氟烷

氟烷是一种药物，化学式为 $CF_3CHClBr$，化学名称是1,1,1-三氟-2-氯-2-溴乙烷，又称三氟氯溴乙烷，是一种无色、易流动的重质液体，有类似氯仿的气味，味甜，相对密度为1.87～1.875，沸点为50.2℃，微溶于水。氟烷有麻醉作用，并且其麻醉强度比乙醚强2～4倍，比氯仿强1.5～2倍，其诱导期短、苏醒快，对黏膜无刺激性，对肝、肾功能不会造成持久性损害，是目前医学上应用的吸入式全身麻醉药之一。

(5) 聚氯乙烯和聚四氟乙烯

聚氯乙烯，简称PVC，是由氯乙烯聚合生成的白色粉末状固体高聚物。聚氯乙烯是一种常用塑料，具有耐化学腐蚀、耐磨、电绝缘性好、抗水性好、不易燃烧、不易被氧化等优良性能，常用于制造管材、薄膜等，在生产和生活中用途极为广泛。

$$\underset{氯乙烯}{nCH_2{=}CHCl} \xrightarrow{过氧化物} \underset{聚氯乙烯}{-\!\!\left[CH_2-\underset{\underset{Cl}{|}}{CH}\right]_n} \qquad n=800\sim1000$$

聚四氟乙烯简称PTFE，是四氟乙烯单体在催化剂（过硫酸铵）的作用下聚合而成的一种全氟高聚物，分子量可高达50万～200万。聚四氟乙烯有优良的耐高温和耐低温的性能，在-260℃低温时仍有韧性，在250℃以下长时间加热其力学性能无任何变化；它有非常好的疏水、疏油性，绝缘性能好，是良好的电气绝缘材料；其化学稳定性超过一切塑料，在强酸、强碱、强氧化剂，甚至王水中都不发生反应，故有“塑料王”的美称，商品名为“特氟龙”。聚四氟乙烯很适合用于制造化学仪器，应用于耐腐蚀设备以及制造雷达、高频通信器材等，也可用于抽丝。分散液可用作各种材料的绝缘浸液和金属、玻璃、陶器表面的防腐蚀涂料等。北京奥运场馆“水立方”的外墙材料就是聚四氟乙烯。

【阅读材料】

维克多·格利雅

维克多·格利雅，全称弗朗索瓦·奥古斯特·维克多·格利雅（1871—1935），法国化学家。

维克多·格利雅生于法国瑟堡市。格利雅年轻时是个浪荡公子，后因受到波多丽女伯爵的严词教训，知耻而后勇，进入里昂大学学习，并进行有机化学方面的研究工作。

1901年由于格利雅发现了格氏试剂而被授予博士学位。

1912年，瑞典皇家科学院鉴于格利雅发明了格氏试剂，对当时有机化学发展产生的重要影响，决定授予他诺贝尔化学奖。

格利雅最著名的科学贡献是他发现了一种增长碳链的有机合成方法。这种方法被后人称为“格利雅反应”，反应中用到的烃基卤化镁则被后人称为“格氏试剂”。他一生之中著有科学论文6000多篇，对科学事业做出了巨大的贡献。

【巩固练习】

7-1　选择题

1. 下列反应属于消除反应的是（　　）。
   A. 1-溴丁烷与氢氧化钠的醇溶液共热　B. 碘甲烷与乙醇钠作用
   C. 丙烯加溴化氢　D. 乙炔与溴作用
2. 下列有机物中，不属于卤代烃的是（　　）。
   A. 2-氯丙烷　B. 硝基苯　C. 氯仿　D. 四氯化碳
3. 卤代烃与强碱水溶液共热发生（　　）。
   A. 加成反应　B. 取代反应　C. 消除反应　D. 氧化反应
4. 常用于表示格氏试剂的通式是（　　）。
   A. RMgR′　B. RMgX　C. RX　D. MgX_2
5. 仲卤烷、叔卤烷发生消除反应生成烯烃，遵循（　　）。
   A. 马氏规则　B. 反马氏规则　C. 次序规则　D. 扎依采夫规则
6. 与 $AgNO_3$ 乙醇溶液反应，立即生成白色沉淀的是（　　）。
   A. 氯苯　B. 氯化苄　C. 4-氯-1-丁烯　D. 氯乙烯
7. 叔丁基溴与KOH醇溶液共热，主要发生（　　）。
   A. 亲核取代反应　B. 亲电取代反应　C. 加成反应　D. 消除反应
8. 有利于卤代烃发生消除反应的条件是（　　）。
   A. 高温　B. 弱碱性溶剂　C. 强极性溶剂　D. 低温
9. 卤代烃与氨反应的产物是（　　）。

A. 腈　　B. 胺　　C. 醇　　D. 醚

10. 烃基相同时，RX 与 NaOH(H_2O) 反应速率最快的是（　　）。

A. RF　　B. RCl　　C. RBr　　D. RI

11. 卤代烃中常用作灭火剂的是（　　）。

A. 三氯甲烷　　B. 氟烷　　C. 四氯化碳　　D. 三碘甲烷

12. 组成为 $C_3H_6Br_2$ 的卤代烃，可能存在的同分异构体有（　　）。

A. 三种　　B. 四种　　C. 五种　　D. 六种

7-2　完成下列反应方程式。

1. $CH_3CH_2CH_2Br + NaOH \xrightarrow[\triangle]{H_2O}$

2. $CH_3CH_2CH(Cl)CH_3 + KOH \xrightarrow[\triangle]{CH_3CH_2OH}$

3. $CH_3CH_2Br + Mg \xrightarrow{无水乙醚} \quad \xrightarrow{H_2O}$

4. $CH_3CH_2Cl + AgNO_3 \xrightarrow{CH_3CH_2OH}$

5. $CH_2{=}CHCH_2Cl + NaCN \xrightarrow{50\%乙醇}$

6. $CH_3CH_2CH_2Br + NH_3 \longrightarrow$

7. $H_3C{-}C(Cl){=}CH{-}CH(Br){-}CH_2CH_3 + NaCN \longrightarrow$

8. 间氯苄基溴（苯环上 CH_2Br 与 Cl 处于间位）$\xrightarrow{AgNO_3,\ EtOH}$

9. 间氯苯乙基氯（苯环上 CH_2CH_2Cl 与 Cl 处于间位）$+ EtONa \xrightarrow{EtOH}$

10. $CH_3CH{=}CH_2 \xrightarrow{HBr} \quad \xrightarrow{NaCN} \quad \xrightarrow{H^+,\ H_2O}$

7-3　预测下列反应哪个快，并说明理由。

1. $(CH_3)_2CHCH_2Cl + HS^- \longrightarrow (CH_3)_2CHCH_2SH + Cl^-$

$(CH_3)_2CHCH_2I + HS^- \longrightarrow (CH_3)_2CHCH_2SH + I^-$

2. $CH_3CH{=}CH{-}CH_2Br + H_2O \xrightarrow{\triangle} CH_3CH{=}CH{-}CH_2OH + HBr$

$CH_2{=}CHCH_2CH_2Br + H_2O \xrightarrow{\triangle} CH_2{=}CHCH_2CH_2OH + HBr$

3. $CH_2{=}CHCH_2CH_2Br + H_2O \longrightarrow CH_2{=}CHCH_2CH_2OH + HBr$

$CH_2{=}CHCH_2CH_2Br + NaOH \longrightarrow CH_2{=}CHCH_2CH_2OH + NaBr$

4. $(CH_3)_3CBr + H_2O \longrightarrow (CH_3)_3COH + HBr$

$(CH_3)_2CHBr + H_2O \longrightarrow (CH_3)_2CHOH + HBr$

7-4　写出 $CH_3CH_2CH_2CH_2Cl$ 与下列试剂反应的主要产物。

1. $NaOH/H_2O$　　2. NaOH/乙醇，加热　　3. Mg/无水四氢呋喃

4. NaI/丙酮　　5. NH_3　　6. $H_3CC{\equiv}CNa$ /甲苯

7-5　卤代烃在 NaOH-乙醇的水溶液中进行反应，根据现象指出哪些属于 S_N2 机理，哪些属于 S_N1 机理。

1. NaOH 浓度增加反应加快　　2. 降低 NaOH 的浓度反应速率不变

3. 伯卤代烃比仲卤代烃反应快　　4. 有重排产物生成

5. 产物构型发生翻转

7-6　使用化学方法区别下列各组化合物。

1. $CH_3CH_2CH_2CH_2Br$　$CH_2{=}CHCH_2CH_2Br$　$CH_2{=}CHCH_2CH_2Cl$　$CH_2{=}CHCH_2CH_2I$

2. $CH_3CH_2CH{=}CHBr$　$CH_2{=}CHCH_2CH_2Br$　$CH_3CH{=}CHCH_2Br$

3. $(CH_3)_3CBr$　$(CH_3)_2CHBr$　$CH_3CH_2CH_2Br$

4. 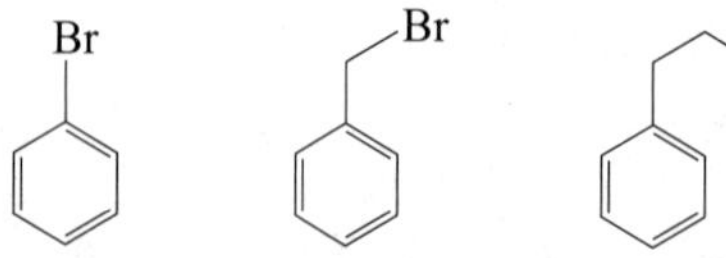 Br　Br　Br

7-7　芥子气分子式为 $ClCH_2CH_2SCH_2CH_2Cl$，因具有挥发性，有像芥末的味道而得名，其主要用于有机合成、制造药物及军用毒剂，并由于其在毒剂方面的广泛使用而声名狼藉。芥子气是一种极为活泼的烷基化试剂，它之所以对皮肤有糜烂作用就是因为它对蛋白质的烷基化。当它在 NaOH 水溶液中水解时，水解速率与 OH^- 的浓度无关，但随着 Cl^- 浓度的增大而减慢。试解释之。

7-8　1mol 化合物 A（C_8H_{10}），在铁存在下与 1mol 溴反应，只生成一种化合物 B，B 在光照下与 1mol 溴作用，生成两种产物 C 和 D。试推测 A、B、C、D 的结构。

7-9　由指定原料合成以下化合物。

1. 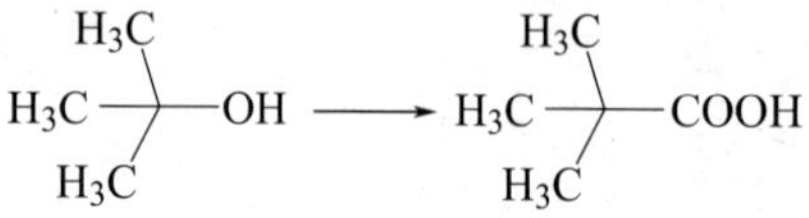 $(H_3C)_3C{-}OH \longrightarrow (H_3C)_3C{-}COOH$

2.  $=CH_2 \longrightarrow$ D, $-CH_3$

3. $\longrightarrow$ COOH

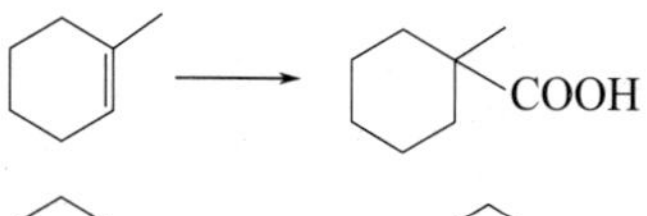

4. 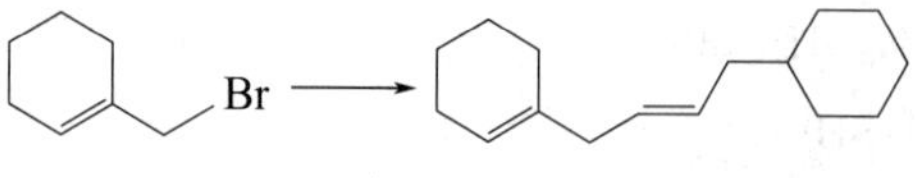 Br $\longrightarrow$

5. 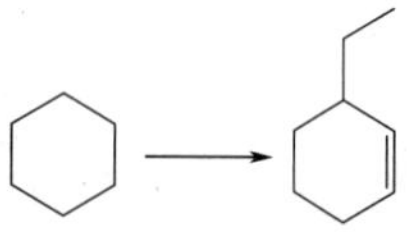 $\longrightarrow$

6. 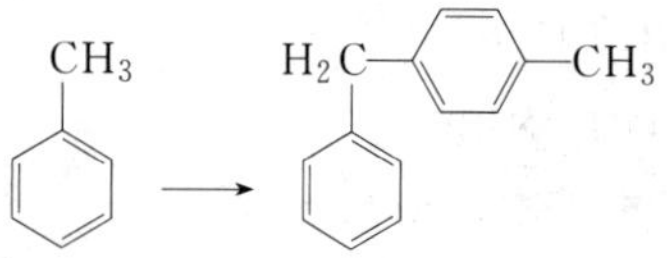 $CH_3 \longrightarrow H_2C{-}\ \ {-}CH_3$

参考答案

7-1 1. A 2. B 3. B 4. B 5. D 6. B 7. D 8. A 9. B 10. D 11. C 12. B

7-2 1. 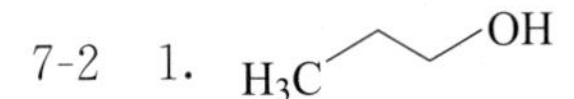

2. 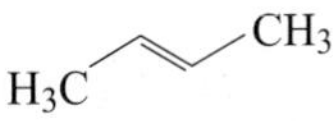 $H_3C-CH=CH-CH_3$

3. CH_3CH_2MgBr CH_3CH_2OH

4. $CH_3CH_2ONO_2$

5. $CH_2=CHCH_2CN$

6. $CH_3CH_2CH_2NH_2$

7. 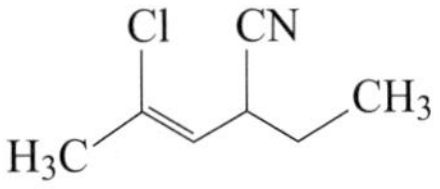 $H_3C-C(Cl)=CH-CH(CN)-CH_2CH_3$

8. 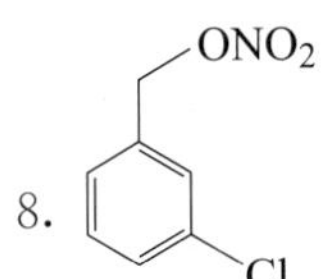

9. 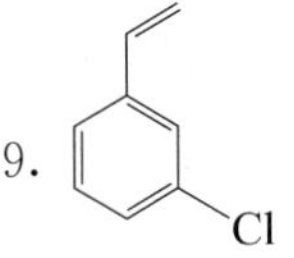

10. 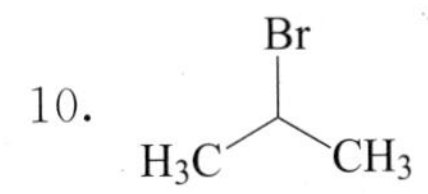 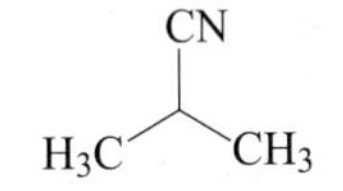 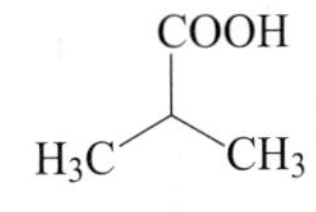

7-3 1. 第二个反应快，碘负离子的离去能力比氯负离子强。

2. 第一个反应快，烯丙位卤素反应活性高。

3. 第二个反应快，OH^- 亲核活性高。

4. 第一反应快，叔卤代烷比伯卤代烷反应活性高。

7-4 1. $CH_3CH_2CH_2CH_2OH$ 2. $CH_3CH_2CH=CH_2$

3. $CH_3CH_2CH_2CH_2MgCl$ 4. $CH_3CH_2CH_2CH_2I$

5. $CH_3CH_2CH_2CH_2NH_2$ 6. $CH_3CH_2CH_2CH_2C\equiv CCH_3$

7-5 属于 S_N2 机理的有：1、3、5。

属于 S_N1 机理的有：2、4。

7-6

1.

$CH_3CH_2CH_2CH_2Br$ ⎤
$CH_2=CHCH_2CH_2Br$ ⎥ —$AgNO_3$ 醇溶液→
$CH_2=CHCH_2CH_2Cl$ ⎥
$CH_2=CHCH_2CH_2I$ ⎦

较快产生白色沉淀 ⎤ —溴的 CCl_4 溶液→ 无变化
较快产生白色沉淀 ⎦ 褪色
很慢产生白色沉淀
快速产生白色沉淀

2.

$CH_3CH_2CH=CHBr$ ⎤
$CH_2=CHCH_2CH_2Br$ ⎥ —$AgNO_3$ 醇溶液→
$CH_3CH=CHCH_2Br$ ⎦

无变化
较快产生白色沉淀
快速产生白色沉淀

3.

$(CH_3)_3CBr$ ⎤
$(CH_3)_2CHBr$ ⎥ —$AgNO_3$ 醇溶液→
$CH_3CH_2CH_2Br$ ⎦

快速产生白色沉淀
较快产生白色沉淀
较慢产生白色沉淀

4.

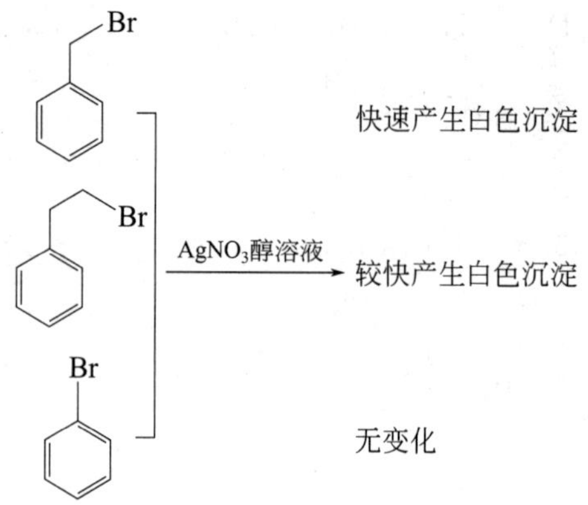

（苄基溴、2-苯基溴乙烷、溴苯分别与 $AgNO_3$ 醇溶液反应）

快速产生白色沉淀

$\xrightarrow{AgNO_3醇溶液}$ 较快产生白色沉淀

无变化

7-7

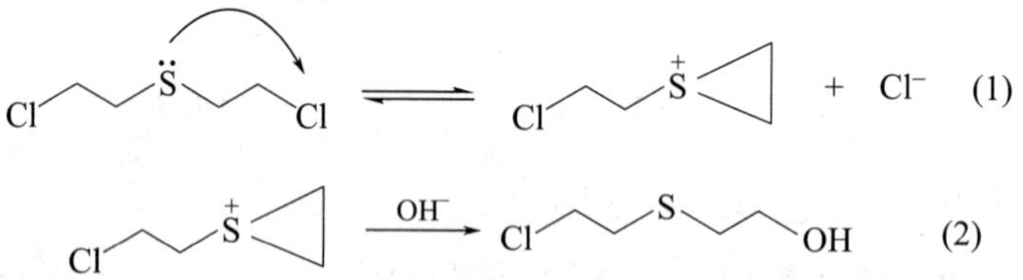

$$\text{ClCH}_2\text{CH}_2\ddot{\text{S}}\text{CH}_2\text{CH}_2\text{Cl} \rightleftharpoons \text{ClCH}_2\text{CH}_2\overset{+}{\text{S}}\text{(环)} + \text{Cl}^- \quad (1)$$

$$\text{ClCH}_2\text{CH}_2\overset{+}{\text{S}}\text{(环)} \xrightarrow{OH^-} \text{ClCH}_2\text{CH}_2\text{SCH}_2\text{CH}_2\text{OH} \quad (2)$$

芥子气水解分两步完成。第一步分子内亲核取代形成环状中间体，第二步 OH^- 进攻电正性三元环，开环形成水解产物。

第一步反应为决速步骤，这一步反应快慢决定了芥子气水解的速率。OH^- 并未参与第一步反应，因此芥子气的水解速率与 OH^- 浓度无关。

如果体系内 Cl^- 浓度增大，第一步反应平衡左移，活性中间体浓度降低，因此水解速率减慢。

7-8

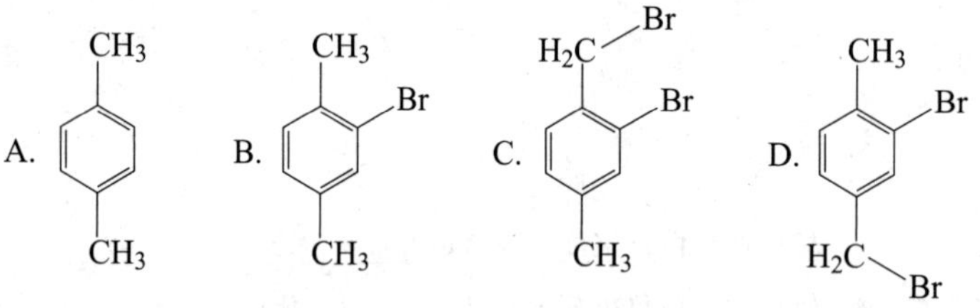

A.（对二甲苯） B.（2-溴-1,4-二甲苯） C.（H_2C—Br, Br, CH_3） D.（CH_3, Br, H_2C—Br）

7-9 1.

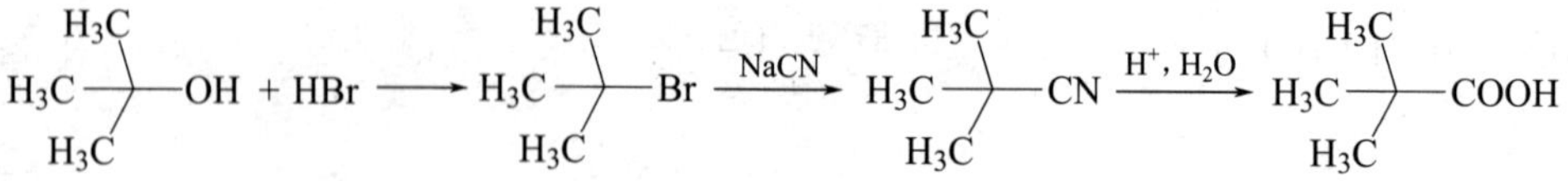

$$(H_3C)_3C\text{—}OH + HBr \longrightarrow (H_3C)_3C\text{—}Br \xrightarrow{NaCN} (H_3C)_3C\text{—}CN \xrightarrow{H^+,\ H_2O} (H_3C)_3C\text{—}COOH$$

2.

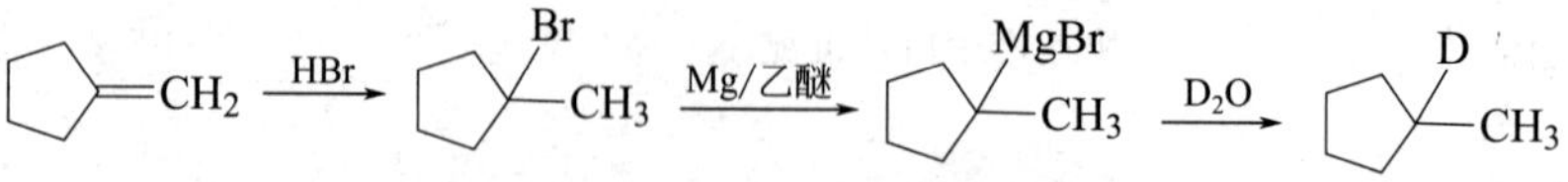

$$\text{亚甲基环戊烷}(=CH_2) \xrightarrow{HBr} \text{1-溴-1-甲基环戊烷}(Br,\ CH_3) \xrightarrow{Mg/乙醚} (MgBr,\ CH_3) \xrightarrow{D_2O} (D,\ CH_3)$$

3.

$$\text{1-甲基环己烯} \xrightarrow{HBr} (Br) \xrightarrow{Mg/乙醚} (MgBr) \xrightarrow[H^+]{CO_2} (COOH)$$

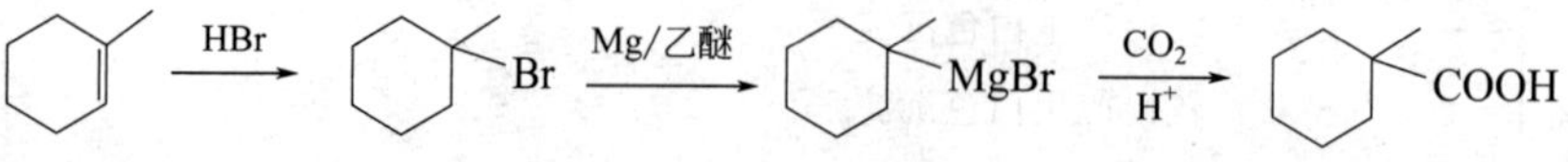

4.

Br $\xrightarrow{NaC\equiv CH}$ $\xrightarrow{NaNH_2}$ CNa

Br $\xrightarrow{Pt, H_2}$ Br

CNa + Br $\longrightarrow$

$\xrightarrow{Na，液氨}$

5.

$\xrightarrow[高温]{Br_2}$ Br $\xrightarrow[乙醇]{KOH}$ $\xrightarrow{NBS}$ $\xrightarrow{Mg/乙醚}$ MgBr $\xrightarrow{CH_3CH_2I}$

6.

CH_3 $\xrightarrow[FeBr_3]{Br_2}$ CH_3 Br $\xrightarrow{Mg/乙醚}$ CH_3 MgBr

CH_3 $\xrightarrow[高温]{Br_2}$ H_2C—Br $\xrightarrow{CH_3C_6H_4MgBr}$ H_2C—C_6H_4—CH_3

（申世立　编　　李娜　校）

第8章　醇 酚 醚

醇、酚、醚是含有碳氧单键的烃的含氧衍生物，广泛地存在于自然界中，在溶剂、添加剂、香料、药物等方面均有用途。例如，消毒酒精就是体积分数为75%的乙醇水溶液；以乙醚（氟烷、异氟烷、恩氟烷等）为代表的吸入性全身麻醉药应用已有160多年历史；已经上市的抗肿瘤药物紫杉醇和卡巴他赛均含有羟基官能团。

8.1 醇

8.1.1 醇的结构

醇是烃分子中的饱和碳原子上的氢被羟基取代后生成的化合物。醇的官能团羟基（—OH）常称作为醇羟基，其中氧原子也是采用 sp^3 杂化。醇的通式为 R—OH。

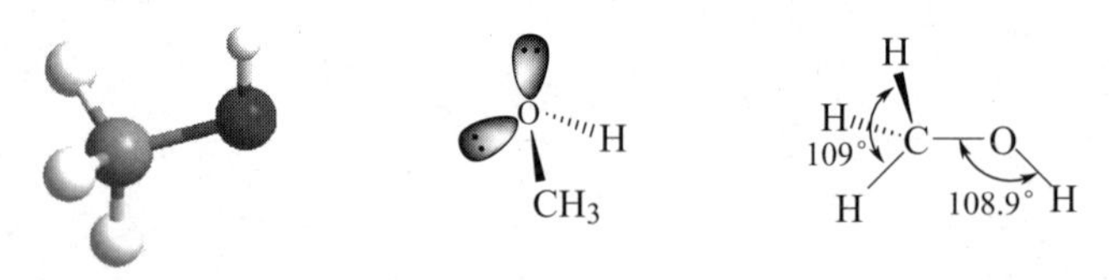

8.1.2 醇的物理性质

常温常压下，C_1～C_4 的醇是具有酒味的挥发性无色液体，C_5～C_{11} 的醇是具有不愉快气味的油状液体，C_{12} 以上的醇为无臭无味的蜡状固体，密度小于水。

低级醇的沸点比分子量相近的烷烃高得多，例如，甲醇（分子量为32）的沸点为64.7℃，而乙烷（分子量为30）的沸点为－88.6℃，二者沸点相差153.3℃。这是因为醇在液态时分子之间能形成氢键，并以缔合形式存在，要使液态甲醇汽化，必须提供更多的能量用于断裂氢键，而乙烷分子间不存在氢键，因此甲醇的沸点比乙烷高得多。醇和水分子之间都可以形成氢键，醇在水中的溶解度取决于烃基的疏水性和羟基的亲水性，低级醇及多元醇因烃基较小，其烃基与水分子间易形成氢键，可与水无限混溶，随烃基的增大，溶解度明显下降。

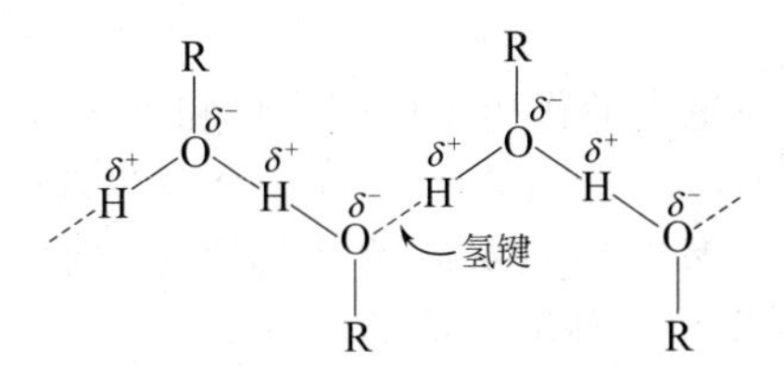

部分常见醇的物理性质见表 8-1。

表 8-1 部分常见醇的物理性质

名称	化合物	熔点/℃	沸点/℃	相对密度
甲醇	CH_3OH	−97.8	64.7	0.792
乙醇	CH_3CH_2OH	−117.3	78.3	0.789
丙醇	$CH_3CH_2CH_2OH$	−126.0	97.8	0.804
异丙醇	$(CH_3)_2CHOH$	−88	82.3	0.789
正丁醇	$CH_3CH_2CH_2CH_2OH$	−89.6	117.7	0.810
环己醇	⬡—OH	−24	161.5	0.949
苯甲醇	$C_6H_5CH_2OH$	−15	205	1.046
乙二醇	$HOCH_2CH_2OH$	−12.6	197.5	1.113
丙三醇	$HOCH_2CH(OH)CH_2OH$	−18	290	1.261

8.1.3 醇的化学性质

醇的化学性质主要由官能团羟基决定，同时在一定程度上也受烃基的影响。O—H 键和 C—O 键都是极性键，羟基的氧原子带部分负电荷（δ^-），与氧原子相连的碳原子和氢原子带部分正电荷（δ^+），醇的反应主要发生在这两个部位。在反应中是 O—H 键断裂还是 C—O 键断裂，取决于烃基的结构和反应条件，醇的烃基结构不同，反应活性不同。

$$R-\overset{\delta^+}{C}-\overset{\delta^-}{\ddot{\underset{\cdot\cdot}{O}}}-\overset{\delta^+}{H}$$

此外，由于羟基的吸电子诱导效应导致 α-H 和 β-H 有一定的活泼性，可发生氧化反应和消除反应。

(1) 与活泼金属的反应

因为羟基是极性键，因此醇的性质与水相似，可与活泼金属（如 Na、K 等）反应，羟基上的氢原子被活泼金属置换，生成醇的金属化合物，并放出氢气和一定的热量。但由于醇分子中烷基的给电子诱导效应，使醇羟基的氢原子活性要比水分子的氢原子弱，因此醇的酸性比水弱，醇与金属钠反应时也比水缓和，在实验室，常利用此性质处理残余的金属钠，以防金属钠与水剧烈反应产生火花引起火灾。

$$2ROH + 2Na \longrightarrow \underset{\text{醇钠}}{2RONa} + H_2O$$

醇钠是化学性质活泼的白色固体，呈强碱性，其碱性比氢氧化钠还强，不稳定，遇水迅速水解为醇和氢氧化钠，溶液滴入酚酞试液后呈红色。

例如，乙醇和金属钠的反应：

$$2CH_3CH_2OH + 2Na \longrightarrow \underset{\text{乙醇钠}}{2CH_3CH_2ONa} + H_2\uparrow$$

各种结构不同的醇与活泼金属反应的活性顺序为：甲醇＞伯醇＞仲醇＞叔醇。

(2) 与无机酸的反应

① 与氢卤酸的反应　醇与氢卤酸作用生成卤代烷和水。这是制备卤代烷的重要方法。

$$ROH + HX \rightleftharpoons RX + H_2O \qquad X = Cl_2, Br_2, I_2$$

该反应的反应速率与氢卤酸的性质及醇的结构有关。它们的反应活性分别为：HI＞HBr＞HCl；烯丙醇、苄醇＞叔醇＞仲醇＞伯醇。

$$R-\underset{R''}{\overset{R'}{C}}-OH + HCl \xrightarrow[\text{室温}]{ZnCl_2} R-\underset{R''}{\overset{R'}{C}}-Cl$$

$$R-\overset{R'}{CH}-OH + HCl \xrightarrow[\text{室温}]{ZnCl_2} R-\overset{R'}{CH}-Cl$$

$$R-CH_2-OH + HCl \xrightarrow[\triangle]{ZnCl_2} R-CH_2-Cl$$

反应所用的试剂为浓盐酸和无水氯化锌配制的溶液，称为卢卡斯试剂。低级（6 个 C 以下）一元醇可以溶于卢卡斯试剂，而反应产生的相应的卤代烷不溶，可以根据反应出现浑浊的快慢衡量不同结构的醇的反应活性。在室温下，叔醇很快反应，立刻浑浊；仲醇作用较慢，需静置片刻才出现浑浊或分层；伯醇在室温下数小时也无浑浊或分层现象。

因此可以利用不同结构的醇与氢卤酸反应速率的快慢来鉴别含 6 个 C 以下伯醇、仲醇和叔醇。

② 与含氧无机酸的酯化反应　醇可与含氧无机酸（如硝酸、亚硝酸、硫酸和磷酸等）作用，分子间脱水生成无机酸酯。这种醇和酸作用脱水生成酯的反应称为酯化反应。例如，甘油（丙三醇）与硝酸作用生成甘油三硝酸酯，临床上称作硝酸甘油，具有扩张冠状动脉血管，缓解心绞痛的作用。甘油三硝酸酯遇到震动会发生猛烈爆炸，诺贝尔将它与一些惰性材料混合后提高了其使用的安全性能，发明了硝化甘油炸药。

$$\begin{array}{l}CH_2-OH\\|\\CH-OH\\|\\CH_2-OH\end{array} + HONO_2 \xrightarrow{\text{浓 } H_2SO_4} \begin{array}{l}CH_2-ONO_2\\|\\CH-ONO_2\\|\\CH_2-ONO_2\end{array} + 3H_2O$$

甘油三硝酸酯

硫酸与醇生成的硫酸酯有多种用途。低级醇的磷酸酯可作烷基化剂，高级醇的硫酸酯钠盐用作合成洗涤剂，人软骨中含有硫酸酯结构的硫酸软骨质。

磷酸与醇生成的磷酸酯广泛地存在于生物体内，具有重要的生理功能，例如，细胞的重要成分 DNA、RNA、磷脂及重要的功能物质三磷酸腺苷（ATP）都含有磷酸酯的结构。另外还有许多磷酸酯是常用的农药。

(3) 脱水反应

醇在浓硫酸或磷酸催化作用下加热可发生脱水反应，有两种脱水方式，分子内脱水生成烯烃，也可分子间脱水生成醚。醇的脱水方式取决于醇的结构和反应条件。

① 分子内脱水　醇在较高温度下发生分子内脱水生成烯烃，属于 β-消除反应。例如，控制温度在 170℃时，乙醇发生分子内脱水生成乙烯。

$$\underset{H}{H_2C}-\underset{OH}{CH_2} \xrightarrow[170℃]{\text{浓}H_2SO_4} H_2C=CH_2 + H_2O$$

乙烯

仲醇和叔醇分子内脱水时，遵循扎依采夫规律，即主要产物是双键碳原子上连有较多烃基的烯烃。

$$RCH_2\underset{\substack{|\\OH}}{C}HCH_3 \xrightarrow[100℃]{60\%\ H_2SO_4} \underset{(主要产物)}{RCH{=}CHCH_3} + \underset{(次要产物)}{RCH_2CH{=}CH_2}$$

不同结构的醇，发生分子内脱水反应的难易程度不同，其反应活性顺序为：叔醇＞仲醇＞伯醇。

② 分子间脱水　控制温度在140℃时，乙醇发生分子间脱水生成乙醚。

$$CH_3CH_2O\boxed{H + HO}CH_2CH_3 \xrightarrow[140℃]{浓H_2SO_4} \underset{乙醚}{CH_3CH_2—O—CH_2CH_3} + H_2O$$

由此可见，醇的脱水反应受温度的影响较大，在较高温度条件下，有利于分子内脱水生成烯烃；较低温度条件下有利于分子间脱水生成醚。

醇的脱水方式还与醇的结构有关，叔醇容易发生分子内脱水，主要产物是烯烃。

(4) 氧化反应

在有机化合物分子中加入氧原子或脱去氢原子，即加氧、脱氢都称为氧化反应。

醇分子中由于受羟基影响，α-H原子比较活泼，容易被氧化和羟基氢原子一起脱去，发生氧化反应。

醇的氧化产物取决于醇的类型，伯醇氧化生成醛，醛可以继续氧化生成羧酸；仲醇氧化生成酮，通常酮不会继续被氧化；叔醇没有α-H原子，所以难以发生氧化反应。

$$\underset{伯醇}{RCH_2OH} \xrightarrow{[O]} \underset{醛}{RCHO} \xrightarrow{[O]} \underset{羧酸}{RCOOH}$$

$$\underset{仲醇}{R—\underset{\substack{|\\OH}}{C}H—R'} \xrightarrow{[O]} \underset{酮}{R—\underset{\substack{\|\\O}}{C}—R'}$$

$$\underset{叔醇}{R—\overset{\substack{R'\\|\ \alpha}}{\underset{\substack{|\\OH}}{C}}—R''} \xrightarrow{[O]} 不反应$$

[O]代表氧化剂，醇氧化常用的氧化剂是$K_2Cr_2O_7$的酸性水溶液，伯醇、仲醇被氧化成羧酸和酮，而橙红色的$Cr_2O_7^{2-}$被还原为绿色的Cr^{3+}。叔醇在同一条件下不发生反应，利用此反应可以区别伯醇、仲醇和叔醇。

交通警察使用的酒精监测仪中有经硫酸酸化处理的橙红色三氧化铬（CrO_3）的硅胶，如果被检司机喝过酒，呼出的气体中含有乙醇蒸气，乙醇会被三氧化铬氧化成乙醛，同时三氧化铬被还原成绿色的硫酸铬（Cr^{3+}）。分析仪中铬离子的颜色变化通过电子传感元件转换成电信号，显示被测者饮酒与否及饮酒的程度。

(5) 多元醇的特性

多元醇分子中含有两个或两个以上的羟基，除了具有醇羟基的一般性质以外，由于羟基之间相互影响，多元醇还具有一些不同于一元醇的特性。例如，醇分子之间以及醇分子与水分子之间形成氢键的机会增多，所以低级多元醇的沸点比同碳原子数的一元醇高得多，同时，低级多元醇能与水以任意比例混溶，如乙二醇和丙三醇。羟基的增多还会增加醇的甜味，丙三醇就有甜味，所以又称甘油。

① 甘油铜反应　乙二醇、甘油等分子，具有邻二醇结构的多元醇，能与新配制的氢氧化铜反应生成深蓝色的螯合物甘油铜，称为甘油铜反应。

$$\begin{array}{l} CH_2-OH \\ | \\ CH-OH \\ | \\ CH_2-OH \end{array} + Cu(OH)_2 \longrightarrow \begin{array}{l} CH_2-O \\ | \qquad\quad \searrow Cu \\ CH-O \nearrow \\ | \\ CH_2-OH \end{array} + 2H_2O$$

甘油铜

利用此反应可以鉴别具有邻二醇结构的多元醇。

② 邻二醇与高碘酸的反应　邻二醇结构的醇还可以与高碘酸在较缓和的条件下进行氧化反应，具有羟基的两个相邻碳原子的C—C键断裂生成醛、酮或羧酸等产物。

$$R-\underset{OH}{\overset{R}{\underset{|}{\overset{|}{C}}}}-\underset{OH}{\overset{H}{\underset{|}{\overset{|}{C}}}}-R + HIO_4 \longrightarrow \underset{\text{酮}}{R-\overset{R}{\overset{|}{C}}=O} + \underset{\text{醛}}{R-\overset{H}{\overset{|}{C}}=O} + HIO_3 + H_2O$$

反应产物醛可与希夫试剂（亚硫酸/品红水溶液）作用呈紫红色。临床上用高碘酸将细胞胞浆中的糖原（邻二醇结构）氧化生成醛，醛基与希夫试剂中的无色品红结合，形成紫红色化合物，附着在含有多糖类的胞质中。红色的深浅与细胞内能反应的乙二醇基的量成正比，用于对细胞组织的观测和检验，临床上称为过碘酸-希夫反应。

③ 频哪醇重排　详见第18章。

8.1.4 常见的醇

(1) 甲醇

甲醇（CH_3OH）最早是用木材干馏得到的，俗称木精或木醇。甲醇的外观和乙醇类似，为无色透明液体，具有酒味，易挥发，沸点为65℃。甲醇能与水和多种有机溶剂混溶，是优良的有机溶剂。甲醇有很广泛的用途，也是重要的有机化工原料和医药产品的原料。甲醇和汽油混合成的“甲醇汽油”可用作汽车、飞机的燃料。但是甲醇毒性很强，进入人体内很快被肝脏的脱氢酶氧化成甲醛，甲醛能凝固蛋白质，损伤视网膜，甲醛的氧化产物甲酸难以代谢潴留在血液中，血液pH值下降，导致酸中毒死亡。误服甲醇10mL可致人失明，误服30mL可致人死亡。一些不法商贩用工业酒精勾兑的假酒中就含有少量的甲醇。

(2) 乙醇

乙醇（CH_3CH_2OH）是酒类饮品的有效成分，俗称酒精，是最常见的醇。乙醇为无色挥发性液体，具有特殊气味，沸点为78.3℃，密度比水小，能与水及多种有机溶剂混溶，是优良的有机溶剂，也是医药中应用最广泛的醇。

在临床上，不同浓度的乙醇有不同的作用。95%乙醇水溶液称作医用酒精，在医院常用，在家庭中则用于相机镜头和电子产品的清洁；70%～75%的乙醇水溶液能使细菌的蛋白质变性，临床上使用其作皮肤和医疗器械的消毒，称为消毒酒精；40%～50%乙醇水溶液可预防褥疮，擦涂该溶液，按摩患者受压部位，能促进局部血液循环，防止褥疮形成；25%～30%乙醇水溶液给高热病人擦浴，可达到物理降温的目的，因为用酒精擦拭皮肤，能使患者的皮肤血管扩张，增加皮肤散热能力，吸收并带走大量的热量，但酒精浓度不可过高，否则可能会刺激皮肤，并吸收体表大量的水分。

乙醇燃烧放出大量的热，所以乙醇也是很有前景的绿色燃料。

(3) 丙三醇

丙三醇（$\underset{\text{OH}}{\underset{|}{CH_2}}-\underset{\text{OH}}{\underset{|}{CH}}-\underset{\text{OH}}{\underset{|}{CH_2}}$）俗称甘油，为无色黏稠状液体，沸点为290℃，能与水或乙醇混溶，不溶于其他有机溶剂，有甘甜味。纯甘油有强烈吸水性，稀释的甘油能润滑皮肤，是护肤保湿化妆品的原料。甘油在医药制剂上可作溶剂、赋形剂；可以制备酚甘油、碘甘油等；还可制成润滑剂，如50%甘油溶液灌肠，帮助治疗便秘。

(4) 苯甲醇

苯甲醇（⌬$-CH_2-OH$）是最简单的芳香醇，又称苄醇，无色液体，具有芳香气味，能溶于水，易溶于甲醇、乙醇等有机溶剂。苯甲醇有微弱的麻醉作用和防腐功能，临床使用2%的苯甲醇注射用水作溶酶稀释青霉素，以减轻注射时的疼痛感，10%苯甲醇软膏或洗剂可用作局部止痒。

(5) 甘露醇

甘露醇（$\underset{\text{OH}}{\underset{|}{H_2C}}-\underset{\text{OH}}{\underset{|}{CH}}-\underset{\text{OH}}{\underset{|}{CH}}-\underset{\text{OH}}{\underset{|}{CH}}-\underset{\text{OH}}{\underset{|}{CH}}-\underset{\text{OH}}{\underset{|}{CH_2}}$）又名己六醇，为白色结晶性粉末，味甜，易溶于水。甘露醇广泛分布于植物中，许多常见的水果、蔬菜都含有甘露醇。临床用20%甘露醇水溶液作为组织脱水剂及渗透性利尿剂，减轻组织水肿，降低眼内压、颅内压等。

8.2 酚

8.2.1 酚的结构

酚可以看作是芳香烃分子中芳环上的氢原子被羟基取代后生成的化合物。酚中的羟基称为酚羟基，是酚的官能团。酚用通式 Ar—OH 表示。酚和醇在结构上的区别在于酚羟基和芳环碳原子直接相连，例如，⌬—OH 是酚，⌬$-CH_2-OH$ 是醇。

苯酚是最简单的酚，是一种具有特殊气味的无色针状晶体，有毒，是生产某些树脂、杀菌剂、防腐剂以及药物的重要原料。苯酚是平面分子，酚羟基的氧原子采用 sp^2 杂化，氧原子提供一对孤电子与苯环的 6 个碳原子发生 p-π 共轭共同形成离域键（图 8-1）。

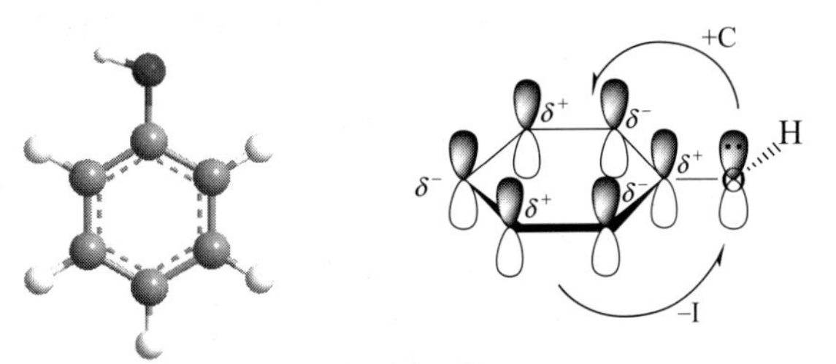

图 8-1　苯酚结构示意图

8.2.2 酚的物理性质

在常温常压下，除少数烷基酚（如甲酚）是高沸点的液体外，多数酚是无色结晶性固体，酚分子中含有羟基，分子间能形成氢键，所以沸点比分子量相近的芳烃高。酚具有特殊气味，能溶于乙醇、乙醚等有机溶剂。酚能与水形成氢键，因此在水中有一定的溶解度，但由于烃基部分较大，所以溶解度不大，随

温度升高溶解度将增大。多元酚易溶于水。部分常见酚的物理性质见表 8-2

表 8-2　部分常见酚的物理性质

名称	化合物	熔点/℃	沸点/℃	溶解度/(g/100g H_2O)	pK_a
苯酚	C_6H_5OH	43	182	9.3	9.89
邻甲苯酚	o-$CH_3C_6H_4OH$	30	191	2.5	10.20
间甲苯酚	m-$CH_3C_6H_4OH$	11	201	2.6	10.01
对甲苯酚	p-$CH_3C_6H_4OH$	35.5	201	2.3	10.17
邻氯苯酚	o-ClC_6H_4OH	8	176	2.8	8.11
间氯苯酚	m-ClC_6H_4OH	33	214	2.6	8.80
对氯苯酚	p-ClC_6H_4OH	43	214	2.7	9.20
2,4,6-三溴苯酚	NO_2 / O_2N—(苯环)—OH / NO_2	122	分解（300℃爆炸）	1.4	0.38（强酸）

8.2.3　酚的化学性质

酚类化合物和醇类化合物都含有羟基，由于酚类分子中羟基和芳环直接相连，相互影响，使得酚羟基与醇羟基有显著差异，因此表现出来的酚类化合物的化学性质与醇不同。例如苯酚 C—O 键不易断裂，而 O—H 容易异裂给出质子，具有弱酸性，酚羟基能活化苯环的邻、对位，比相应的芳烃更易发生卤代、硝化、磺化等亲电取代反应。

(1) 酚的弱酸性

酚具有弱酸性，与醇相似可以和活泼金属反应，酚还能与强碱水溶液作用生成盐。醇与氢氧化钠水溶液不作用，说明酚的酸性比醇强。

$$C_6H_5OH + NaOH \longrightarrow C_6H_5ONa + H_2O$$

（微溶于水）　　苯酚钠（易溶于水）

苯酚的酸性（$pK_a=9.89$）比碳酸的酸性（$pK_a=6.35$）弱，所以碳酸可以将苯酚从其钠盐中置换出来，即向苯酚钠溶液中通入二氧化碳，则苯酚又游离出来，从而使澄清的苯酚钠溶液变浑浊。利用酚呈弱酸性的特点可以将酚与非酸性化合物进行分离和提纯。

$$C_6H_5ONa + CO_2 + H_2O \longrightarrow C_6H_5OH + NaHCO_3$$

苯酚钠（易溶于水）　　（微溶于水）

酚类化合物的酸性强弱与芳环上的取代基的种类和数目有关。以取代苯酚为例，如果苯环上连有吸电子基（如—X、—NO_2 等）时，可使酚的酸性增强，如果连有给电子基（如—CH_3、—C_2H_5 等烷基）时，可使酚的酸性减弱。2,4,6-三硝基苯酚，在邻、对位有三个硝基，都是吸电子基，因此 2,4,6-三硝基苯酚的酸性大大增强，其酸性几乎与无机强酸相当，俗名苦味酸。例如：

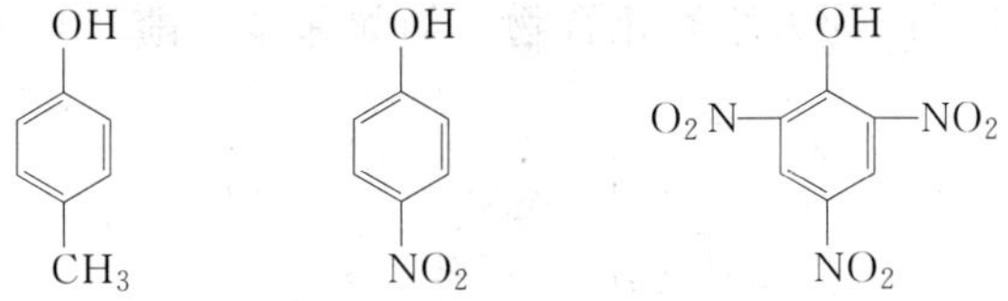

对甲苯酚 $pK_a=10.17$　　对硝基苯酚 $pK_a=8.15$　　2,4,6-三硝基苯酚 $pK_a=0.38$

(2) 苯环上的取代反应

酚羟基与芳环的 p-π 共轭效应，使芳环的电子云密度增加，苯环上羟基邻、对位的电子云增加更多，酚羟基属于邻、对位定位基，所以苯酚的邻、对位上容易发生卤代、硝化和磺化反应。

① 卤代反应　苯酚极易发生卤代反应。常温下，苯酚水溶液与溴水作用，立即生成不溶于水的 2,4,6-三溴苯酚白色沉淀。

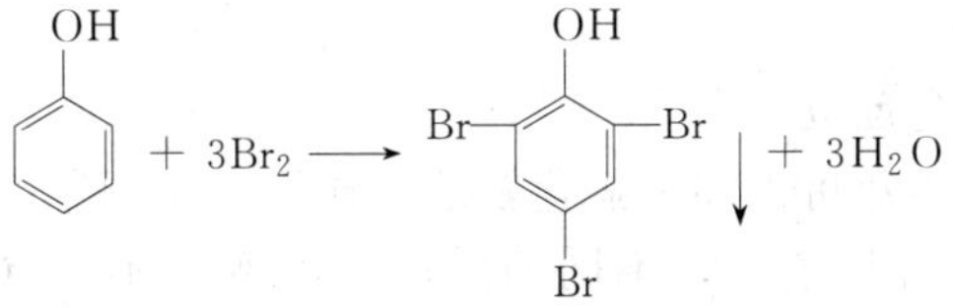

$$C_6H_5OH + 3Br_2 \longrightarrow C_6H_2Br_3OH \downarrow + 3H_2O$$

2,4,6-三溴苯酚

该反应非常灵敏，极稀的苯酚溶液（$10mg \cdot L^{-1}$）也能与溴水生成明显的沉淀，此反应常用于苯酚的鉴别和定量测定。

若该反应在 CS_2、CCl_4 等非极性溶剂中进行，则可以得到邻位、对位的一溴代物。

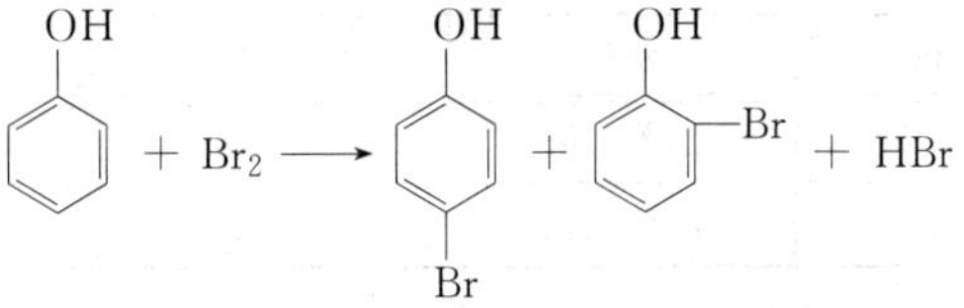

$$C_6H_5OH + Br_2 \longrightarrow p\text{-}BrC_6H_4OH + o\text{-}BrC_6H_4OH + HBr$$

对溴苯酚　邻溴苯酚

② 硝化反应　在室温下，苯酚与稀硝酸作用生成邻硝基苯酚和对硝基苯酚的混合物。

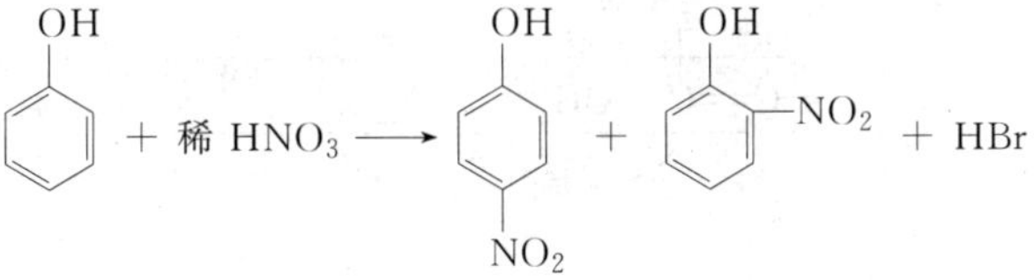

$$C_6H_5OH + \text{稀 } HNO_3 \longrightarrow p\text{-}O_2NC_6H_4OH + o\text{-}O_2NC_6H_4OH + HBr$$

对硝基苯酚　邻硝基苯酚

硝化产物如何分离？邻硝基苯酚中羟基和硝基位置较近，易形成分子内氢键，而阻碍了羟基与水形成氢键，水溶性降低，挥发性大，可随水蒸气蒸出；而对硝基苯酚羟基和硝基处于对位，不能形成分子内氢键，但可以通过分子间氢键形成分子缔合，挥发性小，不易随水蒸气蒸出。故可用水蒸气蒸馏法将硝化后的混合产物分离开。

(3) 氧化反应

酚类化合物很容易被氧化，酚氧化物的颜色随着氧化程度的加深而逐渐加深，其产物复杂，如无色的苯酚在空气中氧化呈浅红色、红色至暗红色。用重铬酸钾稀硫酸溶液作氧化剂，可以得到主要产物对苯醌。醌类化合物多数有颜色。

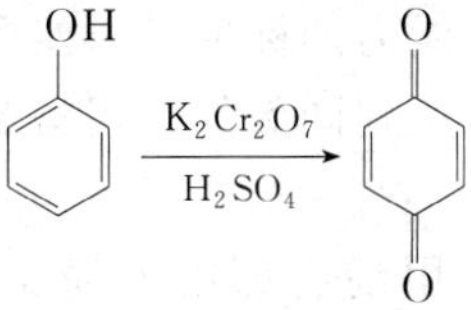

$$C_6H_5OH \xrightarrow[H_2SO_4]{K_2Cr_2O_7} O{=}C_6H_4{=}O$$

多元酚更容易被氧化，产物为醌类化合物。例如邻苯二酚、对苯二酚可被氧化为对应的醌。

$\xrightarrow[\text{无水乙醚}]{Ag_2O}$

邻苯醌

$\xrightarrow[H_2SO_4\ 94\%]{Na_2Cr_2O_7}$

对苯醌

利用酚类化合物易氧化的特点，在食品、橡胶、塑料等行业，使用酚类化合物作抗氧化剂使用。

(4) 与三氯化铁的显色反应

含酚羟基的化合物大多数可以和三氯化铁溶液作用发生颜色反应。大多数酚与三氯化铁溶液作用生成带颜色的配合物离子，不同的酚产生的颜色不同（表 8-3），常见的有紫色、蓝色、绿色、棕色等，这个特性常用于酚的鉴别。例如：

$$6C_6H_5OH + FeCl_3 \longrightarrow H_3[Fe(OC_6H_5)_6] + HCl$$

表 8-3 常见各类酚与三氯化铁反应的颜色

酚	苯酚	对甲苯酚	间甲苯酚	邻苯二酚	对苯二酚
与 $FeCl_3$ 显色	蓝紫色	蓝色	蓝紫色	深绿色结晶	暗绿色
酚	间苯二酚	连苯三酚	均苯三酚	α-萘酚	β-萘酚
与 $FeCl_3$ 显色	蓝紫色	淡棕红色	紫色	紫红色沉淀	绿色沉淀

除酚类化合物以外，具有烯醇式结构的化合物也可以和三氯化铁溶液作用发生颜色反应。所以常用三氯化铁溶液鉴别酚类以及烯醇式结构的化合物。

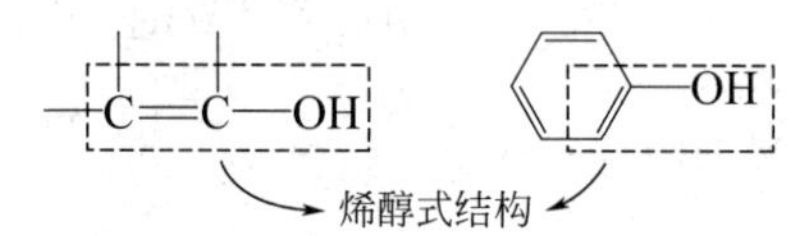

8.2.4 重要的酚

(1) 苯酚

苯酚俗称石炭酸，能凝固蛋白质，具有杀菌作用，在医药上苯酚用作外用消毒剂和防腐剂。苯酚浓溶液对皮肤有腐蚀性，并有毒性，使用时应注意安全。苯酚易氧化，使无色的晶体呈粉红色，苯酚应使用棕色瓶，并置于避光阴凉处贮存。

1867 年，英国外科医生 J. 利斯特发现用石炭酸作消毒剂可以大量减少手术后的败血症，明显降低了病人死亡率。此后一百多年来，苯酚作为强力消毒剂一直在医院临床中使用。临床上用 2%～5%苯酚水溶液处理污物、消毒用具和外科器械。苯酚还用于环境的消毒。1%苯酚甘油溶液用于中耳炎的外用消毒。

苯酚是检验各种新型消毒剂消毒能力的标准。石炭酸系数，是指在一定时间内，被试药物能杀死全部供试菌的最高稀释度与达到同效的石炭酸最高稀释度之比。

(2) 甲酚

甲酚来源于煤焦油，又称煤酚。甲酚有邻甲苯酚、间甲苯酚、对甲苯酚三种同分异构体，不易分离，常使用它们的混合物。甲酚难溶于水，易溶于肥皂溶液，常配成50%的甲酚肥皂溶液，称煤酚皂溶液，俗称“来苏儿”，其杀菌能力比苯酚强，毒性比苯酚小，是医院常用的消毒剂，可作手、器械、环境的消毒及处理排泄物。“来苏儿”使用前要稀释为2%～5%的溶液。甲酚对皮肤有一定刺激作用和腐蚀作用。

8.3 醚

8.3.1 醚的结构

醚可以看作是水分子的两个氢被两个烃基取代后形成的化合物，也可看作是醇或酚的羟基上的氢被其他烃基取代生成的化合物。醚的通式表示为（Ar)R—O—R′(Ar′)，C—O—C称为醚键，是醚类化合物的官能团。

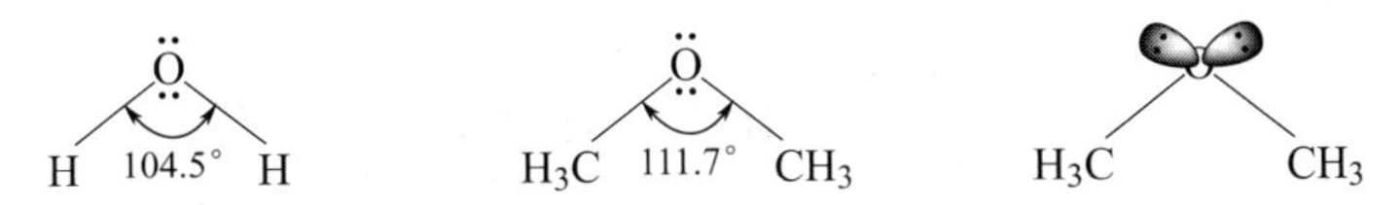

8.3.2 醚的物理性质

常温常压下，甲醚和甲乙醚是气体，其余大多数醚均为无色、有特殊气味的易燃液体。醚的密度小于水。因为醚分子间不能形成氢键缔合，所以醚的沸点与分子量相同的醇相比要低得多。例如，乙醇的沸点为78.5℃，甲醚为－24.9℃。低级醚易挥发，形成的蒸气易燃，所以使用时应远离火源。

由于醚中氧原子上的孤对电子仍能与水分子间形成氢键，因此低级醚在水中仍有一定的溶解度。醚是优良的有机溶剂，许多有机物能溶于醚，而醚在许多反应中活性很低，所以在有机反应中常用醚作溶剂。部分常见醚的物理常数见表8-4。

表 8-4　部分常见醚的物理常数

名称	沸点/℃	密度/g·cm^{-3}	名称	沸点/℃	密度/g·cm^{-3}
甲醚	－24.9	0.67	二苯醚	259	1.075
甲乙醚	10.8	0.725	苯甲醚	155	0.994
乙醚	34.6	0.713	四氢呋喃	66	0.889
丙醚	90.5	0.736	1,4-二氧六环	101	1.034
异丙醚	69	0.735	环氧乙烷	14	0.882(10℃)
正丁醚	142	0.769	环氧丙烷	34	0.83

8.3.3 醚的化学性质

醚分子中的氧原子与两个烃基相连，化学性质不活泼（环醚除外），一般对氧化剂、还原剂、碱都十分稳定，稳定性仅次于烷烃。醚在常温下不与金属钠反应，可以用金属钠作醚的干燥剂。

醚的氧原子有孤对电子，可以接受质子；由于醚键（C—O—C）存在极性，在强酸介质下，醚也可以发生一些其特有的反应。

(1) 盐的生成

由于醚键中的氧原子具有一对孤对电子对，能接受强酸（H_2SO_4、HCl 等）中的质子，以配位键的形式结合生成盐。

$$R-\ddot{\underset{\cdot\cdot}{O}}-R' + HCl \longrightarrow \left[R-\underset{H}{\ddot{O}}-R'\right]^+ Cl^-$$

$$R-\ddot{\underset{\cdot\cdot}{O}}-R' + H_2SO_4 \longrightarrow \left[R-\underset{H}{\ddot{O}}-R'\right]^+ HSO_4^-$$

该盐是一种弱碱强酸盐，只有在低温和浓酸中才稳定，加水稀释会立刻分解为原来的醚和酸。而烷烃不溶于强酸，所以可利用此反应鉴别醚与烷烃或卤代烃，也可将醚从烷烃或卤代烃中分离出来。

(2) 醚键的断裂

在较高温度下，强酸能使醚键断裂，使醚键断裂的最有效试剂是浓氢卤酸，其中氢碘酸的作用最强。烷基醚生成卤代烷和醇，若氢碘酸过量，则生成的醇可以和氢碘酸继续反应生成卤代烷。

$$R'-O-R+HI \xrightarrow{\triangle} RI+R'OH$$

$$R'OH+HI \xrightarrow{\triangle} R'I+H_2O$$

脂肪族混醚发生反应醚键断裂时，一般是小烃基形成卤代烃，芳香族混醚生成酚和卤代烃。

$$C_6H_5-OR + HI \xrightarrow{\triangle} C_6H_5-OH + RI$$

醚分子中含有甲氧基时，可用此反应测定醚分子中甲氧基的含量，称为蔡塞尔甲氧基含量测定法。

(3) 过氧化物的生成

一些醚与空气长期接触或在光照条件下，α-C 原子上的氢原子会缓慢发生氧化反应，生成不易挥发的过氧化物。

$$CH_3CH_2-O-CH_2CH_3 \longrightarrow CH_3CH_2-O-CH(OOH)CH_3$$

过氧化物不稳定，受热易分解发生爆炸，因此在蒸馏醚时应避免蒸干。在使用搁置较长时间的醚时，需要检查醚中是否产生过氧化物，并除去过氧化物，避免发生意外。一个简便的检查方法是：若被检查的醚可以使湿润的碘化钾/淀粉试纸变蓝，则表明醚中含有过氧化物。使用硫酸亚铁或亚硫酸钠溶液洗涤醚，可以除去醚中的过氧化物。贮存醚时应使用棕色瓶，远离火源，密封、低温、避光保存。

8.3.4 重要的醚

(1) 乙醚

常温下乙醚为无色透明液体，有特殊刺激性气味，极易挥发、易燃、易爆，沸点为34.5℃。乙醚蒸气与空气混合达到一定比例时，遇火可引起爆炸，使用时应注意远离火源，并保证室内空气流通。乙醚微溶于水，易溶于乙醇等有机溶剂，其本身也是优良的有机溶剂，常用作提取天然药物中脂溶性成分的溶剂。

纯净的乙醚性质十分稳定，在空气的作用下能氧化成过氧乙醚。为确保安全，在使用乙醚前，必须检验是否含有过氧乙醚。乙醚应使用棕色瓶密封、避光，放阴冷处保存。

乙醚具有麻醉作用，早期在医学上用作吸入性全身麻醉药，不良反应是会引起头晕、恶心、呕吐等，现在已被更好的麻醉药所替代。但乙醚仍然在部分医学实验中使用。

（2）环氧乙烷

环氧乙烷又称氧化乙烯，是最简单的环醚。常温下，是一种无色有毒气体，沸点为11℃，能溶于水，也能溶于乙醇、乙醚等有机溶剂中，通常保存在钢瓶里。

环氧乙烷是三元环，环状结构不稳定，故性质活泼，在酸或碱的催化作用下可与许多含活泼氢的化合物发生开环加成反应。

$$\xrightarrow{H_2O/H^+} HOCH_2CH_2OH$$
$$\xrightarrow{C_2H_5OH/H^+} CH_3CH_2OCH_2CH_2OH$$
$$\xrightarrow{PhOH/H^+} PhOCH_2CH_2OH$$
$$\xrightarrow{HX} XCH_2CH_2OH$$
$$\xrightarrow{NH_3} H_2NCH_2CH_2OH$$
$$\xrightarrow{HCN} NCCH_2CH_2OH$$
$$\xrightarrow{RMgX} XCH_2CH_2OMgX \xrightarrow{H_2O/H^+} RCH_2CH_2OH$$

环氧乙烷在医学上主要作为气体杀菌剂，属于高效灭菌剂，穿透力强，可杀灭各种微生物，主要用于医疗器械、内窥镜及一次性使用的医疗用品的消毒。

（3）冠醚

冠醚是分子中含有多个—OCH_2CH_2—结构单元的大环多醚。通常以“X-冠-Y”的方式来命名，X代表原子总数，Y代表氧原子个数。常见的冠醚有15-冠-5、18-冠-6。

15-冠-5　　18-冠-6　　18-冠-6与K^+的配合物

冠醚的空穴结构对离子有选择作用，能与正离子，尤其是与碱金属离子络合，并且随环的大小不同而与不同的金属离子络合。冠醚的这种性质在合成上极为有用，使许多在传统条件下难以发生甚至不发生的反应能顺利地进行。冠醚与试剂中正离子络合，使该正离子可溶在有机溶剂中，而与它相对应的负离子也随同进入有机溶剂内，冠醚不与负离子络合，使游离或裸露的负离子反应活性很高，能迅速反应。在此过程中，冠醚把试剂带入有机溶剂中，称为相转移剂或相转移催化剂，这样发生的反应称为相转移催化反应。这类反应速率快、条件简单、操作方便、产率高。冠醚有一定的毒性，必须避免吸入其蒸气或与皮肤接触。

【巩固练习】

8-1 选择题

1. 下列化合物中，不属于醇的化合物是（ ）。

A. 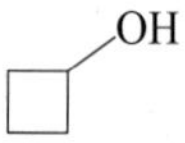 环丁醇（结构式：环丁基—OH） B. 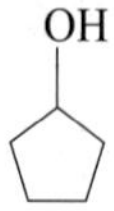 环戊醇（结构式：环戊基—OH） C. 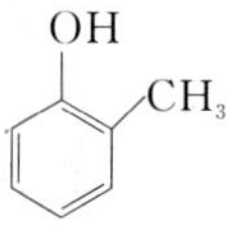 邻甲基苯酚（结构式：苯环上 OH 与 CH_3 邻位） D. 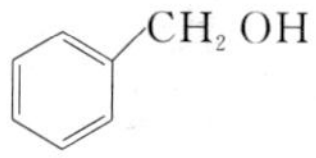 苯甲醇（结构式：苯环—CH_2OH）

2. 下列物质：①苯酚；②水；③乙醇；④碳酸。其酸性由强到弱的顺序为（ ）。

A. ①②③④ B. ④①②③ C. ②③④① D. ①②④③

3. 下列化合物中，能够用 $FeCl_3$ 鉴别的是（ ）。

A. 苯甲醚 B. 苄醇 C. 甘油 D. 石炭酸

4. 下列化合物中，不能与金属钠反应的是（ ）。

A. 乙醚 B. 乙二醇 C. 苯酚 D. 异丙醇

5. 假酒中可使人中毒致命的成分是（ ）。

A. 乙醇 B. 苯甲醇 C. 甲醇 D. 正丁醇

6. 下列醇中属于仲醇是（ ）。

A. 正丁醇 B. 仲丁醇 C. 叔丁醇 D. 异丁醇

7. 下列各组物质中互为同分异构体的是（ ）。

A. 苯酚和苯甲醇 B. 乙醇和乙二醇

C. 丁醇和乙醚 D. 2-甲基丁醇和 2-甲基丙醇

8. 在空气中易被氧化的是（ ）。

A. 丁烷 B. 正丁醇 C. 苯酚 D. 乙醚

9. 可将醚与烷烃分离的试剂是（ ）。

A. 浓硫酸 B. 氢氧化钠溶液 C. 乙醇 D. 四氯化碳

10. 下列化合物中沸点最高的是（ ）。

A. 乙醇 B. 正丁醇 C. 乙醚 D. 乙烷

8-2 写出下列化学反应的主要产物。

1. 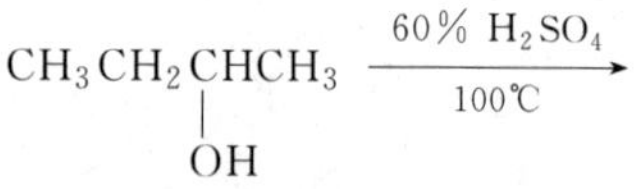 $CH_3CH_2CH(OH)CH_3 \xrightarrow[100℃]{60\%\ H_2SO_4}$

2. $CH_3CH(CH_3)CH(OH)CH_3 + HCl \xrightarrow{无水\ ZnCl_2}$

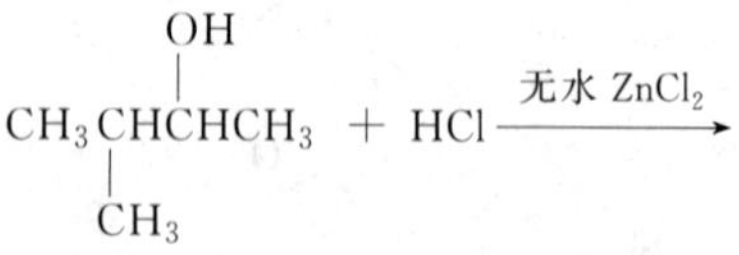

3. 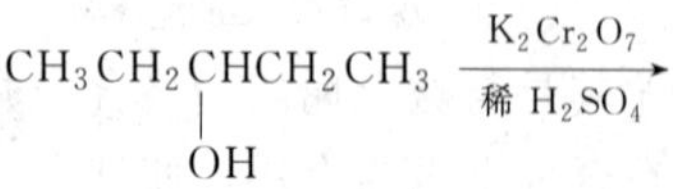 $CH_3CH_2CH(OH)CH_2CH_3 \xrightarrow[稀\ H_2SO_4]{K_2Cr_2O_7}$

4. $HO—CH_2—C_6H_4—OH + NaOH \longrightarrow$（对位）

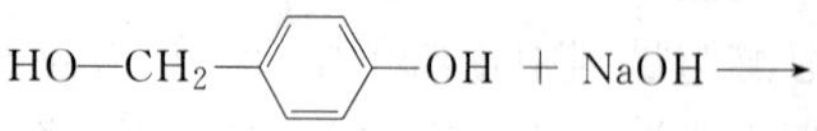

5. 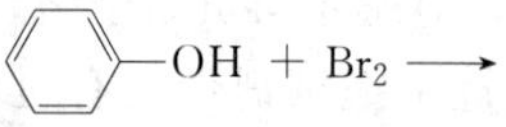 $C_6H_5—OH + Br_2 \longrightarrow$

8-3 鉴别下列各组化合物。

1. 正丁醇、仲丁醇、叔丁醇

2. 苯甲醇、甲酚和乙醚

8-4 推断题

1. 某有机化合物 A（$C_5H_{12}O$），很容易失去一个水分子生成 B（C_5H_{10}），B 用稀冷的高锰酸钾溶液氧化得到 C（$C_5H_{12}O_2$），C 与高碘酸反应生成一分子乙醛和一分子酮。试推导 A、B、C 的结构。

2. 某化合物 A 分子式为 C_7H_8O，与金属钠不反应，与浓氢碘酸反应生成化合物 B 和 C，B 能溶于氢氧化钠溶液，与 $FeCl_3$ 溶液反应显紫色。C 与硝酸银的乙醇溶液作用生成黄色沉淀。写出 A、B、C 的结构。

参考答案

8-1

1. C 2. B 3. D 4. A 5. C 6. B 7. C 8. C 9. A 10. B

8-2

1. $CH_3CH{=}CHCH_3$

2. 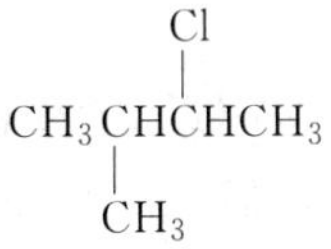 $CH_3CH(CH_3)CHClCH_3$（即 $CH_3\underset{CH_3}{CH}\overset{Cl}{CH}CH_3$）

3. $CH_3CH_2\overset{O}{\overset{\|}{C}}CH_2CH_3$

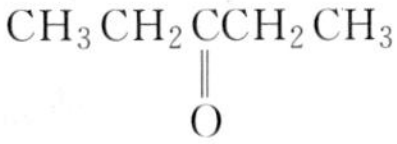

4. 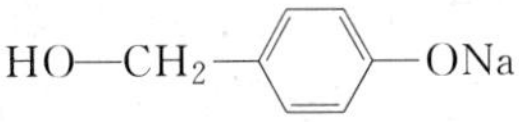 $HO{-}CH_2{-}C_6H_4{-}ONa$（对位）

5. 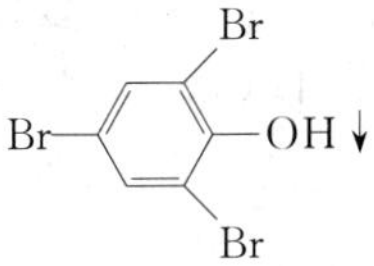 2,4,6-三溴苯酚：$Br_3C_6H_2{-}OH\downarrow$（Br 位于 OH 的两个邻位和对位）

8-3

1.

正丁醇、仲丁醇、叔丁醇 —$ZnCl_2$ + 无水 HCl→
- 立刻出现浑浊
- 放置片刻出现浑浊
- 室温下放置 1h 以上没有浑浊或分层

2.

苯甲醇、乙醚、甲酚 —$FeCl_3$ 水溶液→
- 无变化、无变化 —$K_2Cr_2O_7$ + 稀 H_2SO_4→ 橙红色变为蓝色；无变化
- 溶液显蓝色

8-4

1.

A. 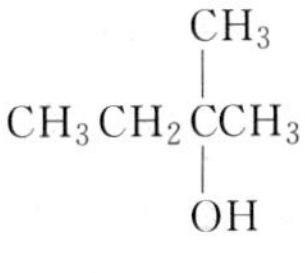 $CH_3CH_2\overset{CH_3}{\underset{OH}{C}}CH_3$ B. $CH_3CH{=}\overset{CH_3}{C}CH_3$ C. $CH_3\underset{OH}{CH}\overset{CH_3}{\underset{OH}{C}}CH_3$

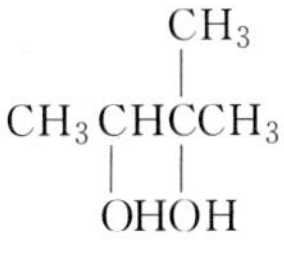

2.

A. 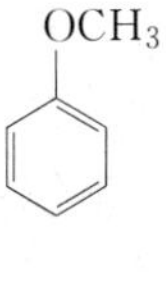 $C_6H_5{-}OCH_3$（苯甲醚） B. 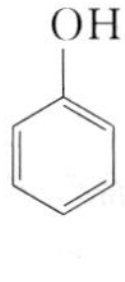 $C_6H_5{-}OH$（苯酚） C. CH_3I

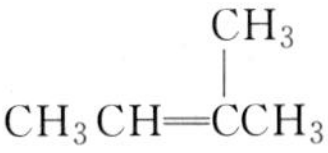

（朱焰 编 孙永宾 校）

第9章 醛 酮 醌

醛、酮和醌都是含有羰基的化合物，羰基是碳原子和氧原子通过双键相连的基团。这类化合物（尤其是醛和酮）在性质和制备上有很多相似之处。许多化学产品和药物都具有醛和酮的结构，且醛和酮能够发生多种化学反应，是有机合成的重要中间体。人体代谢产物也有不少是含有醛和酮结构的化合物；醛和酮也广泛分布于自然界，有些是植物药中的有效成分，例如，鱼腥草中的抗菌消炎成分鱼腥草素，其结构为癸酰乙醛，因此在医药上也有非常重要的应用价值。

9.1 醛和酮的结构

醛和酮分子中都有羰基，因此也称为羰基化合物。羰基分别和一个烃基、一个氢原子相连的化合物称为醛（甲醛中羰基与两个氢原子相连）；羰基和两个烃基相连的化合物称为酮。它们的结构通式如下：

$$\text{醛}\quad \begin{matrix}(H)R\diagdown \\ \quad C{=}O \\ H\diagup\end{matrix} \qquad\qquad \text{酮}\quad \begin{matrix}R\diagdown \\ \quad C{=}O \\ R'\diagup\end{matrix}$$

醛的官能团是醛基（$-\overset{\overset{\displaystyle O}{\|}}{C}-H$），简写为—CHO；酮分子中的羰基又称为酮基，是酮的官能团。醛和酮分子中的羰基碳原子是 sp^2 杂化，它以三个 sp^2 杂化轨道分别与氧原子及其他两个原子形成三个 σ 键，这三个 σ 键处于同一平面，键角约为 120°；碳原子未参与杂化的 p 轨道与氧原子的 p 轨道彼此平行重叠形成 π 键，π 键与三个 σ 键所在的平面垂直。可见，羰基的碳氧双键与烯烃的碳碳双键相似，也是由一个 σ 键和一个 π 键组成，π 电子云也是分布于 σ 键所在平面的两侧；但是，由于氧原子的电负性较大，吸电子能力较强，碳氧双键之间的电子云强烈地偏向氧原子一边，使羰基氧原子带有部分负电荷，碳原子带有部分正电荷，因此羰基具有极性，醛、酮羰基结构（图 9-1）的极性是这类化合物具有高反应活性的重要

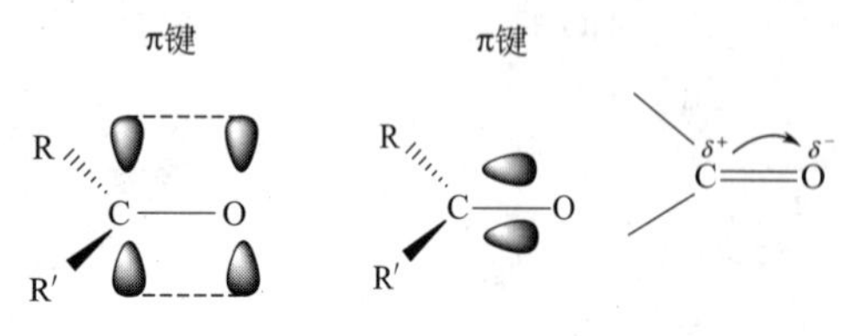

图 9-1 醛、酮羰基的结构

原因。

由于羰基具有强吸电子作用（$-C$，$-I$），使连接在羰基上的烷基显示出明显的给电子效应（$+I$，$+C$），烷基的这种给电子作用使羰基碳原子上的缺电子性质有所减弱，而且也使羰基化合物的稳定性有所增加。一般来说，酮比醛的热力学稳定性要好。

9.2 醛和酮的性质

9.2.1 醛和酮的物理性质

在室温下，除了甲醛为气体外，低级醛、酮是无色液体，高级醛、酮为固体。因为醛、酮分子间不能形成氢键，其沸点较分子量相似的醇或酚低。但由于羰基的极性较大，醛、酮较分子量相近的烃的沸点要高。

醛、酮分子结构中的羰基氧原子可以和水分子形成氢键，因此低级醛、酮可溶于水。例如，甲醛、乙醛、丙酮等能与水混溶。随着分子量的增加，醛、酮的溶解度降低，含 6 个碳原子以上的醛、酮微溶或难溶于水。醛、酮一般都溶于有机溶剂。一些常见醛和酮的熔点、沸点、相对密度、水溶性见表 9-1。

表 9-1　一些常见醛和酮的物理常数

名称	熔点/℃	沸点/℃	相对密度(20℃)	水溶性
甲醛	−92	−21	0.815	溶
乙醛	−121	20	0.781	溶
丙醛	−81	49	0.800	溶
苯甲醛	−56	179	1.046	微溶
丙酮	−95	56	0.791	溶
丁酮	−86	80	0.805	溶
环己酮	−47	155	0.947	溶
苯乙酮	21	202	1.028	不溶

9.2.2 醛和酮的化学性质

羰基的 C═O 双键与 C═C 双键相似，也能发生加成反应。但由于羰基有极性，碳原子带有部分正电荷，氧原子带有部分负电荷。带正电荷的碳原子易受到带负电荷或含未共用电子对的试剂（亲核试剂）的进攻，发生亲核加成反应。另外，由于受到羰基吸电子作用的影响，与羰基相连的 α-碳原子上的 α-H 比较活泼，涉及 α-H 的一系列反应也是醛、酮重要的化学性质。除此之外，醛、酮还可发生氧化还原反应和一些其他反应，如图 9-2 所示。

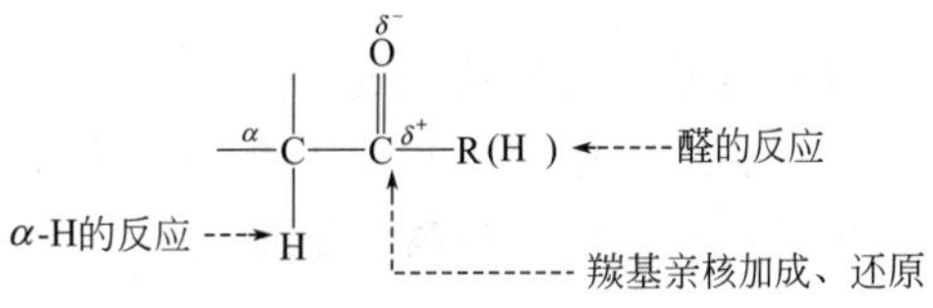

图 9-2　醛、酮的主要反应部位

9.2.2.1　羰基的亲核加成反应

加成反应分为两步，第一步反应是带负电荷的原子（团）加成到带正电荷的羰基碳原子上，第二步反应是带正电荷的原子（团）加成到羰基的氧原子上。决定反应速率的是第一步反应，这种由亲核试剂进攻所引起的加成反应叫作亲核加成反应，醛、酮的亲核加成反应大多数是可逆的。反应机制如下：

$$\overset{\delta^+}{C}=\overset{\delta^-}{O} + Nu^- \overset{慢}{\rightleftharpoons} Nu-\overset{|}{C}-O^- \underset{快}{\overset{A^+}{\rightleftharpoons}} Nu-\overset{|}{C}-OA$$

亲核加成反应的难易取决于亲核试剂的亲核性、羰基碳原子的正电性以及羰基两侧的空间位阻。亲核试剂的亲核性愈强，反应愈易进行。一般来说，醛的反应活性大于酮。这是因为烷基是给电子基，使羰基碳原子的正电性减小，同时增大了空间位阻，这两方面因素都不利于亲核试剂的进攻。综合电子效应和空间效应，醛、酮进行亲核加成反应由易至难的一般顺序是：

$$(H)(H)C=O > (CH_3)(H)C=O > (R)(H)C=O > (Ph)(H)C=O > (CH_3)(CH_3)C=O >$$

$$环戊酮 > (R)(CH_3)C=O > (Ph)(CH_3)C=O > (Ph)(Ph)C=O$$

(1) 与氢氰酸加成

醛、脂肪族甲基酮（空间位阻最小的酮）和少于 8 个碳原子的环酮与氢氰酸发生加成反应，生成 α-羟基腈，也称 α-氰醇，进一步水解得到 α-羟基酸：

$$\underset{(CH_3)H}{R}\!>C=O + HCN \rightleftharpoons \underset{(CH_3)H}{R}\!>C\!<\underset{CN}{OH} \xrightarrow[H^+或OH^-]{H_2O} \underset{(CH_3)H}{R}\!>C\!<\underset{COOH}{OH}$$

α-羟基腈　　　　α-羟基酸

在上述反应中，生成物比反应物增加了一个碳原子。因此这个反应在有机合成中常用来增长化合物的碳链。

如果在反应体系中加入酸，反应速率减慢；加入碱，反应速率加快。实验证明 CN^- 的浓度直接影响化学反应速率。这是因为氢氰酸是弱酸，在溶液中存在下列平衡：

$$HCN \underset{H^+}{\overset{OH^-}{\rightleftharpoons}} H^+ + CN^-$$

显然，加酸降低了 CN^- 浓度，加碱增加了 CN^- 浓度。一般认为，醛和酮与氢氰酸的加成反应分两步进行，首先 CN^- 进攻带部分正电荷的羰基碳原子，在 π 键断裂形成新的 σ 键的同时，电子对转移到氧原子上，形成负氧离子中间体。这一步是决定整个反应速率的慢步骤。第二步是生成的中间体立即与氢离子结合，生成 α-羟基腈。

$$\underset{R'}{R}\!>\overset{\delta^+}{C}=\overset{\delta^-}{O} + CN^- \overset{慢}{\rightleftharpoons} \left[\underset{R'}{R}\!>C\!<\underset{CN}{O^-}\right] \underset{H^+}{\overset{快}{\rightleftharpoons}} \underset{R'}{R}\!>C\!<\underset{CN}{OH}$$

(2) 与亚硫酸氢钠加成

醛、脂肪族甲基酮和少于 8 个碳原子的环酮与过量的饱和亚硫酸氢钠溶液发生加成反应，生成醛和酮的亚硫酸氢钠加成物：

$$\underset{(CH_3)H}{R}\!>C=O + NaO-\overset{\overset{O}{\|}}{S}-OH \rightleftharpoons \underset{(CH_3)H}{R}\!>C\!<\underset{SO_3H}{ONa} \rightleftharpoons \underset{(CH_3)H}{R}\!>C\!<\underset{SO_3Na}{OH}\downarrow(白色)$$

醇钠　强酸

α-羟基磺酸钠(强酸盐)

α-羟基磺酸钠易溶于水而难溶于饱和亚硫酸氢钠溶液中，因此析出白色沉淀，反应中需加入过量的饱和亚硫酸氢钠溶液，使平衡向右移动。该反应常用于上述三类醛、酮的鉴别。

由于反应是可逆的，向加成物中加入稀酸或稀碱，都可引起体系中亚硫酸氢钠的转化，使反应平衡发生移动，加成物则不断分解而转变为原来的醛、酮。因此该性质还可用来从混合物中分离和纯化上述三类醛、酮。

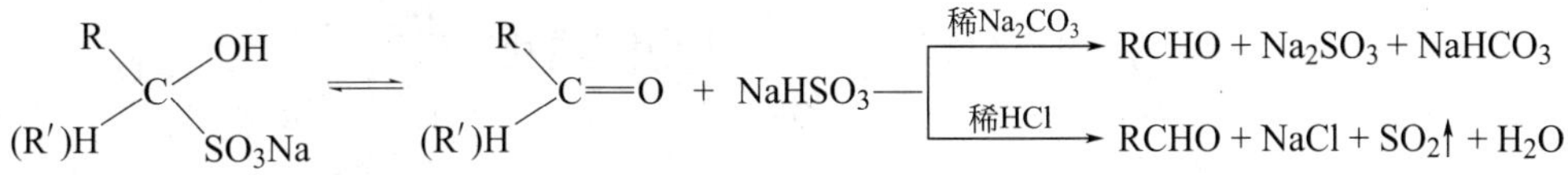

$$R(R')HC(OH)SO_3Na \rightleftharpoons R(R')HC{=}O + NaHSO_3 \begin{cases} \xrightarrow{\text{稀}Na_2CO_3} RCHO + Na_2SO_3 + NaHCO_3 \\ \xrightarrow{\text{稀}HCl} RCHO + NaCl + SO_2\uparrow + H_2O \end{cases}$$

醛和酮的亚硫酸氢钠加成物与氰化钠作用，则磺酸基可被氰基取代，生成α-羟基腈。这种制备α-羟基腈的方法可避免反应中使用或产生易挥发且有剧毒的氢氰酸，并且产率也比较高。

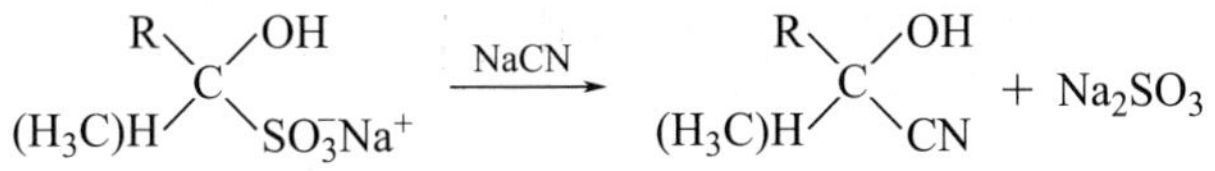

$$R(H_3C)HC(OH)SO_3^-Na^+ \xrightarrow{NaCN} R(H_3C)HC(OH)CN + Na_2SO_3$$

磺酸基是强亲水基团，于药物分子中引入磺酸基能提高药物的水溶性。如抗菌消炎药物合成鱼腥草素就引入了磺酸基，不但可制成注射针剂使用，还使鱼腥味变小。在临床上，鱼腥草素主要用于治疗慢性支气管炎和小儿肺炎等疾病。

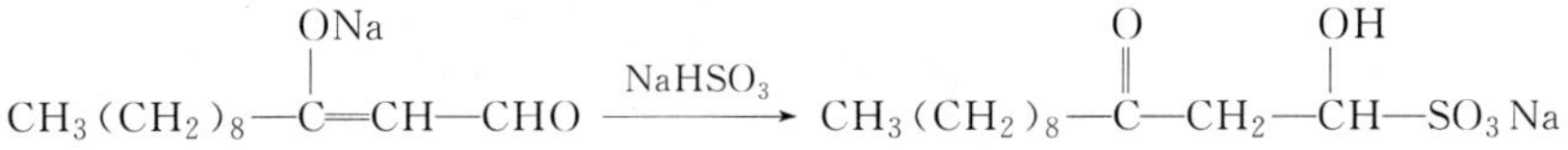

$$\underset{\text{鱼腥草素}}{CH_3(CH_2)_8—C(ONa){=}CH—CHO} \xrightarrow{NaHSO_3} CH_3(CH_2)_8—C(=O)—CH_2—CH(OH)—SO_3Na$$

(3) 与水加成

醛、酮与水加成形成水合物，称偕二醇。

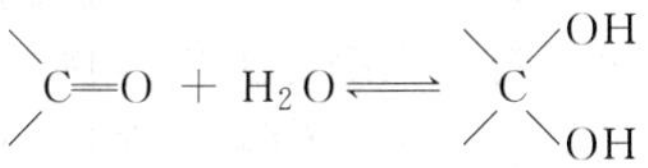

$$>C{=}O + H_2O \rightleftharpoons \underset{\text{偕二醇}}{>C(OH)_2}$$

在一般条件下，偕二醇不稳定，很容易脱水而生成醛酮。因此，对于多数醛酮，该反应平衡倾向反应物醛酮一侧。个别的醛，例如甲醛，在水溶液中几乎全部以水合物形式存在，但分离过程中很不稳定，容易失水。

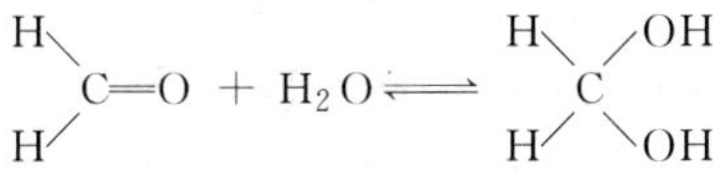

$$H_2C{=}O + H_2O \rightleftharpoons \underset{100\%}{H_2C(OH)_2}$$

如果羰基与强吸电子基团相连，使羰基碳的电正性进一步增加，羰基更容易受到亲核试剂的进攻，从而可以形成稳定的水合物，例如水合氯醛就是三氯乙醛的水合物，在水合氯醛的红外吸收波谱图中观察不到羰基的吸收峰。

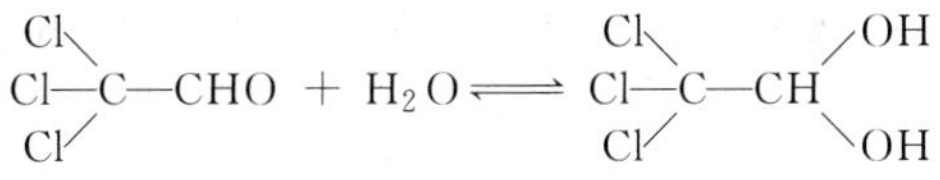

$$Cl_3C—CHO + H_2O \rightleftharpoons Cl_3C—CH(OH)_2$$

该水合物非常稳定，为白色固体，熔点为57℃，具有安眠作用。

再如，茚三酮是一个不稳定的化合物，但当中间羰基形成水合物之后，电荷间的斥力减小，且能够形成分子内氢键，因此，平衡偏向水合物一边。

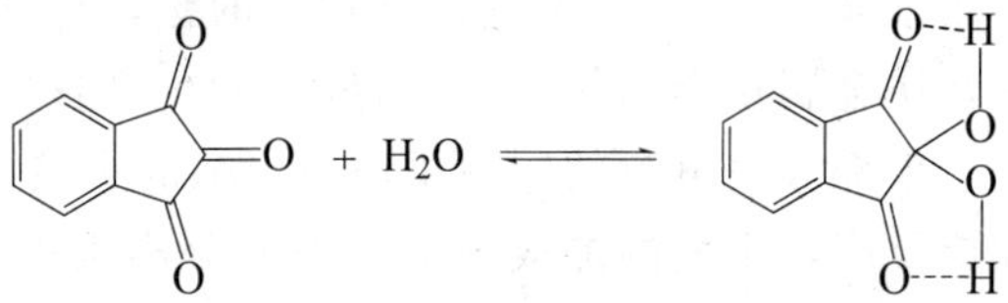

$$\text{茚三酮} + H_2O \rightleftharpoons \text{水合茚三酮}$$

水合茚三酮

(4) 与醇加成

在酸性催化剂(常用干燥氯化氢、对甲苯磺酸)的作用下,醇与醛的羰基发生亲核加成,生成半缩醛。半缩醛通常很不稳定,在氯化氢的催化下,立即与另一分子醇反应,失去一分子水生成稳定的缩醛。

$$\begin{matrix}R\\ \quad\diagdown\\ \quad\; C{=}O\\ \quad\diagup\\ H\end{matrix} + R'OH \underset{}{\overset{\text{干燥 HCl}}{\rightleftharpoons}} \underset{\text{半缩醛}}{\begin{matrix}R\diagdown\;\diagup OH\\ C\\ H\diagup\;\diagdown OR'\end{matrix}} \underset{}{\overset{R''OH/\text{干燥 HCl}}{\rightleftharpoons}} \underset{\text{缩醛}}{\begin{matrix}R\diagdown\;\diagup OR''\\ C\\ H\diagup\;\diagdown OR'\end{matrix}} + H_2O$$

例如:

$$CH_3CHO + 2CH_3OH \xrightarrow{\text{干燥 HCl}} H_3C{-}\underset{\underset{H}{|}}{\overset{\overset{OCH_3}{|}}{C}}{-}OCH_3$$

由醛生成半缩醛是醇对羰基的亲核加成,而由半缩醛生成缩醛则为亲核取代反应。酸对于这两步反应皆起到催化作用,在亲核加成第一步,质子与羰基氧结合,带正电荷的氧原子吸电子能力进一步增大,从而增加羰基碳的电正性,即提高了羰基的反应活性。

$$\rangle C{=}\ddot{O} + H^+ \rightleftharpoons \rangle C{=}\overset{+}{O}H$$

在亲核取代这一步,酸使半缩醛羟基质子化,产生较容易离去的基团(H_2O),有利于反应的进行。

酮也可以与醇作用生成半缩酮和缩酮,但比醛要难,需要采用特殊装置(油水分离器)将反应生成的水移出体系,使平衡移向产物缩酮方向。例如,酮与乙二醇在对甲苯磺酸催化下,用苯或甲苯作脱水剂,可得环缩酮。生成的缩酮在稀酸中可水解成原来的酮。

$$\begin{matrix}C_6H_5H_2C\diagdown\\ C{=}O\\ H_3C\diagup\end{matrix} + \begin{matrix}HO{-}CH_2\\ |\\ HO{-}CH_2\end{matrix} \underset{\text{苯}}{\overset{H_3C{-}C_6H_4{-}SO_3H}{\rightleftharpoons}} \underset{\text{环缩酮(78\%)}}{\begin{matrix}C_6H_5H_2C\diagdown\;\diagup O{-}CH_2\\ C\quad\quad\;\; |\\ H_3C\diagup\;\diagdown O{-}CH_2\end{matrix}}$$

缩醛(缩酮)的结构属于同碳二元醇的醚,因而具有与醚相似的化学性质,比较稳定,不受碱、氧化剂或还原剂的影响。生成的缩酮(醛)的反应是在酸(无水)的催化作用下进行的,且反应可逆。但在稀酸溶液中,缩醛(缩酮)又可分解成原来的醛、酮和醇。该性质常用于有机合成中的羰基保护。

$$R{-}\underset{\underset{H}{|}}{\overset{\overset{OR'}{|}}{C}}{-}OR' + H_2O \xrightarrow{H^+} RCHO + 2R'OH$$

半缩醛(酮)一般不稳定,但五元环或六元环的环状半缩醛(酮)却相当稳定。一些多羟基醛、酮(如葡萄糖和果糖)分子中,常含有比较稳定的环状半缩醛(酮)结构。

(5) 与金属有机化合物加成

有机金属化合物中的碳金属(C—M)键是极性很强的键,与金属相连的碳带负电荷或部分负电荷(如格氏试剂,炔金属化合物等),可与醛酮发生亲核加成反应,例如格氏试剂中的碳镁键是强的极性键,带部分负电荷的碳原子具有很强的亲核性,格氏试剂能与大多数醛、酮的羰基发生亲核加成反应,生成的加成产物一般不分离出来,直接加入酸性水溶液,水解后生成醇:

$$>\overset{\delta^+}{C}=\overset{\delta^-}{O}+\overset{\delta^-}{R}-\overset{\delta^+}{MgX}\xrightarrow{\text{无水乙醚}}>C(OMgX)(R)\xrightarrow{H_3O^+}>C(OH)(R)+Mg(OH)X$$

格氏试剂与醛、酮的加成反应在有机合成上应用广泛，可用于增长碳链及合成复杂结构的醇，是制备不同类型醇的有效方法。例如，格氏试剂与甲醛反应生成伯醇，与其他醛反应生成仲醇，与酮反应生成叔醇。

$$CH_3CH_2CH(MgBr)CH_3+HCHO\xrightarrow[(2)H_3O^+]{(1)\text{无水乙醚}}CH_3CH_2CH(CH_2OH)CH_3$$

$$CH_3CHO+C_6H_5CH_2MgCl\xrightarrow[(2)H_2O,H_2SO_4]{(1)\text{无水乙醚}}C_6H_5CH_2CH(OH)CH_3$$

$$CH_3CH_2CH(MgBr)CH_3+(H_3C)_2C=O\xrightarrow[(2)H_3O^+]{(1)\text{无水乙醚}}H_3C-C(OH)(CH_3)-CH(CH_3)CH_2CH_3$$

这类加成反应还可在分子内进行。例如：

$$BrCH_2CH_2CH_2COCH_3\xrightarrow[\text{四氢呋喃(THF)}]{Mg,\text{微量}HgCl_2}\text{1-甲基环丁醇（环丁烷-C(OH)CH}_3\text{）}$$

炔金属化合物（例如炔化钠、炔化钾等）与醛、酮的加成反应，可在有机分子中引入三键。例如：

$$\text{环戊酮}\xrightarrow[NH_3,-35^\circ C]{HC\equiv CNa}\text{1-(ONa)-1-}(C\equiv CH)\text{环戊烷}\xrightarrow[H^+]{H_2O}\text{1-(OH)-1-}(C\equiv CH)\text{环戊烷}$$

（6）与氨的衍生物加成

醛、酮与伯胺发生亲核加成反应，产物不稳定，很容易失水生成亚胺，又称希夫碱。

$$R(R'H)\overset{\delta^+}{C}=\overset{\delta^-}{O}+H-\ddot{N}H-Y\rightleftharpoons\left[R(R'H)C(OH)-NH-Y\right]\xrightarrow{-H_2O}R(R'H)C=N-Y$$

可以看出来，反应经历了加成-消除过程。通常脂肪族亚胺不稳定，芳香族亚胺因为存在共轭体系则较为稳定，可以分离出来。例如：

$$C_6H_5CHO+NH_2CH_3\longrightarrow C_6H_5CH=N-CH_3$$

亚胺经稀酸水解可恢复成芳醛和伯胺，故可以利用此反应来保护醛基。

醛、酮与仲胺反应，中间产物不稳定，由于醇胺氮原子上无氢原子，不可能按与伯胺反应的方式脱水。但如果羰基化合物具有 α-H，则能与羟基脱水成烯胺。

$$-\underset{H}{\overset{|}{C}}-\overset{|}{C}=O+HNR_2\rightleftharpoons-\underset{H}{\overset{|}{C}}-\underset{OH}{\overset{|}{C}}-NR_2\xrightarrow{-H_2O}\underset{\text{烯胺}}{-\overset{|}{C}=\overset{|}{C}-NR_2}$$

反应通常在酸催化作用下进行，为了使反应进行完全，需要将水从反应体系中分离出去。参加反应的仲胺通常用一些环状胺，如四氢吡咯、哌啶和吗啉等。

常见的氨的衍生物有羟胺、肼、苯肼、2,4-二硝基苯肼和氨基脲等。它们的亲核性较弱，反应一般要在酸的催化下进行。反应可用如下通式表示：

$$>C=O + H_2\ddot{N}-G \rightleftharpoons >C(OH)(NH-G) \overset{-H_2O}{\rightleftharpoons} >C=N-G$$

反应经历了加成-消除两步反应。第一步反应是氨的衍生物与醛、酮的羰基发生亲核加成，但生成的加成产物不稳定，立即进行第二步反应，即分子内失去（消除）一分子水，生成 *N*-取代亚胺类化合物。

伯胺、羟胺、肼和 2,4-二硝基苯肼等氨的衍生物与羰基反应情况如下：

$$>C=O \xrightarrow{H_2N-R\ 伯胺} -C(OH)-N(H)-R \xrightarrow{-H_2O} >C=N-R\ (希夫碱)$$

$$>C=O \xrightarrow{NH_2-OH\ 羟胺} -C(OH)-N(H)-OH \xrightarrow{-H_2O} >C=N-OH\downarrow\ (肟(白色))$$

$$>C=O \xrightarrow{NH_2-NH_2\ 肼} -C(OH)-N(H)-NH_2 \xrightarrow{-H_2O} >C=N-NH_2\downarrow\ (腙(白色))$$

$$>C=O \xrightarrow{NH_2-NH-C_6H_3(NO_2)_2\ 2,4-二硝基苯肼} \xrightarrow{-H_2O} >C=N-NH-C_6H_3(NO_2)_2\downarrow$$

2,4-二硝基苯腙(橙红色)

反应一般在弱酸性条件下进行，质子与羰基氧原子结合，可以提高羰基的活性。醛、酮与氨的衍生物反应的产率较高，且产物大多数是很好的结晶体，根据其熔点数据，可鉴别醛、酮。因而常把这些氨的衍生物称为羰基试剂，其中以 2,4-二硝基苯肼试剂最为常用，所生成的 2,4-二硝基苯腙多为橙黄色或橙红色晶体，易于观察识别。

此外，在稀酸作用下，肟、腙及苯腙可水解得到原来的醛、酮。因此醛、酮与氨的衍生物反应还可用于从混合物中分离纯化醛和酮。

$$>C=N-G \xrightarrow{H^+} >C=O + H_2N-G$$

(7) 维蒂希反应

醛、酮与膦叶立德反应生成烯烃，此反应称为维蒂希反应。膦叶立德也称为维蒂希试剂。

$$>C=O + (C_6H_5)_3\overset{+}{P}-\overset{-}{C}R_2 \longrightarrow >C=CR_2$$

膦叶立德

膦叶立德是由三苯基膦与卤代烷反应生成膦盐，膦盐在苯基锂、醇钠等强碱作用下，脱去卤化氢制得。反应中卤代烷可以是伯卤代烷或仲卤代烷，卤代烷分子中可以含有烯键、炔键或烷氧键等，但不能是叔卤代或乙烯型卤代烷。反应过程如下：

$$(C_6H_5)_3\ddot{P} + R_2CH-X \longrightarrow (C_6H_5)_3\overset{+}{P}-CHR_2X^- \xrightarrow{C_6H_5Li} (C_6H_5)_3\overset{+}{P}-\overset{-}{C}R_2$$

膦叶立德一般是黄色固体，对空气和水不稳定，因此，在合成中一般不经过分离直接用于下一步反应。膦叶立德具有内鎓盐的结构，其结构可用共振式表示如下：

$$\left[(C_6H_5)_3\overset{+}{P}-\overset{-}{C}R_2 \longleftrightarrow (C_6H_5)_3P=CR_2\right]$$

膦叶立德　　叶林

9.2.2.2 α-氢原子的反应

醛和酮分子中与羰基直接相连的碳原子称为α-碳原子，α-碳原子上的氢原子称为α-氢原子（α-H）。受羰基吸电子效应的影响，醛和酮α-碳原子上的碳氢键极性增大，α-H比较活泼，称为α-活泼氢，具有α-H的醛和酮性质比较活泼，可以发生一些反应，如卤代、卤仿反应和醇醛缩合反应。

$$H-\underset{|}{\overset{|}{C}}-\overset{|}{C}=O$$

(1) α-H 的酸性

醛、酮的α-H受到羰基的影响具有较大的活性。从乙烷、乙烯、乙炔及丙酮的pK_a值可看出，醛、酮的α-H的酸性比炔烃还强。

	H_3C-CH_3	$H_2C=CH_2$	$HC\equiv CH$	$H_3C-\overset{O}{\overset{\|}{C}}-CH_3$
pK_a	50	38	25	20

醛、酮的α-H的酸性基于两方面原因：一是羰基的极化导致α-位碳氢键的极性也增加，有利于α-H的解离；二是解离后生成的负离子（共轭碱），能够通过电子离域作用，使负电荷分散在氧原子和α-碳原子上而得到稳定。

$$B^- + H-\overset{|}{\underset{|}{C}}-\overset{|}{C}=O \rightleftharpoons \left[-\overset{|}{\underset{-}{C}}-\overset{|}{C}=O \longleftrightarrow -\overset{|}{C}=\overset{|}{C}-\bar{O}\right]$$

(1)　　(2)

共轭碱

共轭碱是两个极限式（1）和（2）的共振杂化体，其负电荷可分散在α-碳原子上和氧原子上而稳定。由于氧承受负电荷的能力比碳大，所以极限式（2）对杂化体的贡献较大。

α-H的酸性强弱取决于α-碳相连的官能团的吸电子能力，其吸电子能力越强，α-H的解离能力越强，α-H的酸性就越强。α-H的酸性还与解离后生成的碳负离子稳定性有关，负离子越稳定，平衡越有利于向解离的方向进行。

(2) 醇醛缩合反应

在酸或碱的催化下（最常用的是稀碱），两分子含有α-H的化合物，一个醛分子中的α-H加到另一个醛分子的羰基氧原子上，其余部分则加到羰基碳原子上生成β-羟基醛，这类反应称为醇醛缩合反应。

例如两分子乙醛在稀碱存在下缩合成β-羟基丁醛：

$$CH_3-\overset{O}{\overset{\|}{C}}-H + \overset{H}{\overset{|}{C}}H_2CHO \xrightleftharpoons{稀OH^-} CH_3-\overset{OH}{\overset{|}{C}}H-CH_2CHO \xrightleftharpoons[-H_2O]{\triangle} CH_3CH=CHCHO$$

β-羟基丁醛　　2-丁烯醛

羟醛缩合是分步进行的，反应机理如下（以乙醛在稀碱催化作用下的缩合为例）：一分子乙醛在稀碱作用下形成负离子，它是烯醇负离子和碳负离子的共振杂化体，可作为亲核试剂对另外一分子醛的羰基碳进行亲核加成，生成氧负离子，氧负离子再接受一个质子生成β-羟基醛。

$$OH^- + H—CH_2—\overset{O}{\overset{\|}{C}}—H \rightleftharpoons H_2O + \left[H_2\bar{C}—\overset{H}{\overset{|}{C}}=O \longleftrightarrow H_2C=\overset{H}{\overset{|}{C}}—\bar{O}\right]$$

碳负离子　　烯醇负离子

$$H_3C—\overset{O}{\overset{\|}{C}}—H \quad H_2\bar{C}—\overset{H}{\overset{|}{C}}=O \rightleftharpoons H_3C—\underset{H}{\overset{\bar{O}}{C}}—CH_2—\overset{H}{\overset{|}{C}}=O$$

$$H_3C—\underset{H}{\overset{\bar{O}}{C}}—CH_2—\overset{H}{\overset{|}{C}}=O + H_2O \rightleftharpoons H_3C—\underset{H}{\overset{OH}{C}}—CH_2—\overset{H}{\overset{|}{C}}=O + OH^-$$

反应首先生成β-羟基醛，β-羟基醛分子中的羟基受α-碳原子上所连羰基的影响，性质活泼，在加热或在酸的作用下即发生分子内脱水，生成含共轭双键的α,β-不饱和醛。

在碱催化下，含α-H的酮也可发生类似的醇醛缩合反应。例如：

$$2\ CH_3\overset{O}{\overset{\|}{C}}CH_3 \xrightleftharpoons{Ba(OH)_2} CH_3\underset{OH}{\overset{CH_3}{C}}CH_2\overset{O}{\overset{\|}{C}}CH_3$$

但平衡偏向反应物一边移动。在20℃时，平衡混合物中只含5%左右的缩合产物。为使反应平衡朝生成产物的方向移动，常用的方法是使用索氏提取器，使生成的β-羟基酮在生成后即脱离平衡体系，则缩合反应产率可达70%。醇醛缩合在有机合成上具有重要的应用价值。

羟醛缩合一般在稀碱条件下进行，有时也可使用酸催化，常见的酸催化剂有$AlCl_3$、HF、HCl、H_3PO_4、磺酸等。

例如：在酸性催化剂存在下，丙酮先缩合生成双丙酮醇，然后迅速脱水生成α,β-不饱和酮，使平衡右移，反应可进行得比较完全。

$$2\ H_3C—\overset{O}{\overset{\|}{C}}—CH_3 \xrightarrow{H^+} H_3C—\underset{CH_3}{\underset{|}{C}}=CH—\overset{O}{\overset{\|}{C}}—CH_3$$

4-甲基-3-戊烯-2-酮(79%)

酸催化机理如下：

$$H_3C—\overset{O}{\overset{\|}{C}}—CH_3 \xrightarrow{H^+} H_3C—\overset{^+OH}{\overset{\|}{C}}—CH_3$$

$$H_3C—\overset{^+OH}{\overset{\|}{C}}—CH_3 \rightleftharpoons \left[H_2\bar{C}—\overset{H_3C}{\overset{|}{C}}=\overset{+}{O}H \longleftrightarrow H_2C=\overset{CH_3}{\overset{|}{C}}—OH\right] + H^+$$

$$H_3C—\overset{^+OH}{\overset{\|}{C}}—CH_3 + H_2\bar{C}—\overset{H_3C}{\overset{|}{C}}=\overset{+}{O}H \rightleftharpoons H_3C—\underset{CH_3}{\overset{OH}{C}}—CH_2—\overset{\overset{+}{O}H}{\overset{\|}{C}}—CH_3 \xrightleftharpoons{-H^+}$$

$$H_3C—\underset{CH_3}{\overset{OH}{C}}—CH_2—\overset{O}{\overset{\|}{C}}—CH_3 \xrightarrow{-H_2O} H_3C—\underset{CH_3}{\underset{|}{C}}=CH—\overset{O}{\overset{\|}{C}}—CH_3$$

在酸催化反应中，亲核试剂实际上就是醛酮的烯醇式，酸的作用除了促进醛、酮的烯醇化，还可以活化羰基，此外，在酸性条件下，羟醛化合物更容易脱水成相应的α,β-不饱和醛、酮。

两种不同的醛在稀碱作用下，可发生交叉羟醛缩合，如果两种不同的醛皆含有α-氢，则可生成四种不同的缩合产物，由于分离困难，所以实用意义不大。但若选用一个含α-氢的醛或酮和一个不含α-氢的醛或酮，进行交叉缩合，产物较单一，则具有合成价值。

由芳香醛和含有α-氢的脂肪族醛或酮进行交叉羟醛缩合生成α,β-不饱和醛、酮的反应专称克莱森-施密特反应。例如：

$$H_3CO-C_6H_4-CHO + H_3C-CO-CH_3 \xrightarrow[30℃]{NaOH,H_2O} H_3CO-C_6H_4-CH=CH-CO-CH_3 \quad 83\%$$

克莱森-施密特反应第一步生成的β-羟基醛、酮极易脱水，因为脱水产物中双键和芳环、羰基形成一个大的共轭体系而稳定。

羟醛缩合反应不仅可以在分子间进行，某些二羰基化合物还可以在分子内进行羟醛缩合反应，生成环状化合物，主要是生成五～七元环状化合物，是合成这类结构的常用方法之一。

例如：

$$\text{环癸-1,6-二酮} \xrightarrow[\text{回流}]{Na_2CO_3,\ H_2O} \left[\text{OH 取代的双环羟基酮}\right] \xrightarrow{-H_2O} \text{双环不饱和酮} \quad 96\%$$

(3) 卤代与卤仿反应

在酸或碱的催化下，醛、酮的α-H易被卤素取代，生成一元或多元卤代产物。由于酸、碱催化的机制不同，酸催化的卤代反应可以控制在一卤代、二卤代和三卤代阶段。

$$Br-C_6H_4-CO-CH_3 + Br_2 \xrightarrow[20℃]{HOAc} C_6H_5-CO-CH_2Br$$

酸催化反应机理为：

$$R-\underset{O}{\underset{\|}{C}}-\overset{H}{\overset{|}{C}}- \xrightleftharpoons{+H^+} R-\underset{\overset{+}{O}H}{\underset{\|}{C}}-\overset{H}{\overset{|}{C}}- \xrightleftharpoons{\text{慢}} R-\underset{OH}{\underset{|}{C}}=C- \xrightarrow[\text{快}]{X-X} X^- + R-\underset{\overset{+}{O}H}{\underset{\|}{C}}-\overset{X}{\overset{|}{C}}- \xrightleftharpoons{-H^+} R-\underset{O}{\underset{\|}{C}}-\overset{X}{\overset{|}{C}}-$$

实验表明：烯醇的生成是反应的决定步骤。当引入一个卤素原子之后，由于卤素的吸电子效应，羰基氧原子上电子云密度降低，质子化形成烯醇比未卤代前困难一些，因此，通过控制反应条件，酸催化的卤代反应可以停留在一卤代阶段。

碱催化的卤代反应一般难以控制，醛、酮的α-氢原子被迅速取代，反应不易控制在一卤代阶段。例如：

$$(CH_3)_2CH\overset{O}{\overset{\|}{C}}CH_3 + Br_2 \xrightarrow{NaOH} (CH_3)_2CH\overset{O}{\overset{\|}{C}}CBr_3$$

碱催化的卤代反应是通过烯醇负离子进行的，反应机制如下：

$$R-\underset{\underset{O}{\|}}{C}-\overset{H}{\overset{|}{\underset{|}{C}}}- \underset{}{\overset{OH^-}{\rightleftharpoons}} \left[R-\underset{\underset{O}{\|}}{C}-\underset{|}{\bar{C}}- \longleftrightarrow R-\underset{\underset{\bar{O}}{|}}{C}=\underset{|}{C}-\right]$$

$$R-\underset{\underset{O}{\|}}{C}-\underset{|}{\bar{C}}- \overset{X-X}{\rightleftharpoons} R-\underset{\underset{O}{\|}}{C}-\overset{X}{\overset{|}{\underset{|}{C}}}- + X^-$$

由于卤原子的吸电子效应，α-卤代醛、酮中的α-H的酸性比未卤代前增强。这样，第二个氢被卤代的速度比未取代前要快；α-二卤代醛、酮卤代速率更快。因此，反应难以停留在一卤代阶段，易生成多卤代物。

乙醛、甲基酮与次卤酸盐反应（相当于在碱性溶液中卤代），三个α-H原子都被卤原子取代。α-三卤代物在碱性溶液中不稳定，在OH^-的进攻下，进而发生碳碳键的断裂，最终产物为三卤甲烷（卤仿）和少一个碳原子的羧酸盐，该反应称为卤仿反应。

$$\underset{(H)}{R}-\overset{O}{\overset{\|}{C}}-CH_3 + \underset{(NaOX)}{NaOH + X_2} \longrightarrow \underset{(H)}{R}-\overset{O}{\overset{\|}{C}}-CX_3 \xrightarrow{OH^-} \underset{卤仿}{CHX_3} + RCOONa$$

用碘的碱溶液进行反应时，有碘仿（CHI_3）生成，反应称为碘仿反应。碘仿是难溶于水的黄色晶体，具有特殊气味，容易识别。因此，常常利用碘仿反应来鉴别乙醛和甲基酮。特别要注意的是，次碘酸钠是氧化剂，具有$CH_3CH(OH)R(H)$结构的醇能够被氧化生成甲基酮结构，也可发生碘仿反应，所以也可用此反应来进行鉴别。例如：

$$H_3C-\overset{OH}{\overset{|}{\underset{H}{\underset{|}{C}}}}-R(H) \xrightarrow{I_2+NaOH} H_3C-\overset{O}{\overset{\|}{C}}-R(H) \xrightarrow{I_2+NaOH} CHI_3\downarrow + (H)RCOONa$$

我国药典即利用碘仿反应来鉴别甲醇和乙醇。这是由于次碘酸钠是强氧化剂，它能将上述结构的醇氧化成相应的乙醛或甲基酮，然后进一步发生碘仿反应。碘仿反应的范围：

$$CH_3-\overset{O}{\overset{\|}{C}}-R(H) \qquad CH_3-\overset{OH}{\overset{|}{CH}}-R(H)$$

9.2.2.3 氧化反应

醛、酮在氧化反应性质上的差异非常显著，醛对氧化剂比较敏感，酮对一般氧化剂都比较稳定。

(1) 醛的氧化反应

醛很容易被氧化，常用氧化剂$KMnO_4$、$K_2Cr_2O_7$可氧化醛形成相应的羧酸。

$$CH_3(CH_2)_5CHO + KMnO_4 \xrightarrow{H^+} CH_3(CH_2)_5COOH$$

醛基在芳环侧链上时，氧化反应的条件不能剧烈，否则芳环侧链断裂成苯甲酸。

醛还可以被弱氧化剂氧化，如托伦（Tollens）试剂和斐林（Fehling）试剂。

托伦试剂由硝酸银溶液与过量氨水反应所制备，即形成银氨离子$[Ag(NH_3)_2]^+$。与醛反应时，氧化剂的一价银离子被还原出来附着在试管壁上形成银镜，因此又称为银镜反应。

$$\underset{\text{托伦试剂}}{RCHO + 2[Ag(NH_3)_2]^+} + 2OH^- \longrightarrow RCOONH_4 + \underset{\text{银镜}}{2Ag\downarrow} + H_2O$$

斐林试剂由硫酸铜溶液与酒石酸钾钠碱溶液等量混合而成，在反应中，二价铜离子被还原成红色的氧化亚铜沉淀。

$$RCHO + \underset{\text{斐林试剂}}{2Cu(OH)_2} \xrightarrow{NaOH} RCOONa + \underset{\text{红色}}{2Cu_2O\downarrow} + 3H_2O$$

斐林试剂不能氧化芳香醛，故可用于脂肪醛和芳香醛的区别、鉴定。托伦试剂和斐林试剂还可用于有机合成，它们能氧化醛基，而不影响双键。例如：

$$CH_3CH{=}CHCHO \xrightarrow{\text{托伦试剂}} CH_3CH{=}CHCOOH$$

(2) 酮的氧化

酮不被托伦试剂或斐林试剂氧化，因此常用上述两种试剂来区别醛、酮。酮若在剧烈的氧化条件下，可发生碳碳键断裂，断裂发生在羰基碳和 α-碳处，生成多种羧酸混合物。结构对称的环酮氧化只生成一种产物，可用于制备某些化合物。例如工业上采用环己酮氧化制备己二酸。

$$\text{环己酮} \xrightarrow[V_2O_5]{HNO_3} \text{HOOC(CH}_2)_4\text{COOH}$$

9.2.2.4 还原反应

醛和酮都能发生还原反应。根据还原剂的不同，可以把羰基还原成醇羟基或亚甲基。

(1) 还原成醇

a. 催化氢化　醛、酮与烯烃相似，可以催化加氢。在 Ni、Pd、Pt 等催化剂的作用下，醛加氢生成伯醇，酮加氢生成仲醇。

$$\underset{(R')H}{\overset{R}{}}\!\!>C{=}O + H_2 \xrightarrow[\triangle,\text{加压}]{\text{Pt 或 Ni,Pd}} \underset{(R')H}{\overset{R}{}}\!\!>CH{-}OH$$

催化加氢反应没有选择性，如果醛、酮分子中含有其他不饱和键，如 C=C、C≡C、C=N、NO_2、C≡N 等基团时，这些基团也同时被还原。例如：

$$CH_3CH{=}CHCH_2CHO + 2H_2 \xrightarrow[250℃,\text{加压}]{Ni} CH_3CH_2CH_2CH_2CH_2OH$$

与烯烃的双键相比，羰基催化氢化的活性为：

醛羰基>碳碳双键>酮羰基

当羰基与碳碳双键孤立地存在于同一分子中时，由于其活性上的差异，通过控制反应条件，使活性较高的基团优先还原。

$$CH_2{=}CHCH_2\overset{O}{\overset{\|}{C}}{-}H \xrightarrow[\text{控制}]{H_2/Ni} CH_2{=}CHCH_2\overset{OH}{\overset{|}{C}}H_2$$

b. 用金属氢化物还原　醛、酮可被氢化铝锂（$LiAlH_4$）和硼氢化钠（$NaBH_4$）等金属氢化物还原成相应的醇。金属氢化物作还原剂的最大特点是还原反应具有选择性，$LiAlH_4$、$NaBH_4$ 等试剂只还原羰基，而不影响分子中的其他不饱和键，并且产率高，副反应少。例如：

$$CH_3CH{=}CHCH_2CHO \xrightarrow[(2)H_3O^+]{(1)NaBH_4} CH_3CH{=}CHCH_2CH_2OH$$

$LiAlH_4$ 极易水解，反应需要在无水条件下进行。$NaBH_4$ 与水、质子性溶剂作用较慢，使用比较方便，但其还原能力比 $LiAlH_4$ 弱。这类还原反应的本质是氢负离子作为亲核试剂与羰基进行亲核加成，形成醇盐，后者经水解得到醇。

c. 麦尔外英-彭多夫还原　在异丙醇铝-异丙醇的作用下，醛、酮可被还原成醇。

$$RR'C{=}O + (CH_3)_2CHOH \xrightleftharpoons{[(CH_3)_2CHO]_3Al} RR'CH{-}OH + H_3C{-}\overset{\overset{O}{\|}}{C}{-}CH_3$$

此反应称为麦尔外英-彭多夫还原，是欧芬脑尔氧化反应的逆反应。该反应具有高度的选择性，分子中其他不饱和基团不发生反应。

d. 酮的双分子还原　在一定条件下，很多金属，如 Na/C_2H_5OH、Fe/CH_3COOH 等都能将醛、酮还原成醇，例如：

$$H_3C{-}(CH_2)_4{-}\overset{\overset{O}{\|}}{C}{-}CH_3 \xrightarrow{Na/C_2H_5OH} H_3C{-}(CH_2)_4{-}\overset{\overset{OH}{|}}{C}H{-}CH_3$$

$$H_3C{-}(CH_2)_5{-}\overset{\overset{O}{\|}}{C}{-}H \xrightarrow{Fe/CH_3COOH} H_3C{-}(CH_2)_5{-}\overset{\overset{OH}{|}}{C}H_2$$

当在非质子溶剂中使用镁、镁汞齐或铝汞齐时，酮被还原得双分子产物（产物为频哪醇），该反应称为酮的双分子还原。

$$H_3C{-}\overset{\overset{O}{\|}}{C}{-}CH_3 \xrightarrow[苯]{Mg} \xrightarrow{H_2O/H^+} (CH_3)_2C(OH){-}C(OH)(CH_3)_2$$

$$\text{环戊酮} \xrightarrow[苯]{Mg} \xrightarrow{H_2O/H^+} \text{1,1'-二羟基联环戊烷 (HO, OH)}$$

(2) 还原成烃

a. 克莱门森还原法　将醛、酮与锌汞齐和浓盐酸一起加热回流，其羰基可被还原成亚甲基，此反应称为克莱门森还原法。该反应在有机合成上被广泛用于制备烷烃、烷基芳烃或烷基酚类。

$$C_6H_6 + CH_3CH_2C(=O)Cl \xrightarrow{无水\ AlCl_3} C_6H_5{-}\overset{\overset{O}{\|}}{C}{-}CH_2CH_3 \xrightarrow{Zn\text{-}Hg/HCl} C_6H_5{-}CH_2CH_2CH_3$$

80%

b. 乌尔夫-凯惜纳-黄鸣龙还原法　将醛和酮还原为烃的另一种方法，是将醛和酮与纯肼作用变成腙，然后将腙和乙醇钠及无水乙醇在高压釜中加热到 180℃左右，腙受热分解放出氮气，同时形成亚甲基。此法称为基斯内尔-乌尔夫法。

我国化学家黄鸣龙改进了这个方法，先将醛（酮）、氢氧化钠、肼的水溶液和一个高沸点的水溶性溶剂（如二缩乙二醇等）一起加热，使醛、酮变成腙，再蒸出过量的水和过量的肼，待温度达到腙的分解温度（约 200℃），继续回流至还原反应完成。黄鸣龙方法的优点是反应可在常压下进行，反应时间由原来的几十小时缩短为几小时，同时还可以用肼的水溶液代替昂贵的无水肼，使得这个反应成为一个易于实现和操作的过程。

$$C_6H_5COCH_2CH_3 \xrightarrow[\text{二缩乙二醇},\triangle]{H_2NNH_2,H_2O,NaOH} C_6H_5CH_2CH_2CH_3$$

c. 康尼查罗反应　不含 α-H 的醛（如甲醛、苯甲醛、乙二醛等）与浓碱共热，发生自身氧化还原反应，一分子醛被氧化成酸，另一分子醛被还原成醇。这类反应于 1853 年被发现，称康尼查罗反应。

$$2HCHO \xrightarrow[\triangle]{\text{浓 NaOH}} HCOONa + CH_3OH$$

$$2\,C_6H_5CHO \xrightarrow[\triangle]{\text{浓NaOH}} C_6H_5COONa + C_6H_5CH_2OH$$

在反应中，若氧化作用和还原作用发生在同一分子内部处于同一氧化态的元素上，使该元素的原子（或离子）一部分被氧化，另一部分被还原。这种自身的氧化还原反应称为歧化反应。康尼查罗反应是歧化反应的一种。

两种不同的不含 α-H 的醛在浓碱条件下进行的康尼查罗反应称交错康尼查罗反应，产物是混合物，无制备价值。若甲醛与其他不含 α-H 的醛作用，则产物比较简单，由于甲醛的还原性比其他醛强，因此甲醛被氧化成甲酸，而另一种醛被还原成醇。

$$C_6H_5CHO + HCHO \xrightarrow[\triangle]{\text{浓 NaOH}} C_6H_5CH_2OH + HCOONa$$

9.2.3　醛酮的制备

醛、酮的合成方法很多，但大体上可分为两大类。一类是由其他的官能团转化而来，另一类是在分子中直接引入羰基。

9.2.3.1　官能团转化法

(1) 芳烃氧化

芳烃侧链的 α-位，在适当条件下可以被氧化。侧链为甲基氧化为醛，其他侧链氧化为酮（α-碳上有两个氢），如果有多个侧链，可以控制试剂用量，使其中一个氧化。氧化剂的加入要慢，以避免醛进一步氧化为酸。

$$o\text{-}CH_3C_6H_4CH_3 \xrightarrow[H_2SO_4,\ H_2O]{MnO_2} o\text{-}CH_3C_6H_4CHO$$

$$1,3,5\text{-}(CH_3)_3C_6H_3 \xrightarrow[H_2SO_4,\ H_2O]{MnO_2} 3,5\text{-}(CH_3)_2C_6H_3CHO$$

$$C_6H_5CH_2CH_3 \xrightarrow[H_2SO_4,\ H_2O]{MnO_2} C_6H_5COCH_3$$

如果使用三氧化铬和乙酸酐作为氧化剂，首先生成而乙酸酯，然后水解得到醛。

$$p\text{-}O_2N\text{-}C_6H_4\text{-}CH_3 \xrightarrow[Ac_2O]{CrO_3} p\text{-}O_2N\text{-}C_6H_4\text{-}CH(OAc)_2 \xrightarrow{H_2O} p\text{-}O_2N\text{-}C_6H_4\text{-}CHO$$

使用上述氧化剂时，芳环上有硝基、溴、氯等吸电子基团时，芳环很稳定，不会被氧化；如果有氨基、羟基等给电子基团时，芳环本身易被氧化。

(2) 用烯烃和炔烃制备

烯烃的氧化可得醛或酮，炔烃直接或间接加水得到烯醇，烯醇异构化得醛或酮。

$$RR^1C{=}CR^2R^3 \xrightarrow[H_2O]{KMnO_4} RR^1C{=}O + O{=}CR^2R^3$$

$$RR^1C{=}CR^2H \xrightarrow[Zn/H_2O]{O_3} RR^1C{=}O + O{=}CR^2H$$

$$H_3C{-}C{\equiv}C{-}CH_3 \xrightarrow[Hg^{2+}]{H^+/H_2O} \left[\begin{matrix} HO & & H \\ & C{=}C & \\ H_3C & & CH_3 \end{matrix}\right] \longrightarrow H_3C{-}CO{-}CH_2CH_3$$

(3) 醇氧化

使用选择性氧化剂（CrO_3/H_2SO_4、CrO_3/吡啶或活性 MnO_2）可将伯醇氧化成醛；而仲醇用 $KMnO_4$ 等氧化剂氧化可以制备酮。

$$C_6H_5CH_2CH_2OH \xrightarrow{CrO_3/H_2SO_4} C_6H_5CH_2CHO$$

$$C_6H_5CH_2CH(OH)CH_3 \xrightarrow[H_2O]{KMnO_4} C_6H_5CH_2COCH_3$$

(4) 卤化水解

二卤代物水解生成醛、酮。

(5) 酰卤还原

使用部分失活的钯催化剂，将酰卤进行催化氢化反应生成醛，而醛不会进一步被还原。此法被称为罗森门德还原法。

$$C_6H_5COCl \xrightarrow[\text{硫、喹啉}]{H_2/Pd/BaSO_4} C_6H_5CHO + HCl$$

(6) 腈合成

将氯化亚锡悬浮在乙醚中，并用氯化氢气体饱和，将芳腈加入反应液，水解后得芳醛。

$$C_6H_5C{\equiv}N \xrightarrow{HCl} [C_6H_5C(Cl){=}NH] \xrightarrow[H^+]{SnCl_2} C_6H_5CH{=}NH \xrightarrow{H_2O} C_6H_5CHO$$

9.2.3.2 向分子中直接引入羰基

(1) 傅-克酰基化反应

当苯环上没有强吸电子基团时，可发生傅-克酰基化反应。

$$\text{C}_6\text{H}_6 + (\text{CH}_3\text{CO})_2\text{O} \xrightarrow{\text{AlCl}_3} \text{C}_6\text{H}_5\text{COCH}_3$$

(2) 盖特曼-柯赫反应

在无水三氯化铝和氯化亚铜的催化下，芳烃、氯化氢和一氧化碳作用生成芳醛，这个反应称为盖特曼-柯赫反应。

$$\text{C}_6\text{H}_6 + \text{CO} + \text{HCl} \xrightarrow[\triangle]{\text{AlCl}_3,\text{CuCl}} \text{C}_6\text{H}_5\text{CHO}$$

9.2.4 重要的醛酮

(1) 甲醛

甲醛（HCHO）俗称蚁醛，常温下为无色具有强烈刺激性气味的气体，沸点为－21℃，能与水及乙醇、丙酮等有机溶剂按任意比例混溶，37%～40%甲醛水溶液俗称“福尔马林”。甲醛在常温下即能自动聚合生成具有环状结构的三聚甲醛，水溶液长时间放置可产生浑浊或出现白色沉淀，这是由于甲醛自动聚合形成多聚甲醛（$\text{HO}\!\left[\text{CH}_2\text{O}\right]_n\!\text{H}$，$n=8\sim100$）。三聚甲醛和多聚甲醛加热都可解聚重新生成甲醛。

甲醛与浓氨水作用，生成一种环状结构的白色晶体，叫环六亚甲基四胺（$C_6H_{12}N_4$），药品名为乌洛托品，医药上用作利尿剂，是治疗风湿痛的药物。甲醛在医药工业中也作为原料用来生产氯霉素。

(2) 乙醛

乙醛（CH_3CHO）是无色、易挥发、具有刺激性气味的液体，沸点为21℃，能溶于水、乙醇和乙醚。乙醛是重要的有机合成原料，主要用于合成乙酸、乙醇、季戊四醇和丁醇等。乙醛也容易聚合，在酸的催化下可聚合成三聚乙醛，加稀酸蒸馏则解聚为乙醛。

乙醛经氯化得三氯乙醛，它易与水加成得到水合三氯乙醛，简称水合氯醛，是一种比较安全的催眠药和镇静药。

(3) 苯甲醛

苯甲醛（C_6H_5CHO）是最简单的芳香醛，常温下为无色液体，沸点为179℃，具有苦杏仁味，又叫苦杏仁油，微溶于水，易溶于乙醇和乙醚。苯甲醛常以扁桃苷的结合状态存在于水果中，如桃、杏、梅的核仁中。苯甲醛久置空气中即被氧化成苯甲酸白色晶体，因此在保存苯甲醛时常加入少量对苯二酚作抗氧化剂。

苯甲醛是有机合成的重要原料，用于制备药物、香料和染料。

(4) 丙酮

丙酮（CH_3COCH_3）是最简单的酮，是无色、易挥发、易燃的液体，具有特殊香味，沸点为56.5℃，能与水、乙醚等混溶，并能溶解多种有机物，是一种良好的有机溶剂。丙酮是重要的有机合成原料，用于合成有机玻璃、环氧树脂等产品，还可以用于制备氯仿、碘仿、乙烯酮等化合物。

丙酮以游离状态存在于自然界中，如茶油、松脂精油、柑橘精油等。糖尿病患者由于代谢不正常，体内常有过量的丙酮产生，并随尿液或呼吸排出。临床上检查尿中是否含有丙酮，可用亚硝酰铁氰化钠 $Na_2[Fe(CN)_5NO]$ 溶液和氨水，如有丙酮存在，即呈紫红色。

9.3 α-，β-不饱和醛、酮

不饱和醛、酮种类很多，其中碳碳双键处于 α-碳和 β-碳之间的称为 α-，β-不饱和醛、酮，也是最重要的一类不饱和醛、酮。

9.3.1 结构

与1,3-丁二烯相似，在 α-，β-不饱和醛、酮分子中，碳碳双键和羰基共轭，形成了一个 π-π 共轭体系。丙烯醛分子中的共轭体系为：

$$H_2C{=}CH{-}CH{=}O$$

9.3.2 化学性质

α-，β-不饱和醛、酮，既可发生亲核加成，也可发生亲电加成，而且具有1,2-加成和1,4-加成两种加成方式。

(1) 亲核加成

$$-C{=}C{-}C{=}O + Nu^- \xrightarrow{1,2\text{-加成}} -C{=}C{-}C(Nu){-}\bar{O} \xrightarrow{A^+} -C{=}C{-}C(Nu){-}OA$$

$$-C{=}C{-}C{=}O + Nu^- \xrightarrow{1,4\text{-加成}} -C(Nu){-}C{=}C{-}\bar{O} \xrightarrow{A^+} -C(Nu){-}C{=}C{-}OA \xrightarrow{\text{A为H时，互变异构}} -C(Nu){-}CH{-}C{=}O$$

当A为氢时，1,4-加成所生成的产物是烯醇结构，互变异构成酮式，加成结果看似是发生在双键的3,4-加成，但从本质上看，还是属于1,4-加成。

α-，β-不饱和醛、酮与氢氰酸、亚硫酸氢钠加成时，一般主要生成1,4-加成产物。例如：

$$C_6H_5CH{=}CHCOC_6H_5 \xrightarrow[CH_3COOH]{KCN} C_6H_5CH(CN)CH_2COC_6H_5$$

α-，β-不饱和醛、酮与有机炔钠、有机锂化合物作用时，产物以1,2-加成为主。例如：

$$H_2C{=}CH{-}\underset{\|}{\overset{O}{C}}{-}CH_3 \xrightarrow{HC\equiv CNa} \xrightarrow{H_2O} H_2C{=}CH{-}C(OH)(CH_3){-}C\equiv CH$$

α-，β-不饱和醛、酮与格氏试剂加成时，有的以1,2-加成为主，有的以1,4-加成为主，可能与羰基旁边烃基R的体积有关。R体积小时，以1,2-加成为主；R体积大时，以1,4-加成产物为主。例如：

$$C_6H_5CH{=}CHCHO \xrightarrow{C_6H_5MgBr/无水醚} \xrightarrow{H^+} C_6H_5CH{=}CHCH(OH){-}C_6H_5$$

100%,1,2-加成

$$C_6H_5CH{=}CHC(=O){-}C_6H_5 \xrightarrow{C_6H_5MgBr/无水醚} \xrightarrow{H^+} C_6H_5CH(C_6H_5)CH_2C(=O){-}C_6H_5$$

94%,1,4-加成

(2) 亲电加成

α-,β-不饱和醛、酮进行亲电加成时，由于羰基的吸电子作用，不仅降低了碳碳双键的活性，而且影响加成反应的方向，例如：

$$H_2C{=}CH{-}CH{=}O + HCl(气) \longrightarrow H_2C(Cl){-}CH_2{-}CH{=}O$$

上式中，氢不是加到含氢较多的碳上，这也是1,4-加成的结果，其过程如下所示：

$$-C{=}C{-}C{=}O \xrightarrow{H^+} -C{\cdots}C{\cdots}C{-}OH\ (+) \xrightarrow{B^-} -C(B){-}C{=}C{-}OH \longrightarrow -C(B){-}C(H){-}C{=}O$$

α-,β-不饱和醛、酮与卤素、次卤素不发生共轭加成，只是在双键碳原子上发生亲电加成，例如：

$$H_3C{-}CH{=}CH{-}C(=O){-}CH_3 \xrightarrow{Br_2} H_3C{-}CH(Br){-}CH(Br){-}C(=O){-}CH_3$$

(3) 迈克尔加成

α-,β-不饱和醛、酮和带有活泼亚甲基的亲核的碳负离子进行1,4-共轭加成，称为迈克尔加成，产物为1,5-二羰基化合物。例如：

$$\text{2-甲基-1,3-环己二酮} + H_2C{=}CH{-}C(=O){-}CH_3 \xrightarrow[CH_3OH]{KOH} \text{2-甲基-2-}(CH_2CH_2C(=O)CH_3)\text{-1,3-环己二酮}$$

85%

9.4 醌

9.4.1 醌的分类和命名

醌是一类含有环己二烯二酮结构的化合物，比如对苯醌、邻苯醌。醌类分子中都具有对醌式或邻醌式的结构单元，这样的结构叫醌型结构。具有醌型结构的化合物大多具有颜色。醌类化合物普遍存在于色素、染料和指示剂等化合物中。醌类化合物不是芳香族化合物，但根据其骨架可分为苯醌、萘醌、蒽醌、菲醌等。

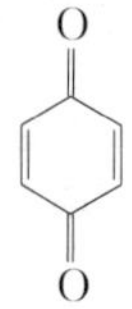

对醌式 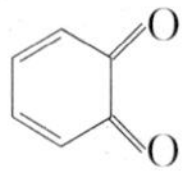　　　邻醌式

醌是作为相应芳香烃的衍生物来命名的。例如：由苯衍生得到的醌称为苯醌，萘衍生得到的醌称为萘醌等。

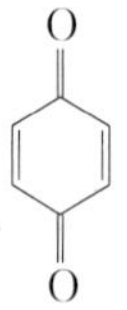

对苯醌 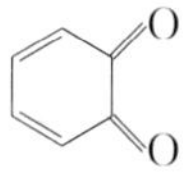　　　邻苯醌 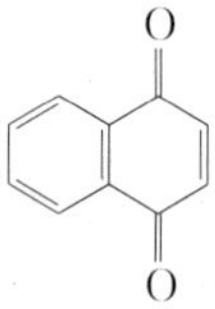　　　1,4-萘醌 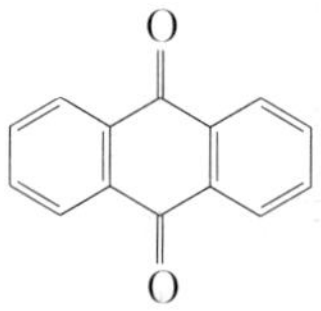　　　9,10-蒽醌

9.4.2 对苯醌的反应

醌类化合物都是固体。具有醌型结构的化合物都有颜色，对位的醌多为黄色，邻位的醌多为红色或橙色。所以醌类化合物是许多染料和指示剂的母体。

醌是具有共轭体系的环己二烯二酮类化合物，具有烯烃和羰基化合物的典型性质，因此既能发生碳碳双键的亲电加成反应和羰基的亲核加成反应，又能发生 1,4-或 1,6-共轭加成反应。

(1) 碳碳双键的加成反应

醌分子中的碳碳双键可与卤素、卤化氢等亲电试剂发生加成反应，也可以作为亲双烯体与双烯发生狄尔斯-阿尔德反应。

例如：

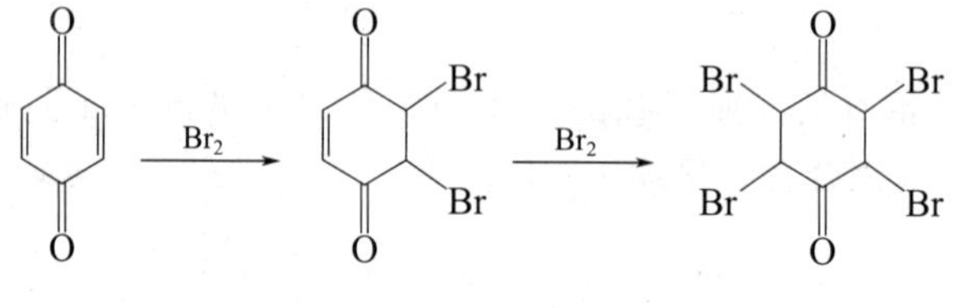

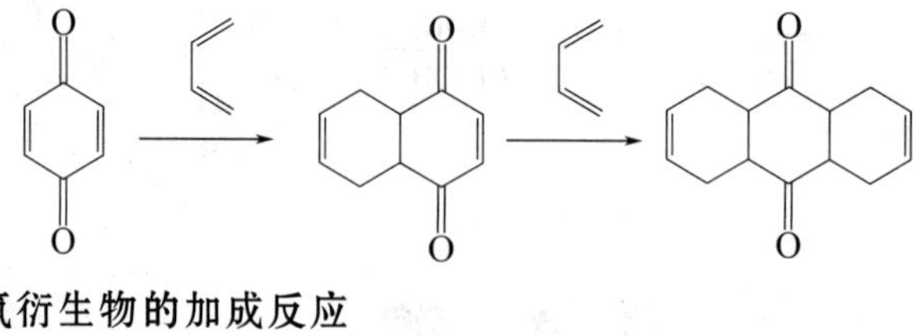

Br_2　　Br_2

(2) 羰基与氨衍生物的加成反应

醌分子中的羰基能与氨的衍生物发生亲核加成反应。例如：

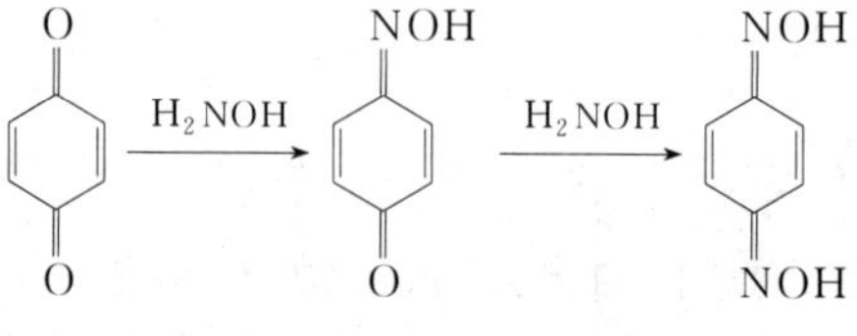

H_2NOH　　H_2NOH

(3) 共轭加成反应

与 α,β-不饱和羰基化合物一样，对苯醌能够与 HCl、HCN 等发生共轭加成反应。

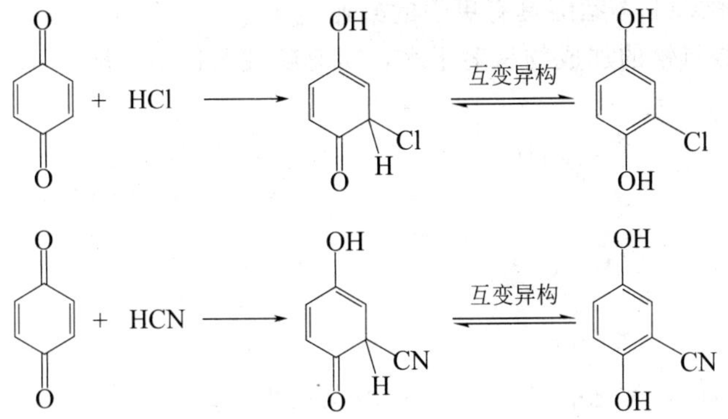

O, O + HCl → OH, O, H, Cl ⇌（互变异构）OH, OH, Cl

O, O + HCN → OH, O, H, CN ⇌（互变异构）OH, OH, CN

对苯醌与对苯二酚能形成 1∶1 难溶于水的分子配合物（一种深绿色闪光晶体），又名醌氢醌。这种配合物的形成是两种分子中的 π 电子体系相互作用的结果。氢醌分子中的 π 电子“过剩”，而对苯醌分子中的 π 电子“缺少”，两者之间发生电子授受现象，形成授受电子配合物（又称电子转移配合物）。此外，分子间的氢键对配合物的稳定性也有一定的稳定作用。

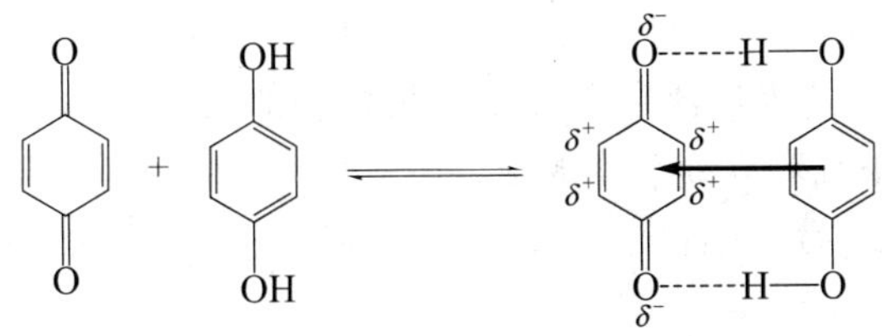

O, O + OH, OH ⇌ δ^- O-----H—O, δ^+, δ^+, δ^+, δ^+, O-----H—O δ^-

9.4.3 重要的醌

（1）苯醌

苯醌包括对苯醌和邻苯醌两种异构体，其中对苯醌较重要，一般苯醌即指对苯醌。对苯醌为金黄色棱晶，熔点为 115～117℃，能升华并能随水汽蒸馏，溶于热水、乙醇和乙醚中；邻苯醌为红色片状或棱状晶体，在 60～70℃分解，溶于乙醚、丙酮和苯。

苯醌是有机合成工业的原料，其还原产物对苯二酚是还原剂，可作底片的显影剂和聚合反应的阻聚剂。

（2）萘醌

萘醌有三种异构体，最常见的是 α-萘醌。α-萘醌是黄色晶体，熔点为 125℃，微溶于水，易溶于乙醇和乙醚，有刺激性气味。许多天然产物中都含有 α-萘醌的结构，例如维生素 K_1 和维生素 K_2 的母体就是 α-萘醌。维生素 K_1 和维生素 K_2 广泛存在于自然界，如绿色植物、蛋黄、动物肝脏中，其生理功能是促进血液的凝固，用作止血剂。维生素 K_1 和维生素 K_2 的结构如下：

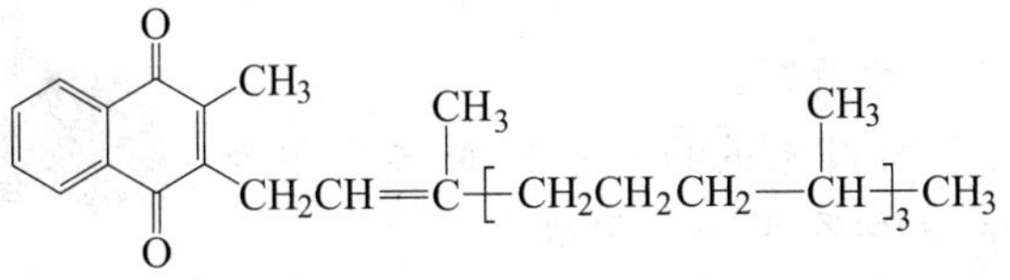

O, O, CH_3, $CH_2CH{=}\overset{CH_3}{C}{+}CH_2CH_2CH_2{-}\overset{CH_3}{CH}{+}_3CH_3$　维生素K_1

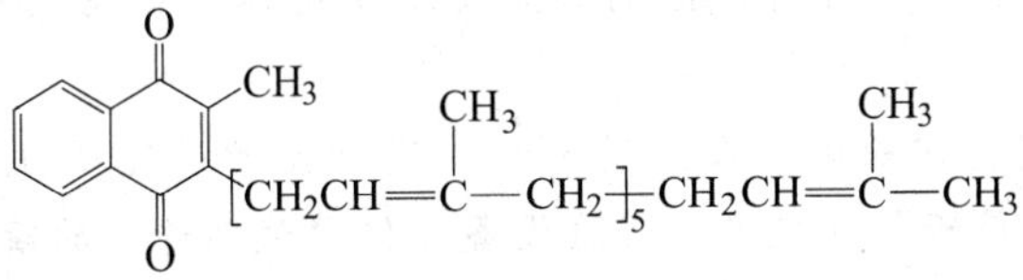

O, O, CH_3, $[CH_2CH{=}\overset{CH_3}{C}{-}CH_2]_5CH_2CH{=}\overset{CH_3}{C}{-}CH_3$　维生素K_2

人工合成的2-甲基-1,4-萘醌具有更强的凝血能力，称为维生素 K_3。它是黄色晶体，难溶于水，但与亚硫酸氢钠的加成物易溶于水，叫亚硫酸氢钠甲萘醌，常应用于临床止血。

2-甲基-1,4-萘醌(维生素 K_3)　　亚硫酸氢钠甲萘醌

(3) 蒽醌

蒽醌有三种异构体，常见的是9,10-蒽醌及其衍生物。

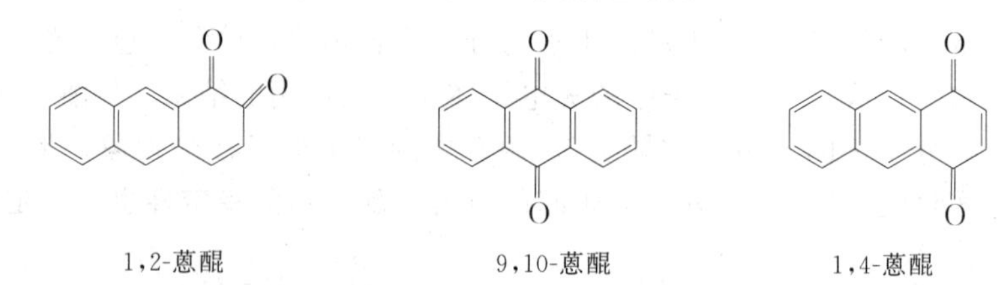

1,2-蒽醌　　9,10-蒽醌　　1,4-蒽醌

9,10-蒽醌衍生物在自然界广泛存在，多数是植物的成分。如存在于茜草根中最早用作染料的茜素、中药大黄中有效成分大黄素等。

茜素　　大黄素

【阅读材料】

黄鸣龙

黄鸣龙于1898年8月6日出生于江苏省扬州市。

1920年毕业于浙江医药专科学校，即赴瑞士，进入苏黎世大学学习。

1922年去德国在柏林大学深造。

1924年，获哲学博士学位。同年回国后，历任浙江省卫生试验所化验室主任、卫生署技正与化学科主任、浙江省立医药专科学校药科教授等职。

1935年，黄鸣龙进入德国维次堡大学化学研究所进修，开展中药延胡索、细辛的有效化学成分的研究。

1938～1940年，黄鸣龙先在德国先灵药厂研究甾体化学合成，后又在英国密得塞斯医院的医学院生物化学研究所研究女性激素。在改造胆甾醇结构合成女性激素时，他们首先发现了甾体化合物中双烯酮-酚的移位反应。

1940年，黄鸣龙取道英国返回祖国，在昆明中央研究院化学研究所任研究员，并在西南联合大学兼任教授。在当时科研条件极差、实验设备与化学试剂奇缺的情况下，他仍能想

方设法就地取材。他从药房买回驱蛔虫药山道年，用仅有的盐酸、氢氧化钠、酒精等试剂，在频繁的空袭警报的干扰下，进行了山道年及其一类物的立体化学的研究，发现了变质山道年的四个立体异构体可在酸碱作用下成圈地转变，并由此推断出山道年和四个变质山道年的相对构型。这一发现，为以后中外解决山道年及其一类物的绝对构型和全合成提供了理论依据。

1945 年，黄鸣龙应邀去哈佛大学化学系做研究工作。一次在做乌尔夫-凯惜纳还原反应时，出现了意外情况，但黄鸣龙并未弃之不顾，而是继续做下去，结果得到出乎意外的高产率。他仔细分析原因，又通过改变实验中的一系列反应条件，终于对羰基还原为亚甲基的方法进行了创造性的改进。现此法简称黄鸣龙还原法，在国际上已广泛采用，并被写入各国有机化学教科书中。黄鸣龙还原法是数千个有机化学人名反应中唯一一个以中国人命名的反应。

1949～1952 年黄鸣龙在美国默克药厂从事副肾皮激素人工合成的研究。

1952 年 10 月，他携妻女及一些仪器，经过许多周折和风险，终于离美绕道欧洲回到了祖国。黄鸣龙回国后在军事医学科学院任化学系主任，继续从事甾体激素的合成研究和甾体植物资源的调查。

1955 年他被选聘为中国科学院学部委员（院士）。

1956 年，他领导的研究室转到中国科学院上海有机化学研究所。

1958 年，在他领导下研究以国产薯蓣皂苷元为原料合成可的松的先进方法获得成功，并协助工业部门很快投入了生产，使这项国家原来安排在第三个五年计划进行的项目提前数年完成。中国的甾体激素药物也从进口一跃而为出口。

1959 年 10 月，醋酸可的松获国家创造发明奖。

1979 年 7 月 1 日，黄鸣龙逝世。

黄鸣龙先生毕生致力于有机化学的研究，特别是甾体化合物的合成研究，为我国有机化学的发展和甾体药物工业的建立以及科技人才的培养做出了突出贡献。

【巩固练习】

9-1 选择题

1. 下列化合物能发生碘仿反应的是（　　）。

A. 甲醛　　B. 乙醇　　C. 3-戊醇　　D. 2-甲基丙醛

2. 下列化合物能被斐林试剂氧化的是（　　）。

A. 乙醛　　B. 苯甲醛　　C. 丙酮　　D. 戊二酮

3. 下列化合物能发生银镜反应的是（　　）。

A. CH_3COCH_3　　B. CH_3CH_2OH　　C. HCHO　　D. $CH_3COCH_2CH_3$

4. 福尔马林溶液是指（　　）的水溶液。

A. 甲醛　　B. 乙醛　　C. 苯甲醛　　D. 丙酮

5. 下列化合物能与斐林试剂反应生成砖红色沉淀的是（　　）。

A. C_6H_5CHO　　B. CH_3CH_2CHO　　C. CH_3COCH_3　　D. CH_3CH_2OH

6. 醛与硝酸银的氨溶液的反应属于（　　）。

A. 加成反应　　B. 取代反应　　C. 卤代反应　　D. 氧化反应

7. 下列说法不正确的是（　　）。

A. 醛和酮的官能团都是羰基，所以其化学性质完全相同

B. 利用托伦试剂可鉴别脂肪醛和脂肪酮

C. 利用斐林试剂可鉴别脂肪醛和芳香醛

D. 含有 $CH_3CH(OH)$—结构的化合物能够发生碘仿反应

8. 关于乙醛的下列反应中，乙醛被还原的是（　　）。

A. 乙醛的银镜反应　　　　B. 乙醛制乙醇

C. 乙醛与新制氢氧化铜的反应　　　　D. 乙醛的燃烧反应

9-2 完成下列反应。

1. 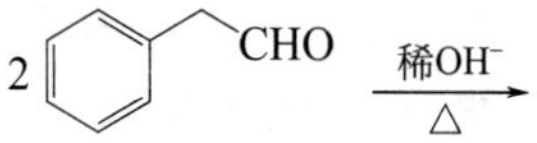 2 $C_6H_5CH_2CHO$ $\xrightarrow[\triangle]{\text{稀}OH^-}$

2. $CH_3\overset{O}{\overset{\|}{C}}CH_2CH_3$ $\xrightarrow[(2)H_2O]{(1)CH_3MgBr}$

3. $C_6H_5\overset{O}{\overset{\|}{C}}CH_3$ $\xrightarrow{NH_2OH}$

4. 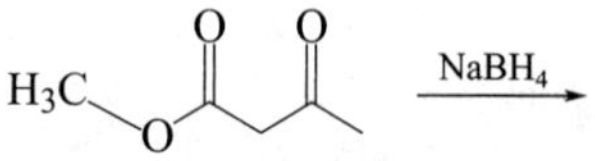 $H_3C-O-CO-CH_2-CO-CH_3$ $\xrightarrow{NaBH_4}$

5. 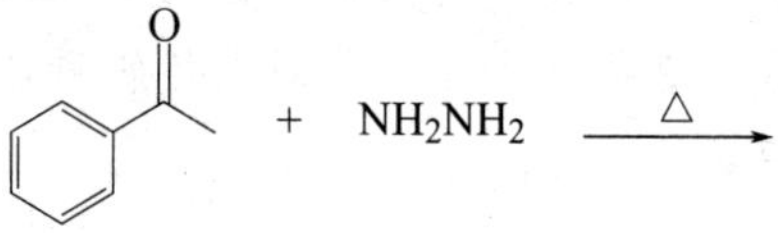 $C_6H_5COCH_3$ + NH_2NH_2 $\xrightarrow{\triangle}$

6.  $(CH_3)_2CHCH_2COCH_3$ + NaOI $\longrightarrow$

7. 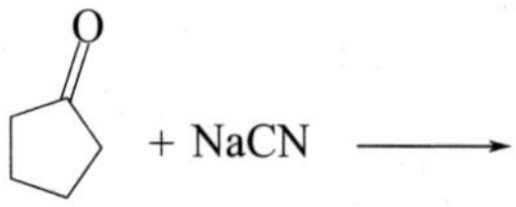 环戊酮 + NaCN $\longrightarrow$

8. 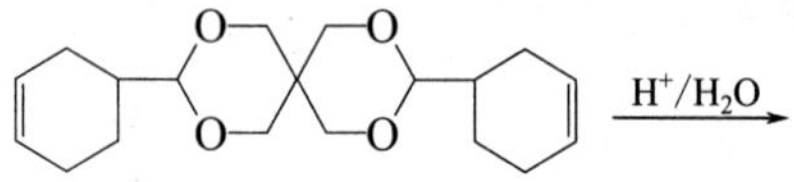 （双环己烯基取代的螺环二缩醛，O、O、O、O） $\xrightarrow{H^+/H_2O}$

9. 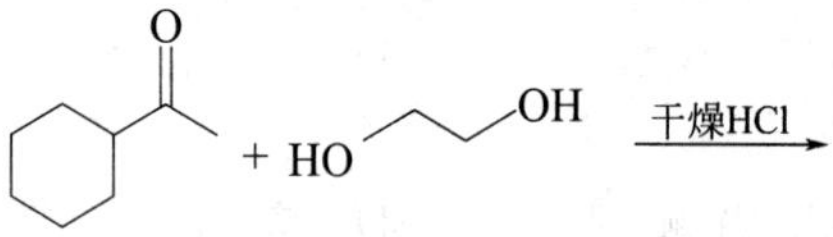 $C_6H_{11}COCH_3$ + $HOCH_2CH_2OH$ $\xrightarrow{\text{干燥}HCl}$

10. $HOCH_2CH_2CH_2CH_2CHO$ + CH_3OH $\xrightarrow{\text{干燥}HCl}$

11. H_3C–C_6H_4–$COCH_3$（对位）+ Br_2 $\xrightarrow[25℃]{CH_3COOH}$

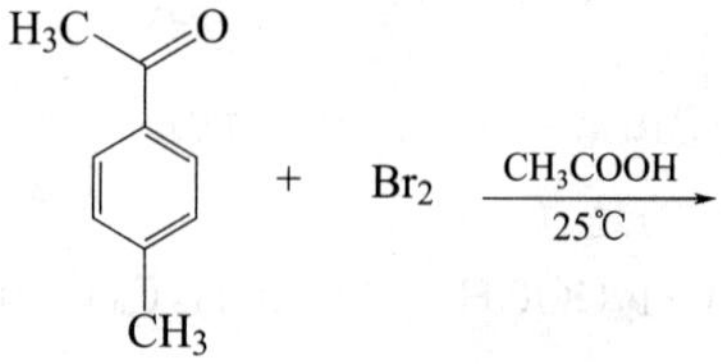

12. 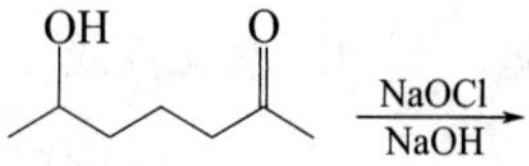 $CH_3CH(OH)CH_2CH_2CH_2COCH_3$ $\xrightarrow[NaOH]{NaOCl}$

13. 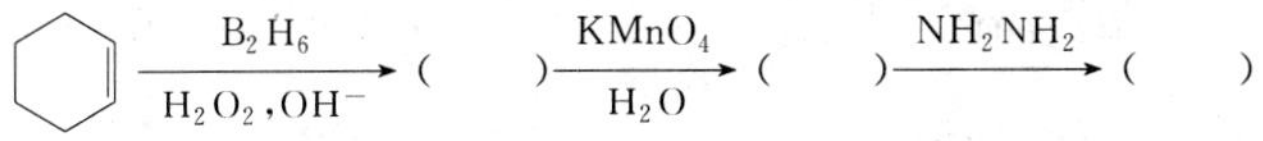 $\xrightarrow[H_2O_2, OH^-]{B_2H_6}$ (　　) $\xrightarrow[H_2O]{KMnO_4}$ (　　) $\xrightarrow{NH_2NH_2}$ (　　)

14. 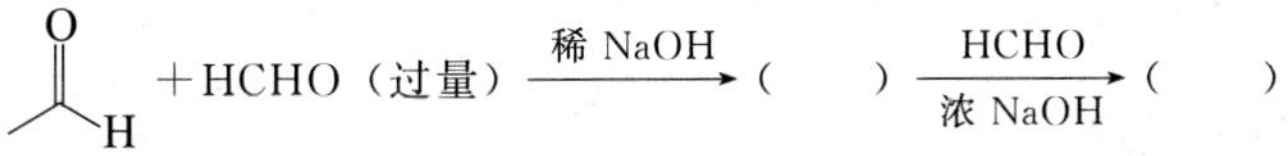 O H +HCHO（过量）$\xrightarrow{稀\ NaOH}$ (　　) $\xrightarrow[浓\ NaOH]{HCHO}$ (　　)

15. 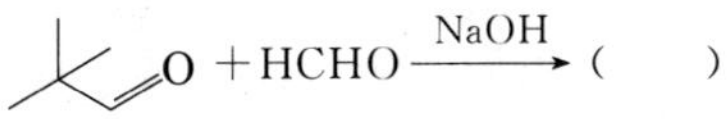 O +HCHO $\xrightarrow{NaOH}$ (　　)

16. 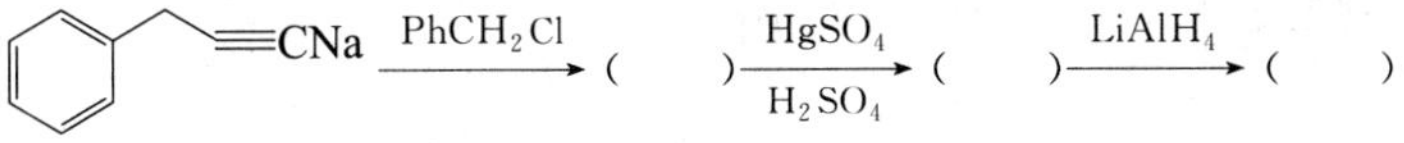 CNa $\xrightarrow{PhCH_2Cl}$ (　　) $\xrightarrow[H_2SO_4]{HgSO_4}$ (　　) $\xrightarrow{LiAlH_4}$ (　　)

17. 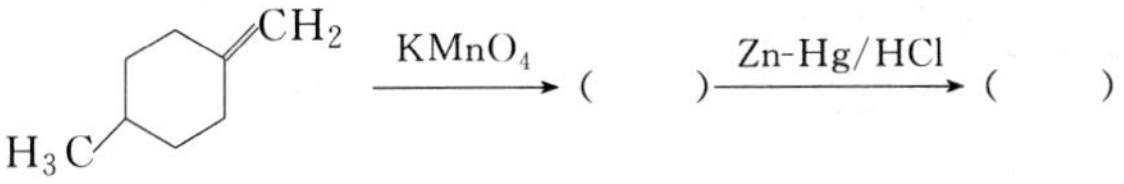 H_3C CH_2 $\xrightarrow{KMnO_4}$ (　　) $\xrightarrow{Zn\text{-}Hg/HCl}$ (　　)

18. 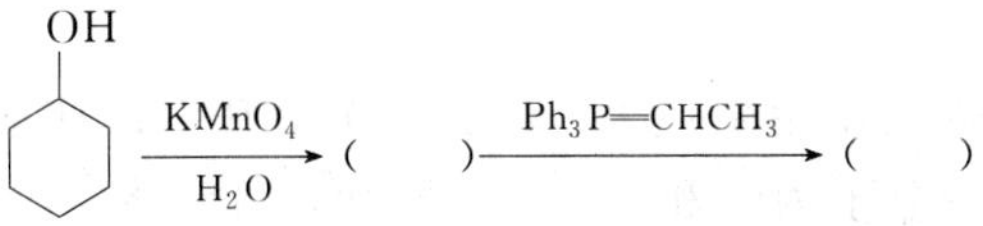 OH $\xrightarrow[H_2O]{KMnO_4}$ (　　) $\xrightarrow{Ph_3P{=}CHCH_3}$ (　　)

19. 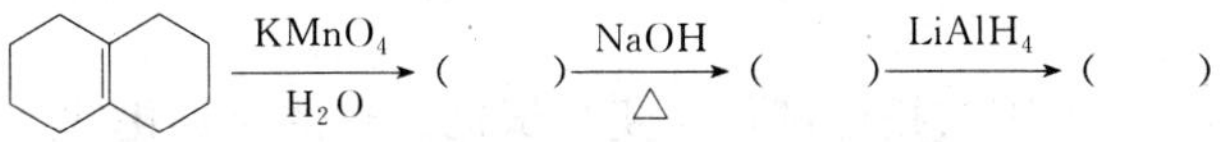 $\xrightarrow[H_2O]{KMnO_4}$ (　　) $\xrightarrow[\triangle]{NaOH}$ (　　) $\xrightarrow{LiAlH_4}$ (　　)

20. 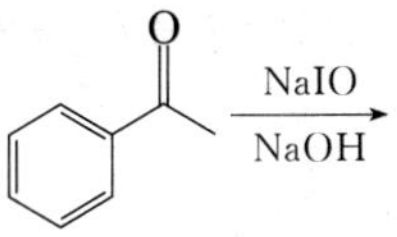 O $\xrightarrow[NaOH]{NaIO}$

9-3　写出 2-甲基环戊酮与下列试剂反应的产物。

1. $LiAlH_4$，H_2O
2. $NaBH_4$，H_2O
3. NH_2NH_2
4. $C_6H_5NHNH_2$
5. NH_2OH
6. C_2H_5MgBr，H_2O
7. Zn-Hg/HCl
8. NaCN
9. $HOCH_2CH_2OH$，干 HCl
10. $Ph_3P{=}CH_2$

9-4　用化学方法鉴别下列各组化合物。

1. 甲醛、乙醛、苯甲醛、苯乙酮
2. 苯甲醛、苯乙酮、环己酮、环己基甲醛
3. 丙醛、丙酮、丙醇、丙烯、丙炔
4. 2-戊酮、3-戊酮、2-戊醇、3-戊醇
5. 苯酚、苯甲醇、苯甲醛、苯乙酮

9-5　下列化合物中，哪些化合物能发生碘仿反应?

1. ICH_2CHO　2. CH_3CH_2CHO　3. $CH_3CH(OH)CH_3$　4. ICH_2CH_2CHO

5. $CH_3CH(OH)CH_2I$　6. CH_3CH_2OH　7. 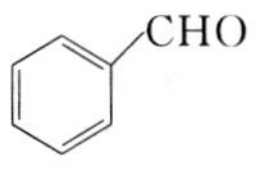 CHO　8. 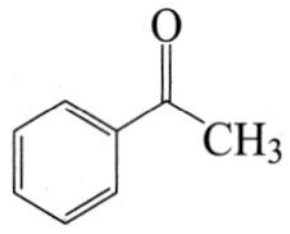 O CH_3

9. 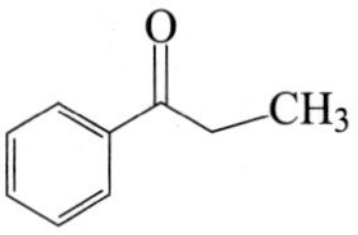 O CH_3　10. 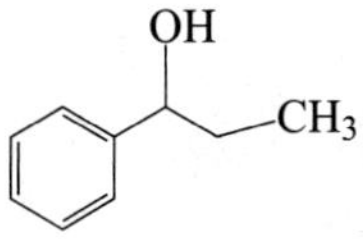 OH CH_3　11. 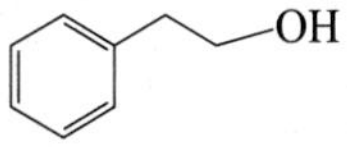 OH

12. 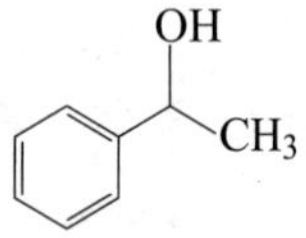 OH CH$_3$　　13. 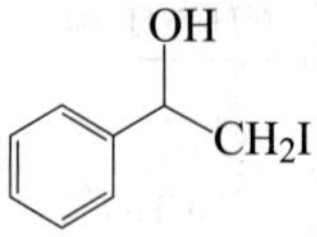 OH CH$_2$I　　14. 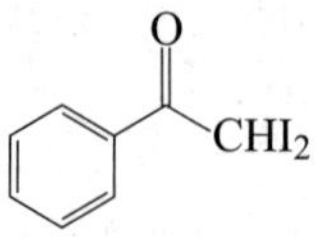 O CHI$_2$

9-6　为下列反应提出一个合理的机理。

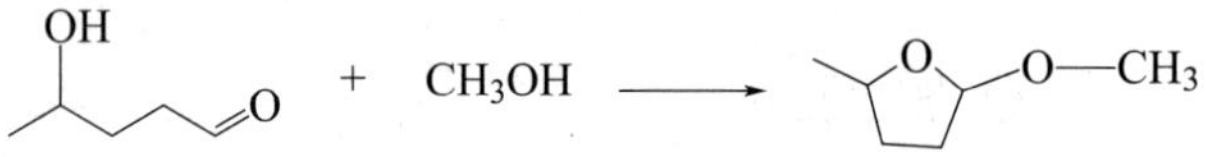

1. 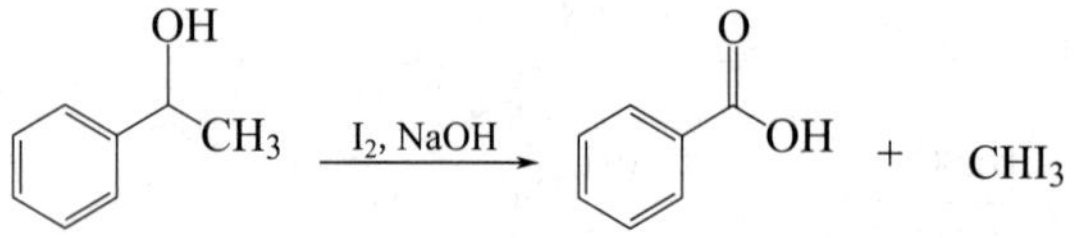 OH CH$_3$ $\xrightarrow{I_2,\ NaOH}$ O OH ＋ CHI$_3$

2. OH O ＋ CH$_3$OH ⟶ O O—CH$_3$

3. O $\xrightarrow{NaOH}$ O

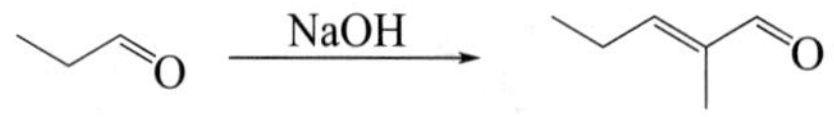

9-7　化合物 A（分子式 $C_9H_{18}O_2$）与浓硫酸作用生成 B（$C_9H_{16}O$），B 可以使溴水褪色，也可以与亚硫酸氢钠反应，B 氧化后生成一分子丙酮和 C，C 显酸性，且和 NaOI 反应生成戊二酸，写出 A、B 和 C 的结构。

9-8　化合物 A，分子式 $C_{10}H_{14}O_2$。A 不与托伦试剂、斐林试剂、热的氢氧化钠反应，但与稀盐酸作用生成 B（C_8H_8O）。B 可以与托伦试剂反应。剧烈氧化后，A 与 B 都变成邻苯二甲酸。试推出 A 和 B 的结构。

参考答案

9-1

1. B　2. A　3. C　4. A　5. B　6. D　7. A　8. B

9-2

1. 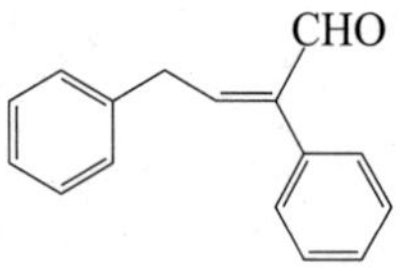 CHO　　2. 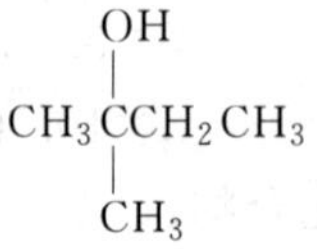 OH / $CH_3CCH_2CH_3$ / CH_3

3. OH N CH$_3$ 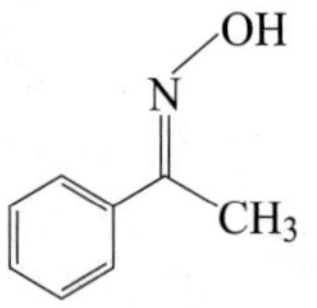　　4. 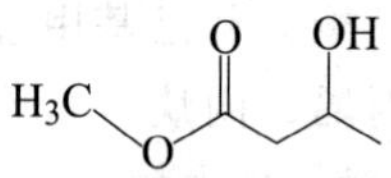 H_3C O O OH

5. 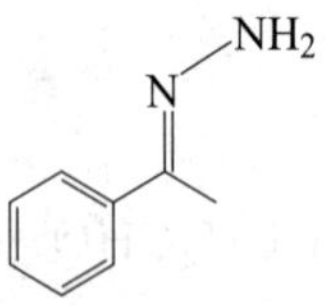 NH$_2$ N　　6. 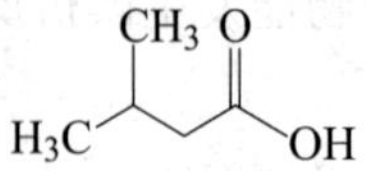 CH$_3$ O H_3C OH

7. 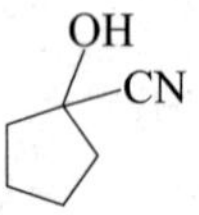 OH CN　　8. 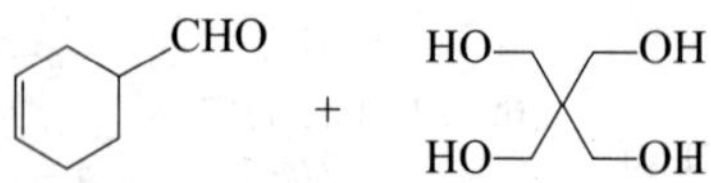 CHO ＋ HO OH HO OH

9. 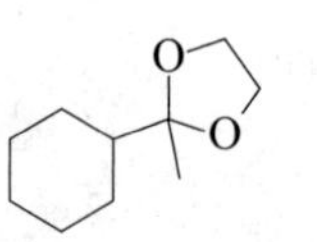 O O　　10. 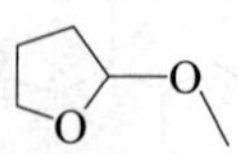 O O

11. 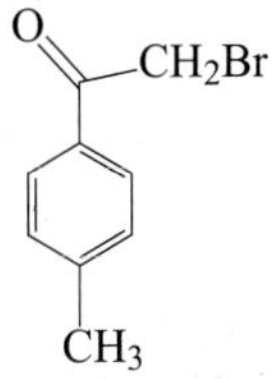 O, CH_2Br, CH_3

12. 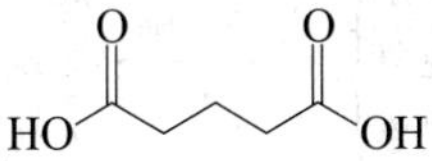 O, O, HO, OH

13. 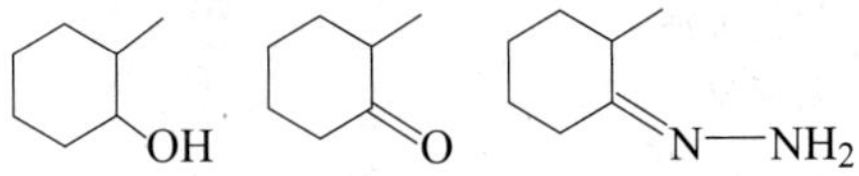 OH　O　N—NH_2

14. 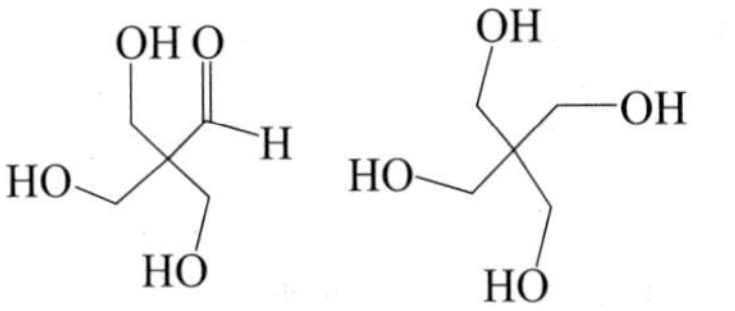 OH O, H, HO, HO　OH, OH, HO, HO

15.  OH　HCOOH

16.

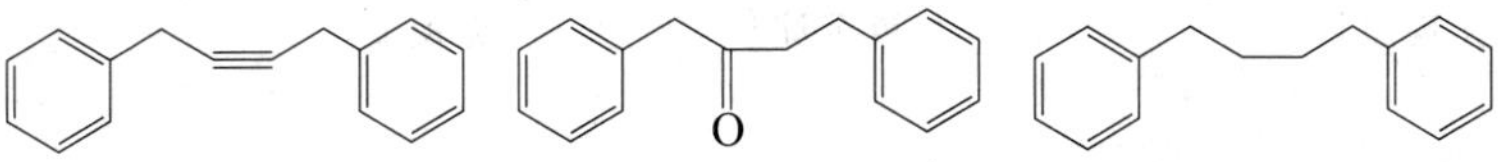

17. 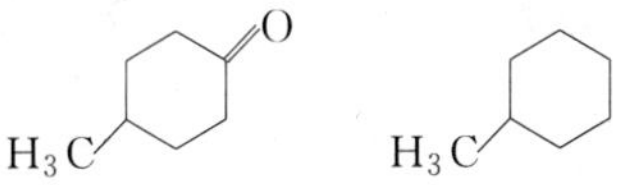 O, H_3C　H_3C

18. 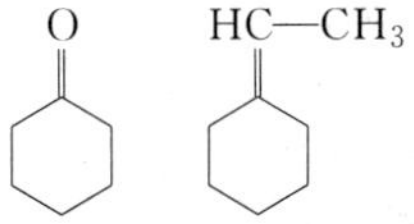 O　HC—CH_3

19. 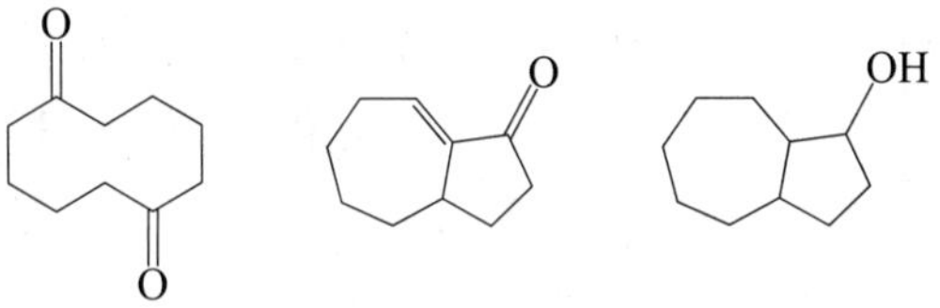 O, O　O　OH

20. 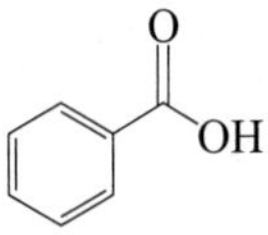 O, OH + CHI_3

9-3

1. 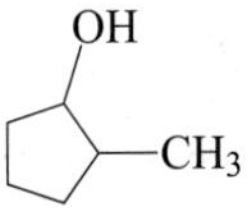 OH, —CH_3

2. 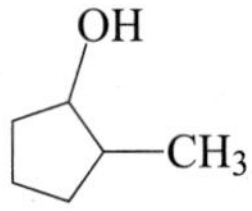 OH, —CH_3

3. N—NH_2, —CH_3

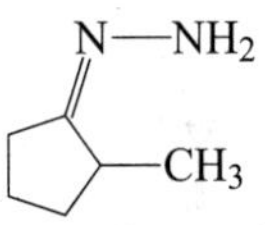

4. 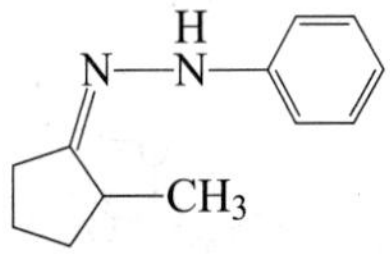 H, N—N, —CH_3

5. 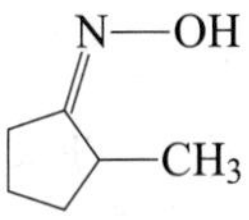 N—OH, —CH_3

6. 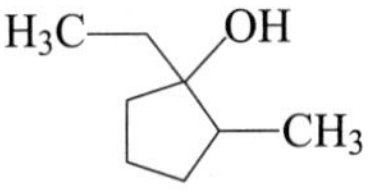 H_3C—, OH, —CH_3

7. 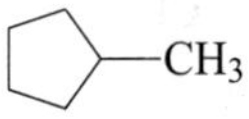 —CH_3

8. 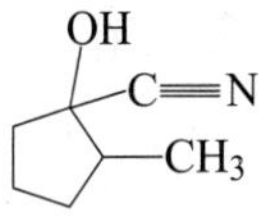 OH, C≡N, —CH_3

9. 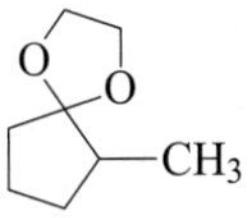 O, O, —CH_3

10. 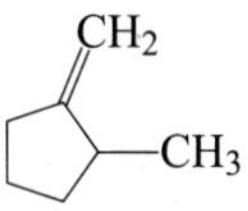 CH_2, —CH_3

9-4

1. 甲醛、乙醛、苯甲醛、苯乙酮 —斐林试剂→
   - 甲醛：砖红色沉淀 }
   - 乙醛：砖红色沉淀 } —I_2,NaOH→ 甲醛：无现象；乙醛：黄色沉淀
   - 苯甲醛：无现象 }
   - 苯乙酮：无现象 } —托伦试剂→ 苯甲醛：银镜现象；苯乙酮：无现象

2. 苯甲醛、环己基甲醛、环己酮、苯乙酮 —斐林试剂→
   - 苯甲醛：砖红色沉淀 }
   - 环己基甲醛：砖红色沉淀 } —托伦试剂→ 苯甲醛：无现象；环己基甲醛：银镜现象
   - 环己酮：无现象 }
   - 苯乙酮：无现象 } —I_2,NaOH→ 环己酮：无现象；苯乙酮：黄色沉淀

3. 丙醛、丙酮、丙醇、丙烯、丙炔 —托伦试剂→

- 丙醛：银镜现象
- 丙酮、丙醇、丙烯：无现象 —I_2,NaOH→
  - 丙酮：黄色沉淀
  - 丙醇、丙烯：无现象 —Br_2/CCl_4→
    - 丙醇：无现象
    - 丙烯：褪色
- 丙炔：白色沉淀

4. 2-戊酮、3-戊酮、2-戊醇、3-戊醇 —2,4-二硝基苯肼→

- 2-戊酮、3-戊酮：黄色沉淀 —I_2,NaOH→
  - 2-戊酮：黄色沉淀
  - 3-戊酮：无现象
- 2-戊醇、3-戊醇：无现象 —I_2,NaOH→
  - 2-戊醇：黄色沉淀
  - 3-戊醇：无现象

5. 苯酚、苯甲醇、苯甲醛、苯乙酮 —溴水→

- 苯酚：白色沉淀
- 苯甲醇、苯甲醛、苯乙酮：无现象 —2,4-二硝基苯肼→
  - 苯甲醇：无现象
  - 苯甲醛、苯乙酮：黄色沉淀 —托伦试剂→
    - 苯甲醛：砖红色沉淀
    - 苯乙酮：无现象

9-5

能发生碘仿反应有：1、3、5、6、8、12、13、14。

9-6 略。

9-7.

A. 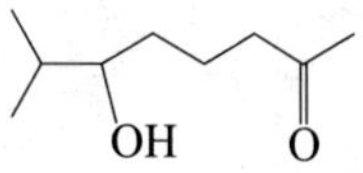 OH O

B. 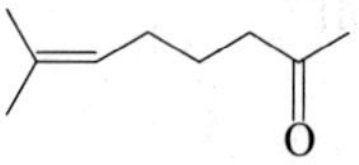 O

C. 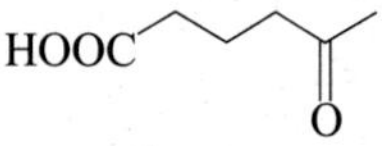 HOOC O

9-8

A. 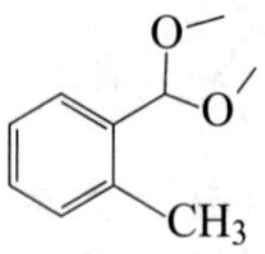 O O CH$_3$　B. 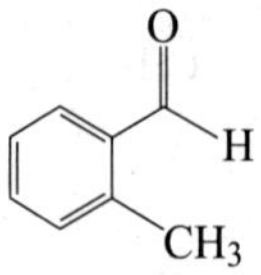 O H CH$_3$

（申世立　编　　孙永宾　校）

第10章　羧酸及其衍生物

羧酸是具有酸性的有机化合物，羧酸分子是由烃基（或氢原子）与羧基相连所组成的化合物，羧酸也可以看成是烃分子中的氢原子被羧基取代后生成的化合物。羧基（—COOH）是羧酸的官能团。羧酸的通式可用 RCOOH（除甲酸外）、ArCOOH 来表示。

羧酸分子中的羟基被其他原子或基团取代后的产物称为羧酸衍生物。常见的羧酸衍生物有酰卤、酸酐、酯和酰胺等。本章重点讨论上述常见的羧酸及其衍生物。许多羧酸和羧酸衍生物具有明显的生理活性，它们在动植物代谢过程中起着重要作用。同时，羧酸及其衍生物是与医药关系十分密切的重要有机化合物，临床上使用的许多药物本身就是羧酸或羧酸衍生物。

10.1 羧　酸

10.1.1 羧酸的结构和分类

(1) 羧酸的结构

羧酸分子中的羧基是由羟基和羰基组成的，羧基碳原子为 sp^2 杂化，其三个杂化轨道分别与烃基碳原子、羰基氧原子及羟基氧原子形成三个 σ 键，这三个轨道处在同一平面上，键角为 120°。未参加杂化的 p 轨道与羰基氧原子的 p 轨道形成 C═O 键中的 π 键。羧基中的羟基氧原子上有一对孤对电子处于 p 轨道上，这对孤对电子能够与 C═O 键形成 p-π 共轭体系。

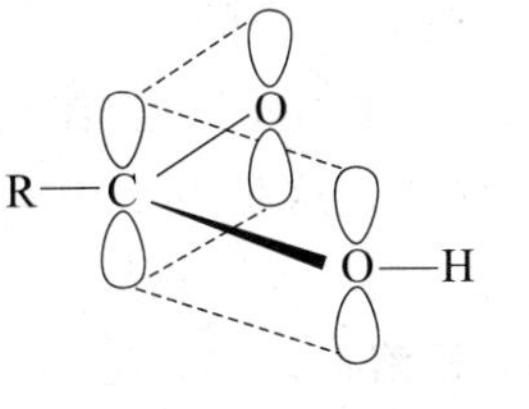

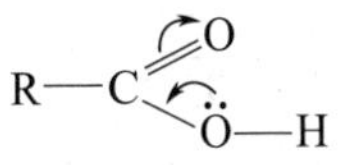

R—C　O　O—H　　　　R—C(═O)—Ö—H

由于 p-π 共轭体系的形成，羟基氧原子的电子云向羰基转移，使电子云平均化，即 C═O

键和 C—O 键键长平均化。X 射线衍射测定结果表明，甲酸分子中的 C═O 键键长（123pm）比醛或酮分子中的C═O 键键长（120pm）略长，而C—O 键键长（136pm）比醇分子中的 C—O 键键长（143pm）稍短。

羧基中由于共轭效应的存在，羟基中氧原子电子云密度降低，氢氧键极性增强，有利于氢氧键的断裂，使其呈现酸性；也由于羟基中氧原子上未共用电子对向 C═O 的偏移，羧基碳原子上电子云密度增高，正电性减弱，羰基的极性降低，不利于亲核试剂的进攻，不易发生类似醛、酮羰基的典型的亲核加成反应。

（2）羧酸的分类

羧酸通常有两种分类方法：按照烃基的种类不同，羧酸可分为脂肪族羧酸、脂环族羧酸和芳香族羧酸，脂肪族羧酸、脂环族羧酸可分为饱和的脂肪族羧酸、脂环族羧酸和不饱和的脂肪族羧酸、脂环族羧酸；按照羧酸分子中所含羧基的数目的不同，羧酸可分为一元羧酸、二元羧酸和多元羧酸。

CH_3COOH
脂肪酸
一元酸

$HOOCCH_2COOH$
脂肪酸
二元酸

HOOC(H)C═C(CH$_3$)COOH
不饱和脂肪酸
二元酸

环己基—COOH
脂环酸
一元酸

HOOC—环己烯基—COOH
不饱和脂环酸
二元酸

苯基—COOH
芳香酸
一元酸

10.1.2 羧酸的物理性质

在饱和一元羧酸中，甲酸、乙酸、丙酸是具有刺激性气味的液体，含 4～9 个碳原子的羧酸是有腐败恶臭气味的油状液体，含 10 个碳原子以上的高级脂肪羧酸是无味蜡状的固体。脂肪族二元羧酸和芳香族羧酸都是结晶性固体。

直链饱和一元酸的熔点随着分子中碳原子数的增加呈锯齿形变化，偶数碳原子数的羧酸比相邻两个奇数碳原子数的羧酸熔点都高。这是由于含偶数个碳原子的羧酸碳链中，链端甲基和羧基分别在链的两端，而含奇数个碳原子的羧酸碳链中，则在链的同一边。前者具有较高的对称性，在晶格中排列紧密，分子间作用力大，需要较高的温度才能将它们彼此分开，故熔点较高。

羧酸的沸点随着分子量增大而升高，且比分子量相近的醇还要高。例如，甲酸和乙醇的分子量相同，都是 46，但乙醇的沸点为 78.5℃，而甲酸为 100.5℃。这是由于羧基是强的极性基团，羧酸分子间的氢键（甲酸中氢键键能为 30kJ · mol^{-1}）比醇羟基间的氢键（氢键键能为 25kJ · mol^{-1}）强，分子量较小的羧酸分子间可以形成分子间氢键而缔合成较稳定的二聚体或多聚体。这种双分子的二聚体很稳定，甚至在气态时也存在。

R—C(═O---H—O)(—O—H---O═)C—R

低级羧酸（1～4 个碳原子的羧酸）能与水混溶，这是由于羧酸分子中的羟基能与水分子形成氢键。随着分子量的增大，其疏水烃基的比例增大，羧酸的溶解度逐渐减小，高级一元羧酸不溶于水而易溶于乙醇、乙醚、氯仿等有机溶剂。多元酸的水溶性大于相同碳原子数的一元酸，芳香族羧酸的水溶性较小。一些常见羧酸的物理常数如表 10-1 所示。

表 10-1 常见羧酸的物理常数

名 称	熔点/℃	沸点/℃	相对密度	pK_{a1}	溶解度/(g/100g 水)
甲酸	8.4	100.5	1.220	3.77	∞
乙酸	16.6	118	1.040	4.76	∞
丙酸	−22	141	0.992	4.88	∞
丁酸	−7.9	162.5	0.959	4.82	∞
异丁酸	−47	154.4	0.949	4.85	溶
正戊酸	−50	187	0.930	4.81	溶
正己酸	−9.5	205	0.920	4.85	微溶
正辛酸	16.5	237	0.910	4.85	难溶
乙二酸	189.5	—	—	1.46	溶
己二酸	153	276	—	4.43	微溶
苯甲酸	122.4	249	1.265	4.19	溶
邻苯二甲酸	231	—	1.539	2.89	微溶

10.1.3 羧酸的化学性质

羧酸的化学性质主要发生在官能团羧基上，羧基由羟基和羰基组成。由于羰基的 π 键与羟基氧原子上的未共用电子对形成 p-π 共轭体系，所以在羧酸的化学性质中，羰基和羟基的性质并不明显，而羧基具有特殊的性质。羧酸主要的化学性质如图 10-1 所示。

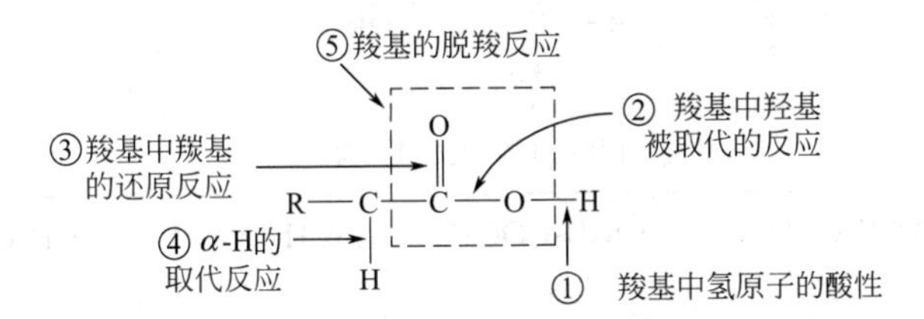

图 10-1 羧酸的主要化学性质

(1) 酸性

由于 p-π 共轭体系的形成，羧基上羟基氧原子上的电子云向羰基转移，氧氢键的极性增强。因此羧酸具有酸性，在水溶液中能电离出氢离子。

$$R{-}COOH + H_2O \rightleftharpoons R{-}COO^- + H_3O^+$$

羧酸酸性与羧酸电离产生的羧酸根负离子的结构有关。羧酸根负离子中的碳原子为 sp^2 杂化，碳原子的 p 轨道可与两个氧原子的 p 轨道侧面重叠形成一个四电子三中心的共轭体系，使羧酸根负离子的负电荷分散在两个电负性较强的氧原子上，降低了体系的能量，使羧酸根负离子趋于稳定。

$$-C(=O)O^- \rightleftharpoons -C(O^-)=O$$

X 射线衍射测定结果表明，甲酸根负离子中两个碳氧键的键长都是 0.127nm。所以羧酸根负离子也可以表示为：$\left[-C\overset{\cdots O}{\underset{\cdots O}{}}\right]^-$。

羧酸一般是弱酸，饱和一元羧酸的 pK_a 一般在 3～5 之间。一元羧酸的酸性比无机强酸（如盐酸、硫酸等）弱，但羧酸的酸性比碳酸、酚类要强，能与氢氧化钠、碳酸钠、碳酸氢钠等反应生成羧酸盐。而苯酚的酸性比碳酸弱，不能与碳酸氢钠反应，利用此性质可以分离、区分羧酸和酚类化合物。

$$RCOOH + NaOH \longrightarrow RCOONa + H_2O$$

$$2RCOOH + Na_2CO_3 \longrightarrow 2RCOONa + CO_2\uparrow + H_2O$$

$$RCOOH + NaHCO_3 \longrightarrow RCOONa + CO_2\uparrow + H_2O$$

羧酸的钠盐、钾盐一般易溶于水，因此常将一些难溶于水的药物制成易溶于水的盐，增加其水溶性，便于临床应用。如把含有羧基的难溶性的青霉素G转化为青霉素G的钠盐或钾盐，供临床注射用。工农业、医药卫生等领域广泛应用各种羧酸盐。

在羧酸盐中加入无机酸时，羧酸又游离出来，转化为原来的羧酸。利用这一性质，不仅可以鉴别羧酸和苯酚，还可以用来分离提纯有关羧酸类化合物，从动植物体中提取含羧基的有效成分就是利用了此性质。

$$RCOONa + HCl \longrightarrow RCOOH + NaCl$$

影响羧酸酸性的因素很多，其中最重要的是羧酸烃基上所连基团的诱导效应。当烃基上连有吸电子基团（如卤原子）时，由于吸电子效应使羧基中羟基氧原子上的电子云密度降低，O—H键的极性增强，因而H^+较易电离出，其酸性增强；由于吸电子效应使羧酸负离子的电荷更加分散，使其稳定性增加，从而使羧酸的酸性增强。总之，基团的吸电子能力越强，数目越多，距离羧基越近，产生的吸电子效应就越大，羧酸的酸性就越强。

R—CH(X)—C(=O)—ÖH

卤原子的吸电子能力降低 →

	FCH_2COOH	$ClCH_2COOH$	$BrCH_2COOH$	ICH_2COOH
pK_a	2.62	2.87	2.90	3.16

当烃基上连有给电子基团时，由于给电子效应使羧基中羟基氧原子上的电子云密度升高，O—H键的极性减弱，因而H^+较难电离出，其酸性减弱。总之，基团的给电子能力越强，数目越多，距离羧基越近，羧酸的酸性就越弱。

	HCOOH	CH_3COOH	CH_3CH_2COOH	$(CH_3)_2CHCOOH$
pK_a	3.77	4.76	4.86	4.87

芳环是吸电子基团，芳香羧酸的酸性要比饱和一元羧酸的酸性强。大多数芳香酸的酸性比甲酸弱，如苯甲酸的$pK_a=4.17$，甲酸的$pK_a=3.77$。这是因为苯环的大π键与羧基中羰基的π键形成π-π共轭体系，使苯环上的电子云向羧基转移，结果是苯甲酸分子中羧基上的氧氢键极性减弱，氢的电离能力降低，所以苯甲酸的酸性比甲酸弱。芳环上的取代基对芳香酸酸性的影响较大，当羧基的对位连有硝基、卤素原子等吸电子基时，酸性增强；而羧基对位连有甲基、甲氧基等给电子基时，酸性减弱。至于邻位取代基的影响，因受位阻影响比较复杂；间位取代基的影响不能在共轭体系内传递，影响较小。例如：

	COOH (对位 NO_2)	COOH (对位 Cl)	COOH (对位 CH_3)	COOH (对位 OCH_3)
pK_a	3.40	3.97	4.35	4.47

另外，芳香羧酸邻位上不论连有吸电子基团 还是连有给电子基团都使酸性增强（邻位效应）。

二元羧酸的酸性比饱和一元酸强，特别是乙二酸，它是由两个羧基直接相连而成的，由于两个羧基的相互影响，酸性显著增强，乙二酸的 $pK_{a_1}=1.46$，其酸性比磷酸的酸性（$pK_{a_1}=1.59$）还强。随着二元羧酸两个羧基间碳原子数的增加，羧基间的影响减弱，酸性降低。

(2) 羧酸衍生物的生成

羧酸分子中羧基上的羟基可以被卤素原子（—X）、酰氧基（—OOCR）、烷氧基（—OR）、氨基（$—NH_2$）取代，分别生成了酰卤、酸酐、酯和酰胺等羧酸衍生物。

① 酰卤的生成　羧酸与三氯化磷、五氯化磷、氯化亚砜（亚硫酰氯）等作用，分子中的羟基被氯原子取代则生成酰氯。例如：

$$R-\overset{O}{\overset{\|}{C}}-OH + PCl_3 \xrightarrow{\triangle} R-\overset{O}{\overset{\|}{C}}-Cl + H_3PO_3$$

$$R-\overset{O}{\overset{\|}{C}}-OH + PCl_5 \xrightarrow{\triangle} R-\overset{O}{\overset{\|}{C}}-Cl + POCl_3 + HCl\uparrow$$

$$R-\overset{O}{\overset{\|}{C}}-OH + SOCl_2 \longrightarrow R-\overset{O}{\overset{\|}{C}}-Cl + SO_2\uparrow + HCl\uparrow$$

三种制备方法中，最常用的方法是氯化亚砜与羧酸的反应，该反应所得的酰氯纯度高、易分离，因而产率高，是一种合成酰卤的好方法。酰氯是具有高度反应活性的一类化合物，广泛应用于药物和有机合成中。

芳香族酰卤一般由五氯化磷或氯化亚砜与芳香族羧酸作用得到。芳香族酰氯的稳定性较好，水解反应缓慢。苯甲酰氯是常用的酰化试剂。

$$C_6H_5-COOH + SOCl_2 \longrightarrow C_6H_5-COCl + SO_2\uparrow + HCl\uparrow$$

② 酸酐的生成　羧酸（除甲酸外）在脱水剂（如五氧化二磷、乙酐等）作用下，发生分子间脱水，生成酸酐。例如：

$$R-\overset{O}{\overset{\|}{C}}-OH + HO-\overset{O}{\overset{\|}{C}}-R' \xrightarrow[\triangle]{P_2O_5} R-\overset{O}{\overset{\|}{C}}-O-\overset{O}{\overset{\|}{C}}-R' + H_2O$$

$$C_6H_5-COOH + (CH_3CO)_2O \xrightarrow{\triangle} (C_6H_5-CO)_2O + CH_3COOH$$

由于乙酐能较迅速与水反应，且价格便宜，生成的乙酸容易除去，因此，常用乙酐作为制备其他酸酐的脱水剂。

1,4-二元酸酐或 1,5-二元羧酸不需要任何脱水剂，加热时可发生分子内脱水生成环状（五元或六元）酸酐，五元或六元环状的酸酐（环酐）比较稳定。如邻苯二甲酸酐可由邻苯二甲酸直接加热脱水得到。

$$C_6H_4(COOH)_2 \xrightarrow{\triangle} C_6H_4(CO)_2O + H_2O$$

③ 酯的生成　羧酸与醇在酸（常用浓硫酸）的催化作用下生成酯的反应，称为酯化反应。酯化反应是可逆反应，为了提高酯的产率，可增加某种反应物的浓度，或及时蒸出反应

生成的酯或水，使平衡向生成物方向移动。

$$RCOOH+R'OH \xrightleftharpoons{H^+} RCOOR'+H_2O$$

实验证明，酯化反应是羧酸的酰氧键发生了断裂，羧基中的羟基被醇分子中的烃氧基取代，生成酯和水。如用含有示踪原子 ^{18}O 的甲醇与苯甲酸反应，结果发现 ^{18}O 在生成的酯中。

$$C_6H_5-\overset{O}{\overset{\|}{C}}-OH + H-{}^{18}OCH_3 \underset{\triangle}{\overset{H^+}{\rightleftharpoons}} C_6H_5-\overset{O}{\overset{\|}{C}}-{}^{18}OCH_3 + H_2O$$

酸催化下的酯化反应属于亲核加成-消除反应机理：

$$R-\overset{O}{\overset{\|}{C}}-OH \xrightleftharpoons{H^+} R-\overset{\overset{+}{O}H}{\overset{\|}{C}}-OH \xrightleftharpoons{R'\ddot{O}H} R-\underset{H\overset{+}{O}R'}{\overset{OH}{C}}-OH$$

$$\rightleftharpoons R-\underset{OR'}{\overset{:OH}{C}}-\overset{+}{O}H_2 \xrightleftharpoons{-H_2O} R-\overset{\overset{+}{O}H}{\overset{\|}{C}}-OR' \xrightleftharpoons{-H^+} R-\overset{O}{\overset{\|}{C}}-OR'$$

酸的催化作用在于质子先和羧基中的羰基氧原子结合形成盐，使羧基碳原子的正电性增强，从而有利于弱亲核试剂醇的进攻，然后失去一分子水，再失去质子，反应通过加成-消除过程，得到酯。

羧酸和醇的结构对酯化反应的速率影响很大，一般 α-C 原子上连有较多烃基或所连基团较大的羧酸和醇，由于空间位阻的因素，酯化反应速率减慢。不同结构的羧酸和醇进行酯化反应的活性顺序为：

$$RCH_2COOH > R_2CHCOOH > R_3CCOOH$$

$$CH_3OH > RCH_2OH > R_2CHOH > R_3COH$$

④ 酰胺的生成　在羧酸中通入氨气生成羧酸的铵盐，铵盐受热发生分子内脱水生成酰胺。

$$RCOOH+NH_3 \longrightarrow RCOONH_4 \xrightarrow{\triangle} R-\overset{O}{\overset{\|}{C}}-NH_2 + H_2O$$

$$C_6H_5-COOH + NH_3 \xrightarrow{\triangle} C_6H_5-\overset{O}{\overset{\|}{C}}-NH_2$$

(3) 还原反应

羧酸分子中的羰基由于与羟基发生 p-π 共轭效应，失去了典型羰基的性质。在一般情况下，羧酸很难被还原，与大多数还原剂不能发生反应，只能被强还原剂氢化铝锂（$LiAlH_4$）还原成伯醇，还原时常用无水乙醚或四氢呋喃作溶剂，最后用稀酸水解得到产物。

$$RCOOH \xrightarrow[H^+, H_2O]{LiAlH_4} R-CH_2-OH$$

氢化铝锂是一种选择性还原剂，它可以还原具有羰基结构的化合物。用氢化铝锂还原羧酸时，不但产率高，而且分子中的碳碳不饱和键（如双键和三键）不受影响，只还原羧基而生成不饱和醇。例如：

$$CH_2{=}CHCH_2COOH \xrightarrow[H^+, H_2O]{LiAlH_4} CH_2{=}CHCH_2CH_2OH$$

(4) α-氢的取代反应

羧酸分子中α-碳原子上的氢原子（α-H），由于受羧基的影响，具有一定的活性。但由于羧基中存在着p-π共轭体系，羧酸中羰基的致活作用比醛中羰基小，所以羧酸的α-H卤代反应需要在红磷或三卤化磷的催化作用下才能进行，反应后生成的产物是α-卤代酸。

$$RCH_2COOH \xrightarrow[P]{Cl_2} RCHClCOOH \xrightarrow[P]{Cl_2} RCCl_2COOH$$

羧酸分子中α-氢原子可逐个被卤原子取代，生成一卤取代物、二卤取代物和三卤取代物。

$$\underset{\text{乙酸}}{CH_3COOH} \xrightarrow[P]{Cl_2} \underset{\text{一氯乙酸}}{ClCH_2COOH} \xrightarrow[P]{Cl_2} \underset{\text{二氯乙酸}}{Cl_2CHCOOH} \xrightarrow[P]{Cl_2} \underset{\text{三氯乙酸}}{Cl_3CCOOH}$$

(5) 脱羧反应

羧酸分子脱去羧基放出二氧化碳的反应称为脱羧反应。饱和一元酸一般比较稳定，通常情况下不易发生脱羧反应，在特殊条件下才可发生脱羧反应。低级羧酸的钠盐及芳香族羧酸的钠盐在碱石灰（NaOH-CaO）存在下加热，可脱羧生成烃。例如：

$$CH_3COONa \xrightarrow[\triangle]{CaO/NaOH} CH_4\uparrow + Na_2CO_3$$

这是实验室用来制取纯甲烷的方法。

一元羧酸的α-碳原子上有强吸电子基时，羧酸变得不稳定，受热容易发生脱羧反应。例如：

$$Cl_3CCOOH \xrightarrow{\triangle} CO_2 + CHCl_3$$

二元羧酸分子中，当两个羧基直接相连或连在同一个碳原子上时受热易于发生脱羧反应，反应后生成比原羧酸少一个碳原子的一元羧酸。如乙二酸、丙二酸加热时发生脱羧反应生成一元羧酸；丁二酸、戊二酸加热时发生分子内脱水反应生成环状酸酐；己二酸、庚二酸加热时发生脱羧和脱水反应生成环酮。

$$HOOC{-}COOH \xrightarrow{\triangle} HCOOH + CO_2\uparrow$$

$$HOOCCH_2COOH \xrightarrow{\triangle} CH_3COOH + CO_2\uparrow$$

$$\begin{matrix} CH_2{-}COOH \\ | \\ CH_2{-}COOH \end{matrix} \xrightarrow{\triangle} \begin{matrix} CH_2{-}C{=}O \\ |\quad\quad \backslash \\ |\quad\quad\;\; O \\ |\quad\quad / \\ CH_2{-}C{=}O \end{matrix} + H_2O$$

$$\begin{matrix} CH_2{-}CH_2{-}COOH \\ | \\ CH_2{-}CH_2{-}COOH \end{matrix} \xrightarrow{\triangle} \begin{matrix} CH_2{-}CH_2 \\ |\quad\quad\;\; \backslash \\ |\quad\quad\;\; C{=}O \\ |\quad\quad\;\; / \\ CH_2{-}CH_2 \end{matrix} + CO_2\uparrow + H_2O$$

脱羧反应是生物体内的重要生物化学反应，物质代谢生成 CO_2 就是羧酸在脱羧酶的作用下脱羧的结果。

10.1.4 羧酸的制备方法

(1) 氧化法

羧酸可以由伯醇氧化得到，常用的氧化剂有重铬酸钾加硫酸、三氧化铬加冰醋酸、高锰酸钾、硝酸等。羧酸不易被继续氧化，又较容易分离和提纯，因此，在实验操作上比由伯醇制备醛容易得多。

$$RCH_2OH \xrightarrow{KMnO_4, H^+} RCOOH$$

此外，醛也容易被氧化成羧酸，支链含有 α-H 的芳烃也易被氧化为羧基。

(2) 水解法

腈在碱性或酸性水溶液中水解为羧酸：

$$C_6H_5CH_2CN \xrightarrow[\triangle]{H_2SO_4, H_2O} \underset{78\%}{C_6H_5CH_2COOH}$$

由于腈容易由伯卤代烷与氰化钾的 S_N2 反应得到，仲卤代烷与氰化钾反应也可以得到腈，因此，腈常作为合成羧酸的原料。由卤代烷经过腈合成羧酸是使碳链增长的一种方法。

$$C_6H_5CH_2Cl \xrightarrow[92\%]{DMSO, NaCN} C_6H_5CH_2CN \longrightarrow C_6H_5CH_2COOH$$

此外，酰卤、酸酐、酯和酰胺的水解都能得到羧酸。

(3) 格氏试剂与二氧化碳反应

格氏试剂与二氧化碳加成产物水解后得到羧酸。

$$RMgX + CO_2 \longrightarrow R\overset{\overset{O}{\|}}{C}OMgX \xrightarrow{H_2O} RCO_2H$$

反应中保持低温，以免生成的羧酸盐继续与格氏试剂作用生成叔醇。较好的方法是将格氏试剂倒在干冰上。

因为格氏试剂由卤代烃得到，这个方法与腈的水解一样，也是以卤代烃为原料使碳链增长。仲卤代烃和叔卤代烃都可以通过格氏试剂转变为羧酸。

10.1.5 重要的羧酸

(1) 甲酸

甲酸（HCOOH）俗称蚁酸，存在于蜂类、蚁类等昆虫的分泌物中。甲酸是具有刺激性气味的无色液体，沸点为 100.5℃，易溶于水，有很强的腐蚀性，使用时要避免与皮肤接触。被蜂类、蚂蚁蜇伤后引起的痒、肿、痛，就是由甲酸引起的。$12.5g \cdot L^{-1}$ 的甲酸水溶液称为蚁精，可治疗风湿病。甲酸具有杀菌作用，可作消毒剂或防腐剂。

甲酸是最简单的脂肪酸，它的结构比较特殊，分子中既有羧基的结构，又有醛基的结构。因此甲酸既有羧酸的性质，又有醛类的性质，能与托伦试剂、斐林试剂等发生反应，也能被高锰酸钾等氧化剂氧化。

(2) 乙酸

乙酸（CH_3COOH）俗称醋酸，是食醋的主要成分，普通食醋中含 6%～8% 的乙酸。乙酸是具有刺激性气味的无色液体，熔点为 16.6℃，沸点为 118℃，纯乙酸在低于熔点时，凝结成冰状固体，常称为冰醋酸。乙酸能与水按任何比例混溶，也可溶于乙醇、乙醚和其他有机溶剂。

乙酸是人类最早发现并使用的一种酸，可作为消毒防腐剂。医药上常用 0.5%～2% 的乙酸溶液洗涤烧伤感染的创面，乙酸还有消肿治癣、预防感冒等作用。

乙酸是常用的有机试剂，也是染料、香料、塑料及制药等工业不可缺少的原料。

(3) 乙二酸

乙二酸（HOOC—COOH）俗称草酸，是最简单的二元酸。乙二酸是无色晶体，通常含有两分子的结晶水，可溶于水和乙醇，不溶于乙醚。草酸在饱和脂肪二元酸中酸性最强，具有还原性，容易被氧化，在分析化学中常用来标定高锰酸钾溶液。草酸可作为媒染剂用于印染工业中，在日常生活中草酸溶液可以用来除去铁锈或蓝墨水的痕迹。

(4) 苯甲酸

苯甲酸（C_6H_5COOH）是最简单的芳香酸，最初是从安息香树的树胶中得到的，故俗称为安息香酸。苯甲酸是无色晶体，熔点为122.4℃，易溶于热水、乙醇和乙醚中，受热易升华。

苯甲酸是重要的有机合成原料，可用于制备染料、香料、药物等。苯甲酸及其钠盐有杀菌防腐作用，所以常用作食品和药液的防腐剂。

(5) 花生四烯酸

花生四烯酸（arachidonic acid，AA），化学名称为5,8,11,14-二十碳四烯酸。它是人体内含量丰富、分布最广的多不饱和必需脂肪酸。

COOH

花生四烯酸是人体重要的结构酯类物质和代谢底物，具有酯化胆固醇、增加血管弹性、降低血液黏度、调节细胞功能等一系列的生理和药理活性。它也是胎儿脑发育的一种必需脂肪酸，具有促进脑发育的功能；同时它可以提高智力，增强记忆，改善视力，是人体大脑和视神经发育的重要物质。花生四烯酸对预防心血管疾病、糖尿病和肿瘤等也具有重要功效，能有效地降低高血糖、高血脂和高胆固醇。

10.2 羧酸衍生物

10.2.1 羧酸衍生物的结构

酰卤、酸酐、酯和酰胺的结构与羧酸类似，分子中都含有碳氧双键即羰基，与羰基相连的原子（X、O、N）上都有未共用的电子对与羰基的π键形成p-π共轭。其差异仅仅是共轭程度的不同。

$$\mathrm{R{-}\overset{\overset{\displaystyle O}{\|}}{C}{-}\ddot{L}} \qquad L= \ —X、—\overset{\overset{\displaystyle O}{\|}}{O C}R'、—OR'、—NH_2$$

可用共振极限式表示羧酸衍生物的结构：

$$\underset{a}{\mathrm{R{-}\overset{\overset{\displaystyle O}{\|}}{C}{-}\ddot{L}}} \longleftrightarrow \mathrm{R{-}\overset{\overset{\displaystyle O^-}{|}}{\overset{+}{C}}{-}\ddot{L}} \longleftrightarrow \underset{b}{\mathrm{R{-}\overset{\overset{\displaystyle O^-}{|}}{C}{=}L^+}}$$

电荷分离的共振式对共振杂化体的贡献大小取决于L中直接与羰基相连原子（X、O、N）的电负性大小。酰卤分子中，由于卤原子的电负性较大，电荷分离式b不稳定，所以，电荷分离式b对共振杂化体的贡献很小，在共振杂化体中以a为主。在酰胺分子中氮原子电负性小，电荷分离式b对共振杂化体的贡献较大，在共振杂化体中以b式为主。离去基团L中直接与羰基相连原子的电负性越小，电荷分离式b对共振杂化体的贡献就越大。

10.2.2 羧酸衍生物的物理性质

低级的酰卤和酸酐是具有刺激性气味的液体，高级的酰卤和酸酐为白色固体。低级酯是具有花果香味的无色液体，分子量较大的酯是固体。低级酯在水中有一定的溶解性，分子量大的酯难溶或不溶于水。酯的密度小于水，当酯与水混合时，酯浮在水的上层。酰氯和酸酐不溶于水，低级酰胺易溶于水，随分子量增大，溶解度逐渐降低。酰卤和酸酐，尤其是酰卤遇水易分解，在空气中易吸潮变质，应保存于密封容器中。

10.2.3 羧酸衍生物的化学性质

羧酸衍生物分子中都含有酰基，因此它们有相似的化学性质，在酸或碱催化下，羧酸衍生物与水、醇、胺（氨）反应，酰基所连的官能团被羟基、烷氧基或氨基所取代，称为羧酸衍生物的水解、醇解和氨解。

反应通过亲核加成-消除机理进行。反应分两步，首先是亲核试剂在羰基碳上亲核加成，形成四面体的氧负离子中间体，然后再消除一个负离子，总的结果是—L 基团被取代。

取代反应的速率受羧酸衍生物结构中电子效应和空间效应的影响，与亲核加成和消除两步反应都有关系。羰基碳原子上连的基团吸电子效应越强，且体积越小，则中间体越稳定，越有利于亲核加成，反应速率越快；反之，反应速率越慢。—L 基团吸电子效应的强弱顺序是：$—X>—R'COO>—R'O>—NH_2$。消除反应的速率与—L 基团的离去倾向有关，—L 基团越容易离去，反应速率越快。—L 基团的离去能力与 L^- 的稳定性有关，L^- 的稳定性顺序为：$X^->R'COO^->R'O^->NH_2^-$。所以，—L 基团的离去能力是：$—X>—R'COO>—R'O>—NH_2$。因此，综合加成和消除两步反应，羧酸衍生物的取代反应活性顺序是：酰卤>酸酐>酯>酰胺。

(1) 水解、醇解和氨解反应

① 水解反应　酰卤、酸酐、酯和酰胺均能与水反应，生成相应的羧酸。

$$\left.\begin{array}{l} R—C(=O)—X \\ R—C(=O)—O—C(=O)—R' \\ R—C(=O)—OR' \\ R—C(=O)—NH_2 \end{array}\right\} + H—OH \longrightarrow R—C(=O)—OH + \left\{\begin{array}{l} HX \\ R'COOH \\ R'OH \\ NH_3\uparrow \end{array}\right.$$

酰卤遇冷水迅速水解。如乙酰氯在潮湿空气中冒白烟，是由乙酰氯与空气中的水发生剧烈反应放出氯化氢气体所引起的。另外，随着酰卤分子量的增大，在水中的溶解度降低，水解速率逐渐减慢，如果加入适当的溶剂（如二氧六环、四氢呋喃等）以增加酰卤在水中的溶解或加碱催化，可使反应速率加快。

$$CH_3—C(=O)—Cl + H_2O \longrightarrow CH_3—C(=O)—OH + HCl\uparrow$$

酸酐可以在中性、酸性或碱性溶液中水解，反应活性比酰卤稍缓和一些，但比酯容易水解。由于酸酐不溶于水，室温下水解很缓慢，必要时需要加热、加酸碱催化或选择适当溶剂使之成为均相体系来加速水解。

酯的酸性水解是酯化反应的逆反应，水解不能完全。酯在碱性条件下水解时，生成的羧酸可与碱生成盐，从而破坏了平衡体系，如足量的碱存在时，水解可以进行到底。酯在碱性溶液中的水解反应又叫皂化反应。

$$R-\overset{O}{\overset{\|}{C}}-O-R' + H_2O \xrightleftharpoons{H^+} R-\overset{O}{\overset{\|}{C}}-O-H + R'OH$$

$$R-\overset{O}{\overset{\|}{C}}-O-R' + NaOH \longrightarrow R-\overset{O}{\overset{\|}{C}}-ONa + R'OH$$

酰胺的水解更困难，需要在酸或碱催化下，经长时间回流才能完成。酰胺在酸性溶液中水解，得到羧酸和铵盐；在碱性溶液中水解，得到羧酸盐，并放出氨气。

$$CH_3-\overset{O}{\overset{\|}{C}}-NH_2 + H_2O \begin{cases} \xrightarrow{HCl} R-\overset{O}{\overset{\|}{C}}-OH + NH_4Cl \\ \xrightarrow{NaOH} R-\overset{O}{\overset{\|}{C}}-ONa + NH_3\uparrow \end{cases}$$

② 醇解反应　酰卤、酸酐、酯和酰胺均能与醇反应，生成相应的酯。

$$\left.\begin{array}{l} R-\overset{O}{\overset{\|}{C}}-X \\ R-\overset{O}{\overset{\|}{C}}-O-\overset{O}{\overset{\|}{C}}-R' \\ R-\overset{O}{\overset{\|}{C}}-OR' \end{array}\right. + H-OR'' \longrightarrow R-\overset{O}{\overset{\|}{C}}-OR'' + \begin{cases} HX \\ R'COOH \\ R'OH \end{cases}$$

酰卤很容易与醇或酚反应生成酯，通常用来制备难以直接通过酯化反应得到的酯。对于活性较弱的酰卤或叔醇和酚，需在碱存在条件下反应，碱可以促进反应的进行。反应中碱的作用一方面是中和反应过程中产生的酸，另一方面起催化作用。

$$(CH_3)_3C\overset{O}{\overset{\|}{C}}Cl + HO-C_6H_5 \xrightarrow{\text{吡啶}} (CH_3)_3C\overset{O}{\overset{\|}{C}}O-C_6H_5 + \text{吡啶}\cdot HCl$$

酸酐的醇解反应较酰卤温和，反应可以用少量酸或碱催化，也是制备酯的常用方法。例如药物阿司匹林的合成：

$$o\text{-}HOC_6H_4COOH + (CH_3CO)_2O \xrightarrow[70\sim75℃]{H_2SO_4} o\text{-}CH_3COOC_6H_4COOH + CH_3COOH$$

水杨酸　　　　乙酰水杨酸(阿司匹林)

酯的醇解反应又称为酯的交换反应，在有机合成中常利用此反应来制备高级酯或一般难以用酯化反应合成的酯。酯交换反应是可逆的，该反应需要酸或碱作催化剂，并且边反应边蒸去醇，这样可以比较完全地转化得到产物。

③ 氨解反应　酰卤、酸酐和酯与氨反应，生成相应的酰胺。

$$\left.\begin{array}{l} R-\overset{O}{\overset{\|}{C}}-X \\ R-\overset{O}{\overset{\|}{C}}-O-\overset{O}{\overset{\|}{C}}-R' \\ R-\overset{O}{\overset{\|}{C}}-OR' \end{array}\right. + H-NH_2 \longrightarrow R-\overset{O}{\overset{\|}{C}}-NH_2 + \begin{cases} HX \\ R'COOH \\ R'OH \end{cases}$$

酰卤与氨反应生成酰胺，是合成酰胺的一种常用方法。由于氨（或胺）的亲核性比水和醇强，故羧酸衍生物的氨解反应比水解和醇解更容易。酰卤与氨（或胺）迅速反应形成酰胺。反应通常在碱性条件下进行，碱的作用是中和反应生成的卤化氢，以避免消耗反应物氨（或胺）。

$$C_6H_5C(=O)-Cl + \text{哌啶} \xrightarrow{NaOH} C_6H_5C(=O)-N\text{(哌啶基)} + NaCl + H_2O$$

酸酐与氨反应活性比酰卤稍弱，需要在冰浴条件下缓慢滴加试剂，酯的氨解反应比水解反应容易进行，不需要酸碱催化。羧酸衍生物的氨解反应常用于药物合成，如扑热息痛的制备：

$$(CH_3CO)_2O + H_2N-C_6H_4-OH \longrightarrow CH_3C(=O)-NH-C_6H_4-OH + CH_3COOH$$

对氨基苯酚　　对乙酰氨基苯酚（扑热息痛）

由羧酸衍生物的水解、醇解、氨解反应可以看出，水、醇、氨分子中的活泼氢原子被酰基取代。化合物分子中引入酰基的反应称为酰化反应，能提供酰基的试剂称为酰化试剂。常用的酰化试剂是酰卤和酸酐。羧酸衍生物酰化能力顺序为：酰卤＞酸酐＞酯＞酰胺。

酰化反应在药物合成中具有重要意义，例如，药物分子中引入酰基，有增加脂溶性、改善吸收、延长疗效、降低毒性等作用。在药物合成中，酰化反应也常用于羟基和氨基的保护。羟基或氨基均为活性基团，当在某步合成中羟基或氨基有可能参与反应而又不希望其反应时，可将羟基或氨基转化为酯或酰胺，酯或酰胺则相对稳定，待达到合成目的后，通过水解使羟基或氨基游离出来，此为羟基或氨基的保护。

(2) 酰胺的特性

① 弱酸性和弱碱性　酰胺一般情况下是中性化合物，不能使石蕊试纸变色，但在一定条件下表现出弱酸性和弱碱性。从酰胺的结构来看，酰胺分子中氮原子上的未共用电子对与羰基上的 π 电子形成 p-π 共轭体系，电子云向氧原子方向转移，使氮原子上的电子云密度降低，因而氨基的碱性减弱。酰胺可与强酸生成不稳定的盐，遇水立即分解。

$$R-C(=O)-NH_2 + HCl \longrightarrow R-C(=O)-NH_2 \cdot HCl$$

随着氮原子电子云密度降低，氮氢键极性增强，氮原子上的氢更容易以质子的形式离去，因而酰胺又表现出微弱的酸性。丁二酰亚胺、邻苯二甲酰亚胺的 pK_a 值分别为 9.6 和 8.3，因此，酰亚胺能与氢氧化钠等强碱作用生成相应的酰亚胺盐。如：

$$C_6H_4(CO)_2NH + NaOH \longrightarrow C_6H_4(CO)_2N^-Na^+ + H_2O$$

邻苯二甲酰亚胺　　邻苯二甲酰亚胺钠

② 与 HNO_2 反应　酰胺与 HNO_2 反应，氨基被羟基取代，生成相应的羧酸，同时放出氮气。

$$R-C(=O)-NH_2 + HONO \longrightarrow R-C(=O)-OH + N_2\uparrow + H_2O$$

③ 霍夫曼降解反应　酰胺与次卤酸钠在碱性溶液中反应脱去一个羰基，生成少一个碳原子的伯胺的反应称为霍夫曼降解反应。

$$R-\overset{\overset{O}{\|}}{C}-NH_2 + NaOBr \longrightarrow R-NH_2 + NaBr + CO_2\uparrow$$

10.2.4　常见的羧酸衍生物

(1) 乙酰氯

乙酰氯（CH_3COCl）是无色有刺激性气味的液体，沸点为52℃，遇水剧烈水解，并放出大量的热。乙酰氯具有酰卤的通性，是常见的乙酰化试剂。

(2) 苯甲酰氯

苯甲酰氯（PhCOCl）是无色有刺激性气味的液体，沸点为197.2℃，不溶于水。苯甲酰氯是一种常见的苯甲酰化试剂。

(3) 乙酸酐

乙酸酐［$(CH_3CO)_2O$］是无色有刺激性气味的液体，沸点为139.6℃，微溶于水。乙酸酐是重要的化工原料，用于制造醋酸纤维，合成染料、药物、香料等。乙酸酐也是常用的乙酰化试剂。

(4) 邻苯二甲酸酐

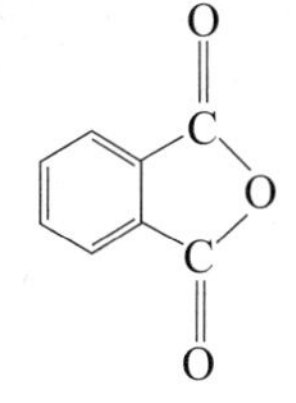

邻苯二甲酸酐

邻苯二甲酸酐为白色固体，熔点为132℃，不溶于水，易升华。邻苯二甲酸酐是重要的化工原料，广泛用于树脂的合成及染料、药物等的生产。邻苯二甲酸酐与苯酚在脱水剂（无水氯化锌或浓硫酸）存在下加热脱水生成酚酞。

(5) 乙酸乙酯

乙酸乙酯（$CH_3COOC_2H_5$）是无色透明液体，有水果香味，沸点为77℃，微溶于水，溶于乙醇、乙醚和氯仿等有机溶剂。乙酸乙酯常用作清漆、人造革等的溶剂，也用于染料、药物、香料等的制造。

(6) *N*,*N*-二甲基甲酰胺

N,*N*-二甲基甲酰胺［$HCON(CH_3)_2$］，简称DMF，是微带氨臭味的无色液体，沸点为153℃，性质稳定，能与水和多数有机溶剂混溶，能溶解很多难溶的有机物，特别是高聚物，被誉为“万能溶剂”。*N*,*N*-二甲基甲酰胺也是常用的甲酰化试剂。

(7) 对氨基苯磺酰胺（磺胺）

对氨基苯磺酰胺简称SN，是最早用于临床的磺胺药物之一，随后研制出了更加高效、副作用小的其他磺胺药物，现在SN主要提供外用和作为制备其他磺胺类药物的原料。

(8) 对乙酰氨基酚

对乙酰氨基酚（$CH_3CONHC_6H_5OH$）别名扑热息痛，是解热镇痛药，毒性小，适合儿童使用。如百服宁的有效成分就是对乙酰氨基酚。

10.3　碳酸衍生物

碳酸可以看作共用一个羰基的二元羧酸。碳酸分子中羟基被其他基团取代，可形成一系列的碳酸衍生物。它的一元衍生物是不稳定的，不能游离存在，而它的二元衍生物是稳定的。碳酸衍生物很多是常用的药物或合成药物的原料，在医药上具有重要的作用。本节仅介绍重要的具有代表性的碳酸衍生物。

10.3.1 脲

(1) 脲的结构

脲是碳酸的二元酰胺，从脲的结构来看，既可以看作酰伯胺，又可以看作伯胺，因此既有酰伯胺的性质，又有伯胺的性质。

$$\underset{\text{碳酸}}{HO-\overset{\overset{O}{\|}}{C}-OH} \qquad \underset{\text{碳酰基(羰基)}}{-\overset{\overset{O}{\|}}{C}-} \qquad \underset{\text{碳酰胺(脲)}}{H_2N-\overset{\overset{O}{\|}}{C}-NH_2}$$

(2) 脲的性质

脲存在于哺乳动物的尿液中，故俗称尿素。脲是哺乳动物体内蛋白质代谢的最终产物，成人每天可从尿中排出 30g 左右的脲。脲是高效固体氮肥，也是制造塑料和药物的原料。脲是白色晶体，熔点为 132℃，易溶于水，可溶于乙醇，难溶于乙醚。

脲具有酰胺的结构，故它具有酰胺的一般化学性质，如与酸碱共热能发生水解。由于脲分子中的两个氨基连在同一个羰基上，所以具有一些特殊性质。例如，具有微弱的碱性，可与强酸作用成盐，也可与酰卤、酸酐或酯作用生成相应的酰脲。

① 弱碱性　脲具有弱碱性，它的水溶液不能使石蕊试纸变色，而只能与强酸成盐。如在脲的水溶液中加浓硝酸，则析出硝酸脲白色沉淀。

$$H_2N-\overset{\overset{O}{\|}}{C}-NH_2 + HNO_3 \longrightarrow H_2N-\overset{\overset{O}{\|}}{C}-NH_2 \cdot HNO_3\downarrow$$

② 水解　脲在酸、碱或尿素酶的催化下可发生水解反应。

$$H_2N-\overset{\overset{O}{\|}}{C}-NH_2 + H_2O \begin{cases} \xrightarrow{2HCl} CO_2 + 2NH_4Cl \\ \xrightarrow{2NaOH} CO_2 + 2NH_3\uparrow \end{cases}$$

③ 与亚硝酸的反应　脲与亚硝酸作用定量放出氮气，利用这个反应，可测定脲的含量。此外，在重氮化反应中可用脲来除去过剩的亚硝酸。

$$H_2N-\overset{\overset{O}{\|}}{C}-NH_2 + 2HONO \longrightarrow CO_2\uparrow + N_2\uparrow + 3H_2O$$

④ 缩二脲的生成及缩二脲反应　把脲缓慢加热到稍高于其熔点时，两分子脲脱去一分子氨，生成缩二脲，并放出氨气。

$$H_2N-\overset{\overset{O}{\|}}{C}-NH_2 + \overset{H}{\overset{|}{HN}}-\overset{\overset{O}{\|}}{C}-NH_2 \xrightarrow{\triangle} \underset{\text{缩二脲}}{H_2N-\overset{\overset{O}{\|}}{C}-NH-\overset{\overset{O}{\|}}{C}-NH_2} + NH_3\uparrow$$

缩二脲不溶于水，能溶于碱，在碱性溶液中加微量硫酸铜溶液，即呈紫红色，这种颜色反应称为缩二脲反应。凡分子中含有 2 个或 2 个以上肽键（—CONH—）结构的化合物，如多肽、蛋白质等都可以发生缩二脲反应。因此，缩二脲反应可以用于多肽和蛋白质的定性鉴别。

丙二酸二乙酯与尿素的酰化反应得到丙二酰脲：

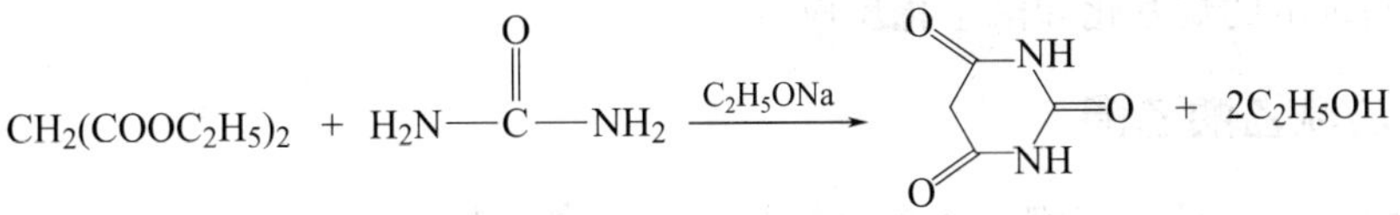

$$CH_2(COOC_2H_5)_2 + H_2N-\overset{\overset{\displaystyle O}{\|}}{C}-NH_2 \xrightarrow{C_2H_5ONa} \text{丙二酰脲} + 2C_2H_5OH$$

丙二酰脲

丙二酰脲为无色晶体，熔点为245℃，微溶于水。它的分子中含有一个活泼亚甲基和两个酰亚氨基，存在下列酮式和烯醇式互变异构现象。

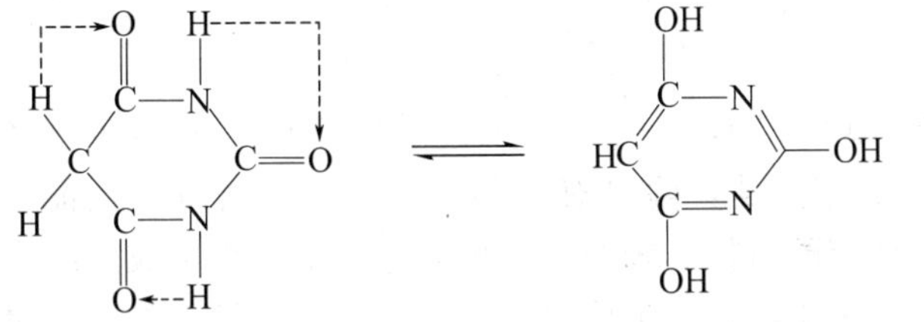

$$\text{酮式} \rightleftharpoons \text{烯醇式}$$

酮式　　烯醇式

烯醇式羟基上的氢很活泼，显示出比乙酸还要强的酸性，所以丙二酰脲又称巴比妥酸。

10.3.2 胍

(1) 胍的结构

胍可以看作脲分子中的氧原子被亚氨基取代的化合物，又叫亚氨基胍。胍分子中去掉氨基上的一个氢原子后剩下的基团称为胍基，去掉一个氨基后剩下的基团称为脒基。

$$H_2N-\overset{\overset{\displaystyle NH}{\|}}{C}-NH_2 \qquad H_2N-\overset{\overset{\displaystyle NH}{\|}}{C}-NH- \qquad H_2N-\overset{\overset{\displaystyle NH}{\|}}{C}-$$

胍　　胍基　　脒基

(2) 胍的性质

胍是无色晶体，熔点为50℃，吸湿性极强，易溶于水。

① 强碱性　胍是一个有机强碱，碱性（$pK_a=13.48$）与氢氧化钾相当，在空气中能吸收二氧化碳而生成稳定的碳酸盐。

$$2H_2N-\overset{\overset{\displaystyle NH}{\|}}{C}-NH_2 + H_2O + CO_2 \longrightarrow [H_2N-\overset{\overset{\displaystyle NH}{\|}}{C}-NH_2]_2 \cdot H_2CO_3$$

② 水解　胍容易水解，如在氢氧化钡水溶液中加热，即水解成脲和氨。

$$H_2N-\overset{\overset{\displaystyle NH}{\|}}{C}-NH_2 + H_2O \xrightarrow[\triangle]{Ba(OH)_2} H_2N-\overset{\overset{\displaystyle O}{\|}}{C}-NH_2 + NH_3\uparrow$$

含有胍基或脒基的药物称为胍类药物。由于胍在碱性条件下不稳定，所以通常将此类药物制成盐类储存和使用。

10.4 二羰基化合物

两个羰基被一个碳原子隔开的化合物称为β-二羰基化合物。此处的羰基既包括典型的羰基，也包括酯基或其他不饱和性基团等，因此，β-二羰基化合物一般泛指β-二酮、β-二酮酸酯、丙二酸酯等含活泼亚甲基的化合物。这类化合物是有机合成的重要试剂，主要的反应类型是亚甲基碳上的烷基化和酰基化反应。

10.4.1 乙酰乙酸乙酯

乙酰乙酸乙酯又叫β-丁酮酸乙酯，简称三乙，是稳定的化合物，在室温下为无色油状液体，有愉快香味，沸点为181℃，微溶于水，易溶于乙醚、乙醇等有机溶剂。乙酰乙酸乙酯具有特殊的化学性质，能发生许多反应，在有机合成中是十分重要的物质，可由下列方法合成：

$$2CH_3COOC_2H_5 \xrightarrow{C_2H_5ONa} CH_3\overset{\overset{\displaystyle O}{\|}}{C}CH_2COOC_2H_5 + C_2H_5OH$$

乙酰乙酸乙酯是β-酮酸酯，除具有酮和酯的典型反应外，还能发生一些特殊的反应，例如，能和氢氰酸、亚硫酸氢钠、苯肼、二硝基苯肼等发生加成或缩合反应，这是羰基的典型反应；此外，还能使溴水褪色，说明分子中含有不饱和键；能与金属钠反应放出氢气，生成钠盐，说明分子中含有醇羟基等活性氢；能与三氯化铁发生颜色反应，说明分子中有烯醇式结构存在。进一步研究表明，乙酰乙酸乙酯在室温下能形成酮式和烯醇式的互变平衡体系：

$$CH_3-\overset{\overset{\displaystyle O}{\|}}{C}-CH_2-\overset{\overset{\displaystyle O}{\|}}{C}-OC_2H_5 \rightleftharpoons CH_3-\overset{\overset{\displaystyle OH}{|}}{C}=CH-\overset{\overset{\displaystyle O}{\|}}{C}-OC_2H_5$$

酮式(92.5%)　　　　烯醇式(7.5%)

乙酰乙酸乙酯的酮式与烯醇式的互变平衡体系可通过下述试验得到证明：

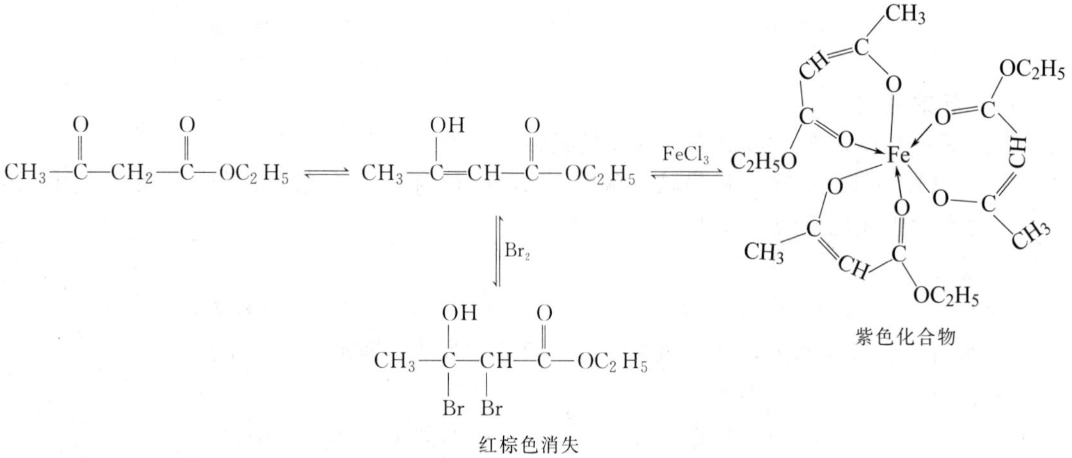

$$CH_3-\overset{\overset{\displaystyle O}{\|}}{C}-CH_2-\overset{\overset{\displaystyle O}{\|}}{C}-OC_2H_5 \rightleftharpoons CH_3-\overset{\overset{\displaystyle OH}{|}}{C}=CH-\overset{\overset{\displaystyle O}{\|}}{C}-OC_2H_5 \xrightleftharpoons{FeCl_3} \text{紫色化合物}$$

（紫色化合物：Fe 与三个烯醇式配体 $CH_3-C(O)=CH-C(=O)-OC_2H_5$ 配位的螯合物）

$$CH_3-\overset{\overset{\displaystyle OH}{|}}{C}=CH-\overset{\overset{\displaystyle O}{\|}}{C}-OC_2H_5 \xrightarrow{Br_2} CH_3-\underset{\underset{\displaystyle Br}{|}}{\overset{\overset{\displaystyle OH}{|}}{C}}-\underset{\underset{\displaystyle Br}{|}}{CH}-\overset{\overset{\displaystyle O}{\|}}{C}-OC_2H_5$$

红棕色消失

在溶液中滴加几滴三氯化铁，溶液出现紫红色，这是烯醇式结构与三氯化铁发生了颜色反应。当在此溶液中加入几滴溴水后，由于溴与烯醇式结构中的双键发生加成反应，烯醇式被破坏，紫红色消失。但经过一段时间后，紫红色又慢慢出现，说明酮式向烯醇式转化，又达到一个新的酮式-烯醇式平衡，增加的烯醇式与三氯化铁又发生颜色反应。

在上述互变平衡体系中，若不断加入溴水，酮式可以全部转变为烯醇式与溴水反应；反之，不断加入羰基试剂，则烯醇式可以全部转变为酮式与羰基试剂反应。乙酰乙酸乙酯的酮式与烯醇式不是孤立存在的，而是两种物质的平衡混合物。在室温下，酮式与烯醇式迅速互变，一般不能将二者分离。

一般物质烯醇式不稳定，而乙酰乙酸乙酯的烯醇式较稳定，其原因有三个。

① 酮式中亚甲基上的氢原子因同时受羰基和酯基的影响而很活泼，很容易转移到羰基

氧上形成烯醇式。

② 烯醇式中双键的 π 键与酯基中的 π 键形成 π-π 共轭体系，使电子离域，降低了体系的能量。

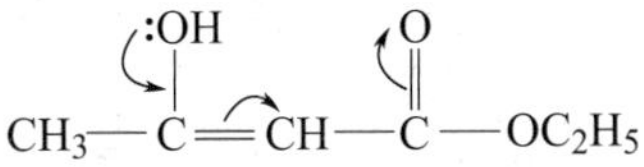

$$CH_3-\overset{\ddot{O}H}{\overset{|}{C}}=CH-\overset{O}{\overset{\|}{C}}-OC_2H_5$$

③ 烯醇式通过分子内氢键的缔合形成了一个较稳定的六元环结构。

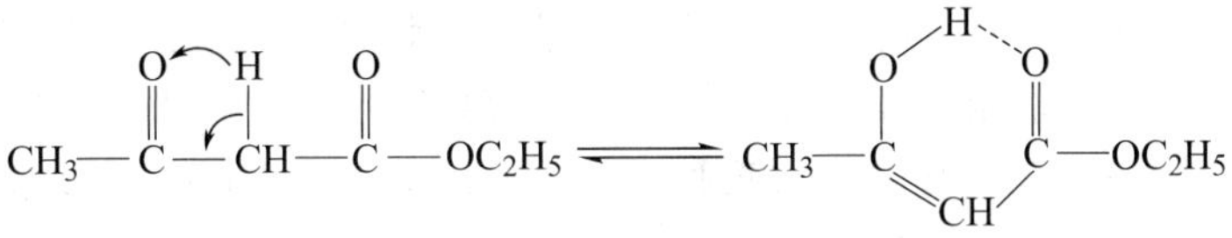

$$CH_3-\overset{O}{\overset{\|}{C}}-\overset{H}{\overset{|}{C}H}-\overset{O}{\overset{\|}{C}}-OC_2H_5 \rightleftharpoons CH_3-\overset{O\cdots H\cdots O}{C=CH-C}-OC_2H_5$$

具有下列结构的有机化合物都可能产生互变异构现象：

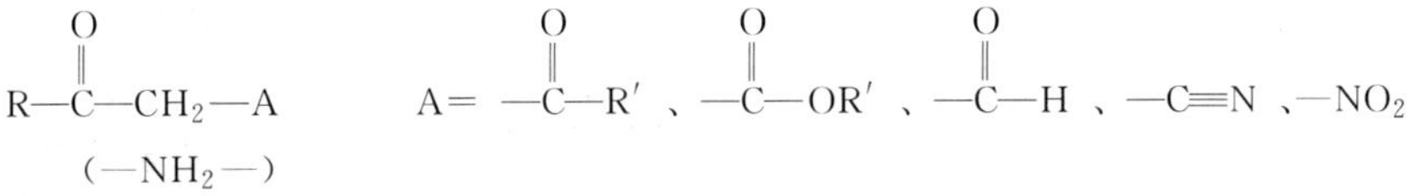

$$R-\overset{O}{\overset{\|}{C}}-CH_2-A \quad (-NH_2-) \qquad A=\ -\overset{O}{\overset{\|}{C}}-R'、-\overset{O}{\overset{\|}{C}}-OR'、-\overset{O}{\overset{\|}{C}}-H、-C\equiv N、-NO_2$$

在乙酰乙酸乙酯分子中，由于受两个官能团的影响，亚甲基碳原子与相邻两个的碳碳键容易断裂，发生酮式分解和酸式分解。

乙酰乙酸乙酯在稀碱条件下发生水解反应，酸化后生成乙酰乙酸，后者很不稳定，加热即发生脱羧生成丙酮，这个过程称为酮式分解。

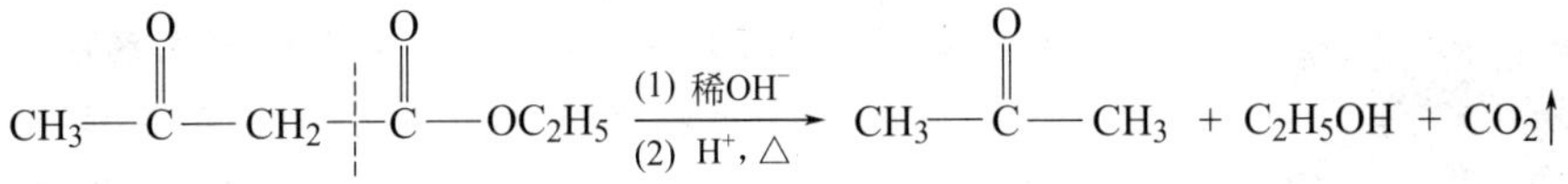

$$CH_3-\overset{O}{\overset{\|}{C}}-CH_2\vdots\overset{O}{\overset{\|}{C}}-OC_2H_5 \xrightarrow[(2)\ H^+,\triangle]{(1)\ 稀OH^-} CH_3-\overset{O}{\overset{\|}{C}}-CH_3 + C_2H_5OH + CO_2\uparrow$$

乙酰乙酸乙酯在浓碱条件下加热，α-碳原子和 β-碳原子之间的价键发生断裂生成羧酸盐，酸化后得到两分子羧酸，这个过程称为酸式分解。

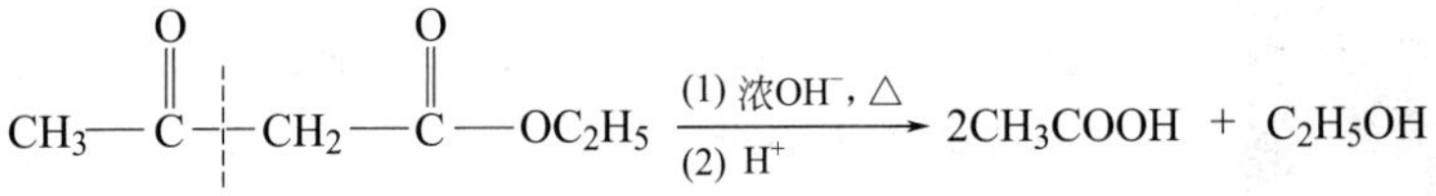

$$CH_3-\overset{O}{\overset{\|}{C}}\vdots CH_2-\overset{O}{\overset{\|}{C}}-OC_2H_5 \xrightarrow[(2)\ H^+]{(1)\ 浓OH^-,\triangle} 2CH_3COOH + C_2H_5OH$$

所有的 β-酮酸酯都可以进行以上两种分解反应。

乙酰乙酸乙酯分子中的 α-亚甲基上的氢原子较活泼，具有弱酸性，在醇钠作用下可以失去 H^+ 形成碳负离子。

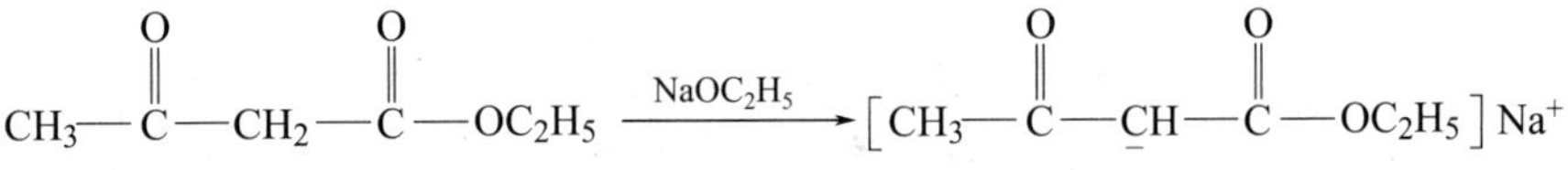

$$CH_3-\overset{O}{\overset{\|}{C}}-CH_2-\overset{O}{\overset{\|}{C}}-OC_2H_5 \xrightarrow{NaOC_2H_5} [CH_3-\overset{O}{\overset{\|}{C}}-\overset{-}{C}H-\overset{O}{\overset{\|}{C}}-OC_2H_5]Na^+$$

该碳负离子与卤代烃反应，然后进行成酮或成酸分解，可以制备甲基酮或一元羧酸。

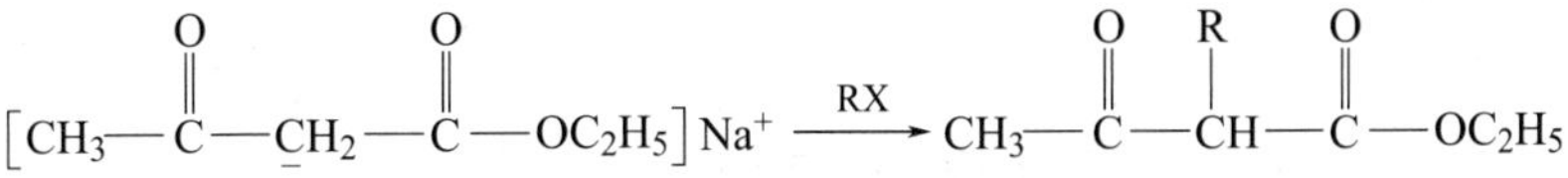

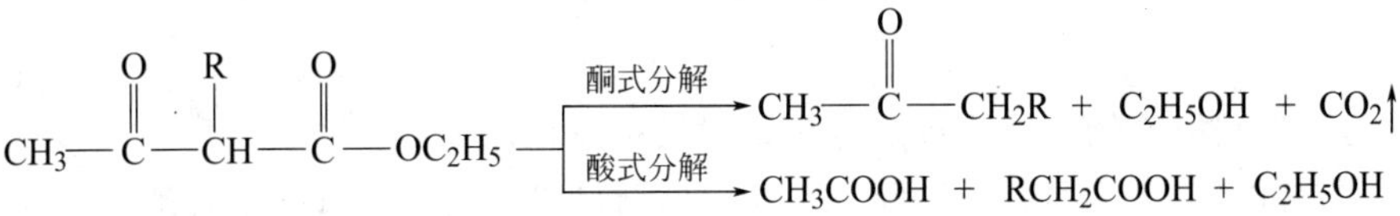

$$[CH_3-\overset{O}{\overset{\|}{C}}-\overset{-}{C}H_2-\overset{O}{\overset{\|}{C}}-OC_2H_5]Na^+ \xrightarrow{RX} CH_3-\overset{O}{\overset{\|}{C}}-\overset{R}{\overset{|}{C}H}-\overset{O}{\overset{\|}{C}}-OC_2H_5$$

$$CH_3-\overset{O}{\overset{\|}{C}}-\overset{R}{\overset{|}{C}H}-\overset{O}{\overset{\|}{C}}-OC_2H_5 \begin{cases} \xrightarrow{酮式分解} CH_3-\overset{O}{\overset{\|}{C}}-CH_2R + C_2H_5OH + CO_2\uparrow \\ \xrightarrow{酸式分解} CH_3COOH + RCH_2COOH + C_2H_5OH \end{cases}$$

该碳负离子与 α-卤代酮反应，可以制备 1,4-二酮或 γ-羰基酸；与卤代酸酯反应，可以制备羰基酸或二元羧酸；与酰卤反应可以制备 1,3-二酮。

10.4.2 丙二酸二乙酯

丙二酸二乙酯为无色液体，有芳香气味，沸点为199.3℃，不溶于水，易溶于乙醇、乙醚等有机溶剂。丙二酸二乙酯是以一氯乙酸为原料，经过氰解、酯化后得到的二元羧酸酯。

$$\underset{\displaystyle Cl}{\underset{|}{CH_2COOH}} \xrightarrow[NaOH]{NaCN} \underset{\displaystyle CN}{\underset{|}{CH_2COOH}} \xrightarrow[H^+]{C_2H_5OH} H_2C\begin{cases}COOC_2H_5\\COOC_2H_5\end{cases}$$

丙二酸二乙酯由于分子中含有一个活泼亚甲基，因此在理论和合成上都有重要意义。丙二酸二乙酯在醇钠等强碱催化下，能产生一个碳负离子，它可以和卤代烃发生亲核取代反应，产物经水解和脱羧后生成羧酸。用这种方法可合成 RCH_2COOH 和 $RR'CHCOOH$ 型的羧酸。

$$CH_2(COOC_2H_5)_2 + RX \xrightarrow[C_2H_5ONa]{C_2H_5OH} RCH(COOC_2H_5)_2 \xrightarrow[(2)H^+,\triangle]{(1)OH^-} RCH_2COOH$$

$$RCH(COOC_2H_5)_2 \xrightarrow[C_2H_5ONa]{R'X} R'RC(COOC_2H_5)_2 \xrightarrow[(2)H^+,\triangle]{(1)OH^-} R'RCHCOOH$$

【阅读材料】

贝采里乌斯

贝采里乌斯（1779—1848）是瑞典化学家。

贝采里乌斯于1779年8月20日生于瑞典东约特兰省的林雪平，1797年考上乌普萨拉大学医学系，1802年获医学博士学位，在该学院当讲座义务助手，业余攻读化学，1807年任化学教授，1835年皇帝查理十四晋封他为男爵。他把厨房改建为实验室进行科学研究工作。他的研究工作涉及许多领域：

① 在原子论方面，他发现了几种新元素：铈、硒、钍。他还制定出近代元素符号，沿用至今。

② 在电化学方面，贝采里乌斯于1814年提出了电化学二元论学说。

③ 在有机化学方面，贝采里乌斯在1808年最早提出“有机化学”这个名称。他还发现了肌乳酸（1806年）、丙酮酸（1835年）。

④ 在分析化学方面，他创始了重量分析法，改进了有机元素分析方法。

贝采里乌斯的主要特点是严密性与系统性，观察精确，描述清晰。限于历史的局限性，他是生命力论的拥护者。

【巩固练习】

10-1 选择题

1. 根据乙二酸甲乙酯的结构特点分析，对其描述正确的是（　　）。

A. 酸性酯　　B. 中性酯　　C. 碱性酯　　D. 混合酯

2. 羧酸衍生物与水反应生成的共同产物是（　　）。

A. 醇　　B. 羧酸　　C. 醛　　D. 酸酐

3. 羧酸衍生物酰化能力大小顺序是（　　）。

A. 酰卤＞酸酐＞酰胺＞酯　　B. 酰胺＞酰卤＞酸酐＞酯

C. 酰卤＞酸酐＞酯＞酰胺　　D. 酯＞酰胺＞酸酐＞酰卤

4. $CH_3CH_2COCl+H_2O$ 反应的主要产物是（　　）。

A. 丙醛　　B. 丙酐　　C. 丙酮　　D. 丙酸

5. 下列分子量相近的化合物中，沸点最高的是（　　）。

A. 正丙醇　　B. 乙酸乙酯　　C. 乙酸　　D. 丙醛

6. 下列物质中酸性最强的是（　　）。

A. $FCH_2—COOH$　　B. $ClCH_2—COOH$

C. $BrCH_2—COOH$　　D. $ICH_2—COOH$

7. 下列化合物中既能溶于氢氧化钠溶液，又能溶于碳酸氢钠溶液的是（　　）。

A. 苯甲醇　　B. 苯乙醚　　C. 苯酚　　D. 苯甲酸

8. 能与斐林试剂发生反应的化合物是（　　）。

A. 苯甲酸　　B. 丙酮　　C. 甘油　　D. 甲酸

9. 分别加热下列化合物，不能生成酸酐的是（　　）。

A. 戊二酸　　B. 己二酸　　C. 顺丁烯二酸　　D. 邻苯二甲酸

10. 鉴别对甲氧基苯甲酸和对羟基苯甲酸时，可使用的试剂的是（　　）。

A. $FeCl_3$　　B. Na　　C. NaOH　　D. $NaHCO_3$

10-2　写出下列反应的主要产物。

1. $C_6H_5—\overset{O}{\overset{\|}{C}}—Cl + CH_3CH_2OH \longrightarrow$

2. $NH_2—C_6H_4—OH + (CH_3CH_2CO)_2O \longrightarrow$

3. $o\text{-}HOC_6H_4COOH + (CH_3CH_2CO)_2O \longrightarrow$（苯环上邻位为 COOH 和 OH）

4. $C_6H_5—COOCH_2CH_3 + NaOH \longrightarrow$

10-3　用化学方法鉴别下列各组物质。

1. 乙酸和乙酸乙酯

2. 乙醇、乙醛和乙酸

3. 苯甲醇、苯酚和苯甲酸

10-4　推断题

1. 化合物 A、B 分子式均为 $C_4H_6O_2$，A 在酸性条件下水解生成甲醇和另一个化合物 C（$C_3H_4O_2$），C 可使溴水褪色。B 在酸性条件下水解生成一分子羧酸和化合物 D，D 可发生碘仿反应，也可与托伦试剂反应。推断 A、B、C、D 可能的结构。

2. 化合物 A、B、C、D 的分子式都是 $C_4H_8O_2$，A 和 B 可与 Na_2CO_3 溶液作用放出 CO_2，C 和 D 则无反应，但在 NaOH 水溶液中加热水解后，C 的水解液蒸馏出的低沸点物质能发生碘仿反应，D 的水解液经酸中和至中性，能与托伦试剂发生银镜反应，而 C 的水解产物则不能。试推测 A、B、C、D 的结构式。

参考答案

10-1

1. B　2. B　3. C　4. D　5. C　6. A　7. D　8. D　9. B　10. A

10-2

1. 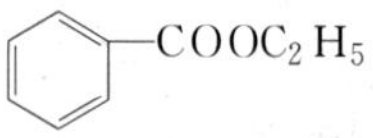 $C_6H_5-COOC_2H_5$（苯甲酸乙酯）

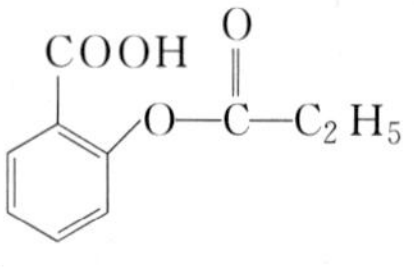

2. 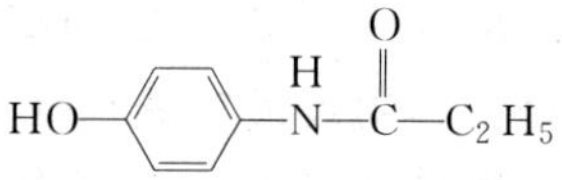 $HO-C_6H_4-NH-\overset{O}{\overset{\|}{C}}-C_2H_5$

3. 邻位 COOH 苯环 $-O-\overset{O}{\overset{\|}{C}}-C_2H_5$

4. $C_6H_5-COO^-Na^+$

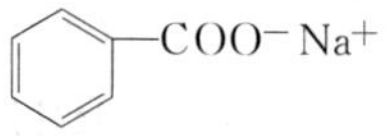

10-3　略。

10-4

1. A. $H_2C{=}CH-\overset{O}{\overset{\|}{C}}-OCH_3$　　B. $CH_3\overset{O}{\overset{\|}{C}}-OCH{=}CH_2$

C. $H_2C{=}CH-\overset{O}{\overset{\|}{C}}-OH$　　D. $H\overset{O}{\overset{\|}{C}}CH_3$

2. A或B　$(CH_3)_2CHCOOH$ 或 $CH_3CH_2CH_2COOH$

C. $CH_3COOCH_2CH_3$　　D. $HCOOCH_2CH_2CH_3$

（侯超　编　　孙永宾　校）

第11章　取代羧酸

羧酸分子中烃基上的氢原子被其他原子或基团取代后生成的化合物称为取代羧酸。根据取代的原子或基团，取代羧酸又分为卤代酸、羟基酸、羰基酸和氨基酸等。根据官能团的不同，羟基酸又分为醇酸和酚酸，羰基酸又可分为醛酸和酮酸，本章主要学习卤代酸、羟基酸和羰基酸，氨基酸相关知识将在后续章节中介绍。

11.1　卤代酸

11.1.1　卤代酸的制备

卤代酸通常都是由人工合成的，它可以由卤素取代羧酸中烃基上的氢原子而制得，也可以向卤素衍生物中引入羧基而制得。值得注意的是，按照卤素和羧基的相对位置不同，它们的制法也有所不同。

(1) α-卤代酸的制备

饱和一元羧酸与溴直接作用可以制得 α-溴代酸。但直接氯化得到的往往是混合物，只是由于溴的活性较氯低，所以溴代反应的选择性较氯代反应高。例如：

$$CH_3CH_2COOH \xrightarrow{Br_2} \underset{\underset{\text{α-溴代丙酸}}{Br}}{CH_3CH}COOH$$

$$CH_3CH_2COOH \xrightarrow{Cl_2} \underset{\underset{\text{α-氯代丙酸}}{Cl}}{CH_3CH}COOH + \underset{\underset{\text{β-氯代丙酸}}{Cl}}{CH_2}CH_2COOH$$

上述羧酸与卤素直接反应进行得很慢，如果在日光作用下，或加入少量的红磷（或卤化磷）作催化剂并加热，则反应进行得很顺利，称为泽林斯基反应。

$$RCH_2COOH + Br_2 \xrightarrow{PBr_3} \underset{\underset{\text{α-溴代酸}}{Br}}{RCH}COOH + HBr$$

α-碘代酸一般不能用直接碘化法制备，但可以由碘化钾与α-氯代酸或α-溴代酸作用制得。

$$\underset{\substack{|\\Cl}}{RCHCOOH} + HI \longrightarrow \underset{\substack{|\\I}}{RCHCOOH} + KCl$$

(2) β-卤代酸的制备

采用α,β-不饱和羧酸与卤化氢加成，可制得β-卤代酸。加成时，卤原子总是加到离羧基较远的不饱和碳原子上，这是由于羧基（—COOH）的吸电子诱导效应（−I）和吸电子共轭效应（—C），使α-碳原子上的电子云密度降低很多，从而使α-正碳离子很不稳定，所以加成反应总是反马氏规则的。

$$\underset{\alpha,\beta\text{-不饱和羧酸}}{RCH{=}CHCOOH} + HX \longrightarrow \underset{\beta\text{-卤代酸}}{\underset{\substack{|\\X}}{RCH}CH_2COOH}$$

$$\underset{\text{丙烯酸}}{CH_2{=}CHCOOH} + HX \longrightarrow \underset{\beta\text{-溴代丙酸}}{\underset{\substack{|\\X}}{CH_2}CH_2COOH}$$

用β-羟基酸与氢卤酸或卤化磷作用，也可制得β-卤代酸。

$$\underset{\beta\text{-羟基酸}}{\underset{\substack{|\\OH}}{RCH}CH_2COOH} + HBr \longrightarrow \underset{\beta\text{-卤代酸}}{\underset{\substack{|\\Br}}{RCH}CH_2COOH} + H_2O$$

(3) γ-卤代酸，δ-卤代酸或卤素离羧基更远的卤代酸的制备

γ-卤代酸，δ-卤代酸等卤代酸可由相应的二元酸单酯经洪赛迪克尔反应制备。例如δ-卤代酸可以由己二酸单甲酯制得。

$$CH_3O\overset{\overset{O}{\|}}{C}(CH_2)_4COOH \xrightarrow[KOH]{AgNO_3} CH_3O\overset{\overset{O}{\|}}{C}(CH_2)_4COOAg \xrightarrow[CCl_4]{Br_2} CH_3O\overset{\overset{O}{\|}}{C}(CH_2)_3CH_2Br$$

$$\xrightarrow[H_2O]{H^+} HO\overset{\overset{O}{\|}}{C}(CH_2)_3CH_2Br$$

11.1.2 卤代酸的性质

卤代酸是分子中既含有卤素原子又含有羧基的双官能团化合物。由于卤代酸分子中既含卤素原子又含羧基，两个官能团相互影响而产生一些特殊性质。

(1) 酸性

羧酸的烃基上（特别是α-碳原子上）连有电负性大的卤素原子，它们的吸电子诱导效应使氢氧间电子云偏向氧原子，氢氧键的极性增强，氢原子就更容易电离，使卤代酸的酸性增大。基团的电负性愈大，卤代酸中卤素原子的数目愈多，与羧基的距离愈近，则吸电子诱导效应愈强，从而使卤代酸的酸性愈强。如：

	FCH_2COOH	>	$ClCH_2COOH$	>	$BrCH_2COOH$	>	ICH_2COOH	>	CH_3COOH
pK_a	2.66		2.81		2.87		3.13		4.76

	Cl_3CCOOH	>	$Cl_2CHCOOH$	>	$ClCH_2COOH$	>	CH_3COOH
pK_a	0.08		1.29		2.81		4.76

	$CH_3CH_2CHClCOOH$	>	$CH_3CHClCH_2COOH$	>	$CH_2ClCH_2CH_2COOH$	>	$CH_3CH_2CH_2COOH$
pK_a	2.86		4.41		4.70		4.82

(2) 卤代酸的特性

α-卤代酸中的卤原子由于受羧基的影响，活性增强，容易与各种亲核试剂发生亲核取代反应。利用此性质可制备 α-羟基酸、α-氨基酸、α-氰基酸等。如在稀碱溶液中，α-卤代酸发生水解反应生成 α-羟基酸。

$$\underset{\displaystyle \overset{|}{Cl}}{RCHCOOH} + H_2O \xrightarrow[\triangle]{OH^-} \underset{\displaystyle \overset{|}{OH}}{RCHCOOH} + HCl$$

β-卤代酸在同样的条件下发生消除反应，生成 α,β-不饱和酸。

$$\underset{\displaystyle \overset{|}{Br}}{RCHCH_2COOH} \xrightarrow[\triangle]{OH^-} RCH{=}CHCOOH + HBr$$

γ-卤代酸或 δ-卤代酸在碱的作用下则生成五元或六元环内酯。

$$\underset{\displaystyle \overset{|}{Cl}}{RCHCH_2CH_2COOH} \xrightarrow[H_2O]{Na_2CO_3} \underset{\gamma\text{-内酯}}{\text{(5-R-γ-丁内酯)}} + HCl$$

(3) 雷福尔马斯基反应

α-卤代酸酯于惰性溶剂中在锌粉作用下与含有羰基的化合物（醛、酮、酯）发生反应，产物经水解后生成 β-羟基酸酯，这个反应叫作雷福尔马斯基反应。

$$BrCH_2COOC_2H_5 + Zn \xrightarrow{\text{醚}} BrZnCH_2COOC_2H_5$$

$$BrZnCH_2COOC_2H_5 + C_6H_5CHO \longrightarrow \underset{\displaystyle \overset{|}{OZnBr}}{C_6H_5CHCH_2COOC_2H_5}$$

$$\underset{\displaystyle \overset{|}{OZnBr}}{C_6H_5CHCH_2COOC_2H_5} + H_2O \longrightarrow \underset{\displaystyle \overset{|}{OH}}{C_6H_5CHCH_2COOC_2H_5}$$

α-卤代酸酯不能与镁生成有机镁化物（格氏试剂），但易与锌形成有机锌化物。有机锌化物与格氏试剂类似，也能起类似反应，但没有格氏试剂活泼，比较稳定，只能与醛、酮发生反应，而与酯反应缓慢。格氏试剂与酯反应很快，因此雷福尔马斯基反应中试剂锌不能用镁代替。有机锌化物与醛、酮的反应与格氏试剂与醛、酮的反应类似，生成 β-羟基酸酯。

$$C_6H_5COCH_3 + BrCH_2COOC_2H_5 \xrightarrow{Zn} C_6H_5-\underset{\displaystyle \overset{|}{OH}}{\overset{\displaystyle CH_3}{\overset{|}{C}}}-CH_2COOC_2H_5$$

这是制备 β-羟基酸酯的一个很好的方法。β-羟基酸酯再经水解得到 β-羟基酸，也是合成 β-羟基酸的一个好方法。β-羟基酸酯经脱水生成 α,β-不饱和酸酯，可用于制备 α,β-不饱和酸酯。

发生雷福尔马斯基反应时，不同的 α-卤代酸酯的活性顺序为：

碘代酸酯＞溴代酸酯＞氯代酸酯＞氟代酸酯

因氟代酸酯和氯代酸酯不活泼，而碘代酸酯较难制备，故常用溴代酸酯。

有机锌试剂与羰基化合物反应的活性顺序为：

醛＞酮＞酯

11.1.3 代表性化合物

(1) 氟乙酸

氟乙酸（FCH_2COOH）工业上由一氧化碳与甲醛及氟化氢作用而制得：

$$CO + HCHO + HF \xrightarrow[75994kPa]{160℃} \underset{\displaystyle F}{\underset{|}{CH_2}}COOH$$

氟乙酸对哺乳动物的毒性很强，它的钠盐可用作杀鼠剂和扑灭其他啮齿动物的药剂。

(2) 三氯乙酸

三氯乙酸（CCl_3COOH）可由三氯乙醛经硝酸氧化制取：

$$CCl_3CHO + [O] \xrightarrow{HNO_3} CCl_3COOH$$

三氯乙酸为无色结晶，熔点为 57.5℃，有潮解性，极易溶于水、乙醇、乙醚。三氯乙酸可以作除莠剂，在医药上用作腐蚀剂，其 20%溶液可用于治疗疣。

11.2 羟基酸

羧酸分子中烃基上的氢原子被羟基（—OH）取代后生成的化合物称为羟基酸。它们广泛存在于动植物体内，许多醇酸是动植物生命过程的中间体或产物，有些羟基酸是合成药物的原料和食品的调味剂。

11.2.1 羟基酸的制备

(1) 醇酸的制备

① 卤代酸水解　由卤代酸水解可以得到羟基酸，不同的卤代酸水解产物不同，只有 α-卤代酸水解生成 α-羟基酸，且产率较高。例如：

$$\underset{\displaystyle Cl}{\underset{|}{CH_2}}COOH + H_2O \longrightarrow \underset{\displaystyle OH}{\underset{|}{CH_2}}COOH + HCl$$

β-卤代酸、γ-卤代酸、δ-卤代酸等水解后，所得的主要产物往往不是羟基酸，因此卤代酸水解这个方法只适用于制取 α-羟基酸。

② 羟基腈水解　醛或酮与氢氰酸起加成反应，生成羟基腈，羟基腈再水解，就得 α-羟基酸。这是制备 α-羟基酸的常用方法。

$$RCHO + HCN \longrightarrow R-\underset{\displaystyle H}{\underset{|}{\overset{\displaystyle OH}{\overset{|}{C}}}}-CN \xrightarrow[H^+]{H_2O} R-\underset{\displaystyle H}{\underset{|}{\overset{\displaystyle OH}{\overset{|}{C}}}}-COOH$$

$$R-\overset{\displaystyle O}{\overset{\|}{C}}-R' + HCN \longrightarrow R-\underset{\displaystyle R'}{\underset{|}{\overset{\displaystyle OH}{\overset{|}{C}}}}-CN \xrightarrow[H^+]{H_2O} R-\underset{\displaystyle R'}{\underset{|}{\overset{\displaystyle OH}{\overset{|}{C}}}}-COOH$$

烯烃与次氯酸加成后再与氰化钾作用制得 β-羟基腈，β-羟基腈经水解得到 β-羟基酸。

$$RCH{=}CH_2 \xrightarrow{HOCl} R-\underset{\displaystyle OH}{\underset{|}{CH}}-\underset{\displaystyle Cl}{\underset{|}{CH_2}} \xrightarrow{KCN} R-\underset{\displaystyle OH}{\underset{|}{CH}}-CH_2CN \xrightarrow[H^+]{H_2O} R-\underset{\displaystyle OH}{\underset{|}{CH}}-CH_2COOH$$

β-羟基酸

芳香族羟基酸也可由羟基腈制得。

$$C_6H_5-CH(OH)CN + H_2O \xrightarrow[HCl]{100℃} C_6H_5-CH(OH)COOH$$

③ 雷福尔马斯基反应　β-羟基酸可由 α-卤代酸酯与醛通过雷福尔马斯基反应制得。首先得到的产物是 β-羟基酸酯。β-羟基酸酯再经水解，就得 β-羟基酸。

(2) 酚酸的制备

许多酚酸是从天然产物中提取出来的。合成酚酸的一般方法是采用柯尔贝-许密特反应，此法是将干燥的苯酚钠与二氧化碳在 405～709kPa 和 120～140℃下作用，最后酸化产物，即可得到水杨酸。

$$C_6H_5ONa + CO_2 \xrightarrow[405～709kPa]{120～140℃} o\text{-}HOC_6H_4COONa \xrightarrow{H^+} o\text{-}HOC_6H_4COOH$$

产物中含有少量对位异构体。如果反应温度在 140℃以上，或用酚的钠盐为原料，则主要得到对羟基苯甲酸。

$$C_6H_5ONa + CO_2 \xrightarrow{加热,加压} p\text{-}HOC_6H_4COONa \xrightarrow{H^+} p\text{-}HOC_6H_4COOH$$

其他的酚酸也可以用上述方法制备，只是反应的难易程度和条件有所不同。

11.2.2 羟基酸的物理性质

醇酸一般为结晶的固体或黏稠的液体。由于分子中的羟基和羧基都能与水形成分子间氢键，因此醇酸在水中的溶解度比相应的醇或羧酸都大，低级的醇酸可与水混溶。大多数醇酸具有旋光性。醇酸的熔点一般高于相应的羧酸。酚酸大多数为晶体，多以盐、酯等形式存在于植物中，其熔点大于对应的芳香羧酸。酚酸的溶解性与所含的羟基、羧基的数目有关，有的微溶于水，有的易溶于水。一些常见的羟基酸的物理常数如表 11-1 所示。

表 11-1　一些常见羟基酸的物理常数

名称	熔点/℃	溶解度/(g/100g 水)	pK_a/℃
乳酸	26	∞	3.76
(±)-乳酸	18	∞	3.76
苹果酸	100	∞	3.40①(25)
(±)-苹果酸	128.5	144	3.40①(25)
酒石酸	170	133	3.04①(25)
(±)-酒石酸	206	20.6	
meso-酒石酸	140	125	
柠檬酸	153	133	
水杨酸	159	微溶于冷水,易溶于热水	3.15①(25)
没食子酸	253	溶	2.98

① pK_{a_1} 值。

11.2.3 羟基酸的化学性质

羟基酸具有醇（或酚）和羧酸的基本化学性质，如醇羟基可以被氧化、酯化；酚羟基有酸性，且能与 $FeCl_3$ 发生颜色反应；羧基有酸性，可与碱成盐、与醇成酯等。由于羟基酸中羟基和羧基相互影响，羟基酸又表现出一些特殊的性质，这些特殊性因羟基和羧基相对位置不同而有明显的差异。

（1）酸性

由于羟基具有吸电子诱导效应，因此一般醇酸比相应的羧酸酸性强，但其羟基对羧基酸性的影响不如卤代酸中卤素的影响大。醇酸的羟基越靠近羧基，对羧基酸性增强的影响就越强；反之，对酸性的影响就越弱。

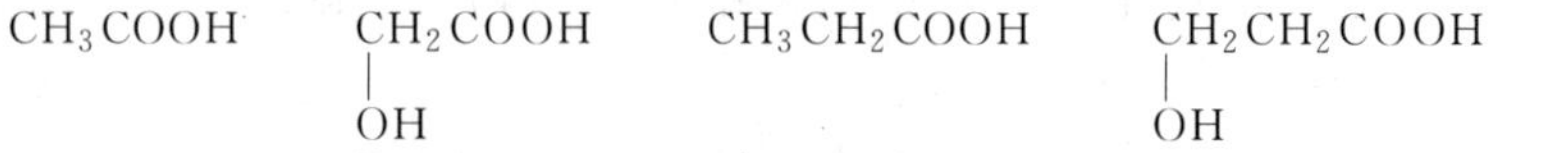

	CH_3COOH	$CH_2(OH)COOH$	CH_3CH_2COOH	$CH_2(OH)CH_2COOH$	$CH_3CH(OH)COOH$
pK_a	4.75	3.83	4.88	4.51	3.87

酚酸的酸性与电子效应、邻位效应等相关，其酸性随羟基与羧基的相对位置不同而表现出明显差异。其酸性顺序为：邻位＞间位＞对位。

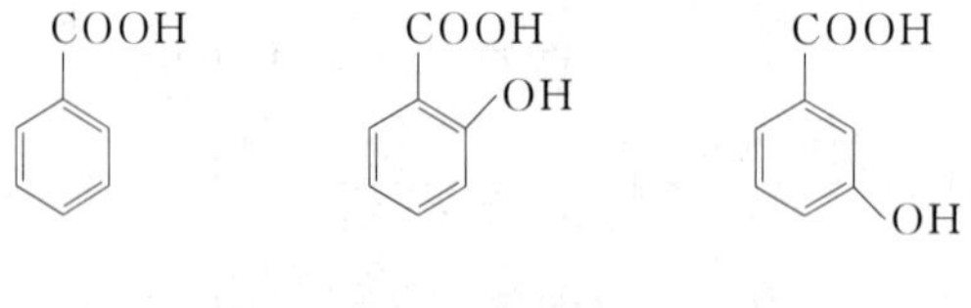

	苯甲酸（COOH）	邻羟基苯甲酸（COOH, OH）	间羟基苯甲酸（COOH, OH）	对羟基苯甲酸（COOH, OH）
pK_a	4.19	2.98	4.08	4.57

连接在芳环上的羟基对苯环电子云有共轭和诱导双重作用（方向相反），两种作用的强弱因羟基和羧基的相对位置不同而有差异。羟基的给电子共轭效应强于其吸电子诱导效应，故对羟基苯甲酸的酸性较苯甲酸低。间羟基苯甲酸中，羟基的给电子共轭效应弱于其吸电子诱导效应，使其酸性增强。但水杨酸的酸性比苯甲酸约强十倍，这主要是因为羧基与邻位的羟基形成分子内氢键，使羧基中羰基氧上的电子向邻位的羟基氢偏移，导致羧基中羟基的氧氢键极性增强，使氢容易解离。离解后的羧基负离子也由于分子内氢键而更趋稳定，有利于平衡偏向右侧。

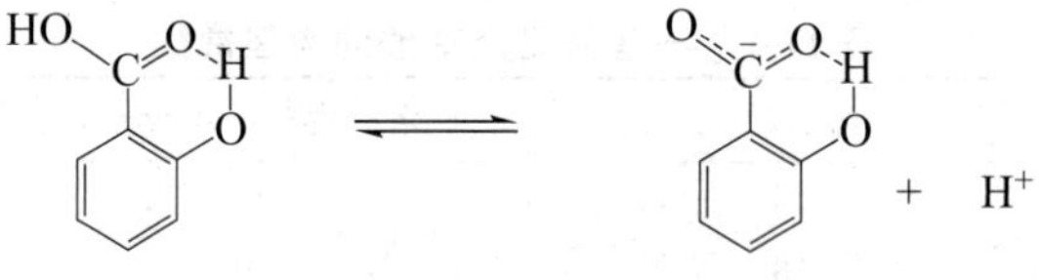

$$\text{HO–C(=O}\cdots\text{H–O–)C}_6\text{H}_4 \rightleftharpoons {}^{-}\text{O–C(=O}\cdots\text{H–O–)C}_6\text{H}_4 + H^+$$

（2）醇酸的氧化反应

醇酸分子中的羟基因受羧基吸电子诱导效应影响，比醇分子中的羟基更容易被氧化。例如：稀硝酸一般不能氧化醇羟基，但却能将醇酸氧化成醛酸、酮酸或二元酸；托伦试剂通常不与醇反应，却能将 α-羟基酸氧化成 α-酮酸。

$$HOCH_2COOH \xrightarrow{\text{稀 } HNO_3} HOOCCHO \xrightarrow{\text{稀 } HNO_3} HOOCCOOH$$

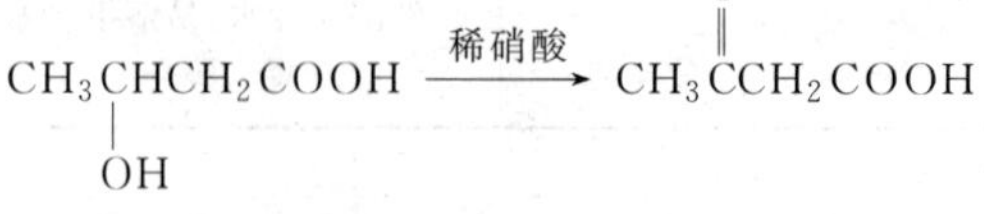

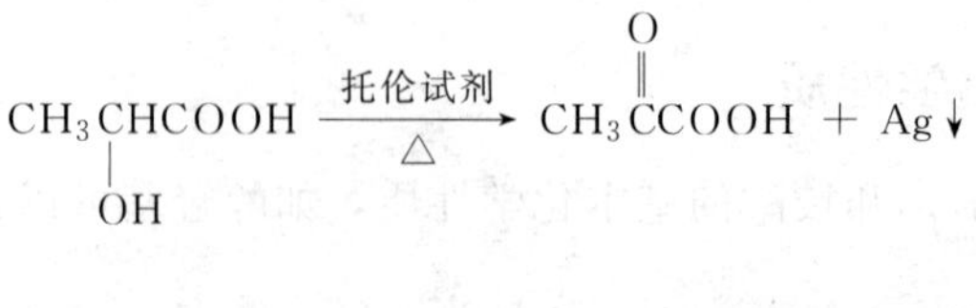

$$CH_3\underset{\underset{OH}{|}}{C}HCH_2COOH \xrightarrow{\text{稀硝酸}} CH_3\overset{\overset{O}{\|}}{C}CH_2COOH$$

$$CH_3\underset{\underset{OH}{|}}{C}HCOOH \xrightarrow[\triangle]{\text{托伦试剂}} CH_3\overset{\overset{O}{\|}}{C}COOH + Ag\downarrow$$

醇酸在体内的氧化通常在酶催化下进行。

(3) 醇酸的脱水反应

由于羟基酸分子中羟基和羧基的相互影响，使得醇酸的热稳定性较差，加热时容易发生脱水反应，其脱水的方式因羟基和羧基的相对位置不同而异。

α-醇酸受热后，两个醇酸分子间的羟基和羧基交叉脱水，生成较稳定的六元环交酯。交酯具有酯的通性。

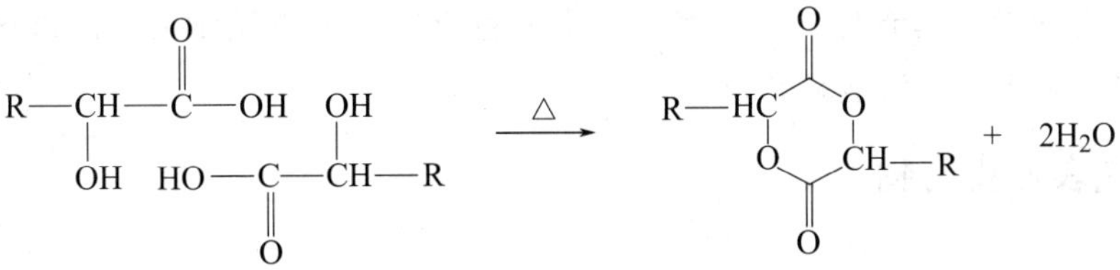

$$R-CH(OH)-COOH + HO-CO-CH(OH)-R \xrightarrow{\triangle} \text{交酯} + 2H_2O$$

β-醇酸的α-氢原子受β-羟基和羧基的相互影响，很活泼，受热时容易与β-羟基脱水，生成α,β-不饱和羧酸。

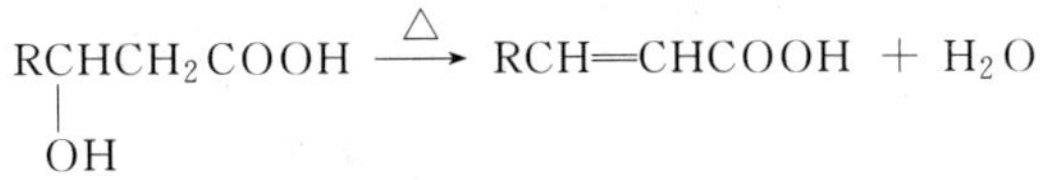

$$RCH(OH)CH_2COOH \xrightarrow{\triangle} RCH{=}CHCOOH + H_2O$$

γ-醇酸分子中的羟基和羧基在常温下即可脱水，生成稳定的五元环内酯。

$$CH_2(OH)-CH_2-CH_2-C(=O)OH \longrightarrow \gamma\text{-内酯} + H_2O$$

δ-醇酸也能发生分子内的脱水反应，生成六元环内酯。

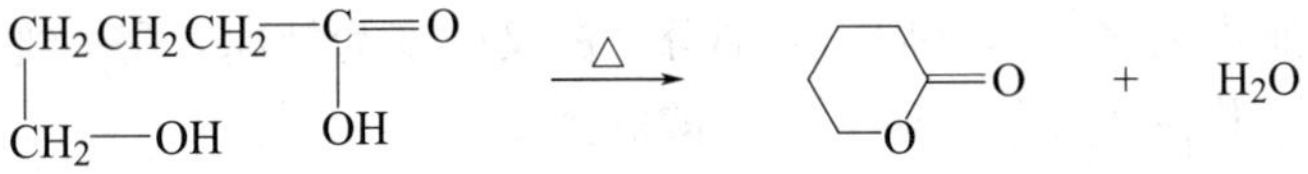

$$CH_2(OH)CH_2CH_2CH_2-C(=O)OH \xrightarrow{\triangle} \delta\text{-内酯} + H_2O$$

一些中药的有效成分中含有内酯的结构。例如，中药白头翁及其类似植物中含有的有效成分白头翁脑和原白头翁脑就是有不饱和内酯结构的化合物。又如，抗菌消炎药穿心莲的主要有效成分穿心莲内酯就含有一个γ-内酯环：

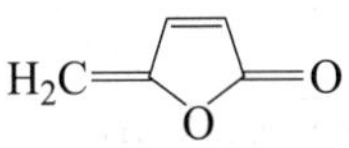

原白头翁脑

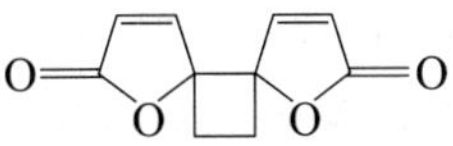

白头翁脑

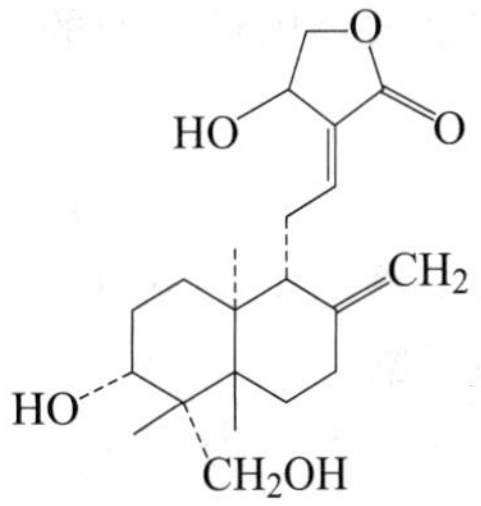

穿心莲内酯

(4) 酚酸的脱羧反应

羧基的邻位或对位连有羟基的酚酸，加热至其熔点以上时，能发生脱羧反应，生成相应的酚和二氧化碳。例如：

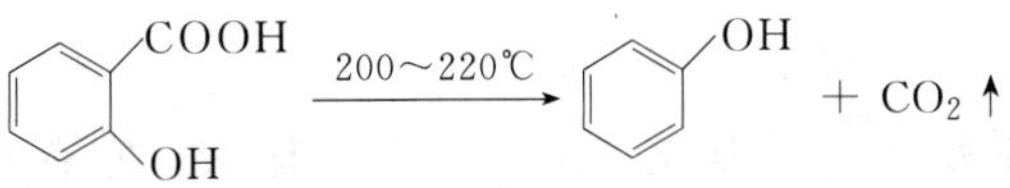

$$o\text{-}HOC_6H_4COOH \xrightarrow{200\sim220℃} C_6H_5OH + CO_2\uparrow$$

$$\text{3,4,5-(HO)}_3\text{C}_6\text{H}_2\text{COOH} \xrightarrow{200^\circ\text{C}} \text{1,2,3-(HO)}_3\text{C}_6\text{H}_3 + CO_2\uparrow$$

人体内糖、油脂和蛋白质等物质代谢产生的羟基酸，在酶催化下也能发生前述的氧化、脱水等化学反应。

(5) 显色反应

酚酸中含有的酚羟基能与 $FeCl_3$ 溶液发生显色反应，可以用 $FeCl_3$ 溶液区别酚酸与醇酸。例如水杨酸遇 $FeCl_3$ 溶液显紫色。

11.2.4 代表性化合物

(1) 乳酸

乳酸的化学名为 α-羟基丙酸，乳酸最初从变酸的牛奶中发现，因此俗称乳酸。乳酸在工业上是由糖经乳酸菌作用发酵而制得的。

$$C_6H_{12}O_6 \xrightarrow[30\sim45^\circ\text{C}]{\text{乳酸菌}} 2CH_3-\underset{\displaystyle OH}{\underset{|}{CH}}-COOH$$

乳酸为无色或淡黄色黏稠液体，具有很强的吸湿性和酸味，能溶于水、乙醇、甘油和乙醚，不溶于氯仿和油脂。在医药上，乳酸可作为消毒剂和防腐剂；加热蒸发乳酸的水溶液，可进行空气的消毒灭菌。临床上，乳酸钙用于治疗一般的缺钙症，乳酸钠可以纠正酸中毒。乳酸还大量用于食品、饮料等工业中。

乳酸是人体中糖代谢的中间产物。人剧烈活动时，需要大量的能量，由于氧气供应不足，肌肉中的糖原被酵解生成乳酸并放出一部分热量，以供急需。当肌肉中乳酸含量增加时，会使人感觉到肌肉酸胀，休息后，一部分乳酸又转变为糖原，另一部分乳酸被氧化成丙酮酸，丙酮酸再被氧化生成二氧化碳和水，酸胀感消失。

(2) 苹果酸

苹果酸的化学名称为羟基丁二酸，苹果酸因最初从未成熟的苹果中得到而得名。苹果酸还存在于其他未成熟的果实中，如山楂、葡萄、杨梅、番茄等都含有苹果酸。苹果酸为针状结晶，易溶于水和乙醇，微溶于乙醚。

苹果酸是人体内糖代谢的中间产物，在酶的催化下脱氢氧化生成草酰乙酸。

$$HO-\overset{\displaystyle CH_2COOH}{\overset{|}{C}}HCOOH \xrightarrow[-2H]{\text{酶}} O=\overset{\displaystyle CH_2COOH}{\overset{|}{C}}-COOH$$

苹果酸在食品工业中用作酸味剂，苹果酸钠可作为禁盐患者的食盐代用品。

(3) 酒石酸

酒石酸化学名称为 2,3-二羟基丁二酸，存在于各种果汁中，主要以酒石酸氢钾的形式存在于葡萄中，由于该酸式盐难溶于水和乙醇，所以，以葡萄为原料酿造酒时，酒石酸氢钾随酒精浓度的增大以沉淀的形式析出，此沉淀称为酒石，酒石酸的名称由此而来。

酒石酸是透明晶体，熔点为 170℃，易溶于水，有很强的酸味，酒石酸常用于配制饮料。酒石酸的盐用途很广，酒石酸钾钠用于配制斐林试剂。酒石酸锑钾又称为吐酒石，临床上用作催吐剂，也用于治疗血吸虫病。

(4) 枸橼酸

枸橼酸化学名称为 3-羧基-3-羟基戊二酸，又名柠檬酸。它存在于柑橘、山楂、乌梅等多种果实中，以柠檬中含量最多而得名。枸橼酸为无色透明结晶，易溶于水、乙醇和乙醚，有强酸味。

枸橼酸常用于配制清凉饮料和作糖果的调味剂。枸橼酸钠具有防止血液凝固和利尿的作用，常作为抗凝血剂；枸橼酸铁铵常用作补血剂；枸橼酸镁是温和的泻剂。

枸橼酸是动物体内糖、脂肪和蛋白质等代谢的中间产物，是三羧酸循环的起始物。

(5) 水杨酸及其衍生物

水杨酸的化学名称为邻羟基苯甲酸，又名柳酸，存在于柳树、水杨树的树皮中。水杨酸为白色针状结晶，熔点为159℃，微溶于冷水，易溶于乙醇、乙醚和热水。水杨酸具有酚和羧酸的一般性质，遇三氯化铁显紫色，在空气中易被氧化，水溶液呈酸性，其酸性比苯甲酸强，能发生成盐、成酯反应等。

水杨酸具有清热、解毒和杀菌作用，是一种重要的外用杀菌剂和防腐剂，其酒精溶液可用于治疗某些真菌感染而引起的皮肤病。由于水杨酸对胃肠有较大的刺激作用，不能直接内服，临床上多用水杨酸的钠盐或酯类等作为内服药。下面介绍可供药用的水杨酸的衍生物。

水杨酸与碳酸钠作用，即生成水杨酸钠。水杨酸钠的解热镇痛作用比非那西丁和氨基比林弱，进入胃部后与酸反应能释放出水杨酸，因而仍有刺激性，临床上一般已不作为解热镇痛药使用。但它对急性风湿病有较好的疗效，常用于治疗活动性风湿关节炎。

乙酰水杨酸商品名为阿司匹林，为白色针状晶体，实验室常用水杨酸和乙酸酐在少量浓硫酸存在下加热制得。乙酰水杨酸是白色结晶，微溶于水，能溶于乙醇、氯仿和乙醚中。阿司匹林在干燥的空气中较稳定，在潮湿的空气中易水解为水杨酸和乙酸，因此应密闭于干燥处贮存。常用三氯化铁溶液与水解后的水杨酸作用显紫红色的方法来检验阿司匹林是否变质，因为阿司匹林分子中中无游离的酚羟基，故其与三氯化铁不显色，但其吸水后发生水解反应生成水杨酸，遇到三氯化铁即显紫红色。阿司匹林具有解热、镇痛、抗血栓形成及抗风湿的作用，是常用的解热镇痛内服药。由阿司匹林、非那西丁和咖啡因三者配伍的制剂称为复方阿司匹林（APC）。

对氨基水杨酸简称PAS，通常使用它的钠盐，后者简称为PAS-Na，是白色或淡黄色结晶体，用于治疗各种结核病，为了增强疗效，常与异烟肼等抗结核病药物并用。

(6) 没食子酸

没食子酸又称五倍子酸，纯粹的没食子酸为白色结晶性粉末，能溶于水、乙醇和乙醚。没食子酸有较强还原性，极易被氧化，露置在空气中能迅速氧化呈暗褐色，可用作抗氧剂的影像显影剂。没食子酸与三氯化铁产生蓝黑色沉淀，可用来制造墨水。

11.3 酮　酸

脂肪羧酸分子中烃基同一个碳原子上的两个氢原子被氧原子替代后生成的化合物称为氧代羧酸，即羰基酸，可分为醛酸和酮酸。由于醛酸较少见，本节只讨论酮酸。

11.3.1 酮酸的制备

丙酮酸是最简单的α-羰基酸。它是动植物体内糖类化合物和蛋白质代谢过程的中间产物。乳酸氧化可得到丙酮酸：

$$CH_3CHOHCOOH \xrightarrow{[O]} CH_3-\overset{\overset{\large O}{\|}}{C}-COOH + H_2$$

11.3.2 酮酸的化学性质

羰基酸分子中含有羰基和羧基，因此既具有酮的性质，又有羧酸的性质。由于羰基和羧基的相互影响及二者相互位置的不同，酮酸又具有一些特殊性质。

(1) 酸性

由于酮基的吸电子效应比羟基强，因此酮酸的酸性比相应的醇酸强，更强于相应的羧酸，且 α-酮酸的酸性比 α-醇酸强。例如：

$$CH_3-\overset{\overset{\large O}{\|}}{C}-COOH > CH_3-\overset{\overset{\large O}{\|}}{C}-CH_2COOH > CH_3-\overset{\overset{\large OH}{|}}{CH}-COOH > HOCH_2CH_2COOH > CH_3CH_2COOH$$

pK_a 2.49 3.51 3.86 4.51 4.88

(2) 还原反应

酮酸加氢还原生成羟基酸，在人体中是由酶催化进行的。如丙酮酸加氢还原生成乳酸，乳酸氧化后又生成丙酮酸。

$$CH_3\overset{\overset{\large O}{\|}}{C}COOH \xrightarrow{[H]} CH_3\overset{\overset{\large OH}{|}}{C}HCOOH$$

β-酮酸加氢也能还原成羟基酸。如 β-丁酮酸加氢还原生成 β-羟基丁酸，β-羟基丁酸氧化后又生成 β-丁酮酸。

$$CH_3\overset{\overset{\large O}{\|}}{C}CH_2COOH \xrightarrow{[H]} CH_3\overset{\overset{\large OH}{|}}{C}HCH_2COOH$$

(3) 脱羧和脱羰反应

在 α-酮酸分子中，羰基与羧基直接相连，由于羰基和羧基的氧原子都具有较强的吸电子能力，使羰基碳与羧基碳原子之间的电子云密度降低，所以碳碳键容易断裂，在一定条件下可发生脱羧和脱羰反应。α-酮酸与稀硫酸或浓硫酸共热，分别发生脱羧和脱羰反应生成醛或羧酸。

$$CH_3-\overset{\overset{\large O}{\|}}{C}-COOH \xrightarrow[150℃]{稀\ H_2SO_4} CH_3CHO + CO_2\uparrow$$

$$CH_3-\overset{\overset{\large O}{\|}}{C}-COOH \xrightarrow[\triangle]{浓硫酸} CH_3-\overset{\overset{\large O}{\|}}{C}-OH + CO\uparrow$$

在 β-酮酸分子中，由于羰基和羧基的吸电子诱导效应的影响，使 α-位的亚甲基碳原子电子云密度降低。因此亚甲基与相邻两个碳原子间的键容易断裂，在不同的反应条件下，能发生酮式和酸式分解反应。

β-酮酸在高于室温的情况下，即脱去羧基生成酮，称为酮式分解。

$$CH_3-\overset{\overset{\large O}{\|}}{C}-CH_2COOH \xrightarrow{\triangle} CH_3-\overset{\overset{\large O}{\|}}{C}-CH_3 + CO_2\uparrow$$

β-酮酸与浓碱共热时，α-碳原子和 β-碳原子间的键发生断裂，生成两分子羧酸盐，称为酸式分解。

$$R-\overset{\overset{\large O}{\|}}{C}-CH_2COOH + 2NaOH \xrightarrow{\triangle} RCOONa + CH_3COONa + H_2O$$

【问题 11.1】 试写出草酰琥珀酸在体内代谢产生琥珀酸的过程：

$$\mathrm{HOOC{-}\overset{\overset{\displaystyle O}{\|}}{C}{-}\underset{\underset{\displaystyle COOH}{|}}{C}HCH_2COOH} \xrightarrow{\beta\text{-脱羧酶}} \xrightarrow{\alpha\text{-脱羧酶}} \xrightarrow{\text{氧化酶}}$$

11.3.3 代表性化合物

(1) 丙酮酸

丙酮酸是最简单的 α-酮酸。它是无色有刺激性臭味的液体，易溶于水。丙酮酸既具有酮和羧酸的典型反应，也具有 α-酮酸特有的性质，如容易脱羧、分解，能被弱氧化剂托伦试剂氧化等。

丙酮酸是人体内糖、蛋白质和脂肪代谢的中间产物，在酶的催化下，可以脱羧、氧化生成乙酸和二氧化碳，也可被还原为乳酸。

$$\mathrm{CH_3\overset{\overset{\displaystyle OH}{|}}{C}HCOOH} \underset{+2H}{\overset{-2H}{\rightleftharpoons}} \mathrm{CH_3\overset{\overset{\displaystyle O}{\|}}{C}COOH} \xrightarrow{[O]} \mathrm{CH_3COOH+CO_2}\uparrow$$

(2) β-丁酮酸

β-丁酮酸又称 3-丁酮酸或乙酰乙酸，是无色黏稠液体，酸性比丁酸和 β-羟基丁酸强，可与水或乙醇混溶。β-丁酮酸性质不稳定，受热易发生脱羧反应生成丙酮，在酶的作用下加氢还原生成 β-羟基丁酸。

$$\mathrm{CH_3\overset{\overset{\displaystyle OH}{|}}{C}HCH_2COOH} \underset{+2H}{\overset{-2H}{\rightleftharpoons}} \mathrm{CH_3\overset{\overset{\displaystyle O}{\|}}{C}CH_2COOH} \xrightarrow{\triangle} \mathrm{CH_3\overset{\overset{\displaystyle O}{\|}}{C}CH_3} + \mathrm{CO_2}\uparrow$$

临床上把 β-丁酮酸、β-羟基丁酸和丙酮三者总称为酮体。酮体是脂肪酸在人体内不能完全氧化成二氧化碳和水的中间产物，正常人血液中酮体的含量低于 $10\mathrm{mg \cdot L^{-1}}$，糖尿病患者因糖代谢不正常，酮体大量存在于糖尿病患者的血液和尿中，使血液的酸度增加，发生酮症酸中毒，严重时引起患者昏迷或死亡。所以临床上诊断病人是否患有糖尿病，除了检查尿液中葡萄糖含量外，还要检查尿液中是否酮体过高。

(3) α-丁酮二酸

α-丁酮二酸又称草酰乙酸，为晶体，能溶于水，在水溶液中产生互变异构，生成 α-羟基丁烯二酸，其水溶液与三氯化铁反应显红色。α-丁酮二酸具有二元羧酸和酮的一般反应，如能成盐、成酯、成酰胺，与 2,4-二硝基苯肼作用生成 2,4-二硝基苯腙等。

$$\mathrm{HOOC{-}\overset{\overset{\displaystyle O}{\|}}{C}{-}CH_2COOH} \rightleftharpoons \mathrm{HOOC{-}\overset{\overset{\displaystyle OH}{|}}{C}{=}CH{-}COOH}$$

【阅读材料】

对生命更重要的取代酸——氨基酸的营养价值

取代酸还包括氨基酸。氨基酸的详细内容主要在后续章节学习，这里主要介绍其基本营养价值。

氨基酸是氨基取代羧酸中烃基氢得到的一类有机化合物。在自然界中共有 300 多种氨基酸，参与蛋白质合成的主要是 20 种 L-α-氨基酸。

人体（或其他脊椎动物）不能合成或合成速率远不适应机体的需要，必须由食物蛋白供给的氨基酸称为必需氨基酸。成人必需氨基酸的需要量约为蛋白质需要量的20%～37%，共有8种。其作用如下。

赖氨酸：促进大脑发育，促进脂肪代谢，防止细胞退化。

色氨酸：促进胃液及胰液的产生。

苯丙氨酸：参与消除肾及膀胱功能的损耗。

蛋氨酸（甲硫氨酸）：参与组成血红蛋白、组织与血清，有促进脾脏、胰脏及淋巴的功能。

苏氨酸：有转变某些氨基酸达到平衡的功能。

异亮氨酸：参与胸腺、脾脏及脑下腺的调节以及代谢。

亮氨酸：平衡异亮氨酸。

缬氨酸：作用于黄体、乳腺及卵巢。

人体虽能够合成精氨酸和组氨酸，但通常不能满足正常的需要，因此，这类氨基酸又被称为半必需氨基酸，在幼儿生长期这两种氨基酸是必需氨基酸。

大多数动物蛋白质包括牛乳中的酪蛋白和蛋类中的蛋白质，所含必需氨基酸的种类和比例与人体需要相接近，故营养价值高。谷类蛋白质中含赖氨酸较少而色氨酸较多，豆类蛋白质中含色氨酸较少而赖氨酸较多。常见的氨基酸含量比较丰富的食物有鱼类（墨鱼、鳝鱼、泥鳅、海参）、蚕蛹、鸡肉、豆腐、紫菜等。

【巩固练习】

11-1　写出下列化合物结构式。

1. 3-羟基戊酸　　2. α-己酮二酸　　3. 反-4-羟基环己烷甲酸
4. 苹果酸　　5. 酒石酸　　6. 柠檬酸
7. 没食子酸　　8. 对氨基水杨酸

11-2　选择题

1. 下列化合物进行脱羧反应活性最大的是（　　）。
   A. 丁酸　　B. β-丁酮酸　　C. α-丁酮酸　　D. 丁二酸
2. 下列化合物沸点最高者为（　　）。
   A. 乙醇　　B. 乙酸　　C. 乙酸乙酯　　D. 乙酰胺
3. δ-醇酸受热时发生分子内的脱水反应生成的产物是（　　）。
   A. 交酯　　B. 不饱和羧酸　　C. 烯酸　　D. 内酯
4. 人在剧烈运动之后，感到全身酸痛，是因为肌肉中的（　　）含量增高。
   A. 柠檬酸　　B. 苹果酸　　C. 乳酸　　D. 水杨酸
5. 属于酮酸的是（　　）。
   A. 酒石酸　　B. 柠檬酸　　C. 草酰乙酸　　D. 乳酸
6. 医学上称之为酮体的是（　　）。
   A. 丙酮、丙醛和丙酸　　B. 丙酮、β-丁酮酸和β-羟基丁酸
   C. 丙酮、丙酸和丁酮　　D. 丙酮、α-羟基丁酸和β-羟基丁酸

11-3　写出下列反应的主要产物。

1. 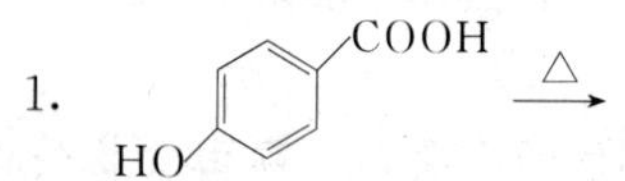

2. $CH_3(CH_2)_4CH(OH)COOH \xrightarrow[\triangle]{托伦试剂}$

3. 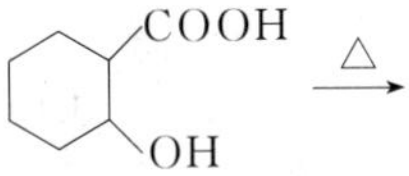 2-羟基环己烷甲酸（邻位 COOH、OH）$\xrightarrow{\triangle}$

4. 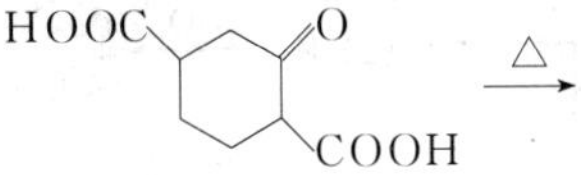 HOOC、O、COOH 取代的环己烷 $\xrightarrow{\triangle}$

11-4　鉴别下列化合物。

水杨酸、乙酰水杨酸

11-5　用化学方法分离下列化合物。

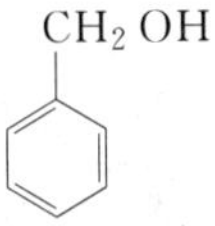

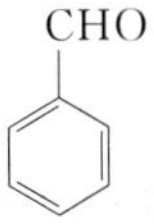

苯甲醇（$C_6H_5CH_2OH$），苯甲醛（C_6H_5CHO），苯甲酸（C_6H_5COOH）

11-6　旋光性化合物 A（$C_5H_{10}O_3$）能溶于碳酸氢钠溶液，A 加热发生脱水反应生成化合物 B（$C_5H_8O_2$），B 存在两种构型，均无旋光性。B 用酸性高锰酸钾溶液处理，得到 C（$C_2H_4O_2$）和 D（$C_3H_4O_3$）。C 和 D 均能与碳酸氢钠溶液作用放出 CO_2，且 D 还能发生碘仿反应。试写出 A、B、C、D 的结构式。

参考答案

【问题 11.1】

$HOOC-\overset{O}{\overset{\|}{C}}-CH_2CH_2COOH$，$H-\overset{O}{\overset{\|}{C}}-CH_2CH_2COOH$，$HO\overset{O}{\overset{\|}{C}}-CH_2CH_2COOH$

巩固练习

11-1

1. $CH_3CH_2CH(OH)CH_2COOH$

2. $HOOCCOCH_2CH_2CH_2COOH$

3.  环己烷椅式构象，HO 与 COOH 取代

4. $HOOC\underset{OH}{\underset{|}{C}}HCH_2COOH$

5. $HOOC\underset{OH}{\underset{|}{C}}H-\underset{OH}{\underset{|}{C}}HCOOH$

6. $HO-C(COOH)(CH_2COOH)_2$（CH_2COOH / $HO-CCOOH$ / CH_2COOH）

7. 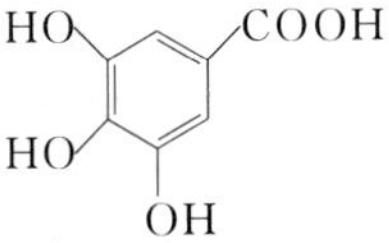 3,4,5-三羟基苯甲酸（HO、HO、OH、COOH）

8. 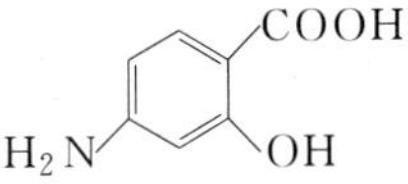 4-氨基-2-羟基苯甲酸（H_2N、OH、COOH）

11-2　1. B　2. D　3. D　4. C　5. C　6. B

11-3　1. 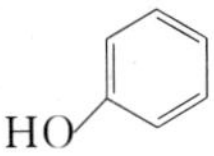 HO 取代的苯环结构　2. $CH_3(CH_2)_4\underset{O}{\underset{\|}{C}}COOH$　3. 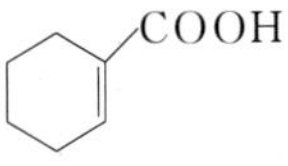 环己烯甲酸（COOH）　4. 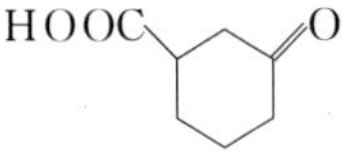 3-氧代环己烷甲酸（HOOC、O）

11-4

用 $FeCl_3$ 鉴别，有蓝紫色生成的为水杨酸。

11-5

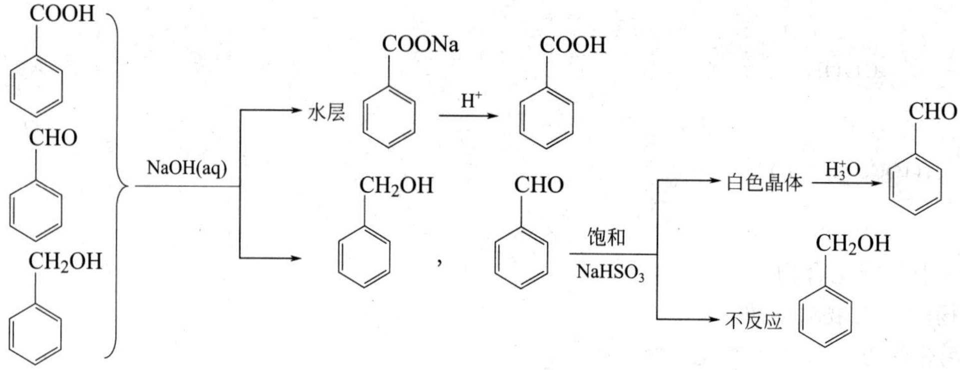

C_6H_5COOH、C_6H_5CHO、$C_6H_5CH_2OH$ $\xrightarrow{NaOH(aq)}$

→ 水层 C_6H_5COONa $\xrightarrow{H^+}$ C_6H_5COOH

→ $C_6H_5CH_2OH$，C_6H_5CHO $\xrightarrow[NaHSO_3]{饱和}$

→ 白色晶体 $\xrightarrow{H_3^+O}$ C_6H_5CHO

→ 不反应 $C_6H_5CH_2OH$

11-6

A. $CH_3-CH(OH)-CH(CH_3)-COOH$　B. $CH_3-CH=C(CH_3)-COOH$　C. CH_3COOH　D. $CH_3-\overset{O}{\overset{\|}{C}}-COOH$

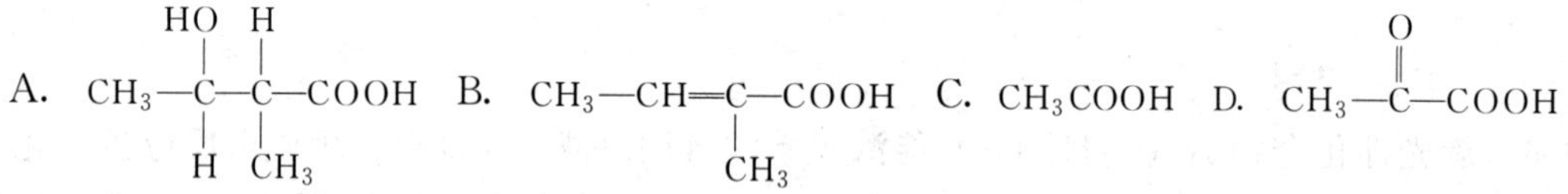

（姜洪丽　编　　侯超　校）

第12章 含氮化合物

分子中含有碳氮键的有机化合物称为含氮化合物。含氮化合物可以看成是烃分子中的一个或几个氢原子被含氮基团取代的化合物，主要包括硝基化合物、胺、酰胺、重氮化合物、偶氮化合物、氨基酸、腈、硝酸酯、含氮杂环化合物、生物碱等。许多含氮化合物具有重要的功能，在医药、染料等方面应用广泛，是有机化学中非常重要的一类化合物。本章主要讨论其中的硝基化合物、胺、重氮化合物和偶氮化合物。

12.1 硝基化合物

烃分子中的氢原子被硝基（$-NO_2$）取代后的衍生物称为硝基化合物，其官能团是硝基。

12.1.1 硝基化合物的结构和异构

（1）硝基化合物的结构

氮原子的电子结构排布为 $1s^22s^22p^3$，具有五个价电子（这一价电子层最多可以容纳八个电子），此外，硝基化合物中的碳原子和氧原子也需要达到价电子层八个电子的稳定结构，因此硝基化合物的结构可表示如下：

$$R-\overset{+}{N}(=O)-O^-$$

上式中，氮原子与一个氧原子以单键相结合，与另一个氧原子以双键相结合，按此，这两个化学键的键长是不等的。但是电子衍射实验证明，硝基具有对称的结构，即两个碳氧键的键长相等，都是121pm。因此硝基中的两个氮氧键是等同的，不是一般的单键，也不是一般的双键。在硝基中，氮原子的p轨道和两个氧原子的p轨道相互重叠，发生p-π共轭，导致N—O键平均化，硝基的负电荷平均分配在两个氧原子上。其结构可以用共振式来表示：

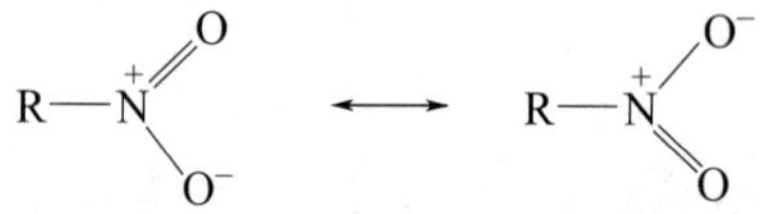

在芳香硝基化合物中，硝基的结构也是对称的，其氮原子为 sp^2 杂化，未参与杂化的 p 轨道与两个氧原子的 p 轨道形成共轭体系，而且与苯环上的 p 轨道一起形成一个更大的共轭体系。

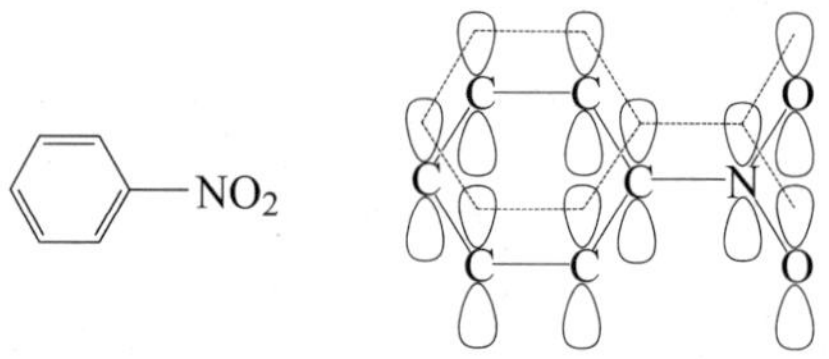

(2) 硝基化合物的异构

硝基化合物的异构主要包括碳链异构和官能团位置异构。如 2-硝基丁烷和 2-甲基-2-硝基丙烷属于碳链异构。

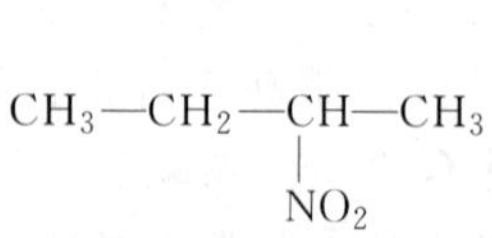

2-硝基丁烷 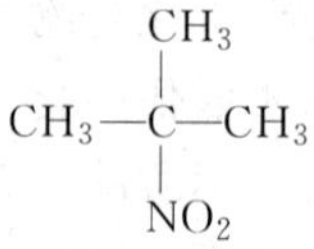　　2-甲基-2-硝基丙烷

1-硝基丙烷和 2-硝基丙烷属于官能团位置异构。

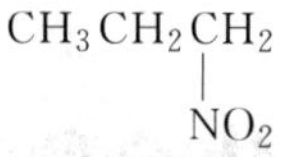

1-硝基丙烷 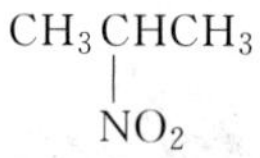　　2-硝基丙烷

邻硝基甲苯、间硝基甲苯、对硝基甲苯也属于官能团位置异构。

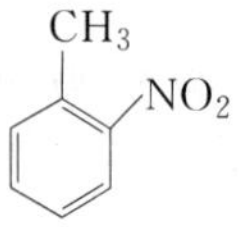

邻硝基甲苯 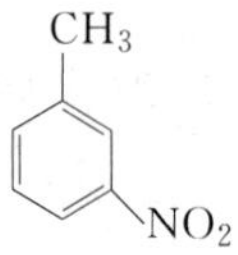　　间硝基甲苯 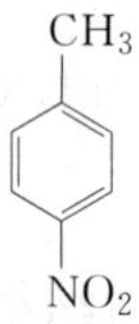　　对硝基甲苯

与一元硝基化合物类似，多元硝基化合物也存在碳链异构和官能团位置异构。

12.1.2 硝基化合物的物理性质

脂肪族硝基化合物是无色且具有香味的液体，难溶于水，易溶于醇和醚。芳香族硝基化合物是淡黄色液体或固体，不溶于水，易溶于有机溶剂。

多元硝基化合物受热时易分解爆炸，如三硝基甲苯、三硝基苯酚是爆炸力极强的炸药。大多数硝基化合物都有毒性。硝基化合物的物理常数见表 12-1。

表 12-1　硝基化合物的物理常数

名称	构造式	熔点/℃	沸点/℃
硝基甲烷	CH_3NO_2	−28.5	100.8
硝基乙烷	$CH_3CH_2NO_2$	−50	115
1-硝基丙烷	$CH_3CH_2CH_2NO_2$	−104	131.5
硝基苯	$C_6H_5NO_2$	5.7	210.8

续表

名称	构造式	熔点/℃	沸点/℃
间二硝基苯	1,3-$C_6H_4(NO_2)_2$	89.8	303
均三硝基苯	1,3,5-$C_6H_3(NO_2)_3$	122	315
对硝基甲苯	1,4-$CH_3C_6H_4NO_2$	54.5	238.3
2,4,6-三硝基甲苯	1,2,4,6-$CH_3C_6H_2(NO_2)_3$	82	分解

12.1.3 硝基化合物的化学性质

(1) 弱酸性

在脂肪族硝基化合物中，带有 α-氢的硝基化合物能逐渐溶解于氢氧化钠溶液中而生成钠盐。这是因为硝基具有强吸电子性，使 α-氢较易解离为氢离子，从而使脂肪族硝基化合物表现出弱酸性。简单脂肪族硝基化合物的 pK_a 值如下：

	CH_3NO_2	$CH_3CH_2NO_2$	$CH_3CH_2CH_2NO_2$
pK_a	10.2	8.5	7.8

硝基化合物与羰基化合物类似，存在硝基式和酸式之间的互变异构现象，由酸式结构更容易理解这类物质的酸性。

$$H_3C-\overset{+}{N}(=O)-O^- \rightleftharpoons H_2C=\overset{+}{N}(-OH)-O^-$$

硝基式　　　　酸式

硝基化合物主要以硝基式存在，当遇到碱时，酸式与碱作用生成盐，破坏了硝基式和碱式之间的平衡，硝基式不断转变为酸式，最后全部成盐。

具有 α-氢的伯或仲硝基化合物都存在上述互变异构现象，都能与碱作用。叔硝基化合物没有 α-氢原子，因此不能转变为酸式，不能与碱作用。

(2) 还原反应

在较强的化学还原剂作用下，硝基可以被直接还原为氨基。常用的还原剂包括铁、锡与盐酸，碱金属硫化物，铵的硫化物等。

$$H_2N-C_6H_4-NO_2 \xrightarrow{Fe+HCl} H_2N-C_6H_4-NH_2$$

对硝基苯胺　　　　对苯二胺

其中，硫化物还原剂有个重要的特点，它们能够只还原多硝基化合物中的一个硝基，这一点在有机合成中有特殊的用途。

$$1,3-O_2N-C_6H_4-NO_2 \xrightarrow{(NH_4)_2S} 1,3-H_2N-C_6H_4-NO_2$$

间二硝基苯　　　　间硝基苯胺

催化加氢也是还原硝基的重要方法，反应在中性条件下进行，适用于带有在酸性或碱性条件下易水解的基团的硝基化合物的还原。

$$1,2-O_2N-C_6H_4-NHCOCH_3 \xrightarrow[C_2H_5OH]{Pt+H_2} 1,2-H_2N-C_6H_4-NHCOCH_3$$

邻硝基乙酰苯胺　　　　邻氨基乙酰苯胺

硝基苯的最终还原产物是苯胺，在适当条件下用温和的还原剂还原，则生成各种中间还原产物，如亚硝基苯、苯基羟胺等。其还原过程表示如下：

$$C_6H_5NO_2 \xrightarrow{[H]} C_6H_5NO \xrightarrow{[H]} C_6H_5NHOH \xrightarrow{[H]} C_6H_5NH_2$$

硝基苯　亚硝基苯　*N*-羟基苯胺　苯胺

在酸性溶液中，亚硝基苯和 *N*-羟基苯胺这两个中间还原产物比硝基苯还原得更迅速，因此不能被分离出来。在中性介质中，*N*-羟基苯胺发生还原反应的活性较差，则很容易停留在这一中间还原产物上。

(3) 芳香硝基化合物的亲电取代反应

硝基是间位定位基，使苯环钝化，因此芳香硝基化合物发生卤代、硝化、磺化等亲电取代反应都比苯困难，取代基都连在硝基的间位。

$$C_6H_5NO_2 \xrightarrow[140℃]{Br_2, FeBr_3} m\text{-}BrC_6H_4NO_2$$

$$C_6H_5NO_2 \xrightarrow[95℃]{\text{发烟 } HNO_3, \text{浓 } H_2SO_4} m\text{-}C_6H_4(NO_2)_2$$

$$C_6H_5NO_2 \xrightarrow[110℃]{\text{发烟 } H_2SO_4} m\text{-}HO_3SC_6H_4NO_2$$

由于硝基的致钝性，硝基苯不能发生傅-克反应，因此硝基苯可用作这类反应的溶剂。

(4) 芳香硝基化合物的亲核取代反应

在芳香硝基化合物中，硝基使苯环上的电子云密度降低，亲电取代反应难于进行，但能使硝基邻位或对位上的基团容易被亲核试剂取代。例如，氯苯与浓氢氧化钠溶液共热到200℃，也不能水解生成苯酚，而邻硝基氯苯和对硝基氯苯与碳酸钠溶液共热到 130℃就能够水解生成硝基苯酚。

$$o\text{-}O_2NC_6H_4Cl \xrightarrow[(2)H_3O^+]{(1)Na_2CO_3, 130℃} o\text{-}O_2NC_6H_4OH$$

$$O_2N\text{—}C_6H_4\text{—}Cl \xrightarrow[(2)H_3O^+]{(1)Na_2CO_3, 130℃} O_2N\text{—}C_6H_4\text{—}OH$$

邻、对位上硝基数目增加，水解反应更容易进行。2,4-二硝基氯苯与碳酸钠溶液在水浴上加热即可水解。2,4,6-三硝基氯苯在稀碳酸钠溶液中只要温热就能水解。

$$2,4\text{-}(O_2N)_2C_6H_3Cl \xrightarrow[(2)H_3O^+]{(1)Na_2CO_3, 100℃} 2,4\text{-}(O_2N)_2C_6H_3OH$$

$$2,4,6\text{-}(O_2N)_3C_6H_2Cl \xrightarrow[(2)H_3O^+]{(1)Na_2CO_3, 50℃} 2,4,6\text{-}(O_2N)_3C_6H_2OH$$

硝基氯苯的水解反应是分两步进行的芳香亲核取代反应。首先是亲核试剂加成在苯环上生成σ负离子（或称σ络合物），其负电荷分散在整个苯环上，然后从σ负离子中消去氯离子恢复苯环结构，生成产物。

$$O_2N-C_6H_4-Cl + OH^- \xrightarrow{\text{慢}} [O_2N-C_6H_4(OH)(Cl)]^- \xrightarrow{\text{快}} O_2N-C_6H_4-OH + Cl^-$$

这种芳香亲核取代的反应历程又叫作加成-消除反应历程。第一步中，与氯原子相连的碳原子上的电子云密度愈低，愈有利于亲核试剂进攻。硝基是强吸电子基，使苯环上电子云密度降低，尤其是邻位和对位。因此，在邻硝基氯苯和对硝基氯苯分子中，与氯原子相连的碳原子上的电子云密度比氯苯分子中氯原子所连的碳原子上的电子密度要低，亲核水解反应较易进行。邻、对位上硝基愈多，反应愈易进行。

芳香亲核取代反应与芳香亲电取代反应的不同之处在于：芳香亲电取代反应中，首先是亲电试剂发起进攻，生成σ正离子；而在芳香亲核取代反应中，首先是亲核试剂发起进攻，生成σ负离子。

除了羟基，其他带负电荷或孤对电子的亲核试剂，如 HS^-、NH_2^-、RO^-、CN^-、SCN^-、$RCH_2^- M^+$（金属有机化合物）等也能进行芳环的亲核取代反应。

$$O_2N-C_6H_4-Cl + NH_3 \longrightarrow O_2N-C_6H_4-NH_2$$

$$O_2N-C_6H_4-Cl + CH_3ONa \longrightarrow O_2N-C_6H_4-OCH_3$$

$$O_2N-C_6H_3(NO_2)-Cl + NaSH \longrightarrow O_2N-C_6H_3(NO_2)-SH$$

除了卤素，其他取代基的邻、对位有吸电子基团时，同样也可以被亲核试剂取代，常见可被取代的基团包括$-NO_2$、$-OSO_2R$、$-OR$、$-SR$ 等。

(5) 硝基对酚、羧酸酸性的影响

苯环上酚羟基和羧基受硝基强吸电子效应的影响，酸性增强，以邻、对位上硝基的影响较大。

	苯酚	邻硝基苯酚	间硝基苯酚	对硝基苯酚
pK_a	10.0	7.21	8.0	7.16

	苯甲酸	邻硝基苯甲酸	间硝基苯甲酸	对硝基苯甲酸
pK_a	4.17	2.21	3.46	3.40

苯环上硝基数目越多，酚羟基和羧基的酸性就越强。

	2,4-二硝基苯酚	2,4,6-三硝基苯酚
pK_a	4.09	0.71

其中，2,4,6-三硝基苯酚的酸性已接近无机强酸。

12.1.4 硝基化合物的制备和应用

烷烃和硝酸的混合蒸气在400～500℃气相中发生反应，烷烃中氢原子被硝基取代，得到一硝基化合物，还有因碳碳键断裂而生成的一些低级的硝基化合物。

$$CH_3CH_2CH_3 + HNO_3 \xrightarrow{400\sim500℃} \underset{32\%}{CH_3CH_2CH_2NO_2} + \underset{33\%}{CH_3\underset{\displaystyle NO_2}{\underset{|}{C}}HCH_3} + \underset{26\%}{CH_3CH_2NO_2} + \underset{9\%}{CH_3NO_2}$$

得到的混合物在工业上一般不分离而直接应用，它是油脂、纤维素酯和合成树脂等的良好溶剂。

大多数芳香硝基化合物都是由芳环直接硝化制备的。如爆炸值最高的炸药 *N*-甲基-*N*，2,4,6-四硝基苯胺可用苦味酸为原料合成。具有近似天然麝香香味的“鲍尔麝香”也是通过在芳环上直接硝化而生成的。

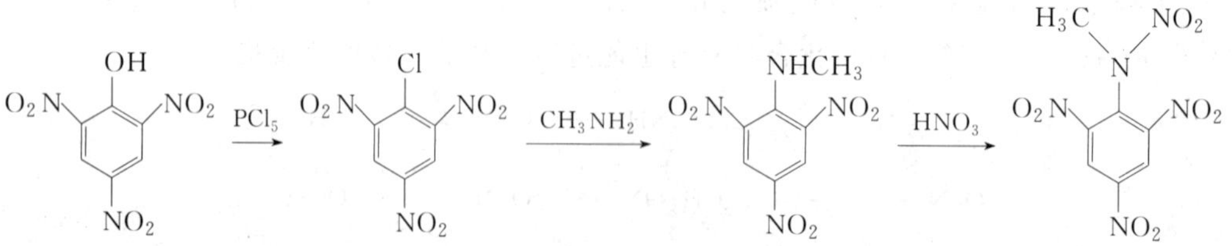

（反应式：2,4,6-三硝基苯酚 $\xrightarrow{PCl_5}$ 2,4,6-三硝基氯苯 $\xrightarrow{CH_3NH_2}$ N-甲基-2,4,6-三硝基苯胺 $\xrightarrow{HNO_3}$ N-甲基-N,2,4,6-四硝基苯胺）

芳香族硝基化合物在有机化学的基础研究及工业生产上的成就是多方面的。硝基苯可以制造苯胺。一氯硝基苯是橡胶、医药、染料工业的重要原料。多硝基苯具有爆炸性，TNT是一种既便宜又安全的炸药，它的熔点只有81℃，加热易熔化，对于和其他成分混合或灌注弹壳都很方便。

12.1.5 代表性硝基化合物

(1) 苦味酸

2,4,6-三硝基苯酚俗称苦味酸，是黄色晶体，熔点为122.5℃，加热至熔点以上开始升华，在TNT大规模使用之前，是重要的军用炸药。苦味酸酸性强，其水溶液能腐蚀金属，与金属氧化物作用，形成苦味酸盐。大多数苦味酸盐带结晶水，加热可脱水转化成无水苦味酸盐。无水苦味酸盐机械敏感度大，其重金属盐热敏感度也大，但爆炸效果不如TNT。苦味酸也是一种黄色染料，是制造氯苦（三氯硝基甲烷）的原料。

苦味酸毒性比TNT大，轻度中毒的症状为皮肤、牙齿、唾液、鼻涕发黄，口中有苦味，食欲不振，有时会恶心和呕吐，也可能引起胃液酸度降低、结膜炎、中耳和鼻中隔穿孔，以及上呼吸道疾病等。比较严重的会出现剧烈头痛、体温升高、昏迷、痉挛、贫血等。

目前，苦味酸的制备方法主要以二硝基氯苯为原料，先在90～100℃的水中用碱液将其水解成二硝基苯酚，然后再用混酸硝化成苦味酸。

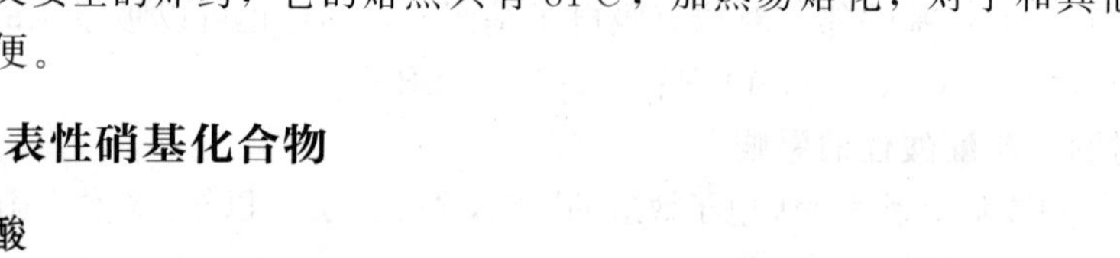

（反应式：2,4-二硝基氯苯 $\xrightarrow[90\sim100℃]{NaOH}$ 2,4-二硝基苯酚 $\xrightarrow{H_2SO_4,HNO_3}$ 2,4,6-三硝基苯酚）

(2) 硝基甲烷

硝基甲烷为无色透明液体，沸点为101.2℃，凝固点为−28.55℃，能与多种有机溶剂互溶，本身是一种良好的溶剂。硝基甲烷溶解少量硝化棉后变稠，可用硝化棉增稠硝基甲烷。

硝基甲烷对碱敏感，与碱的反应也与其他硝基烷不同，低温时（40～50℃）生成中腙酸。

$$HO_2N{=}CH_2 + CH_3{-}NO_2 \longrightarrow H_2O_2N{-}CH_2{-}CH_2{-}NO_2 \xrightarrow{-H_2O} ON{-}CH_2{-}CH_2{-}NO_2 \longrightarrow \underset{\text{中腙酸}}{HO{-}N{=}CH{-}CH_2{-}NO_2}$$

中腙酸在 NaOH 溶液中经煮沸处理生成乙酸钠。

硝基甲烷盐与重金属盐反应生成新的重金属盐。如硝基甲烷的钠盐与氯化汞反应生成雷汞。

$$2CH_2NO_2Na + HgCl_2 \longrightarrow Hg(ONC)_2 + 2NaCl + 2H_2O$$

硝基甲烷有毒，工作场所空气中的浓度必须低于 $100mg \cdot L^{-1}$。不能用活性炭来吸附硝基甲烷，因为吸附热大，易引起火灾。

(3) 五氯硝基苯

五氯硝基苯是白色固体，熔点为 145℃，不溶于水，易溶于二硫化碳、氯仿、苯、热酒精等有机溶剂中。

五氯硝基苯是一种重要的杀菌剂，主要用于土壤和种子处理，对多种蔬菜的苗期病害及土壤传染的病害有较好的防治效果。此外，五氯硝基苯性质稳定，不易受阳光和酸碱的影响，不易发生水解与氧化反应，在土壤中会残留很长时间。2017 年世界卫生组织国际癌症研究机构公布，五氯硝基苯属于致癌物。在一般田间用量下，收获物中的五氯硝基苯含量极低，认为是安全的。

五氯硝基苯的主要合成方法：以硝基苯为原料，在碘催化作用下，与氯磺酸和氯气反应而生成。

$$C_6H_5NO_2 + Cl_2 \xrightarrow[ClSO_3H]{I_2} C_6Cl_5NO_2$$

12.2 胺

12.2.1 胺的结构和异构

(1) 胺的结构

胺与氨的结构类似，其氮原子为不等性 sp^3 杂化，其中三个轨道分别与三个碳或氢原子成键，整个分子呈三角锥形，另一个轨道被一对孤对电子占用，如同第四个基团。

	NH_3	CH_3NH_2		$(CH_3)_3N$
键长	N—H 100.8pm	N—H 101.1pm	N—C 147.4pm	N—C 147pm
键角	∠HNH 107.3°	∠HNH 105.9°	∠HNC 112.9°	∠CNC 108°

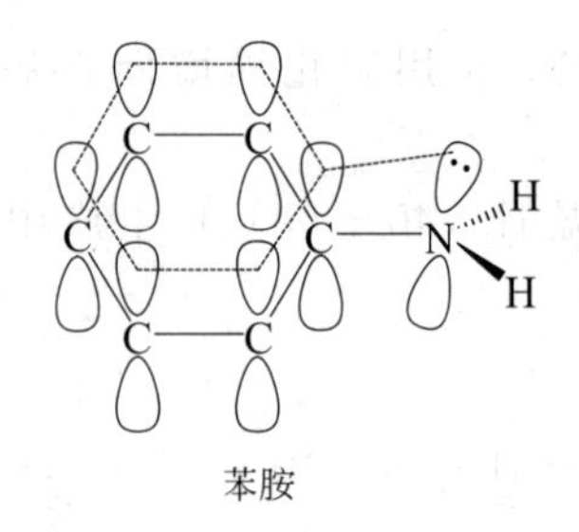
苯胺

芳香胺中氮原子也是不等性 sp^3 杂化，氮原子上孤对电子占据的轨道含有更多的 p 轨道成分，能与芳香环 π 电子轨道相互重叠，形成部分的 p-π 共轭体系，使氮原子上的孤对电子离域到芳香环上。正是这种共轭体系的形成使芳香胺表现出明显的不同于脂肪胺的性质。

(2) 胺的异构

胺的异构分为碳链异构和官能团位置异构两大类。

正丁胺、异丁胺、仲丁胺、叔丁胺属于碳链异构。

$$\underset{\displaystyle NH_2}{\underset{|}{CH_2}}—CH_2—CH_2—CH_3 \qquad CH_3—\underset{\displaystyle CH_3}{\underset{|}{CH}}—CH_2—NH_2 \qquad CH_3—\underset{\displaystyle NH_2}{\underset{|}{CH}}—CH_2—CH_3 \qquad H_3C—\overset{\displaystyle CH_3}{\overset{|}{\underset{\displaystyle CH_3}{\underset{|}{C}}}}—NH_2$$

正丁胺　　异丁胺　　仲丁胺　　叔丁胺

氨基（$—NH_2$）中的氢原子被烷基取代后产生新的基团，称为亚氨基（—NH—）和次氨基（$—\underset{|}{N}—$），这也属于碳链异构。如 1-丙胺、甲乙胺、三甲胺互为异构体。

$$CH_3CH_2CH_2—NH_2 \qquad CH_3CH_2—NH—CH_3 \qquad N(CH_3)_3$$

1-丙胺　　甲乙胺　　三甲胺

邻甲基苯胺、间甲基苯胺和对甲基苯胺属于官能团位置异构。

邻甲基苯胺　　间甲基苯胺　　对甲基苯胺

对多元胺来说，也存在碳链异构和官能团位置异构。如 1,10-癸二胺和 3-氨甲基-6-甲氨基辛烷属于碳链异构。

$$\underset{\displaystyle NH_2}{\underset{|}{CH_2}}CH_2CH_2CH_2CH_2CH_2CH_2CH_2CH_2\underset{\displaystyle NH_2}{\underset{|}{CH_2}} \qquad CH_3CH_2\underset{\displaystyle CH_2NH_2}{\underset{|}{CH}}CH_2CH_2\underset{\displaystyle NHCH_3}{\underset{|}{CH}}CH_2CH_3$$

1,10-癸二胺　　3-氨甲基-6-甲氨基辛烷

1,6-己二胺和 2,4-己二胺属于官能团位置异构。

$$\underset{\displaystyle NH_2}{\underset{|}{CH_2}}CH_2CH_2CH_2CH_2\underset{\displaystyle NH_2}{\underset{|}{CH_2}} \qquad CH_3\underset{\displaystyle NH_2}{\underset{|}{CH}}CH_2CH_2\underset{\displaystyle NH_2}{\underset{|}{CH}}CH_3$$

1,6-己二胺　　2,4-己二胺

胺分子中的氮原子上有一对孤对电子，相当于一个基团，当再连有三个不同的基团时，氮原子就成为手性中心，理论上存在对映异构现象，但目前还没有分离出这种异构体，这是因为两个对映体可以很容易通过一个平面过渡态相互转变。如甲乙胺的一对对映体能通过过渡态相互转化。

R-构型　　平面过渡态　　*S*-构型

如果存在阻碍氮原子通过平面过渡态相互转化的因素，则可分离出对映异构体。例如某些氮原子位于桥头的桥环胺类化合物。

H_3C N N CH_3 ┆ N N CH_3 H_3C

对季铵盐和季铵碱而言，当氮原子上连接四个不同的基团时，则存在对映异构体。例如碘化甲基烯丙基苄基苯基铵。

CH_3 $\overset{+}{N}$ CH_2 $CH_2CH{=}CH_2$ ┆ CH_3 $\overset{+}{N}$ CH_2 $CH_2{=}CHCH_2$

12.2.2 胺的物理性质

脂肪胺中甲胺、二甲胺、三甲胺和乙胺是气体，丙胺至十一胺是液体，十一胺以上是固体。胺和氨类似，为极性分子，能形成分子间氢键，熔、沸点比相应的烷烃高。另外，氮原子电负性比氧原子小，胺分子间的氢键比醇分子间的氢键弱，因此胺的熔、沸点比相应的醇要低。叔胺不能形成分子间氢键，其熔、沸点与分子量接近的烷烃接近。

六个碳原子以下的胺易溶于水，因为氨基能与水形成氢键，随着胺分子中碳原子个数的增加，水溶性降低，高级胺难溶于水。

芳香胺为高沸点液体或低熔点固体，一般毒性较大。例如，苯胺可通过消化道、呼吸道或皮肤吸收而引起中毒，β-萘胺、联苯胺等具有致癌性。一些胺的物理常数见表 12-2。

表 12-2 胺的物理常数

名称	构造式	熔点/℃	沸点/℃
甲胺	CH_3NH_2	−94	−6
二甲胺	$(CH_3)_2NH$	−93	7
三甲胺	$(CH_3)_3N$	−117	3
乙胺	$CH_3CH_2NH_2$	−81	17
二乙胺	$(CH_3CH_2)_2NH$	−48	56
三乙胺	$(CH_3CH_2)_3N$	−115	89
正丙胺	$CH_3CH_2CH_2NH_2$	−83	48
正丁胺	$CH_3CH_2CH_2CH_2NH_2$	−49	78
乙二胺	$H_2NCH_2CH_2NH_2$	8	116
己二胺	$H_2N(CH_2)_6NH_2$	41	204
苯胺	$C_6H_5NH_2$	−6	184
N-甲基苯胺	$C_6H_5NHCH_3$	−57	196
N,*N*-二甲基苯胺	$C_6H_5N(CH_3)_2$	3	194
对甲基苯胺	p-$C_6H_4(CH_3)NH_2$	44	200
对硝基苯胺	p-$C_6H_4(NO_2)NH_2$	148	332
二苯胺	$(C_6H_5)_2NH$	54	302

12.2.3 胺的化学性质

(1) 碱性

与氨类似，胺分子中的孤对电子能接受质子，呈碱性。

$$NH_3 + H_2O \rightleftharpoons NH_4^+ + OH^-$$

$$RNH_2 + H_2O \rightleftharpoons RNH_3^+ + OH^-$$

一些胺的 pK_b 如下：

	NH_3	CH_3NH_2	$(CH_3)_2NH$	$(CH_3)_3N$	$C_6H_5NH_2$	$(C_6H_5)_2NH$
pK_b	4.76	3.38	3.27	4.21	9.40	13.21

胺的碱性强弱与其氮原子上电子云密度有关。氮原子上电子云密度越大，其接受质子能力越强，碱性就越强。不同胺的碱性强弱顺序是：

脂肪胺＞氨＞芳香胺

脂肪烃基是给电子基，能提高氮原子上的电子云密度，增强胺的碱性。芳香胺中的芳香环与氮原子上的孤对电子具有共轭作用，降低了电子云密度，因此减弱了胺的碱性。若仅考虑电子效应的影响，脂肪胺的碱性强弱顺序是：脂肪叔胺＞脂肪仲胺＞脂肪伯胺。芳香胺的碱性强弱顺序是：芳香伯胺＞芳香仲胺＞芳香叔胺。

胺的碱性还与氮原子上连接的烃基数目有关，烃基越多，空间位阻越大，越不利于氮原子与质子结合。若仅考虑位阻效应的影响，胺的碱性强弱顺序是：伯胺＞仲胺＞叔胺。

另外胺在水溶液中的碱性强弱还与溶剂化效应有关，它取决于生成的铵正离子是否容易溶剂化。胺中氮原子上氢原子越多，溶剂化程度越大，铵正离子越稳定，胺的碱性就越强。

$$R-\overset{+}{N}(H\cdots OH_2)_3 \qquad R_2\overset{+}{N}(H\cdots OH_2)_2 \qquad R_3\overset{+}{N}-H\cdots OH_2$$

若仅考虑溶剂化效应的影响，胺的碱性强弱顺序是：伯胺＞仲胺＞叔胺。

综合考虑电子效应、位阻效应和溶剂化效应的影响，胺的碱性强弱大致顺序是：脂肪仲胺＞脂肪伯胺 ≈ 脂肪叔胺＞芳香伯胺＞芳香仲胺＞芳香叔胺。

季铵化合物中氮原子已经与四个烃基相连并且带正电荷，不能接受质子，其碱性由与季铵正离子结合的负离子决定。季铵碱能解离出 OH^-，因此是强碱。

$$R_4N^+OH^- + HCl \rightleftharpoons R_4N^+Cl^- + H_2O$$

胺呈碱性，能与无机酸成盐，盐遇到强碱能重新析出胺。

$$CH_3CH_2NH_2 \underset{NaOH}{\overset{HCl}{\rightleftharpoons}} [CH_3CH_2NH_3]^+Cl^-\text{(或写成}CH_3CH_2NH_2\cdot HCl\text{)}$$

氯化乙铵(乙胺盐酸盐)

$$C_6H_5-NH_2 \underset{NaOH}{\overset{HCl}{\rightleftharpoons}} C_6H_5-\overset{+}{N}H_3Cl^-\text{(或写成}C_6H_5-NH_2\cdot HCl\text{)}$$

氯化苯铵(苯胺盐酸盐)

铵盐易溶于水，不溶于醚、烃等有机溶剂。实验室中，常利用胺的盐易溶于水而遇强碱又重新析出胺的性质来分离和提纯胺。

(2) 烃基化反应

胺类化合物中的氮原子有孤对电子，可作为亲核试剂与卤代烃发生亲核取代反应，一般按 S_N2 机制进行。例如，伯胺与伯卤代烃反应生成仲胺。

$$RNH_2 + R'X \longrightarrow \underset{\displaystyle R'}{\underset{|}{RNH}}$$

由于烃基是给电子基，仲胺中氮原子上的孤对电子亲核能力更强，可继续与卤代烃发生亲核取代反应，生成叔胺。

$$\underset{\displaystyle R'}{\underset{|}{RNH}} + R'X \longrightarrow \underset{\displaystyle R'}{\underset{|}{RN}}\text{—}R'$$

叔胺中氮原子上仍有孤对电子，可继续与卤代烃发生亲核取代反应，生成季铵盐。

$$\underset{\displaystyle R''}{\underset{|}{RN}}\text{—}R' + R'''X \longrightarrow RN^{+}(R')(R'')\text{—}R'''X^-$$

一般条件下，该反应得到的是几种产物的混合物。改变反应物质的含量，可以使某一种产物含量较多。如果用过量的伯卤代烷，可以得到铵盐。

$$C_6H_{11}\text{—}CH_2NH_2 + 3CH_3I \xrightarrow[\triangle]{CH_3OH} C_6H_{11}\text{—}CH_2\overset{+}{N}(CH_3)_3I^-$$

在位阻因素的影响下，有时可以使主要产物为某一种胺。

$$(CH_3)_2CHNH_2 + ClCH_2\text{—}C_6H_3Cl_2\text{(2,4-二氯)} \longrightarrow (CH_3)_2CHNH\text{—}CH_2\text{—}C_6H_3Cl_2\text{(2,4-二氯)}$$

(3) 酰化反应

伯胺、仲胺与酰化试剂（如酰氯、酸酐等）反应，氮原子上的氢原子被酰基取代，生成 *N*-烃基酰胺或 *N*,*N*-二烃基酰胺。叔胺中的氮原子上没有氢原子，不能发生此类反应。

$$C_6H_5\text{—}NH_2 + (CH_3\overset{O}{\overset{\|}{C}})_2O \longrightarrow C_6H_5\text{—}NH\text{—}\overset{O}{\overset{\|}{C}}CH_3$$

$$CH_3CH_2CH_2NH_2 + Cl\text{—}\overset{O}{\overset{\|}{C}}\text{—}C_6H_5 \longrightarrow CH_3CH_2CH_2NH\text{—}\overset{O}{\overset{\|}{C}}\text{—}C_6H_5$$

在有机合成中，常利用酰化反应保护氨基，避免发生不需要的副反应。例如，在苯胺的硝化反应中，用酰基将氨基保护起来，既可避免苯胺被氧化，又可适当降低苯胺的反应活性，制备一硝化产物。

$$C_6H_5NH_2 \xrightarrow{(CH_3CO)_2O} C_6H_5NHCOCH_3 \xrightarrow{HNO_3,H_2SO_4} p\text{-}O_2N\text{—}C_6H_4\text{—}NHCOCH_3 \xrightarrow[(2)OH^-]{(1)H_3O^+} p\text{-}O_2N\text{—}C_6H_4\text{—}NH_2$$

(4) 磺酰化反应

伯胺和仲胺可与苯磺酰氯反应，生成磺酰胺。由伯胺生成的磺酰胺可与碱作用生成酸式盐而溶于碱溶液，这是因为氮原子上的氢原子受磺酰基影响呈弱酸性。仲胺生成的磺酰胺中氮原子上没有氢原子，不能与碱反应，不能溶于碱溶液。叔胺中的氮原子上没有氢原子，不能发生磺酰化反应。常利用伯、仲、叔胺与苯磺酰氯反应产物在碱溶液中的溶解度鉴别三类胺，此反应称为兴斯堡试验法。

$$\left.\begin{array}{l}CH_3CH_2NH_2\\(CH_3CH_2)_2NH\end{array}\right]\xrightarrow{H_3C-C_6H_4-SO_2-Cl}\left[\begin{array}{l}H_3C-C_6H_4-SO_2-NHCH_2CH_3\downarrow\\H_3C-C_6H_4-SO_2-N(CH_2CH_3)_2\downarrow\end{array}\right]$$

$$\xrightarrow{NaOH}\left[\begin{array}{l}H_3C-C_6H_4-SO_2-\overset{-}{N}CH_2CH_3Na^+(\text{溶})\\H_3C-C_6H_4-SO_2-N(CH_2CH_3)_2(\text{不溶})\end{array}\right.$$

(5) 与亚硝酸反应

胺类化合物与亚硝酸反应的产物与胺的结构有关，据此可用于鉴别伯、仲、叔胺。亚硝酸不稳定，常用亚硝酸盐和无机酸代替。

① 伯胺与亚硝酸反应　脂肪族伯胺与亚硝酸反应生成脂肪族重氮盐，该重氮盐极不稳定，在低温下也会自动分解，定量地放出氮气，同时生成醇、烯、卤代烃等混合物。

$$R-NH_2\xrightarrow{NaNO_2,\ HCl}\underset{\text{脂肪重氮盐}}{R-\overset{+}{N}\equiv NCl^-}\longrightarrow N_2\uparrow+\underbrace{R^++Cl^-}_{\text{混合物}}$$

该反应能定量地释放氮气，据此可以测定脂肪族伯氨基的量，常用于氨基酸和多肽的定量分析。

芳香族伯胺与亚硝酸的强酸水溶液在低温（0～5℃）条件下反应生成重氮盐的反应称为重氮化反应。生成的芳香重氮盐较脂肪重氮盐稳定，低温下不分解，但受热后会分解，放出氮气，甚至发生爆炸。

$$C_6H_5-NH_2\xrightarrow[0\sim5^\circ C]{NaNO_2,HCl}\underset{\text{芳香重氮盐}}{C_6H_5-\overset{+}{N}\equiv NCl^-}\xrightarrow[\triangle]{H_2O}N_2\uparrow+C_6H_5-OH$$

② 仲胺与亚硝酸反应　脂肪仲胺和芳香仲胺与亚硝酸反应，都是在氮原子上进行亚硝化，生成 N-亚硝基胺。

$$(CH_3CH_2)_2NH+HNO_2\longrightarrow(CH_3CH_2)_2N-NO+H_2O$$

$$C_6H_5-NHCH_3+HNO_2\longrightarrow C_6H_5-N(NO)CH_3+H_2O$$

亚硝基胺通常为黄色油状物或固体，绝大多数不溶于水，有明显的致癌作用，可引起动物多种器官和组织的肿瘤，现已被列为致癌物。

③ 叔胺与亚硝酸反应　脂肪叔胺和亚硝酸作用生成不稳定的弱酸弱碱盐，若以强碱处理，则重新游离析出叔胺。

$$R_3N+HNO_2\longrightarrow R_3\overset{+}{N}HNO_2^-\xrightarrow{NaOH}R_3N+NaNO_2+H_2O$$

芳香叔胺中的氨基具有强致活性，使芳香环易于发生亲电取代反应，与亚硝酸作用时生成亚硝基取代的产物。反应通常发生在对位，若对位已被占据，则在邻位取代。对位产物在酸性条件下是橘黄色的醌式结构的盐，碱化后往往是翠绿色结晶。

$$C_6H_5-N(CH_3)_2 + HNO_2 \longrightarrow ON-C_6H_4-N(CH_3)_2$$

$$H_3C-C_6H_4-N(CH_3)_2 + HNO_2 \longrightarrow H_3C-C_6H_3(NO)-N(CH_3)_2$$

(6) 芳香胺的亲电取代反应

在芳环的亲电取代反应中，H_2N—、RNH—、R_2N—等是强致活性的邻、对位定位基，而与之相应的铵盐 H_3N^+—、R_2N^+H—、R_3N^+—是间位定位基，乙酰氨基是空间位阻较大的中等强度的邻、对位定位基。这些基团在定位方向和定位能力上的差别在有机合成上十分有用。

① 卤代反应　氨基是强致活基，因此苯胺极易发生芳香亲电取代反应，苯胺直接氯化或溴化都生成白色的2,4,6-三卤苯胺。苯胺与碘反应生成对碘苯胺。

$$C_6H_5NH_2 \xrightarrow[H_2O]{Br_2} 2,4,6\text{-}Br_3C_6H_2NH_2 \downarrow$$

2,4,6-三溴苯胺

若需要制备一氯代苯胺或一溴代苯胺，常用的方法是先将氨基酰化，再卤化，最后水解除去酰基。酰氨基是中等强度的致活基，能使氯代或溴代反应停留在一元阶段。

$$C_6H_5NH_2 \xrightarrow{(CH_3CO)_2O} C_6H_5NHCOCH_3 \xrightarrow{Br_2} p\text{-}Br-C_6H_4-NHCOCH_3 \xrightarrow[H_2O]{NaOH} p\text{-}Br-C_6H_4-NH_2$$

若对位有取代基团时，则生成邻位卤代产物。

$$p\text{-}CH_3-C_6H_4-NH_2 \xrightarrow{(CH_3CO)_2O} p\text{-}CH_3-C_6H_4-NHCOCH_3 \xrightarrow{Br_2} 2\text{-}Br\text{-}4\text{-}CH_3-C_6H_3-NHCOCH_3 \xrightarrow[H_2O]{NaOH} 2\text{-}Br\text{-}4\text{-}CH_3-C_6H_3-NH_2$$

② 酰化反应　伯、仲芳香胺的氮原子上有氢原子，氨基和芳香环都能发生酰化反应，选择性较低，但氨基用酰基保护后，芳香环上的酰化反应可以顺利进行。

$$C_6H_5NHCOCH_3 \xrightarrow{CH_3CH_2\overset{O}{\overset{\|}{C}}Cl} p\text{-}CH_3CH_2\overset{O}{\overset{\|}{C}}-C_6H_4-NHCOCH_3 \xrightarrow[H_2O]{NaOH} p\text{-}CH_3CH_2\overset{O}{\overset{\|}{C}}-C_6H_4-NH_2$$

叔芳香胺的氮原子上没有氢原子，可直接进行芳香环的酰化反应。

$$(CH_3)_2N-C_6H_5 + CH_3\overset{O}{\overset{\|}{C}}Cl \xrightarrow{AlCl_3} (CH_3)_2N-C_6H_4-\overset{O}{\overset{\|}{C}}CH_3$$

③ 磺化反应　苯胺进行磺化，首先生成苯胺硫酸盐，加热条件下脱水，并发生分子内重排，生成对氨基苯磺酸。

对氨基苯磺酸分子中同时具有酸性基团（磺酸基）和碱性基团（氨基），它们之间可以中和成盐，这种分子内形成的盐称为内盐。

$$C_6H_5NH_2 \xrightarrow{H_2SO_4} C_6H_5\overset{+}{N}H_3HSO_4^- \xrightarrow[180\sim190℃]{-H_2O} C_6H_5NHSO_3H \xrightarrow{\text{分子内重排}} p\text{-}H_2NC_6H_4SO_3H \xrightarrow{\text{成盐}} p\text{-}H_3\overset{+}{N}C_6H_4SO_3^-$$

如果苯胺的对位被占据，则生成邻位取代产物。

$$H_3C\text{-}C_6H_4\text{-}NH_2 \xrightarrow[\triangle]{H_2SO_4} H_3C\text{-}C_6H_3(SO_3H)\text{-}NH_2$$

④ 硝化反应　芳香胺易被氧化，直接进行硝化，产率较低。将氨基用酰基保护后，硝化反应可以顺利进行。

$$C_6H_5NH_2 \xrightarrow{(CH_3CO)_2O} C_6H_5NHCOCH_3 \xrightarrow{HNO_3} p\text{-}O_2NC_6H_4NHCOCH_3 + o\text{-}O_2NC_6H_4NHCOCH_3 \text{(含}NO_2\text{)} \xrightarrow[\triangle]{KOH} p\text{-}O_2NC_6H_4NH_2 + o\text{-}O_2NC_6H_4NH_2$$

苯胺硝化的产物是邻硝基苯胺和对硝基苯胺的混合物。对硝基苯胺易形成分子间氢键，沸点较高，邻硝基苯胺易形成分子内氢键，沸点较低，两者可通过蒸馏进行分离。

芳香叔胺的氮原子上没有氢原子，可直接进行硝化。在稀酸中硝化主要得到邻、对位产物，在浓酸中硝化主要得到间位产物。这是因为在浓酸中，氨基与氢离子结合变成相应的铵盐，由邻、对位定位基变成间位定位基。

$$C_6H_5N(CH_3)_2 \xrightarrow{H_2SO_4,HNO_3} \begin{cases} \xrightarrow{\text{低酸度}} p\text{-}O_2NC_6H_4N(CH_3)_2 + o\text{-}O_2NC_6H_4N(CH_3)_2 \\ \xrightarrow{\text{高酸度}} m\text{-}O_2NC_6H_4N(CH_3)_2 \end{cases}$$

12.2.4　胺的制备和应用

(1) 硝基化合物的还原

硝基化合物还原可以得到伯胺。脂肪烃的硝化比较困难，由脂肪硝基化合物还原制备脂肪伯胺不是常用方法。芳香硝基化合物容易制备，由芳香硝基化合物还原制备芳香伯胺是重要方法。

芳香硝基化合物可在酸性溶液中用铁、锡等金属还原。

$$O_2N\text{-}C_6H_3(NO_2)\text{-}CH_3 \xrightarrow[(2)OH^-]{(1)Fe,HCl} H_2N\text{-}C_6H_3(NH_2)\text{-}CH_3$$

如果硝基化合物中含有醛基或酮基，则需要较温和的还原剂。

$$o\text{-}O_2NC_6H_4CHO \xrightarrow{FeSO_4,NH_3,H_2O} o\text{-}H_2NC_6H_4CHO$$

$$m\text{-}O_2NC_6H_4COCH_3 \xrightarrow[(2)NaOH]{(1)Sn,HCl} m\text{-}H_2NC_6H_4COCH_3$$

催化氢化是由芳香硝基化合物合成芳香伯胺的一种更为简便的方法，常用的金属催化剂包括镍、铂、钯等，常用的还原剂包括氢气、水合肼等。

$$H_3C-C_6H_4-NO_2 \xrightarrow{Pd, H_2} H_3C-C_6H_4-NH_2$$

$$\alpha\text{-硝基萘} \xrightarrow{Ni, H_2} \alpha\text{-萘胺}$$

(2) 酰胺、肟和腈的还原

酰胺和氢化铝锂反应，酰胺中的羰基被还原成亚甲基，酰胺变成胺。该方法可以制备伯、仲、叔胺。

$$CH_3CH_2CONH_2 \xrightarrow[(2)H_2O]{(1)LiAlH_4} CH_3CH_2CH_2NH_2$$

$$CH_3CH_2CH_2CH_2CONHCH_2CH_2CH_2CH_3 \xrightarrow[(2)H_2O]{(1)LiAlH_4} CH_3CH_2CH_2CH_2CH_2NHCH_2CH_2CH_2CH_3$$

$$C_6H_{11}-CON(CH_3)_2 \xrightarrow[(2)H_2O]{(1)LiAlH_4} C_6H_{11}-CH_2N(CH_3)_2$$

肟经过氢化铝锂还原或催化加氢生成伯胺。

$$C_6H_{10}{=}NOH \xrightarrow[(2)H_2O]{(1)LiAlH_4} C_6H_{11}-NH_2$$

$$CH_3CH_2CH_2C(=NOH)CH_3 \xrightarrow{H_2, Ni} CH_3CH_2CH_2CH(NH_2)CH_3$$

腈经过氢化铝锂还原或催化加氢也能生成伯胺。

$$H_3C-C_6H_4-CH_2C{\equiv}N \xrightarrow[(2)H_2O]{(1)LiAlH_4} H_3C-C_6H_4-CH_2CH_2NH_2$$

$$N{\equiv}C-CH_2CH_2CH_2CH_2-C{\equiv}N \xrightarrow{H_2, Ni} H_2NCH_2-CH_2CH_2CH_2CH_2-CH_2NH_2$$

(3) 醛酮的还原胺化

氨与醛或酮发生加成-消除反应生成亚胺，亚胺经催化加氢后被还原为伯胺。这个方法称为还原胺化。

$$C_6H_5-CHO + NH_3 \xrightarrow{-H_2O} C_6H_5-CH{=}NH \xrightarrow{H_2, Ni} C_6H_5-CH_2NH_2$$

醛、酮与伯胺进行催化加氢得到仲胺，中间产物是亚胺。

$$C_6H_{10}{=}O + H_2NCH_2CH_3 \xrightarrow{-H_2O} C_6H_{10}{=}NCH_2CH_3 \xrightarrow{H_2, Ni} C_6H_{11}-NHCH_2CH_3$$

醛、酮与仲胺进行催化加氢得到叔胺，中间产物是醇胺或其脱水产物。

$$CH_3CH_2CH_2CHO + HN(CH_2)_5 \xrightarrow{H_2, Ni} CH_3CH_2CH_2CH_2-N(CH_2)_5$$

(4) 季铵碱的霍夫曼消除反应

带有 β-H 的季铵碱在加热条件下发生分解生成烯烃和有机胺的反应称为霍夫曼消除反应。这类反应可用于制备叔胺。

$$CH_3CH_2CH_2CH_2\overset{+}{N}(CH_3)_3OH^- \xrightarrow{\triangle} CH_3CH_2CH=CH_2+N(CH_3)_3+H_2O$$

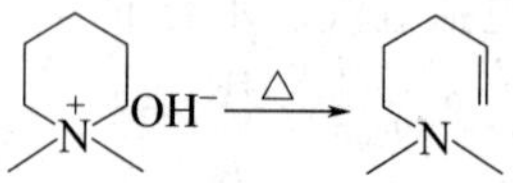

$$OH^- \xrightarrow{\triangle}$$

霍夫曼在总结了大量实验数据后提出，在四级铵碱的消除反应中，较少烷基取代的 β-碳上的氢优先被消除，即 β-碳上氢的反应活性为：$CH_3>RCH_2>R_2CH$。

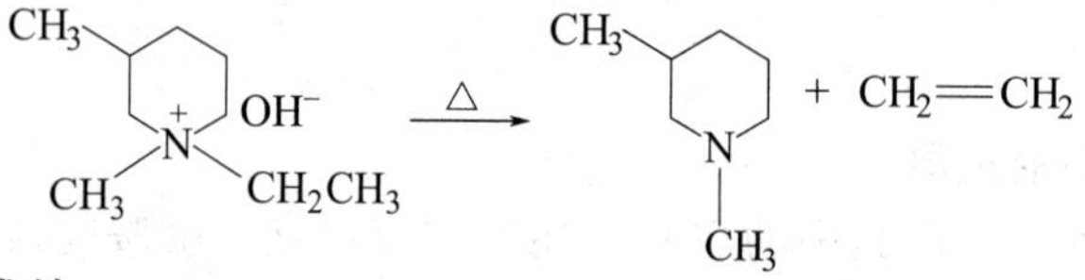

$$CH_3,\ OH^-,\ CH_3,\ CH_2CH_3 \xrightarrow{\triangle} CH_3,\ CH_3 + CH_2=CH_2$$

(5) 盖布瑞尔合成法

邻苯二甲酰亚胺具有弱酸性，与氢氧化钾的乙醇溶液作用生成钾盐，再与卤代烃作用，生成 *N*-烷基邻苯二甲酰亚胺。

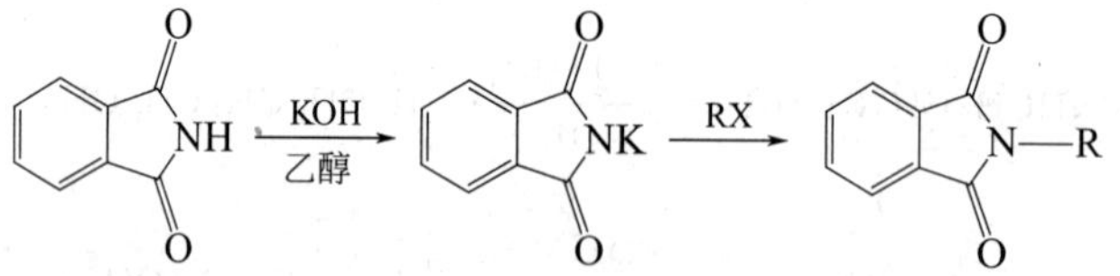

$$NH \xrightarrow[\text{乙醇}]{KOH} NK \xrightarrow{RX} N-R$$

邻苯二甲酰亚胺　　　　*N*-烷基邻苯二甲酰亚胺

N-烷基邻苯二甲酰亚胺在氢氧化钠溶液中水解，生成伯胺。

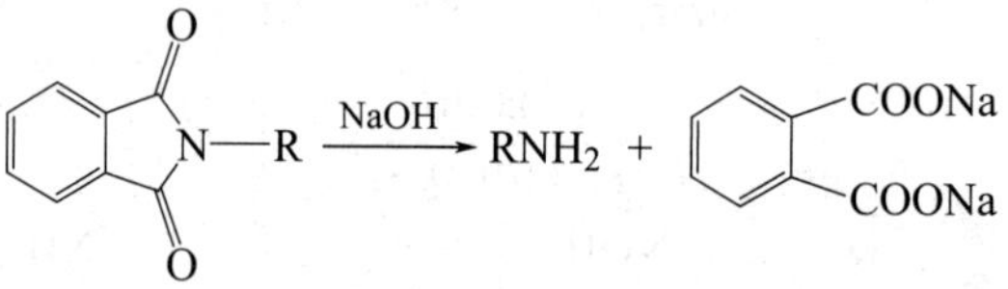

$$N-R \xrightarrow{NaOH} RNH_2 + \text{(COONa, COONa)}$$

邻苯二甲酰亚胺的氮原子与两个酰基相连，亲核性非常弱，不能形成季铵盐，水解后最终生成伯胺。上述合成方法为盖布瑞尔合成法，是合成伯胺的重要方法。

(6) 胺的用途

低分子量的脂肪胺，如乙胺、乙二胺、三乙胺等常用作有机合成的中间体。

芳香族胺用于染料、药物、高聚物、橡胶、农药等的生产。甲苯经二硝化后加氢，得到二氨基甲苯，主要用于甲苯二异氰酸酯的生产。苯胺盐酸盐和苯胺混合加热得到二苯胺，用作橡胶防老化剂或染料中间体。

12.2.5 代表性胺

(1) 乙二胺

乙二胺是微黄色油状液体，沸点为 119.7℃，能与水和乙醇混溶，不溶于乙醚和苯，具有碱性，能与无机酸反应生成盐。乙二胺能消融虫胶、纤维素、树脂等高分子化合物，也能溶解许多有机物，对无机盐溶解能力低于液氨。

乙二胺具有强腐蚀性，其蒸气对黏膜和皮肤有强烈刺激性，可引起结膜炎、支气管炎、肺炎或肺水肿，并可发生接触性皮炎，也可引起肝、肾损害，职业性哮喘等。皮肤和眼直接接触其液体可致灼伤。

乙二胺可作为氨基螯合剂，用于分析测定锑、钴、铜、汞、银和铀等金属的含量。乙二胺对二氧化碳、二硫化碳、硫化氢、硫醇、硫、醛、苯酚等的亲和性强，可用作汽油添加剂、润滑油、矿物油等。此外，乙二胺还可用作环氧树脂硬化剂、橡胶硫化剂、抗电剂等。

乙二胺也是合成杀菌剂、阳离子表面活性剂、聚酰胺树脂的原料。

工业上生产乙二胺的方法主要有二氯乙烷法和乙醇胺法。

① 二氯乙烷法　氨水与二氯乙烷在高温高压下反应生产乙二胺，一般不需要催化剂。产物乙二胺会进一步与二氯乙烷反应形成多乙烯多胺系列产物，如二亚乙基三胺、三亚乙基四胺等。

$$ClCH_2CH_2Cl + 2NH_3 \xrightarrow{100℃, 4.9MPa} H_2NCH_2CH_2NH_2 + 2HCl$$

$$H_2NCH_2CH_2NH_2 + ClCH_2CH_2Cl + NH_3 \longrightarrow H_2NCH_2CH_2NHCH_2CH_2NH_2 + 2HCl$$

② 乙醇胺法　该工艺过程在氢气存在下进行，以乙醇胺和氨为原料，在金属催化下脱氢，然后进一步反应生成乙二胺、多乙烯多胺和哌嗪等。该工艺过程基本无三废排放，并副产附加值高的哌嗪和羟乙基乙二胺等，适合大规模、连续化生产的清洁工艺。

H_2N～OH —($-H_2$)→ H_2N～CHO
(1) H_2N～OH, $-H_2O$ (2) H_2 → H_2N～NH～OH; $-NH_3$ → 吗啉; $-H_2O$ → 哌嗪
(1) NH_3, $-H_2O$ (2) H_2 → H_2N～HN_2
(1) H_2N～NH_2, $-H_2O$ (2) H_2 → H_2N～NH～NH_2 —($-NH_3$)→ 哌嗪

(2) 己二胺

己二胺熔点为42℃，沸点为205℃，易溶于水、乙醇、乙醚和苯等大多数有机溶剂，碱性较强，易吸收空气中的水和二氧化碳。

己二胺毒性较大，在生物体内具有累积性，可引起神经系统和造血功能的改变。吸入高浓度己二胺可引起剧烈头痛，而且对眼、喉、上呼吸道有强烈刺激作用。

己二胺主要用于合成尼龙-66。尼龙-66是最早实现工业化的聚酰胺，与尼龙-6并列为最重要的两大聚酰胺品种。己二胺还用于制造其他种类聚酰胺，如尼龙-610、尼龙-612等。己二胺也是聚亚胺羧酸酯泡沫塑料和聚氨酯泡沫塑料的主要原料，而且还可用作环氧树脂的固化剂、有机交联剂、矿石浮选剂等。

另外，己二胺也是合成六亚甲基二异氰酸酯的原料。六亚甲基二异氰酸酯是特种脂肪族二异氰酸酯，其制品抗氧化、抗紫外线、不变色，在涂料、胶黏剂、弹性体等聚氨酯制品中有广阔的市场。

目前，国际上己二胺的工业生产方法主要有己二腈法、己二酸法（以己二腈为中间体）、己内酰胺法和己二醇法等。

① 己二腈法　己二腈经催化加氢生成己二胺。

$$NC(CH_2)_4CN \xrightarrow[Ni, 60\sim100℃]{H_2, 1.8\sim3.0MPa} H_2N(CH_2)_6NH_2$$

② 己二酸法　己二酸与氨经胺化脱水生成己二腈，再经加氢得到己二胺。

$$HOOC(CH_2)_4COOH + 2NH_3 \xrightarrow[\triangle]{-H_2O} NC(CH_2)_4CN$$

③ 己内酰胺法 己内酰胺在金属磷酸盐催化下与氨气反应生成氨基腈，再经氢化生成己二胺。

$$\text{己内酰胺} + 2NH_3 \xrightarrow{350℃} H_2N(CH_2)_5CN$$

④ 己二醇法 己二醇在镍催化下进行胺化脱水生成己二胺。

$$HO(CH_2)_6OH + 2NH_3 \xrightarrow{200℃,23MPa} H_2N(CH_2)_6NH_2$$

(3) 对苯二胺

对苯二胺又名乌尔丝 D，是白色至淡紫红色晶体，熔点为 140℃，沸点为 267℃，微溶于冷水，溶于大部分有机溶剂。

对苯二胺可经皮肤吸收或接触其粉尘而引起中毒，急性严重的发疹性湿疹可达到背部、面部和腹部，并且有类似丹毒的痂皮。其粉尘对呼吸道也有影响，可以引起鼻炎、支气管炎、发烧、喘息以及由于气管炎症而引起的迷走神经紧张等症状。

对苯二胺可用于制备偶氮染料、合成树脂、毛坯染色剂、橡胶防老剂、照片显影剂、环氧树脂固化剂等，是一种应用广泛的化工中间体。另外，对苯二胺也是检测铁和铜的灵敏指示剂。

目前合成对苯二胺的方法有很多，现简单举例说明。

以硝基苯和尿素为原料合成对苯二胺

$$C_6H_5NO_2 + H_2N{-}CO{-}NH_2 \longrightarrow ON{-}C_6H_4{-}NH_2 + O_2N{-}C_6H_4{-}NH_2 \xrightarrow{H_2,\ Pt} H_2N{-}C_6H_4{-}NH_2$$

对二硝基苯胺加氢合成对苯二胺

$$O_2N{-}C_6H_4{-}NO_2 \xrightarrow{H_2,Pd} H_2N{-}C_6H_4{-}NH_2$$

对苯二甲酸经酰胺化和霍夫曼降解合成对苯二胺

$$HOOC{-}C_6H_4{-}COOH \xrightarrow{NH_3} H_2NC(=O){-}C_6H_4{-}C(=O)NH_2 \xrightarrow{NaClO} H_2N{-}C_6H_4{-}NH_2$$

12.3 重氮及偶氮化合物

重氮和偶氮化合物都含有—N═N—官能团。当—N═N—官能团一端与烃基相连，另一端与其他非碳原子或原子团相连时，称为重氮化合物；当—N_2—官能团两端都分别与烃基相连时，称为偶氮化合物。

$H_2C{=}\overset{+}{N}{=}\overset{-}{N}$　重氮甲烷

$C_6H_5{-}\overset{+}{N}{\equiv}NCl^-$　氯化重氮苯

$C_6H_5{-}N{=}N{-}SO_3Na$　苯重氮磺酸钠

$H_3C{-}N{=}N{-}CH_3$　偶氮甲烷

$(H_3C)_2C(CN){-}N{=}N{-}C(CH_3)_2CN$　偶氮二异丁腈

$C_6H_5{-}N{=}N{-}C_6H_5$　偶氮苯

$H_3C{-}C_6H_4{-}N{=}N{-}C_6H_4{-}OH$　4-甲基-4′-羟基偶氮苯

重氮和偶氮化合物在药物合成、分析及染料工业上有广泛用途。

12.3.1　重氮盐的制备

芳香伯胺在低温及强酸水溶液中，与亚硝酸作用生成重氮盐的反应，称为重氮化反应。

$$C_6H_5{-}NH_2 + NaNO_2 + HCl \xrightarrow{<5℃} C_6H_5{-}\overset{+}{N}{\equiv}NCl^- + H_2O$$

重氮化反应的操作一般是先将芳香伯胺溶于盐酸中，在冰水浴中保持温度低于5℃，在不断搅拌中逐渐加入亚硝酸钠溶液。反应过程中，盐酸要过量，以避免生成的重氮盐与未反应的芳胺发生偶联反应。亚硝酸不能过量，因为它会加速重氮盐的自分解。当溶液使淀粉-碘化钾试纸呈蓝色时，表明亚硝酸过量，反应已完成。过量的亚硝酸可以加尿素去除。

如果以硫酸代替盐酸，则得到硫酸重氮苯。

$$C_6H_5{-}NH_2 + NaNO_2 + H_2SO_4 \xrightarrow{<5℃} C_6H_5{-}\overset{+}{N}{\equiv}NHSO_4^- + H_2O$$

重氮盐是离子化合物，其结构式可表示为 $Ar\overset{+}{N}{\equiv}NX^-$。在重氮正离子中，$C{-}\overset{+}{N}{\equiv}N$ 呈直线形结构，两个氮原子之间的π键与芳香环的大π键形成共轭体系，使芳香重氮盐在低温下强酸介质中能稳定存在一段时间。

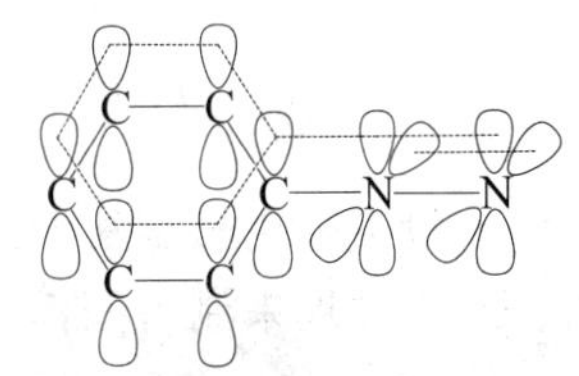

苯重氮正离子

通常情况下，重氮盐是无色结晶体，干燥情况下极不稳定，受热或震动易发生爆炸，通常不从溶液中分离，直接进行下一步反应。

12.3.2　重氮盐的化学性质

芳香重氮盐化学性质活泼，可以发生多种化学反应，在有机合成上应用广泛。其主要化学反应分为取代反应和偶联反应。

(1) 重氮盐的取代反应

重氮盐中的重氮基在不同条件下可以被卤素、羟基、氰基、氢原子等原子或基团取代，同时放出氮气，因此这类反应也称为放氮反应。通过重氮盐的取代反应，可以把一些难以引入芳环上的基团，方便地引入到芳环上，这在芳香硝基化合物的合成中有重要意义。

① 被卤素原子取代　重氮盐的水溶液和碘化钾一起加热，重氮基被碘取代，生成碘化物并放出氮气，这是将碘原子引入芳环的一个好方法，产率高。

$$O_2N{-}C_6H_4{-}NH_2 \xrightarrow{NaNO_2,H_2SO_4} O_2N{-}C_6H_4{-}N_2HSO_4 \xrightarrow[\triangle]{KI} O_2N{-}C_6H_4{-}I$$

该反应属于 S_N1 历程，Cl^- 和 Br^- 亲核能力较弱，发生上述反应时，常加入亚铜盐作催化剂。

$$\text{m-}O_2NC_6H_4NH_2 \xrightarrow{NaNO_2, HCl} \text{m-}O_2NC_6H_4N_2Cl \xrightarrow{CuCl} \text{m-}O_2NC_6H_4Cl$$

$$\text{m-}ClC_6H_4NH_2 \xrightarrow{NaNO_2, HBr} \text{m-}ClC_6H_4N_2Br \xrightarrow{CuBr} \text{m-}ClC_6H_4Br$$

芳香族氟化物也可采用此方法制备，但氟原子取代重氮基的方法与其他卤原子不一样。将氟硼酸加到重氮盐溶液中，使生成的氟硼酸重氮盐沉淀，经分离干燥并小心加热，即分解得到芳香氟化物。

$$\text{m-}H_3CC_6H_4NH_2 \xrightarrow{NaNO_2, HCl} \text{m-}H_3CC_6H_4N_2Cl \xrightarrow{HBF_4} \text{m-}H_3CC_6H_4N_2BF_4 \xrightarrow{\triangle} \text{m-}H_3CC_6H_4F$$

② 被羟基取代　将重氮盐的酸性水溶液加热，即发生分解，放出氮气，并有酚生成。

$$\text{o-}CH_3C_6H_4N_2HSO_4 + H_2O \xrightarrow[\triangle]{H^+} \text{o-}CH_3C_6H_4OH + N_2\uparrow + H_2SO_4$$

该反应分两步进行，首先重氮盐分解成苯正离子和氮气，这是决定反应速率的一步，然后苯正离子与水分子反应生成酚。

$$C_6H_5\overset{+}{N}{\equiv}N \rightleftharpoons C_6H_5^{+} + N_2\uparrow$$

$$C_6H_5^{+} + H_2O \rightleftharpoons C_6H_5\overset{+}{O}H_2 \xrightarrow{-H^+} C_6H_5OH$$

在有机合成上常通过生成重氮盐的途径使氨基转变成羟基，由此来制备一些特殊的酚类化合物。

$$\text{m-}BrC_6H_4NO_2 \xrightarrow{Fe, HCl} \text{m-}BrC_6H_4NH_2 \xrightarrow{NaNO_2, H_2SO_4} \text{m-}BrC_6H_4N_2HSO_4 \xrightarrow[\triangle]{H_2O} \text{m-}BrC_6H_4OH$$

一般不采用碱熔法制备间溴苯酚，因为溴原子在碱熔时易水解。可通过间溴苯胺经重氮化、水解过程来制备间溴苯酚。

③ 被氰基取代　重氮盐与氰化亚铜的氰化钾水溶液作用，重氮基被氰基取代，生成芳腈。

$$\text{o-}O_2NC_6H_4NH_2 \xrightarrow{NaNO_2, HCl} \text{o-}O_2NC_6H_4N_2Cl \xrightarrow{CuCN, KCN} \text{o-}O_2NC_6H_4CN$$

氰基水解生成羧基，这也是通过重氮盐在芳环上引入羧基的一种方法。

$$\text{4-}CH_3\text{-3-}BrC_6H_3NH_2 \xrightarrow{NaNO_2, HCl} \text{4-}CH_3\text{-3-}BrC_6H_3N_2Cl \xrightarrow{CuCN, KCN} \text{4-}CH_3\text{-3-}BrC_6H_3CN \xrightarrow{H_3O^+} \text{4-}CH_3\text{-3-}BrC_6H_3COOH$$

④ 被氢原子取代　重氮盐与还原剂次磷酸（H_3PO_2）作用，重氮基被氢原子取代。

$$ArN_2HSO_4 + H_3PO_2 + H_2O \longrightarrow ArH + N_2\uparrow + H_3PO_3 + H_2SO_4$$

芳香重氮盐由芳香伯胺制得，本反应提供了一个从芳环上去除—NH_2 的方法，这个反应也称为脱氨基反应。

利用氨基的定位效应和致活作用把取代基导入指定位置后，再脱去氨基，可以制备用一般方法难以得到的化合物。例如，要合成 1,3,5-三溴苯，已知由苯直接溴化难以实现，但由苯胺溴化则是很容易实现的。

$$\text{C}_6\text{H}_5\text{NH}_2 \xrightarrow{Br_2} \text{2,4,6-三溴苯胺} \xrightarrow{NaNO_2, H_2SO_4} \text{2,4,6-}Br_3C_6H_2N_2HSO_4 \xrightarrow{H_3PO_2, H_2O} \text{1,3,5-三溴苯}$$

再如，甲基和溴都是邻对位定位基，间溴甲苯不能直接从甲苯溴化制得，也不能从溴苯甲基化制得，但可以通过氨基导向来制得。

$$p\text{-}CH_3C_6H_4NH_2 \xrightarrow{(CH_3CO)_2O} p\text{-}CH_3C_6H_4NHCOCH_3 \xrightarrow[(2)OH^-, H_2O]{(1)Br_2} \text{4-甲基-2-溴苯胺} \xrightarrow[(2)H_3PO_2, H_2O]{(1)NaNO_2, H_2SO_4} \text{间溴甲苯}$$

(2) 重氮盐的偶联反应

重氮盐与酚或芳胺反应，由偶氮基—N═N—将两个芳环连接起来，生成偶氮化合物的反应称为偶联反应。重氮正离子是弱亲电试剂，只能与活泼的芳香族化合物酚或芳胺作用。重氮正离子进攻酚羟基或氨基的对位，发生亲电取代反应生成相应的偶氮化合物。

① 重氮盐与酚偶联　芳香重氮盐与酚的偶联反应在弱碱性溶液（pH=7～10）中进行。

$$C_6H_5N_2Cl + C_6H_5OH \longrightarrow C_6H_5\text{—N═N—}C_6H_4\text{—}OH$$

如果对位已有其他基团，则在邻位发生反应。

$$C_6H_5N_2Cl + H_3C\text{—}C_6H_4\text{—}OH \longrightarrow C_6H_5\text{—N═N—}C_6H_3(OH)(CH_3)$$

酚呈弱酸性，与碱作用生成盐，酚盐负离子的供电子能力比酚羟基强，有利于重氮正离子的亲电进攻。

$$C_6H_5OH + NaOH \longrightarrow C_6H_5O^-Na^+ + H_2O$$

反应时碱性不能太强，否则重氮盐在强碱条件下会转变成重氮氢氧化物或重氮酸盐，降低反应速率或中止反应。

重氮盐与萘酚也能直接发生偶联反应。

$$H_3C\text{—}C_6H_3(CH_3)\text{—}N_2Cl + \text{HO, }SO_3H\text{, }SO_3H\text{-萘} \longrightarrow H_3C\text{—}C_6H_3(CH_3)\text{—N═N—}C_{10}H_4(OH)(SO_3H)_2$$

迎春红(红色染料)

② 重氮盐与芳胺偶联　重氮盐与三级芳胺在弱酸性（pH=5～7）溶液中发生偶联反应，生成对氨基偶氮化合物，若氨基的对位有取代基，则在氨基的邻位发生反应。

$$C_6H_5N_2Cl + C_6H_5N(CH_3)_2 \longrightarrow C_6H_5\text{—N═N—}C_6H_4\text{—}N(CH_3)_2$$

三级芳胺在水中溶解度不大，弱酸性条件下，三级芳胺形成铵盐，溶解度增大。成盐反应是可逆的，随着偶联反应中芳胺的消耗，铵盐重新转化成芳胺满足反应需要。但是反应体系酸性不能太强，否则会严重降低芳胺的浓度，使偶联反应减慢或中止。

如果二甲氨基的两个邻位都有取代基，位阻迫使取代基偏离苯环平面，氮原子上的孤对电子不能与苯环有效共轭，苯环碳原子上的电子云密度降低，不能与重氮正离子发生反应。

$$2,6\text{-}(CH_3)_2C_6H_3N(CH_3)_2 + C_6H_5N_2Cl \longrightarrow \text{不反应}$$

重氮盐与芳香伯胺或仲胺先在氮原子上偶联，生成重氮氨基化合物，后者在酸性条件下重排成氨基偶氮化合物。

$$C_6H_5N_2Cl \xrightarrow{C_6H_5NH_2} C_6H_5N{=}N{-}NH{-}C_6H_5 \xrightarrow{H^+} C_6H_5N{=}N{-}C_6H_4{-}NH_2$$

$$C_6H_5N_2Cl \xrightarrow{C_6H_5NHCH_3} C_6H_5N{=}N{-}N(CH_3){-}C_6H_5 \xrightarrow{H^+} C_6H_5N{=}N{-}C_6H_4{-}NHCH_3$$

如果重氮盐与间甲苯胺偶联，则主要在苯环上偶联，这是因为甲基是给电子基，增加苯环的电子云密度，有利于苯环上的亲电取代反应。重氮盐与间苯二胺偶联也有类似的情况。

$$C_6H_5N_2Cl + m\text{-}H_3C{-}C_6H_4{-}NH_2 \longrightarrow C_6H_5N{=}N{-}C_6H_3(CH_3){-}NH_2$$

$$C_6H_5N_2Cl + m\text{-}H_2N{-}C_6H_4{-}NH_2 \longrightarrow C_6H_5N{=}N{-}C_6H_3(NH_2){-}NH_2$$

(3) 重氮盐的还原

重氮盐被氯化亚锡和盐酸、锌和盐酸等还原，保留氮原子而生成芳基肼。

$$o\text{-}NO_2{-}C_6H_4{-}N_2Cl \xrightarrow{SnCl_2,HCl} o\text{-}NO_2{-}C_6H_4{-}NHNH_2$$

肼是常用的羰基试剂，也是合成药物和染料的原料。

12.3.3 偶氮染料

芳香族偶氮化合物都具有颜色，性质稳定，可广泛地用作染料，称为偶氮染料。有些偶氮化合物的颜色随化学环境的改变而改变，可用作分析化学的指示剂。如甲基橙、钙指示剂等。

$$(CH_3)_2N{-}C_6H_4{-}N{=}N{-}C_6H_4{-}SO_3Na$$

甲基橙

钙指示剂（HOOC、OH、HO、N=N、SO_3H）

偶氮染料中的偶氮基团与苯环结构或其他共轭体系相结合，使分子的激发能降低，化合物吸收光的波长向长波长方向转移，使化合物生色或颜色加深。

偶氮染料是合成染料中品种最多的一种，包括酸性、媒染、分散、中性、阳离子等偶氮染料，颜色由黄到黑各色齐全，广泛应用于棉、毛、丝、麻织品以及塑料、印刷品、食品、皮革、橡胶等产品的染色。

偶氮化合物可用适当的还原剂（如 $SnCl_2+HCl$ 或 $Na_2S_2O_3$）还原成氢化偶氮化合物，继续还原则生成两分子芳胺。

$$NaO_3S-C_6H_4-N{=}N-C_6H_4-OH \xrightarrow{SnCl_2,HCl} NaO_3S-C_6H_4-NH-NH-C_6H_4-OH$$

$$\xrightarrow{SnCl_2,HCl} NaO_3S-C_6H_4-NH_2 + H_2N-C_6H_4-OH$$

从生成的芳胺的结构，可以推测原偶氮化合物的结构。

12.3.4 代表性重氮及偶氮化合物

(1) 重氮甲烷

重氮甲烷是最简单同时也是最重要的脂肪族重氮化合物。重氮甲烷是一个线型分子，可以采用共振式来表示其结构：

$$\overset{-}{C}H_2-\overset{+}{N}\equiv N \longleftrightarrow CH_2=\overset{+}{N}=\overset{-}{N}$$

重氮甲烷的轨道示意图为：

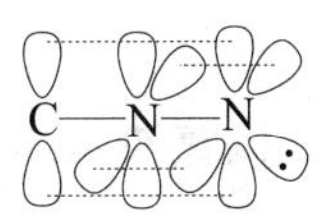

重氮甲烷是黄色气体，沸点为－24℃，有剧毒且易爆炸。重氮甲烷的乙醚溶液比较稳定，在有机合成上常使用重氮甲烷的乙醚溶液。

重氮甲烷是一个重要的甲基化试剂，能与羧酸作用生成羧酸甲酯，并放出氮气。

$$RCOOH+CH_2N_2 \longrightarrow RCOOCH_3+N_2\uparrow$$

反应过程中，重氮甲烷先从羧酸夺得一个质子生成质子化的重氮甲烷（即甲基重氮离子），然后羧酸负离子亲核取代重氮基而生成羧酸甲酯。

$$R\overset{O}{\overset{\|}{C}}-O-H + \overset{-}{C}H_2-\overset{+}{N}\equiv N \longrightarrow R\overset{O}{\overset{\|}{C}}-O^- + CH_3-\overset{+}{N}\equiv N$$

$$R\overset{O}{\overset{\|}{C}}-O^- + CH_3-\overset{+}{N}\equiv N \longrightarrow R\overset{O}{\overset{\|}{C}}-OCH_3 + N\equiv N$$

除羧酸外，弱酸性化合物如酚、烯醇等也可以和重氮甲烷作用。

$$O_2N-C_6H_3(CH_3)-OH + CH_2N_2 \longrightarrow O_2N-C_6H_3(CH_3)-OCH_3 + N_2\uparrow$$

一般情况下，醇的酸性不足以与重氮甲烷发生作用。

制备重氮甲烷最常用的方法是把 *N*-甲基-*N*-亚硝基对甲苯磺酰胺在碱作用下分解。

$$H_3C-C_6H_4-SO_2N(NO)CH_3 + CH_3CH_2OH \xrightarrow{KOH} CH_2N_2 + H_3C-C_6H_4-SO_2OCH_2CH_3 + H_2O$$

重氮甲烷也可以由 *N*-甲基-*N*-亚硝基酰胺在碱作用下分解得到。

$$RCON(NO)CH_3 \xrightarrow{KOH} CH_2N_2 + RCOOK + H_2O$$

(2) 偶氮二异丁腈

偶氮二异丁腈是白色固体，不溶于水，溶于大多数有机溶剂，熔点为100℃，64℃缓慢分解，100℃急剧分解，放出氮气和有机氰化物，危害较大。

偶氮二异丁腈是一种高附加值的精细化学品，常用作高分子聚合物的聚合引发剂和发泡剂，主要用于聚氯乙烯、聚醋酸乙烯、有机玻璃、塑料、橡胶等的生产，作为引发剂使用较为缓和、安全，作为发泡剂分解温度低。

传统合成偶氮二异丁腈的方法如下：水合肼与丙酮氰醇反应合成二异丁腈肼，然后用氯气、双氧水等氧化脱氢制得偶氮二异丁腈粗品，最后进行精制。

$$CH_3-\underset{CN}{\overset{CH_3}{C}}-OH + H_2N-NH_2 \longrightarrow CH_3-\underset{CN}{\overset{CH_3}{C}}-\overset{H}{N}-\overset{H}{N}-\underset{CN}{\overset{CH_3}{C}}-CH_3$$

$$CH_3-\underset{CN}{\overset{CH_3}{C}}-\overset{H}{N}-\overset{H}{N}-\underset{CN}{\overset{CH_3}{C}}-CH_3 \xrightarrow{[O]} CH_3-\underset{CN}{\overset{CH_3}{C}}-N=N-\underset{CN}{\overset{CH_3}{C}}-CH_3$$

该方法原料易得，工艺流程简单，得到了普遍采用。

【阅读材料】

偶氮染料

染料是能将纤维、塑料等基质染成一定颜色的有机化合物。染料主要用于染色和印花，它们大多可溶于水，或通过一定的化学处理在染色时转变成可溶状态。染料可直接或通过某些媒介物与基质发生物理的或化学的结合而染着在基质上。有些染料不溶于水，而溶于醇等有机溶剂，可用于油蜡、塑料等物质的着色。

芳香偶氮染料是非常重要的一类染料，根据染料分子中所含偶氮基的个数分为单偶氮、双偶氮、多偶氮等结构类型。偶氮染料有黄、橙、红、紫、深蓝、黑等各种颜色品种，色谱齐全，但以浅色（黄-红色）为主，绿色品种较少。浅色品种比较鲜艳，尤其是大红色，而深色品种鲜艳度较差。

偶氮染料品种齐，数量多，用途广。除了硫化染料、还原染料外，其他应用分类都有偶氮染料。偶氮染料普遍用于各种纤维纺织品的染色，还可用于颜料、油墨、食品、皮革、纸张等行业。

近些年，有关芳香胺偶氮染料的致癌性备受关注。某些染料可能会从纺织品转移到人的皮肤上，在细菌的生物催化作用下，粘在皮肤上的染料可能发生反应，并释放出致癌芳香胺，这些致癌物透过皮肤扩散到人体内，经过人体的代谢作用使 DNA 发生结构与功能的变化，从而诱发癌症或引起过敏。欧洲、美国以及亚洲许多国家相继提出禁止生产和出口使用偶氮染料染色纺织品、皮革制品等。这一举措对全世界染料制造行业以及人们的日常生活造成了巨大影响。为此，国内外许多公司都致力于禁用染料的代用品的研究和产业化工作。一方面大量开发联苯胺型中间体的代用品，以及邻甲苯胺或邻氨基苯甲醚的代用品，另一方面寻找经济可行的工业化路线，生产出对人体无害的染料中间体及其性能优良的染料以满足市场要求。

【巩固练习】

12-1　选择题

1. 下列胺类化合物中，与 $NaNO_2$ 和 HCl 溶液反应生成黄色油状物的是（　　）。

A. 伯胺　　B. 仲胺　　C. 叔胺　　D. 季铵盐

2. 下列化合物碱性最强的是（　）。

A. NH_3　　B. CH_3NH_2　　C. $HN(CH_3)_2$　　D. $N(CH_3)_3$

3. 下列化合物属于季铵盐的是（　）。

A. $(CH_3)_3N^+HCl^-$　　B. $HOCH_2CH_2N^+(CH_3)_3Cl^-$

C. $(CH_3CH_2)_2N^+(CH_3)_2OH^-$　　D. $C_6H_5N_2^+Cl^-$

4. 能与重氮盐起偶氮反应的化合物是（　）。

A. 对甲基乙酰苯胺（$NHCOCH_3$，CH_3）　　B. $N(CH_2CH_3)_2$，2,4,6-三甲基（H_3C，CH_3，CH_3）　　C. $\overset{+}{N}(CH_3)_3Cl^-$，间位 CH_3　　D. 邻甲基苯酚（CH_3，OH）

5. 下列四组试剂能鉴别苯胺、苯酚、苯甲酸和甲苯的是（　）。

A. 苯磺酰氯、氢氧化钠、亚硝酸　　B. 苯磺酰氯、亚硝酸、溴水

C. 溴水、碳酸氢钠、三氯化铁　　D. 羰基试剂、银氨溶液、溴水

12-2　将下列各组化合物按碱性从强到弱排序。

1. (a) NH_2、Cl、CH_3 取代苯　(b) $CH_2CH_2NH_2$、$COCH_3$ 取代苯　(c) NH_2、F、NO_2 取代苯　(d) NH_2、Br、NO_2 取代苯　(e) NH_2、NO_2、CN 取代苯

2. (a) $CH_3CH_2—NH_2$　(b) $H—N(CH_2CH_3)_2$　(c) $C_6H_5N(CH_3)_2$　(d) $CH_3N(C_6H_5)_2$　(e) $H_3C—NH—C_6H_5$　(f) $CH_3—N(CH_3)_2$

12-3　写出氯化重氮对硝基苯与下列试剂反应的主要产物。

1. KI　　2. H_3PO_2　　3. KCN/CuCN　　4. 对甲基苯酚

12-4　完成下列化学反应。

1. O_2N—(2-NO_2)—C_6H_3—CH_3 $\xrightarrow{Zn，HCl}$

2. 1-NO_2-2-Cl-萘 $\xrightarrow[H_2O]{NaOH}$

3. 邻氯苯甲腈（CN，Cl）+ $H_2N—C_6H_5$ $\xrightarrow[K_2CO_3]{CuO}$

4. $O_2N—C_6H_4—C_6H_5$ $\xrightarrow{浓 H_2SO_4}$

5. $C_6H_5—NHCH_3$ $\xrightarrow[HCl]{NaNO_2}$

6. $H_3C—C_6H_4—N(CH_3)(CH_2CH_3)$ $\xrightarrow[HCl]{NaNO_2}$

7. CH_3NH_2 + (丁二酸酐) ⟶

8. (N-甲基-N-乙基哌啶氢氧化物，OH^-) $\xrightarrow{\triangle}$ (　　) + (　　)

9. (环氧乙烷) + NH_3 ⟶

10. (3-叔丁基苯重氮氯化物，$(CH_3)_3C$—C6H4—N_2Cl) + C6H5—$N(CH_3)_2$ $\xrightarrow[0℃]{CH_3COOH,\ H_2O}$

11. HO_3S—C6H4—NH_2 $\xrightarrow[H_2SO_4]{NaNO_2}$ (　　) $\xrightarrow[pH=9]{HO—C_6H_4—C_6H_4—NH_2}$ (　　)

12. $HOCH_2$—C6H3(OH)—COOH + CH_2N_2（足量）⟶

13. (3-甲基-2,4-戊二酮) + CH_2N_2 ⟶

12-5　用化学方法鉴别下列化合物。

C6H5—NH_2　　C6H5—$NHCH_3$　　C6H5—$N(CH_3)_2$

12-6　已知反应 O_2N—C6H3(2-NO_2)—NO_2（1,2,4 位）+ CH_3ONa $\xrightarrow{CH_3OH}$ O_2N—C6H3(NO_2)—OCH_3，为什么是 1 位的硝基被取代，而不是 2 位和 4 位的硝基被取代？

12-7　写出下列反应合理的反应机理。

1. C6H5—N=O + CH_3NO_2 $\xrightarrow{OH^-}$ C6H5—N=CHNO$_2$

2. (环戊亚基)=NCH_3 $\xrightarrow{H_2O,\ H^+}$ (环戊酮) + CH_3NH_2

12-8　用苯、环己烷和不超过四个碳的有机物和适当的无机试剂为原料合成下列化合物。

1. (3-乙烯基，H_2C=CH—)C6H4—NHCCH$_3$(=O)　　2. H_2N—(CH$_2$)$_6$—NH_2　　3. O_2N—C6H4—CN

12-9　化合物 A 的分子式为 C_7H_9N，有碱性，A 的盐酸盐与亚硝酸作用生成 $C_7H_7N_2Cl$ (B)，B 加热后能放出氮气生成对甲基苯酚。在弱碱性溶液中，B 与苯酚作用生成具有颜色的化合物 $C_{13}H_{12}ON_2$（C）。写出 A、B、C 的结构式。

12-10　三个化合物 A、B、C，分子式都是 $C_4H_{11}N$。A 与亚硝酸结合成盐，B 和 C 分别与亚硝酸作用时有气体放出，且生成的产物中有四个碳原子的醇。B 生成的醇被氧化后生成异丁酸，C 生成的醇被氧化后生成酮。推测 A、B、C 的结构式，并写出各步反应式。

12-11　结合以往所学知识，试解释季铵盐的霍夫曼消除的合理性。

参考答案

12-1

1. B　2. C　3. B　4. D　5. C

12-2

1. (b)>(a)>(d)>(c)>(e)

2. (b)>(a)>(f)>(e)>(c)>(d)

12-3

1. 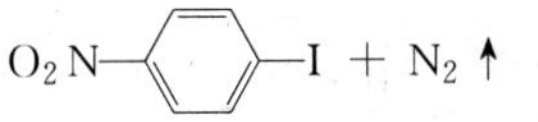 $O_2N-C_6H_4-I + N_2\uparrow$　　2. $O_2N-C_6H_5 + N_2\uparrow$

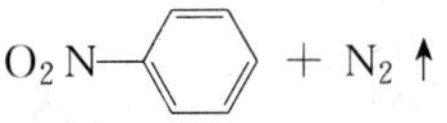

3. 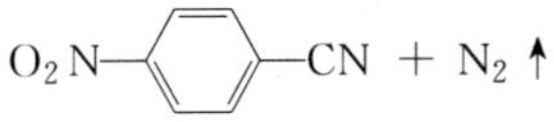 $O_2N-C_6H_4-CN + N_2\uparrow$　　4. $O_2N-C_6H_4-N=N-C_6H_3(OH)(CH_3)$

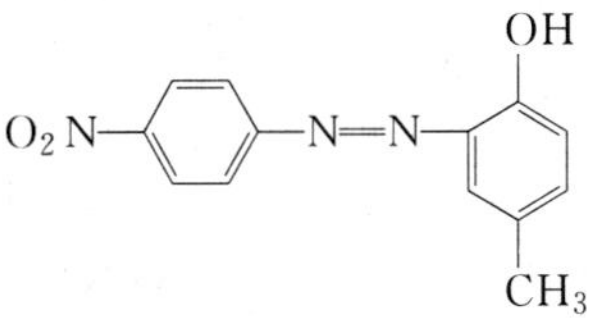

12-4

1. 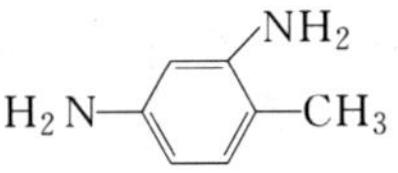 $H_2N-C_6H_3(NH_2)-CH_3$　　2. NO_2, OH (萘环)　　3. $C_6H_4(CN)-NH-C_6H_5$

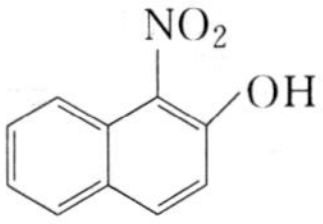

4. $O_2N-C_6H_4-C_6H_4-SO_3H$　　5. $C_6H_5-N(CH_3)-NO$　　6. 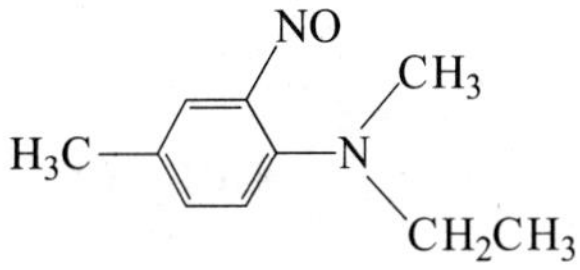 $H_3C-C_6H_3(NO)-N(CH_3)CH_2CH_3$

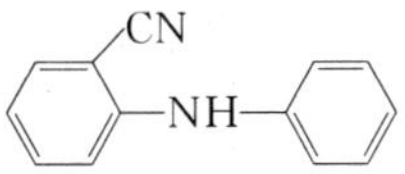

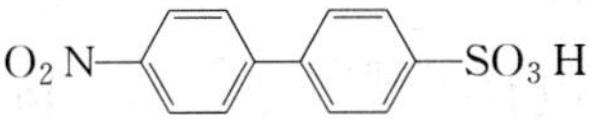

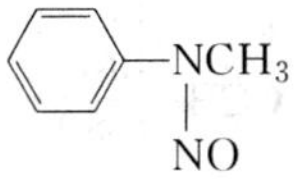

7. 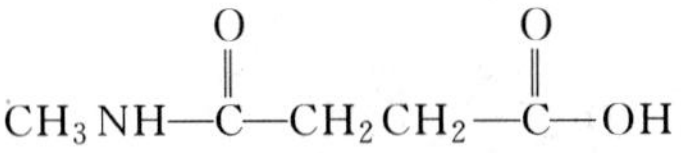 $CH_3NH-\overset{O}{\overset{\|}{C}}-CH_2CH_2-\overset{O}{\overset{\|}{C}}-OH$　　8. 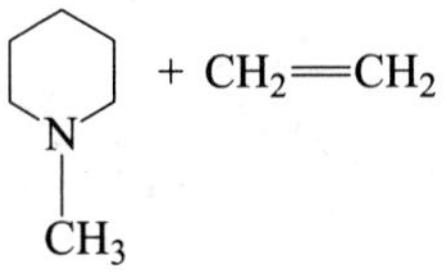 N-CH_3 哌啶 $+ CH_2=CH_2$

9. 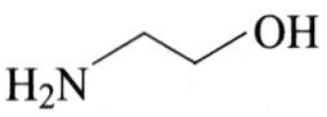 $H_2N-CH_2CH_2-OH$　　10. 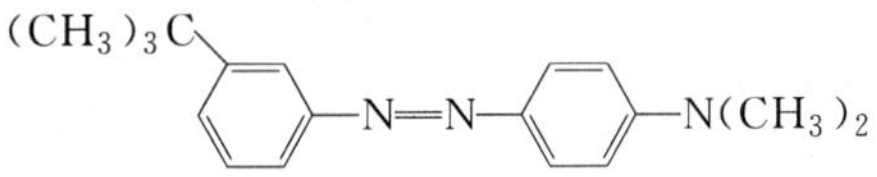 $(CH_3)_3C-C_6H_4-N=N-C_6H_4-N(CH_3)_2$

11. 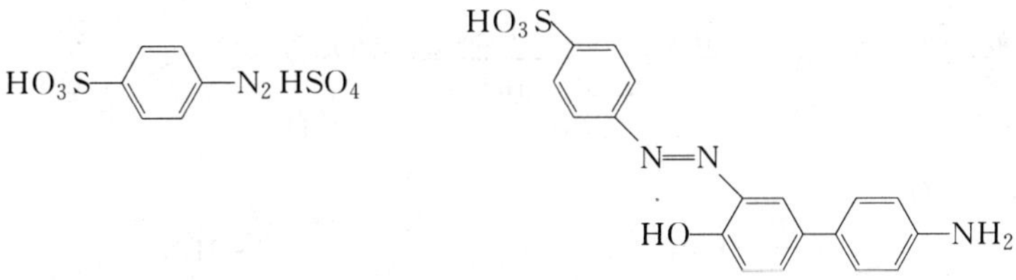 $HO_3S-C_6H_4-N_2HSO_4$　　$HO_3S-C_6H_4-N=N-C_6H_3(HO)-C_6H_4-NH_2$

12. 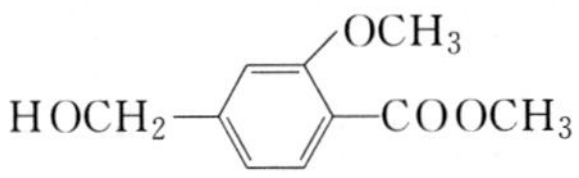 $HOCH_2-C_6H_3(OCH_3)-COOCH_3$　　13. 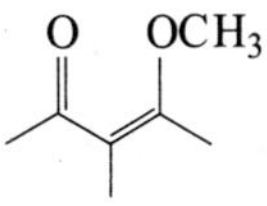 O　OCH_3

12-5

$C_6H_5-NH_2$, $C_6H_5-NHCH_3$, $C_6H_5-N(CH_3)_2$ $\xrightarrow[(2)\ NaOH]{(1)\ H_3C-C_6H_4-SO_2Cl}$

清亮溶液　$H_3C-C_6H_4-SO_2-\bar{N}-C_6H_5\ Na^+$

黄色沉淀　$H_3C-C_6H_4-SO_2-N(CH_3)-C_6H_5$

不反应

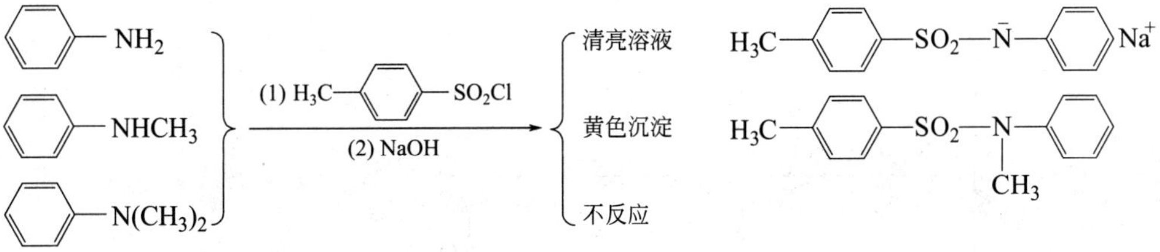

12-6

该反应为芳香亲核取代反应。亲核试剂 CH_3O^- 进攻苯环上电子云密度低的位置。硝基是吸电子基，它使苯环电子云密度降低，而且邻、对位的电子云密度比间位降得更多。1 位处于两个硝基的邻、对位，即受两个硝基的强吸电子效应影响，比 2 位和 4 位的电子云密度低，因此更易受亲核试剂的进攻而发生反应。

12-7

1. CH_2NO_2（H）$\xrightarrow{OH^-}$ $^-CH_2NO_2$ + O=N—Ph $\longrightarrow$ $O_2N—CH_2—N(O^-)—Ph$ $\xrightarrow{H—OH}$ $O_2N—CH(H)—N(OH)—Ph$ $\xrightarrow{OH^-}$ $O_2N—CH=N—Ph$

2. 亚甲基环戊烷类亚胺（$=NCH_3$）$\xrightarrow{H^+}$ $NHCH_3$ 碳正离子 $\xrightarrow{H_2O}$ $H_2\overset{+}{O}$—C($NHCH_3$) $\rightleftharpoons$ H—O—C($\overset{+}{N}H_2CH_3$) $\longrightarrow$ 环戊酮 + CH_3NH_2 + H^+

12-8

1. 苯 + CH_3CCl（O） $\xrightarrow{AlCl_3}$ $C_6H_5CCH_3$（O） $\xrightarrow[H_2SO_4]{HNO_3}$ 间-O_2N-$C_6H_4CCH_3$（O） $\xrightarrow{H_2, Pd}$ 间-H_2N-$C_6H_4CHCH_3$（OH） $\xrightarrow[\triangle]{H^+}$ 间-$H_3\overset{+}{N}$-$C_6H_4CH=CH_2$ $\xrightarrow{OH^-}$ 间-H_2N-$C_6H_4CH=CH_2$ $\xrightarrow{CH_3CCl(O)}$ 间-H_3CCHN（O）-$C_6H_4CH=CH_2$

2. 环己烷 + Cl_2 $\xrightarrow{h\nu}$ 氯代环己烷 $\xrightarrow[\triangle]{OH^-}$ 环己烯 $\xrightarrow[H^+, \triangle]{KMnO_4}$ HOOC$(CH_2)_4$COOH $\xrightarrow{SOCl_2}$ ClOC$(CH_2)_4$COCl $\xrightarrow{NH_3}$ $H_2NOC(CH_2)_4CONH_2$ $\xrightarrow{LiAlH_4}$ $H_2N(CH_2)_6NH_2$

3. 苯 $\xrightarrow[H_2SO_4]{HNO_3}$ $C_6H_5NO_2$ $\xrightarrow{Fe, HCl}$ $C_6H_5NH_2$ $\xrightarrow{CH_3CCl(O)}$ $C_6H_5NHCOCH_3$ $\xrightarrow[H_2SO_4]{HNO_3}$ 对-O_2N-$C_6H_4NHCOCH_3$ $\xrightarrow[\triangle]{NaOH, H_2O}$ 对-O_2N-$C_6H_4NH_2$ $\xrightarrow{NaNO_2, HCl}$ 对-O_2N-$C_6H_4N_2Cl$ $\xrightarrow{CuCN, KCN}$ 对-O_2N-C_6H_4CN

12-9

A. H_3C—C_6H_4—NH_2　B. H_3C—C_6H_4—N_2Cl　C. H_3C—C_6H_4—N=N—C_6H_4—OH

12-10

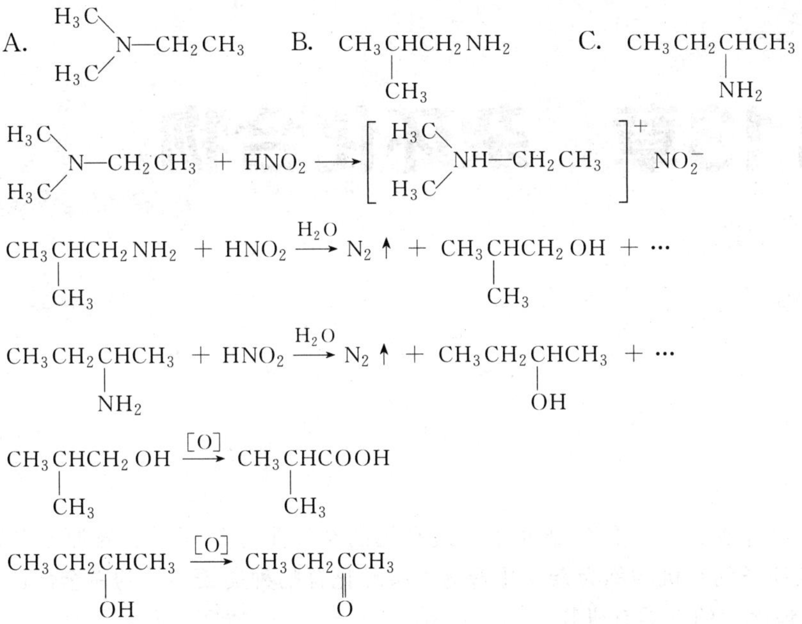

A. $(CH_3)_2N—CH_2CH_3$　　B. $CH_3CH(CH_3)CH_2NH_2$　　C. $CH_3CH_2CH(NH_2)CH_3$

$$(H_3C)_2N—CH_2CH_3 + HNO_2 \longrightarrow \left[(H_3C)_2NH—CH_2CH_3\right]^+ NO_2^-$$

$$CH_3CH(CH_3)CH_2NH_2 + HNO_2 \xrightarrow{H_2O} N_2\uparrow + CH_3CH(CH_3)CH_2OH + \cdots$$

$$CH_3CH_2CH(NH_2)CH_3 + HNO_2 \xrightarrow{H_2O} N_2\uparrow + CH_3CH_2CH(OH)CH_3 + \cdots$$

$$CH_3CH(CH_3)CH_2OH \xrightarrow{[O]} CH_3CH(CH_3)COOH$$

$$CH_3CH_2CH(OH)CH_3 \xrightarrow{[O]} CH_3CH_2C(=O)CH_3$$

12-11　提示：从消除反应的机理、离去基团、消除空间取向、构象稳定性、消去氢的酸性、消除概率等方面加以总结解释。

（孙永宾　编　　林晓辉　校）

第13章　杂环化合物

在有机化学中，将非碳原子统称为杂原子，最常见的杂原子是氧原子、氮原子和硫原子。环状结构上有杂原子的有机物称为杂环化合物。杂环化合物种类繁多，约占全部已知有机物的 1/3，是数目最庞大的一类有机物。

根据杂环化合物的定义，以前章节中提到的一些环状化合物如内酯、酸酐、内酰胺、环氧化合物等，也属于杂环化合物。

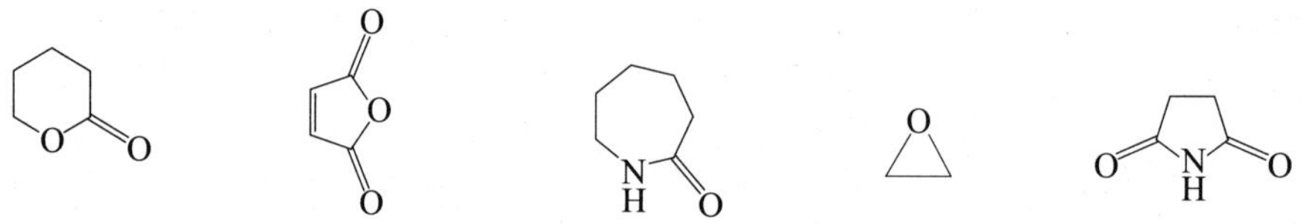

δ-戊内酯　　顺丁烯二酸酐　　δ-己内酰胺　　环氧乙烷　　丁二酰亚胺

这些化合物的性质与相应的脂肪族化合物比较接近，容易由开链化合物闭环得到，也容易开环变成链状化合物。通常不将这些化合物放在杂环化合物的范围内讨论。本章要讨论的是环系比较稳定，且具有不同程度芳香性的杂环化合物，简称芳杂环化合物。

杂环化合物广泛存在于自然界中，如植物体中的叶绿素和动物体中的血红素都含有杂环结构；石油、煤焦油中有含硫、含氮及含氧的杂环化合物。许多药物如止痛的吗啡、抗菌消炎的黄连素、抗结核的异烟肼、抗癌的喜树碱、维生素、抗生素、染料，以及聚苯并噁唑等聚合物等都是杂环化合物。许多杂环化合物结构复杂，而且具有重要的生理作用。杂环化合物无论在理论研究还是实际应用方面都有重要意义。

13.1　杂环化合物的命名

杂环化合物类型非常多，最常见的是五元杂环和六元杂环两大类。

杂环化合物的命名比较复杂，目前主要采用音译法，也就是按英文名称译音，选用同音汉字，再加上“口”字旁表示杂环名称。

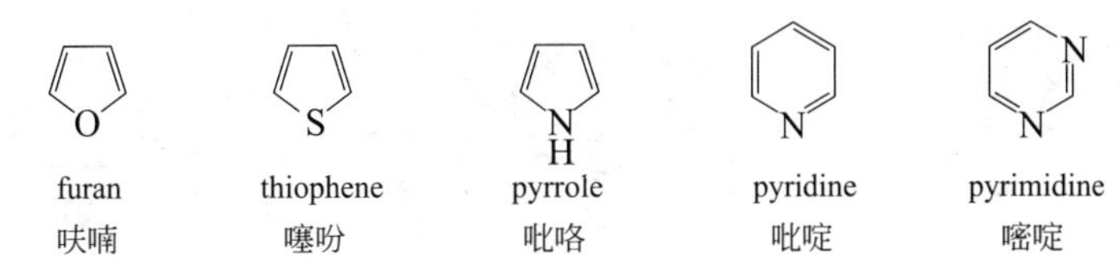

当环上有取代基时，以杂环为母体，对杂环上的原子编号。编号从杂原子开始，编号为1，2，3，…，或从杂原子邻位的碳原子开始，编号为 α，β，γ…。当环上有两个及两个以上杂原子时，按 O、S、N 的次序编号，并使杂原子所在位次最小。

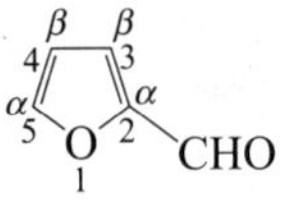

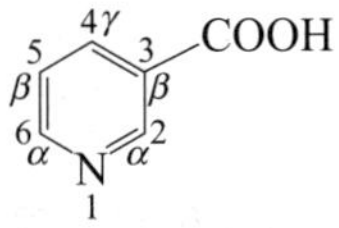

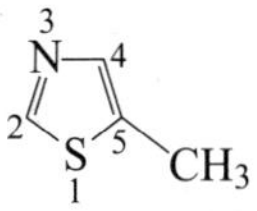

CHO　　COOH　　CH_3

2-呋喃甲醛　　3-吡啶甲酸　　5-甲基噻唑

α-呋喃甲醛　　β-吡啶甲酸

稠杂环化合物有固定的编号顺序。常见杂环化合物的结构和名称见表 13-1。

表 13-1　常见杂环化合物的结构和名称

种类		重要的杂环化合物
单杂环	五元环	 呋喃 　噻吩 　吡咯 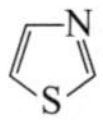　噻唑 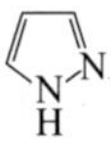　吡唑 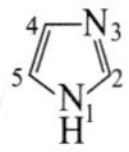　咪唑
	六元环	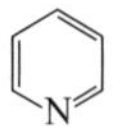 吡啶 　嘧啶 　哒嗪 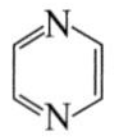　吡嗪
稠杂环		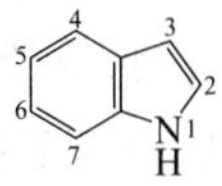 吲哚 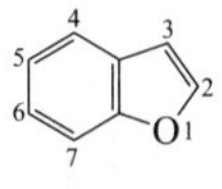　苯并呋喃 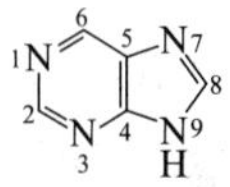　嘌呤 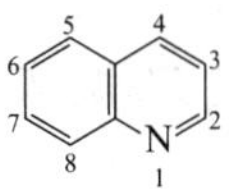喹啉 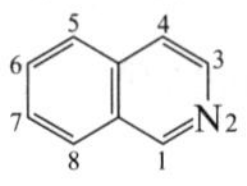　异喹啉 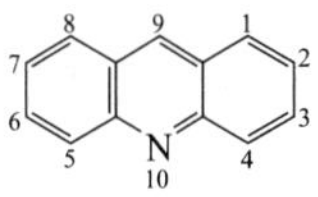　吖啶

13.2　五元杂环化合物

13.2.1　呋喃、噻吩和吡咯的结构

呋喃、噻吩和吡咯均为含一个杂原子的五元杂环化合物。环中的碳原子和杂原子都是 sp^2 杂化，每个碳原子的 p 轨道有一个电子，杂原子的 p 轨道有两个电子，p 轨道垂直于 sp^2 杂化轨道所在的平面，且侧面相互重叠，形成闭合的 π 电子共轭体系。呋喃、噻吩和吡咯的 π 电子数都是 6，符合休克尔 $4n+2$ 规则，具有芳香性。

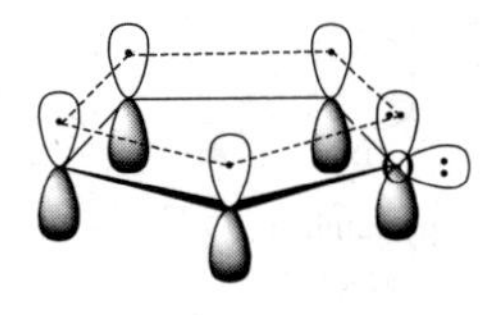 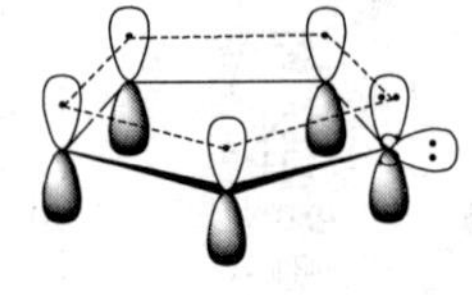 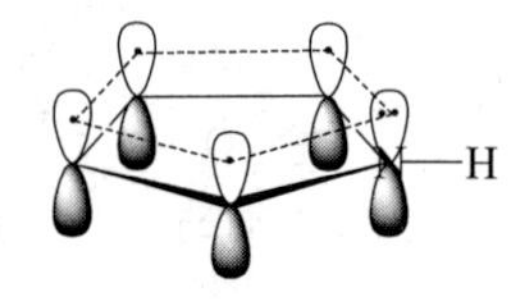

呋喃　　　　噻吩　　　　吡咯

在呋喃、噻吩和吡咯的共轭体系中，键长与一般的单双键有区别，但并没有完全平均化，说明其芳香性比苯差。

143pm 135pm O 137pm　　　142pm 137pm S 171pm　　　143pm 137pm N 138pm H

呋喃、噻吩和吡咯都是具有 6π 电子的五元芳杂环，电子云密度均比苯环大，亲电取代活性远远大于苯。

13.2.2 呋喃、噻吩和吡咯的物理性质

五元杂环化合物中由于杂原子的给电子共轭效应的影响，杂原子上的电子云密度降低，较难与水分子形成氢键，所以呋喃、噻吩和吡咯在水中的溶解度相对较小，而易溶于有机溶剂。

吡咯的沸点（131℃）比噻吩的沸点（84℃）和呋喃的沸点（31℃）高，这是因为吡咯分子间能形成氢键。

13.2.3 呋喃、噻吩和吡咯的化学性质

(1) 酸碱性

吡咯分子中氮原子上的孤对电子参与了闭环的共轭，给电子能力很弱，碱性很弱（$pK_b=13.6$），不能与酸形成稳定的盐。相反，由于氮原子电负性高，与氮原子相连的氢具有一定的酸性（$pK_a=17.5$）。在无水条件下，吡咯能与强碱氢氧化钾共热生成盐。

$$\text{(吡咯)NH} + KOH \longrightarrow \text{(吡咯)}\bar{N}K^+ + H_2O$$

吡咯负离子与烷基化剂或酰基化剂反应，生成 *N*-烷基吡咯或 *N*-酰基吡咯。

$$\text{(吡咯)NH} + CH_3CH_2Cl \xrightarrow[\text{DMSO}]{\text{KOH}} \text{(吡咯)N}—CH_2CH_3$$

呋喃中的氧原子也参与了闭环的共轭，碱性比醚弱，不易与无机强酸反应成盐。

(2) 亲电取代反应

呋喃、噻吩和吡咯都具有芳香共轭体系，都可以发生芳香亲电取代反应，其活性顺序如下：

吡咯（NH） > 呋喃（O） > 噻吩（S） > 苯

与苯相比，呋喃、噻吩和吡咯都更容易发生亲电取代反应，这是因为苯为 6π 电子的六元杂化，而三种杂环化合物都为 6π 电子的五元芳杂化，其碳原子上 π 电子云密度比苯环上的大。

三种杂环化合物互相比较，吡咯最易发生亲电取代反应，噻吩最难，这与杂原子的电子效应有关。从电负性看，氧、氮、硫都具有吸电子诱导效应，从共轭效应看，三种杂原子都

有给电子共轭效应，给电子能力强弱顺序是：氮＞氧＞硫。综合两种效应，氮对环贡献的电子最多，硫最少。另外，三种杂环化合物的 α-位比 β-位电子云密度高，反应更易在 α-位进行。

① 卤代反应 呋喃、噻吩和吡咯在室温与氯或溴反应很强烈，得到多卤代物，如果希望得到一氯代物或一溴代物，需要用溶剂稀释并在低温下进行反应。不活泼的碘需要在催化剂作用下才能进行反应。

$$\text{吡咯} \xrightarrow[0℃]{Br_2,\ CH_3CH_2OH} \text{2,3,4,5-四溴吡咯}$$

$$\text{呋喃} \xrightarrow[-40℃]{Cl_2} \text{2-氯呋喃} + \text{2,5-二氯呋喃}$$

$$\text{呋喃} \xrightarrow[0℃]{Br_2,\ \text{二氧六环}} \text{2-溴呋喃}$$

$$\text{噻吩} \xrightarrow[0℃]{Br_2,\ CH_3CH_2OH} \text{2-溴噻吩}$$

$$\text{噻吩} \xrightarrow[0℃]{I_2,\ HgO,\ \text{苯}} \text{2-碘噻吩}$$

② 硝化反应 呋喃、噻吩和吡咯很容易被氧化。硝酸是强氧化剂，一般不用混酸硝化，而是常用比较温和的非质子化的硝化试剂，如硝酸乙酰酯，进行硝化时，反应需要在低温下进行。

$$CH_3COOCOCH_3 + HNO_3 \longrightarrow \underset{\text{硝酸乙酰酯}}{CH_3COONO_2} + CH_3COOH$$

$$\text{吡咯} \xrightarrow[(CH_3CO)_2O,\ -10℃]{CH_3COONO_2} \text{2-硝基吡咯}$$

$$\text{呋喃} \xrightarrow[(CH_3CO)_2O,\ -5℃]{CH_3COONO_2} \text{2-硝基呋喃}$$

$$\text{噻吩} \xrightarrow[(CH_3CO)_2O,\ 0℃]{CH_3COONO_2} \text{2-硝基噻吩}$$

③ 磺化反应 呋喃、噻吩和吡咯进行磺化反应时，也必须避免直接使用硫酸，一般用温和的非质子化磺化试剂，如用吡啶与三氧化硫的加合物。

$$\text{吡啶} \xrightarrow{CH_2Cl_2,\ SO_3} C_5H_5N^+\text{—}SO_3^-$$

$$\text{吡咯} + C_5H_5N^+\text{—}SO_3^- \xrightarrow{100℃} \text{吡咯-2-}SO_3^- \cdot C_5H_5N^+H \xrightarrow{HCl} \text{吡咯-2-}SO_3H + \text{吡啶}$$

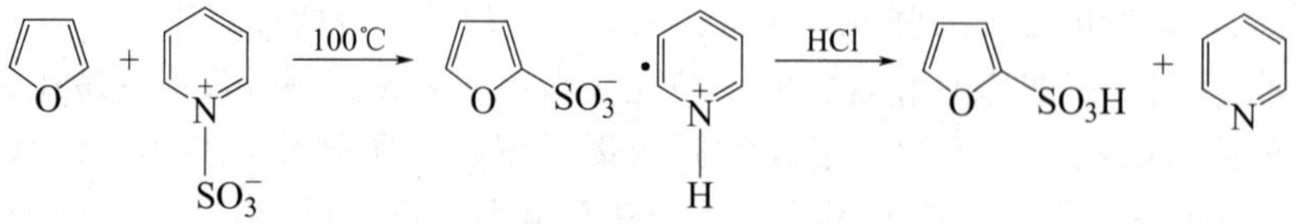

$$\text{呋喃} + \text{吡啶}\cdot SO_3 \xrightarrow{100℃} \text{2-呋喃磺酸吡啶盐} \xrightarrow{HCl} \text{2-呋喃磺酸}(SO_3H) + \text{吡啶}$$

反应首先得到吡啶的磺酸盐，再用无机酸转化为游离的磺酸。

噻吩比较稳定，可直接用硫酸在室温下进行磺化。

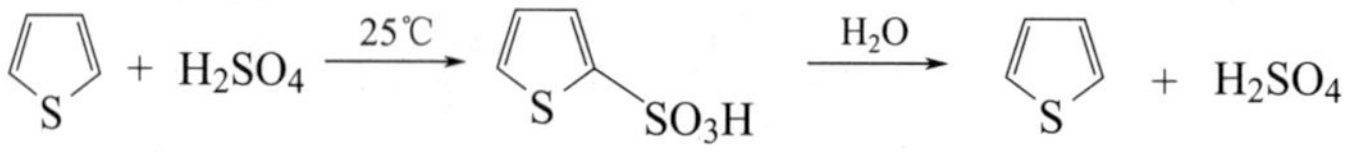

$$\text{噻吩} + H_2SO_4 \xrightarrow{25℃} \text{2-噻吩磺酸}(SO_3H) \xrightarrow{H_2O} \text{噻吩} + H_2SO_4$$

磺化的噻吩可溶于浓硫酸，水解后，可将磺酸基去掉，重新得到噻吩。由于噻吩比苯容易磺化，此法可用于除去苯中少量的噻吩。

④ 傅-克酰基化反应　呋喃进行傅-克酰基化反应一般用酸酐或酰氯作酰基化试剂，用氯化锡、三氟化硼等较温和的路易斯酸作催化剂。

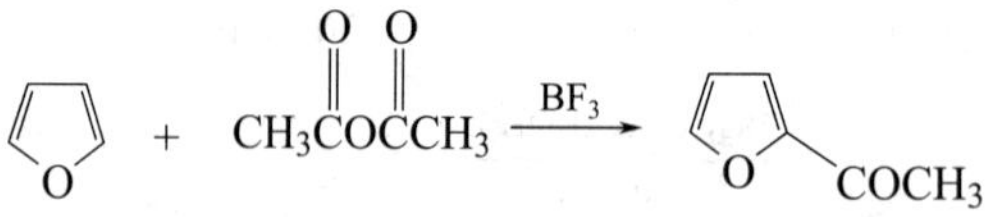

$$\text{呋喃} + CH_3\overset{O}{\overset{\|}{C}}O\overset{O}{\overset{\|}{C}}CH_3 \xrightarrow{BF_3} \text{2-呋喃基}-COCH_3$$

噻吩进行傅-克酰基化反应时，必须先将三氯化铝等催化剂与酰化试剂反应制成活泼的亲电试剂，否则催化剂易与噻吩反应生成树脂状物质。苯在进行傅-克酰基化反应前必须先除去噻吩，就是基于上述原因。

吡咯可在高温下直接酰化。

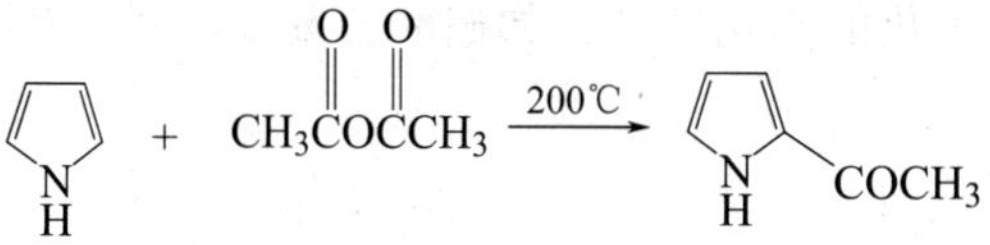

$$\text{吡咯} + CH_3\overset{O}{\overset{\|}{C}}O\overset{O}{\overset{\|}{C}}CH_3 \xrightarrow{200℃} \text{2-吡咯基}-COCH_3$$

(3) 加成反应

① 催化加氢　呋喃、噻吩和吡咯分子中都有不饱和键，可进行催化加氢，得到饱和脂杂环化合物。呋喃和吡咯的加氢反应可用一般金属作催化剂，噻吩带有硫原子，会使一般金属催化剂中毒，需要使用特殊的催化剂。

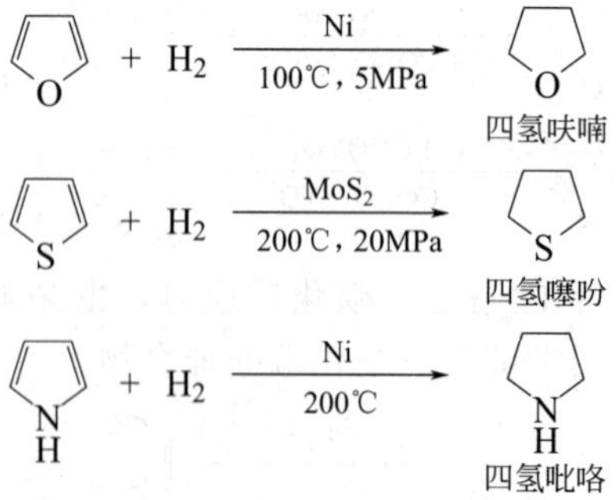

$$\text{呋喃} + H_2 \xrightarrow[100℃,\ 5MPa]{Ni} \text{四氢呋喃}$$

$$\text{噻吩} + H_2 \xrightarrow[200℃,\ 20MPa]{MoS_2} \text{四氢噻吩}$$

$$\text{吡咯} + H_2 \xrightarrow[200℃]{Ni} \text{四氢吡咯}$$

四氢呋喃是有机合成中重要的溶剂。四氢吡咯是二级胺，碱性比吡咯强约 10^{11} 倍。四氢噻吩可被氧化成砜或亚砜，是重要的溶剂。

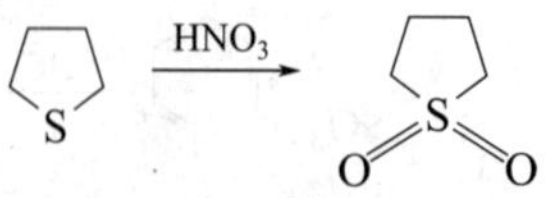

$$\text{四氢噻吩} \xrightarrow{HNO_3} \text{环丁砜}(S(=O)_2)$$

② 双烯加成　呋喃环可作为共轭二烯与二烯体发生狄尔斯-阿尔德反应。

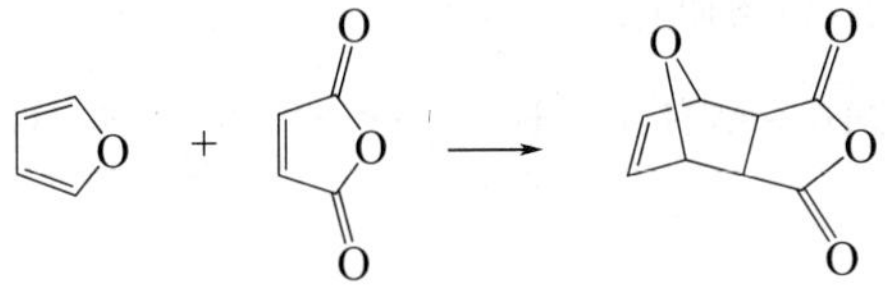

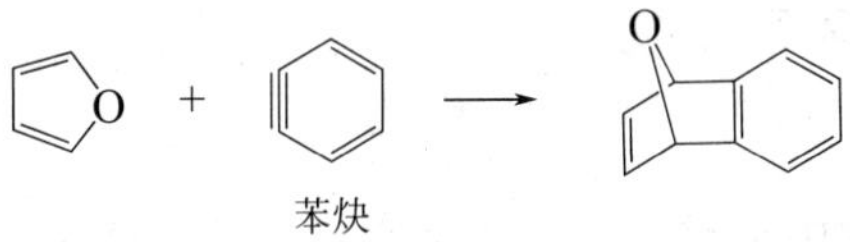

苯炔

吡咯也可以和某些二烯体发生狄尔斯-阿尔德反应。

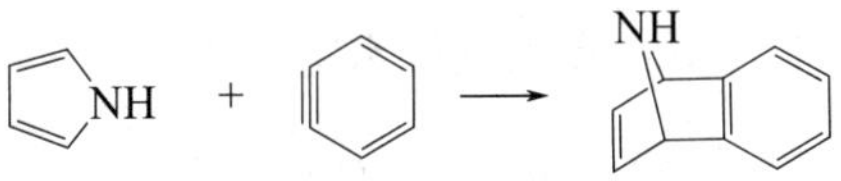

噻吩发生狄尔斯-阿尔德反应比较困难，在加压下才能进行。

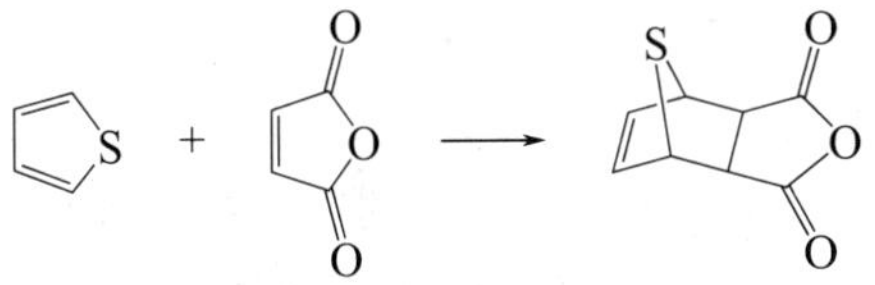

13.2.4 呋喃、噻吩和吡咯的制备

(1) 呋喃的制备

工业上以 α-呋喃甲醛（俗称糠醛）和水为原料，以 $ZnO-Cr_2O_3-MnO_2$ 作催化剂，加热至 400～415℃，发生去羰基反应得到呋喃。

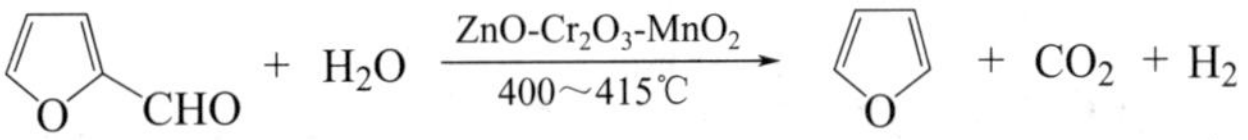

$$\text{糠醛} + H_2O \xrightarrow[400\sim415℃]{ZnO-Cr_2O_3-MnO_2} \text{呋喃} + CO_2 + H_2$$

实验室中以糠酸为原料，以铜作催化剂，在喹啉介质中加热，经过脱羧反应得到呋喃。

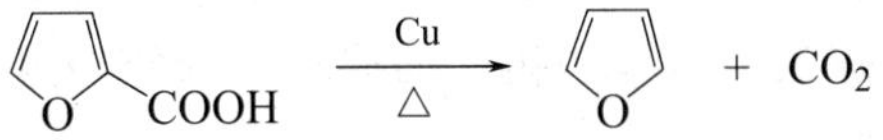

$$\text{糠酸(COOH)} \xrightarrow[\triangle]{Cu} \text{呋喃} + CO_2$$

(2) 噻吩的制备

工业上以丁烷和硫为原料，迅速通过 600～650℃的反应器，然后迅速冷却得到噻吩。

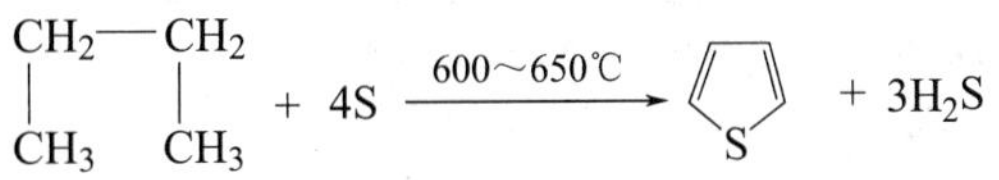

$$CH_3CH_2-CH_2CH_3 + 4S \xrightarrow{600\sim650℃} \text{噻吩} + 3H_2S$$

另外，乙炔和硫化氢在 Al_2O_3 催化下加热至 400℃也可制备噻吩。

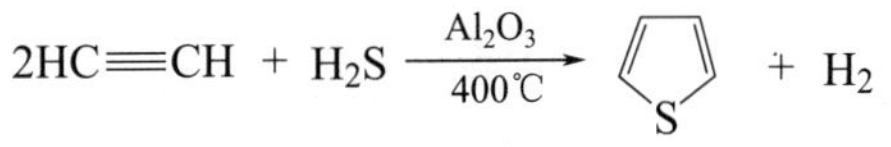

$$2HC\equiv CH + H_2S \xrightarrow[400℃]{Al_2O_3} \text{噻吩} + H_2$$

实验室中采用丁二酸钠盐与三硫化二磷作用制备噻吩。

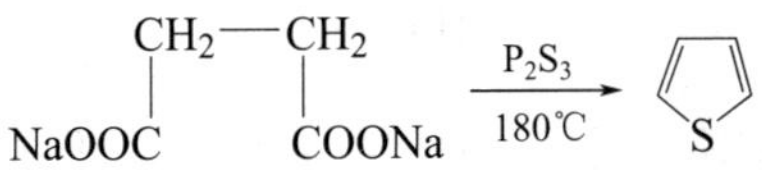

$$NaOOC-CH_2-CH_2-COONa \xrightarrow[180℃]{P_2S_3} \text{噻吩}$$

(3) 吡咯的制备

工业上以氧化铝作催化剂，以呋喃和氨气为原料，在气相中反应制备吡咯。

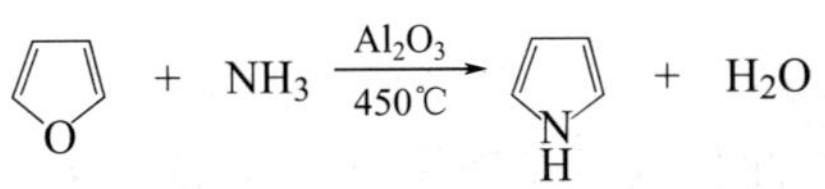

$$\text{呋喃} + NH_3 \xrightarrow[450℃]{Al_2O_3} \text{吡咯} + H_2O$$

也可由乙炔和氨气反应来制备吡咯。

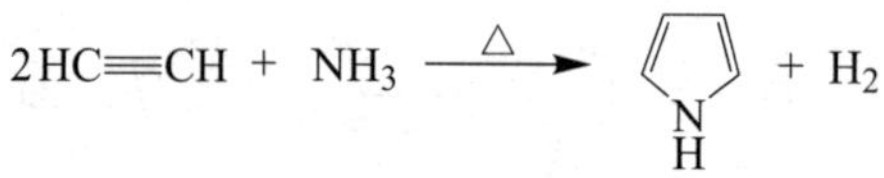

$$2HC\equiv CH + NH_3 \xrightarrow{\triangle} \text{吡咯} + H_2$$

13.2.5 代表性五元杂环衍生物

(1) 糠醛

α-呋喃甲醛是呋喃衍生物中最重要的一个，它最初从米糠中制得，所以也叫糠醛。除了米糠，其他农副产物如麦秆、玉米芯、棉籽壳、甘蔗渣、花生壳等也都可用来制备糠醛。这些物质中都含有多缩戊糖，在硫酸催化下，多缩戊糖水解成戊糖，戊糖进一步脱水环化生成糠醛。

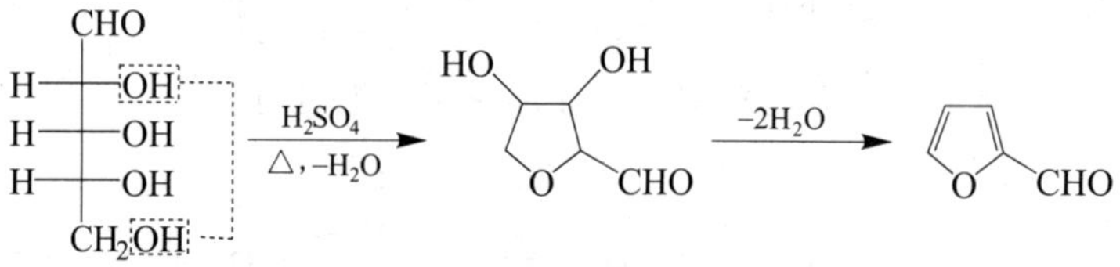

$$CHO-(CHOH)_3-CH_2OH \xrightarrow[\triangle, -H_2O]{H_2SO_4} \text{3,4-二羟基四氢呋喃-2-甲醛} \xrightarrow{-2H_2O} \text{糠醛}$$

糠醛为无色液体，可溶于水，且能与醇、醚混溶。酸性溶液中易被空气氧化而颜色逐渐变深。为防止氧化，可加入少量氢醌作抗氧化剂。糠醛在乙酸存在下与苯胺作用显红色，可用于检验糠醛。

糠醛不含α-氢原子，其化学性质类似于苯甲醛，可发生加氢、氧化、亲核加成等反应。

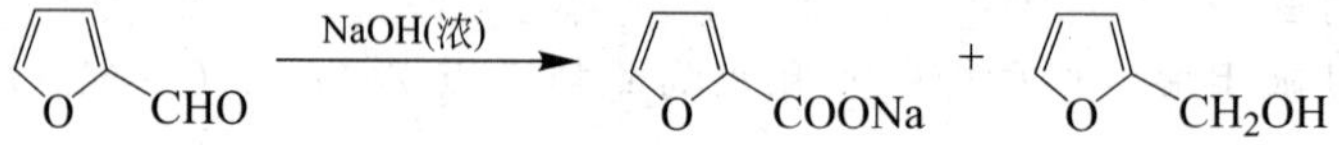

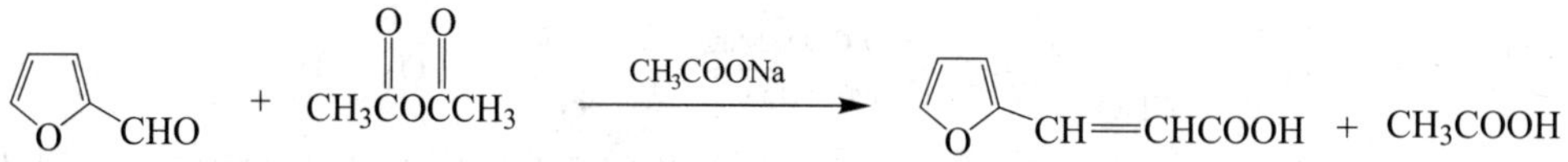

$$\text{糠醛} \xrightarrow{NaOH(浓)} \text{呋喃-2-}COONa + \text{呋喃-2-}CH_2OH$$

$$\text{糠醛} + CH_3COOCCH_3 \xrightarrow{CH_3COONa} \text{呋喃-2-}CH{=}CHCOOH + CH_3COOH$$

糠醛是常用溶剂，也是有机合成的重要原料。糠醛与苯酚缩合可生成类似电木的糠醛树脂。糠醛经过还原得到的糠醇是制造糠醇树脂的原料，糠醛经过氧化得到的糠酸可用于制造增塑剂和防腐剂等。

(2) 叶绿素和血红素

叶绿素和血红素是天然产物，其基本结构都是由四个吡咯环的α-碳原子通过四个次甲基相连而成的大环结构。所有成环的原子都在一个平面上，是一个交替连接而形成的共轭体系，称为卟吩，其取代物称为卟啉。

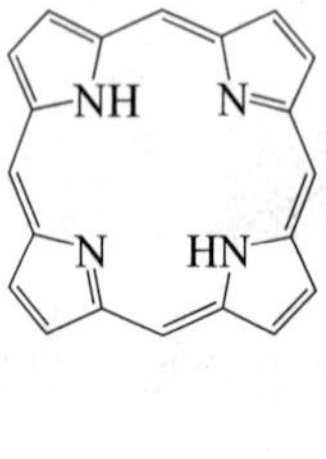

卟吩

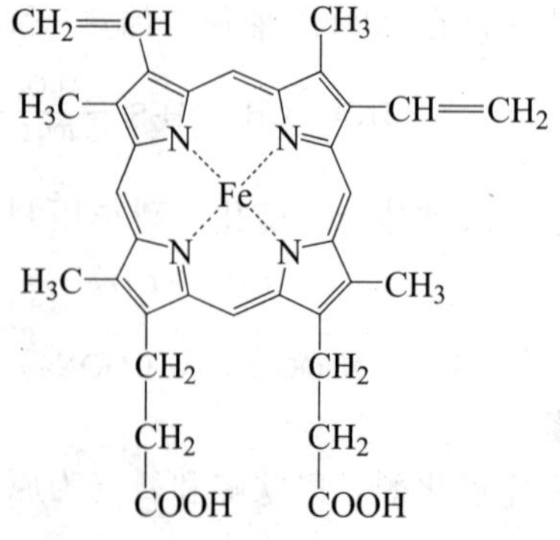

血红素

血红素是卟吩以共价键及配位键与亚铁原子形成的配合物，同时在吡咯环的β-位还有不同的取代基，血红素与蛋白质结合形成血红蛋白，存在于动物的血红细胞中，起运输氧气的作用。

叶绿素是植物进行光合作用的催化剂，其分子结构与血红素分子很相似，不同之处在于吡咯环 β-位的取代基，以及分子中心络合的金属原子。

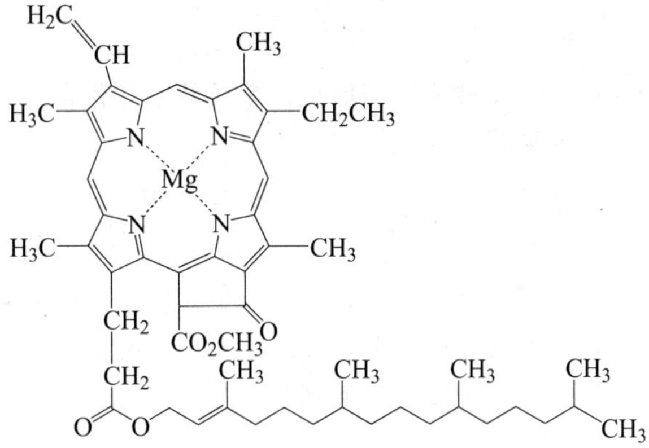

H_2C CH CH_3 H_3C CH_2CH_3 N N Mg N N H_3C CH_3 CH_2 CO_2CH_3 O CH_2 CH_3 CH_3 CH_3 CH_3 O O CH_3

叶绿素a

13.2.6 含两个杂原子的五元杂环化合物

含两个杂原子的五元杂环化合物至少都含有一个氮原子，另一个杂原子可能是氧原子、硫原子、氮原子等，这类五元杂环化合物统称为唑。比较重要的包括吡唑、咪唑、噻唑和噁唑等。

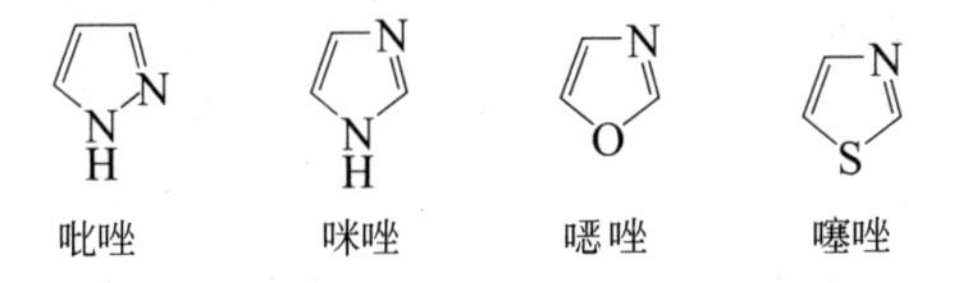

吡唑　　咪唑　　噁唑　　噻唑

(1) 吡唑和咪唑

吡唑和咪唑环上的碳原子和氮原子均以 sp^2 杂化轨道成键，构成平面五元环结构。成环的两个氮原子中，一个氮原子提供孤对电子参与环系共轭，另一个氮原子仅提供单电子参与环系共轭。

吡唑和咪唑的碱性比吡咯强，在水中的溶解度也比吡咯大，这是因为吡唑和咪唑环上一个氮原子的孤对电子没有参与共轭，易于给出，而且容易与质子结合。

吡唑和咪唑环都有互变异构现象。氮原子上的氢原子可以在两个氮原子上相互转移，形成一对互变异构体。当环上无取代基时，互变异构现象不明显，当环上有取代基时则很明显。

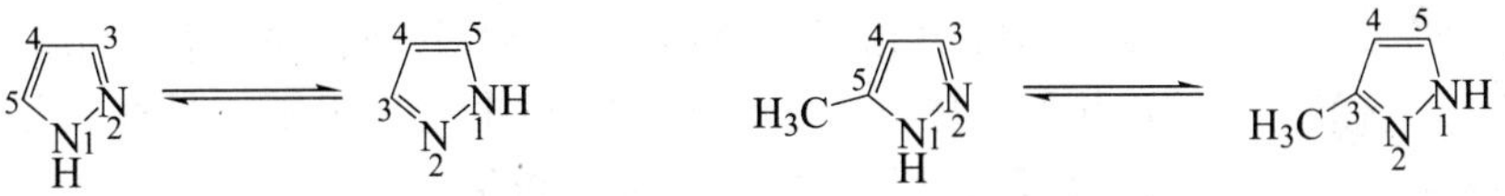

4 3 5 N 2 N 1 H ⇌ 4 5 3 NH 1 N 2　　H_3C 5 4 3 N 2 N 1 H ⇌ 4 5 H_3C 3 NH 1 N 2

5-甲基吡唑　　3-甲基吡唑

4 N3 5 2 N1 H ⇌ 5 NH 1 2 4 N3　　CH_3 4 N3 5 2 N1 H ⇌ CH_3 5 NH 1 2 4 N3

4-甲基咪唑　　5-甲基咪唑

在组氨酸分子中有一个咪唑基，其 pK_a 值接近生理 pH 值。咪唑环具有传递质子的作用，既能给出质子，也能结合质子。由于咪唑环的这种性质，在组氨酸中，它是构成酶活性中心的重要基团，能催化生物体内酯和酰胺的水解。

结合H^+ → N̈ ... COOH
给出H^+ ← NH ... NH_2

(2) 噻唑

噻唑可看作是噻吩3位的CH被氮原子取代而生成的杂环化合物。噻唑氮原子具有亲核性，可以发生烷基化反应生成噻唑鎓盐。

$$\text{噻唑} + CH_3I \longrightarrow [\text{N-甲基噻唑鎓}]I^-$$

与噻吩相比，噻唑环上少了一个碳原子，多了一个氮原子。由于氮的电负性较强，噻唑环的电子云密度比噻吩低，不易发生亲电取代反应。一般情况下，噻唑不能进行卤代反应和硝化反应，磺化反应必须在硫酸汞催化下才能进行。

$$\text{噻唑} \xrightarrow[HgSO_4,\ 250℃]{H_2SO_4} \text{2-}SO_3H\text{噻唑}$$

噻唑及其衍生物都存在于自然界中，也可进行人工合成。如青霉素、维生素B_1、磺胺噻唑、某些染料、橡胶促进剂等，都含有噻唑结构或氢化噻唑结构。

青霉素　　　　维生素B_1

13.3 六元杂环化合物

13.3.1 吡啶的结构

吡啶的结构与苯类似，可看作苯分子中的一个“CH”部分被氮原子取代的杂环化合物，环中的五个碳原子和一个氮原子均以sp^2杂化轨道成键，形成平面六元环。成环的每个原子中未杂化的p轨道垂直于环平面，肩并肩相互重叠形成闭合的共轭体系，每个p轨道中有一个π电子，总π电子为6，符合休克尔规则。另外，氮原子上还有一对孤对电子占据一个sp^2杂化轨道。

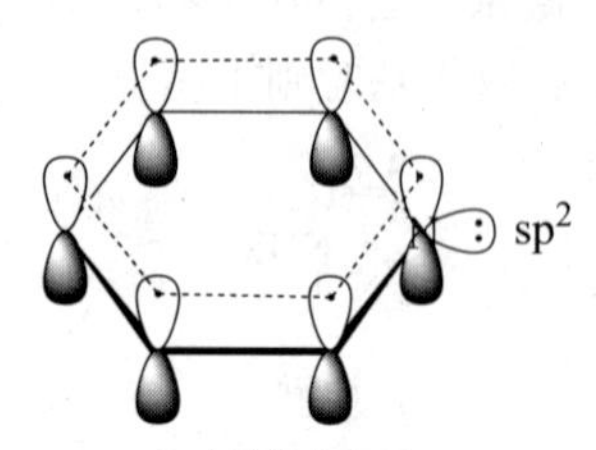

吡啶结构的电子云

氮原子电负性较强，使吡啶分子具有较大的偶极矩（7.34×10^{-30}C·m），环上电子云分布不均匀。用分子轨道法计算出吡啶环上的π电子云密度为：

吡啶：N 1.43，α 0.84，β 1.01，γ 0.87；苯：1.00

这说明吡啶是缺 π 电子的芳环。

13.3.2 吡啶的物理性质

吡啶是无色有特殊臭味的液体，能与水、乙醇、乙醚等混溶，也能溶解大多数极性及非极性有机物。另外，吡啶中氮原子上的孤对电子能与一些金属离子结合形成配合物，因此吡啶也能溶解许多无机盐。

13.3.3 吡啶的化学性质

吡啶分子中的氮原子电负性较强，表现出类似于硝基的吸电子性质，使其邻、对位上的电子云密度比苯低，间位上的电子云密度与苯相近。吡啶属于缺电子共轭体系，表现在化学性质上是亲电取代比较困难，亲核取代相对容易，氧化反应比较困难，还原反应比较容易。

① 碱性与成盐　吡啶中的氮原子上的孤对电子没有参与闭环共轭，表现出弱碱性；其碱性（$pK_b=8.8$）与苯胺（$pK_b=9.3$）接近，比脂肪胺弱很多。吡啶可以与无机酸反应成盐。

N + HCl ⟶ $\overset{+}{N}$H Cl^-

吡啶具有吸收酸的作用，工业上称为缚酸剂。

吡啶也可与卤代烃结合生成类似于季铵盐的产物，这种盐受热则发生分子内重排，生成吡啶的同系物。

N + CH_3I ⟶ $\overset{+}{N}$–CH_3 I^- $\xrightarrow{300℃}$ $\overset{+}{N}$H (CH_3) I^- + $\overset{+}{N}$H (CH_3) I^-

吡啶与酰氯作用生成的盐是良好的酰化试剂。

N + CH_3COCl ⟶ $\overset{+}{N}$–$COCH_3$ Cl^-

其他许多吡啶盐也是有机合成中有效的试剂。

$\overset{+}{N}$–SO_3^-　磺化试剂

$\overset{+}{N}$–NO_2 BF_4^-　硝化试剂

$\overset{+}{N}$–F $CF_3SO_3^-$　氟化试剂

$\overset{+}{N}$H Br_3^-　溴化试剂

$\overset{+}{N}$H $ClCrO_3^-$　氧化剂

$(\overset{+}{N}H)_2$ $Cr_2O_7^{2-}$　氧化剂

② 芳香亲电取代反应　吡啶分子中的氮原子起钝化作用，使吡啶亲电取代反应的活性与硝基苯相当，反应条件苛刻，且产率较低。由于吡啶 β-位电子云密度相对较高，亲电试

剂主要进入吡啶的β-位。

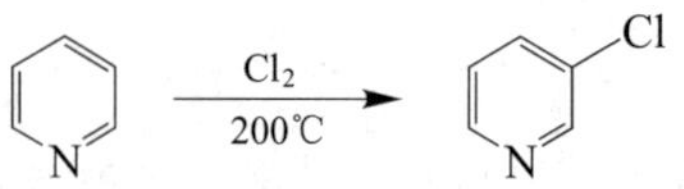

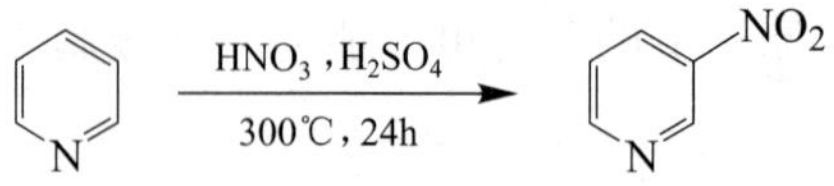

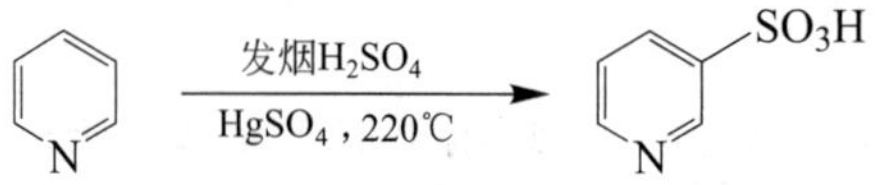

N $\xrightarrow[200℃]{Cl_2}$ N, Cl

N $\xrightarrow[300℃, 24h]{HNO_3, H_2SO_4}$ N, NO_2

N $\xrightarrow[HgSO_4, 220℃]{发烟H_2SO_4}$ N, SO_3H

吡啶环上有供电子基时，亲电取代反应相对较易进行。

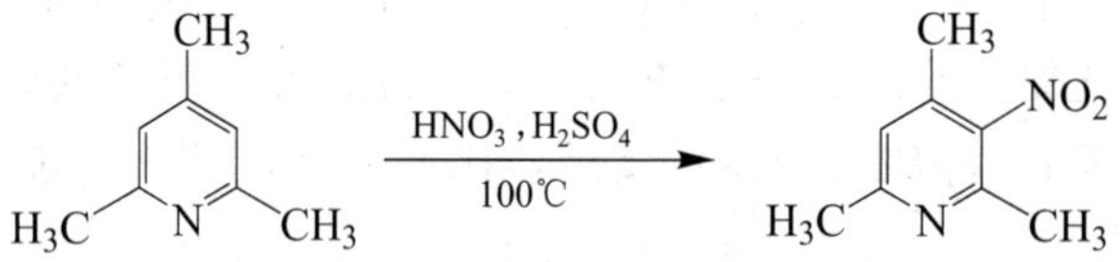

CH_3, H_3C, N, CH_3 $\xrightarrow[100℃]{HNO_3, H_2SO_4}$ CH_3, NO_2, H_3C, N, CH_3

③ 芳香亲核取代反应　吡啶中的氮原子具有较强的吸电子性，使吡啶环电子云密度降低，亲核取代反应容易发生。由于吡啶 α-位和 γ-位电子云密度相对较低，亲核试剂主要进入吡啶的 α-位和 γ-位。

吡啶与氨基钠反应，生成 α-氨基吡啶。

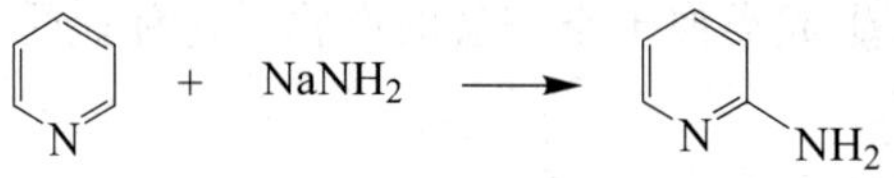

N + $NaNH_2$ ⟶ N, NH_2

这个反应称为齐齐巴宾反应。如果 α-位已被占据，则得到 γ-氨基吡啶。

当吡啶的 α-位或 γ-位有好的离去基团（如—Cl、—Br、—NO_2 等）时，可以与胺（或氨）、烷氧化物、水等亲核试剂发生亲核取代反应。

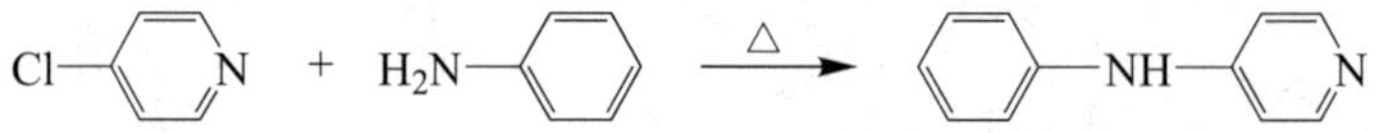

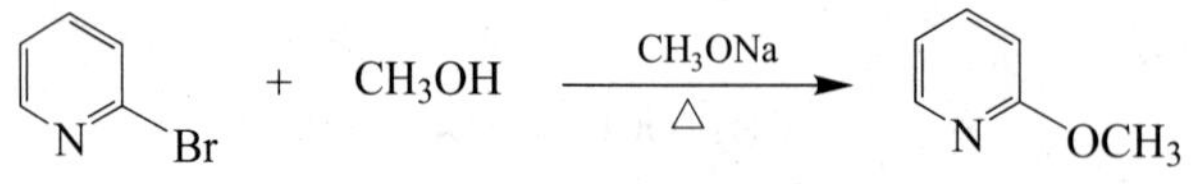

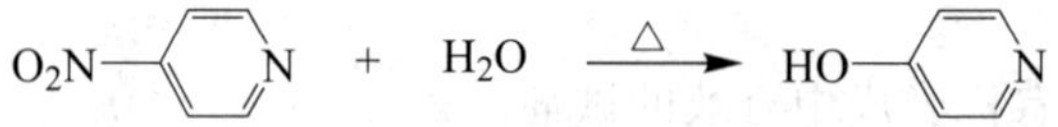

Cl—N + H_2N— $\xrightarrow{\triangle}$ —NH—N

N, Br + CH_3OH $\xrightarrow[\triangle]{CH_3ONa}$ N, OCH_3

O_2N—N + H_2O $\xrightarrow{\triangle}$ HO—N

④ 氧化反应　吡啶环缺电子，不易被氧化，当侧链有烃基时，主要是侧链氧化，生成吡啶羧酸或吡啶醛。

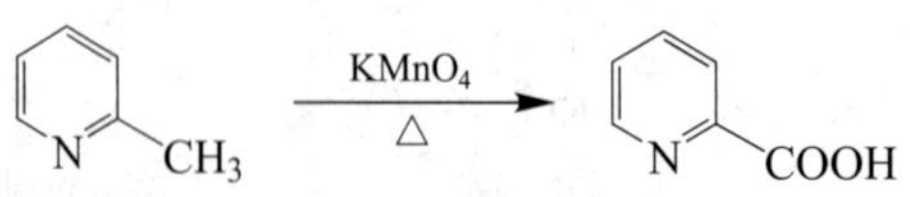

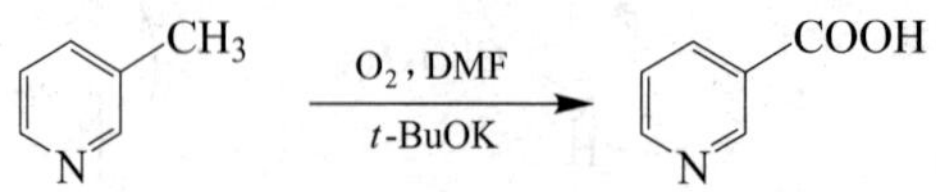

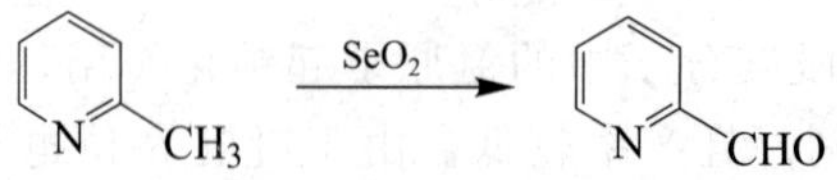

N, CH_3 $\xrightarrow[\triangle]{KMnO_4}$ N, COOH

CH_3, N $\xrightarrow[t\text{-BuOK}]{O_2, DMF}$ COOH, N

N, CH_3 $\xrightarrow{SeO_2}$ N, CHO

吡啶与过酸反应得吡啶 N-氧化物，该物质在有机合成上是有用的中间体。

N + H_2O_2 $\xrightarrow[65℃]{CH_3COOH,\ H_2O}$ $\overset{+}{N}$—O^-

⑤ 还原反应　吡啶比苯容易还原，在金属催化作用下加氢或金属钠与无水乙醇等还原即得六氢吡啶。

N $\xrightarrow{H_2,\ Pt}$ NH

六氢吡啶也称哌啶，是二级脂肪胺，碱性比吡啶强，是常用的有机碱。

⑥ 侧链 α-H 的反应　吡啶环缺电子，其 α-位和 γ-位侧链的 α-H 具有一定的酸性，在强碱催化下可进行缩合反应。

N　CH_3 + O $\xrightarrow[(2)H_2O]{(1)NaNH_2}$ N　CH_2—C—OH

CH_3　CH_2CH_3　N $\xrightarrow{NaNH_2}$ $\overset{-}{C}H_2Na^+$　CH_2CH_3　N $\xrightarrow{CH_3I}$ CH_2CH_3　CH_2CH_3　N

13.3.4　吡啶环系的制备

吡啶衍生物的最重要合成方法是韩奇合成法，该法用两分子 β-羰基酸酯（如乙酰乙酸乙酯）、一分子醛和一分子氨发生缩合反应制备吡啶衍生物。

R^1OOC　R　O + R^2　CHO + NH_3 + $COOR^3$　O　R^4 $\xrightarrow{HNO_3}$ R^2　R^1OOC　$COOR^3$　R　N　R^4

该吡啶衍生物经过水解和脱羧可制备吡啶同系物。

R^2　R^1OOC　$COOR^3$　R　N　R^4 $\xrightarrow{H_2O}$ R^2　HOOC　COOH　R　N　R^4 $\xrightarrow{-CO_2}$ R^2　R　N　R^4

13.3.5　吡啶的重要衍生物

吡啶的衍生物在自然界及药物中广泛存在，例如维生素 B_6、维生素 PP、烟碱（尼古丁）、异烟酰肼等。

维生素 B_6 由吡哆醇、吡哆醛和吡哆胺三种物质组成，是维持蛋白质代谢的必需维生素。

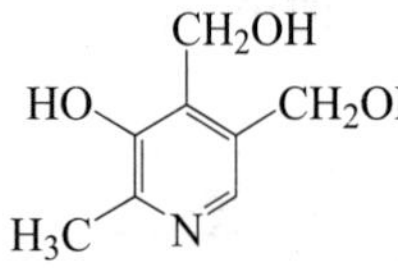

吡哆醇 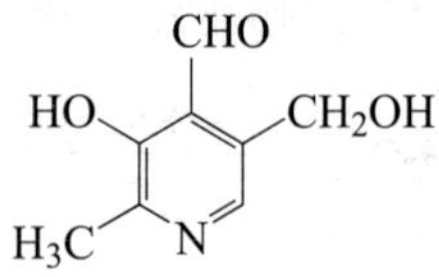　　吡哆醛 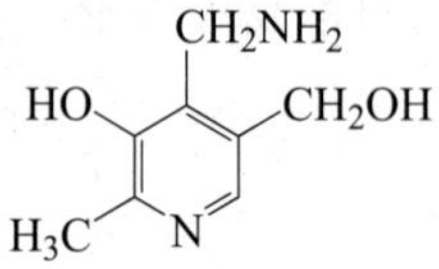　　吡哆胺

维生素 PP 是 B 族维生素之一，是 β-吡啶甲酸和 β-吡啶甲酰胺的合称。体内缺乏维生素 PP，会引起皮炎、消化道发炎以及神经紊乱等症状。

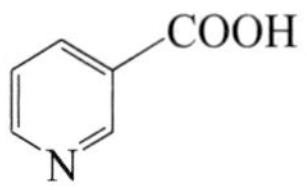

β-吡啶甲酸 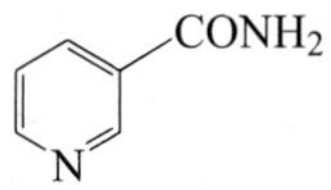　　β-吡啶甲酰胺

烟碱是有效的农业杀虫剂，可以被氧化成烟酸。

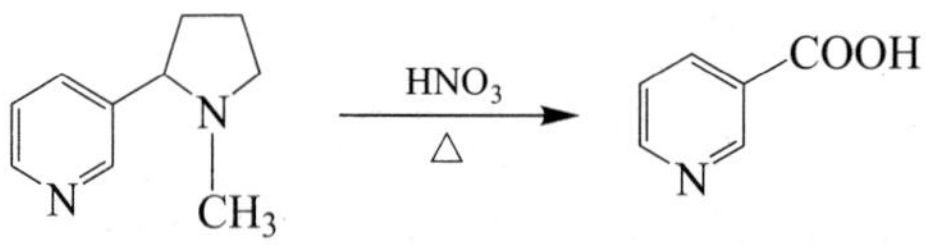

$$\xrightarrow[\triangle]{HNO_3}$$

烟碱　　烟酸(β-吡啶甲酸)

异烟酰肼是治疗结核病的良好药物，是由 γ-吡啶甲酸与肼反应得到的。

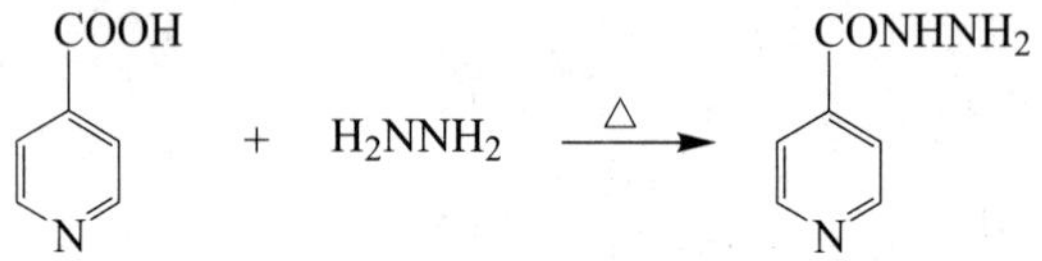

$$+\ H_2NNH_2 \xrightarrow{\triangle}$$

13.3.6　含两个氮原子的六元杂环化合物

含两个氮原子的六元杂环化合物统称为二氮嗪，包括哒嗪、嘧啶和吡嗪三种异构体。

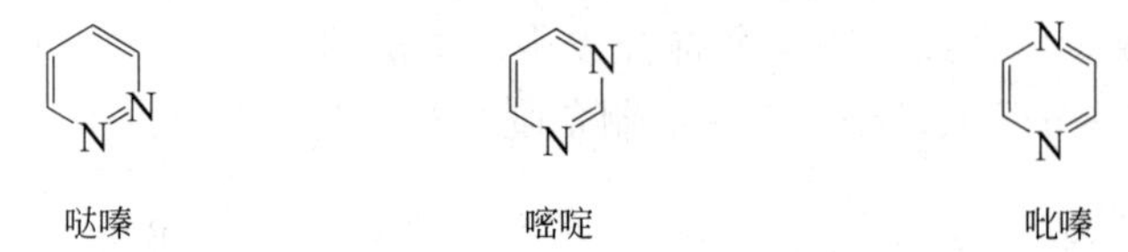

哒嗪　　嘧啶　　吡嗪

组成二氮嗪类化合物的碳原子和氮原子都是 sp^2 杂化，每个原子中未参与杂化的 p 轨道相互平行重叠形成闭合共轭体系。每个环上的两个氮原子都有一对孤对电子没有参与环系共轭，能够与水形成氢键，因此哒嗪和嘧啶能与水互溶。吡嗪由于分子对称性好，极性小，在水中的溶解度相对较低。

二氮嗪环上的两个氮原子都有吸电子诱导效应和吸电子共轭效应，致使二氮嗪的碱性比吡啶的碱性还弱。二氮嗪上的一个氮原子质子化后，另一个氮原子上的电子云密度进一步降低，很难再质子化。因此，二氮嗪可看作一元碱。

二氮嗪环上有两个氮原子，与吡啶相比，其碳原子上的电子云密度更低，更不易发生芳香亲电取代反应。以嘧啶为例，其硝化、磺化反应都很难进行，卤代反应相对较易。嘧啶的 5 号位上电子云密度相对较高，一般是亲电试剂进攻的位置。

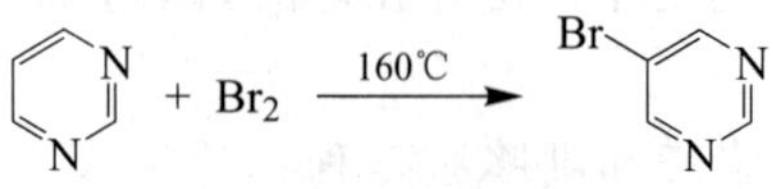

$$+\ Br_2 \xrightarrow{160℃}$$

当二氮嗪环上有致活基团时，亲电取代反应较易进行。

$$\text{2-氨基嘧啶} + Br_2 \xrightarrow{80^\circ C} \text{5-溴-2-氨基嘧啶}$$

$$\text{2-甲基吡嗪} \xrightarrow[40^\circ C]{Cl_2} \text{2-氯-3-甲基吡嗪}$$

$$\text{6-甲基-2,4-二羟基嘧啶} + HNO_3 \xrightarrow{20^\circ C} \text{5-硝基-6-甲基-2,4-二羟基嘧啶}$$

二氮嗪环上缺电子，可以与亲核试剂反应。对嘧啶来说，2,4,6-位是氮原子的邻位和对位，电子云密度相对较低，是亲核试剂进攻的主要位点。当环上有易离去基团时，亲核取代反应更容易发生。

$$\text{4-甲基嘧啶} + NaNH_2 \xrightarrow{150^\circ C} \text{2-氨基-4-甲基嘧啶} + \text{4-氨基-6-甲基嘧啶}$$

$$\text{2-氯吡嗪} + NH_3 \xrightarrow{200^\circ C, 20h} \text{2-氨基吡嗪}$$

$$\text{3-氯-6-甲基哒嗪} + NH_3 \xrightarrow{170^\circ C} \text{3-氨基-6-甲基哒嗪}$$

$$\text{2,4-二氯嘧啶} + NH_3 \xrightarrow{100^\circ C} \text{2-氨基-4-氯嘧啶} + \text{4-氨基-2-氯嘧啶} \xrightarrow[160^\circ C]{NH_3} \text{2,4-二氨基嘧啶}$$

二氮嗪母核耐氧化，烷基二氮嗪或苯并二氮嗪在氧化剂作用下，烷基和苯环首先被破坏，二氮嗪环保持不变。

$$\text{4-甲基嘧啶} \xrightarrow{KMnO_4} \text{嘧啶-4-甲酸（COOH）}$$

$$\text{喹喔啉} \xrightarrow[90^\circ C]{KMnO_4} \text{吡嗪-2,3-二甲酸（HOOC, HOOC）}$$

与吡啶类似，二氮嗪被过氧酸氧化后变成 N-氧化物。二氮嗪 N-氧化物比二氮嗪更容易进行亲电取代反应。

$$\text{哒嗪} \xrightarrow[CH_3COOH]{H_2O_2} \text{哒嗪 } N\text{-氧化物}（N^+-O^-） \xrightarrow[130^\circ C]{HNO_3, H_2SO_4} \text{4-硝基哒嗪 } N\text{-氧化物}（NO_2）$$

此外，除5-烷基嘧啶外，带有α-H的烷基二氮嗪都可以发生缩合、烷基化等反应。

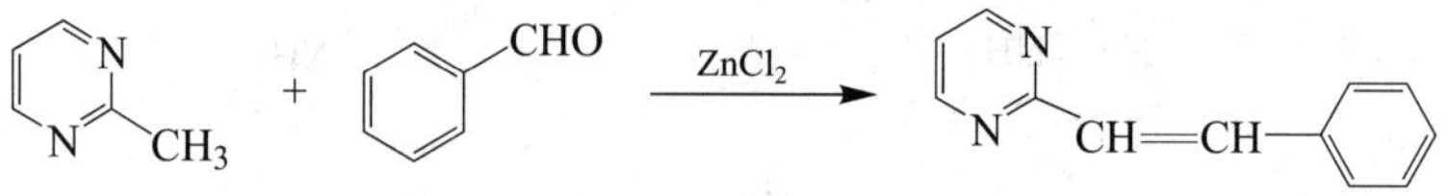

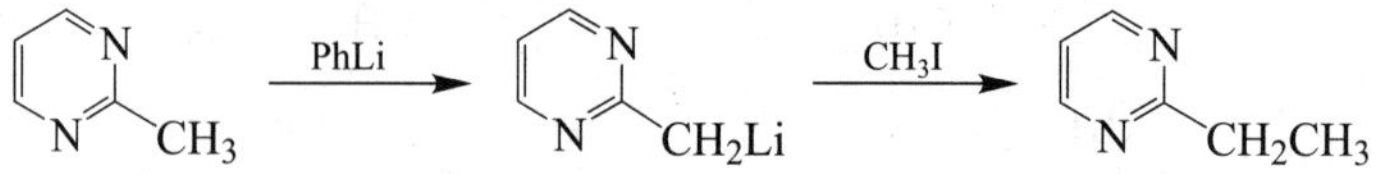

N CH$_3$ + CHO $\xrightarrow{ZnCl_2}$ N N CH═CH—

N N CH$_3$ $\xrightarrow{PhLi}$ N N CH$_2$Li $\xrightarrow{CH_3I}$ N N CH$_2$CH$_3$

哒嗪、嘧啶和吡嗪是许多重要杂环化合物的母核，其衍生物在自然界中分布广泛。如核酸中的碱基有三种都是嘧啶的衍生物。

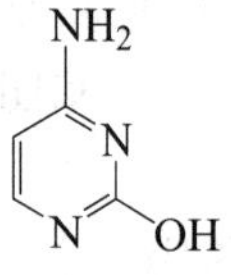

NH$_2$ N N OH　　OH N N OH　　OH H$_3$C N N OH

胞嘧啶 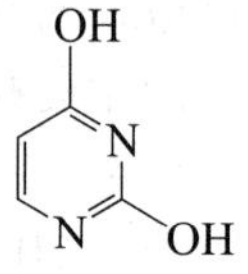　尿嘧啶 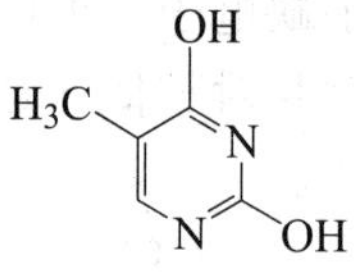　胸腺嘧啶

5-氟尿嘧啶可以干扰核酸的功能和合成，用作抗癌药。用于治疗肺炎、脑炎的磺胺类药物，以及某些具有镇静、催眠和麻醉作用的巴比妥类药物分子中也含有嘧啶环。

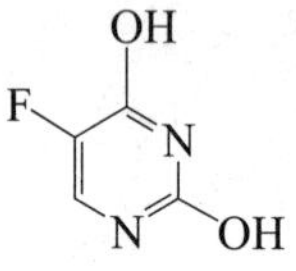

OH F N N OH　　H$_2$N—⟨⟩—SO$_2$NH—N N　　O NH O N H O

5-氟尿嘧啶 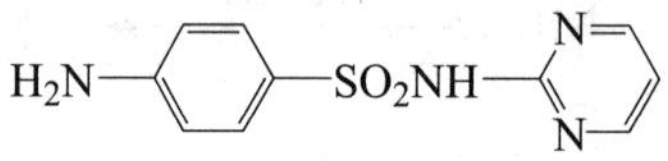　磺胺嘧啶 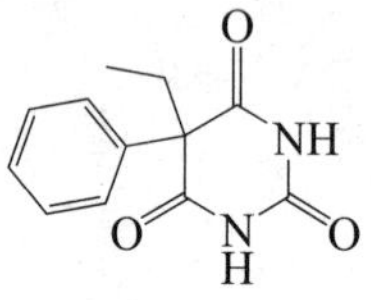　苯巴比妥

13.4 稠杂环化合物

13.4.1 吲哚

吲哚是由苯环和吡咯环稠合而成的稠杂环化合物，也称苯并吡咯。根据稠合方式的不同，苯并吡咯类化合物分吲哚和异吲哚两类。

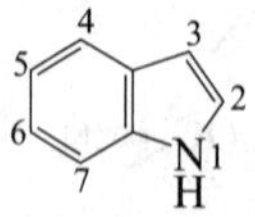

4 3 5 2 6 N1 7 H　　4 3 5 NH 6 2 7 1

吲哚 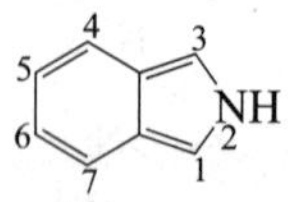　异吲哚

吲哚分子中的两个环均为平面结构，且都是6π电子的共轭体系。由于杂环上的π电子云密度比苯环上的高，芳香亲电取代反应主要发生在杂环上。一般来说，亲电试剂主要进攻杂环的3-位。

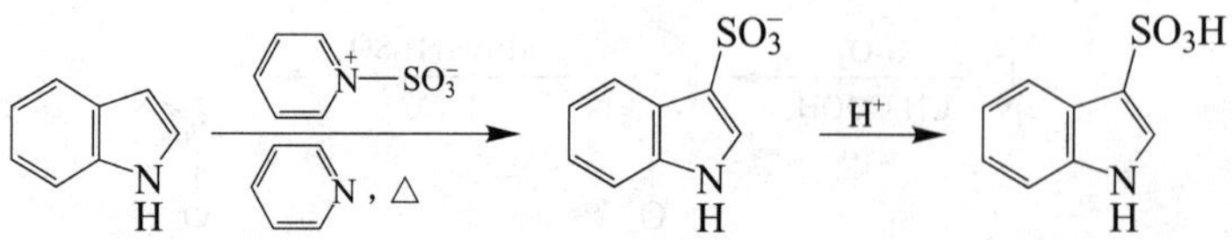

N H $\xrightarrow[\text{吡啶}, \triangle]{\overset{+}{N}—SO_3^-}$ SO$_3^-$ N H $\xrightarrow{H^+}$ SO$_3$H N H

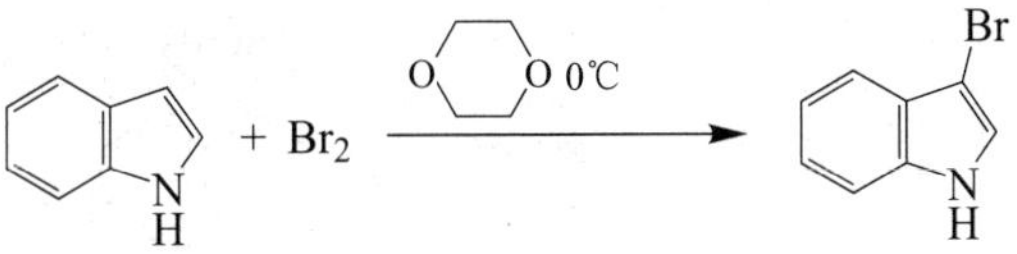

$$\text{Indole} + Br_2 \xrightarrow[0℃]{\text{dioxane}} \text{3-bromoindole}$$

Br

O O 0℃

+ Br_2

N H

吲哚衍生物在自然界中分布广泛，如人体必需氨基酸之一的色氨酸，人和哺乳动物脑组织中的5-羟色胺，以及蟾蜍素、毒扁豆碱、β-吲哚乙酸等。许多吲哚衍生物具有生理和药理活性，如5-羟色胺是一种神经递质，褪黑素具有促进睡眠、抗衰老、调节免疫、抗肿瘤等多项生理功能。

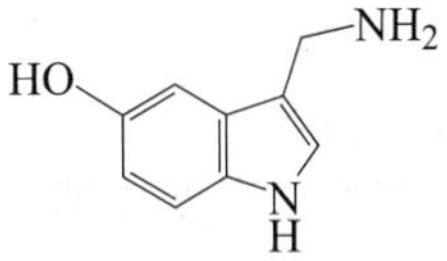

HO　NH_2　N H　　CH_3O　$NHCOCH_3$　N H

5-羟色胺 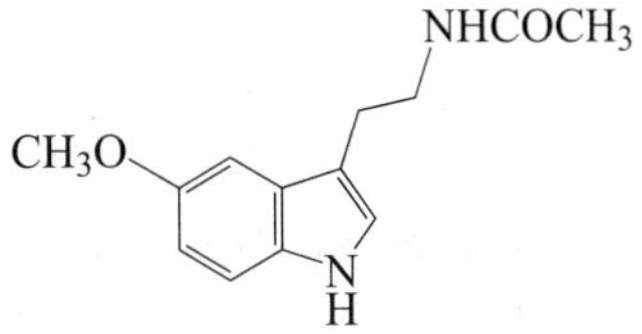　　褪黑素

13.4.2 喹啉和异喹啉

喹啉和异喹啉都是由苯和吡啶稠合而成的化合物，它们是同分异构体。

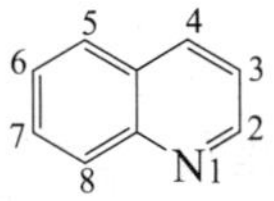

5 4 6 3 7 2 8 N1　　5 4 6 3 7 N 8 1 2

喹啉 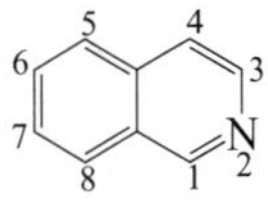　　异喹啉

喹啉和异喹啉都是油状液体，最初从煤焦油中分离得到。喹啉和异喹啉易溶于有机溶剂，由于分子中增加了苯环，其水溶性比吡啶小很多。

喹啉和异喹啉都是平面形分子，由于电负性较大的氮原子的引入，两个六元环都不是正六边形。喹啉和异喹啉的氮原子上都有一对孤对电子，具有一定的碱性。喹啉的碱性（$pK_b=9.1$）比吡啶的碱性（$pK_b=8.8$）稍弱，异喹啉的碱性（$pK_b=8.6$）比吡啶的稍强。

喹啉和异喹啉结构稳定，遇到强氧化剂时，苯环先被氧化，吡啶环保持不变。

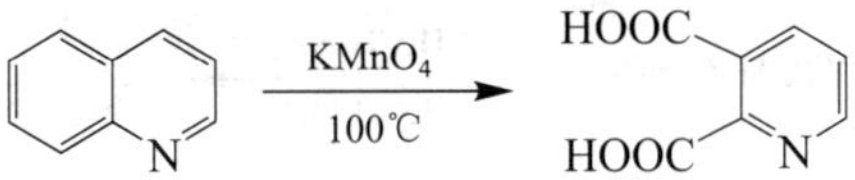

$$\text{喹啉} \xrightarrow[100℃]{KMnO_4} \text{2,3-吡啶二甲酸 (HOOC, HOOC, N)}$$

喹啉和异喹啉在过氧酸作用下可形成N-氧化物。

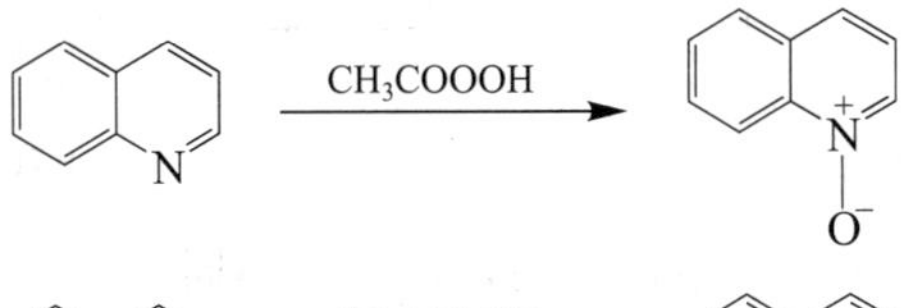

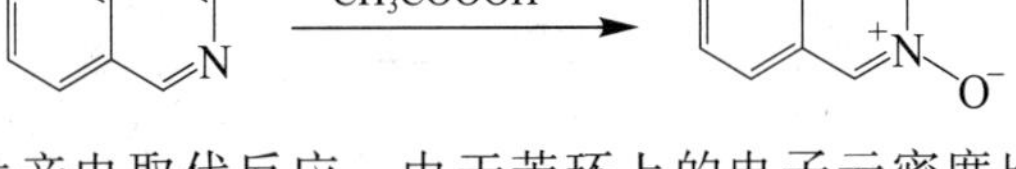

$$\text{喹啉} \xrightarrow{CH_3COOOH} \text{喹啉}\ N^+\text{-}O^-$$

$$\text{异喹啉} \xrightarrow{CH_3COOOH} \text{异喹啉}\ N^+\text{-}O^-$$

喹啉和异喹啉可发生亲电取代反应，由于苯环上的电子云密度比吡啶环上的高，亲电取代反应主要在苯环上进行。

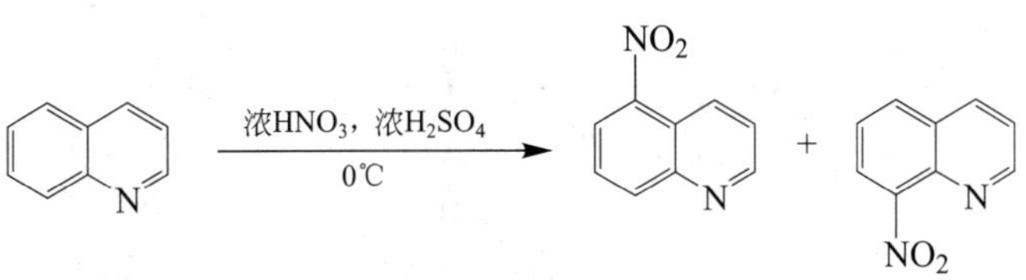

$$\text{喹啉} \xrightarrow[0℃]{浓HNO_3，浓H_2SO_4} \text{5-硝基喹啉 } (NO_2) + \text{8-硝基喹啉 } (NO_2)$$

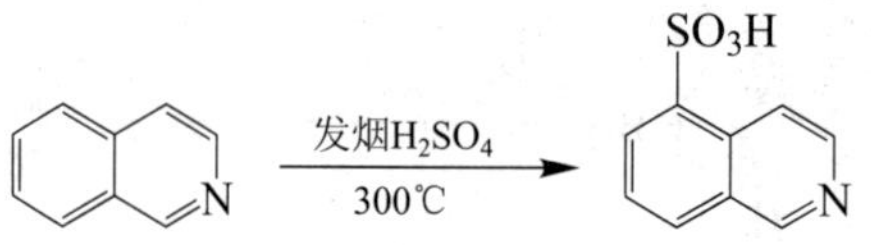

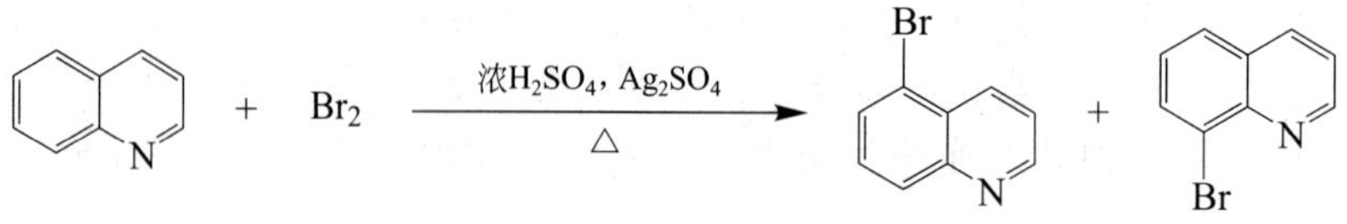

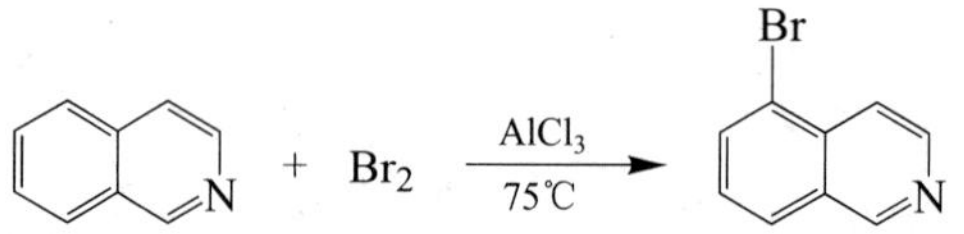

喹啉和异喹啉可发生亲核取代反应，由于吡啶环上的电子云密度比苯环上的低，亲核取代反应主要在吡啶环上进行。一般来说，喹啉的2-位亲核取代产物多于4-位亲核取代产物，异喹啉的亲核取代反应主要发生在1-位上。

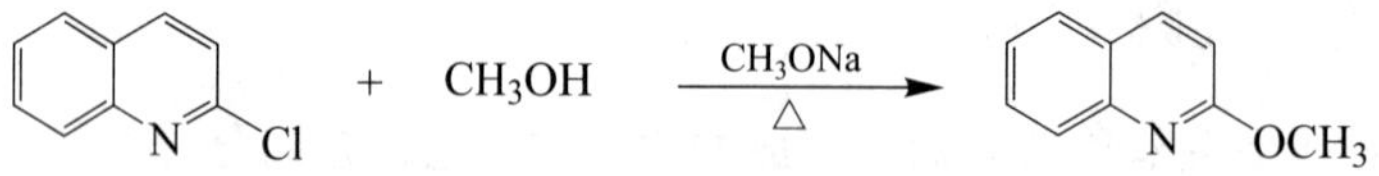

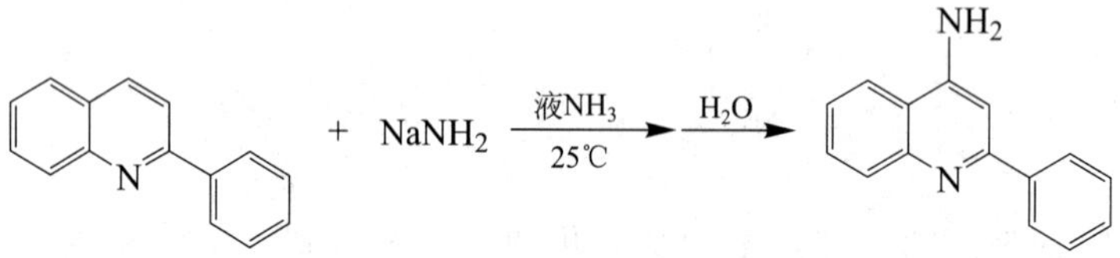

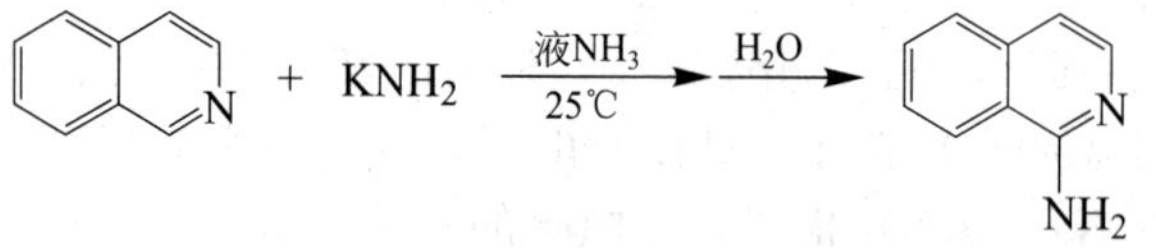

喹啉的2-位和4-位上的α-H，以及异喹啉1-位上的α-H比较活泼，易发生缩合反应。

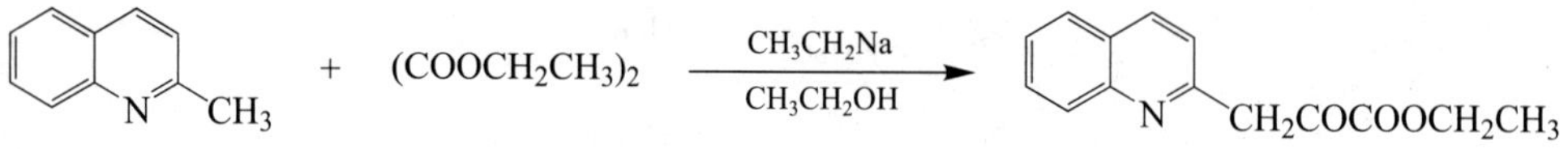

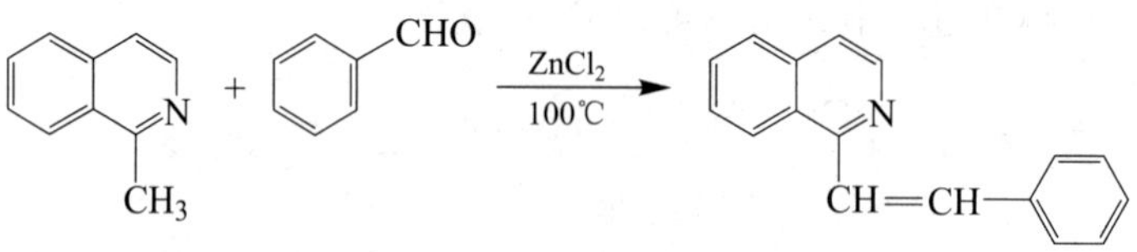

喹啉和异喹啉均可被还原，反应条件不同，产物也不同。

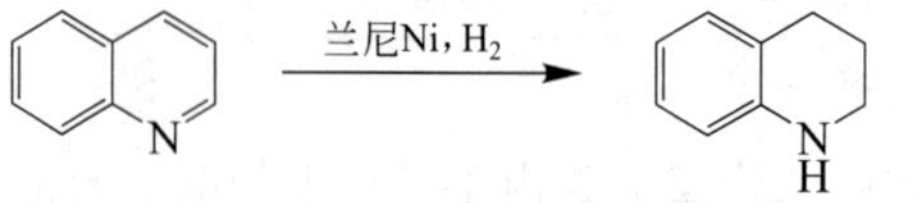

四氢喹啉

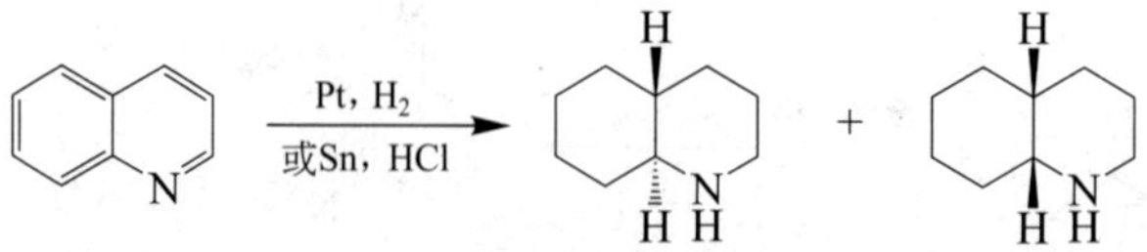

反十氢喹啉　　顺十氢喹啉

喹啉和异喹啉结构在天然和合成药物分子中广泛存在，如奎宁、罂粟碱、氯喹等。

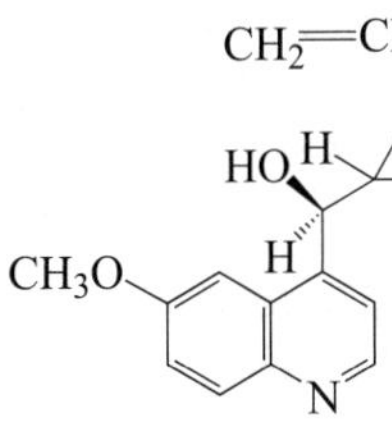

奎宁 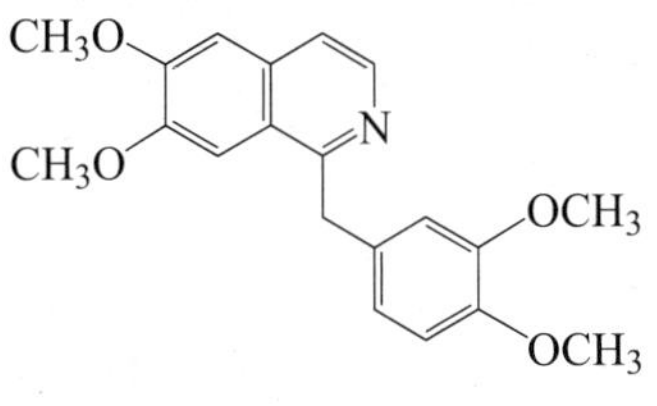　　罂粟碱 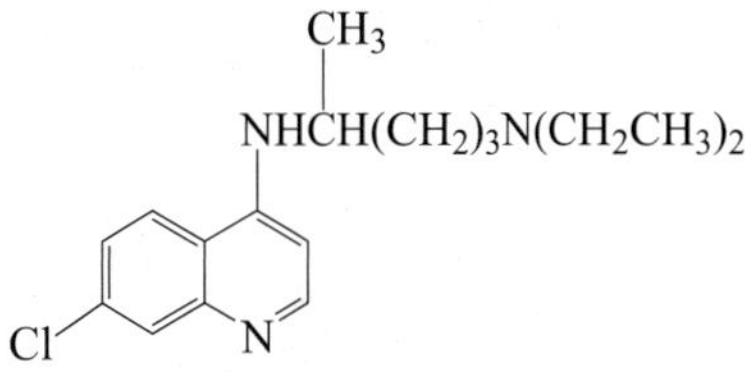　　氯喹

13.4.3 嘌呤

嘌呤是由嘧啶和咪唑稠合而成的，它有两种互变异构体，在固体中以 $7H$ 式为主，在溶液中 $7H$ 式和 $9H$ 式浓度相等。

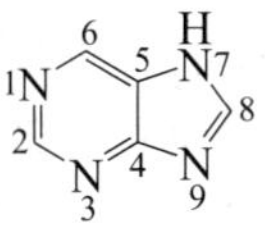

$7H$-嘌呤　　$9H$-嘌呤

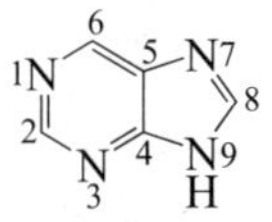

嘌呤易溶于水，可溶于醇，难溶于非极性有机溶剂。嘌呤具有弱酸性和弱碱性，能与酸或碱反应生成盐。

嘌呤本身在自然界中不存在，但其衍生物广泛存在于动植物体中。如腺嘌呤和鸟嘌呤是核酸的组成部分。

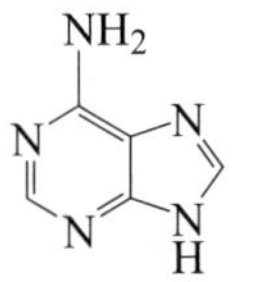

腺嘌呤 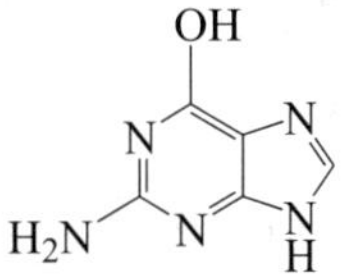　　鸟嘌呤

动物尿液中的尿酸，调节植物生长的细胞分裂素都是嘌呤衍生物。

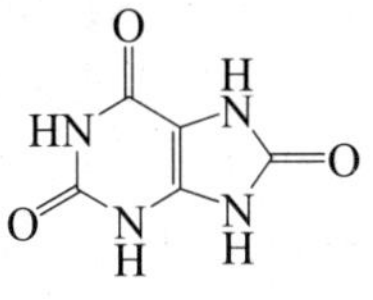

尿酸 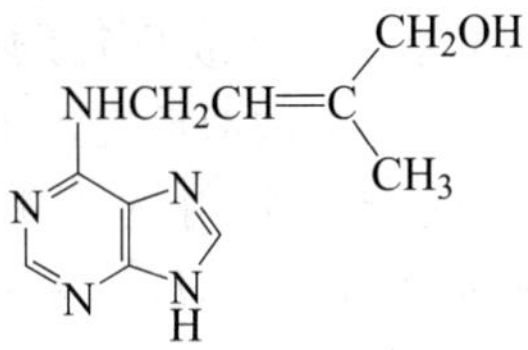　　玉米素(细胞分裂素)

2,6-二羟基-$7H$-嘌呤称为黄嘌呤，其衍生物通常以酮式结构存在。

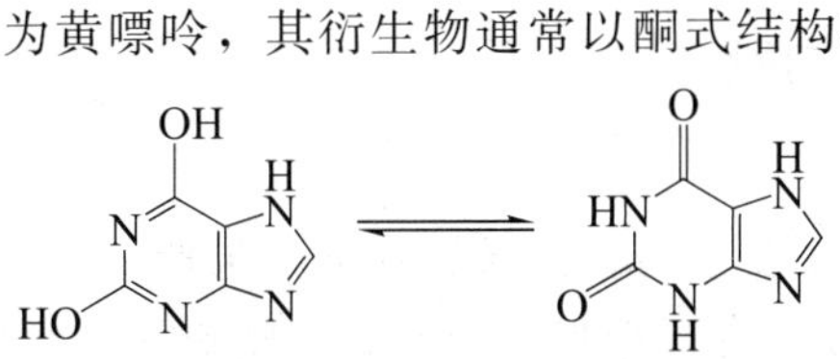

黄嘌呤(烯醇式)　　黄嘌呤(酮式)

具有利尿和兴奋神经作用的咖啡碱、茶碱、可可碱等，都是黄嘌呤的衍生物。

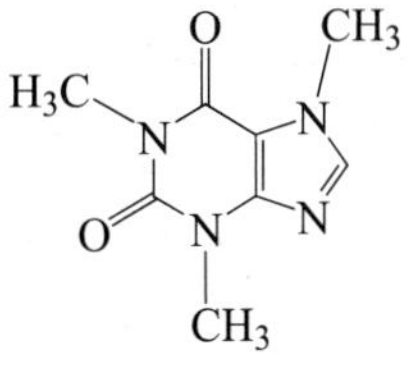

咖啡碱 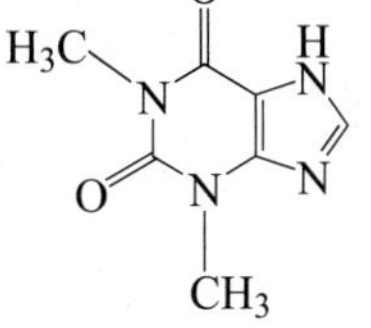　　茶碱 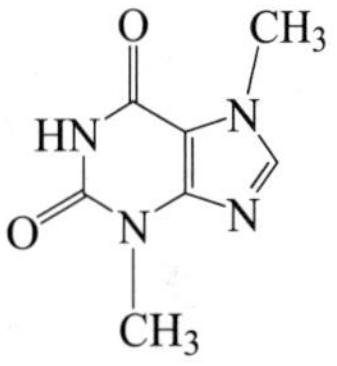　　可可碱

嘌呤衍生物也可用作药物，如6-巯基嘌呤可用于治疗癌症，DDI可用于治疗艾滋病。

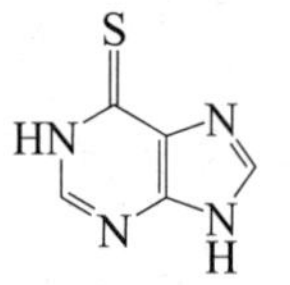

6-巯基嘌呤 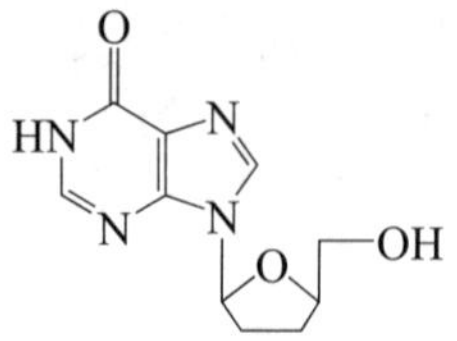　　　　DDI

13.5 生物碱简介

生物碱是一类存在于生物体内且具有重要生理活性的有机物。生物碱结构比较复杂，一般根据其来源进行命名。例如从麻黄中提取的生物碱称为麻黄碱，从毒芹草中提取的生物碱称为毒芹碱，从烟草中提取的生物碱称为烟碱。生物碱也可采用国际通用名称的音译名，例如烟碱也称为尼古丁。

生物碱分类方法很多，最常用的是根据生物碱的化学构造进行分类。例如麻黄碱属于有机胺类，一叶萩碱、苦参碱属于吡啶衍生物类，莨菪碱属于莨菪烷衍生物类，喜树碱属于喹啉衍生物类，常山碱属于喹唑酮衍生物类，茶碱属于嘌呤衍生物类，小檗碱属于异喹啉衍生物类，利血平、长春新碱属于吲哚衍生物类。

13.5.1 生物碱的通性

生物碱大多数是无色或白色固体，一般难溶于水，易溶于有机溶剂。生物碱都含有氮原子，大多具有碱性，与酸反应形成的盐大多可溶于水，不溶于有机溶剂。生物碱盐遇强酸可变成不溶于水的生物碱，据此可从生物体中提取、精制生物碱。

生物碱分子中往往含有一个或几个手性碳原子，因而具有旋光性。天然生物碱多为左旋体。

生物碱或其盐能与一些试剂反应，生成难溶于水的沉淀。这些能使生物碱发生沉淀反应的试剂称为生物碱试剂。常用的生物碱试剂是一些酸和重金属盐类。如碘化汞钾（K_2HgI_4）、碘化铋钾（$BiI_3 \cdot KI$）、磷钨酸（$H_3PO_4 \cdot 12WO_3 \cdot H_2O$）、硅钨酸（$SiO_2 \cdot 12WO_3 \cdot 4H_2O$）、磷钼酸（$H_3PO_4 \cdot 12MoO_3 \cdot 12H_2O$）、苦味酸、鞣酸等。

13.5.2 几种重要的生物碱

(1) 麻黄碱

麻黄碱是麻黄中的一种主要生物碱。天然麻黄碱包括（－）-麻黄碱和（＋）-麻黄碱。两者是非对映体。（－）-麻黄碱具有兴奋神经中枢、增强血压、舒展支气管、收缩鼻黏膜、散瞳的作用，临床上用于治疗支气管哮喘、鼻黏膜肿胀、低血压等病症。（＋）-麻黄碱的生理功效仅为（－）-麻黄碱的20%，又称假麻黄碱。

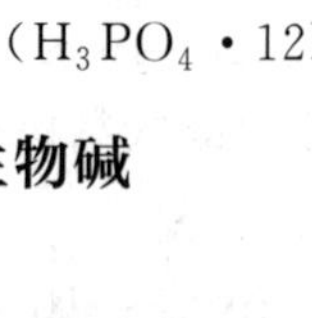

（－）-麻黄碱 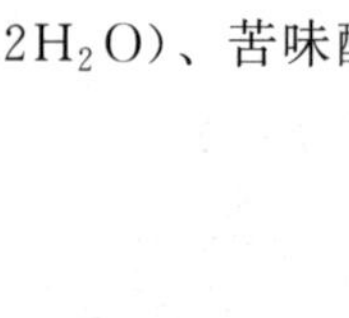　　　　（＋）-麻黄碱

(2) 烟碱和新烟碱

烟叶中有十余种生物碱，其中最重要的是烟碱和新烟碱。

烟碱　　　　新烟碱

它们的生理功效基本相同，少量能兴奋中枢神经、增强血压，大量则抑制中枢神经，麻痹心脏。长期吸烟会引起慢性中毒。

(3) 毒芹碱

毒芹碱存在于毒芹草内，毒性极高。毒芹碱的结构是 α-正丙基六氢吡啶，含有一个手性碳原子。天然毒芹碱是右旋的，其盐酸盐在少量使用时有抗痉挛的作用。

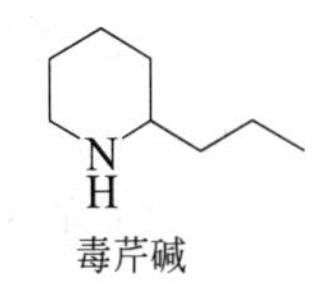

毒芹碱

(4) 吗啡碱

中药阿片（鸦片）中含有 20 种以上的生物碱，其中最重要的是吗啡和可待因。

吗啡是阿片中含量最多的生物碱，味苦，微溶于水。吗啡对中枢神经有麻醉作用，是强烈的镇痛药，还能止咳，但容易成瘾，一般只为解除晚期癌症病人的痛苦而使用。

可待因与吗啡有相似的生理功效，其强度比吗啡弱，也能成瘾，不宜长期使用。

海洛因是二乙酰吗啡，是人工合成产物。海洛因镇痛作用比吗啡大，但成瘾性比吗啡高，过量能致死，是对人类危害最大的毒品之一。

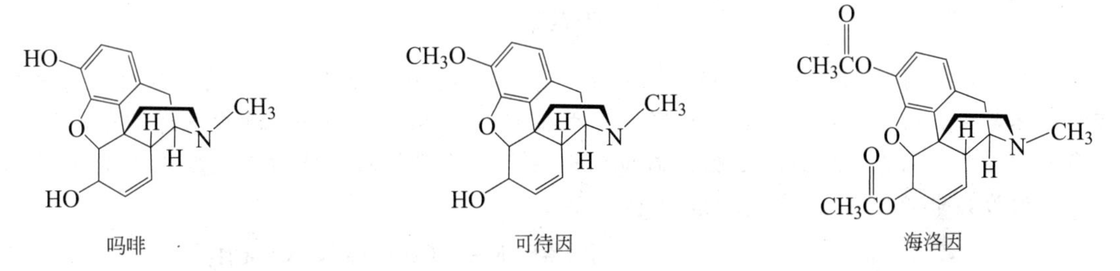

吗啡　　　　可待因　　　　海洛因

(5) 颠茄族生物碱

颠茄族生物碱中最重要的是莨菪碱和古柯碱。

莨菪碱也称阿托品、颠茄碱，是从颠茄和其他茄科植物中提取出来的一种生物碱。莨菪碱硫酸盐具有解除痉挛、减少分泌、缓解疼痛、扩大瞳孔的功效，也能抢救有机磷中毒。

古柯碱是古柯叶中的主要生物碱，具有局部麻醉的功效，但毒性大，易成瘾。

天仙子碱也称东莨菪碱，含量相对较少，其生理功效与莨菪碱大致相同，但对中枢神经系统有较显著的作用。

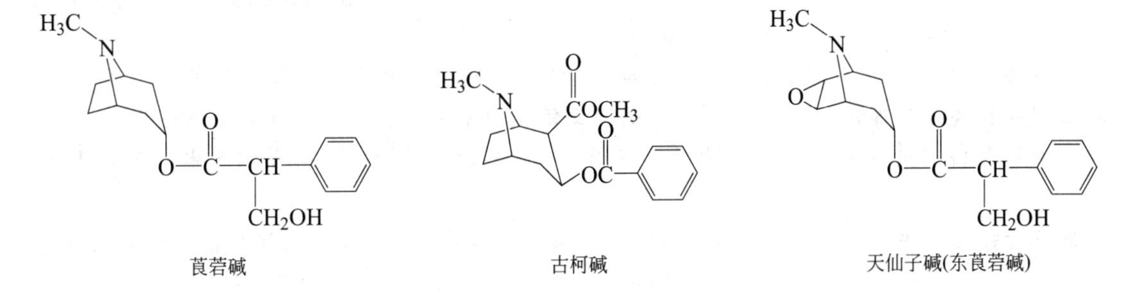

莨菪碱　　　　古柯碱　　　　天仙子碱(东莨菪碱)

(6) 利血平

利血平含有吲哚环，呈弱碱性，存在于萝芙木属植物中，具有降血压、减缓心率的作用，效果温和且持久，对中枢神经系统有安定作用。

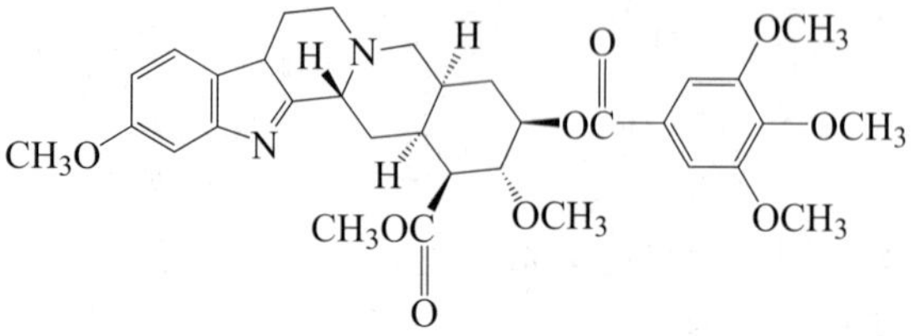

利血平

(7) 辛可宁碱和金鸡纳碱

金鸡纳树皮中含30多种生物碱，其中最重要的是辛可宁碱和金鸡纳碱，两者都含有喹啉环，分子结构仅有一个甲氧基的差别。

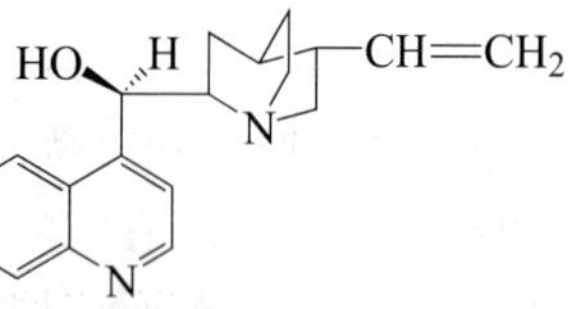

辛可宁碱 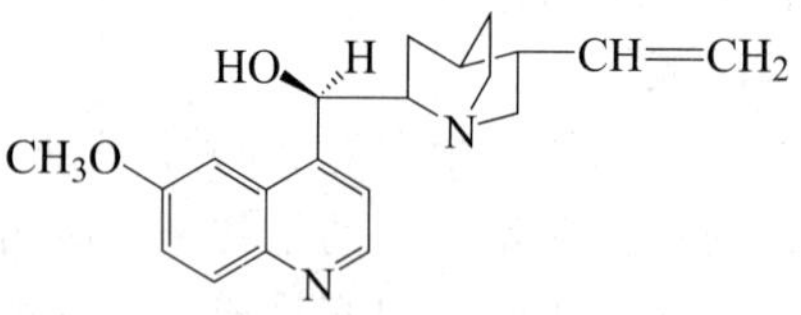　　　　金鸡纳碱

金鸡纳碱具有退热的作用，是有效的抗疟疾药。

【阅读材料】

青霉素

青霉素内含有四氢噻唑与β-内酰胺环系。1929年英国微生物学家弗莱明注意到青霉有抑制链球菌生长的效能，经过长期观察，终于在1940年由青霉的培养液中取得了有效成分，命名为青霉素。从青霉培养液中能分离得到一些结构骨架相同的物质，差别在于R基团不同，下列为其中四种青霉素的结构：

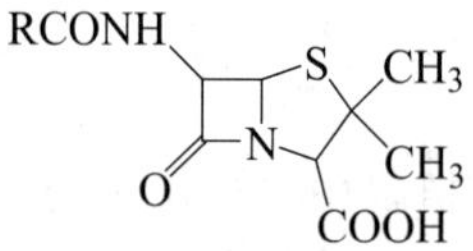

青霉素F　R＝$—CH_2CH═CHCH_2CH_3$

青霉素G　R＝$—CH_2—C_6H_5$

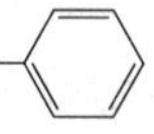

青霉素X　R＝$—CH_2—C_6H_4—OH$

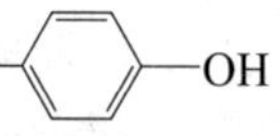

青霉素K　R＝$—CH_2(CH_2)_5CH_3$

青霉素能治疗由葡萄球菌、链球菌引起的疾病，如肺炎、脑炎等，它的毒性极小，远胜过磺胺类药物，它的缺点是一般不能口服，口服时失去活性。工业生产的青霉素是青霉素G，是由青霉菌培养液分离得到的。青霉素的杀菌原理是与细菌合成细胞壁的主要酶进行反应，使酶失去活性，阻止细菌细胞壁的合成。

席恩于1957年合成了青霉素V（R＝$—CH_2OC_6H_5$）。这是人工合成的第一个青霉素，其生理效能只有天然青霉素的51%，说明其立体异构体中可能只有一种有生理功效。

青霉素G只能注射，因为β-内酰胺不稳定，对酸碱很敏感，很容易被酸水解发生开环。如果将青霉素G中的 $C_6H_5—CH_2C(=O)—$ 换成 $3,4-Cl_2C_6H_3—CH(OCH_3)C(=O)—$ ，由于空间位阻，β-内酰胺就

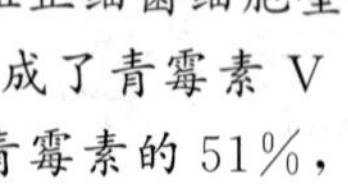

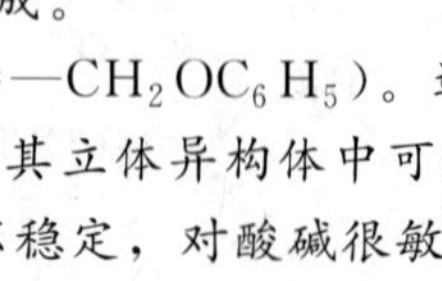

很稳定，可以口服。

常使用青霉素会使细菌产生耐药性，因此需要寻找新的药物来代替，后来发现，头孢霉素具有青霉素的活性，但疗效不到青霉素的百分之一。

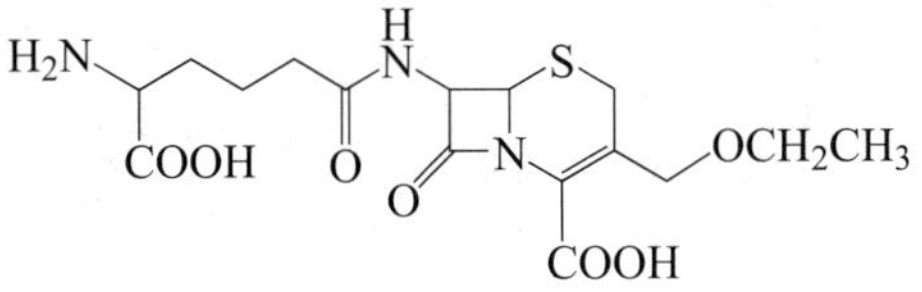

H_2N，COOH，O，H，N，S，N，O，OCH_2CH_3，COOH

头孢霉素

如果将头孢霉素中的 （H_2N，COOH，O）换成 （S，O），其活性与青霉素类似，可代替青霉素使用。

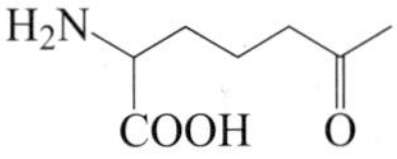

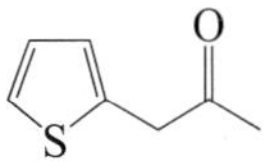

【巩固练习】

13-1 写出下列化合物的结构。

1. 3-甲基吡咯　　2. β-氯代呋喃　　3. α-噻吩磺酸
4. 糠醛　　5. γ-吡啶甲酸　　6. 六氢吡啶
7. 8-羟基喹啉　　8. β-吲哚乙酸　　9. 黄嘌呤

13-2 写出下化合物的名称。

1. 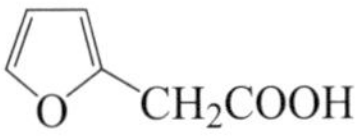 （O，CH_2COOH）　　2. 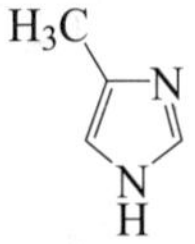 （H_3C，N，N，H）　　3. 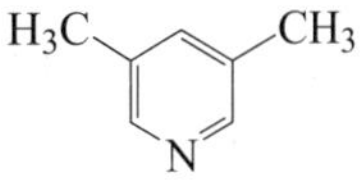 （H_3C，CH_3，N）

4. 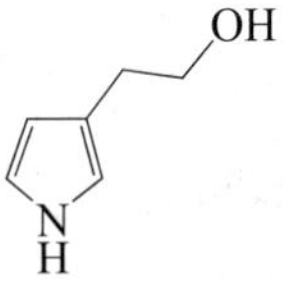 （OH，N，H）　　5. 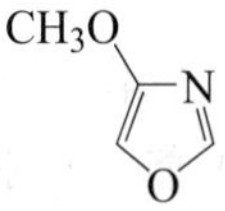 （CH_3O，N，O）　　6. 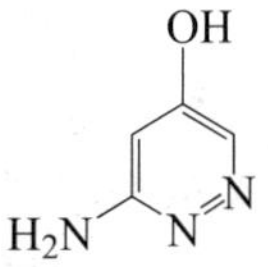 （OH，H_2N，N，N）

7. 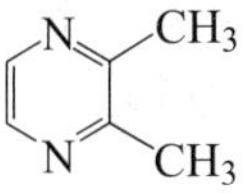 （N，N，CH_3，CH_3）　　8. 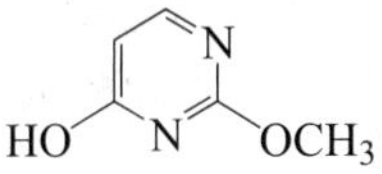 （N，N，HO，OCH_3）　　9. 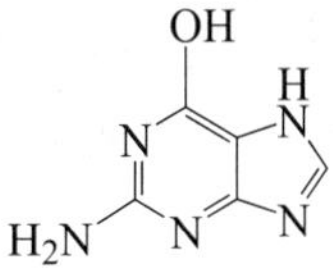 （OH，H，N，N，N，N，H_2N）

13-3 选择题

1. 下列化合物属于杂环化合物的是（　　）。

A. 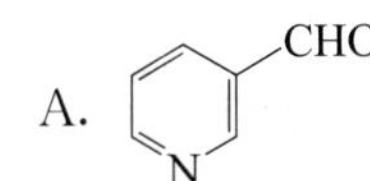

B. 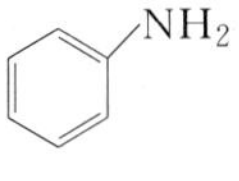 （NH_2）
C. 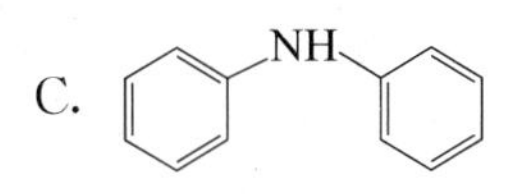

D. 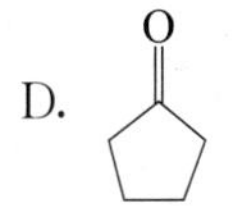

2. 下列化合物中水溶性最高的是（　　）。
A. 2-羟基吡咯　　B. 2-硝基吡咯　　C. 2-甲基吡咯　　D. 吡咯

3. 除去苯中少量的噻吩，可选用的试剂是（　　）。
A. 浓盐酸　　B. 浓硫酸　　C. 浓硝酸　　D. 冰醋酸

4. 吡咯和呋喃发生磺化反应所用的试剂是（　　）。
A. 浓盐酸　　B. 浓硫酸　　C. 浓硝酸　　D. 吡啶-三氧化硫

5. 关于生物碱的叙述不正确的是（　　）。

A. 存在于生物体中　　　　　　　　B. 有明显的生理活性

C. 分子中都含有氮杂环　　　　　　D. 大多显碱性，能与酸作用成盐

13-4　将下列化合物按碱性由强到弱排序。

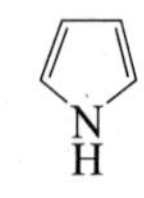
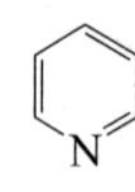
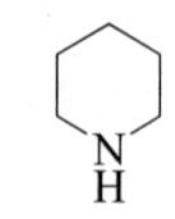
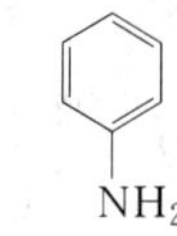

13-5　写出下列反应式的主要产物。

1. 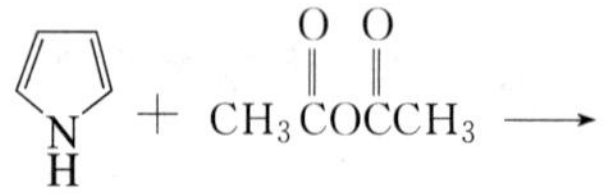 (吡咯) + $CH_3\overset{O}{\overset{\|}{C}}O\overset{O}{\overset{\|}{C}}CH_3 \longrightarrow$

2. 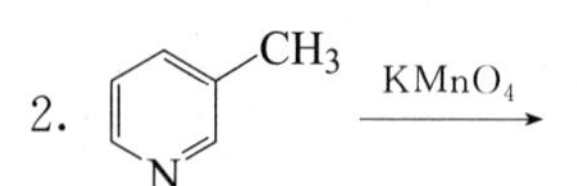

3. 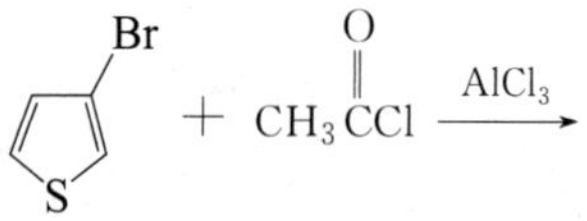 (3-溴噻吩) + $CH_3\overset{O}{\overset{\|}{C}}Cl \xrightarrow{AlCl_3}$

4. 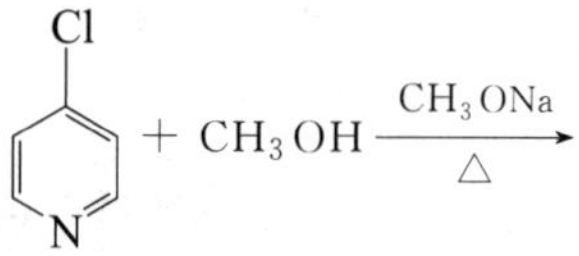 (4-氯吡啶) + $CH_3OH \xrightarrow[\triangle]{CH_3ONa}$

5. 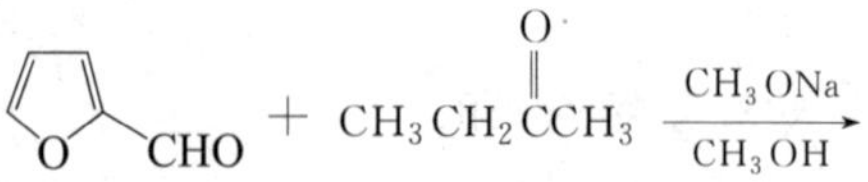 (糠醛) + $CH_3CH_2\overset{O}{\overset{\|}{C}}CH_3 \xrightarrow[CH_3OH]{CH_3ONa}$

6. 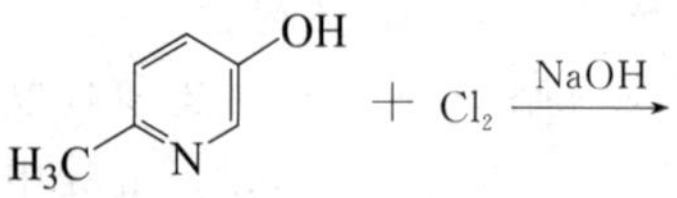 (6-甲基-3-羟基吡啶) + $Cl_2 \xrightarrow{NaOH}$

7. 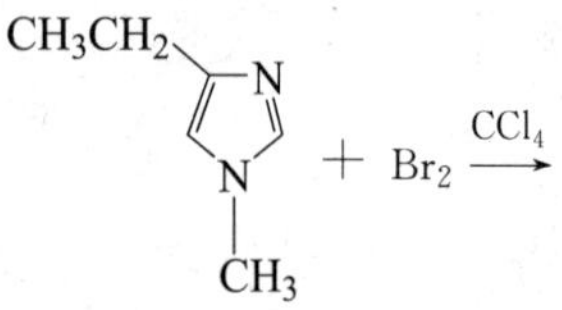 (1-甲基-4-乙基咪唑) + $Br_2 \xrightarrow{CCl_4}$

8. 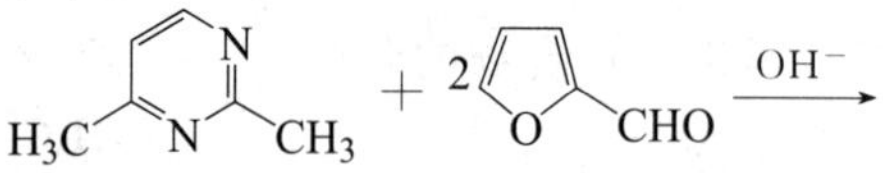 (2,4-二甲基嘧啶) + 2 (糠醛) $\xrightarrow{OH^-}$

9. 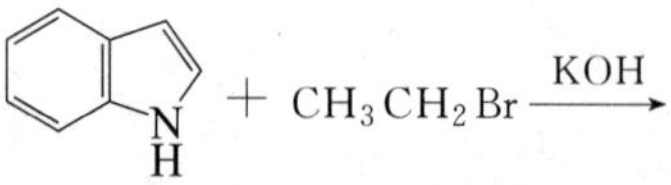 (吲哚) + $CH_3CH_2Br \xrightarrow{KOH}$

10.  (异喹啉) + $KNH_2 \xrightarrow[(2)\ H_2O]{(1)\ 液\ NH_3}$

13-6　比较吡咯、吡啶、苯的亲电取代反应活性大小。

13-7　某杂环化合物 A 的分子式是 C_6H_6OS，A 能生成肟，但不与托伦试剂反应，A 与 $I_2/NaOH$ 反应后，生成 2-噻吩甲酸，试写出 A 的结构式以及相应的化学反应方程式。

13-8　某杂环化合物 $C_5H_4O_2$ 经氧化后生成羧酸 $C_5H_4O_3$，此羧酸的钠盐与碱石灰作用，转变成 C_4H_4O，后者与金属钠不反应，也不具有醛和酮的性质。$C_5H_4O_2$ 的结构式是什么？

参考答案

13-1

1. 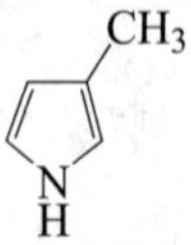 (3-甲基吡咯)　2. 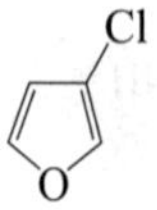 (3-氯呋喃)　3. (2-噻吩磺酸，SO_3H)　4. 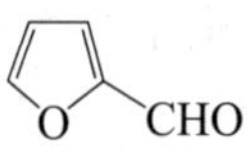 (2-呋喃甲醛，CHO)　5.  (4-吡啶甲酸，COOH)

6. 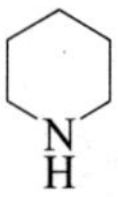 (哌啶)　7. 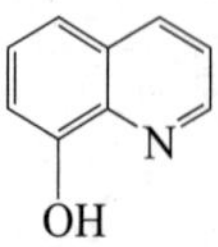 (8-羟基喹啉，OH)　8. 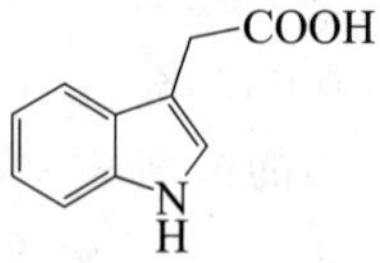 (3-吲哚乙酸，COOH)　9. 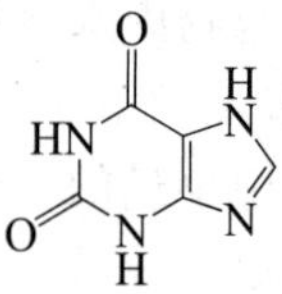 (黄嘌呤)

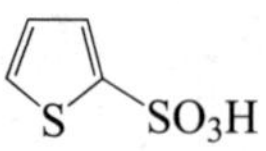

13-2

1. 2-(α-呋喃)乙酸　　2. 4-甲基咪唑　　3. 3,5-二甲基吡啶

4. 2-(β-吡咯)乙醇　　5. 4-甲氧基噁唑　　6. 3-氨基-5-羟基哒嗪

7. 2,3-二甲基吡嗪　　8. 4-羟基-2-甲氧基嘧啶　　9. 2-氨基-6-羟基嘌呤

13-3

1. A　2. A　3. B　4. D　5. C

13-4

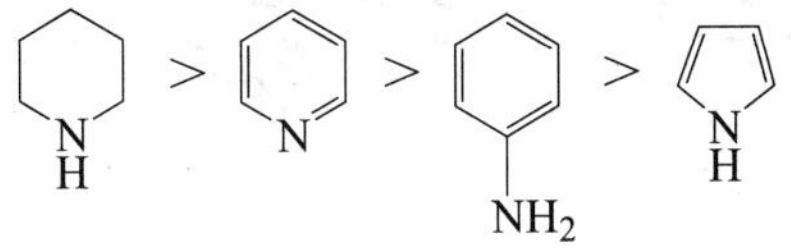

哌啶 > 吡啶 > 苯胺 > 吡咯

13-5

1. 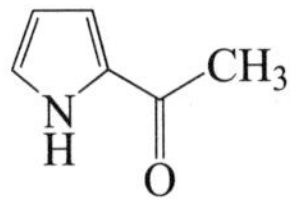 2-乙酰基吡咯　2. 烟酸（3-吡啶甲酸）　3. 3-溴-2-乙酰基吡咯　4. 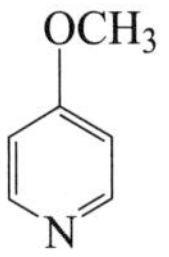 4-甲氧基吡啶

5. 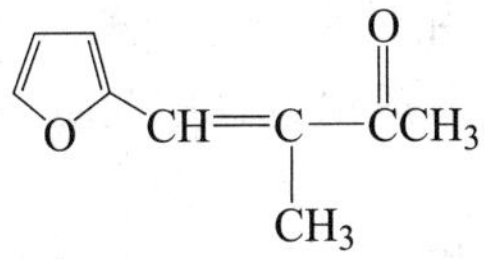 呋喃基—CH═C(CH_3)—C(═O)CH_3　6. 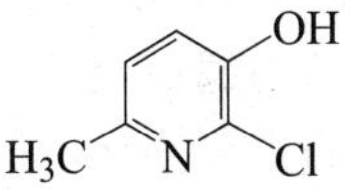 2-氯-3-羟基-6-甲基吡啶　7. 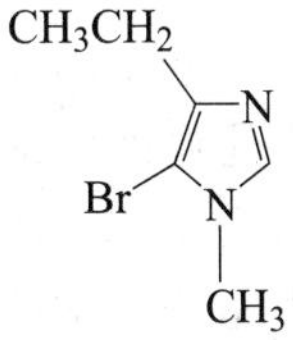 5-溴-4-乙基-1-甲基咪唑

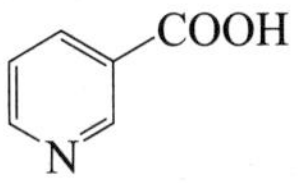

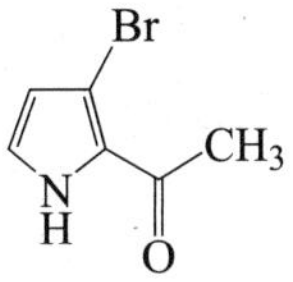

8. 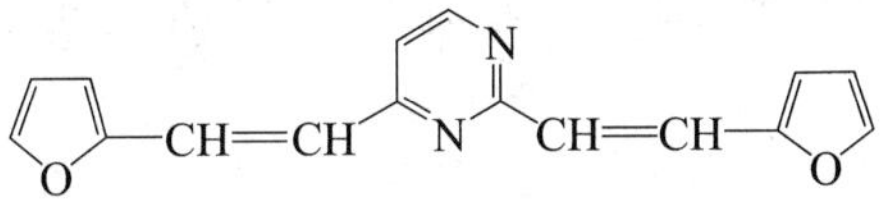 2,4-二[2-(2-呋喃基)乙烯基]嘧啶　9. 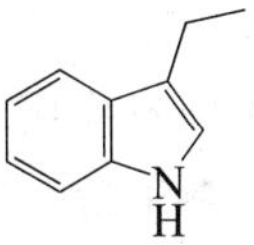 3-乙基吲哚　10. 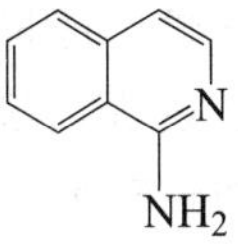 1-氨基异喹啉

13-6

吡咯是6π电子的五元芳杂环，环上的电子云密度比苯环上的大，因此比苯更容易发生亲电取代反应。吡啶是6π电子的六元芳杂环，与苯一致，但是氮原子电负性高，使吡啶环上碳原子的电子云密度比苯环上的低，因此比苯更难发生亲电取代反应。

13-7　A. 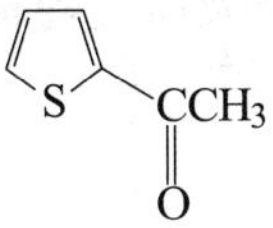 2-乙酰基噻吩

2-乙酰基噻吩 + H_2NOH ⟶ 2-噻吩基—C(CH_3)═N—OH

2-乙酰基噻吩 $\xrightarrow{I_2, NaOH}$ 2-噻吩甲酸（COOH） + CHI_3↓

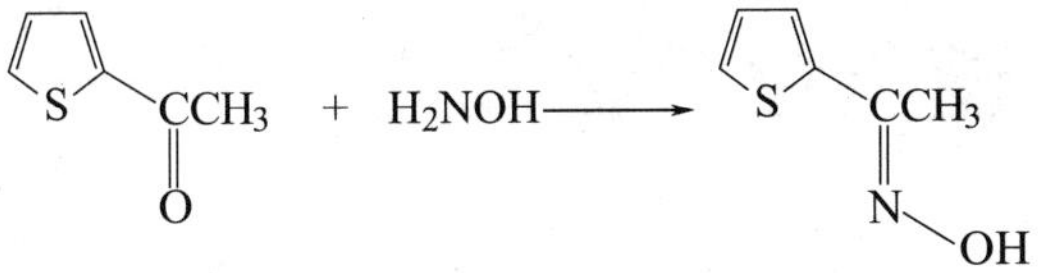

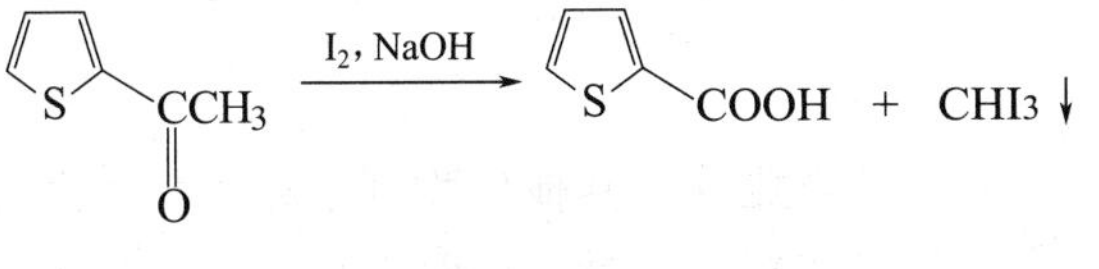

13-8

2-呋喃甲醛（CHO）

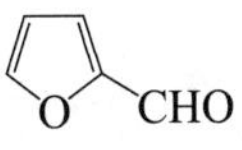

（孙永宾　编　　侯超　校）

第14章 生命有机化学

糖类是自然界中广泛分布的一类重要的有机化合物。日常食用的蔗糖、粮食中的淀粉、植物体中的纤维素、人体血液中的葡萄糖等均属糖类。糖类在生命活动过程中起着重要的作用，是一切生命体维持生命活动所需能量的主要来源。

脂类包括油脂和类脂，化学结构有很大差异，生理功能各不相同。食物中的油脂主要是油和脂肪。贮存能量和供给能量是脂肪最重要的生理功能。类脂对于生物体维持正常的新陈代谢和生殖过程，起着重要的调节作用。

氨基酸是构成蛋白质的基本单位，赋予蛋白质特定的分子结构形态，具有生化活性。少量的氨基酸聚合成多肽，较多的氨基酸则聚合成蛋白质。

核酸是由许多核苷酸聚合成的生物大分子化合物，为生命的最基本物质之一。核酸常与蛋白质结合形成核蛋白。

生命有机化合物官能团较多，立体结构较复杂，因此研究它们的特性，需要用到前面所学的官能团反应和立体化学基本知识。这样同学们在学习本章时，需要及时复习前面所学知识，有利于分析和解决新的实际问题，做到温故知新。

14.1 糖类化合物概述

14.1.1 糖类化合物简介

植物依靠光合作用，将大气中的二氧化碳合成糖，其他生物则以糖类如葡萄糖、淀粉等为营养物质，转变成体内的糖，通过代谢向机体提供能量。同时糖分子中的碳架以直接或间接的方式转化为构成生物体的蛋白质、核酸、脂类等各种有机物分子。

$$6CO_2 + 6H_2O \underset{\text{呼吸作用}}{\overset{\text{光合作用}}{\rightleftharpoons}} C_6H_{12}O_6 + 6O_2$$

14.1.2 糖类化合物结构

从化学结构上看，糖类是多羟基醛或多羟基酮及其缩聚物和某些衍生物，一般由碳、氢与氧三种元素组成。“碳水化合物”的由来是早期生物化学家发现某些糖类的分子式可写成$C_n(H_2O)_m$，故以为糖类是碳和水的化合物。后来人们发现许多糖类并不合乎其上述分子式，如鼠李糖（$C_6H_{12}O_5$）、脱氧核糖（$C_5H_{10}O_4$）；而有些物质虽然符合上述分子式但不具有糖类的特性，如甲醛（CH_2O）、乙酸（$C_2O_2H_4$）等。所以“碳水化合物”这一概念使用得越来越少。

【问题 14.1】 根据分类方法，判断果糖属于什么类型的糖。

【问题 14.2】 根据定义，判断最简单的醛糖和酮糖的名称是什么。

14.2 单　糖

葡萄糖是最常见已醛单糖，果糖是最常见的己酮单糖，下面以二者为例，学习一下单糖的有关知识。

14.2.1 单糖开链结构

(1) 葡糖糖开链结构的确定

葡萄糖的分子式为$C_6H_{12}O_6$，用钠汞齐还原生成己六醇；可与羟胺、苯肼等羰基试剂作用；可用溴水氧化为糖酸；葡萄糖与乙酸酐作用，可以生成五乙酰基衍生物。由以上性质很容易得出，葡萄糖应该是含有五个羟基、一个醛基的直链六碳结构，由于两个羟基连在同一碳原子上的结构不稳定，所以这五个羟基分别连在五个碳原子上。这样，葡萄糖则有四个手性碳原子，应该有$2^4=16$个旋光异构体，葡萄糖应该是哪一种呢？1891年，费歇尔经过大量的化学反应及结构推理，确定了葡萄糖的构型。

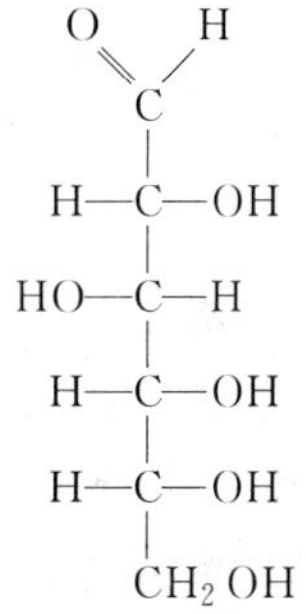

葡萄糖

(2) 单糖的构型

正如葡萄糖一样，几乎所有的糖类都有旋光性。糖类物质的构型表达方式常是以甘油醛为标准比较而确定的相对构型。

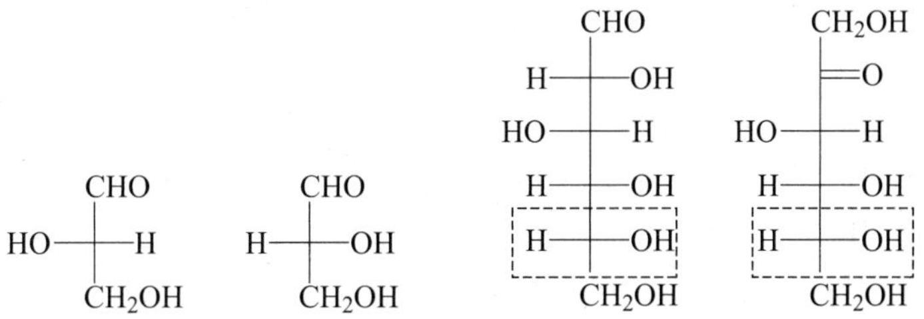

L-甘油醛　　D-甘油醛　　D-葡萄糖　　D-果糖

糖的构型是由与羰基相距最远的手性碳原子上的羟基方向来确定的，如与D-型甘油醛相同，则为D-型；如与L-甘油醛相同，则为L-型。天然葡萄糖C_5上的羟基在投影式右边，与D-甘油醛相同，故属于D-型。因其具有右旋光性，所以通常称为D-(+)-葡萄糖，简称D-葡萄糖。自然界存在的其他单糖也多为D-型，如D-核糖、D-半乳糖、D-甘露糖、D-果糖等。含有3～6个碳原子的D-醛糖中，除了苏糖、来苏糖、阿洛糖和古罗糖外，均存在于自然界中。

从丙糖（甘油醛）起的单糖都有不对称碳原子。含有 n 个不对称碳原子的化合物，一般应有 2^n 个立体异构体。下面列出了含有 3～5 个碳原子的 D-醛糖结构与名称：

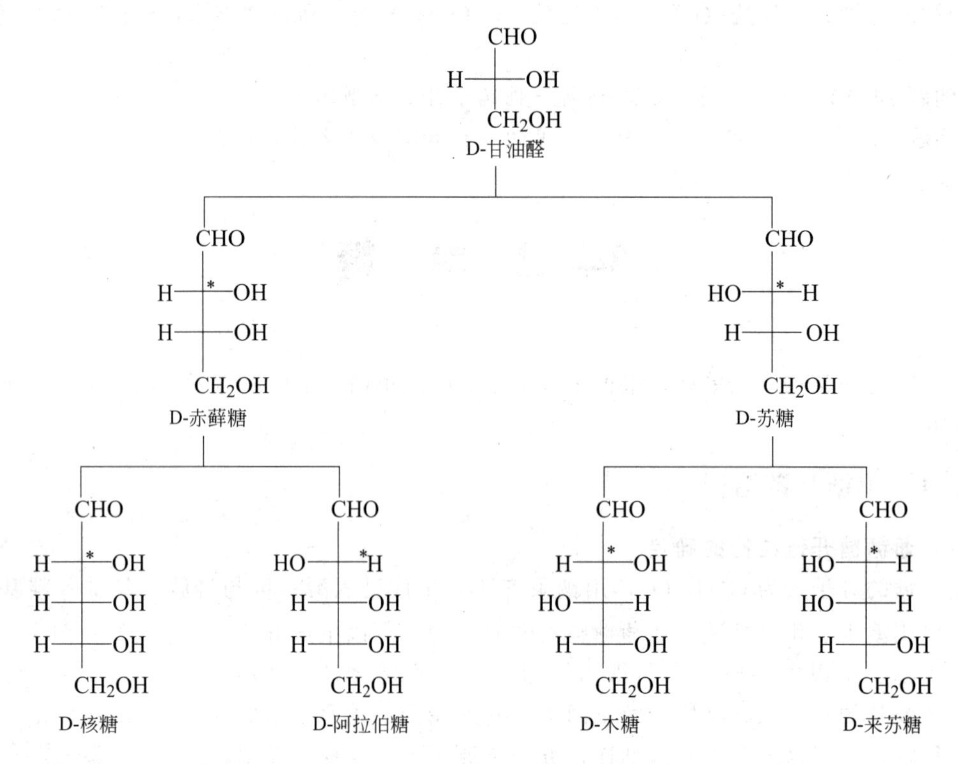

由于旋光方向及程度是由分子中所有不对称原子上的基团方向所决定的，而构型只和分子中离羰基最远的不对称碳原子的羟基方向有关，因此单糖的构型 D 与 L 并不一定与右旋（+）和左旋（−）相对应。

(3) 单糖的常用结构表达式

单糖一般用费歇尔式表示，但为了书写方便，也可以使用简写式。常见的几种表示方法为：

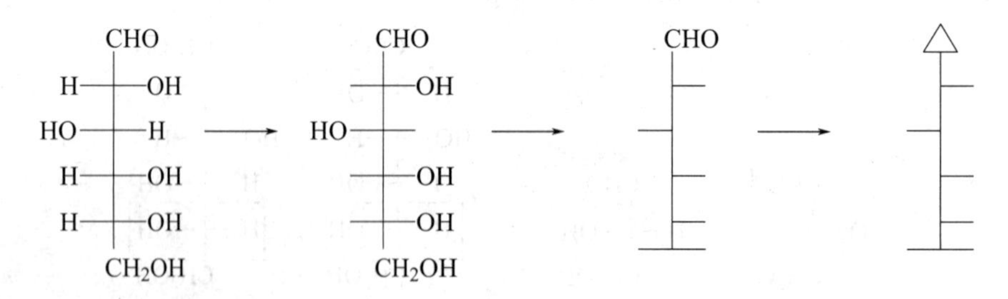

【问题 14.3】 *利用系统命名法写出葡萄糖的名称。*

14.2.2 单糖的变旋光现象及环状结构

(1) 单糖的变旋光现象

单糖的开链结构，得到了一些化学反应的证实，但其他一些性质却是开链结构不能解释的，如变旋光现象。

将由冷乙醇中结晶的葡萄糖配成溶液，$[\alpha]_D$ 逐渐由＋112°降至＋52.3°；将由热吡啶中结晶的葡萄糖配成溶液，$[\alpha]_D$ 逐渐由＋18.7°升至＋52.3°。这种比旋光度发生变化，最终达到一恒定值的现象叫变旋光现象。

另外一些性质也无法用开链结构解释：

① 单糖晶体 IR 谱无羰基吸收峰；

② 一般醛可以与两分子醇生成缩醛，但是葡萄糖只与一分子醇反应生成较稳定的化合物；

③ 不能与饱和的 $NaHSO_3$ 溶液反应。

（2）单糖的环状结构

人们从醇醛（酮）反应生成半缩醛（酮）中得到启示，解释了以上现象。

由于单糖分子中同时存在羰基和羟基，因而在分子内便能发生亲核加成反应，生成半缩醛（或半缩酮）而构成环，而常见单糖有机会形成较稳定的五元环或六元环。X 射线衍射结果也证明了单糖主要以环状结构存在。一般情况下，己醛糖都是第五个碳原子上的羟基与羰基形成半缩醛，构成六元环。该六元环含有一个氧原子，与吡喃结构类似，称为吡喃糖。有时，也会形成较稳定的五元环，此时结构与呋喃类似，称为呋喃糖。

在形成环状结构的过程中，葡萄糖原有的羰基碳原子 C_1 成为一个新的手性碳原子，因而生成的半缩醛就有两种构型：半缩醛羟基在投影式右边称为 α-型；在左边称为 β-型。相应的葡萄糖就有 α-D-(＋)-葡萄糖和 β-D-(＋)-葡萄糖两种环状结构。它们在结构上的区别只是 C_1 的构型不同，其他手性碳原子构型完全相同，所以称为端基异构体，属于非对映体。

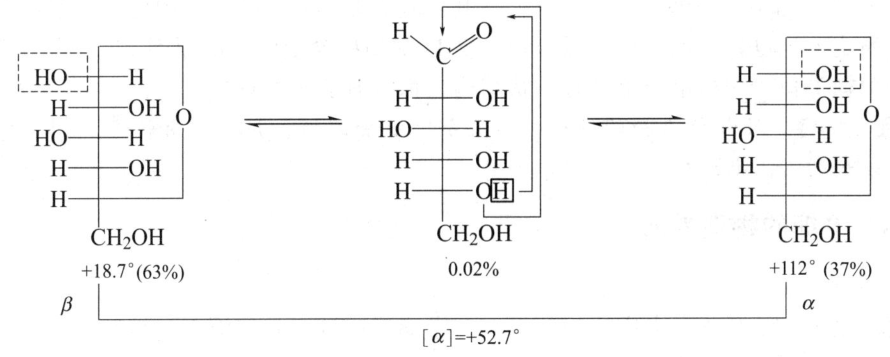

α-D-葡萄糖和 β-D-葡萄糖的晶体是稳定的，各有固定的熔点。但在水溶液中，α-D-葡萄糖和 β-D-葡萄糖两种环状结构之间会通过开链结构进行相互转化，逐渐达到动态平衡。在平衡混合物中，α-D-葡萄糖约占 36％，β-D-葡萄糖约占 64％，开链醛式结构含量很少，不足 0.1％，但是在 α-D-葡萄糖和 β-D-葡萄糖之间的相互转化过程中起到桥梁作用。α-D-葡萄糖或 β-D-葡萄糖晶体溶于水后，其相对含量在平衡过程中不断变化，所以溶液的比旋光度也随之变化，最后达到定值，这就是产生变旋光现象的原因。

$$[\alpha]_D=(18.7^\circ\times 64\%)+(112^\circ\times 36\%)=+52.3^\circ$$

由此也可以解释为什么葡萄糖只与一分子醇反应，没有典型的羰基性质等。

糖类的环状结构经常用哈沃斯式来表达。哈沃斯式的表达习惯是氧原子放在右上角，用上下方向表示环上基团的空间位置。半缩醛 OH 方向向上的为 β-型，方向向下的为 α-型。开链式转化成哈沃斯式的方法：左上右下（C_5 除外）。

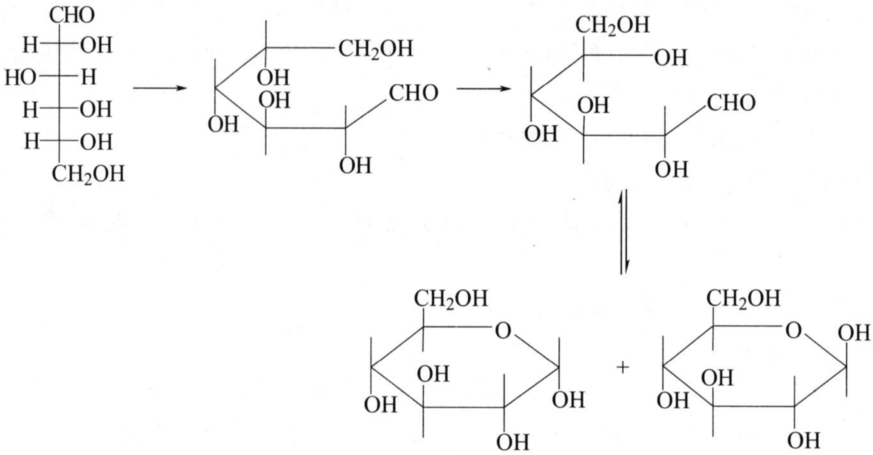

但是，哈沃斯把环看成平面，原子和基团垂直排布在环的上、下方，并不符合环状糖的真实空间结构。

与环己烷相似，吡喃糖中成环的各个原子不在同一平面上，而是以稳定的椅式构象存在。α-D-吡喃葡萄糖、β-D-吡喃葡萄糖的构象式如下：

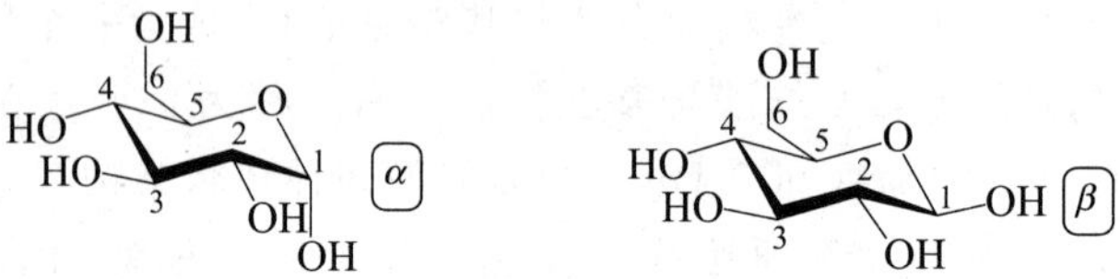

可以看出，β-D-吡喃葡萄糖中所有较大的基团都在 e 键上，相互距离较远，斥力较小；在 α-D-吡喃葡萄糖中半缩醛羟基在 a 键上，其余较大基团在 e 键上。因此，β-型比 α-型内能更低、更稳定。这也许是互变平衡混合物中 β-D-葡萄糖含量较高的原因。

和葡萄糖类似，许多单糖都具有环状结构，都具有变旋光现象。

【问题 14.4】 写出 D-果糖的结构式以及 α-D-吡喃果糖、β-D-吡喃果糖、α-D-呋喃果糖、β-D-呋喃果糖的哈沃斯透视式。

14.2.3 单糖的物理性质

(1) 溶解度

单糖都是无色结晶，在水中溶解度很大，常能形成过饱和溶液——糖浆。

(2) 甜度

单糖都有甜味，但甜度各不相同，通常把蔗糖的甜度定为 100 进行比较。常见糖的甜度见表 14-1。

表 14-1 常见糖的甜度

糖	蔗糖	果糖	转化糖	葡萄糖	木糖	麦芽糖	半乳糖	乳糖
甜度	100	173	130	74	40	32	32	16

(3) 旋光性

几乎所有糖类物质分子内都有手性碳原子，所以几乎都具有旋光性。

14.2.4 单糖的化学性质

单糖是多羟基醛或多羟基酮，所以具有醛基、酮基、醇羟基的性质，能发生醇羟基的成酯、成醚等反应和羰基的氧化、还原和加成等反应，而且具有羟基及羰基相互影响而产生的一些特殊反应。单糖在水溶液中是以链式和环式平衡存在的。在某些反应中，其链式异构体参与反应，而环式异构体就连续不断地转变为链式，最后全部生成链式异构体的衍生物。单糖衍生物主要有糖苷类、单糖磷酸酯、氨基糖、糖酸、糖醇等。单糖的主要化学性质有以下几方面。

(1) 还原性

单糖能被氧化，在不同条件下得到不同的氧化产物。

① 与弱氧化剂的反应　醛糖中因含有醛基可以被碱性弱氧化剂氧化，如托伦试剂 [$Ag(NH_3)_2OH$]、斐林试剂（NaOH，$CuSO_4$，$C_4O_6H_4KNa$）和班氏试剂（$CuSO_4$，$Na_3C_6H_5O_7$，Na_2CO_3）。凡是能被弱氧化剂氧化的糖称为还原糖，不能被氧化的称为非还原糖。在临床检验中，常用班氏试剂作为尿糖的定性检验试剂。

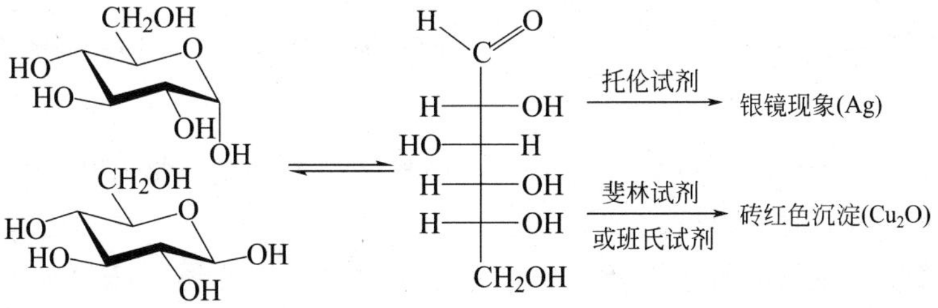

托伦试剂 → 银镜现象(Ag)

斐林试剂或班氏试剂 → 砖红色沉淀(Cu_2O)

在稀碱溶液中，许多单糖之间可以通过烯二醇中间体进行转化，得到含有醛糖、酮糖等几种单糖的混合物。在含有多个手性碳原子的对映异构体之间，如果只有一个手性碳原子的构型不同，其余手性碳原子的构型完全相同，这样的异构体互称差向异构体。差向异构体之间的转化称为差向异构化。D-葡萄糖与D-甘露糖结构上只有 C_2 构型不同，因此它们是 C_2 差向异构体。

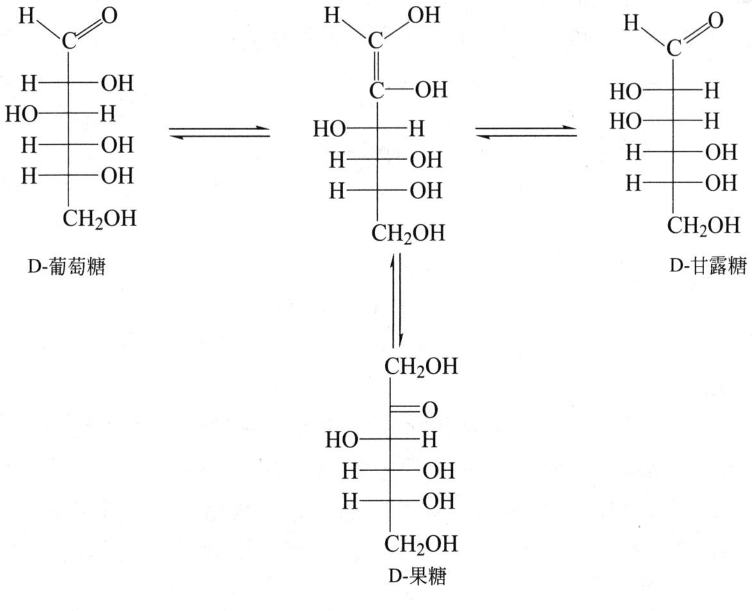

D-葡萄糖　　D-甘露糖

D-果糖

D-葡萄糖或D-甘露糖与D-果糖之间的转化，是醛糖与酮糖之间的转化，常见于体内糖代谢过程，如6-磷酸葡萄糖在异构酶作用下转变为6-磷酸果糖。

② 与溴水的反应　溴水可选择性地将醛基氧化成羧基。由于在酸性条件下（溴水 pH＝6.00），糖不发生差向异构化，因此溴水只氧化醛糖而不氧化酮糖，可用于鉴别酮糖与醛糖。

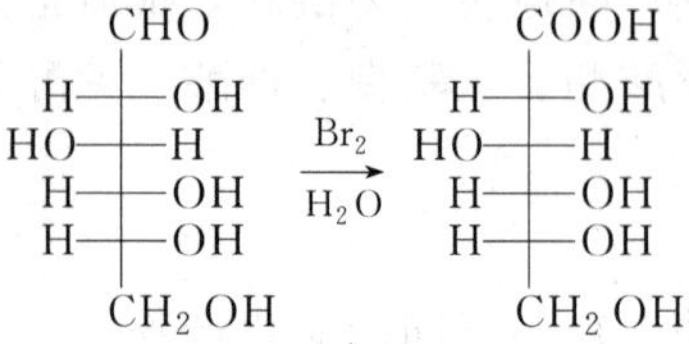

(2) 成苷反应

糖的半缩醛（酮）羟基与另一含活泼 H 的化合物（如 HO—、H_2N—、HS—等）脱水生成糖苷。

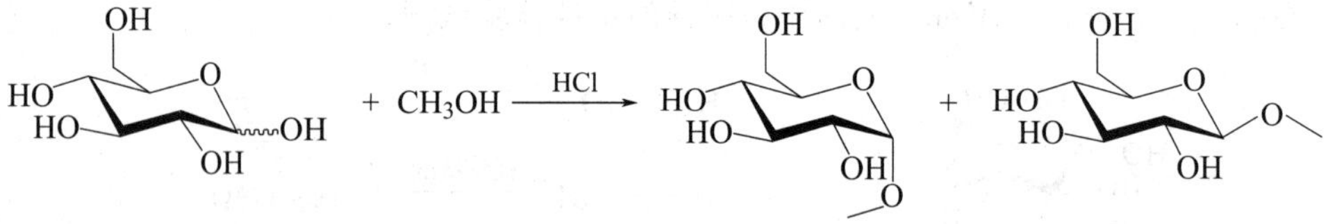

此反应只发生在半缩醛（酮）羟基上，该羟基又叫苷羟基。糖苷中的非糖部分称为苷元，如上述反应产物中的—CH_3。

糖苷具有缩醛的性质，无变旋光现象，无还原性（指不能还原托伦试剂等弱氧化剂），在碱中较稳定，在酸中易水解。

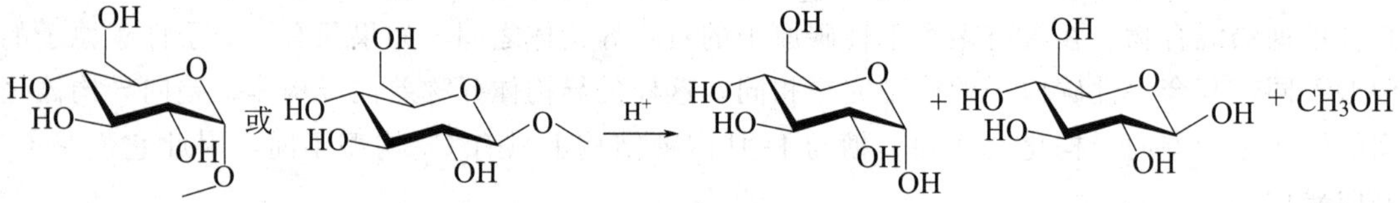

自然界中还广泛分布着非氧糖苷，如氮苷、碳苷、硫苷，很多苷具有生物活性。糖基的存在可增加糖苷的水溶性，同时当与酶作用时常常是分子识别的部位。

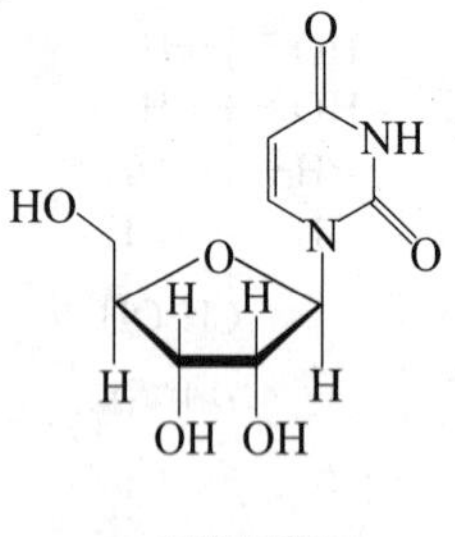

氮苷(尿苷) 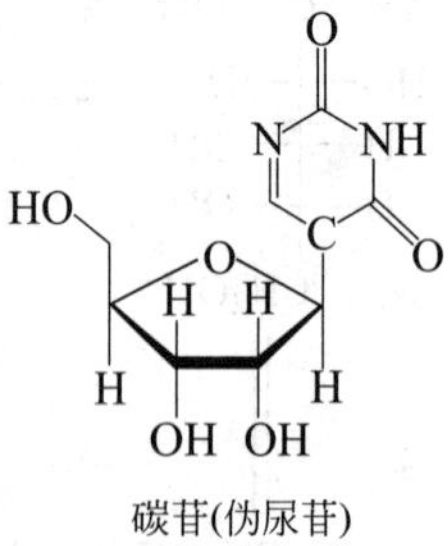　　碳苷(伪尿苷) 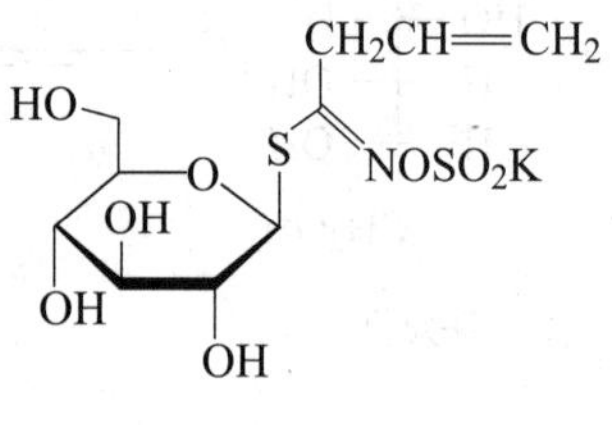　　硫苷(黑芥子苷)

(3) 成脎反应

单糖和过量的苯肼一起加热即生成糖脎。糖脎的生成过程比较复杂，一般认为分三步：单糖先与苯肼作用生成苯腙，然后苯腙中原来和羰基相邻的碳原子上的羟基又被苯肼氧化（苯肼对其他有机物不表现出氧化性）成羰基，然后再与苯肼反应，生成糖脎。

糖脎是黄色结晶。不同的糖脎晶形不同，成脎所需要的时间也不同，并各有一定的熔点，所以常用于糖的鉴定。

若两种糖生成同一种糖脎，可推知二者的 C_3～C_5 都具有相同的结构，可作结构鉴定的依据。如 D-葡萄糖、D-甘露糖和 D-果糖的糖脎是同一物质。

另外，糖类的羟基还可以发生脱水、成酯反应，羰基可以发生加成、还原反应，不再赘述。糖脎的形成过程为：

$$\begin{array}{c} \mathrm{CHO} \\ \mathrm{H}-\!\!+\!\!-\mathrm{OH} \\ \mathrm{HO}-\!\!+\!\!-\mathrm{H} \\ \mathrm{H}-\!\!+\!\!-\mathrm{OH} \\ \mathrm{H}-\!\!+\!\!-\mathrm{OH} \\ \mathrm{CH_2OH} \end{array} + \mathrm{H_2NNH}-\mathrm{C_6H_5} \xrightarrow{\triangle} \begin{array}{c} \mathrm{HC{=}N{-}NHPh} \\ \mathrm{H}-\!\!+\!\!-\mathrm{OH} \\ \mathrm{HO}-\!\!+\!\!-\mathrm{H} \\ \mathrm{H}-\!\!+\!\!-\mathrm{OH} \\ \mathrm{H}-\!\!+\!\!-\mathrm{OH} \\ \mathrm{CH_2OH} \end{array}$$

$$\begin{array}{c} \mathrm{HC{=}N{-}NHPh} \\ \mathrm{H}-\!\!+\!\!-\mathrm{OH} \\ \mathrm{HO}-\!\!+\!\!-\mathrm{H} \\ \mathrm{H}-\!\!+\!\!-\mathrm{OH} \\ \mathrm{H}-\!\!+\!\!-\mathrm{OH} \\ \mathrm{CH_2OH} \end{array} + \mathrm{H_2NNH{-}Ph} \longrightarrow \begin{array}{c} \mathrm{HC{=}N{-}NHPh} \\ | \\ \mathrm{C{=}O} \\ \mathrm{HO}-\!\!+\!\!-\mathrm{H} \\ \mathrm{H}-\!\!+\!\!-\mathrm{OH} \\ \mathrm{H}-\!\!+\!\!-\mathrm{OH} \\ \mathrm{CH_2OH} \end{array} + \mathrm{C_6H_5{-}NH_2} + \mathrm{NH_3}$$

$$\begin{array}{c} \mathrm{HC{=}N{-}NHPh} \\ | \\ \mathrm{C{=}O} \\ \mathrm{HO}-\!\!+\!\!-\mathrm{H} \\ \mathrm{H}-\!\!+\!\!-\mathrm{OH} \\ \mathrm{H}-\!\!+\!\!-\mathrm{OH} \\ \mathrm{CH_2OH} \end{array} + \mathrm{H_2NNH{-}Ph} \longrightarrow \begin{array}{c} \mathrm{HC{=}N{-}NHPh} \\ | \\ \mathrm{C{=}N{-}NHPh} \\ \mathrm{HO}-\!\!+\!\!-\mathrm{H} \\ \mathrm{H}-\!\!+\!\!-\mathrm{OH} \\ \mathrm{H}-\!\!+\!\!-\mathrm{OH} \\ \mathrm{CH_2OH} \\ \text{黄色晶体} \end{array}$$

14.3 二糖和多糖

14.3.1 二糖简介

自然界中最常见的寡糖是二糖。组成寡糖的单糖可以是相同的，如麦芽糖。但更多的寡糖可能是不同种的单糖组成，如蔗糖由葡萄糖与果糖组成，乳糖由半乳糖和葡萄糖组成。此外寡糖中也可能包含单糖的衍生物，如透明质酸二糖由 β-葡萄糖醛酸与乙酰氨基葡萄糖组成，软骨二糖由 β-葡萄糖醛酸与半乳糖胺组成。自然界以游离状态存在的二糖有蔗糖、麦芽糖等，三糖有棉籽糖等。二糖可由单糖分子脱水而成。

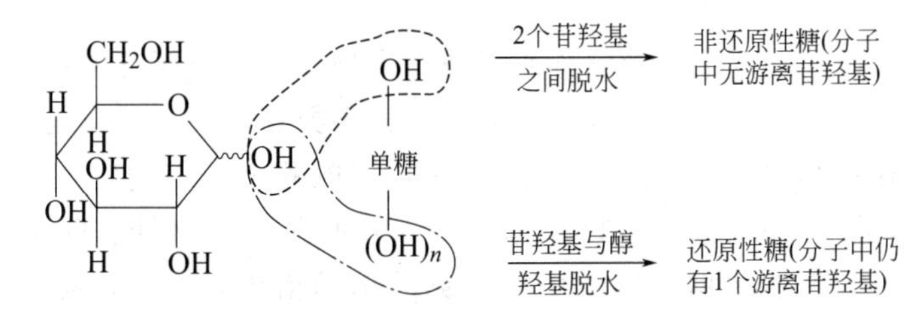

二糖也是一种苷。二糖的物理性质与单糖相似，是否具有变旋光现象和还原性要看二糖分子中是否还保留有游离的苷羟基。二糖根据其是否具有还原性又分为还原糖和非还原糖两类。

14.3.2 蔗糖

蔗糖在甘蔗和甜菜中含量最多，故俗称为蔗糖或甜菜糖。蔗糖被稀酸水解，产生等量的

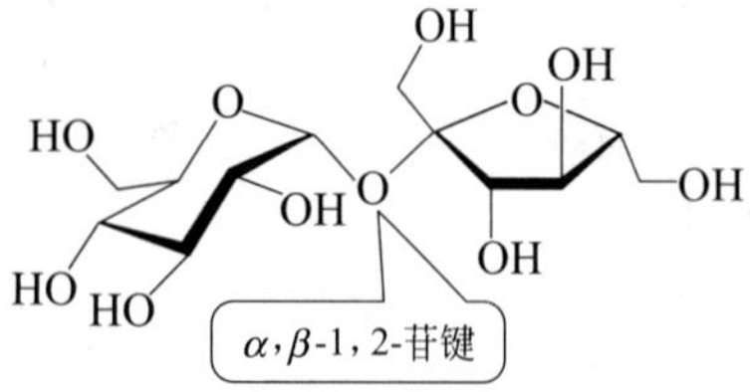

D-葡萄糖和 D-果糖，无还原性和变旋光现象。蔗糖能被 α-葡萄糖苷酶或 β-果糖苷酶水解生成相同产物，说明其苷键由葡萄糖的半缩醛羟基和果糖的半缩酮羟基脱水而成。系统命名为：O-α-D-葡萄吡喃糖基-(1→2)-β-D-果糖呋喃糖苷。

α,β-1,2-苷键

蔗糖是右旋糖，比旋光度为+66.7°。蔗糖水解后生成等量的 D-葡萄糖和 D-果糖的混合物，其比旋光度为−19.7°，与水解前的旋光方向相反，因此把蔗糖的水解反应称为转化反应，水解后的混合物称为转化糖。

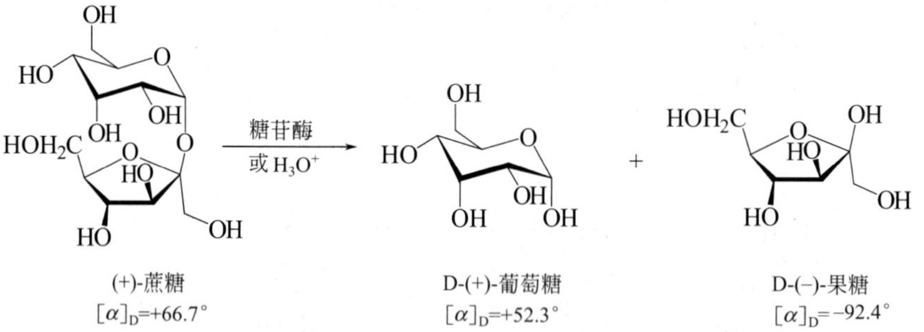

糖苷酶 或 H_3O^+

(+)-蔗糖 $[\alpha]_D=+66.7°$

D-(+)-葡萄糖 $[\alpha]_D=+52.3°$

D-(−)-果糖 $[\alpha]_D=-92.4°$

14.3.3 麦芽糖

麦芽糖可看作是一个 D-葡萄糖的 α-苷羟基与另一个 D-葡萄糖的 C_4—OH 脱水而形成的 α-葡萄糖苷，二者以 α-1,4-苷键结合。

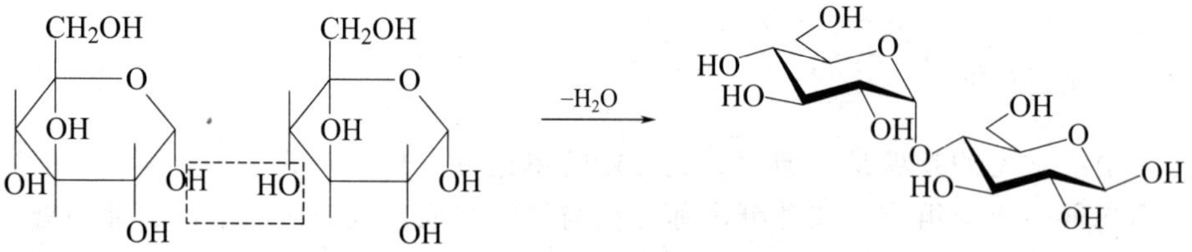

$-H_2O$

结晶状态时游离苷羟基为 β-构型，有变旋光现象和还原性，能被 α-葡萄糖苷酶水解。

14.3.4 多糖简介

多糖是由十个以上到上万个单糖分子或单糖衍生物分子通过糖苷键连接而成的线型或带有支链的高分子聚合物。自然界中发现的糖类，绝大多数是以高分子量的多糖出现。用酸或特异的酶完全水解这些多糖后，产生单糖和（或）简单的单糖衍生物。D-葡萄糖是多糖中最普通的单糖单位，但由 D-甘露糖、D-果糖、D-半乳糖和 L-半乳糖、D-木糖和 D-阿拉伯糖等组成的多糖也常见。天然多糖水解物中很常见的单糖衍生物有：D-氨基葡萄糖、D-氨基半乳糖、D-葡萄糖醛酸、N-乙酰胞壁酸和 N-乙酰神经氨酸等。

多糖没有还原性和变旋光现象，也没有甜味。多糖在水中不能形成真溶液，有些多糖能与水形成胶体溶液，许多多糖不溶于水。多糖在自然界中分布很广。植物的骨架纤维素，动植物贮藏的养分淀粉、肝糖，人软骨中的软骨素，昆虫的甲壳，植物的黏液，树胶，细菌的荚膜等许多物质，都是由多糖构成的。多糖主要包括贮存多糖（淀粉、糖原）、结构多糖（纤维素）、黏多糖、糖复合物等。

14.3.5 淀粉

淀粉是植物贮存的养料，主要存在于种子（谷物、豆类等）、块茎（如马铃薯）和块根（如薯类）中。天然淀粉显颗粒状，外层为支链部分，约占 75%～85%，内层为直链部分，约占 15%～25%，这两部分的结构和性质有一定差异，直链淀粉的分子量比支链淀粉的分子量小（分子量大小与淀粉的来源及分离提纯的方法有关），它们在淀粉粒中的比例随植物品种而异。有的淀粉（如糯米）全部为支链淀粉，而豆类的淀粉则全是直链淀粉。

（1）直链淀粉

由 α-D-吡喃葡萄糖通过 α-1,4-苷键连接而成的直链多糖，它可由数百个到 3000 个葡萄糖单位组成。

直链淀粉并不排列成一条直线，这是因为 α-1,4-苷键的氧原子有一定键角，且单键可自由转动，分子内的羟基间可形成氢键，因此直链淀粉按具有规则的螺旋状空间排列。每一圈螺旋有 6 个 D-葡萄糖单位。

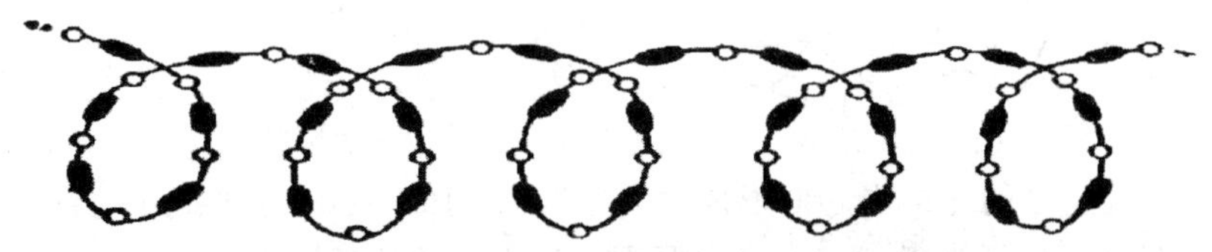

直链淀粉不易溶于冷水，能溶于热水。其水溶液与碘产生紫蓝色反应，目前认为是直链淀粉螺旋状结构中的空穴恰好适合碘分子的进入，依靠分子间引力使碘形成紫蓝色的包结物。

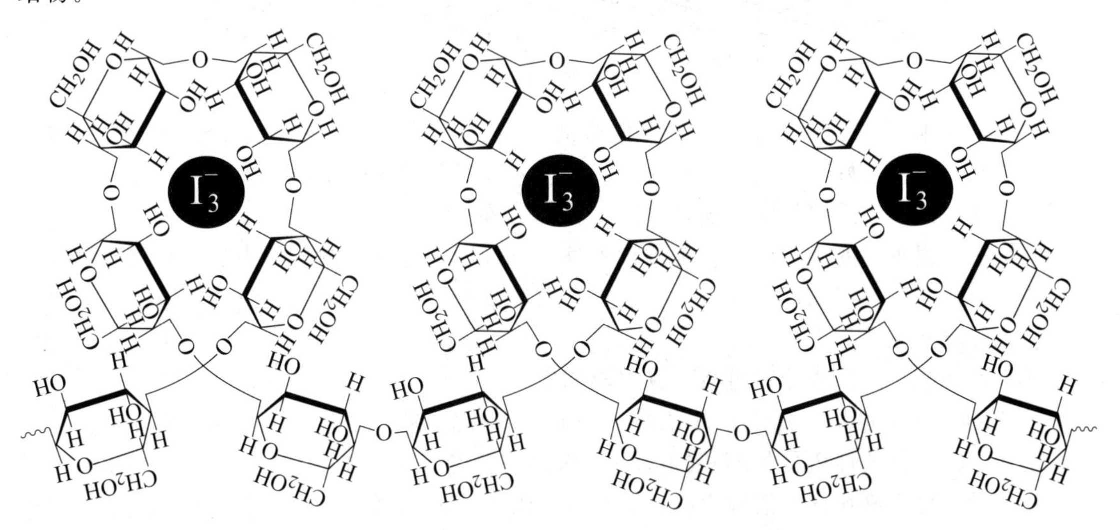

(2) 支链淀粉

支链淀粉也称胶淀粉，存在于淀粉的外层，组成淀粉的皮质，它不溶于冷水或热水，但可在水中膨胀成糊状。支链淀粉的主链也是由α-D-吡喃葡萄糖通过α-1,4-苷键连接而成，此外它还含有α-1,6-苷键连接的支链。

14.3.6 纤维素

纤维素是世界上最丰富的天然有机物，占植物界碳含量的50%以上。纤维素是由D-葡萄糖经β-1,4-苷键连接而成的线状多聚体，通常可由300～15000个D-葡萄糖单位组成，其结构中没有分支。

由β-1,4-苷键连接的纤维素趋向形成“直链”，每100～200条彼此平行的分子长链通过氢键聚集在一起排列成纤维素索。木材主要是通过大量的邻近链上羟基之间的氢键聚集在一起的。绞成绳索状的纤维长链见图14-1。

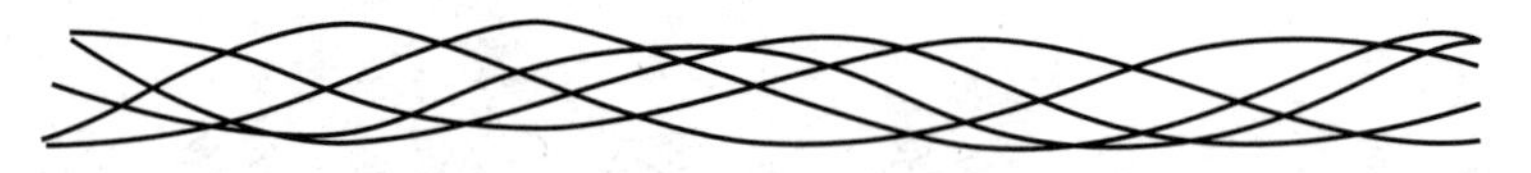

图14-1　绞成绳索状的纤维长链

纤维素在水、稀酸和稀碱及一般有机溶剂中不溶，但能溶于浓硫酸及浓的氯化锌溶液中，并同时断链，最好的溶剂是氢氧化铜的氨溶液。纤维素在酸中加热加压长时间水解，可得纤维四糖、纤维三糖、纤维二糖，最终水解为D-葡萄糖。

纤维素是很重要的工业原料。纤维素本身可直接用于造纸和制作纺织品。利用纤维素分子中的多个羟基，可以生成纤维素的衍生物，使纤维素改性而得到更广泛的用途。

(1) 纤维素酯

纤维素和酸作用生成酯，可溶于许多溶剂中。

① 硝酸纤维素酯　当纤维素在硫酸存在下用硝酸处理生成的酯叫硝酸纤维素酯。酯化程度不同，其产物的性质也各不相同。如平均每个葡萄糖单元有2.5～2.7个—ONO_2，所得产物易燃，且有爆炸性，俗称火棉，是制造无烟火药的原料。若每个葡萄糖单元有2.1～

2.5个—ONO_2，所得产物也易燃，但无爆炸性，俗称胶棉，可制塑料、喷漆、乒乓球、纽扣等。

$$\left[\text{纤维素结构单元}(CH_2OH,\ HO,\ OH)\right]_n \xrightarrow[H_2SO_4]{HNO_3} \left[\text{硝酸纤维素酯结构单元}(CH_2ONO_2,\ O_2NO,\ ONO_2)\right]_n$$

② 乙酸纤维素酯　纤维素与乙酸酐和硫酸作用，醇羟基发生乙酰化反应，生成乙酸纤维素酯。酯化的程度随试剂的浓度和反应条件的不同而不同。工业上一般使用的是二乙酸酯，可用于制造人造丝、电影胶片、手性固定相等。

(2) 纤维素醚

纤维素在氢氧化钠溶液中与氯乙酸作用，羟基中的氢可以被羧甲基取代，生成羧甲基纤维素的钠盐：

$$\left[\text{纤维素结构单元}(CH_2OH,\ HO,\ OH)\right]_n \xrightarrow[NaOH]{ClCH_2COOH} \left[\text{羧甲基纤维素钠结构单元}(CH_2OCH_2COONa,\ HO,\ OH)\right]_n$$

羧甲基纤维素钠盐（CMC）是白色粉状物，俗称化学糨糊，可以作纺织工业的上胶剂和食品工业的乳化剂，同时也是天然的离子交换剂，常用于蛋白质、核酸等复杂的天然高分子化合物的分离。

(3) 黄原酸纤维素

纤维素与氢氧化钠及二硫化碳作用，得纤维素黄原酸盐，将其压过细孔，进入酸液，可析出黏胶纤维，经过化学处理，得长而均匀的再生（人造）纤维；若通过狭缝压入稀酸中，则得玻璃纸。

$$R{-}OH + NaOH + CS_2 \longrightarrow RO\overset{\overset{\displaystyle S}{\|}}{C}SNa \xrightarrow{H_2SO_4} \text{再生纤维}$$

纤维素和淀粉的应用研究越来越受到人们重视，主要源于它们的丰富性、可再生性和易降解性。

【问题 14.5】 试用所学知识，解释淀粉与纤维素的稳定性规律。

14.4 脂　类

14.4.1 脂类化合物简介

脂类广泛存在于生物体内，在化学组成、化学结构和生理功能上有较大差异，但都具有脂溶性，都是细胞的成分。脂类主要包括油脂（甘油三酯）和类脂（磷脂、蜡、萜类、甾类）。各种植物的种子、动物的组织和器官中都存有一定数量的油脂，特别是油料作物的种子和动物皮下的脂肪组织。人体内的脂肪约占体重的10%～20%。贮存能量和供给能量是脂肪最重要的生理功能。高等动物和人体内的脂肪，还有减少身体热量损失，维持体温恒定，减少内部器官之间摩擦和缓冲外界压力的作用。类脂中的磷脂、糖脂和胆固醇这些物质对于生物体维持正常的新陈代谢和生殖过程，起着重要的调节作用。

14.4.2 油脂的简介

食物中的油脂主要是油和脂肪，一般把常温下是液体的称作油，把常温下是固体的称作脂肪。我们常见的油脂有：猪油、牛油、羊油、花生油、大豆油、菜籽油、棉籽油、蓖麻油、桐油等。

14.4.3 油脂的结构与命名

从化学结构上看，油脂均是由长链脂肪酸与甘油形成的酯。其通式如下：

```
                         O
                         ‖
                H2C—O—C—R1
                  |
R2—C—O—CH       O
    ‖             |        ‖
    O      H2C—O—C—R3
```

单三酰甘油命名时称为“三某脂酰甘油”或“甘油三某脂酸酯”。混三酰甘油命名时用 α、β 和 α' 标明脂肪酸的位次。

```
                                  O
                                  ‖
                        H2C—O—C—(CH2)16CH3
                          |
H3C(H2C)14—C—O—CH       O
            ‖             |        ‖
            O      H2C—O—C—(CH2)7CH=CH(CH2)7CH3
```

α-硬脂酰-β-棕榈酰-α'-油酰甘油或

甘油-α-硬脂酸-β-棕榈酸-α'-油酸酯

组成油脂的脂肪酸碳链较长（$C_4 \sim C_{26}$），一般称为高级脂肪酸。高级脂肪酸可以是饱和的，也可以是不饱和的，天然存在的不饱和脂肪酸其构型几乎全部是顺式（在某些油脂加工中，容易出现反式），多不饱和酸都是非共轭体系，一般都是含有偶数碳原子的直链羧酸。如：

```
CH3(CH2)4\        /CH2\        /(CH2)7COOH
          C=C          C=C
        H/    \H    H/    \H
```

亚油酸（顺，顺-9，12-十八碳二烯酸）

常见的饱和脂肪酸有软脂酸和硬脂酸，常见不饱和脂肪酸主要有油酸、亚油酸、亚麻酸和花生四烯酸。除此之外，还有来自鱼油和海食品中的二十碳五烯酸（EPA）和二十二碳六烯酸（DHA）。

少数不饱和脂肪酸如亚油酸和亚麻酸不能在人体内合成，花生四烯酸在体内虽能合成，但数量不能完全满足人体生命活动的需求，这些人体不能合成或合成不足，必须从食物中摄取的不饱和脂肪酸，称为必需脂肪酸。一些常见脂肪酸见表 14-2。

表 14-2 常见脂肪酸

系统名称	俗名或普通名
十二碳酸	月桂酸
十四碳酸	肉豆蔻酸

续表

系统名称	俗名或普通名
十六碳酸	棕榈酸
9-十六碳烯酸	棕榈油酸
十八碳酸	硬脂酸
9-十八碳烯酸	油酸
9,12-十八碳二烯酸	亚油酸
9,12,15-十八碳三烯酸	α-亚麻酸
6,9,12-十八碳三烯酸	γ-亚麻酸
二十碳酸	花生酸
8,11,14-二十碳三烯酸	DH-γ-亚麻酸
5,8,11,14-二十碳四烯酸	花生四烯酸
5,8,11,14,17-二十碳五烯酸	EPA
4,7,10,13,16,19-二十二碳六烯酸	DHA

14.4.4 油脂的物理性质

纯净的油脂一般为无色、无臭、无味的中性物质，天然油脂（尤其是植物中的油脂）因混有维生素和色素常带有颜色和特殊的气味。油脂的密度小于 $1g \cdot cm^{-3}$，不溶于水，易溶于乙醚、石油醚、氯仿、苯及热乙醇等有机溶剂，可以利用这些溶剂提取动植物组织中的油脂。由于天然油脂都是混合物，所以无恒定的熔点和沸点。油脂的熔点随不饱和脂肪酸的含量增加而降低。

【问题 14.6】 试用所学知识，解释为什么油脂的熔点随不饱和脂肪酸的含量增加而降低？

14.4.5 油脂的化学性质

油脂具有酯的典型反应，此外构成各种油脂的脂肪酸都不同程度地含有碳碳双键，可发生加成反应、氧化反应等。

(1) 水解与皂化

三酰甘油在酸、碱或酶的作用下，可水解生成 1 分子甘油和 3 分子脂肪酸。酯的碱性水解产物为脂肪酸盐，即肥皂的主要成分，故油脂在碱性溶液中的水解又称为皂化反应。

$$\begin{array}{l} H_2C-O-\overset{\overset{O}{\|}}{C}-R^1 \\ R^2-\underset{\underset{O}{\|}}{C}-O-CH \\ \qquad\quad H_2C-O-\overset{\overset{O}{\|}}{C}-R^3 \end{array} \xrightarrow{3NaOH} \begin{array}{l} H_2C-OH \\ HO-CH \\ H_2C-OH \end{array} + \begin{array}{l} R^1COONa \\ R^2COONa \\ R^3COONa \end{array}$$

1g 油脂完全皂化所需氢氧化钾的质量（以 mg 计）叫皂化值。皂化值越大，油脂中三酰甘油的平均分子量越小。

油脂是一种混合物，除能皂化的部分外，还有约 1%～3%的部分不能皂化（即不与碱作用，也不溶于水）物质，包括维生素 A、维生素 D、维生素 E、维生素 K、蜡及甾醇等。

(2) 加成

含有不饱和脂肪酸的三酰甘油，其分子中的碳碳双键可与氢、卤素等进行加成。油脂在催化剂作用下加氢，油脂中的不饱和脂肪酸即转变为饱和脂肪酸。加氢的结果为液态的油转化成半固态的脂肪。所以这种氢化也叫作“油脂的硬化”。氢化后的油脂不易变质，便于运输，可用作制造肥皂、人造奶油等的原料。油脂的氢化过程中难免会出现少量反式烯烃，不宜大量食用。碘能与不饱和脂肪酸中的碳碳双键发生加成反应。从一定量的油脂所能吸收碘的质量，可以测定油脂的不饱和程度。通常将 100g 油脂所吸收的碘的质量（以 g 计）称为油脂的碘值。在实际测定中，由于碘与碳碳双键加成的反应速率很慢，所以常用氯化碘（ICl）或溴化碘（IBr）的冰醋酸溶液与油脂反应，最后折算成碘值。研究表明，长期食用低碘值的油脂，可导致动脉硬化等疾病。

(3) 酸败

油脂在空气中放置时间过久，会产生难闻的气味，这种变化称为酸败。引起酸败的主要原因有空气氧化分解和微生物或酶的氧化分解，不稳定结构主要是碳碳双键。油脂被氧化生成低级的醛、酮、酸等物质。

O_2 CHO + OHC COOH + HOOC

油脂酸败的标志是油脂中游离脂肪酸的含量增加。中和 1g 油脂中的游离脂肪酸所需氢氧化钾的质量（单位为 mg）称为油脂的酸值。通常酸值大于 6.0 的油脂不宜食用。为了防止酸败，油脂应贮存于密闭的容器中，放置在阴凉处。此外，也可以添加适当的抗氧化剂。

皂化值、碘值和酸值是油脂分析中的重要理化指标。

14.4.6 肥皂和合成洗涤剂

(1) 肥皂

肥皂是长链脂肪酸金属盐的总称，通式为 RCOOM。日用肥皂中的脂肪酸碳数一般为 10～18，金属主要是钠或钾等，也有用氨及某些有机碱如乙醇胺、三乙醇胺等制成特殊用途肥皂的。高级脂肪酸的钠盐一般叫作硬肥皂；其钾盐叫作软肥皂，多用于洗发、刮脸等；其铵盐则常用来做雪花膏；加入香料即为香皂，加入防腐剂（苯酚等）为药皂，加入松香酸钠可增加泡沫，多显黄色。白色洗衣皂则加入碳酸钠和水玻璃（含量可达 12%），一般洗衣皂的成分中约含 30%的水分。

制肥皂的基本化学反应是油脂和碱相互作用生成，肥皂为什么能去污呢?

从结构上看，肥皂分子可分为两部分，一部分是极性的—COO^-，它可以溶于水，叫亲水基；另一部分是非极性的链状烃基—R，这一部分不溶于水，叫作憎水基。憎水基具有亲油的性质。

COONa
亲水基
憎水基

肥皂的去污原理（图 14-2）为：当肥皂分子进入水中时，具有极性的亲水部位，会破坏水分子间的吸引力而使水的表面张力降低，使水分子平均地分配在待清洗的衣物或皮肤表面。肥皂的亲油部位，深入油污，而亲水部位溶于水中，此结合物经搅动后形成较小的油滴，其表面布满肥皂的亲水部位，而不会重新聚在一起成大油污。此过程（又称乳化）重复多次，则所有油污均会变成非常微小的油滴溶于水中，可被轻易地冲洗干净。

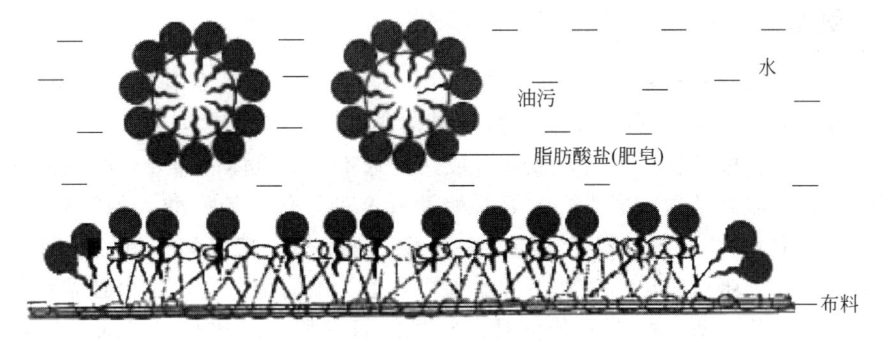

图 14-2　肥皂的去污原理

肥皂不宜在硬水中使用，主要会生成难溶性钙盐与镁盐，不宜在酸性水中使用，会生成难溶的脂肪酸，同时其碱性对皮肤有一定的刺激性。用合成洗涤剂代替肥皂，基本上能克服上述缺点。

(2) 合成洗涤剂

仿照肥皂的结构并结合去污原理，人们合成了一系列与肥皂分子有相类似结构，具有亲水基团和憎水基团的合成洗涤剂。一般是根据洗涤剂在水溶液中能否分解为离子，将其分为离子型洗涤剂和非离子型洗涤剂。离子型洗涤剂又可分为阳离子洗涤剂、阴离子洗涤剂和两性离子洗涤剂三种。

非离子洗涤剂在水溶液中不会解离为带电荷的阴离子或阳离子，呈中性的分子状态或胶束状态。其结构中的羟基（—OH）或醚键（R—O—R′）为亲水基团，其原料主要有环氧乙烷，代表性物质有脂肪醇聚氧乙烯醚（AEO）、烷基糖苷（APG）等。非离子洗涤剂具有分散、乳化、起泡、润湿、增溶等多种性能，因此在很多领域中都有重要用途。

阴离子洗涤剂是目前应用最多的一类合成洗涤剂，其有效成分是阴离子，如烷基硫酸钠、烷基苯磺酸钠。其中烃基一般在 C_{12} 左右，烃基过大或过小都影响其亲水亲油性。

阳离子洗涤剂的有效成分是阳离子，其代表性物质主要是季铵盐、吡咯衍生物。它们的洗涤效果差，但是不受溶液 pH 值影响，具有显著的杀菌活性，多用于杀菌消毒剂。常用的抗菌去污剂“新洁尔灭”的化学名称为溴化二甲基十二烷基苄基铵。

两性离子洗涤剂在水溶液中表现为阴、阳离子形式，代表性物质有氨基酸类、甜菜碱类、咪唑啉类，对皮肤刺激性低，具有好的生物降解性、柔软性、抗静电性、耐硬水性和防锈性，去污能力强。

14.5　氨基酸

蛋白质的名称来自于希腊语“Ptoteios”，意思是“最重要的”，是生命的物质基础。人体内蛋白质的种类很多，性质、功能各异，但都是由 20 多种氨基酸按不同比例、顺序组合而成的，并在体内不断进行代谢与更新。肽是 α-氨基酸以肽链连接在一起而形成的化合物，它也是蛋白质水解的中间产物。通常由 10～50 个氨基酸组成的肽称为多肽；由 50 个以上的氨基酸组成的肽就称为蛋白质，换言之，蛋白质有时也被称为多肽。

14.5.1 氨基酸

氨基酸是含有氨基和羧基的一类有机化合物的通称。在自然界中共有300多种氨基酸，参与蛋白质合成的主要是20种L-α-氨基酸，是构成生命大厦的基本砖石之一。

人体（或其他脊椎动物）不能合成或合成速度远不适应机体的需要，必须由食物蛋白供给的氨基酸称为必需氨基酸。成人必需氨基酸共有8种，包括赖氨酸、色氨酸、苯丙氨酸、蛋氨酸（甲硫氨酸）、苏氨酸、异亮氨酸、亮氨酸、缬氨酸。精氨酸和组氨酸属于幼儿必需氨基酸。大多数动物蛋白质包括牛乳中的酪蛋白和蛋类中的蛋白质，所含必需氨基酸的种类和比例与人体需要相接近，故营养价值高。常见的氨基酸含量比较丰富的食物有鱼类、蚕蛹、鸡肉、豆腐、紫菜等。

氨基酸为无色晶体，熔点一般在200℃以上。不同的氨基酸其味不同，有的无味，有的味甜，有的味苦，谷氨酸的单钠盐有鲜味，是味精的主要成分。各种氨基酸在水中的溶解度差别较大。通常酒精能把氨基酸从其溶液中沉淀析出。

14.5.2 氨基酸的结构

除脯氨酸（含有亚氨基）外，氨基酸的结构通式可表示为（R基为可变基团）：

$$R-\overset{CO_2H}{\underset{NH_2}{C}}-H$$

除甘氨酸外，其他蛋白质氨基酸的α-碳原子均为手性碳原子。

氨基酸的构型通常采用D、L命名法，命名依据是看费歇尔投影式中氨基的位置，存在于蛋白质中的氨基酸都是L型的。

生物体内的20种氨基酸，如元素符号一样，都有国际通用的符号，中文用简称表示，见表14-3。

表14-3 20种常见氨基酸

中文名称	中文简称	符号与缩写	pI	侧链结构	类型
丙氨酸	丙	A或Ala	6.02	CH_3-	中性
天冬酰胺	天酰	N或Asn	2.77	$H_2N-CO-CH_2-$	
半胱氨酸	半胱	C或Cys	5.07	$HS-CH_2-$	
谷氨酰胺	谷酰	Q或Gln	5.65	$H_2N-CO-(CH_2)_2-$	
甘氨酸	甘	G或Gly	5.97	$H-$	
异亮氨酸	异亮	I或Ile	6.02	$CH_3-CH_2-CH(CH_3)-$	
亮氨酸	亮	L或Leu	5.98	$(CH_3)_2CH-CH_2-$	
蛋氨酸	蛋	M或Met	5.75	$CH_3-S-(CH_2)_2-$	
苯丙氨酸	苯丙	F或Phe	5.48	$Ph-CH_2-$	
脯氨酸	脯	P或Pro	6.48	$-CH_2CH_2CH_2-$	
丝氨酸	丝	S或Ser	5.68	$HO-CH_2-$	
苏氨酸	苏	T或Thr	5.60	$CH_3-CH(OH)-$	
色氨酸	色	W或Trp	5.89	Ph, NH（结构图）	
酪氨酸	酪	Y或Tyr	5.66	$4-HO-Ph-CH_2-$	

续表

中文名称	中文简称	符号与缩写	pI	侧链结构	类型
缬氨酸	缬	V 或 Val	5.97	$(CH_3)_2CH-$	
谷氨酸	谷	E 或 Glu	3.22	$HOOC-(CH_2)_2-$	酸性
天冬氨酸	天	D 或 Asp	2.98	$HOOC-CH_2-$	
精氨酸	精	R 或 Arg	10.98	$HN{=}C(NH_2)-NH-(CH_2)_3-$	碱性
组氨酸	组	H 或 His	7.59	(咪唑环 N、NH 结构式)	
赖氨酸	赖	K 或 Lys	9.74	$H_2N-(CH_2)_4-$	

【问题 14.7】 以 R、S 构型表示方法分析常见氨基酸的构型情况。

14.5.3 氨基酸的化学性质

氨基酸分子中同时含羧基和氨基，具有羧基和氨基的性质以及由它们相互作用引起的特殊性质。

(1) 氨基酸的酸碱性和等电点

氨基酸分子中同时含有酸性基团和碱性基团，具有两性化合物特征，在水溶液或结晶时基本上均以偶极离子的形式存在。既能与较强的酸起反应，也能与较强的碱起反应而生成稳定的盐。

$$\mathrm{R{-}CH(N^+H_3){-}COOH \underset{H^+}{\rightleftharpoons} R{-}CH(N^+H_3){-}COO^- \overset{OH^-}{\rightleftharpoons} R{-}CH(NH_2){-}COO^-}$$

由于氨基酸中给出质子的酸性基团和接受质子的碱性基团的数目和能力各异，因此它们在水溶液中呈现不同的酸碱性。中性氨基酸在水溶液中解离时，由于$-NH_3^+$ 给出质子的能力略大于$-CO_2^-$ 接受质子的能力，因此其水溶液呈弱酸性，此时氨基酸带负电荷。酸性氨基酸在水溶液中呈酸性，碱性氨基酸在水溶液中呈碱性。

氨基酸的带电状况取决于所处环境的 pH 值，改变 pH 值可以使氨基酸带正电荷或负电荷，也可使它处于正负电荷数相等，即净电荷为零的两性离子状态。使氨基酸所带正负电荷数相等即净电荷为零时溶液的 pH 值称为该氨基酸的等电点，以 pI 表示。

$$\underset{pH<pI}{\mathrm{R{-}CH(N^+H_3){-}COOH}} \underset{H^+}{\overset{OH^-}{\rightleftharpoons}} \underset{pH=pI}{\mathrm{R{-}CH(N^+H_3){-}COO^-}} \underset{H^+}{\overset{OH^-}{\rightleftharpoons}} \underset{pH>pI}{\mathrm{R{-}CH(NH_2){-}COO^-}}$$

pH＝pI 时，主要以两性离子形式存在；pH＞pI 时，主要以阴离子形式存在；pH＜pI 时，主要以阳离子形式存在。若将氨基酸的混合溶液置于电场中，则不同电荷形式的微粒，运行方式不同，以此可以分离氨基酸混合物。

等电点是氨基酸的重要理化常数之一，每种氨基酸都有其特定的等电点，见表 14-3。在等电点时氨基酸相当于不带电，极性最小，溶解度最小。

【问题 14.8】 在电解质溶液为 pH＝6 的缓冲液的电场中，里面的赖氨酸、缬氨酸、谷氨酸将带什么电荷，向何方移动？

(2) 氨基酸与亚硝酸反应

氨基酸（相当于脂肪伯胺）与亚硝酸作用，可释放氮气，$—NH_3^+$ 被羟基取代，生成 α-羟基酸。脯氨酸分子中含有亚氨基，亚氨基不能与亚硝酸反应放出氮气。

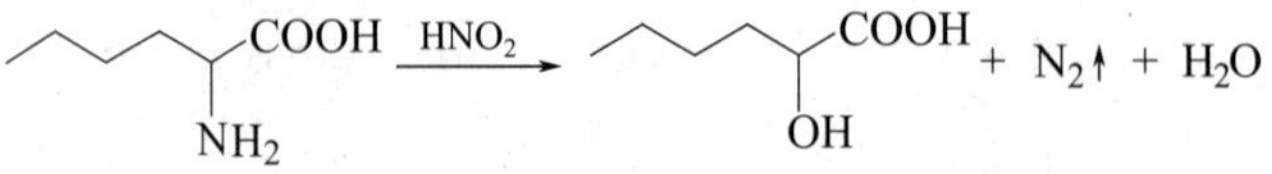

$$CH_3CH_2CH_2CH_2CH(NH_2)COOH \xrightarrow{HNO_2} CH_3CH_2CH_2CH_2CH(OH)COOH + N_2\uparrow + H_2O$$

若定量测定反应中所释放出 N_2 的体积，即可计算出氨基酸的含量，此种方法称为范斯莱克氨基氮测定法，常用于氨基酸和多肽的定量分析。

(3) 氨基酸的显色反应

氨基酸与茚三酮的水合物在溶液中共热，经过一系列反应，最终生成蓝紫色的化合物，称为罗曼氏紫。

从反应过程可以看出，最终显紫色的物质仅仅与$—NH_2$有关，所以所有含$—NH_2$的结构，如氨基酸、肽和蛋白质等，都可以显色，而且非常灵敏，应用较为广泛。只含有亚氨基的氨基酸如脯氨酸，与茚三酮的水合物反应显黄色。

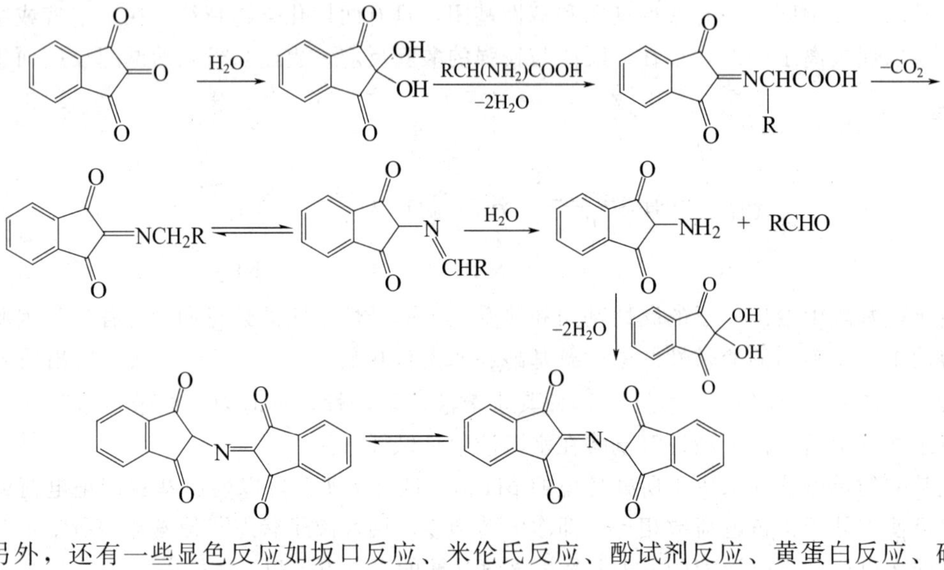

茚三酮 $\xrightarrow{H_2O}$ 水合茚三酮 $\xrightarrow[-2H_2O]{RCH(NH_2)COOH}$ =NCHCOOH(R) $\xrightarrow{-CO_2}$ =NCH_2R ⇌ —N=CHR $\xrightarrow{H_2O}$ —NH_2 + RCHO $\xrightarrow[-2H_2O]{\text{水合茚三酮}}$ 罗曼氏紫（—N= ⇌ =N—）

另外，还有一些显色反应如坂口反应、米伦氏反应、酚试剂反应、黄蛋白反应、硝普盐反应等常用于某些氨基酸的分析。

14.5.4 氨基酸一般合成方法

氨基酸主要由蛋白质水解、有机合成和生物发酵途径获得，常用的有机合成方法如下。

(1) 由醛（或酮）制备

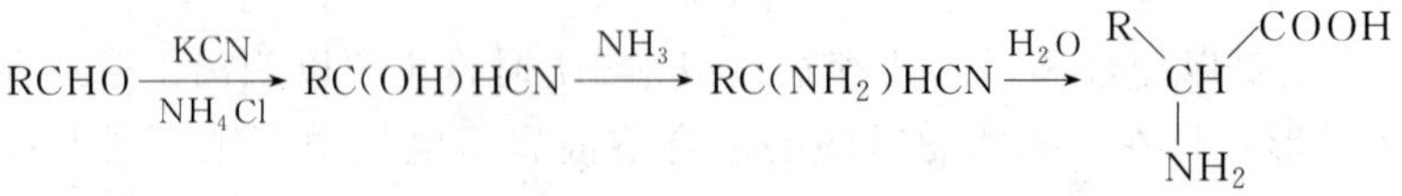

$$RCHO \xrightarrow[NH_4Cl]{KCN} RC(OH)HCN \xrightarrow{NH_3} RC(NH_2)HCN \xrightarrow{H_2O} RCH(NH_2)COOH$$

(2) α-卤代酸的氨解

$$CH_3CH_2CH_2CH_2CH(Br)COOH \xrightarrow[P]{NH_3} CH_3CH_2CH_2CH_2CH(NH_2)COOH$$

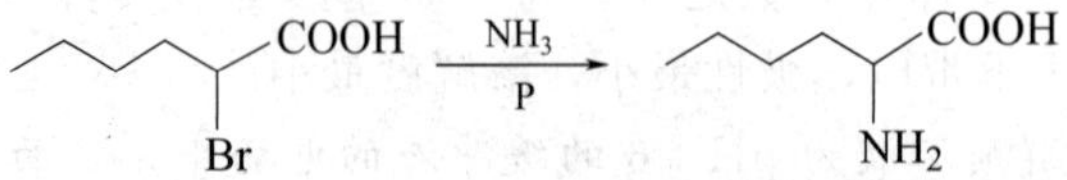

(3) 溴代丙二酸酯结合盖布瑞尔法

溴代丙二酸酯结合盖布瑞尔法是最重要的方法，应用多种多样，如蛋氨酸的合成。

$$\text{邻苯二甲酰亚胺钾(C}_6\text{H}_4(\text{CO})_2\text{NK)} \xrightarrow{BrCH(COOEt)_2} C_6H_4(CO)_2N\text{—}CH(COOEt)_2 \xrightarrow{ClCH_2CH_2SCH_3} C_6H_4(CO)_2N\text{—}C(COOEt)_2\text{—}CH_2CH_2SCH_3$$

$$\xrightarrow{NaOH} \xrightarrow[\triangle]{HCl} \underset{\text{蛋氨酸}}{CH_3SCH_2CH_2CH(NH_2)COOH}$$

(4) DL-氨基酸的拆分

一般合成得到的氨基酸是外消旋体，拆分后才能得到纯净的 L(D)-氨基酸，用酶拆分是重要的方法之一。如脱酰酶，它只脱去 L-乙酰氨基酸的乙酰基，结果就很容易将 L-氨基酸与 D-乙酰氨基酸分开。

(5) 氨基酸的立体选择性合成

目前，人们可以利用多种手性氢化催化剂实现只合成一种天然存在的 L-氨基酸，这类反应称为不对称合成。

14.6 多肽与蛋白质

肽是氨基酸之间通过酰胺键相连而成的一类化合物，肽分子中的酰胺键又称为肽键，肽也以两性离子的形式存在。肽按其组成的氨基酸数目为 2 个、3 个和 4 个等不同而分别称为二肽、三肽和四肽等。一般由 10 个以下氨基酸组成的称寡肽，由 10 个以上氨基酸组成的称多肽，它们都简称为肽。

多肽在体内具有广泛的分布与重要的生理功能。其中谷胱甘肽在红细胞中含量丰富，具有保护细胞膜结构及使细胞内酶蛋白处于还原、活性状态的功能。近年来一些具有强大生物活性的多肽分子不断地被发现与鉴定，它们大多具有重要的生理功能或药理作用，如抗肿瘤多肽、抗病毒多肽、抗菌活性肽、诊断用多肽等，又如一些“脑肽”与机体的学习记忆、睡眠、食欲和行为都有密切关系，这增加了人们对多肽重要性的认识。

14.6.1 多肽的结构

肽链中的氨基酸已不是游离的氨基酸分子，因为其氨基和羧基在生成肽键中都被结合掉了，因此多肽和蛋白质分子中的氨基酸均称为氨基酸残基。

多肽有开链肽和环状肽，在人体内主要是开链肽。开链肽具有一个游离的氨基末端和一个游离的羧基末端，分别保留有游离的 α-氨基和 α-羧基，故又称为多肽链的 N 端（氨基端）和 C 端（羧基端），书写时一般将 N 端写在分子的左边，并用（H）表示，并以此开始对多肽分子中的氨基酸残基依次编号，而将肽链的 C 端写在分子的右边，并用（OH）来表示。

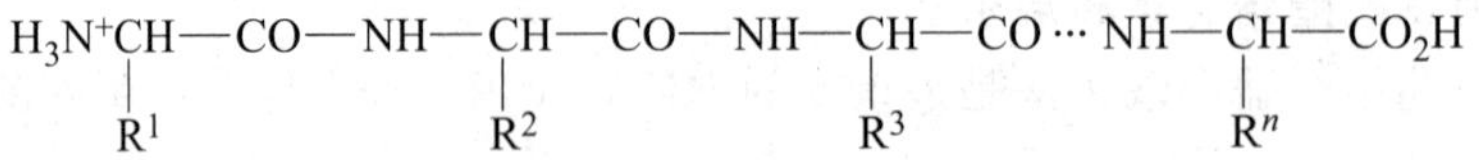

$$H_3N^+\underset{\displaystyle R^1}{CH}—CO—NH—\underset{\displaystyle R^2}{CH}—CO—NH—\underset{\displaystyle R^3}{CH}—CO\cdots NH—\underset{\displaystyle R^n}{CH}—CO_2H$$

肽的结构不仅取决于组成肽链的氨基酸的种类和数目，也与肽链中各氨基酸残基的排列顺序有关。命名多肽时以 C 末端的氨基酸残基为母体，由 N 端叫起，依次称为某氨酰（基）某氨酸。在多数情况下，也可用英文或中文符号表示。丙氨酰甘氨酰苯丙氨酸或丙-甘-苯丙（Ala-Gly-Phe）的结构为：

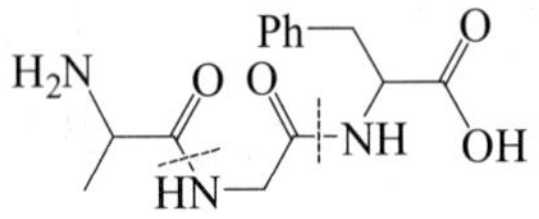

肽键与相邻两个碳原子所组成的基团称为肽单元。通过 X 射线晶体衍射分析，证明组成肽单元的 6 个原子（—NH—CO—及两端的两个 C）位于同一平面内，这个平面称为肽键平面。同时，肽键有部分双键的性质，不能自由旋转，呈反式构型（H 与 O 在两侧）；肽单元之间可以转动。

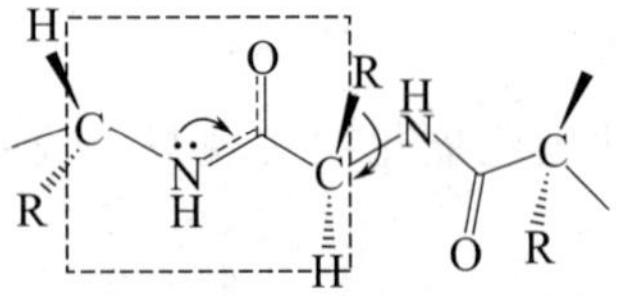

多肽结构的测定是一项相当复杂的工作，不但要确定组成多肽的氨基酸种类和数目，还需测出这些氨基酸残基在肽链中的排列顺序。多肽种类和数量的分析可由自动分析仪完成，顺序的测定可通过各种水解方法完成。随着快速 DNA 序列分析的开展，多肽分子中氨基酸顺序也可通过 DNA 序列推演而获得。

14.6.2 多肽的合成

20 世纪 50～60 年代，多肽主要是从动物脏器获取，如胸腺肽。随着科技的发展，合成肽的方法在不断发展。

合成多肽时，需要将所需要的氨基酸按一定的次序连接起来，同时做到不外消旋化。如果不采取任何措施，用两种氨基酸（如 A、B）合成二肽就会有四种产品（A—A、A—B、B—B、B—A）。所以想要得到理想的产品，需要做的事情是氨基与羧基的保护和活化。如要想得到二肽 A—B，必须要保护 A 的氨基和 B 的羧基。

(1) COOH 的保护

COOH 常与醇作用变成酯来保护，酯基活性强于酰基，可以通过恰当的水解去掉：

$$—COOCH_3 \xrightarrow[H^+]{H_2O,OH^-} —COOH$$

对于苄基酯还可以通过氢解去掉：

$$—COOCH_2C_6H_5 \xrightarrow[H^+]{H_2O,OH^-} —COOH$$

$$或 \xrightarrow{H_2,Pd/C} —COOH+C_6H_5CH_3$$

(2) NH_2 的保护

保护氨基可以使用氯甲酸苄酯或叔丁氧羰基化合物，把氨基酰化，保护基团容易用氢解或酸液水解而去掉。

(3) COOH 的活化

两种不同氨基酸的氨基和羧基分别被保护起来以后，再把氨基被保护的氨基酸的羧基活化，便可容易地与另一分子氨基酸的氨基作用。试剂 DDC（二环己基碳化二亚胺）可以活化羧基，使羧基容易与氨基形成肽键。

如果要进一步加长肽链，则需脱去一个保护基后，就可以在 DDC 的作用下继续与另一分子氨基酸作用合成三肽，这样下去，便可以合成肽链很长的多肽。

催产素（九肽）是由迪维尼奥合成的，他于 1955 年获得诺贝尔奖。1965 年，我国化学家首次合成了具有生物活性的牛胰岛素（五十一肽）。这些合成方法的困难在于分离和纯化工作特别复杂，产率较低。梅里菲尔德所发展的固相多肽合成法使肽的合成有了较大的突破。该法是把增长中的肽以价键形式连接在聚苯乙烯颗粒上（连接在 C 端，相当于保护羧基），当一个新的氨基酸单元加入后，只要洗去试剂和副产物，留下的就是增长中的肽，以待进入下一个循环。原理如下：

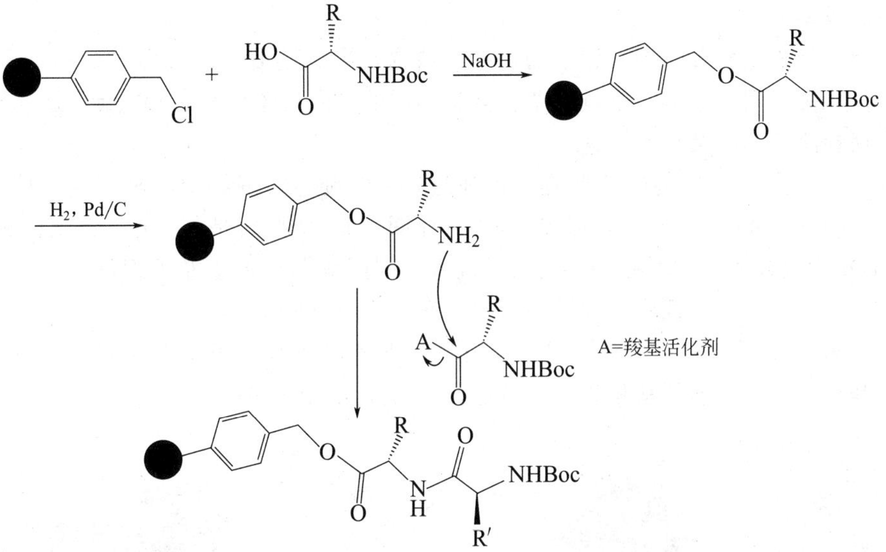

1984 年，梅里菲尔德以多肽合成的出色成就获得诺贝尔奖。

目前已有计算机控制的多肽合成仪。用生物酶催化蛋白质获得的多肽叫作“酶法多肽”。酶法适应了低碳经济和绿色环保的要求，所得产品具有高度的生物活性，是科技工作者的研究新热点。

14.6.3 蛋白质的结构

蛋白质是由 α-氨基酸按一定顺序结合形成一条多肽链，再由一条或一条以上的多肽链按照其特定方式结合而成的高分子化合物。蛋白质是生命的物质基础，是与生命及与各种形式的生命活动紧密联系在一起的物质。机体中的每一个细胞和所有重要组成部分都有蛋白质参与。蛋白质占人体重量的 16.3%。人体内蛋白质的种类很多，性质、功能各异，但都是由 20 多种氨基酸按不同比例组合而成的，并在体内不断进行代谢与更新。

蛋白质的组成元素主要有 C、H、O、N，一般可能还会含有 P、S、Fe、Zn、Cu、B、Mn、I、Mo 等。这些元素在蛋白质中的组成百分比约为：碳 50%、氢 7%、氧 23%、氮 16%、硫 0～3%。蛋白质可按化学组成不同分为单纯蛋白质和结合蛋白质，单纯蛋白质仅由 α-氨基酸组成，结合蛋白质由单纯蛋白质和非蛋白质（又称为辅基）两部分结合而成。

蛋白质分子上氨基酸的序列和由此形成的立体结构构成了蛋白质结构的多样性。蛋白质具有一级、二级、三级、四级结构，蛋白质分子的结构决定了它的功能。并非所有的蛋白质均具有四级结构，由两条以上肽链形成的蛋白质才可能有四级结构。

14.6.4 蛋白质的一级结构

蛋白质的一级结构又称为初级结构或基本结构，指蛋白质多肽链中氨基酸的排列顺序，以及二硫键的位置。二级结构以上属于构象范畴，称为高级结构。

14.6.5 蛋白质的空间结构

蛋白质空间结构是指多肽链在空间进一步盘曲折叠形成的构象，它包括二级结构、三级结构和四级结构。维系蛋白质构象稳定的主要因素是多肽链中各原子和原子团相互之间的作用力。

(1) 二级结构

二级结构指蛋白质分子主链原子的局部区域内，多肽链沿一定方向盘绕和折叠的方式，形成原因是肽键之间的氢键。主链骨架在空间形成的不同构象包括：α-螺旋、β-折叠层、β-转角和无规卷曲等几种类型。

① α-螺旋构象　多肽链中各肽键平面通过 α-C 的旋转，围绕中心轴形成一种紧密螺旋盘曲现象。每一螺圈有 3.6 个氨基酸单位，螺圈之间的距离是 0.54nm，螺圈的直径为 1.0～1.1nm，这样的空间不能让溶剂分子进入。螺圈盘曲可形成左手螺旋和右手螺旋。绝大多数蛋白质分子是右手螺旋，如羊毛蛋白。螺旋构象见图 14-3。

② β-折叠层　有两种可能的排列：顺向平行即各链所有基团走向相同；逆向平行即一条链的羧基和另一条链的氨基相邻，交替进行。折叠层见图 14-4。

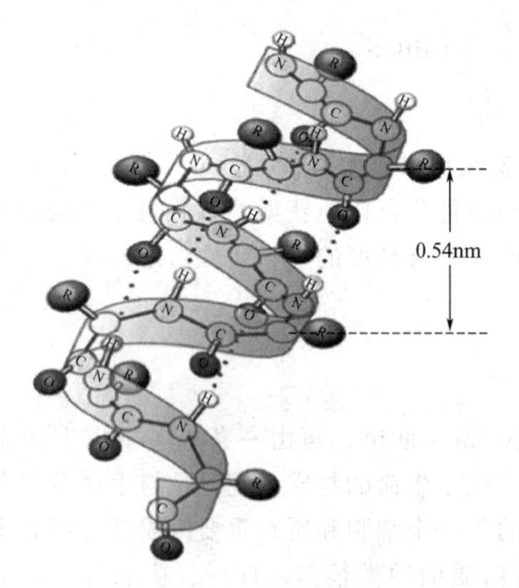

图 14-3　螺旋构象

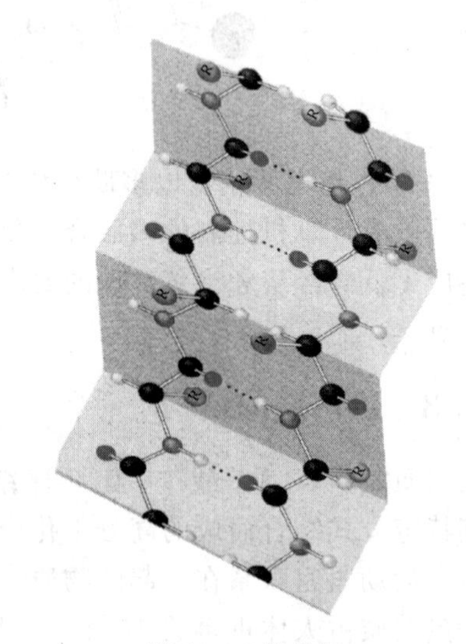
图 14-4　折叠层

(2) 三级结构

大多数溶解的蛋白质不是以任意盘卷的分子存在的，通常有一定的形状。在二级结构基础上进一步盘曲折叠形成的三维结构，是由侧链基团的作用引起的，包括共价键（二硫键）、离子键、氢键等。图 14-5 为肌红蛋白的三维结构。

当蛋白质作为一个酶时，它的三级结构对生理功能起着十分重要的作用。这是因为活性酶必须和作用物（底物）相结合，而且只有当酶的形状和作用物分子的形状适合时，彼此间的结合才能发生。

(3) 四级结构

蛋白质由 2 条及以上具有三级结构的多肽链通过疏水作用力、盐键等次级键相互缔合而成。每一个具有三级结构的多肽链称为亚基。在蛋白质分子中，亚基的立体排布、亚基间相互作用与接触部位的布局称为四级结构。如胰岛素含有两条多肽链，两条链在一起才起作用。

许多蛋白质含有不止一条多肽链，如骨胶原是由三股多肽链缠绕在一起组成的，烟草嵌花病毒含有 2130 条多肽链缠绕在一个核酸分子周围。

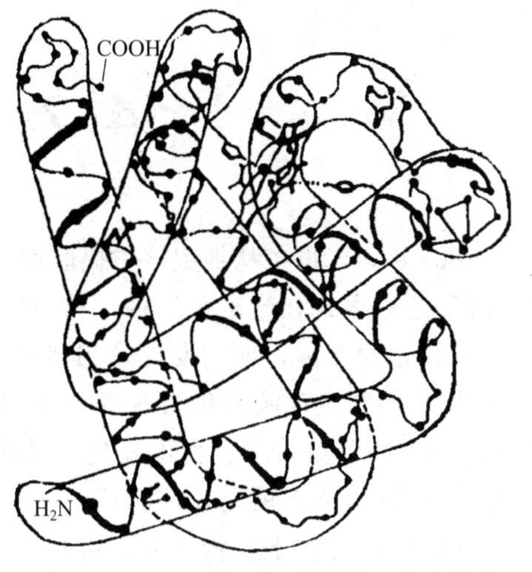

图 14-5　肌红蛋白的三维结构（节点代表氨基酸，即一级结构，螺旋排列为二级结构，由链的折叠和螺旋缠绕成的实际构象为三级结构）

14.6.6　蛋白质的性质

蛋白质和氨基酸一样，属于光学活性分子，也具有两性解离和等电点的性质。蛋白质的两性性质和等电点在提取、分离蛋白质的过程中具有极其重要的意义。蛋白质的分子直径达到了胶体微粒的大小（$10^{-9}\sim10^{-7}$m），所以具有胶体的性质，属于胶体分散系。利用蛋白质分子胶体颗粒大不能透过半透膜的性质可将蛋白质分离提纯，这种方法称为透析法。少量的盐（如硫酸铵、硫酸钠等）能促进蛋白质的溶解。如果向蛋白质水溶液中加入浓的无机盐溶液，可使蛋白质的溶解度降低，而从溶液中析出，这种作用叫作盐析。这样盐析出的蛋白质仍旧可以溶解在水中，而不影响原来蛋白质的性质，因此盐析是个可逆过程。利用这个性质，采用分段盐析方法可以分离提纯蛋白质。蛋白质在灼烧分解时，可以产生一种烧焦羽毛的特殊气味，利用这一性质可以鉴别蛋白质。

(1) 蛋白质的变性

在热、酸、碱、重金属盐、紫外线等作用下，蛋白质会发生性质上的改变而凝结起来。这种凝结是不可逆的，不能再使它们恢复成原来的蛋白质，蛋白质的这种变化叫作变性。蛋白质变性后，次级键受到破坏，导致天然构象的破坏，使蛋白质的生物活性丧失。因此蛋白质的变性凝固是个不可逆过程。

造成蛋白质变性的原因有物理因素（加热、加压、搅拌、振荡、紫外线照射、X 射线照射、超声波等）和化学因素（强酸、强碱、重金属盐、三氯乙酸、乙醇等）。

(2) 蛋白质的变色反应

蛋白质可以跟许多试剂发生颜色反应。例如在鸡蛋白溶液中滴入浓硝酸，则鸡蛋白溶液呈黄色。这是由于蛋白质（含苯环结构）与浓硝酸发生了颜色反应。肽键在稀碱溶液中与硫酸铜共热，呈现紫色或红色，此反应称为双缩脲反应。双缩脲反应可用来检测蛋白质的水解程度。原理是在碱性铜溶液中，肽键与铜离子形成络合物，呈紫色（在 540nm 有最大光吸收峰）。

14.7 生命遗传物质

1869年，米歇尔从细胞核中提取到一种富含磷元素的酸性化合物，将它命名为“核质”。“核酸”这一名词在米歇尔发现“核质”20年后被正式启用。1944年，埃弗里等为了寻找导致细菌转化的原因，他们发现从 *S*-型肺炎球菌中提取的 DNA 与 *R*-型肺炎球菌混合后，能使某些 *R*-型肺炎球菌转化为 *S*-型肺炎球菌，且转化率与 DNA 纯度呈正相关，若将 DNA 预先用 DNA 酶降解，转化就不发生。结论是：*S*-型肺炎球菌的 DNA 将其遗传特性传给了 *R*-型肺炎球菌，DNA 就是遗传物质。

核酸广泛存在于生物体内，常与蛋白质结合形成核蛋白。核酸在实践应用方面有极重要的作用，现已发现近2000种遗传性疾病都和 DNA 结构有关。如人类镰刀形红血细胞贫血症是由于患者的血红蛋白分子中一个氨基酸的遗传密码发生了改变，白化病患者则是 DNA 分子上缺乏产生促黑色素生成的酪氨酸酶的基因所致。肿瘤的发生、病毒的感染、射线对机体的作用等都与核酸有关。遗传工程使人们可用人工方法改组 DNA，从而有可能创造出新型的生物品种。如应用遗传工程方法已能使大肠杆菌产生胰岛素、干扰素等珍贵的生化药物。

14.7.1 核酸的化学组成

核酸是由核苷酸或脱氧核苷酸通过3′,5′-磷酸二酯键连接而成的一类生物大分子，包括核糖核酸（RNA）和脱氧核糖核酸（DNA）两类。DNA 和 RNA 都是由许多个核苷酸头尾相连而形成的，由 C、H、O、N、P 五种元素组成。DNA 是绝大多数生物的遗传物质，RNA 是个别不含 DNA 的病毒（如烟草花叶病毒、流感病毒、SARS 病毒等）的遗传物质。

单个核苷酸是由含氮有机碱（称碱基）、戊糖和磷酸三部分构成的。

构成核苷酸的碱基分为嘌呤和嘧啶两类。前者主要指腺嘌呤和鸟嘌呤，DNA 和 RNA 中均含有这两种碱基。后者主要指胞嘧啶、胸腺嘧啶和尿嘧啶，胞嘧啶存在于 DNA 和 RNA 中，胸腺嘧啶只存在于 DNA 中，尿嘧啶则只存在于 RNA 中。

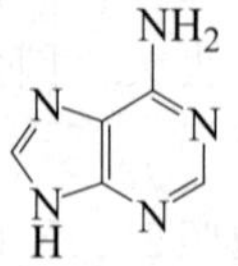

腺嘌呤　　鸟嘌呤 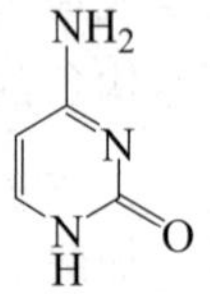　　胞嘧啶 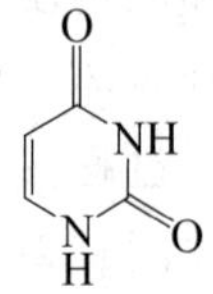　　尿嘧啶 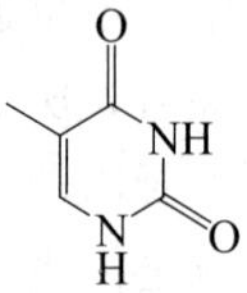　　胸腺嘧啶

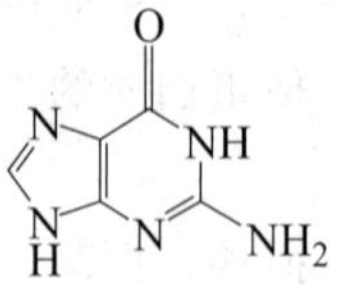

嘌呤环上的 N_9 或嘧啶环上的 N_1 是构成核苷酸时与核糖（或脱氧核糖）形成糖苷键的位置。

此外，核酸分子中还发现数十种被一些化学基团修饰后（如甲基化、甲硫基化等）的碱基。一般这些碱基在核酸中的含量稀少。

RNA 中的戊糖是 D-核糖，DNA 中的戊糖是 D-2-脱氧核糖（原2号位羟基氧被脱掉）。戊糖中 C_1 所连的羟基是与碱基形成糖苷键的基团，糖苷键的连接都是 β-构型。

β-D-核糖　　　　β-D-2-脱氧核糖

由 D-核糖或 D-2-脱氧核糖与嘌呤或嘧啶通过糖苷键连接组成氮苷，即核苷。依据碱基与核糖的不同，核酸中的主要核苷有八种。核酸的组成见表 14-4。

表 14-4　核酸的组成

类别	脱氧核糖核酸 DNA	核糖核酸 RNA
基本单位	脱氧核糖核苷酸	核糖核苷酸
核苷酸	腺嘌呤脱氧核苷酸、鸟嘌呤脱氧核苷酸、胞嘧啶脱氧核苷酸、胸腺嘧啶脱氧核苷酸	腺嘌呤核苷酸、鸟嘌呤核苷酸、胞嘧啶核苷酸、尿嘧啶核苷酸
碱基	腺嘌呤(A)、鸟嘌呤(G)、胞嘧啶(C)、胸腺嘧啶(T)	腺嘌呤(A)、鸟嘌呤(G)、胞嘧啶(C)、尿嘧啶(U)
五碳糖	脱氧核糖	核糖
酸	磷酸	磷酸

核苷与磷酸残基构成的化合物，即核苷的磷酸酯，称为核苷酸。核苷酸是核酸分子的结构单元。核酸分子中的磷酸酯键是在戊糖 $C_{3'}$ 和 $C_{5'}$ 所连的羟基上形成的，故构成核酸的核苷酸可视为 3′-核苷酸或 5′-核苷酸。生物体内大多数为 5′-核苷酸。DNA 分子是含有 A、G、C、T 四种碱基的脱氧核苷酸；RNA 分子则是含 A、G、C、U 四种碱基的核苷酸。

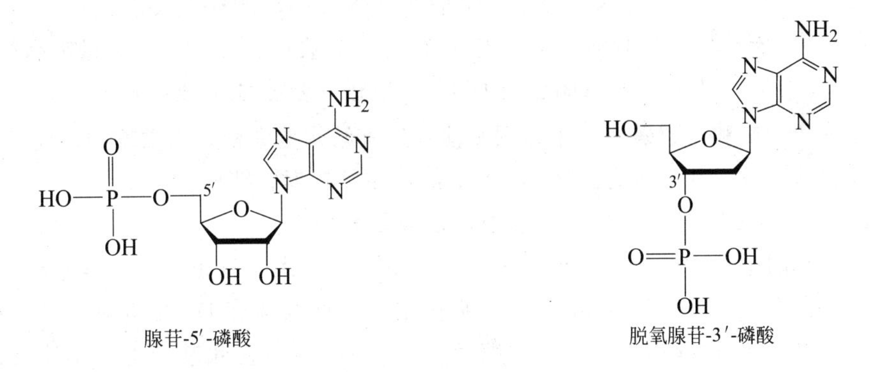

腺苷-5′-磷酸　　　　脱氧腺苷-3′-磷酸

14.7.2　DNA 的结构

核酸是由核苷酸聚合而成的生物大分子。核酸链具有方向性，有两个末端分别是 5′末端与 3′末端。5′末端含磷酸基团，3′末端含羟基。核酸链内的前一个核苷酸的 3′-羟基和下一个核苷酸的 5′-磷酸形成 3′,5′-磷酸二酯键，故核酸中的核苷酸被称为核苷酸残基。核酸分子中各种核苷酸排列的顺序即为核酸一级结构，又称为核苷酸序列。核酸的空间结构指多核苷酸链内或链间通过氢键形成的卷曲的构象。

(1) DNA 的二级结构——双螺旋结构

核酸研究中划时代的工作是沃特森和克立克于 1953 年创立的 DNA 双螺旋结构模型，即 DNA 二级结构，特点如下：①两条 DNA 互补链反向平行。②由脱氧核糖和磷酸间隔相连而成的亲水骨架在螺旋分子的外侧，而疏水的碱基对则在螺旋分子内部，碱基平面与螺旋轴垂直，螺旋旋转一周正好为 10 个碱基对，螺距为 3400pm，相邻碱基平面间隔为 340pm 并有一个 36°的夹角。③DNA 双螺旋的表面存在一个大沟和一个小沟，蛋白质分子通过这两个沟与碱基识别。④两条 DNA 链依靠彼此碱基之间形成的氢键而结合在一起。根据碱基结构特征，只能形成嘌呤与嘧啶配对。⑤DNA 双螺旋结构比较稳定。维持这种稳定性主要靠碱基对之间的氢键以及碱基的堆集力。

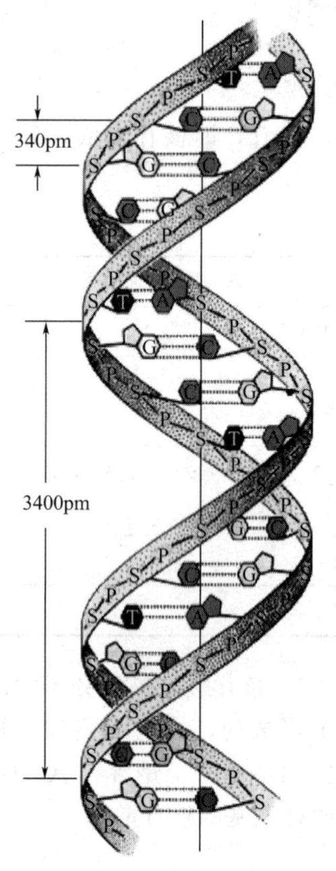

图 14-6　DNA 右手双螺旋结构

DNA 右手双螺旋结构（图 14-6）模型是 DNA 分子在水溶液和生理条件下最稳定的结构，称为 B-DNA。此外人们还发现了 Z-DNA 和 A-DNA。可见自然界中 DNA 的存在形式不是单一的。

独特的双螺旋结构和碱基互补配对能力使 DNA 的两条链“可分”“可合”，半保留复制自如，“精确”复制的 DNA 通过细胞分裂等方式传递下去，使子代（或体细胞）含有与亲代相似的遗传物质。

（2）DNA 三级结构——超螺旋结构

DNA 三级结构是指 DNA 链进一步扭曲盘旋形成超螺旋结构。生物体内有些 DNA 是以双链环状 DNA 形式存在，如有些病毒 DNA，某些噬菌体 DNA，细菌染色体与细菌中质粒 DNA，真核细胞中的线粒体 DNA、叶绿体 DNA 等。环状 DNA 分子可以是共价闭合环，即环上没有缺口，也可以是缺口环，环上有一个或多个缺口。在 DNA 双螺旋结构基础上，共价闭合环 DNA 可以进一步扭曲形成超螺旋形。根据螺旋的方向可分为正超螺旋和负超螺旋。正超螺旋使双螺旋结构更紧密，圈数增加，而负超螺旋可以减少双螺旋的圈数。几乎所有天然 DNA 中都存在负超螺旋结构。

（3）DNA 的四级结构——DNA 与蛋白质形成复合物

真核生物基因组 DNA 通常与蛋白质结合，经过多层次反复折叠，压缩近 10000 倍后，以染色体形式存在于平均直径为 5μm 的细胞核中。线性双螺旋 DNA 折叠的第一层次是形成核小体。DNA 组装成核小体其长度约缩短为原来的 1/7。在此基础上核小体又进一步盘绕折叠，最后形成染色体。

【阅读材料】

生命的起源

地球在形成后的早期是炽热的，一切元素都呈气体状态。经过了一段漫长的化学演化，大气中的有些元素氢、碳、氮、氧、硫、磷等在自然界各种能源（如闪电、紫外线、宇宙线、火山喷发等）的作用下，合成简单分子（如甲烷、二氧化碳、一氧化碳、水、硫化氢、氨、磷酸等）。这些小分子物质又随着雨水，流经湖泊和河流，最后汇集在原始海洋中，进一步合成生物单体（如氨基酸、糖、腺苷和核苷酸等）。关于这方面的推测，已经得到了科学实验的证实。1935年，美国学者米勒等人，设计了一套密闭装置。他们将装置内的空气抽出，然后模拟原始地球上的大气成分，通入甲烷、氨气、氢气、水蒸气等气体，并模拟原始地球条件下的闪电，连续进行火花放电，最后检验出有氨基酸生成。此外，还有一些学者模拟原始地球的大气成分，在实验室里制成了另一些有机物，如嘌呤、嘧啶、核糖、脱氧核糖、脂肪酸等。这些生物单体进一步聚合作用变成生物聚合物，如蛋白质、多糖、核酸等。这一段过程叫作化学演化。

细胞是如何生成呢？所有在我们看来活的东西，都是各种物质的混合物，这些物质靠一层薄膜保持紧密的联系，并以一种非常复杂的形式互相反应。比如一些病毒，它只是由单个核酸分子外包一层蛋白质壳组成。用现代方法研究生命起源问题的霍尔丹指出：油滴入水中时，油的薄膜有时会生成泡泡，泡泡中又包着小水滴。某些由紫外线合成的化合物是油质的，与水并不相混，假如油质形成的小气泡恰好包住了蛋白质、核酸及其他物质的适当混合物，会发生什么情况呢？苏联生物化学家奥巴林做了进一步的深入研究，他证明：在溶液中的蛋白质有时会聚集成小滴，并在小滴的外围形成一种像皮肤似的东西。1958年，迈阿密大学的西德尼·福克斯以在蛋白质中发现的各种氨基酸为初始物，混在一起加热，结果发现：这些混合在一起的氨基酸，竟杂乱无章地聚成条条长链，很像蛋白质分子中的长链，福克斯称这些长链为“类蛋白质”。当福克斯将类蛋白质溶在热水中，然后使溶液冷却，他发现这些类蛋白质聚在一起，呈小球状，其大小与小的细菌相仿。福克斯称它们是“微球”。这些“微球”并不是活的，但是它们的行为有些地方却很像细胞，它们也被一种膜包围着。福克斯在溶液中加入一定的化学物质，就能使“微球”涨大或缩小，好似普通的细胞一样。“微球”也能萌芽，有时这些芽好像长大了、破裂了。微球可以一分为二，也能粘连成链。福克斯最后得出一个结论：由氨基酸形成的蛋白质装配成“微球”体，从而导致在原始环境中产生原始细胞，这些细胞又导致后来的核酸进化，最终产生自我维持的细胞。我们可以推测，有些复杂分子体系经过长期不断的演变，特别是由于蛋白质和核酸这两大主要成分的相互作用，终于形成细胞，乃至原始生命。

地球上最早的生命形态很简单，一个细胞就是一个个体，它没有细胞核，我们叫它为原核生物。它的形态最初是圆球形，后来变成椭圆形、弧形、江米条状的杆形，进而变成螺旋状以及细长的丝状等等。从形态变化的发展方向来看是增加身体与外界接触的表面积和增大自身的体积。现在生活在地球上的细菌和蓝藻都属于原核生物。蓝藻的发生与发展，能够进行光合作用，合成糖类等营养物质，加速了地球上氧气含量的增加。

细胞核的出现，是生物界演化过程中重大事件。原核植物经过15亿多年的演变，细胞核就逐步形成了。有细胞核的生物我们把它称为真核生物。从此以后细胞在繁殖分裂时细胞核也要一分为二。真核生物大约出现在20亿年前。

性别的出现是生物界演化过程中又一个重大的事件。因为性别促进了生物的优生，加速生物向更复杂的方向发展。因此真核的单细胞植物出现以后没有几亿年就出现了真核多细胞植物。真核多细胞植物出现没有多久就出现了植物体的分工，植物体中有一群细胞主要起着固定植物体的功能，成了固着的器官，也就是现代藻类植物固着器的由来，从此以后开始出现器官分化。

【巩固练习】

14-1　写出下列化合物的结构。

1. D-果糖　　2. 甲基-β-D-吡喃葡萄糖苷稳定构象式

3. (Z,E,E)-9,11,13-十八碳三烯酸（桐酸）　　4. 谷氨酸

5. 甘氨酰丙氨酸　　6. 脱氧尿苷-5′-磷酸

7. 2,3,4,6-四-O-甲基-D-吡喃葡萄糖

14-2　选择题

1. 氨基酸在溶液中溶解度最小时的 pH（　　）。

A. $=\mathrm{p}I$　　B. $>\mathrm{p}I$　　C. $<\mathrm{p}I$

2. 下列化合物中能与托伦试剂反应产生银镜的是（　　）。

A.　　B.

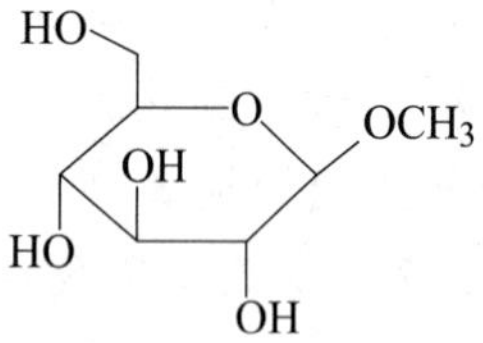

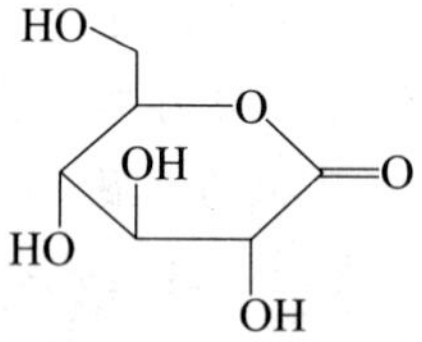

C. 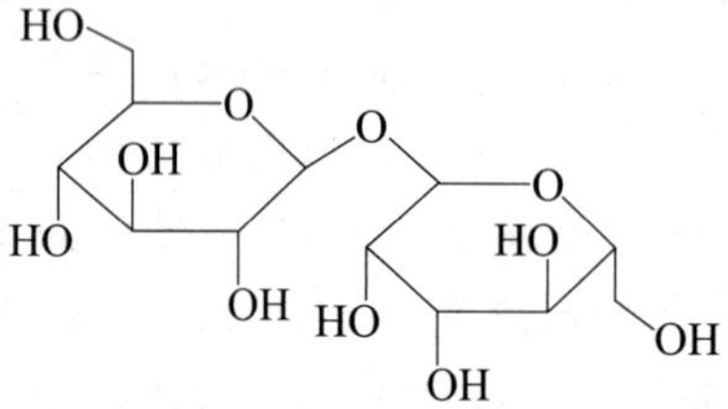　　D.

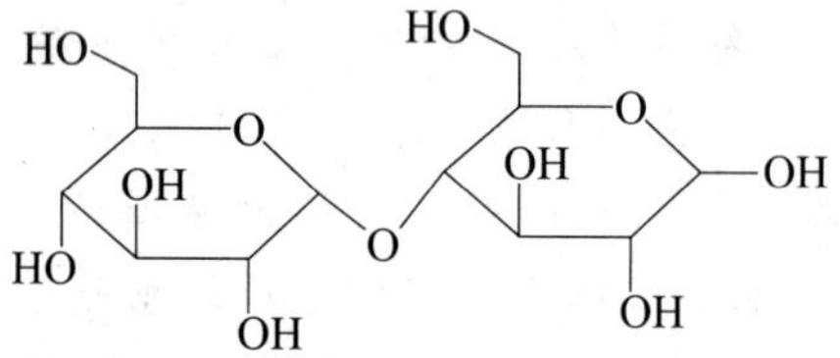

3. 糖类、脂肪和蛋白质是维持人体生命活动所必需的三大营养物质。以下叙述正确的是（　　）。

A. 植物油不能使溴的四氯化碳溶液褪色

B. 葡萄糖能发生氧化反应和水解反应

C. 淀粉水解的最终产物是葡萄糖

D. 蛋白质溶液遇硫酸铜后产生的沉淀能重新溶于水

4. 诗句“春蚕到死丝方尽，蜡炬成灰泪始干”中的“丝”和“泪”分别是（　　）。

A. 纤维素、脂肪　　B. 蛋白质、脂肪烃

C. 淀粉、油脂　　D. 核糖核酸、硬化油

5. 下列有机物在酸性催化条件下发生水解反应，生成两种不同的有机物，且这两种有机物的分子量相等，该有机物是（　　）。

A. 蔗糖　　B. 葡萄糖　　C. 丙酸丙酯　　D. 丙酸乙酯

14-3　用化学方法鉴别下列各组物质。

1. 葡萄糖（A）、果糖（B）、蔗糖（C）、淀粉（D）

2. 甘油三油酸酯（A）、甘油三硬脂酸酯（B）、苯丙氨酸（C）

14-4　合成题

从 $CH_2{=}CH{-}COOH$ 及必要试剂合成 $HOOCCH_2CH_2CH(NH_2)COOH$。

14-5　推测结构。

1. 某三肽与2,4-二硝基氟苯作用后水解得到下列化合物：N-(2,4-二硝基苯基) 甘氨酸、N-(2,4-二硝基苯基) 甘氨酰丙氨酸、丙氨酰亮氨酸、丙氨酸和亮氨酸，推出此三肽结构。

2. 某二糖 $C_{12}H_{22}O_{11}$ 是非还原性糖，可被 α-葡萄糖酶水解，只得到D-葡萄糖，甲基化后水解只得到2,3,4,6-四-O-甲基-D-葡萄糖。试推出此二糖的结构。

14-6　完成下列反应。

1. 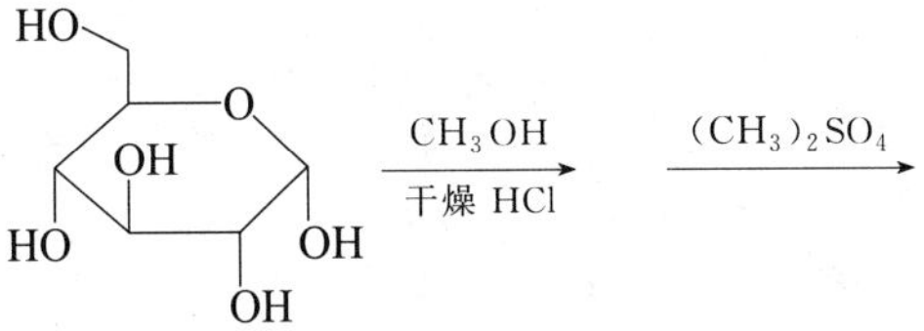 (pyranose structure with HO, OH, HO, OH, OH) $\xrightarrow[\text{干燥 HCl}]{CH_3OH}$ $\xrightarrow{(CH_3)_2SO_4}$

2. CH_2OH—C=O—(H—C—OH)—(H—C—OH)—CH_2OH $\xrightarrow{\text{过量苯肼}}$

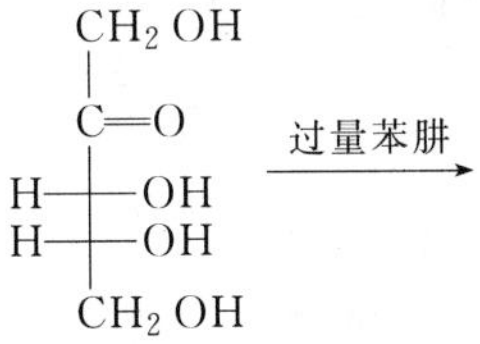

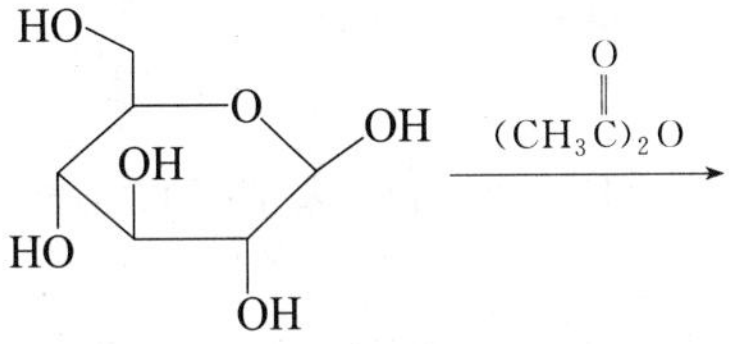

3. (pyranose structure with HO, OH, OH, HO, OH) $\xrightarrow{(CH_3\overset{O}{\overset{\|}{C}})_2O}$

4. CHO—(H—C—OH)—(H—C—OH)—CH_2OH $\xrightarrow{HCN}$

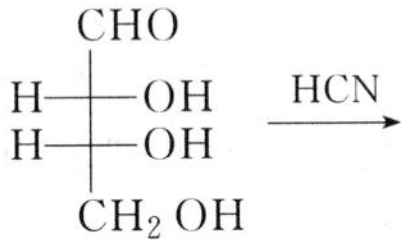

14-7　回答问题。

1. 说明为什么在等电点时，赖氨酸偶极离子的结构为 $\overset{+}{N}H_3CH_2CH_2CH_2CH_2\underset{NH_2}{\underset{|}{C}}HCO_2^-$，而不是 $\underset{NH_2}{\underset{|}{C}}H_2CH_2CH_2CH_2\underset{^+NH_3}{\underset{|}{C}}HCO_2^-$？

2. α-角蛋白纤维（例如头发中）当遭受湿热时，能伸长到它原来长度的二倍。在伸长的情况下，它们的X射线图谱类似丝，冷却的纤维恢复到它的原有长度，同时再次产生 α-螺旋的X射线图谱。问：

（1）当纤维加热和伸长时，蛋白质结构发生什么变化？

（2）当冷却时，纤维自发地恢复到它原有的 α-螺旋结构，为什么？

3. 虽然甘油无光学活性，但是当 C_1 和 C_3 连有不同的酯取代基时，则 C_2 成为手性碳原子。下面这个磷酸甘油酯的构型是 R 型还是 S 型？

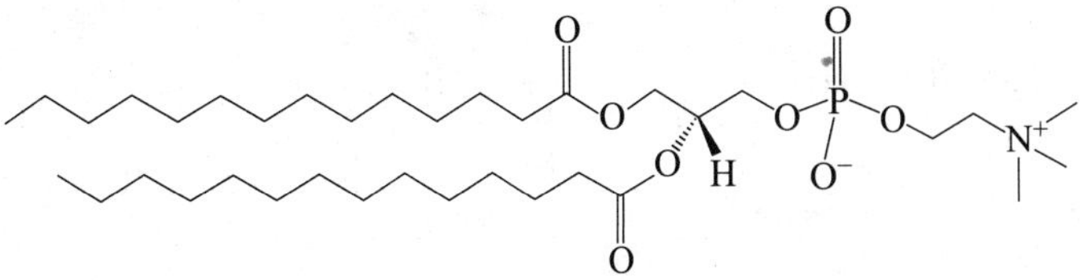

(phosphatidylcholine structure: O, O, H, O, P, O, O$^-$, O, N^+, O)

14-8　总结本章的知识框架图。

参考答案

【问题 14.1】　单糖、酮糖、己碳糖

【问题 14.2】　甘油醛、甘油酮

【问题 14.3】　(2*R*,3*S*,4*R*,5*R*)-2,3,4,5,6-五羟基己醛

【问题 14.4】

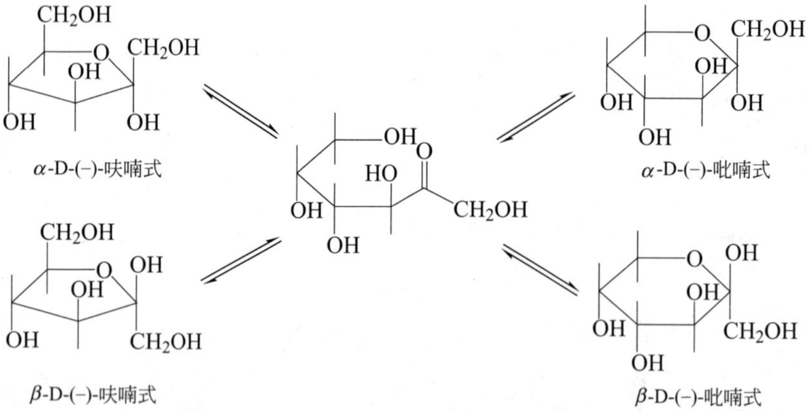

α-D-(−)-呋喃式　　α-D-(−)-吡喃式

β-D-(−)-呋喃式　　β-D-(−)-吡喃式

【问题 14.5】　二者的基本结构中都有类似于环己烷的六元环，二者的区别仅仅是构象不同，纤维素结构是最稳定构象，淀粉稳定性较小。

【问题 14.6】　顺式双键造成分子之间排列紧密程度较低，分子间作用力较小，熔点较低。

【问题 14.7】　甘氨酸没有手性，无异构类型，半胱氨酸为 *R*-构型，其余均为 *S*-构型。

【问题 14.8】　赖氨酸带正电，向负极移动；缬氨酸不带电，不移动；谷氨酸带负电，向正极移动。

14-1

1. 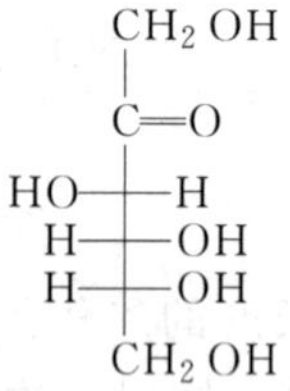 CH_2OH—C=O—HO—H—H—OH—H—OH—CH_2OH

2. HO, HO, CH_2OH, O, OCH_3, OH

3. $CH_3(CH_2)_3$CH=CH—CH=CH—CH=CH$(CH_2)_7COOH$

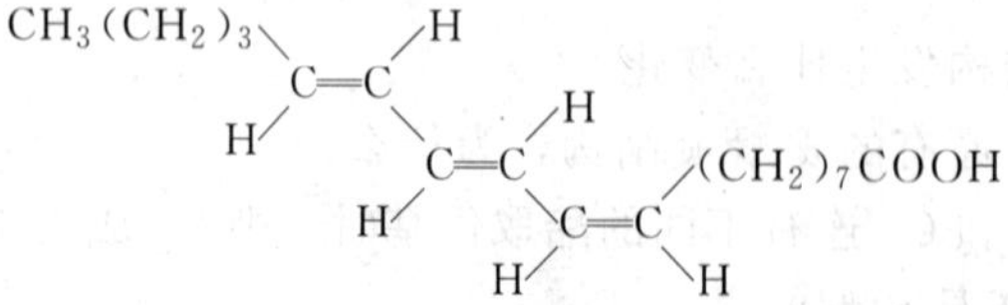

4. 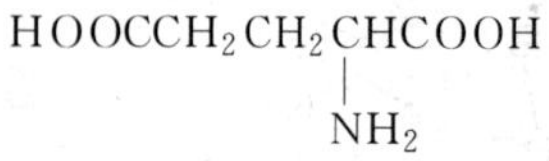 $HOOCCH_2CH_2CH(NH_2)COOH$

5. 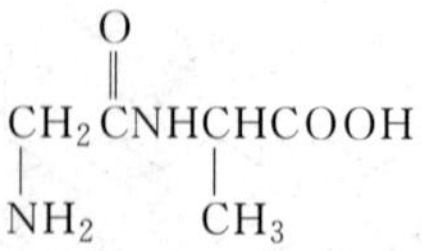 $CH_2(NH_2)C(=O)NHCH(CH_3)COOH$

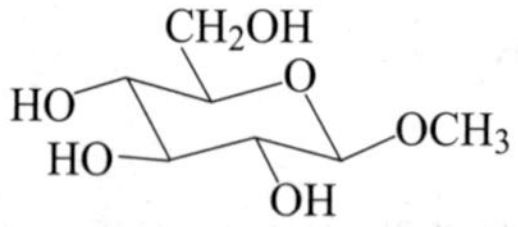

6.

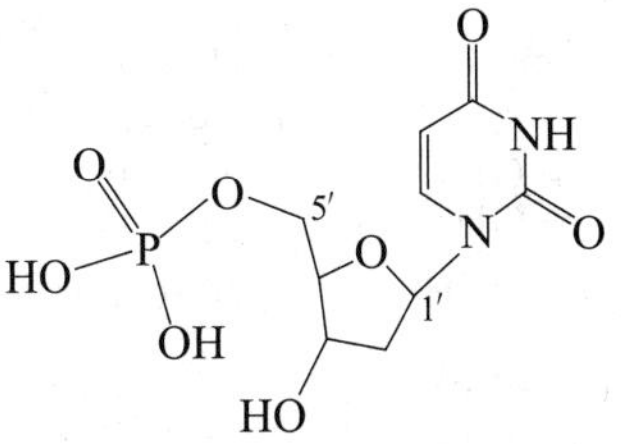

7.

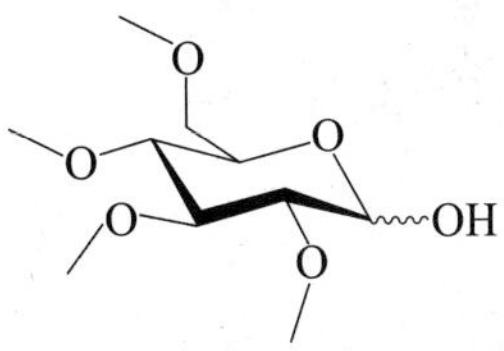

14-2　1. A　2. D　3. C　4. B　5. A

14-3

1.

	I_2	托伦试剂	Br_2,H_2O
A	×	银镜现象	√
B	×	银镜现象	×
C	×	×	—
D	蓝色	—	—

2.

	Br_2,CCl_4	水合茚三酮
A	褪色	—
B	×	×
C	×	紫红色

14-4

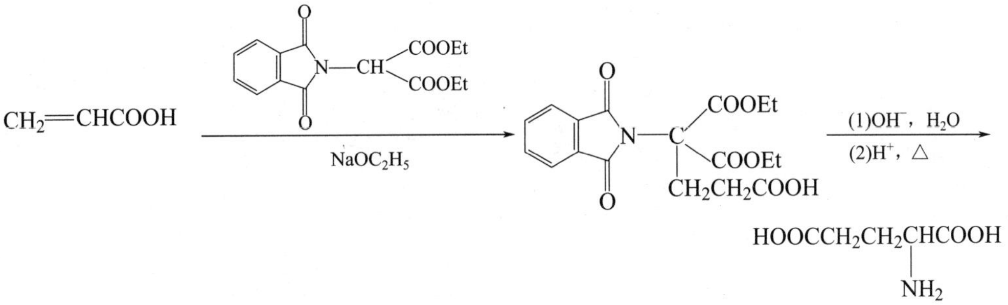

$CH_2{=}CHCOOH \xrightarrow[NaOC_2H_5]{\text{邻苯二甲酰亚氨基}-CH(COOEt)_2}$ 邻苯二甲酰亚氨基$-C(COOEt)_2(CH_2CH_2COOH)$ $\xrightarrow[(2)H^+,\ \triangle]{(1)OH^-,\ H_2O}$ $HOOCCH_2CH_2CH(NH_2)COOH$

14-5

1. 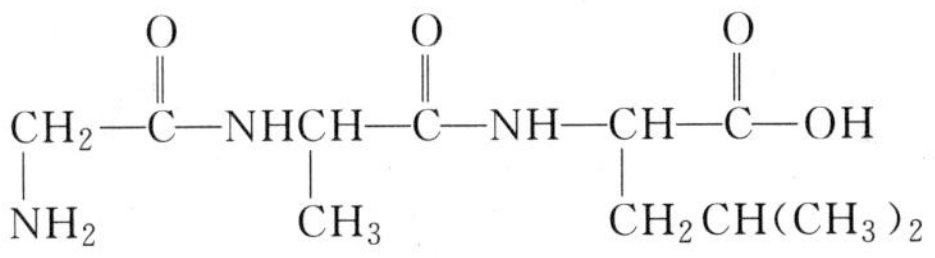 $H_2NCH_2-\overset{O}{\overset{\|}{C}}-NHCH(CH_3)-\overset{O}{\overset{\|}{C}}-NH-CH(CH_2CH(CH_3)_2)-\overset{O}{\overset{\|}{C}}-OH$

2.

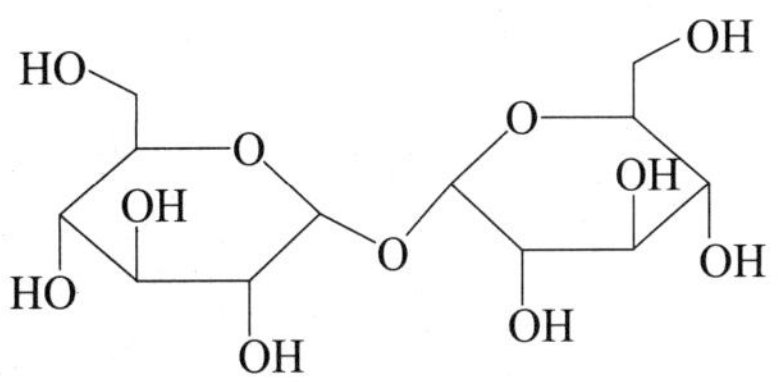

14-6

1.

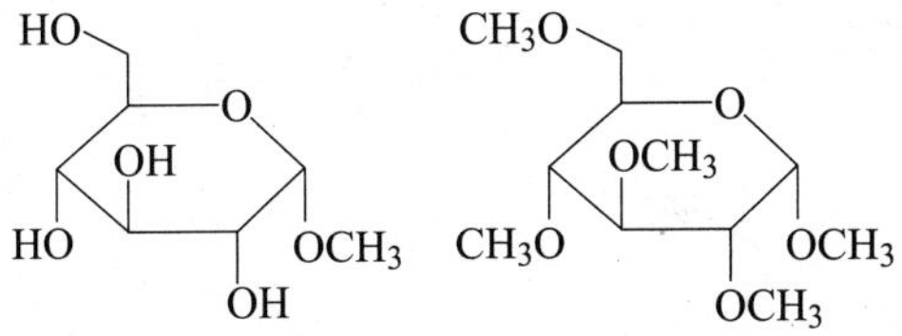

2. 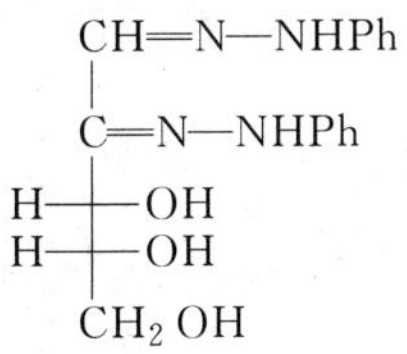 $CH{=}N-NHPh$, $C{=}N-NHPh$, $H-C-OH$, $H-C-OH$, CH_2OH

3. (structure: 2,3,4,6-tetra-O-acetyl glucopyranosyl acetate; ring with AcO—CH2, O, OAc, AcO, OAc, and O—C(=O)—CH_3)

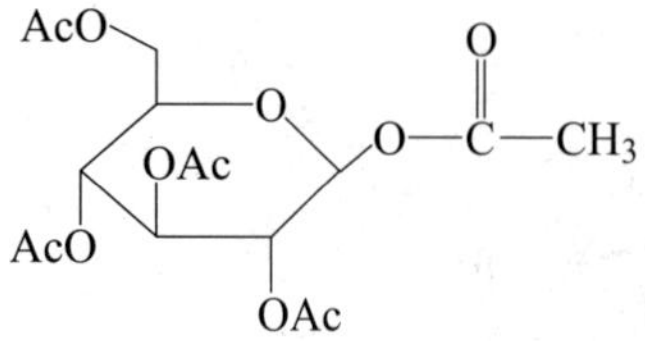

4. (Fischer projections)

$$\begin{array}{c} CN \\ H-\!\!\!\!+\!\!\!\!-OH \\ H-\!\!\!\!+\!\!\!\!-OH \\ H-\!\!\!\!+\!\!\!\!-OH \\ CH_2OH \end{array} \quad + \quad \begin{array}{c} CN \\ HO-\!\!\!\!+\!\!\!\!-H \\ H-\!\!\!\!+\!\!\!\!-OH \\ H-\!\!\!\!+\!\!\!\!-OH \\ CH_2OH \end{array}$$

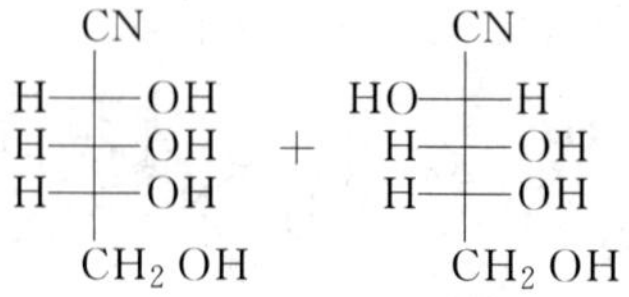

14-7

1. 由于羧基的吸电子作用，造成 α-氨基的碱性偏小。

2. 湿热的能量打断了蛋白质螺旋结构的氢键，螺旋结构伸展，甚至到其原长的二倍。冷却时，能量降低，生成氢键，并恢复到螺旋结构，因为该结构是稳定构象。

3. R-构型

14-8 （略）

（林晓辉　编　　刘光耀　校）

第15章　有机硫磷硅化合物

氧和硫、氮和磷及碳和硅分别在周期表的第Ⅵ、第Ⅴ和第Ⅳ族，氧、氮和碳位于第二周期，而硫、磷和硅位于第三周期，所以它们的化合物既有相似的一面，又有明显差别的一面。例如，硫、磷、硅原子可以形成与氧、氮、碳相类似的共价化合物，如含硫与含氧化合物有极为相似的情况。

ROH	C_6H_5OH	ROR'	$ROOR$	$R{-}C(H(R')){=}O$	$R{-}C(=O){-}OH$
醇	酚	醚	过氧化物	醛(酮)	羧酸
RSH	C_6H_5SH	RSR'	$RSSR$	$R{-}C(H(R')){=}S$	$R{-}C(=S){-}OH$
硫醇	硫酚	硫醚	二硫化物	硫羟酸	硫羰酸

但是，与氧、氮和碳相比，硫、磷和硅原子的体积较大，电负性较小，价电子层离核较远，因此它们受到核的束缚力较小。所以，氧、硫、氮、磷及碳、硅所形成的共价化合物，虽然在形式上相似，但在化学性质上却存在明显的差别。例如，与醛、酮相对应的硫醛和硫酮，一般是不稳定的，易于聚合：

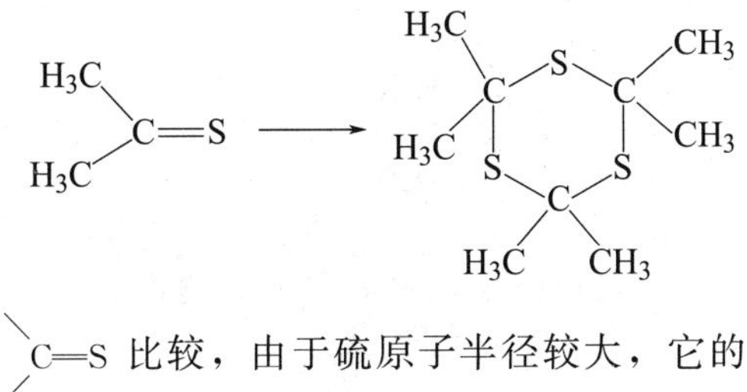

$$(H_3C)_2C{=}S \longrightarrow \text{2,2,4,4,6,6-六甲基-1,3,5-三噻烷（三聚体）}$$

其原因是 $\rangle C{=}O$ 与 $\rangle C{=}S$ 比较，由于硫原子半径较大，它的3p轨道与碳原子的2p轨道重叠程度不如2p轨道之间的重叠那样有效，所以 $\rangle C{=}S$ 中的 π 键不稳定。同样，$\rangle C{=}Si$ 键也是不稳定的：

$$2\,R_2Si{=}CH_2 \xrightarrow{\text{二聚}} \text{环状二聚体}(R_2Si\cdots SiR_2)$$

另外，硫、磷和除了利用3s、3p电子成键外，还可以利用能量上相接近的空3d轨道参与成键。因此，硫、磷原子可以形成最高氧化态为6或5的化合物。例如硫的高价化合物有：

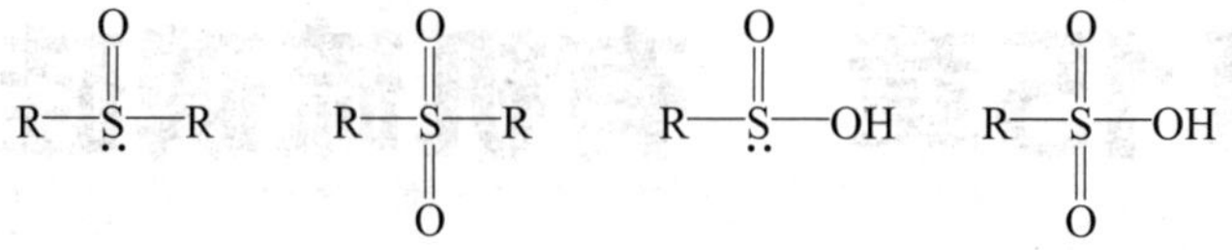

$$\underset{\text{亚砜}}{R-\overset{O}{\overset{\|}{\ddot{S}}}-R}\qquad \underset{\text{砜}}{R-\underset{O}{\underset{\|}{\overset{O}{\overset{\|}{S}}}}-R}\qquad \underset{\text{亚磺酸}}{R-\overset{O}{\overset{\|}{\ddot{S}}}-OH}\qquad \underset{\text{磺酸}}{R-\underset{O}{\underset{\|}{\overset{O}{\overset{\|}{S}}}}-OH}$$

磷的高价化合物主要有磷酸酯。

学习这一章内容，不仅是有机硫、磷和硅化合物与相应的氧、氮和碳化合物之间的相似性，更重要的是前两类化合物是维持生命不可缺少的物质。在基础研究领域中，这两类化合物的重要性日益明显，它们在生物体内的合成和代谢等方面起着非常重要的作用。

15.1 有机含硫化合物

15.1.1 硫醇（硫醚）的制备和命名

硫醇（R—SH）可以看作是硫化氢的烷基衍生物，—SH基叫硫氢基或叫巯基，是硫醇的官能团。

硫醇（硫醚）的一般制法与醇（醚）相似，可用卤代烷与硫氢化钠一起加热，发生亲核取代反应而得到：

$$R-X+NaSH \xrightarrow{\triangle} R-SH+NaX$$

$$R-SH \xrightarrow{OH^-} RS^- \xrightarrow{R-X} R-S-R+X^-$$

在实验室中，用卤代烷与硫脲一起反应制硫醇，也可以避免硫醚的生成，反应过程如下：

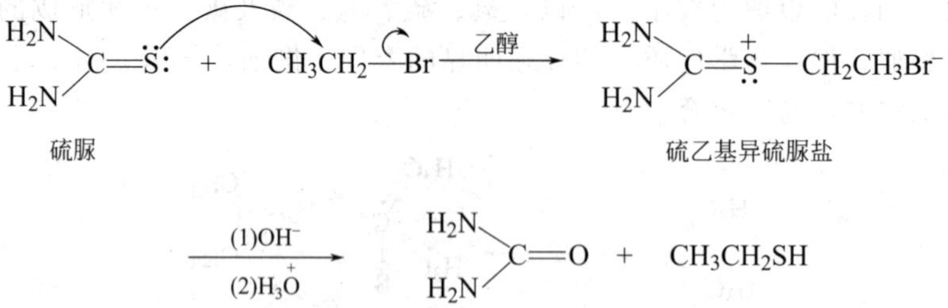

$$\underset{\text{硫脲}}{(H_2N)_2C{=}\ddot{S}:} + CH_3CH_2-Br \xrightarrow{\text{乙醇}} \underset{\text{硫乙基异硫脲盐}}{(H_2N)_2C{=}\overset{+}{\underset{\cdot\cdot}{S}}-CH_2CH_3Br^-}$$

$$\xrightarrow[(2)H_3\overset{+}{O}]{(1)OH^-} \underset{\text{脲}}{(H_2N)_2C{=}O} + \underset{\text{乙硫醇(90\%)}}{CH_3CH_2SH}$$

硫醇（硫醚、硫酚等）的命名很简单，只需要相应的含氧衍生物类名前加上“硫”字即可。例如：

$$\underset{\text{甲硫醇}}{CH_3SH}\qquad \underset{\text{二甲硫醚}}{H_3C-S-CH_3}\qquad \underset{\text{苯硫酚}}{C_6H_5-SH}$$

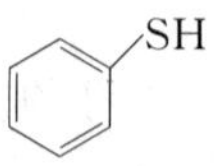

15.1.2 硫醇的物理性质

分子量较低的硫醇具有极其难闻的臭味，乙硫醇在空气中的浓度到$10^{-11}g \cdot L^{-1}$时，即能为人所感受。黄鼠狼当遭到袭击时便分泌出含有正丁硫醇的臭气作为防护剂。

硫醇形成氢键的能力极弱，远不及醇类，所以他们的沸点及在水中的溶解度比相应的醇低得多。例如甲醇的沸点为 65℃，而甲硫醇的沸点为 6℃。一些硫醇的物理常数见表 15-1。

表 15-1 硫醇的物理常数

化合物	熔点/℃	沸点/℃
甲硫醇 CH_3SH	−123	6
乙硫醇 CH_3CH_2SH	−144	37
丙硫醇 $CH_3CH_2CH_2SH$	−113	67
异丙硫醇$(CH_3)_2CHSH$	−131	58
丁硫醇 $CH_3(CH_2)_2CH_2SH$	−116	98

15.1.3 硫醇的反应

(1) 酸性

硫醇的酸性比相应的醇强得多，正如 H_2S 的酸性比 H_2O 强得多一样。因此它能和氢氧化钠形成稳定的盐：

$$CH_3CH_2—SH + NaOH \longrightarrow CH_3CH_2SNa + H_2O$$

乙硫醇的酸性（$pK_a \approx 10$）比乙醇（$pK_a = 18$）的强，是因为S—H 键的键长（182pm）比 O—H 键的键长（144pm），易被极化，使氢离子易解离出来。

在许多蛋白质和酶中都发现有巯基（—SH）的存在，例如辅酶 A 是一个硫醇（辅酶 A 的部分结构是：$RCONHCH_2CH_2SH$）。由于它的酸性，许多蛋白质和酶能与汞等许多重金属离子形成盐，从而引起蛋白质沉淀和使酶失去活性。

$$2R—SH + HgCl_2 \longrightarrow (RS)_2Hg\downarrow + 2HCl$$

正因为这样，医疗上利用硫醇这一性质，把硫醇作为某些重金属（Hg、Pb、As 等）中毒和战争毒气中毒的解毒剂。常用的是二巯基丙醇（$\underset{SH}{H_2C}—\underset{SH}{CH}—\underset{OH}{CH_2}$），它可以夺取已与机体蛋白质或酶结合的重金属，形成稳定的络盐而从尿中排出。

$$\begin{matrix} H_2C—SH \\ | \\ HC—SH \\ | \\ H_2C—OH \end{matrix} + Hg^{2+} \longrightarrow \begin{matrix} H_2C—S \\ | \quad\quad \backslash \\ HC \quad\quad Hg \\ \quad\ \ —S\ / \\ | \\ H_2C—OH \end{matrix}\downarrow$$

(2) 氧化反应

硫醇的氧化作用和醇不同，氧化反应发生在硫原子上。例如，在缓和的氧化条件下（稀过氧化氢），甚至在空气中氧的作用下（以 Cu 作为催化剂），硫醇都能被氧化成二硫化物：

$$2R—S—H \xrightarrow{[O]} R—S—S—R \quad 二硫化物$$

二硫化物类似过氧化物，但它更稳定。例如在 $C_2H_5—S—S—C_2H_5$ 中，S—S 键的键能为 $305kJ \cdot mol^{-1}$。而 $C_2H_5—S—S—C_2H_5$ 中的 O—O 键的键能仅为 $155kJ \cdot mol^{-1}$。二硫化物可用温和的还原剂（如 $NaHSO_3$、Zn＋HAc）还原成硫醇：

$$R—S—S—R \xrightarrow{[H]} 2R—SH$$

在生物体中，S—S 键对于保持蛋白质分子的特殊结构具有重要的作用，例如胰岛素就是依靠由胱氨酸所提供的 S—S 键将两个多肽链连接起来。S—S 键与巯基之间的氧化还原是一个极为重要的生理过程，例如在酶的作用下，半胱氨酸发生氧化-还原而相互转化：

$$2\ HSCH_2CH(NH_2)COOH \underset{[H]}{\overset{[O]}{\rightleftharpoons}} HOOCCH(NH_2)CH_2S—SCH_2CH(NH_2)COOH$$

半胱氨酸　　　　胱氨酸

硫辛酸（五元环 S—S 结构，侧链 $(CH_2)_4COOH$）在细胞代谢作用中起着相当重要的作用。丙酮酸的失羧（$—CO_2$）是通过硫辛酸的催化作用而完成的：

$$\text{硫辛酸}(CH_2)_4COOH + H_3C—\overset{O}{\overset{\|}{C}}—CO_2H + H_2O \xrightarrow{\text{酶}} CH_3COOH + CO_2 + H_2C(SH)—CH_2—CH(SH)—(CH_2)_4—COOH$$

硫醇（和硫酚）在 $KMnO_4$、HNO_3 等强氧化剂作用下，则发生强烈的氧化作用，生成磺酸。例如：

$$5C_2H_5SH + 6MnO_4^- + 18H^+ \longrightarrow 5C_2H_5SO_3H + 6Mn^{2+} + 9H_2O$$

乙磺酸

$$C_6H_5SH \xrightarrow[\text{浓 } HNO_3]{[O]} C_6H_5SO_3H$$

苯磺酸

硫醚和硫醇一样，也可以被过氧化氢氧化为亚砜或砜：

$$R—\ddot{S}—R' \xrightarrow[H_2O_2]{[O]} R—\overset{O}{\overset{\|}{S}}—R'\ (\text{亚砜}) \xrightarrow[H_2O_2,\ \triangle]{[O]} R—\overset{O}{\overset{\|}{\underset{O}{\underset{\|}{S}}}}—R'\ (\text{砜})$$

亚砜是一个强极性化合物，例如二甲基亚砜（简称 DMSO）的偶极矩 $\mu = 3.9D$，而丙酮的 $\mu = 2.88\ D$。由于二甲基亚砜的极性强（沸点为 189℃），它可溶于有机试剂，又可溶于无机试剂，是一个优良的极性溶剂。

二甲基亚砜的介电常数大（$\varepsilon = 45$），而且氧原子上电子云密度高，所以它对阳离子（M^+）呈现强烈的溶剂化作用，这是它作为溶剂的另一个优点。

$$M^+Nu^- + n(CH_3)_2SO \rightleftharpoons (CH_3)_2\overset{+}{S}—O^-—\overset{+}{M}(—O^-—\overset{+}{S}(CH_3)_2)_2$$

（$M^+ = Na^+$, $Nu^- = OH^-$、NH_2^-、CN^-等）

溶剂化造成亲核离子（Nu^-）被解离下来，亲核离子显得格外活泼。因此，NaOH、$NaNH_2$、NaCN 等离子型化合物在二甲基亚砜溶液中成为异乎寻常的强烈的亲核试剂（与其水溶液或醇溶液相比），而使反应速率大大加快。现在二甲基亚砜已广泛地在实验室里作为溶剂使用。

(3) 酯化反应

与醇相似，硫醇也可以与羧酸作用生成硫酯：

$$R—COOH+R'SH \rightleftharpoons RCOSR'+H_2O$$

这个反应也证明了醇（一级、二级）与羧酸进行酯化时，羧酸分子提供羟基，而醇提供氢。生命体中具有重要作用的硫酯是乙酰辅酶 A。乙酰辅酶 A 是糖、脂肪和蛋白质的代谢作用中所不可缺少的。它是由辅酶 A 和乙酸作用而得：

$$\underset{\text{辅酶 A}}{CoA—SH} + HO—\overset{\overset{O}{\|}}{C}—CH_3 \longrightarrow \underset{\text{乙酰辅酶 A（一个硫酯）}}{H_3C—\overset{\overset{O}{\|}}{C}—S—CoA} + H_2O$$

(4) 亲核取代反应

硫醇在取代反应中作亲核试剂比相应的醇要活泼，亲核取代反应可在温和的条件下发生。例如

$$CH_3CH_2—Br + \underset{\text{乙硫醇}}{H\ddot{\underset{..}{S}}—CH_2CH_3} \longrightarrow \underset{\text{乙硫醚}}{CH_3CH_2—S—C_2H_5} + HBr$$

$$CH_3CH_2—Br + (CH_3CH_2)_2\ddot{\underset{..}{S}} \longrightarrow \underset{\text{锍盐(溴化三乙锍)}}{(CH_3CH_2)_3\overset{+}{S}\overset{-}{Br}}$$

同样，锍盐中的烷基可被亲核试剂取代，而烷基硫化物是离去基团，例如：

$$\underset{\text{丙胺}}{CH_3CH_2CH_2—\ddot{N}H_2} + CH_3—\overset{+}{S}R_2 \longrightarrow \underset{\text{甲基丙基铵盐}}{CH_3CH_2CH_2\overset{+}{N}H_2CH_3} + \underset{\text{硫醚}}{R_2S}$$

这个反应在生物化学反应中用来把甲基从一个化合物转移到另一个化合物中去。当然，这些亲核取代反应是严格受酶催化控制的。甲基转移作用在许多化合物的生物合成中起着十分重要的作用。

最常见的辅酶——三磷酸腺苷（ATP）参加甲基转移反应。ATP 是一个大分子，它在许多类型化合物的生物合成中起着各种不同的作用。

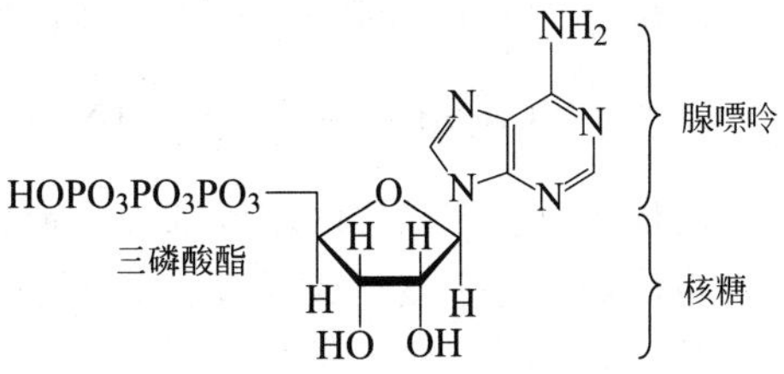

现在我们把注意力集中在 ATP 的一个特殊官能团——三磷酸烷基酯上。

甲基转移反应实际上包含两个亲核取代过程：第一个反应是 ATP 的三磷酸酯基（它像—SR_3 基，是一个很好的离去基团）被蛋氨酸的硫醚取代，生成甲基锍离子；第二步反应是氨基作为亲核试剂取代甲基锍离子中的甲基，反应说明如下。

NH_2 腺嘌呤
$HOPO_3PO_3PO_3$— 三磷酸酯
H H H H
HO OH 核糖

腺嘌呤核苷 (腺苷Ad—CH_2—)

三磷酸腺苷(ATP)

① 锍离子的形成　蛋氨酸取代 ATP 的三磷酸酯基：

$$CH_3-S-CH_2CH_2CH(\overset{+}{N}H_3)CO_2^- + ATP + H_2O \longrightarrow CH_3-\overset{+}{S}(CH_2-Ad)-CH_2CH_2CH(\overset{+}{N}H_3)CO_2^- + HPO_4^{2-} + HP_2O_7^{3-}$$

蛋氨酸　　ATP　　蛋氨酸-*S*-腺苷酯

② 甲基转移作用　非肾上腺素（一个肾上腺激素）的氨基取代甲基锍离子：

$$CH_3-\overset{+}{S}(CH_2-Ad)-CH_2CH_2CH(\overset{+}{N}H_3)CO_2^- + NH_2CH_2CH(OH)C_6H_3(OH)_2 \longrightarrow CH_3\overset{+}{N}H_2CH_2CH(OH)C_6H_3(OH)_2 + Ad-CH_2-S-CH_2CH_2CH(\overset{+}{N}H_3)CO_2^-$$

非肾上腺素　　肾上腺素

($Ad-CH_2-$ =腺苷=糖-氮碱)

这样便把非肾上腺素转化成有活性的肾上腺素。

(5) 硫醇与不饱和烃的加成反应

根据不饱和烃的结构和反应条件的不同，反应可按亲电、亲核和自由基三种机理进行。

在强酸作用下硫醇极易和烯烃发生亲电加成得马氏加成产物，硫醇与炔烃不发生亲电加成：

$$R-CH=CH_2 + R'-SH \xrightarrow{H^+} R-CH(SR')-CH_3$$

硫醇与含吸电子基的烯烃在碱性条件下反应，是按亲核加成机理进行反应，因硫醇在碱作用下，形成烷硫负离子，可与烯烃进行亲核加成，例如：

$$H_2C=CH-CN + CH_3CH_2SH \xrightarrow{B:} CH_3CH_2S-CH_2-\overset{-}{C}HCN \xrightarrow{BH} CH_3CH_2SCH_2CH_2CN + B:$$

硫醇与丙烯甲酯、丁烯二酸酐等都按这种机理进行加成。

硫醇可与炔烃进行亲核加成反应。例如：

$$R-C\equiv CH + R'-SH \xrightarrow{NaOH} \underset{H}{\overset{R}{>}}C=C\underset{H}{\overset{SR'}{<}}$$

产物为反马氏产物且是顺式烯烃衍生物，这表明反应是反式加成，即：

$$R-C\equiv CH + R'S^- \longrightarrow \overset{R}{\underset{\ddot{}}{>}}C=C\underset{H}{\overset{SR'}{<}} \xrightarrow{H^+} \underset{H}{\overset{R}{>}}C=C\underset{H}{\overset{SR'}{<}}$$

较稳定的碳负离子中间体

在过氧化物、光照等条件下，硫醇可与烯烃或炔烃进行自由基型加成反应，并得到反马氏产物。加成时，存在下列平衡关系：

$$\underset{\text{(反式)}}{RCH=CHR'}\ (\text{trans}) + R''S\cdot \rightleftharpoons \underset{\text{(游离中间体)}}{(R''S)RCH\dot{C}HR'} \rightleftharpoons \underset{\text{(顺式)}}{RCH=CHR'}\ (\text{cis}) + R''S\cdot$$

$$(R''S)RCH\dot{C}HR' \xrightarrow{R''SH} (R''S)RCHCH_2R' + R''S\cdot$$

上式表明，硫醇可加速反、顺异构体异构化。

(6) 硫叶立德与醛、酮的加成反应

硫叶立德作为亲核试剂与醛、酮的羰基加成，产生环氧乙烷类化合物（而不是烯），例如：

$$(CH_3)_2S: + CH_3I \longrightarrow \underset{\text{碘化三甲锍盐}}{(CH_3)_2\overset{+}{S}—CH_3I^-} \xrightarrow{[(CH_3)_2CH]_2NLi} \underset{\text{共振稳定的硫叶立德}}{\left[(CH_3)_2\overset{+}{S}—\overset{-}{C}H_2 \rightleftharpoons (CH_3)_2S=CH_2\right]}$$

$$C_6H_5CH=O + :\overset{-}{C}H_2\overset{+}{S}(CH_3)_2 \longrightarrow C_6H_5CH(\overset{-}{O})—CH_2—\overset{+}{S}(CH_3)_2 \longrightarrow C_6H_5\underset{\diagdown O \diagup}{CH—CH_2} + S(CH_3)_2$$

15.1.4 磺酸的分类、命名与制法

磺酸可以看成硫酸分子中羟基被取代后的衍生物，其通式为 $R—SO_3H$。磺酸的命名很简单，只需在磺酸前加上相应的烃基名称就可以了。如：

$C_2H_5—SO_3H$ 乙磺酸　　$C_6H_5—SO_3H$ 苯磺酸

磺酸可分为脂肪族磺酸和芳香族磺酸，后者在有机合成上和工业生产上比较重要，可由芳烃直接磺化制得。若将芳烃与浓硫酸、发烟硫酸或氯磺酸（$ClSO_3H$）一起加热即得到相应的磺酸：

$$C_6H_6 \xrightarrow{H_2SO_4} C_6H_5SO_3H + H_2O$$

$$C_6H_6 \xrightarrow{ClSO_3H} C_6H_5SO_3H + HCl$$

15.1.5 磺酸的反应

磺酸与硫酸一样，有极强的吸水性，易溶于水。它的 Ra、Ca、Pb 盐也溶于水，这与相应的硫酸盐不同。由于磺酸易溶于水，所以在染料和制药工业中经常引入$—SO_3H$ 基来增加产品的水溶性。磺酸是个强酸，但是个很弱的氧化剂，因此，常在有机合成中被用作酸性催化剂。磺酸的主要反应如下。

(1) 羟基的取代反应

和羧酸一样，磺酸中的羟基也可以被卤素、氨基、烷氧基取代，生成磺酸的衍生物。例如：

$$C_6H_5SO_2OH + PCl_5 \xrightarrow{\triangle} C_6H_5SO_2Cl + POCl_3 + HCl$$

苯磺酰氯

$$C_6H_5SO_2Cl + NH_3 \longrightarrow C_6H_5SO_2NH_2 + NH_4Cl$$

苯磺酰胺

$$C_6H_5SO_2Cl + C_2H_5OH \longrightarrow C_6H_5SO_2OC_2H_5 + HCl$$

苯磺酸乙酯

糖精是磺酸亚胺的化合物，其学名叫邻磺酰苯甲酰亚胺，约比蔗糖甜500倍，难溶于水，商品为其钠盐，以增加其水溶性。结构如下：

$$C_6H_4(CO)(SO_2)\overset{-}{N}\overset{+}{Na}\cdot 2H_2O$$

糖精可按下式所示的路线进行合成：

$$CH_3C_6H_5 \xrightarrow{浓H_2SO_4} o\text{-}CH_3C_6H_4SO_3H \xrightarrow{PCl_5} o\text{-}CH_3C_6H_4SO_2Cl \xrightarrow{NH_3} o\text{-}CH_3C_6H_4SO_2NH_2 \xrightarrow{KMnO_4} C_6H_4(CO\text{—}NH)(SO_2) \xrightarrow{NaOH} C_6H_4(OC\text{—}N^-)(SO_2)\ Na^+$$

(2) 磺酸基的取代反应

芳香磺酸中的—SO_3H基可以被—H、—OH、—CN等基团取代，如苯磺酸与水共热，则磺酸基被氢取代：

$$C_6H_5SO_3H \xrightarrow[H_2O,\triangle]{H_2SO_4} C_6H_5H + SO_3$$

这是磺化反应的逆反应，在有机合成上可以利用此反应来除去化合物中的磺酸基，或者先让磺酸基占据环上的某些位置，待其他反应完成后，再经水解将磺酸基除去。例如由苯酚直接溴化不易制得邻溴苯酚，但可通过下列反应来制得：

$$C_6H_5OH \xrightarrow[\triangle]{H_2SO_4} \text{2,4-}(SO_3H)_2C_6H_3OH \xrightarrow{Br_2} \text{6-Br-2,4-}(SO_3H)_2C_6H_2OH \xrightarrow[\triangle]{稀\ H^+} o\text{-}BrC_6H_4OH$$

磺酸钠盐与固体氢氧化钠共熔，可制得苯酚：

$$C_6H_5SO_3Na + NaOH \xrightarrow{熔融} C_6H_5\overset{-}{O}\overset{+}{Na} \xrightarrow{H^+} C_6H_5OH$$

这是一个芳香亲核取代反应，是制取苯酚的古老方法，至今仍有使用。

15.2 有机含磷化合物

15.2.1 有机含磷化合物的分类、命名和制备

有机含磷化合物的研究开始于20世纪30年代。近年来有机磷化合物在许多方面显示出它的重要性。在生物体中，某些磷酸衍生物作为核酸、辅酶的组成部分，成为维持生命所不可缺少的物质。由于有机含磷化合物具有强烈的生理活性，使有机含磷杀虫剂成为最重要的一类农药。某些有机含磷化合物在工业上有相当广泛的用途，如磷酸三苯酯可作为增塑剂，亚磷酸三苯酯作为聚氯乙烯稳定剂，氯化四羟甲基磷 $[P(CH_2OH)_4]^+Cl^-$ 是纤维防火剂，磷酸三丁酯是提取铀的萃取剂等。

磷可以形成与胺类似的三价磷化合物——一级膦、二级膦和三级膦，它可被看作为磷化氢 PH_3 中的氢被烃基取代的衍生物：

$$R{-}PH_2 \qquad R_2PH \qquad R_3P$$

一级膦　　二级膦　　三级膦

此外，三价磷化合物还有亚磷酸的衍生物：

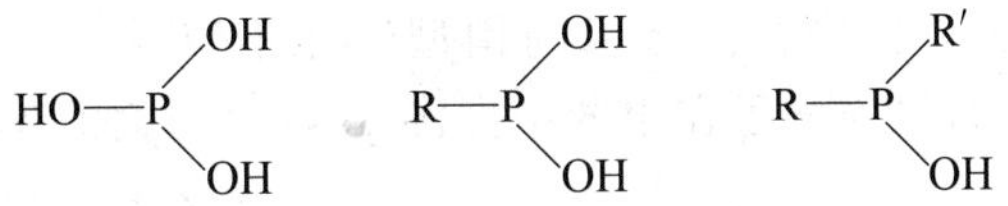

$$HO{-}P(OH)_2 \qquad R{-}P(OH)_2 \qquad R{-}P(R')(OH)$$

亚磷酸　　烷基亚膦酸　　二烷基亚膦酸

磷酸分子中的羟基被烃基取代的衍生物叫膦酸。如：

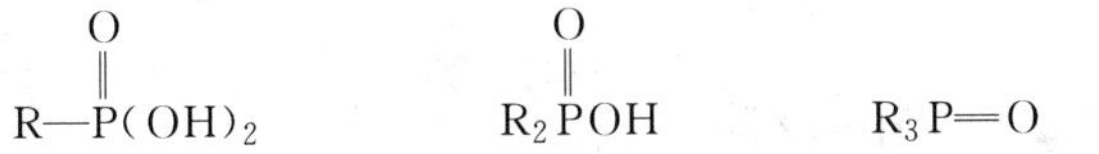

$$R{-}P(=O)(OH)_2 \qquad R_2P(=O)OH \qquad R_3P{=}O$$

烷基膦酸　　二烷基膦酸　　三烷基氧化膦

磷酸分子中的氢被烃基取代的衍生物叫磷酸酯。如：

$$RO{-}P(=O)(OH)_2 \qquad (RO)_2P(=O)OH \qquad (RO)_3P{=}O$$

磷酸烷基酯　　磷酸二烷基酯　　磷酸三烷基酯

磷酸酯中与碳原子相连的是氧，而不是磷。

有机磷化合物的命名原则如下。

① 膦、亚膦酸、膦酸的命名在相应的类名前加上烃基的名称，如：

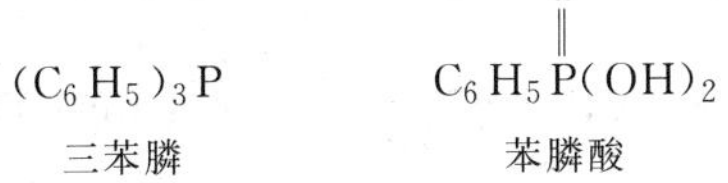

$$(C_6H_5)_3P \qquad C_6H_5P(=O)(OH)_2$$

三苯膦　　苯膦酸

② 凡是含氧的酯基，都用前缀“*O*-烷基”表示，如：

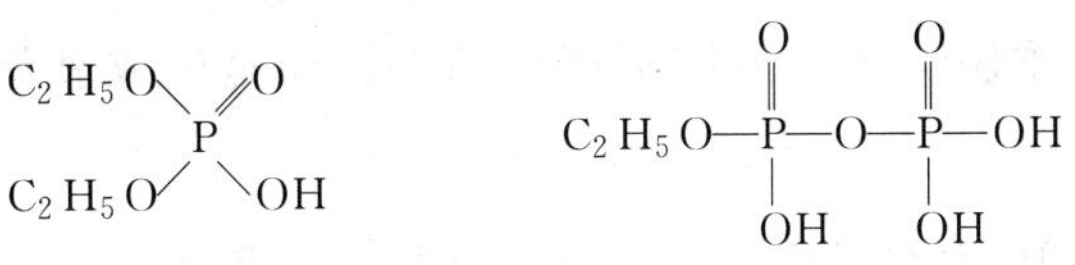

$$(C_2H_5O)_2P(=O)OH \qquad C_2H_5O{-}P(=O)(OH){-}O{-}P(=O)(OH){-}OH$$

O,*O*-二乙基磷酸酯　　*O*-乙基二磷酸酯（二磷酸单乙酯）

膦的制法与胺的制法类似，卤代烷是制备取代膦的主要原料：

$$R—X + PH_2^-Na^+ \longrightarrow R—PH_2 \xrightarrow{Na} R\bar{P}HNa^+ \xrightarrow{R—X} R_2PH \xrightarrow[(2)R—X]{(1)Na} R_3P$$

一级膦　　　　二级膦　　　　三级膦

15.2.2 有机含磷化合物的结构

烷基膦与胺类相似，磷原子为 sp^3 杂化，其中三个杂化轨道分别与烷基（或氢）形成 σ 键，余下一个 sp^3 轨道被一对未成键电子所占据着，具有四面体构型。膦与胺也有一些差别，例如，据测定，在三甲胺分子中的 C—N—C 键角为 108°，而在三甲膦分子中的 C—P—C 键角为 100°，比正常的四面体键角小，这种差别可能是由氮、磷原子上的一个未成键轨道对其余三个基团施加的压缩作用不同所造成的，即在烷基膦分子中，这种压缩效应比较明显。其结果是使磷原子上的孤电子对更加暴露在外面，易于进攻缺电子中心，因此烷基膦是一个强有力的亲核试剂。

烷基膦分子中如果磷原子上连接的基团不相同时，就具有手性，例如下面的化合物可分离出对映异构体：

$CH_3CH_2CH_2$—P(:)(C_6H_5)(CH_3)　　$[\alpha]_D^{20}=\pm16.8°$(甲苯)

相应的胺在理论上讲应该存在对映体，但至今仍未分离出来，原因是叔胺的构型转化很迅速（势垒为 $21\sim42kJ\cdot mol^{-1}$），而叔膦的构型转化不容易（势垒约为 $125kJ\cdot mol^{-1}$）。例如上述的具有光学活动的叔膦分子在甲苯中煮沸 3h，仅稍微引起消旋化：

$(C_6H_5)(C_3H_7)(CH_3)P:$ $\xrightleftharpoons{慢}$ $:P(C_6H_5)(C_3H_7)(CH_3)$

15.2.3 有机含磷化合物的反应

① 易与卤代烷进行亲核取代反应，形成鏻盐：

$$(C_6H_5)_3P: + CH_3—Br \longrightarrow (C_6H_5)_3\overset{+}{P}—CH_3Br^-$$

三苯膦　　　　溴化甲基三苯鏻

生成的鏻盐用强碱（如苯基锂）处理时，被夺去一个 α-氢，而生成极性很强的亚甲基膦烷，即磷叶立德试剂，又叫作维蒂希试剂（详见第 9 章维蒂希反应）：

$$(C_6H_5)_3\overset{+}{P}—CH_3Br^- + C_6H_5Li \xrightarrow[亚甲基膦烷]{} (C_6H_5)_3P{=}CH_2 + C_6H_6 + LiBr$$

三级膦作为强亲核试剂还可与环氧化合物发生反应，生成氧化膦和烯烃。例如：

$$(CH_3)_3P: + \underset{O^{\delta-}}{\overset{\delta+}{\triangle}} \longrightarrow (CH_3)_3\overset{+}{P}CH_2CH_2O^- \longrightarrow (CH_3)_3\overset{+}{P}—O^- + H_2C{=}CH_2$$

反应中间体以及产物与维蒂希反应相同。

② 与季铵碱不同，季鏻碱加热分解不产生烯烃，而是生成氧化膦和烷烃或取代烷烃。例如：

$$(CH_3CH_2)_2\overset{+}{P}(CH_3)CH_2CH_2CNOH^- \xrightarrow{\triangle} (CH_3CH_2)_2\overset{+}{P}(CH_3)—O^- + CH_3CH_2CN$$

反应过程如下：

$$(CH_3CH_2)_2\overset{+}{P}(CH_3)—CH_2CH_2CNOH^- \rightleftharpoons (CH_3CH_2)_2P(OH)(CH_3)—CH_2CH_2CN$$

$$\xrightarrow[E2]{OH^-} (CH_3CH_2)_2\overset{+}{P}(CH_3)—O^- + H_2O + {}^-CH_2CH_2CN \longrightarrow CH_3CH_2CN + OH^-$$

③ 烃基膦与过渡金属形成配位络合物的能力要比胺强得多，如 $[(C_6H_3)P]_3RhCl$ 这种配位络合物在有机催化反应中具有很重要的意义。

④ 三价磷化物易与电负性大的元素如氧、硫、卤素等成键，如烷基膦及其衍生物易被氧化：

$$(C_6H_5)_3P \xrightarrow[H_2O_2]{[O]} (C_6H_5)_3P{=}O$$

氧化三苯膦

15.3 有机含硅化合物

15.3.1 有机含硅化合物的制法

工业上用卤代烷与硅粉在高温及催化剂存在下反应以合成氯硅烷：

$$2RCl+Si \xrightarrow[\triangle]{Cu} R_2SiCl_2$$

产物往往是一混合物。如用 CH_3Cl，则生成 CH_3SiCl_3、$(CH_3)_2SiCl_2$、$(CH_3)_3SiCl$ 等，可以用分馏法分开。也可用氢硅化反应制备氯硅烷：

$$HSiCl_3+RCH{=}CH_2 \longrightarrow RCH_2CH_2SiCl_3$$

而三氯硅烷 $HSiCl_3$ 可由硅与盐酸作用制得：

$$Si+3HCl \longrightarrow HSiCl_3+H_2$$

实验室中可用格氏试剂或有机锂化合物与 $SiCl_4$ 反应制备氯硅烷：

$$CH_3MgCl + SiCl_4 \longrightarrow CH_3SiCl_3 + MgCl_2$$

$$CH_3SiCl_3 \xrightarrow{CH_3MgCl} (CH_3)_2SiCl_2 + MgCl_2$$

用过量的格氏试剂与 $SiCl_4$ 反应，可得到四甲基硅烷：

$$4CH_3MgCl+SiCl_4 \longrightarrow (CH_3)_4Si+4MgCl_2$$

硅烷的卤代也可以制备卤硅烷。例如：

$$C_6H_5SiH_3 + 3Br_2 \longrightarrow C_6H_5SiBr_3 + 3HBr$$

卤硅烷的硅卤键十分活泼，极易水解成硅醇：

$$(CH_3)_3SiCl+H_2O \longrightarrow (CH_3)_3SiOH+HCl$$

(b. p. =98.6℃)

硅醇在酸或碱催化下会发生分子间的脱水反应生成硅醚：

$$2(CH_3)_3SiOH \xrightarrow{H^+ 或 OH^-} (CH_3)_3SiOSi(CH_3)_3$$

因此，要得到硅醇，必须在中性和高度稀释的条件下进行反应。

二卤烃基硅烷水解得到硅二醇，经缩聚反应生成聚硅氧烷。例如：

$$n(CH_3)_2SiCl_2 + 2nH_2O \xrightarrow{-2nHCl} nHO-\underset{CH_3}{\overset{CH_3}{Si}}-OH \xrightarrow{缩聚} H\left[O-\underset{CH_3}{\overset{CH_3}{Si}}\right]_n OH + (n-1)H_2O$$

三卤烃基硅烷水解得到硅三醇，再经缩聚可得到体型交联结构的高分子：

$$nCH_3SiCl_3 + 3nH_2O \xrightarrow{-3nHCl} nCH_3-\underset{OH}{\overset{OH}{Si}}-OH \xrightarrow{缩聚} \text{(体型交联结构 Si–O–Si 网络，Si 上连 }CH_3\text{)}$$

聚硅氧烷是重要的工业产品，如硅油、硅树脂、硅橡胶等可以作为高级润滑剂、植物纺织剂、高级绝缘材料等。

15.3.2 有机含硅化合物的反应

卤硅烷与醇在室温下反应生成硅醚：

$$(CH_3)_3SiCl + C_2H_5OH \xrightarrow{Et_3N} (CH_3)_3SiOCH_2CH_3$$

卤硅烷通过生成硅醚可使烷氧键裂解，例如：

$$C_6H_5OCH_3 \xrightarrow{(CH_3)_3SiCl} C_6H_5OSi(CH_3)_3 \xrightarrow{H_2O} C_6H_5OH$$

$$R-\overset{O}{\overset{\|}{C}}-OR' \xrightarrow{(CH_3)_3SiCl} R-\overset{O}{\overset{\|}{C}}-OSi(CH_3)_3 \xrightarrow{H_3\overset{+}{O}} R-\overset{O}{\overset{\|}{C}}-OH$$

烯醇盐与三甲基氯硅烷反应也生成硅醚：

$$H_3C-\overset{O^-Li^+}{C}{=}CH_2 + (CH_3)_3SiCl \xrightarrow[-78℃]{THF} H_3C-\overset{OSi(CH_3)_3}{C}{=}CH_2$$

15.3.3 有机含硅化合物在合成中的应用

芳基或乙烯基硅烷容易在硅原子所在的位置上发生亲电取代反应，例如：

$$o\text{-}HOOC\text{-}C_6H_4\text{-}Si(CH_3)_3 + Br_2 \longrightarrow o\text{-}HOOC\text{-}C_6H_4\text{-}Br$$

$$\text{1-环己烯基}-Si(CH_3)_3 + CH_3\overset{O}{\overset{\|}{C}}-Cl \xrightarrow{AlCl_3} \text{1-环己烯基}-COCH_3$$

烯醇硅醚在有机合成中有许多重要用途，它可以发生烃基化、与羰基化合物缩合、氧化等反应，很多产物都具有高度的区域选择性。例如：

乙烯基硅烷被氧化剂氧化成 α,β-环氧硅烷，后者可顺利地转变为各种化合物。例如，用酸催化，可以在原 α-碳上引入羰基，反应过程为：

有机含硅化合物在有机合成中可作为羟基、氨基、双键、三键、羰基等的保护试剂。例如：

$$CH_3C{\equiv}C{-}C{\equiv}CLi \xrightarrow{(CH_3)_3SiCl} CH_3C{\equiv}C{-}C{\equiv}C{-}Si(CH_3)_3 \xrightarrow[CaCO_3]{H_2/Pd}$$

$$CH_3CH{=}CH{-}C{\equiv}C{-}Si(CH_3)_3 \xrightarrow[\text{水解}]{OH^-} CH_3CH{=}CH{-}C{\equiv}CH$$

链端的炔基不变，而链中的炔基被氢化。一个实际应用的例子，是在前列腺素的合成中，利用有机氯硅烷作为特定双键的保护剂：

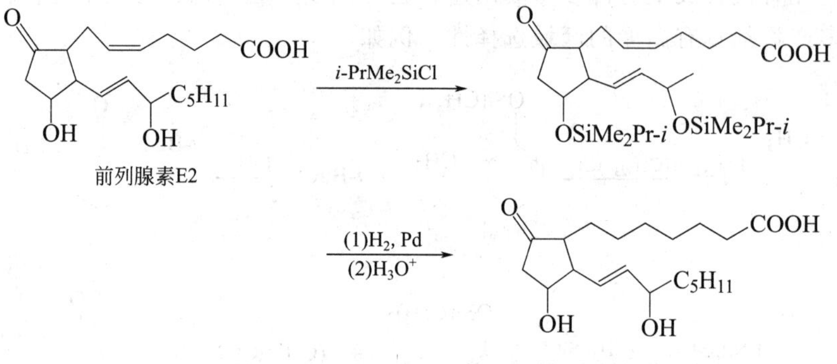

前列腺素E2

$\xrightarrow{i\text{-PrMe}_2\text{SiCl}}$ (OSiMe₂Pr-i protected compound)

$\xrightarrow[(2)H_3O^+]{(1)H_2, Pd}$

i-$PrMe_2SiO$—基团很大，阻碍了邻位双键的氢化。

烯醇硅醚对羰基的保护：

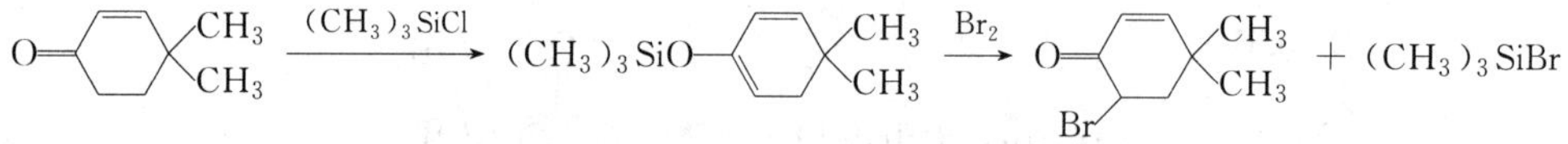

$$\text{O}\!=\!\text{(4,4-dimethylcyclohex-2-enone)} \xrightarrow{(CH_3)_3SiCl} (CH_3)_3SiO\text{—(diene)} \xrightarrow{Br_2} \text{(6-bromo-4,4-dimethylcyclohex-2-enone)} + (CH_3)_3SiBr$$

α,β-不饱和酮，如无烯醇硅醚，容易发生共轭双键的1,4-加成，干扰反应的进行。

硅叶立德与磷叶立德作用相似，与羰基化合物反应生成烯，叫彼德森反应。例如：

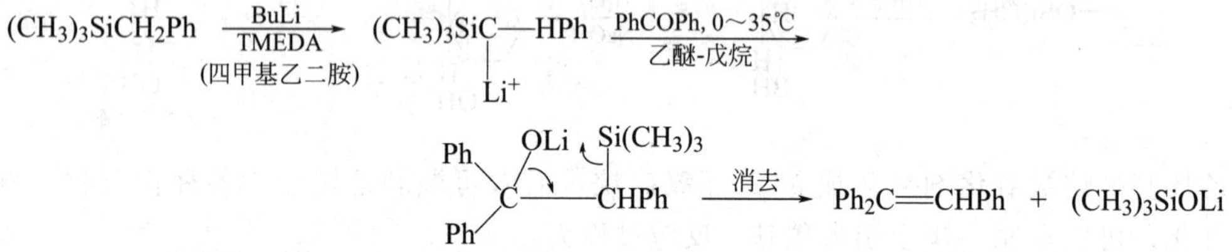

$$(CH_3)_3SiCH_2Ph \xrightarrow[\text{(四甲基乙二胺)}]{BuLi \atop TMEDA} (CH_3)_3Si\underset{Li^+}{C}\text{—HPh} \xrightarrow[\text{乙醚-戊烷}]{PhCOPh, 0\sim35℃}$$

$$Ph_2C(OLi)\text{—}CH(Si(CH_3)_3)Ph \xrightarrow{\text{消去}} Ph_2C\!=\!CHPh + (CH_3)_3SiOLi$$

硅叶立德稳定性不如磷叶立德，太活泼，选择性不好，还是常用磷叶立德。但对于某些磷叶立德不能起的反应，用硅叶立德能得以实现。

15.4 代表性化合物

15.4.1 磺胺药物

磺胺药物是一类对氨基苯磺酰胺（$H_2N-C_6H_4-SO_2NH_2$）的衍生物，磺胺药物对链球菌和葡萄球菌有很好的抑制作用。

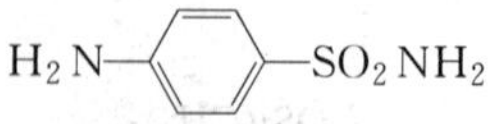

叶酸是某些细菌生长必需的维生素，结构为：

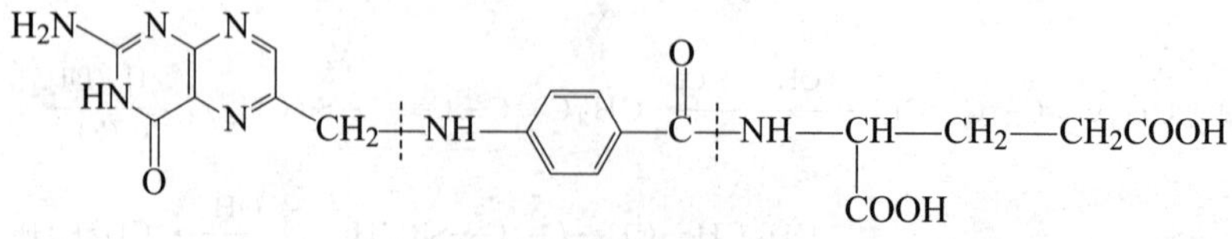

$$\text{(蝶啶)}-CH_2\text{¦}-NH-C_6H_4-\overset{O}{\overset{\|}{C}}\text{¦}-NH-\underset{COOH}{CH}-CH_2-CH_2COOH$$

对氨基苯甲酸　　谷氨酸

它是在细菌生长过程中，由谷氨酸与焦磷酸酯通过对氨基苯甲酸连接起来的。焦磷酸酯的结构为：

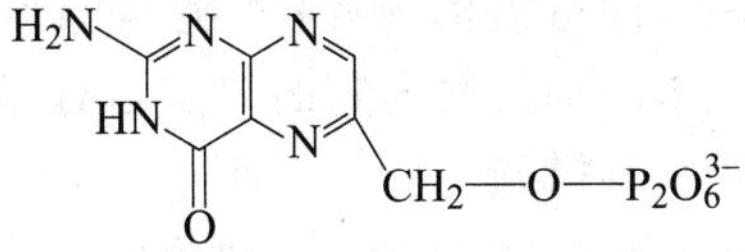

H_2N … $CH_2—O—P_2O_6^{3-}$

对氨基苯磺酰胺分子大小、形状及电荷分布都与对氨基苯甲酸很相似：

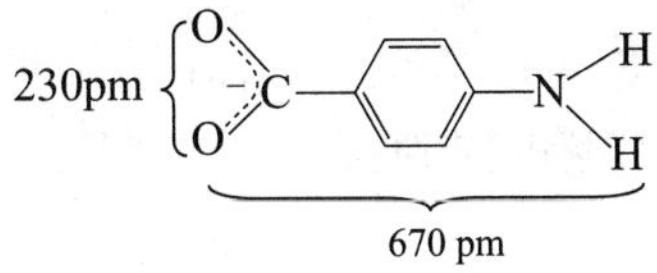

230pm　670 pm　对氨基苯甲酸

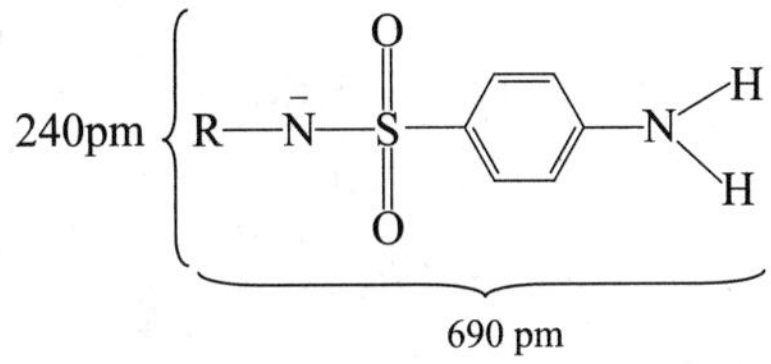

240pm　690 pm　磺胺药物

而且对氨基苯磺酰胺与对氨基苯甲酸在化学性质上也很类似，因为对氨基苯磺酰胺中氮原子上的氢显弱酸性，细菌对二者缺乏选择性。当人生病吃进磺胺药物后，它可以替代对氨基苯甲酸被细菌吸收，但是在它的参与下，连接焦磷酸酯与谷氨酸形成的物质却不是叶酸。因此，细菌便因缺乏叶酸而死亡。叶酸对于人体也是一种必需的维生素，但它不是在体内合成的，而是由食物中摄取的。所以服用磺胺药物对人不会造成叶酸缺乏症。

继对氨基苯磺酰胺之后，合成了数千种磺胺类药物。但经研究发现只有少数几种有较好的疗效，而且副作用较小。这些磺胺类药物分子中，必须有一个基本的结构，即 $—HN—C_6H_4—SO_2—NH—$ ，目前常用的磺胺药物如下：

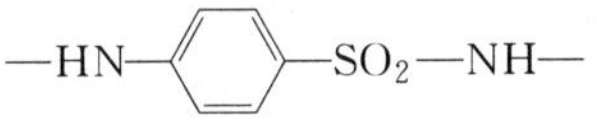

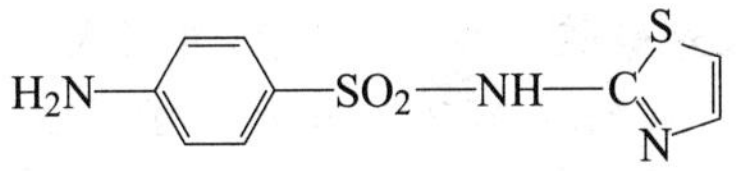

磺胺噻唑(S.T.)

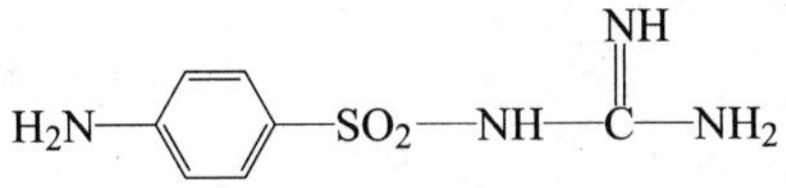

磺胺胍(或磺胺咪)(S.G.)

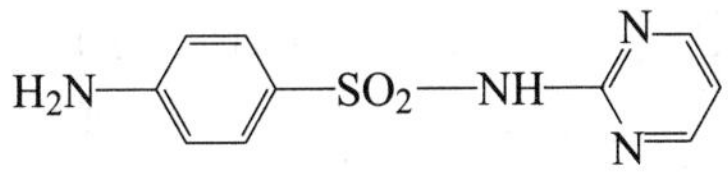

磺胺嘧啶 (S.D.)

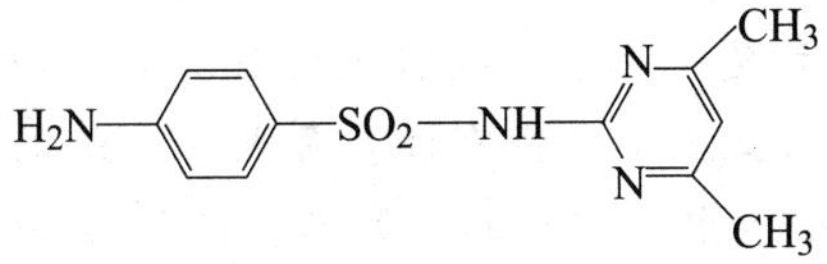

磺胺二甲基嘧啶 (SM_2)

由于青霉素、土霉素等抗生素的应用，目前磺胺药物的使用减少了，但它仍是不可缺少的治疗药物。例如，S. D. 对治疗脑膜炎就特别有效。

15.4.2　有机磷杀虫剂

自从 1944 年德国化学家施拉德尔首次发现对硫磷具有强烈的杀虫性能后，推动了有机磷杀虫剂的合成和它们的生理活性的研究工作，在全世界合成数以万计的有机含磷化合物中，约有数十种有较好的杀虫效果。有的有机含磷化合物还可以作为杀菌剂、除草剂。

有机磷杀虫剂的特点是：杀虫力强、残留性低，易被生物体代谢为无害成分（磷酸盐）。

而且许多有机磷杀虫剂有内吸性，即可被植物吸收。这样只要害虫吃进含杀虫剂的植物即可被杀死，而不一定要害虫直接与杀虫剂接触。它的缺点是对哺乳动物的毒性大，易造成人畜急性中毒，所以使用时应有预防中毒措施。

有机磷杀虫剂的作用是破坏胆碱酯酶的正常生理功能，从而引起中毒以致死亡。

类型：$(RO)_3P{=}O$ 磷酸酯；$(RO)_3P{=}S$ 硫代磷酸酯；$(RO)_2(RS)P{=}S$ 二硫代磷酸酯；$R(RO)_2P{=}O$ 膦酸酯；$(RO)_2(NRR')P{=}O$ 磷酰胺酯

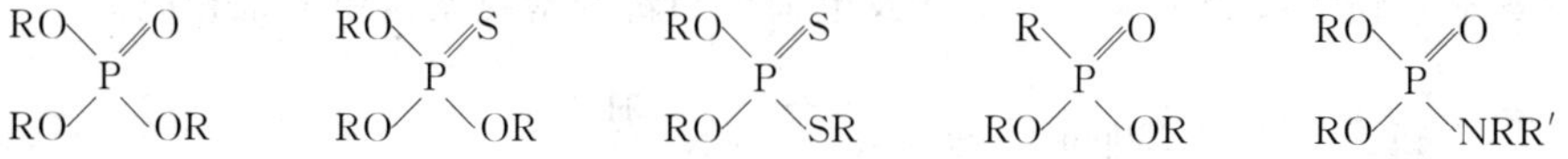

举例：

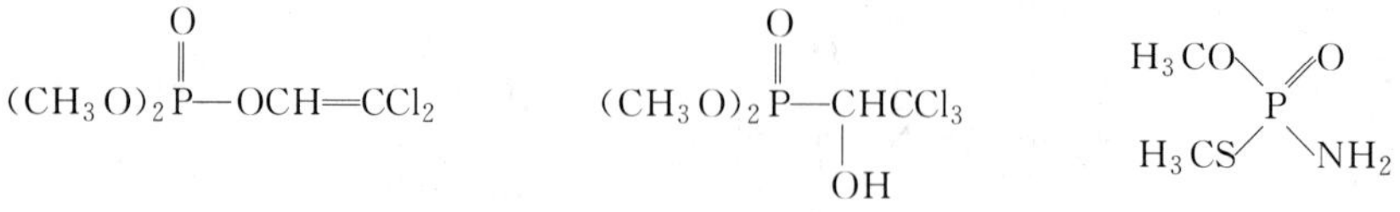

$(CH_3O)_2P(=O)—OCH{=}CCl_2$ 敌敌畏

$(CH_3O)_2P(=O)—CH(OH)CCl_3$ 敌百虫

$(H_3CO)(H_3CS)P(=O)NH_2$ 甲胺磷

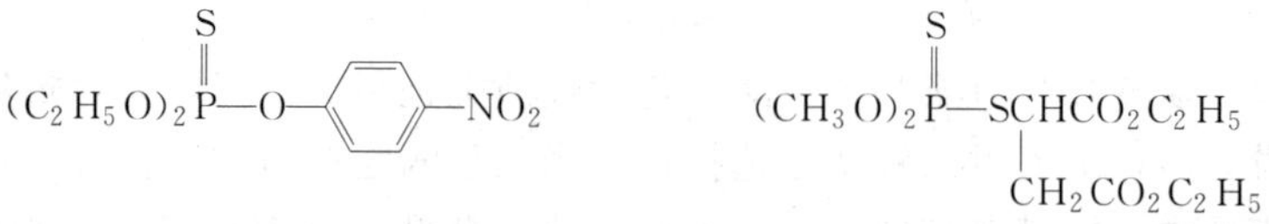

$(C_2H_5O)_2P(=S)—O—C_6H_4—NO_2$ 对硫磷

$(CH_3O)_2P(=S)—SCH(CO_2C_2H_5)CH_2CO_2C_2H_5$ 马拉硫磷

有机磷杀虫剂的品种繁多，但从结构上来看，绝大多数属于膦酸酯和硫代磷酸酯，少数属于磷酸酯和磷酰胺酯。

【阅读材料】

生物体内的磷

一切生物体内都含有磷，其主要存在形式是磷酸单酯、二磷酸单酯或三磷酸单酯。

上述各分子中的 R 多为比较复杂的基团，有的是杂环，有的是糖。三种磷酸酯都有可以解离的氢，所以它们都是酸性的，有相应的三种负离子：

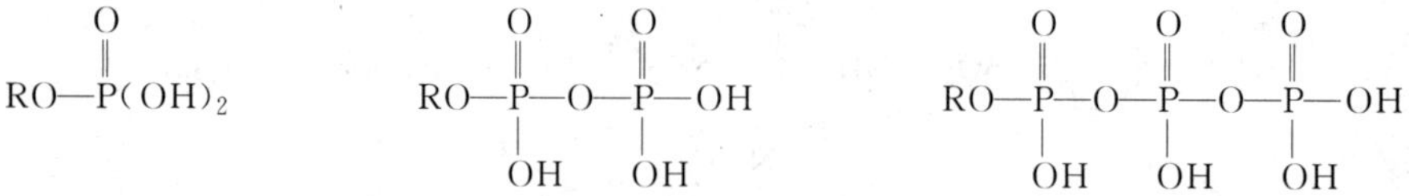

$RO—P(=O)(OH)_2$ 磷酸单酯

$RO—P(=O)(OH)—O—P(=O)(OH)—OH$ 二磷酸单酯（焦磷酸单酯）

$RO—P(=O)(OH)—O—P(=O)(OH)—O—P(=O)(OH)—OH$ 三磷酸单酯

在生物体内的一些反应中，这些磷酸酯是一个容易被取代的基团。此外，这些磷酸酯还有另外两个好处。第一，由于这些磷酸酯的氧原子上带有许多负电荷，使得它能和水互溶地存在于细胞液中。而羧酸酯和磺酸酯都是在水中不溶解的。第二，在 P—O—P 中的 P—O 键有着巨大的键能，即所谓的“高能键”。

生物体内的有机物在进行生物氧化的过程中要释放出大量的能量。这些能量以“高能键”的形式贮存于上述一些磷酸酯的分子中，这种“高能键”以“～”表示：

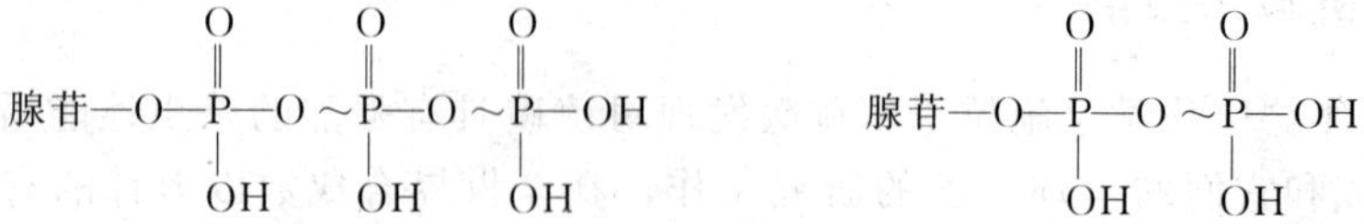

腺苷$—O—P(=O)(OH)—O\sim P(=O)(OH)—O\sim P(=O)(OH)—OH$ 三磷酸腺苷(ATP)

腺苷$—O—P(=O)(OH)—O\sim P(=O)(OH)—OH$ 二磷酸腺苷(ADP)

当 P—O—P 键被打断时，便能放出大量的能量以生成别的新键。因此，这些磷酸酯可作为“能库”。例如，三磷酸腺苷在水解为二磷酸腺苷的过程中可以放出能量：

$$ATP+H_2O \rightleftharpoons ADP+H_3PO_4+\text{能量}$$

一般磷酸酯水解时放出的能量为8.4～16.7kJ·mol^{-1}，而含有“高能键”的磷酸酯水解时可放出33.5～54.4kJ·mol^{-1}的能量。许多生化过程如光合作用、肌肉收缩、蛋白质的合成等都需要依赖这些能量来完成。

【巩固练习】

15-1　命名下列化合物。

1. $CH_3CH_2CH(SH)—CH_3$
2. $CH_3—S—CH_2CH_2CH_3$
3. $(CH_3)_3S^+I^-$（$H_3C—S^+(CH_3)_2\ I^-$）
4. $C_6H_5—SO_2—C_6H_5$
5. $(C_6H_5O)_3P$
6. $(C_6H_5O)_3PO$
7. $(C_6H_5)_3\overset{+}{P}CH_3Br^-$
8. $(C_2H_5O)_2P(=O)—C_6H_5$

15-2　将下列化合物按酸性增强的顺序排列。

C_6H_5COOH　　$C_6H_5SO_3H$　　C_6H_5OH　　C_6H_5SH　　环己醇（$C_6H_{11}OH$）

15-3　写出下列各反应的产物。

1. $\begin{matrix}S—CH_2CH(NH_2)COOH\\ |\\ S—CH_2CH(NH_2)COOH\end{matrix} \xrightarrow{[H]}$
2. $CH_3CH_2Br+C_6H_5CH_2SH \longrightarrow$
3. $(CH_3)_2S+C_2H_5I \longrightarrow$
4. $C_6H_5SH \xrightarrow{I_2}$
5. $CH_3—C_6H_4—SO_3H$（对位） $\xrightarrow{PCl_3}$
6. $HSCH_2CH_2SH \xrightarrow[H^+]{CH_3CH_2COCH_3}$
7. $H_3C—C_6H_4—S—CH_2CH_3$（对位） $\xrightarrow{H_2O_2}$
8. $H_3C—C_6H_4—SH$（对位） $\xrightarrow{H_2O_2}$

15-4　用化学方法鉴别各组异构体。

1. 对甲基苯硫酚（p-$CH_3C_6H_4SH$）与 $C_6H_5SCH_3$
2. 对甲基苯磺酸（p-$CH_3C_6H_4SO_3H$）与 $C_6H_5SO_2OCH_3$

15-5　通过甲基转移作用的程序可以把乙醇胺（$HOCH_2CH_2NH_2$）转化成胆碱离子

[$HOCH_2CH_2\overset{+}{N}(CH_3)_3$]，写出转移一个甲基到乙醇胺上的一系列反应式。

15-6 以合适的氯硅烷为原料制备 $Ph(CH_3)_2SiCl$。

15-7 以 2-甲基环己酮（CH_3，O）为原料，选择适当的硅试剂和其他试剂制备 2-甲基-6-苯甲酰基环己酮（CH_3，O，C(=O)Ph）。

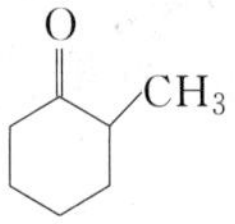

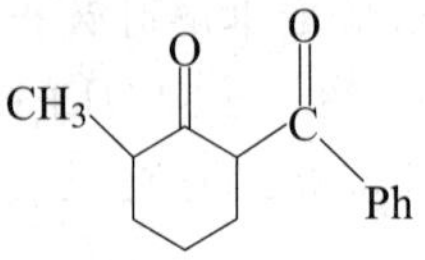

15-8 以 4-环己烯-1,2-二甲酸二乙酯（$—CO_2C_2H_5$，$—CO_2C_2H_5$）为原料，选择适当的硅试剂制备（O，OH）。

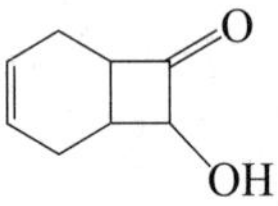

15-9 以 $(CH_3)_3SiCH_2SCH_3$ 为原料。选择合适的试剂，利用彼得森反应制备 $(H)(CH_3S)C=C(Ph)_2$。

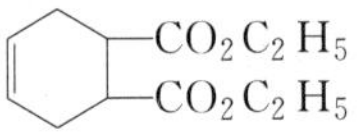

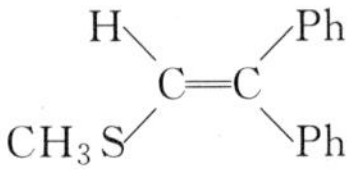

参考答案

15-1

1. 2-丁硫醇
2. 甲丙硫醚
3. 碘化三甲硫
4. 二苯砜
5. 亚磷酸三苯酯
6. 磷酸三苯酯
7. 溴化甲基三苯鏻
8. *O*,*O*-二乙基苯磷酸酯

15-2

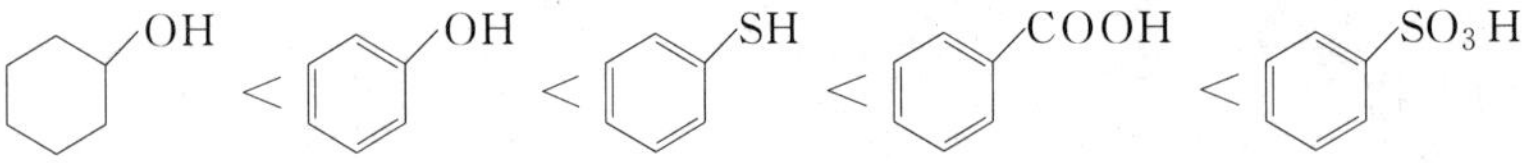

环己醇（OH） < 苯酚（OH） < 苯硫酚（SH） < 苯甲酸（COOH） < 苯磺酸（SO_3H）

15-3

1. $2HSCH_2CH(NH_2)COOH$
2. $Ph—CH_2SCH_2CH_3$
3. $(CH_3)_2S^+(C_2H_5)I^-$
4. 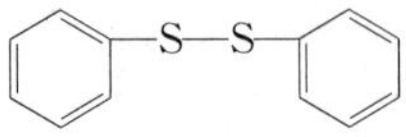 Ph—S—S—Ph
5. 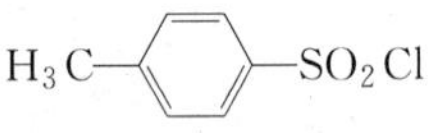 $H_3C—C_6H_4—SO_2Cl$
6. 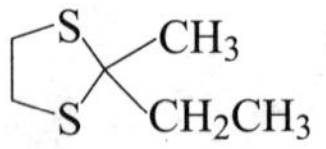 2-甲基-2-乙基-1,3-二硫戊环（S，S，CH_3，CH_2CH_3）
7. 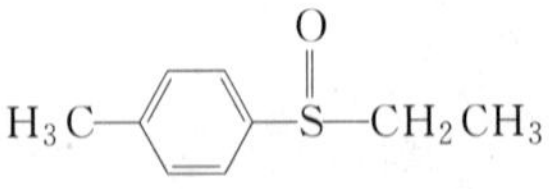 $H_3C—C_6H_4—S(=O)—CH_2CH_3$
8. 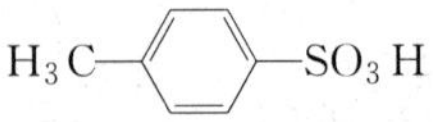 $H_3C—C_6H_4—SO_3H$

15-4

1. 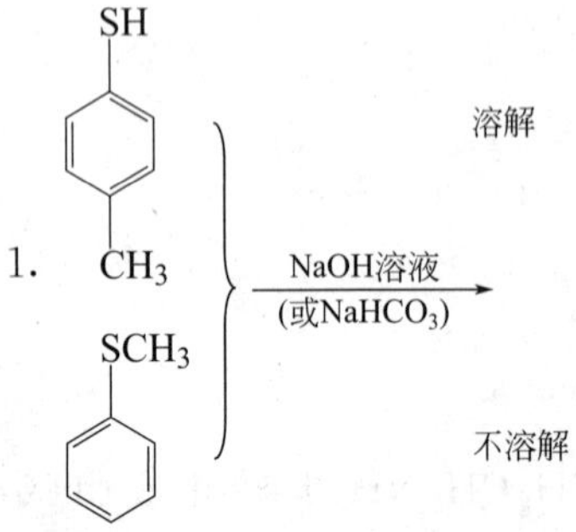 对甲基苯硫酚（SH，CH_3）、苯甲硫醚（SCH_3） $\xrightarrow[(或NaHCO_3)]{NaOH溶液}$ 溶解 / 不溶解

2. 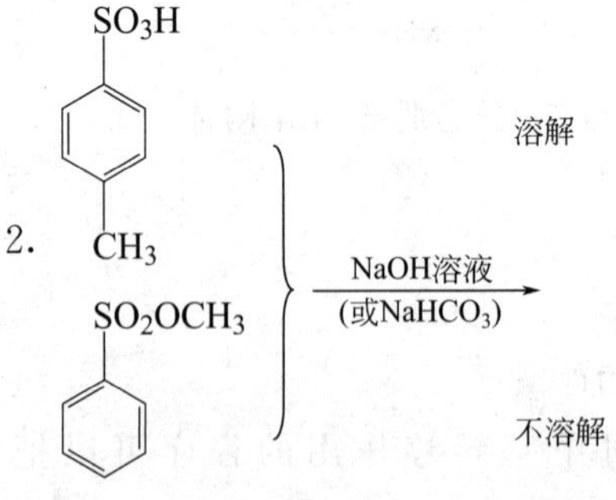 对甲苯磺酸（SO_3H，CH_3）、苯磺酸甲酯（SO_2OCH_3） $\xrightarrow[(或NaHCO_3)]{NaOH溶液}$ 溶解 / 不溶解

15-5

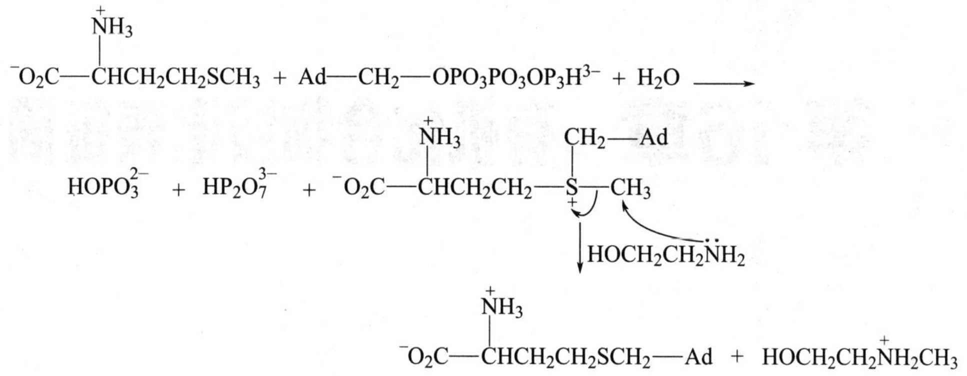

$$^{-}O_2C-\overset{\overset{+}{N}H_3}{\overset{|}{C}}HCH_2CH_2SCH_3 + Ad-CH_2-OPO_3PO_3OP_3H^{3-} + H_2O \longrightarrow$$

$$HOPO_3^{2-} + HP_2O_7^{3-} + {}^{-}O_2C-\overset{\overset{+}{N}H_3}{\overset{|}{C}}HCH_2CH_2-\overset{CH_2-Ad}{\overset{|}{\underset{+}{S}}}-CH_3$$

$$\downarrow HOCH_2CH_2\ddot{N}H_2$$

$$^{-}O_2C-\overset{\overset{+}{N}H_3}{\overset{|}{C}}HCH_2CH_2SCH_2-Ad + HOCH_2CH_2\overset{+}{N}H_2CH_3$$

15-6

$(CH_3)_2SiCl_2$ + PhMgBr(控制 1∶1 用量) ⟶ $Ph(CH_3)_2SiCl$

15-7

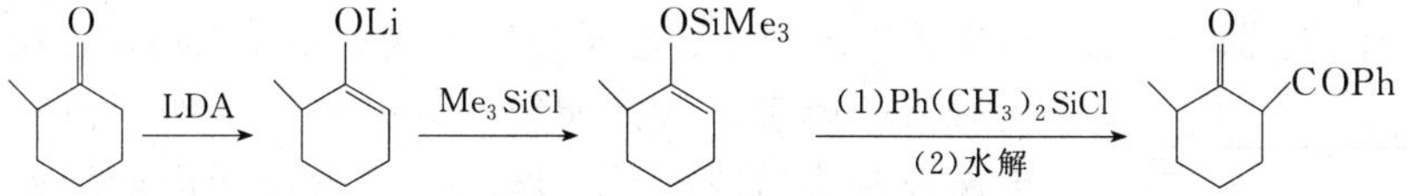

O $\xrightarrow{LDA}$ OLi $\xrightarrow{Me_3SiCl}$ $OSiMe_3$ $\xrightarrow[(2)水解]{(1)Ph(CH_3)_2SiCl}$ O, COPh

15-8

CO_2Et, CO_2Et $\xrightarrow[(2)Me_3SiCl]{(1)甲苯,Na}$ $OSiMe_3$, $OSiMe_3$ ⟶ O, OH

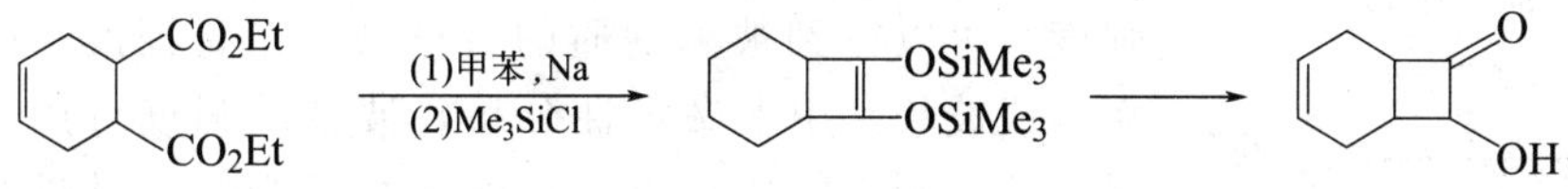

由于烯醇硅醚的存在，使不饱和小芳环稳定，否则，小环中双键很容易被氧化，达不到原定目标物。

15-9

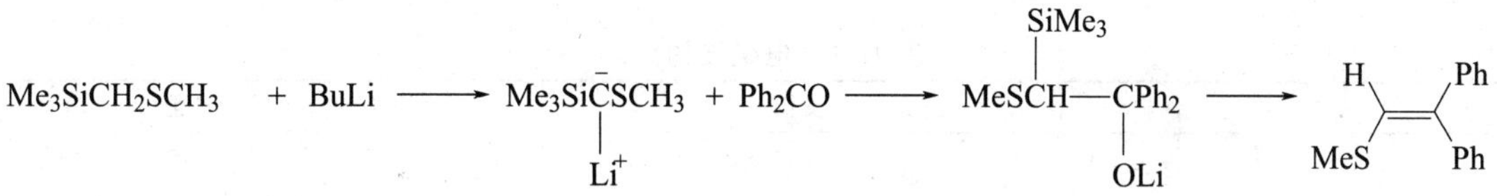

$$Me_3SiCH_2SCH_3 + BuLi \longrightarrow Me_3Si\overset{-}{C}SCH_3 \ (\underset{|}{}Li^{+}) + Ph_2CO \longrightarrow MeS\overset{SiMe_3}{\overset{|}{C}}H-\underset{OLi}{\underset{|}{C}}Ph_2 \longrightarrow \begin{matrix} H & & Ph \\ & C{=}C & \\ MeS & & Ph \end{matrix}$$

（葛燕青　编　　陈红余　校）

第16章 有机化合物波谱表征简介

一定频率或波长的电磁波（光）与物质内部分子、电子或原子核等相互作用，物质吸收电磁波的能量，从低能级跃迁到较高能级。被吸收的电磁波频率（或波长）取决于高低能级的能级差（图16-1）。通过测量被吸收的电磁波的频率（或波长）和强度，可以得到被测物质的特征波谱，特征波谱的频率（或波长）用来做定性分析，波谱的强度可用于定量分析。利用物质对电磁波的选择性吸收对其进行分析的方法统称为波（光）谱分析。

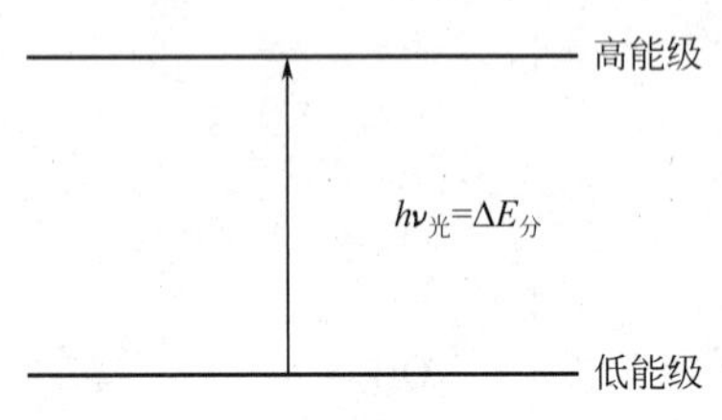

图 16-1 波谱分析的一般原理

电磁波的波长从 0.01nm～1000m，根据波长大小将电磁波划分为若干个区域（表 16-1）。不同区域的电磁波对应于分子内不同层次的能级跃迁。

表 16-1 电磁波的分区

区域	波长	原子或分子的跃迁能级
γ 射线	0.01～0.1nm	原子核
X 射线	0.1～10nm	内层电子
远紫外	10～200nm	中层电子
紫外	200～400nm	外层（价）电子
可见光	400～760nm	外层（价）电子
红外光	0.76～50μm	分子振动和转动
远红外	50～1000μm	分子振动和转动
微波	0.1～100cm	分子转动
无线电波	1～1000m	核磁共振

16.1 紫外-可见光谱

紫外-可见光谱是电子光谱，研究分子中电子能级的跃迁。引起分子中电子能级跃迁的光波波长范围为 10～800nm（$1nm=10^{-7}cm$）。其中 10～190nm 为远紫外区，又称真空紫外区；190～400nm 为近紫外区，又称紫外区；400～800nm 为可见光区。O_2、N_2 在远紫外区都有强烈吸收，测试困难，化学工作者感兴趣的是 190～800nm 的紫外-可见光区。有机分子电子能级跃迁与此光区密切相关。用紫外光测得的电子光谱称紫外光谱（简称 UV）。

16.1.1 分子吸收光谱的产生

当分子吸收电磁波能量受到激发，就要从原来能量较低的能级（基态）跃迁到能量较高的能级（激发态），从而产生吸收光谱。分子吸收电磁波的能量具有量子化的特征，即分子只能吸收等于两个能级之差的能量 ΔE。

$$\Delta E = E_2 - E_1 = h\nu = hc/\lambda \tag{16-1}$$

式中，E_1、E_2 分别为分子跃迁前和跃迁后的能量；ν 为频率，Hz；h 为普朗克常数；λ 为波长（用长度单位表示）；c 为光速，$c = 3\times10^{10}\,cm\cdot s^{-1}$。所产生的吸收光谱形状取决于分子的内部结构，通过分子吸收光谱可以研究分子结构。

16.1.2 分子吸收光谱的获得和表示方法

用于检测紫外或红外等分子吸收光谱的仪器称为分光光度计。紫外和红外分光光度计的总体设计、各部分的结构和材料不尽相同，但它们的工作原理十分相似。图 16-2 是分光光度计的结构和工作原理示意图。

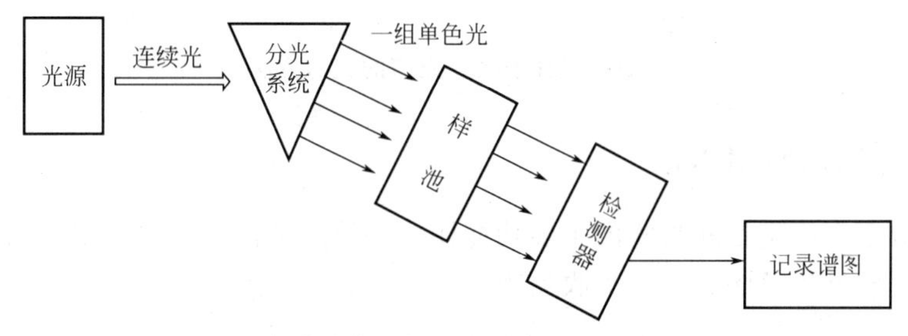

图 16-2 分光光度计的结构和工作原理示意图

分光光度计计由光源、分光系统、样品池、检测器、记录仪等组成。

光源提供一定波长范围的连续光，例如紫外光谱仪用氢灯或氘灯作光源得到 200～400nm 的紫外线，红外光谱仪则是用能斯特灯或硅碳棒等为光源得到 2.5～25μm 的红外线。分光系统由单色器（如棱镜、光栅）和一系列狭缝、反射镜和透射镜等组成，用于将光源发出的连续光色散成具有一定带宽的单色光。样品池放置样品。单色器和样品池等部件的制作材料应对工作区域波长的光没有吸收。检测器和记录仪分别用于检测透过样品的光强度和记录检测信号。紫外光谱仪常用的检测器是光电倍增管和光电池。

不同波长的单色光依次透过被测样品。如果某些波长的光能量正好等于被测样品分子的某一个能级差，即符合式(16-1) 的条件，就被吸收，因此透过样品到达检测器的光强度减弱，产生吸收信号。另外一些波长的光因不符合吸收条件，不被样品吸收，透过样品的光强度不变。分光系统每扫描一次，就能检测记录一次吸收信号-波长（或频率）的曲线，即吸收光谱图。

吸收光谱图（图 16-3）的横坐标是波长或频率，纵坐标是吸收强度。吸收强度一般可用两种方法表示，一是透射率（T）或百分透射率（$T\%$），其定义如下：

$$T\% = I_1/I_0 \tag{16-2}$$

式中，I_0 是入射光强度；I_1 是透过光强度。

二是吸光度（A），其定义为：

$$A=\lg(I_0/I_1) \tag{16-3}$$

因此：

$$A=\lg(1/T) \tag{16-4}$$

两种不同的表示方法得到不同形状的吸收光谱图。用百分透射率表示时，没有被吸收的那些波长的光全部透过样品被检测，处于100%透过的位置；被样品吸收的那些波长的光，光强度减弱，因此在谱图上显示为一个倒峰，光被样品吸收得愈多，透过样品的部分就愈少，倒峰就愈大。用吸光度表示时，峰形向上，样品吸收的光愈多，吸收峰的强度愈大。

吸收光谱图中吸收带的强度与检测时样品浓度有关，为了定量描述物质对光的吸收程度，提出摩尔吸光系数 ε 的概念。所谓摩尔吸光系数是指样品浓度为 $1mol\cdot L^{-1}$ 的溶液置于1cm样品池中，在一定波长下测得的吸光度值。它表示物质对光的吸收能力，是物质的特征常数。

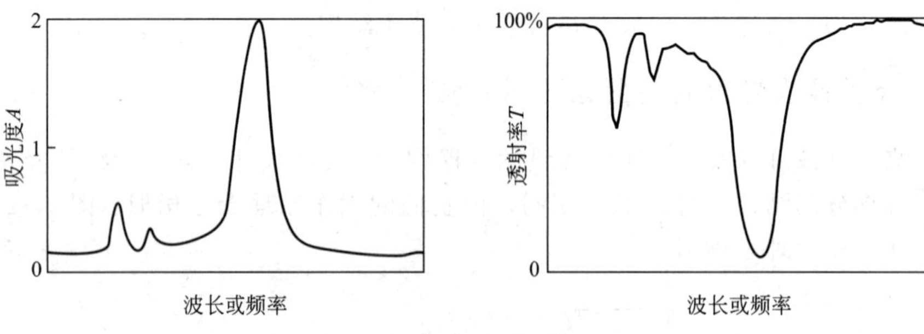

图16-3　分子吸收光谱的表示方法

16.1.3　紫外光谱常用术语

生色团：分子中产生紫外吸收的主要功能团。即该功能团本身产生紫外吸收，λ 值受相连基团的影响。常见生色团的紫外吸收见表16-2。

表16-2　常见生色团的紫外吸收

生色团	化合物	溶剂	λ_{max}/nm	ε_{max}	跃迁类型
C═C	己烯	庚烷	180	12500	π-π^*
C≡C	丁炔	蒸气	172	4500	π-π^*
C═O	乙醛	蒸气	289	12.5	n-π^*
	酮	环己烷	275	22	n-π^*
COOH	乙酸	乙醇	204	41	n-π^*
COOR	乙酸乙酯	水	204	60	n-π^*
COCl	乙酰氯	戊烷	240	34	n-π^*
$CONH_2$	乙酰胺	甲醇	205	160	n-π^*
NO_2	硝基甲烷	乙烷	279 202	15.8 4400	n-π^* π-π^*
—N═N—	偶氮甲烷	水	343 254	25 205	n-π^* π-π^*
(苯环)	苯	甲醇	203.5	7400	π-π^*

注：形成单键的 σ 电子、形成双键的 π 电子以及未共享或称为非键的n电子，电子跃迁发生在电子基态分子轨道和反键轨道之间或基态原子的非键轨道和反键轨道之间。处于基态的电子吸收了一定能量的光子之后，可分别发生 $\sigma\to\sigma^*$、$\sigma\to\pi^*$、$\pi\to\sigma^*$、$n\to\sigma^*$、$\pi\to\pi^*$、$n\to\pi^*$ 等跃迁类型。$\pi\to\pi^*$、$n\to\pi^*$ 所需能量较小，吸收波长大多落在紫外光区和可见光区，是紫外-可见吸收光谱的主要跃迁类型。

助色团：指本身不产生紫外吸收的基团，在与生色团相连时，使生色团的吸收向长波方向移动，且吸收强度增大。

红移：由于基团取代或溶剂的影响，λ_{max}值增大，即向长波方向移动。

蓝移：由于取代基或溶剂的影响，λ_{max}值减小，即向短波方向移动。

增色效应：由于助色团或溶剂的影响，使吸收强度增大的效应。

减色效应：由于基团取代或溶剂的影响，使吸收强度减小的效应。

末端吸收：指吸收曲线随波长变短而强度增大，直至仪器测量极限（190nm），即在仪器极限处测出的吸收为末端吸收。

肩峰：指吸收曲线在下降或上升过程中出现停顿，或吸收稍微增加或降低的峰。肩峰产生的原因是主峰内隐藏有其他峰。

16.1.4 紫外光谱的应用

(1) 紫外光谱在定性分析中的应用

有机物定性分析可以分为两类：一类是有机物结构分析，其任务是确定分子量，分子式，所含基团的类型、数量以及原子间的连接顺序、空间排列等，最终提出整个分子结构模型并进行验证；另一类是有机物的定性鉴定，即判断未知物是否是已知结构。有机物结构分析是一项十分复杂的任务，单靠一种方法，尤其是紫外光谱很难完成。例如，4-甲基-3-戊烯-2-酮与胆甾-4-烯-3-酮的紫外光谱非常相近（图 16-4），难以区别。但它们是完全不同的分子，整体结构相差很大。尽管紫外光谱用于定性分析有较大的局限性，但在解决分子中有关共轭体系部分的结构时有其独特的优点，加之紫外光谱仪器价格相对低廉，易于普及，所以仍不失为定性分析的一种重要工具。

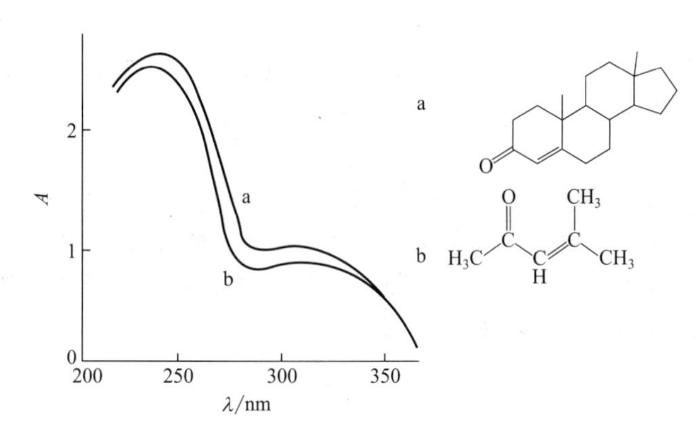

图 16-4 胆甾-4-烯-3-酮（a）和 4-甲基-3-戊烯-2-酮（b）的紫外光谱

吸收带位置（λ_{max}）和吸收强度（ε_{max}）是定性分析的主要参数。根据紫外光谱原理和吸收带波长经验计算方法，可以归纳出有机物紫外吸收与结构关系的一般规律。

① 如果在紫外谱图 220～250nm 处有一个强吸收带（ε_{max}约为 10^4），表明分子中存在两个双键形成的共轭体系，如共轭二烯烃或 α,β-不饱和酮，该吸收带是 K 带；300nm 以上区域有高强吸收带，则说明分子中有更大的共轭体系存在。一般共轭体系中每增加一个双键，吸收带红移约 30nm。

② 如果在谱图 270～350nm 处出现一个低强度吸收带（ε_{max}为 10～100），则应该是 R 带，可以推测该化合物含有带 n 电子的生色团。若同时在 200nm 附近没有其他吸收带，则进一步说明该生色团是孤立的，不与其他生色团共轭。

③ 如果在谱图 250～300nm 处出现中等强度的吸收带（ε_{max}约为 10^3），有时能呈现精细结构，且同时在 200nm 附近有强吸收带，说明分子中含有苯环或杂环芳烃。根据吸收带的具体位置和有关经验计算方法还可进一步估计芳环是否与助色团或其他生色团相连。

④ 如果谱图呈现多个吸收带，λ_{max}较大，甚至延伸到可见光区域，则表明分子中有长的共轭链；若谱带有精细结构，则是稠环芳烃或它们的衍生物。

⑤ 若 210nm 以上检测不到吸收谱带，则被测物为饱和化合物，如烷烃、环烷烃、醇、醚等，也可能是含有孤立碳碳不饱和键的烯、炔烃或饱和的羧酸及酯。

例如紫罗兰酮是重要的香料，稀释时有紫罗兰花香气。它有 α-和 β-两种异构体，其中，α-型异构体的香气比 β-型好，常用于化妆品中，而后者一般只用作皂用香精。用紫外光谱比其他波谱方法更容易区别它们。因为 α-型是两个双键共轭的 α,β-不饱和酮，其 K 吸收带 λ_{max}为 228nm，而 β-型异构体是三个双键共轭的 α,β-不饱和酮，λ_{max}为 298nm。

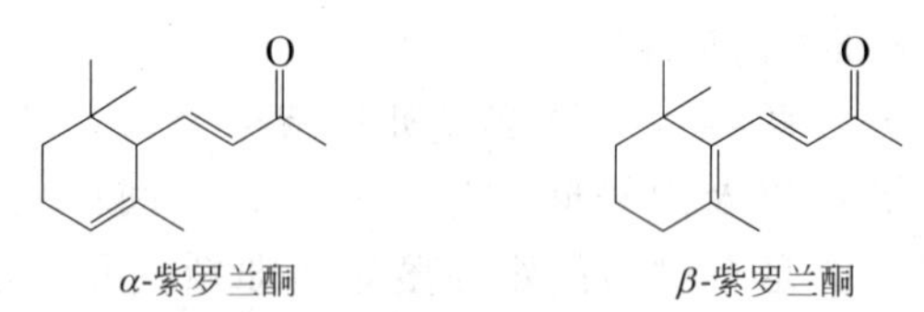

α-紫罗兰酮　　β-紫罗兰酮

(2) 紫外光谱在定量分析中的应用

紫外光谱在定量分析中远比其在定性分析中的应用广泛。它具有方法简便、样品用量少、准确程度较高、既可做单组分分析又可做多组分分析等优点。对于那些在紫外或可见光区域有高吸收系数的化合物，紫外光谱是最简便的微量定量方法之一。紫外光谱定量分析的依据是朗伯-比耳定律和吸光度加和性。

$$A=\varepsilon cl \tag{16-5}$$

式中，A 为吸光度；ε 为摩尔吸光系数；c 为溶液浓度；l 为液层厚度。式(16-5) 表明物质的吸光度与浓度成正比。

吸光度加和性可表达为：

$$A\lambda_{总}=A\lambda_1+A\lambda_2+A\lambda_3+\cdots+A\lambda_n=\varepsilon_1c_1+\varepsilon_2c_2+\varepsilon_3c_3+\cdots+\varepsilon_nc_n \tag{16-6}$$

式中，下标数字为组分编号。该式表示若溶液含有多种对光有吸收的物质，那么该溶液对波长为 λ 的光的总吸光度（$A\lambda_{总}$）等于溶液中每一组分对该波长光的吸光度之和。吸光度加和性是多组分同时测定的理论依据。

16.2 红外光谱

红外光谱起源于分子的振动和转动，是分子对红外光源的吸收所产生的光谱，适用于研究不同原子间的极性键振动，是研究分子结构的重要工具，横坐标用波数表示。

红外光的波长覆盖 0.76～1000μm 的宽广区域。通常将红外区域分为近红外区（0.76～2.5μm）、中红外区（2.5～25μm）和远红外区（25～1000μm）三个区域。由于绝大部分的有机化合物基团的振动频率处于中红外区，人们对中红外光谱研究得最多，本章涉及的内容仅限于中红外光谱。

当物质分子中某个基团的振动频率和红外光的频率一样时，分子就要吸收能量，从原来的基态振动能级跃迁到能量较高的振动能级。将分子吸收红外光的情况用仪器记录下来，就得到红外光谱图。红外光谱图多以透射率 T（%）为纵坐标，表示吸收强度；以波长 λ（μm）或波数 σ（cm^{-1}）为横坐标，表示吸收峰的位置，现在主要以波数作横坐标。波数是频率的一种表示方法（表示每厘米长的光波中的波数），它与波长的关系为

$$波数(cm^{-1})=10^4/波长(\mu m)$$

红外光谱图是红外光谱最常用的表示方法，它通过吸收峰的位置、相对强度以及峰的形状提供化合物的结构信息，其中以吸收峰的位置最为重要。如环戊烷的红外光谱图（图 16-5）中可以看到四个吸收峰，其峰位为 $2955cm^{-1}$、$2870cm^{-1}$、$1458cm^{-1}$、$895cm^{-1}$，这说明环戊烷对这四种频率的红外光有吸收。不同吸收峰的透射率不同，说明它们对不同频率光的吸收程度不同。除了用谱图形式之外也可用文字形式表示红外光谱信息。例如环戊烷的红外光谱可表示为：$2955cm^{-1}$（s）为 CH_2 的反对称伸缩振动（$\nu_{as}CH_2$），$2870cm^{-1}$（m）为 CH_2 的对称伸缩振动（$\nu_s CH_2$），$1458cm^{-1}$（m）为 CH_2 的面内弯曲振动等（括号内的英文字母表示吸收峰强度，吸收强度很强用 vs，强用 s，中用 m，弱用 w，很弱用 vw 来表示）。这种表示方法指出了吸收峰的归属，带有谱图解析的作用。红外振动形式及表示方法见表 16-3。

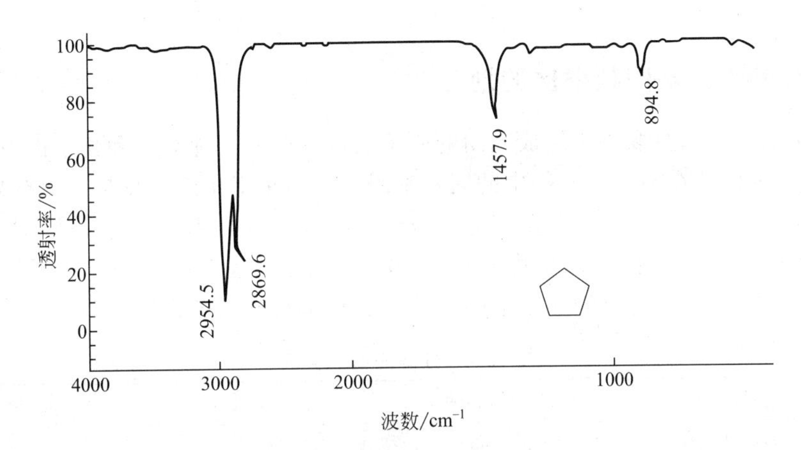

图 16-5　环戊烷的红外光谱图

表 16-3　红外振动形式及表示方法

ν 伸缩振动	γ 面外完全振动	δ 变形振动	s 对称振动
β 面内弯曲振动	t 扭绞振动	τ 扭转振动	as 不对称振动
ω 面外摇摆振动	r 面内摇摆振动		

16.2.1　红外光谱产生的基本条件

前面已经介绍过，当外界电磁波照射分子时，如果电磁波的能量与分子某能级差相等时，电磁波可能被吸收，从而引起分子对应能级的跃迁。所以用红外光照射分子时，只要符合下述条件，就可能引起分子振动能级的跃迁。

$$E_{红外光}=\Delta E_{分子振动} \tag{16-7}$$

这就是红外吸收光谱产生的第一个条件，这个条件也可从另一个角度来表达，即：

$$\nu_{红外光}=\nu_{分子振动} \tag{16-8}$$

式中，ν 为频率。物质处于基态时，组成分子的各个原子在自身平衡位置附近做微小振动。当红外光的频率正好等于原子的振动频率时，就可能引起共振，振幅加大，振动能量增加，分子从基态跃迁到较高的振动能级。

红外吸收光谱产生的第二个条件是红外光与分子之间有耦合作用，为了满足这个条件，分子振动时其偶极矩（μ）必须发生变化，即 $\Delta\mu \neq 0$。

分子的偶极矩是分子中正、负电荷中心的距离（r）与正、负电荷中心所带电荷（δ）的乘积，它是分子极性大小的一种表示方法。

$$M=\delta r \tag{16-9}$$

图 16-6 H_2O 和 CO_2 的偶极矩

图 16-6 以 H_2O 和 CO_2 分子为例具体说明偶极矩的概念。H_2O 是极性分子，正、负电荷中心的距离为 r。分子振动时，r 随着化学键的伸长或缩短而变化，μ 随之变化，即 $\Delta\mu \neq 0$。CO_2 是一个非极性分子，正、负电荷中心重叠在 C 原子上（因负电荷中心应在两个氧原子的连线中心），$r=0$，$\mu=0$。发生振动时，如果两个化学键同时伸长或缩短，则 r 始终为 0，$\Delta\mu=0$；如果是不对称的振动，即在一个键伸长的同时，另一个键缩短，则正、负电荷中心不再重叠，r 随振动过程发生变化，所以 $\Delta\mu \neq 0$。

16.2.2 红外光谱基团频率区的划分

基团的振动频率主要取决于组成基团的原子质量（即原子种类）和化学键力常数（即化学键的种类）。因此处在不同化合物中的同种基团的振动频率相近，总是出现在某一范围内。根据这一规律，可以把红外光谱范围划分为若干个区域。每个区域对应一类或几类基团的振动频率。最常见的红外光谱分区是将 4000～400cm^{-1} 分为氢键区、三键和累积双键区、双键区及单键区四个区域。对应的频率范围和涉及的基团及振动形式见表 16-4。

表 16-4 红外光谱的分区

区域名称	氢键区	三键和累积双键区	双键区	单键区
频率范围	4000～2500cm^{-1}	2500～2000cm^{-1}	2000～1500cm^{-1}	1500～400cm^{-1}
基团及振动形式	O—H、C—H、N—H 等的含氢基团的伸缩振动	C≡C、C≡N、N≡N 等三键和 C═C═C、N═C═O 等累积双键基团的伸缩振动	C═O、C═C、C═N、NO_2、苯环等双键基团的伸缩振动	C—C、C—O、C—N、C—X（X 为卤素）等单键的伸缩振动及 C—H、O—H 等含氢基团的伸缩振动

其中，1300～400cm^{-1} 为红外光谱指纹区，吸收峰的特征性强，可用于区别不同化合物结构上的微小差异。犹如人的指纹，故称为指纹区。在这个区域，只要分子结构上有微小的变化，都会引起这部分光谱的明显改变。各类基团的红外特征吸收频率见表 16-5。

表 16-5 各类基团的红外特征吸收频率

化合物类型	基团	频率范围/cm^{-1}	
烷烃	C—H	(ν)	2960～2850(s)
		(δ)	1470～1350(s)
烯烃	═C—H	(ν)	3080～3020(m)
		(δ)	1100～675(s)

续表

化合物类型	基团	频率范围/cm^{-1}	
芳烃	=C—H	(ν)	3100-3000(m)
		(δ)	870～675(s)
炔烃	≡C—H	(ν)	3300(s)
烯烃	C=C	(ν)	1680～1640(ν)
芳烃	C=C	(ν)	1600,1500(ν)
炔烃	C≡C	(ν)	2260～2100(ν)
醇、醚、羧酸、酯	C—O	(ν)	1300～1080(s)
醛、酮、羧酸、酯	C=O	(ν)	1760～1690(s)
一元醇、酚(游离)	O—H	(ν)	3640～3610(ν)
一元醇、酚(缔合)	O—H	(ν)	3600～3200(b)
羧酸	O—H	(ν)	3300～2500(b)
胺、酰胺	N—H(NH_2)	(ν)	3500～3300(b)
		(ν)	3500～3300(m)
		(δ)	1650～1590(s)
	C—N	(ν)	1360～1180(s)
腈	N≡C	(ν)	2260～2210(ν)
硝基化合物	—NO_2	(ν)	1560～1515(s)
		(δ)	1380～1345(s)

注：最后一列括号里字母除（b）表示峰宽以外，其余都是表示强度。

16.2.3 红外光谱解析

(1) 红外光谱解析的一般步骤

第一，根据分子式，首先要计算不饱和度，不饱和度可用公式计算：

$$不饱和度\ f=1+n_4+\frac{1}{2}(n_3-n_1) \tag{16-10}$$

式中，n_1、n_3、n_4 分别为分子中一价、三价和四价原子的数目。通过计算不饱和度可估计分子结构式中是否有双键、三键或芳香环等，并可验证光谱解析结构是否合理。

第二，根据未知物的红外光谱图找出主要的强吸收峰。在解析谱图时，可先从 4000～1500cm^{-1}的官能团区入手，找出该化合物存在的官能团，然后有的放矢到指纹区找到这些基团的吸收峰，再根据指纹区的吸收情况进一步验证该基团及该基团与其他基团的结合方式。例如在样品光谱的 1735cm^{-1}有吸收，另外在 1300～1150cm^{-1}出现两个强吸收峰，可判断此化合物为酯类化合物。又如一化合物在 1600～1500cm^{-1}有吸收峰（苯环的骨架振动），在 3100～3000cm^{-1}有吸收峰（苯环的 C—H 伸缩振动），可判断为芳环化合物，再根据 900～600cm^{-1}的吸收峰位置可确定芳环的取代情况。

第三，通过标准谱图验证解析结果的正确性。

(2) 红外光谱解析示例

例 16.1 试推断化合物 C_7H_9N 的结构。

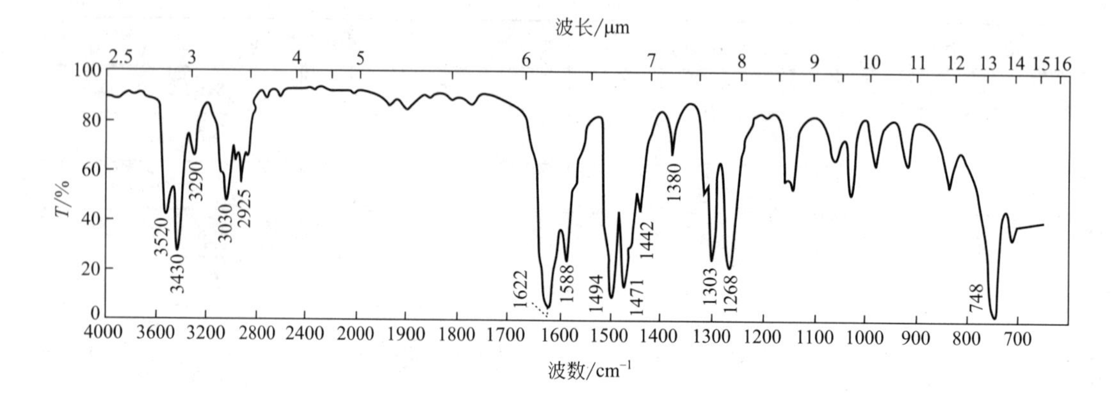

解 计算不饱和度 $f=7\times2+2-9+1/2=4$，不饱和度为 4，可能分子中有多个双键，或者含有一个苯环。

$3520cm^{-1}$ 和 $3430cm^{-1}$：两个中等强度的吸收峰表明为—NH_2 的反对称和对称伸缩振动吸收（$3500cm^{-1}$ 和 $3400cm^{-1}$）。

$1622cm^{-1}$、$1588cm^{-1}$、$1494cm^{-1}$、$1471cm^{-1}$：苯环的骨架振动（$1600cm^{-1}$、$1585cm^{-1}$、$1500cm^{-1}$ 及 $1450cm^{-1}$），证明苯环的存在。

$748cm^{-1}$：苯环取代为邻位（$770\sim735cm^{-1}$）。

$1442cm^{-1}$ 和 $1380cm^{-1}$：甲基的弯曲振动（$1460cm^{-1}$ 和 $1380cm^{-1}$）

$1268cm^{-1}$：伯芳胺的 C—N 伸缩振动（$1340\sim1250cm^{-1}$）

由以上信息可知该化合物为邻甲苯胺：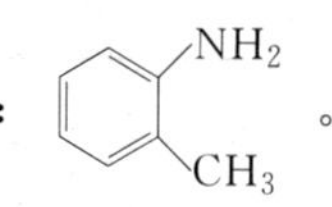

。

16.3 核磁氢谱

1950 年迪克生测定 ^{19}F 在不同化合物中存在谱线的位置变化，结果 BeF、HF、NaF、KF 等均可明显区别；普劳科特和俞测定了 NH_4^+ 和 NH_3 分子中 ^{14}N 共振谱线的位置差异。上述工作表明，核磁共振的谱图信息与物质分子的化学位移有必然的联系。1951 年阿诺德等测定 CH_3CH_2OH 时发现了三组峰，如图 16-7 所示。

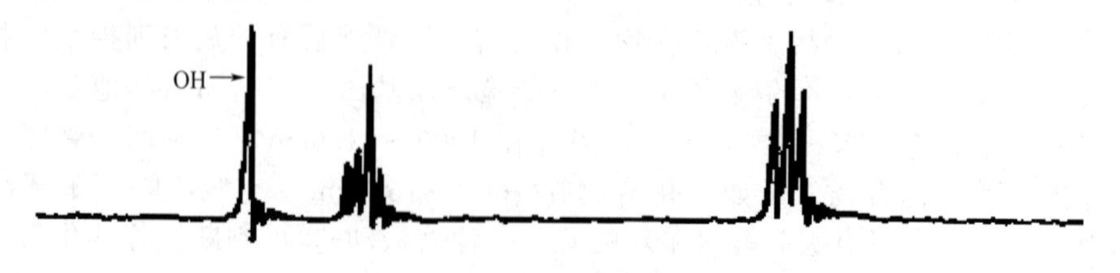

图 16-7 CH_3CH_2OH 质子核磁共振图

图 16-7 中三组峰分别对应于 CH_3CH_2OH 分子中三种不同的质子，这个实验使核磁共振技术与有机分子结构联系起来，并逐步发展成为研究有机分子结构的主要方法之一。

16.3.1 核磁共振现象的产生

核磁共振（NMR）方法与红外光谱法或紫外光谱法一样，基本上是吸收光谱的另一种形式。在适当的条件下，样品能够吸收射频区的电磁辐射，所吸收的频率取决于样品的特性。吸收是随分子中某一给定核而改变的，吸收峰的频率对吸收峰强度作图得到 NMR 图谱。所有的原子核都带有电荷，某些原子核的电荷绕核轴“自旋”，核电荷的旋转使得其在沿着核轴方向产生一个磁偶极（图 16-8）。自旋电荷的角动量可用自旋量子数 I 描述，自旋量子数有 0、1/2、1、3/2 等值（$I=0$ 意味着没有自旋），所产生的磁偶极的本质大小可用核磁矩 μ 表示。

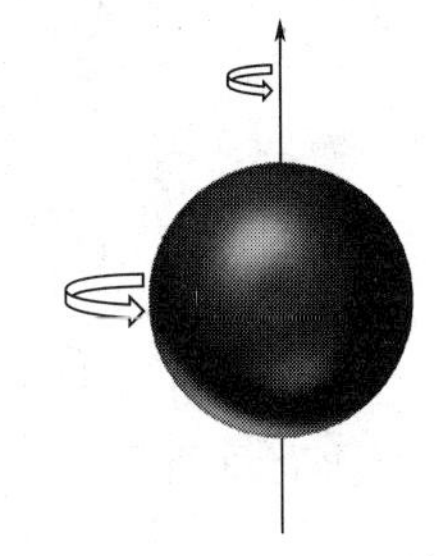

图 16-8 质子中自旋电荷产生的磁偶极

各元素的同位素中，大约有一半的原子核具有旋转的磁铁那样的性质。这些原子核都有一定的自旋量子数 I。$I>0$ 的原子核带有电荷，因此在自旋中会产生磁场，这样的核可以看作微小的磁铁。^{12}C 和 ^{16}O 的 I 为 0，没有磁性，因此不能成为核磁共振的研究对象。

16.3.2 在外磁场中原子核的自旋取向及能级

自旋量子数 I 不等于 0 的原子核都能绕核轴自旋。自旋的原子核会产生一个沿核轴方向的磁场，即总磁矩。

I 不等于 0 的原子核又称为磁性核。根据量子力学的理论，磁性核在外加磁场中的排列方式不是任意的，而是有一定的自旋取向的，而且自旋取向是量子化的，共有 $2I+1$ 种。即在外磁场的作用下，原子核能级分裂成 $2I+1$ 个。用（核）磁量子数 m 来表示，取值分别为：$m=I$，$I-1$，$I-2$，…，$-I$。

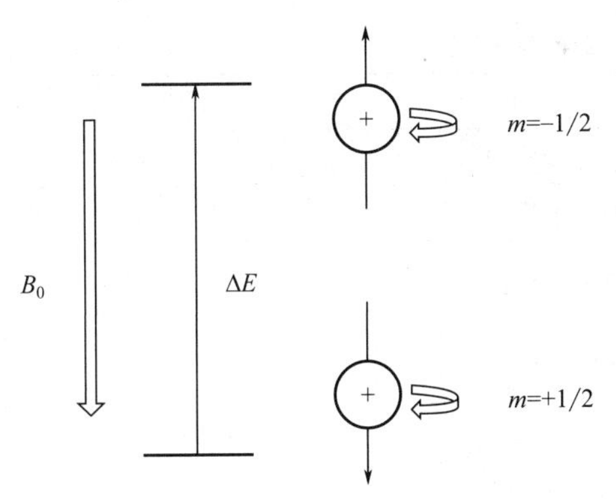

图 16-9 ^{1}H 在磁场中的自旋取向

以 ^{1}H 核为例，它的自旋量子数是 1/2，是磁性核。当 ^{1}H 处在一个外磁场 B_0 中时，它有两种自旋取向：一种自旋取向产生的磁矩顺应外磁场 B_0 的方向，代表比较稳定的体系，能量较低；另一种自旋取向与外磁场 B_0 的方向相反，代表了能量较高的体系，如图 16-9 所示。

用磁量子数表示就是 $m=+1/2$ 和 $m=-1/2$，对应的是能量较低和能量较高的两个能级状态。

则两能级之间的能量差 ΔE：

$$\Delta E = E_{(-\frac{1}{2})} - E_{(+\frac{1}{2})} = 2\mu B_0 \quad (16\text{-}11)$$

当外界电磁辐射（$h\nu$）提供的能量正好等于这个能量差时，氢核就能吸收辐射能，从能量较低的状态跃迁到能量较高的状态，发生所谓的“核磁共振”现象。这个能量差很小，只需要采用射频辐射就能达到要求。

由上式可知，^{1}H 在外磁场 B_0 中两种取向的能级差 ΔE 与外磁感应强度 B_0 是成正比的。当外磁场不存在时，$\Delta E=0$，能级是简并的，不能产生核磁共振。而外磁感应强度越大，ΔE 越大，越有利于核磁共振的测量。同时，ΔE 又与核的旋磁比 γ 成正比。

16.3.3 原子核跃迁与电磁辐射及产生核磁共振的条件

B_0 的作用是使得磁性核发生能级裂分；而 B_1 的作用是产生一定频率的射频辐射，提供原子核发生核磁共振所需要的能量。实验中一般采用射频振荡线团在与外磁场 B_0 垂直的方向产生交变磁场 B_1，从而产生所需要的射频。

从经典力学的观点看，当射频辐射的频率刚好与自旋核的进动频率相等，即 $\nu_0=\nu_1$ 时，自旋的核会吸收射频的能量，发生核自旋的倒转。所需要的射频频率为：

$$\nu_1=\nu_0=\frac{\gamma B_0}{2\pi} \tag{16-12}$$

因此要发生核磁共振必须满足以下几个条件：

① 是磁性核；

② 具有外加静磁场 B_0；

③ 有垂直于 B_0 的射频场 B_1，且频率等于核的进动频率。

发生核磁共振时必须满足 $\nu_0=\nu_1$，既可以通过调节射频辐射的频率，也可以通过改变外加磁感应强度来满足核磁共振的要求。

16.3.4 不同结构的化学位移范围

不同结构的有机分子，各类 H 核所处的化学环境不同，对应的化学位移也不同。如在丙烷 $\overset{b}{CH_3}\overset{a}{CH_2}\overset{b}{CH_3}$ 分子中，有两类化学不等性的质子，H_a 和 H_b。H_a 有 2 个化学等性质子，H_b 有 6 个化学等性质子，但 H_a 和 H_b 化学不等性，所以 NMR 图谱中出现两个共振峰。共振峰组数代表了质子类数，共振峰的面积正好与各类质子的数目成正比关系。例如乙醇 $\overset{a}{CH_3}\overset{b}{CH_2}\overset{c}{OH}$ 中，$H_a:H_b:H_c=3:2:1$，峰面积比也是 3∶2∶1。

各种基团中的质子，在没有特别强烈的化学环境影响时，其化学位移都具有一定的特征性。因此可以根据化学位移的大小来判断分子结构信息。有机分子中常见基团质子的化学位移近似值见表 16-6。

表 16-6 常见基团质子的化学位移近似值

基团	δ	基团	δ
$-CH_3$	0.79～1.10	芳烃质子	6.5～8.0
$-CH_2$	0.98～1.54	给电子基团取代	6.5～7.0
＞CH—	$\delta_{CH_3}+(0.5\sim0.6)$	吸电子基团取代	7.2～8.0
$-OCH_3$	3.2～4.0	—COOH	10～13
＞N—CH_3	2.2～3.2	R—OH	1.0～6.0
—C═C—CH_3	1.8	Ar—OH	4～12
—CO—CH_3	2.1	R—CHO	9～10
Ph—CH_3	2～3	R—NH_2	0.4～3.5
端烯质子	4.8～5.0	Ar—NH_2	2.9～4.8
内烯质子	5.1～5.7	R—$CONH_2$	9.0～10.2
共轭质子	4～7	—	—

16.3.5 *n* +1 规律

同一类质子吸收峰增多的现象叫作裂分，是由于邻近质子的自旋相互干扰而引起的。这种相互干扰叫作自旋-自旋偶合。

某组环境完全相等的 n 个核（$I=1/2$），在 B_0 中共有 $n+1$ 种取向，使与其发生偶合的核裂分为 $n+1$ 个峰。这就是 $n+1$ 规律，概括为：某组环境相同的氢若与 n 个环境相同的氢发生偶合，则被裂分为 $n+1$ 个峰。

某组环境相同的氢，若分别与 n 个和 m 个环境不同的氢发生偶合，且偶合常数值不等，则被裂分为 $(n+1)(m+1)$ 个峰。如高纯乙醇，CH_2 被 CH_3 裂分为四重峰，每个峰又被 OH 中的氢裂分为双峰，共八个峰 $[(3+1)(1+1)=8]$。

实际上由于仪器分辨率有限或巧合重叠，造成实测峰的数目小于计算值。

实测谱图中，相互偶合核的两组峰的强度会出现内侧峰偏高，外侧峰偏低。$\Delta\nu$ 越小，内侧峰越高，这种规律称向心规则。利用向心规则，可以找出 NMR 谱中相互偶合的峰。

16.3.6 核磁共振谱图

实验测定相对值较容易，因此一般都以适当的化合物为标准物质来测定相对的频率，标准化合物的共振频率与某一个质子的共振频率之差叫作化学位移 δ。最常用的标准化合物为四甲基硅烷（TMS），这是理想的标准物质（图 16-10）。图 16-11 为某有机物分子的质子核磁共振谱图。

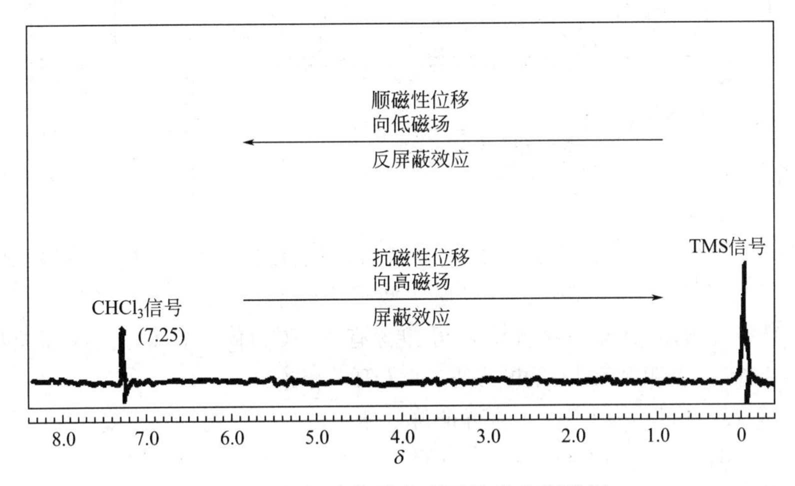

图 16-10 标准物质的质子核磁共振谱图

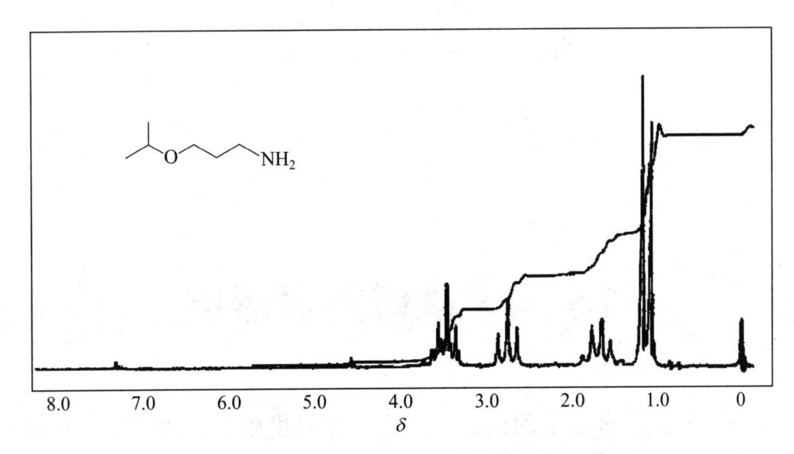

图 16-11 某有机物分子的质子核磁共振谱图

16.3.7 ^1H NMR 谱图解析步骤及实例

一般谱图解析步骤：

① 由图上吸收峰的组数，可以知道分子结构中磁等性质子的数目。

② 由峰的强度（积分曲线）可以知道分子中磁不等性质子的比例。

③ 由峰的裂分数可知相邻磁等性质子的数目。

④ 由峰的化学位移（δ）可以判断各种磁等性质子的归属。

⑤ 由裂分峰的外观或偶合常数可知哪些磁等性质子是相邻的。

例 16.2 一个化合物的分子式为 $C_{10}H_{12}O$，其^1H NMR 已给出，试推断该化合物的结构。

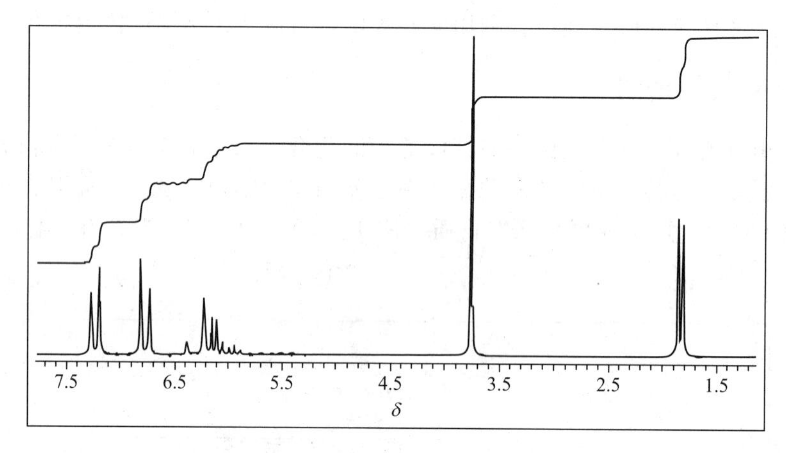

解 ① 由分子式 $C_{10}H_{12}O$ 可知化合物的不饱和度为 5，化合物可能含有苯基、C═C 或 C═O 键。

② ^1H NMR 谱无明显干扰峰；由低场至高场，积分简比为 4∶2∶3∶3，其数字之和与分子式中氢原子数目一致，故积分比等于质子数目之比。

③ δ=6.5～7.5 的多重峰对称性强，可知含有 X—C_6H_5—Y（对位或邻位取代）结构。其中两个氢的 $\delta<7$，表明苯环与给电子基（—OR）相连。

④ δ=3.75（s，3H）为 CH_3O 的特征峰。

⑤ δ=1.83（d，3H）为 CH_3—CH═的特征峰，δ=5.5～6.5（m，2H）为双取代烯氢（C═CH_2 或 HC═CH）的四重峰，其中一个氢又与 CH_3 邻位偶合，排除═CH_2 基团的存在。

由上分析可知，化合物应存在—CH═CH—CH_3 基。

故化合物的结构应为：HOOC—C_6H_4—C(H)═C(H)—CH_3（6.28 H；6.08 H）。

16.4 核磁共振碳谱

核磁共振氢谱能够提供氢原子的信息，但是不能提供碳骨架的信息，核磁共振碳谱正好是一个有效的补充。但是^{13}C 核的天然丰度很低（1.11%），检测困难。随着脉冲傅里叶变换技术的应用，检测灵敏度和信噪比大大提高，核磁共振碳谱才开始用于常规分析并得到了迅速的发展。

与核磁共振氢谱相比，核磁共振碳谱最大的特点是化学位移的范围更为广泛。氢谱中各官能团的 δ 很少超过 10，但碳谱中 δ 的变化范围可超过 200，因此某些结构上的细微变化在碳谱上就有可能反映出来，还可以区分碳原子的级数。

16.4.1 各类有机化合物的 ^{13}C 化学位移

各类有机化合物的碳谱化学位移见表 16-7。

表 16-7 各类有机化合物 ^{13}C 谱化学位移

基团	δ	基团	δ
$—CH_3$	5～35	$\underline{C}$═C—F	65～115
$—CH_2$	25～45	Ar—C—F	70～100
—CH	25～60	Ar—$\underline{C}$—C—F	105～135
—C	30～60	C—Cl	30～60
C═C	100～150	C—$\underline{C}$—Cl	100～150
$\underline{C}$—C═C	10～60	$\underline{C}$═C—Cl	100～155
C≡C	65～85	Ar—C—Cl	120～150
Ar—C	120～160	C—Br	10～45
Ar—CH	110～130	C—$\underline{C}$—Br	90～140
$\underline{C}$—ArC	10～60	$\underline{C}$═C—Br	90～140
Ar—C—X	120～160	Ar—C—Br	110～140
Ar—$\underline{C}$—C	105～135	C—I	20～30
C—F	70～100	Ar—C—I	85～115
C—$\underline{C}$—F	125～175		

在碳谱中，通常有三种偶合作用：$^{13}C—^{13}C$ 的偶合、$^{13}C—^{1}H$ 的偶合、^{13}C 与 X（X 为 ^{15}N、^{31}P、^{19}F 等）偶合。最常见的偶合还是 $^{13}C—^{1}H$ 的偶合。^{13}C 和 ^{1}H 的偶合常数 $^{1}J_{CH}$ 大小在 20～300Hz 之间，偶合裂分遵循 $n+1$ 规律。^{13}C 天然丰度小，$^{13}C—^{13}C$ 偶合的概率很小，^{15}N 天然丰度也比较低，$^{13}C—^{15}N$ 偶合也比较少见；^{31}P 和 ^{19}F 天然丰度有 100%，所以如果化合物含有 P 和 F 时，能够观察到它们与 ^{13}C 的偶合。

16.4.2 碳谱的解析

例 16.3 解析 ^{13}C NMR 谱并推断含硝基化合物 $C_7H_9N_3O_4$ 的结构。

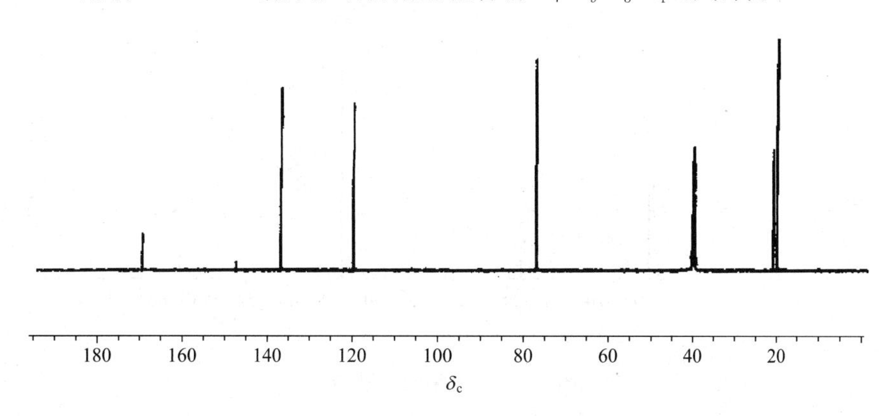

解 该化合物分子不饱和度为 5，其谱图信号所表示的结构碎片如下：

δ	结构碎片	δ	结构碎片
20.2	$—CH_3$	120.1	HC═
21.1	$—CH_3$	137.2	HC═
77.3	＞CH—	147.8	C═
		169.8	—C═O

谱图中 169.5 和 77.3 成对是酯类分子特征，不饱和度为 1，硝基本身占一个不饱和度。从化学位移来看，$\delta=20.2$ 的甲基碳原子是与饱和碳原子相连的，$\delta=21.1$ 的甲基碳原子是与羰基相连的，$\delta=77.3$ 的碳原子除了是酯类分子特征，还与氮原子相连。因此余下 $C_3H_2N_2$ 碎片和三个不饱和度可能是成氮杂环比较合理，且硝基要接在环上 $\delta=148.9$ 的碳原子上。推测分子结构为：　　　　。

16.5 质　谱

质谱是在高真空系统中测定样品的分子离子及碎片离子质量，以确定样品分子量及分子结构的方法。质谱法测定的对象包括同位素、无机物、有机物、生物大分子以及聚合物，因此可广泛地应用于化学、生物化学以及工业、农业、林业、地质等领域。质谱法在鉴定有机物的四大重要工具［核磁共振（NMR）、质谱（MS）、红外光谱（IR）、紫外光谱（UV）］中，是灵敏度最高的，也是唯一可以确定分子式的方法。

16.5.1 质谱图

图 16-12 是丙酮的质谱图。图中的竖线称为质谱峰，不同的质谱峰代表具有不同质荷比的离子，峰的高低表示产生该峰的离子数量的多少。质谱图以质荷比（m/z）为横坐标，以离子峰的相对丰度为纵坐标。图中最高的峰称为基峰。基峰的相对丰度常定为 100%，其他离子峰的强度按基峰的百分比表示。

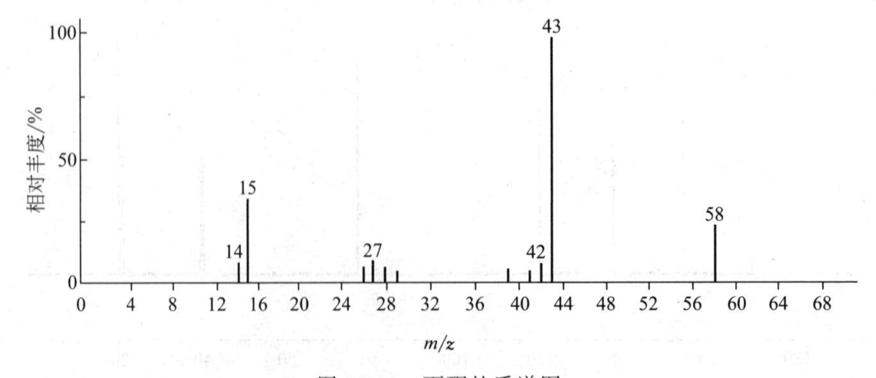

图 16-12　丙酮的质谱图

在文献中，质谱数据也可以用列表的方法表示（表16-8）。

表16-8　丙酮的质谱数据

m/z	相对丰度/%	m/z	相对丰度/%
15	34.1	39	4.4
26	6.7	42	7.5
27	8.9	43	100(基峰)
28	4.5	44	2.3
29	4.6	58	23.3(M^+)

16.5.2　质谱仪

用于检测有机化合物质谱的仪器叫作质谱仪。质谱仪由离子源、质量分析器、离子检测系统三个主要部分和进样系统、真空系统两个辅助部分组成（图16-13）。样品分子由进样系统导入离子源，在离子源中以某种方式电离成为分子离子，同时也可能伴随着碎裂，生成各种碎片离子。这些离子经过加速电极加速，以一定速度进入质量分析器，按质荷比大小被分离后，依次到达离子检测器被检测，检测信号放大后送入计算机，经适当处理后以质谱图或表格形式输出。离子源、质量分析器和离子检测系统分别担负着从样品分子产生离子，离子按质荷比大小分离以及离子检测的任务，它们均需在高真空条件下工作，真空系统维持仪器正常运转所必需的真空状态。现代质谱仪都配有计算机，用于数据处理和仪器控制。

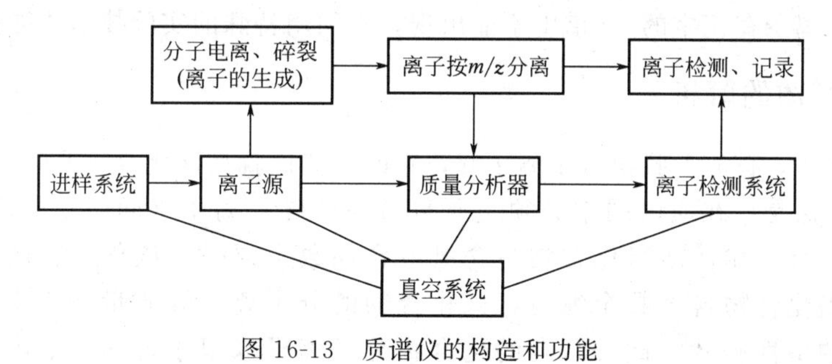

图16-13　质谱仪的构造和功能

16.5.3　离子的主要类型

有机分子在质谱仪离子源中发生的电离和碎裂是一个复杂的过程，能生成各种各样的离子，从质谱解析的角度对离子进行分类有分子离子、碎片离子、同位素离子、多电荷离子、负离子、离子-分子反应生成的离子和亚稳离子等。

(1) 分子离子

分子失去一个价电子而生成的离子称为分子离子，通常用 $M^{+\cdot}$ 表示。M右上角的“+”表示分子离子带一个电子电量的正电荷，“·”表示它有一个不成对电子，是个自由基。可见分子离子既是一个正离子，又是一个自由基，这样的离子称为奇电子离子。

(2) 碎片离子

碎片离子是由分子离子在离子源中碎裂生成的。分子离子具有较大的剩余能量，处于激发态，会使某些化学键断裂，生成质量较小的碎片，其中带正电荷的就是碎片离子。

有的碎片离子是通过一个化学键简单断裂生成的，另外一些碎片离子则是通过多键断裂或同时伴随原子或原子团的重排生成的，还有一些碎片离子是经过二级或多级碎裂形成的。有关碎片离子和分子结构的关系主要通过离子碎裂机理来研究。有机化合物质谱中常见的碎片离子见表16-9。

表16-9 有机化合物质谱中常见的碎片离子

m/z	碎片离子	m/z	碎片离子	m/z	碎片离子
14	CH_2	29	C_2H_5，CHO	42	C_3H_6
15	CH_3	30	CH_2NH_2，NO	43	C_3H_7，$CH_3C{=}O$
16	O	31	CH_2OH，OCH_3	44	CO_2，(CH_2CHO+H)，$CH_2CH_2NH_2$
17	OH	33	HS	45	CH_3CHOH，CH_2CH_2OH，CH_2OCH_3，COOH，($CH_3CH{-}O$+H)
18	H_2O，NH_4	34	H_2S		
19	F	35	Cl	46	NO_2
20	HF	36	HCl	47	CH_2SH，CH_3S
26	$C{\equiv}N$	39	C_3H_3	48	CH_3S+H
27	C_2H_3	40	$CH_2C{\equiv}N$	50	C_4H_2
28	C_2H_4，CO，N_2	41	C_3H_5($CH_2C{\equiv}N$+H)		

(3) 同位素离子

在组成有机化合物的常见元素中，许多元素有一个以上丰度显著的稳定同位素。

七种离子，在常规的EI谱中最常见到的只有三种，即分子离子、碎片离子和同位素离子。有许多化合物，如支化度高的烷烃、仲醇、叔醇、多元醇、缩醛等连分子离子都很难出现。多电荷离子、离子-分子反应生成的离子只有在特定的化合物或特殊情况下才会出现。而亚稳离子和负离子在正常的EI谱中不能出现，必须用特殊的实验技术才能检测。

16.5.4 质谱图的解析

在解析质谱时，首先要找出分子离子峰，它的质荷比就是该化合物准确的分子量。判断分子离子峰的方法是：在质谱图中必须是质量最高的碎片离子（同位素峰除外）；必须是奇电子离子；符合氮律，即当化合物不含氮或含偶数个氮时，该化合物的分子离子峰质量数为偶数，当化合物含奇数个氮时，该化合物的分子离子峰质量数为奇数；分子离子峰能失去合理的中性碎片。此外，有的化合物分子离子峰很小，甚至根本看不到分子离子峰，如醚等。

峰的相对强度直接与分子离子的稳定性有关。通常，分子离子在最弱或较弱处断裂形成碎片，给出特征离子峰，从而可辨认出分子中一些结构单元。碎片离子的元素组成通常表明分子中存在的一些较稳定的基团。故解析谱图时一般先找强度较高、能辨认的离子峰。

例16.4 根据质谱图判断其是2-戊酮还是3-戊酮？

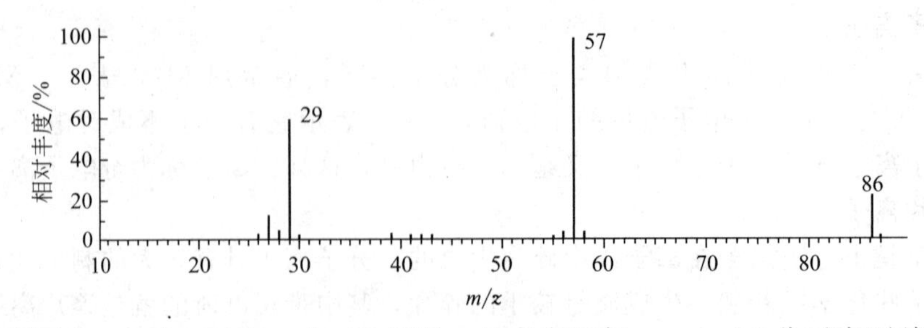

解 由图已知，m/z 57和m/z 29很强，且丰度近似。m/z 86分子离子峰的质量比附近最大的碎片离子m/z 57大29，该质量差属合理丢失，且与碎片结构C_2H_5相符合。据此可判断是3-戊酮的质谱。

例 16.5 某化合物的分子式为 $C_8H_8O_2$，其质谱图如下，试推测其可能的结构式。

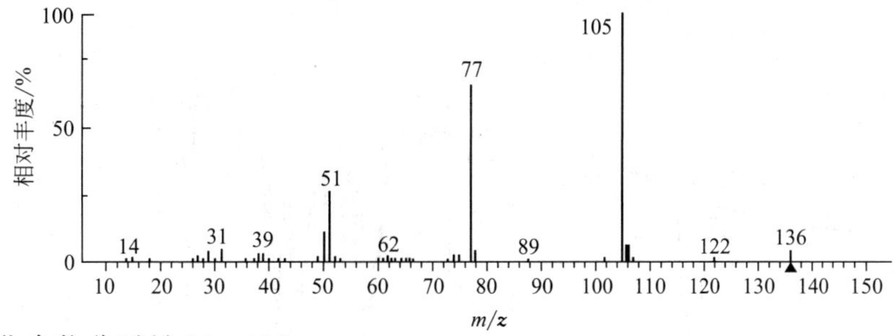

解 该化合物分子量 $M=136$。

该化合物的不饱和度 $U=8-8/2+0/2+1=5$，由于不饱和度为 5，而且质谱中存在 m/z 77、39、51 等峰，可以推断该化合物中含有苯环。

高质量端质谱峰 m/z 105 是 m/z 136 失去质量为 31 的碎片（—CH_2OH 或—OCH_3）产生的，m/z 77（苯基）是 m/z 105 失去质量为 28 的碎片（—CO 或—C_2H_4）产生的。因为质谱中没有 m/z 91 离子，所以 m/z 77 对应的是 105 失去 CO，而不是 105 失去 C_2H_4。由此，推断化合物的结构可能为：

或

【阅读材料】

四大波谱在分析物质结构中的综合应用解析

前面内容分别介绍了紫外、红外、核磁、质谱四大波谱分析法，这四种波谱分析法是目前鉴定有机化合物和结构分析中最常用的方法，在实际工作中，单独靠一种谱图进行解析往往不能解决问题，因此往往要综合运用四种波谱来互相补充和验证，才能推导出正确结果。

综合谱图解析并没有固定的解析步骤，主要取决于对各种谱图信息的掌握程度和综合分析能力。

例 16.6 根据 MS、IR、^{1}H NMR 和 ^{13}C NMR 谱推测未知物 2 的结构。

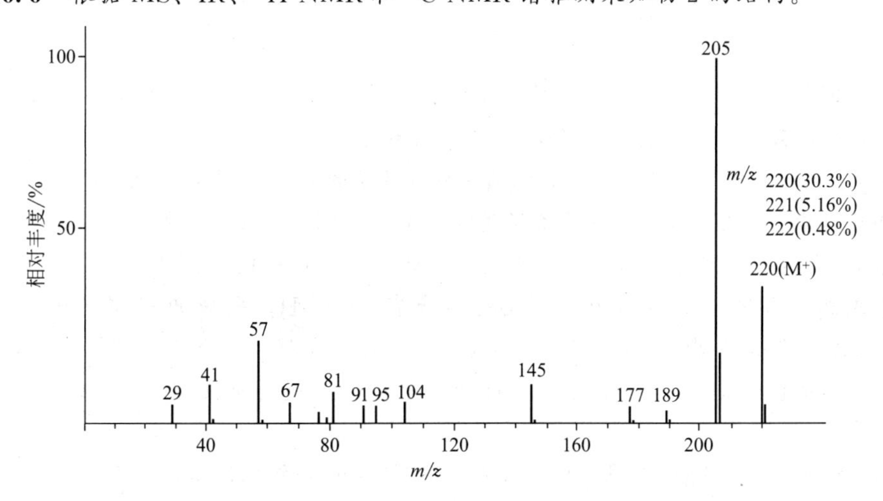

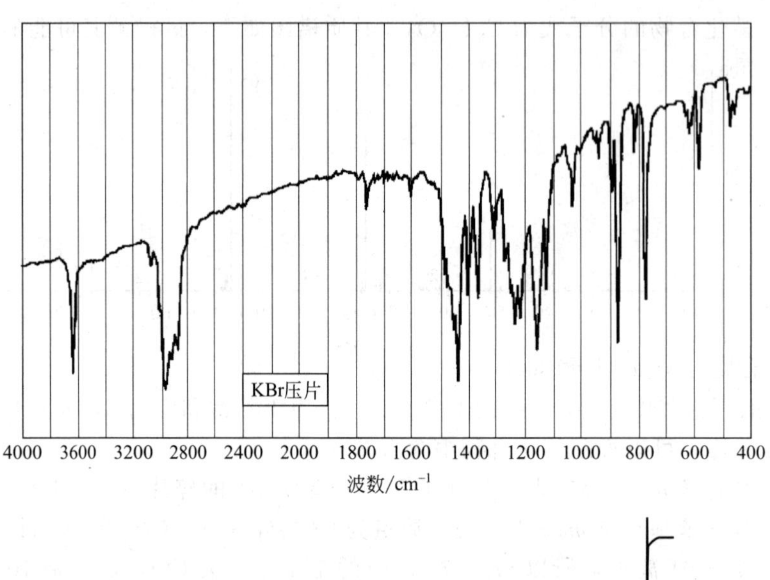

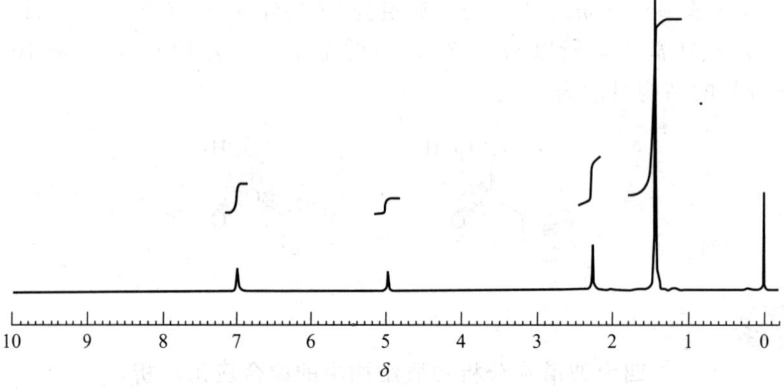

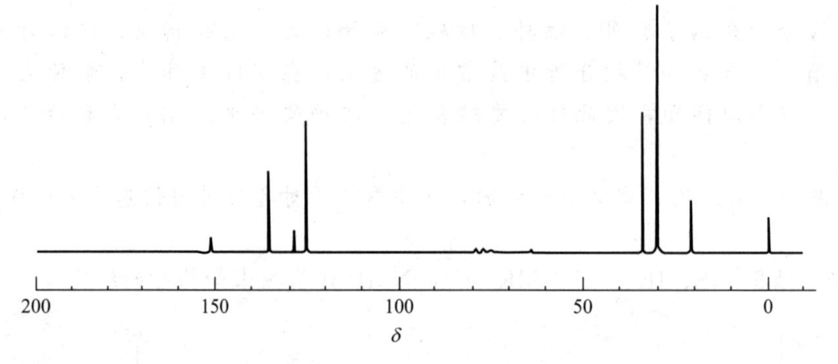

解 由MS谱图可知，该未知物的分子量为220。根据图中M^+、$[M+1]^+$、$[M+2]^+$的丰度比可推出其分子式为$C_{15}H_{24}O$，计算得到不饱和度f为4。

质谱分子离子峰的相对强度较强，低质量碎片离子的m/z和丰度以及^1H NMR谱中$\delta=7$和^{13}C NMR谱中$\delta=120\sim160$处的峰都说明分子中有苯环。从红外光谱约$3600cm^{-1}$的吸收峰可知含OH。在^1H NMR中，从高场到低场积分曲线高度比为18∶3∶1∶2，总氢数与质谱推出的分子式相符。化学位移约为1.4处的单峰有18个H，合理的解释应该是6个甲基(CH_3)，构成2个叔丁基[$—C(CH_3)_3$]；$\delta=2.3$处的单峰（3个H）是1个孤立的甲基(CH_3)；$\delta=5$处的单峰（1个H）应是OH所产生；$\delta=7$处的峰仅有2个H，说明苯环为四取代。

至此，构筑分子的所有基团：1个四取代的苯环和4个取代基均已列出。从^{13}C NMR

谱中，δ=120～150 苯环区域只出现 4 个峰推测分子具有对称性，即可列出下面 2 个可能结构：

(H$_3$C)$_3$C—OH—C(CH$_3$)$_3$，CH$_3$　　2a

(H$_3$C)$_3$C—CH$_3$—C(CH$_3$)$_3$，OH　　2b

由于红外光谱中显示的 ν_{OH} 位于 3600cm^{-1}，且峰形尖锐，表明 OH 呈游离状态。比较 2a、2b 两个结构，只有在结构 2a 中，OH 处于两个位阻很大的叔丁基之间，不能发生分子间缔合，故能确定结构 2a 为未知物 2 的正确结构。

例 16.7　未知物 4 的质谱已确定分子量为 137，其红外光谱图中 3400～3200cm^{-1} 有 1 个又宽又强的吸收峰。请根据 ^{1}H NMR 谱和 ^{13}C NMR 谱推测其分子结构。

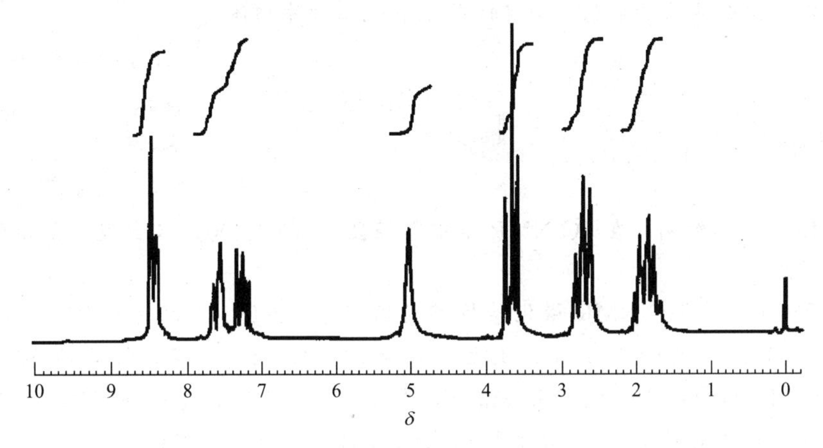

未知物 4 的 ^{1}H NMR 谱图

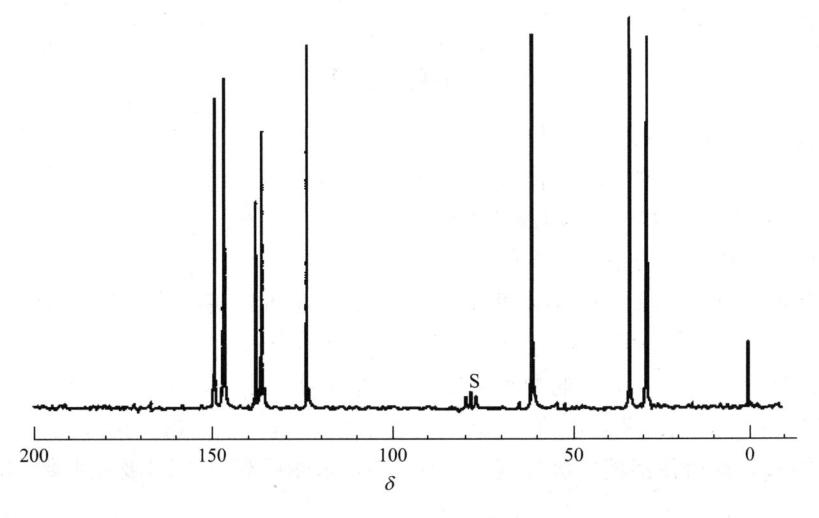

未知物 4 的 ^{13}C NMR 谱图

解　未知物 4 的分子量为 137，是奇数，根据质谱的氮规则可知，分子中含有奇数个 N 原子。

IR 谱中 3400～3200cm^{-1}应是羟基的伸缩振动峰（ν_{OH}）。

^{13}C NMR 谱中，共有强度相差不大的 8 条谱线，表明有 8 个不同化学环境的 C 原子。

^{1}H NMR 谱中，从低场到高场各峰面积比为 2∶2∶1∶2∶2∶2，共计 11 个 H 原子。

由此可得，未知物 4 的分子式为 $C_8H_{11}NO$，与给出的分子量相符。计算得到不饱和度为 4。

^{1}H NMR 谱中，δ_H 约为 5 处较宽的单峰（1 个 H），应归属为 OH，δ＝1.5～4 处的三组峰各有 2 个 H，按裂分峰的情况，应是 3 个相连的 CH_2，其中最低场（3.7）的三重峰应与 OH 相连，即分子中有 1 个—$CH_2CH_2CH_2OH$ 基团；这与^{13}C NMR 谱中 δ_C＜70 的三组峰对应。

^{13}C NMR 谱中，δ_C 在 120～150 处芳烃、烯烃区域内只有 5 条谱线，分子的不饱和度为 4，所以不可能是五元不饱和环。因分子中还含有 1 个 N 原子，故合理的解释是吡啶环；^{1}H NMR 谱中，在 δ 7～9 处共有 4 个 H，说明吡啶环为单取代。

由此可以列出吡啶的 2-取代、3-取代或 4-取代三种异构体。

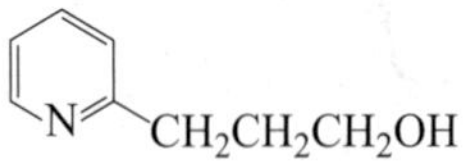

N $CH_2CH_2CH_2OH$ 4a　　N $CH_2CH_2CH_2OH$ 4b　　$CH_2CH_2CH_2OH$ N 4c

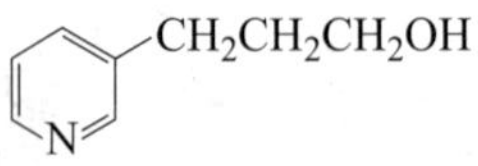

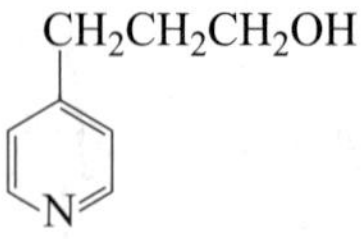

其中，4c 是对称结构，在^{13}C NMR 谱中芳烃区域（δ＞100）只出现三条谱线，与谱图不同，可以排除。

参考未取代吡啶的^{13}C NMR 谱化学位移数据可知，2-位、6-位的 C，因与 N 相邻而处于低场，δ_C＝149.7；处于 4-位的 C 次之，δ_C＝136.2；而 3-位、5-位 C 在最高场，δ_C＝124.2。^{13}C NMR 谱中约 150 处有两条谱线，在 δ＝120～130 只有一条谱线。由此可见，未知物 4 应是 3-位取代的吡啶 4b，由于取代基的影响，3-位的 C 移向低场，与 4-位 C 的 δ_C 相近。

【巩固练习】

16-1　质谱仪为什么需要高真空条件？

16-2　核磁共振波谱的基本原理是什么？主要获取什么信息？

16-3　简述紫外-可见光谱选择溶剂的基本原则？

16-4　论述红外光谱产生的条件？

16-5　化合物的分子式为 $C_7H_{10}O$，可能具有 α,β-不饱和羰基结构，其 K 吸收带波长 λ＝257nm（乙醇中），请确定其结构。

16-6　已知浓度为 0.010g·L^{-1}的咖啡碱（摩尔质量为 212g·mol^{-1}），在 λ＝272nm 处测得吸光度 A＝0.510，为了测定咖啡中咖啡碱的含量，称取 0.1250g 咖啡，于 500mL 容量瓶中配成酸性溶液，测得该溶液的吸光度 A＝0.415，求咖啡碱的摩尔吸光系数和咖啡中咖啡碱的含量。

16-7　试确定下列已知质荷比的离子可能的化学式。

（1）m/z＝71，只含 C、H、O 三种元素。

（2）m/z＝57，只含 C、H、N 三种元素。

(3) $m/z=58$，只含 C、H 两种元素。

16-8　某酯（$M=116$）的质谱图上呈现 m/z（丰度）分别为 57（100%）、43（27%）、29（57%）的离子峰，试确定其为下列酯中的哪一种？

(1) $(CH_3)_2CHCOOC_2H_5$　(2) $CH_3CH_2COOCH_2CH_2CH_3$

(3) $CH_3CH_2CH_2COOCH_3$

16-9　化合物分子式 $C_{10}H_{14}S$，红外光谱如下，推导其结构。

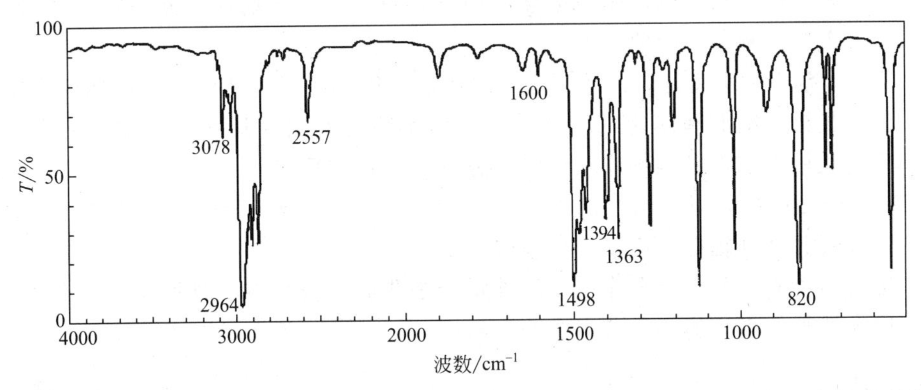

16-10　某化合物的分子式为 $C_6H_{10}O_3$，其核磁共振谱图如下，试确定该化合物的结构。

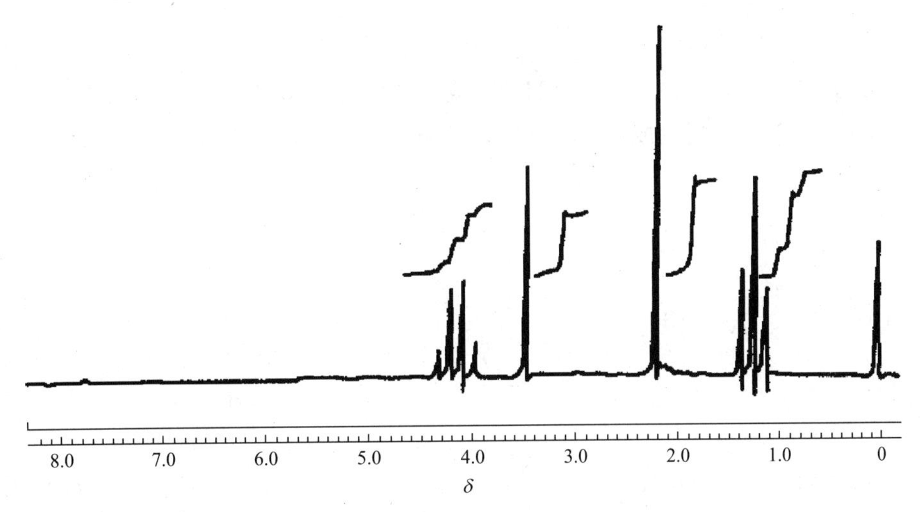

16-11　化合物 A（$C_5H_8O_3$），IR 谱中 3400～2400cm^{-1} 有宽散峰，1760cm^{-1} 和 1710cm^{-1} 有强吸收。A 发生碘仿反应后得化合物 B（$C_4H_6O_4$），B 的 ^1H NMR 中，$\delta=2.3$（4H，S）、12（2H，S）。A 与过量甲醇在干燥 HCl 作用下，得化合物 C（$C_8H_{16}O_4$），化合物 C 经 $LiAlH_4$ 还原得化合物 D（$C_7H_{16}O_3$），D 的 IR 谱：3400cm^{-1}、1100cm^{-1}、1050cm^{-1} 有吸收峰。D 经加热得化合物 E 和甲醇。E 的 IR 谱：1120cm^{-1}、1070cm^{-1} 有吸收峰，MS：$m/z=116$（M^+），主要碎片离子 $m/z=101$。推测化合物 A、B、C、D、E 的结构。

16-12　化合物分子式为 $C_6H_{12}O_2$，其他信息如下：

NMR 谱：

δ	相对强度比	信号类型
1.2	6	单峰
2.2	3	单峰
2.6	2	单峰

4.0　　　1　　　　　单峰

IR 谱：在 $1700cm^{-1}$ 及 $3400cm^{-1}$ 处存在吸收带，请推测该化合物结构。

参考答案

16-1　为了获得离子的良好分析，必须避免离子的流失，因此凡是有样品分子、离子存在的地方，必须处于真空状态。

16-2　具有核磁性质的原子核，在高场强作用下，吸收射频辐射，引起核自旋能级的跃迁，主要获取核对电磁波辐射的吸收。

16-3　样品在溶剂中溶解良好，能达到必要的浓度以得到吸光度适中的吸收曲线；溶剂不影响样品的吸收光谱，因此在测定的波长范围内溶剂应当是紫外透明的，即溶解本身没有吸收；尽量采用低极性溶剂；溶剂应与待测组分不发生化学反应。

16-4　（1）$E_L=\Delta E$ 振，只有当红外辐射频率等于振动量子数的差值与分子振动频率的乘积时，分子才能吸收红外辐射，产生红外吸收光谱。

（2）辐射与物质之间有偶合作用，红外跃迁是偶极矩诱导的，即能量转移的机制是通过振动过程所导致的偶极矩的变化和交变的电磁场（红外线）相互作用产生的。

16-5　O

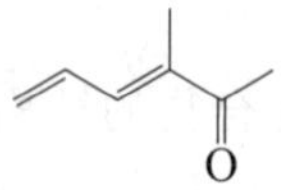

16-6　$\varepsilon=1.08\times10^4$，3.26%

16-7　（1）C_4H_7O 或 $C_3H_3O_2$；（2）CH_3N_3 或 $C_2H_5N_2$ 或 C_3H_7N；（3）C_4H_{10}

16-8　为（2），由于 α 开裂生成：$m/z=57$；$C_3H_7^+$ $m/z=43$；$C_2H_5^+$ $m/z=29$

16-9　C　SH

16-10　$H_3C-CO-CH_2-CO-O-CH_2-CH_3$

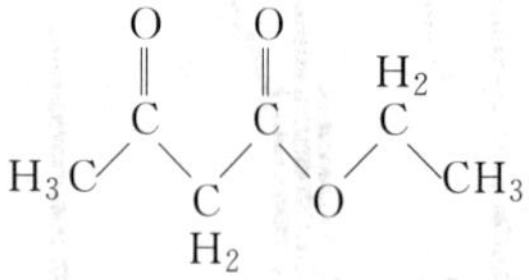

16-11　A. $CH_3COCH_2CH_2COOH$　B. CH_2COOH | CH_2COOH　C. $CH_3-C(OCH_3)_2-CH_2CH_2COOCH_3$

D. $CH_3-C(OCH_3)_2-CH_2CH_2CH_2OH$　E. 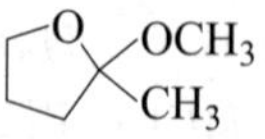 O　OCH_3　CH_3

16-12　$H_3C-C(CH_3)(OH)-CH_2-CO-CH_3$

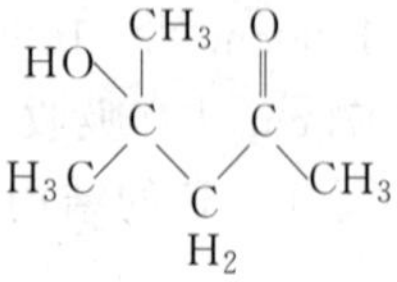

（刘光耀　编　　林晓辉　校）

第17章 有机合成概述

德国科学家韦勒在1828年首次人工合成尿素的事件给人们打开了有机合成的大门。有机合成是一个十分活跃的研究领域，几千万种的有机化合物已经被合成出来，有机合成可以说是医药、生物和材料等研究领域的基石。有机合成需要实验来完成，但是在开展实验工作之前，应该准确了解合成目标分子的结构，并设计出合理的合成方法。这也就产生了有机合成设计，并且已经成为有机合成的灵魂。

近些年，有机合成在复杂分子的合成和材料科学的发展中都取得了辉煌的成果。像红霉素这样复杂的化合物，它含有17个手性中心，也就是说它是262144个可能的旋光异构体中的一个。因此合成与天然产物构型完全一致的化合物，可以说是一项伟大的工程。维生素B_{12}的合成也同样成为有机合成发展的代表之作。

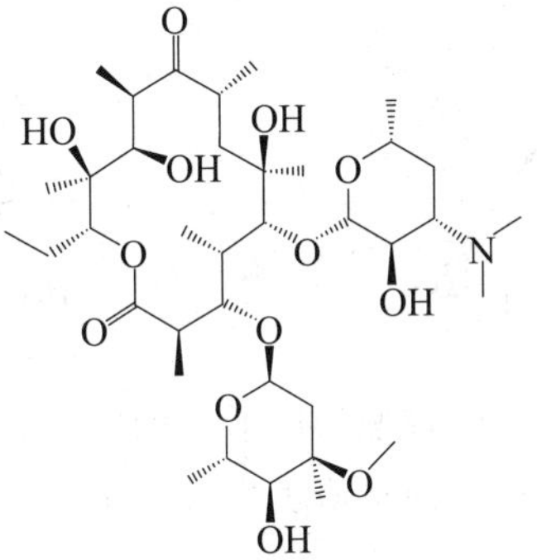

红霉素

由科里提出的逆合成分析理论是当今有机合成中最为普遍接受的合成设计方法论。他的逆合成分析学说被称为哈佛学派的代表，并与剑桥学派的生源合成学说一起成为现代有机合成设计思想的基石。本章将以逆合成分析理论为基础介绍有机合成的基础知识。

17.1 有机合成基础

17.1.1 有机合成的要求

合成的反应步骤越少越好、反应的产率越高越好，起始原料应该简便易得。

在多步有机合成中，如果每步反应的产率为90%以上，那么经过五步反应后，其总产率为59%；但是如果在这五步反应中，有一步的反应产率为50%，那么其总产率降为33%；如果每一步反应的产率为50%，那么其总产率只有3%。由此可见，合成反应的步骤和每一步反应的产率对一个复杂的合成过程来说是十分重要的。

17.1.2 有机合成的驱动力

有机合成的驱动力主要有以下三种：将各种新的有机反应应用于有意义的分子合成中；利用天然的或未被充分利用的原料合成各种具有应用价值的物质；合成一些特定需求的特殊的有机分子。

(1) 利用新的反应合成各种有机化合物

自20世纪70年代起，有机合成方法学取得了飞速的发展，发现了许多新的反应。将这些新的有机反应应用到各种复杂分子的合成中也促进了有机反应方法学的进一步发展。例如利用烯烃复分解反应构建大环体系，合成了倍半萜烯。利用巴豆基化反应合成红霉素A，充分表明了这个反应的高效性和实用性。夏普莱斯不对称环氧化和不对称双羟基化反应是对称合成中最著名的反应之一，此反应被应用在了许多光活性天然产物的全合成中，如肽基核苷多氧菌素。

(2) 利用简单的天然原料合成各种有机化合物

利用自然界中许多丰富的手性或者非手性原料以及各种工业生产中的基本原料合成一些复杂的有机分子一直是有机合成化学家的研究课题。如利用对氯苯胺为原料通过5步反应以75%的产率合成了活性非核苷类艾滋病病毒（HIV）逆转录酶的抑制剂——依法韦仑，以*R*-乳酸为原料完成了具有独特的二环［3.1.0］己烷碳骨架的天然产物（－）-α-侧柏酮的光学纯全合成。

依法韦仑　　　　(−)-α-侧柏酮

我国地大物博，拥有大量的天然资源。以廉价的原料为出发点设计合成路线，充分利用原料的结构特征以及反应特性也是我国科研工作者的主要研究方向。

(3) 特定目标分子的合成

在有机合成过程中，经常需要合成一些特定的目标分子以了解分子的性能以及结构与性能的关系等，这就需要对特定分子加以具体分析，选择最佳的合成路线，这将在对每一个特定官能团化合物的合成分析中加以具体讨论。

17.1.3 有机合成设计的基本概念

在逆合成分析理论中，需要了解一些基本的概念。

切断：一种有机合成的分析方法。这种方法是通过将分子的一个键切断使分子转变为一种可能的原料。

官能团变换（FGI）：将一个官能团转换写成另一个官能团，以使切断成为可能的一种方法。

官能团引入（FGA）：在目标分子中引入一个在目标分子中不存在的官能团，以便在切断后可以得出更符合实际情况的原料和选用更合理的反应。

官能团消除（FGR）：将一个官能团从目标分子中除去，而所除去的这个官能团可以很容易地通过反应来引入。

合成子或合成元：在切断时所得到的概念性分子碎片，通常是离子。

等效试剂或合成等价物：一种能起合成子作用的试剂。

目标靶分子（TM）：计划合成的分子。

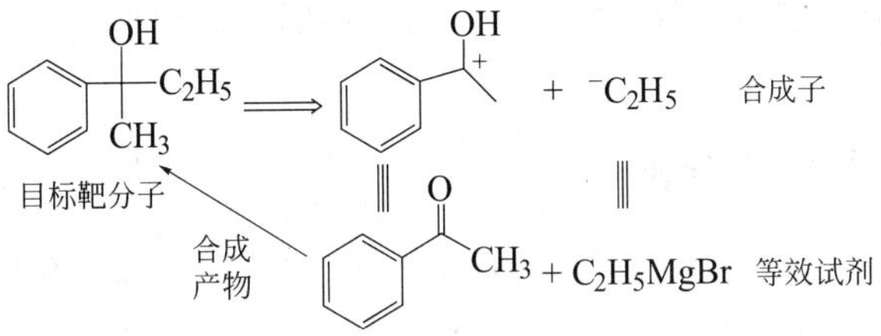

起始原料（SM）：通过逆合成分析得到的最简单的化合物，即整个合成利用的第一个化合物。通常是一些商业化的产品或在自然界中大量存在的化合物。

试剂：一种在所计划合成中起反应的化合物，由它可以生成各种中间体或目标分子。它也是合成子的合成等价物。

17.2 逆合成分析

17.2.1 切断法的简介

合理利用目标分子中的各种官能团，通过利用实际化学反应的逆过程，将目标分子的化学键切断，剖析成各种能够合成目标结构的结构单元，这就是逆合成分析的切断法。利用这种切断可以将分子中的一个键或几个键切断，得出一个或几个新的化合物结构，而通过这些新的化合物可以合成目标分子。

芳香酮可以通过芳香化合物的傅-克酰基化反应得到。可以将酮羰基与苯环相连的键切断，得到两个片断，即苯环和酰基正离子，而酰基正离子又可以通过酰氯或酸酐与 Lewis 酸作用得到。其切断的过程如下：

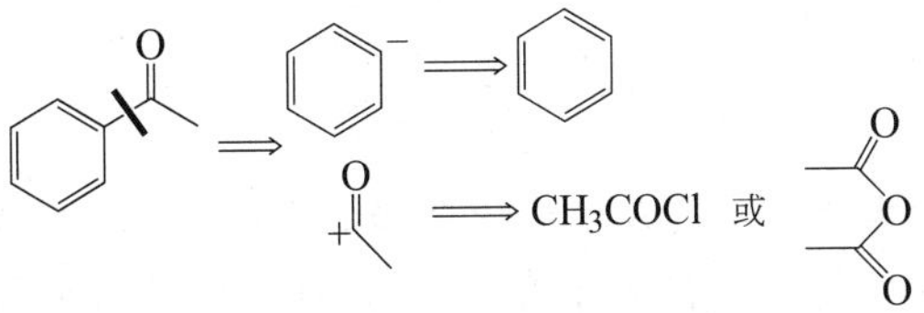

当然，也可以将酮羰基与甲基相连的键切断，得到两个片断，即苯甲酰基正离子和甲基负离子，苯甲酰基正离子同样可以由羧酸和酸酐得到，甲基负离子可以是甲基锂。但是这个切断得出的合成路线成本高，不合理。

许多化合物不可能只通过一步反应就能得到，而是需要经过多步的逆合成分析才能得到最易得的可能起始原料，那么就更需要合理地进行各种官能团转化，即各种碳碳键的转换（单键、双键和三键之间的转换）和各种官能团之间的转换。目标分子骨架上的转换通常有连接、分拆和重排等方式。碳碳键或碳杂原子键的分拆方法通常有异裂分拆、均裂分拆和电环化分拆。异裂分拆可以得到给电子和接受电子的两种合成子；均裂分拆则得到两个自由基合成元；而电环化分拆则产生两个电正性的合成元。

前面已经讲过官能团转换有三种：官能团变换（FGI）、官能团引入（FGA）和官能团消除（FGR）。巧妙运用官能团转换，会使得各种碳碳键的切断变得更为容易。而在设计合成路线的过程中，需要结合以上各种方法，设计出合理的合成路线和推导出简便易得的起始原料。当然，对一个目标分子的合成路线不可能只有唯一的一条，这就需要进行合理的分析和认真的推敲。选择最合理的合成路线和得到高产率的目标产物，同时减少对环境的污染一直是合成化学家们追求的目标。

17.2.2 目标分子的结构分析

在设计一条合成路线前，需要对这个目标分子的结构特征加以具体的分析。对于一个分子的结构而言，需要了解的主要内容包括：分子是否具有对称性，分子内是否有重复的结构单元等等；而对于目标分子的化学性质，就需要了解其稳定性、生理活性；如果是天然产物，还需要考虑其生源合成可能的途径。

(1) 分子的对称性

利用对称性，可以简化分子的结构，并由此减少合成的工作量。以分子的对称性为依据而设计高效和简便的合成路线是有机合成的重要发展方向之一。分子结构中的对称性包括轴和面的对称性。对一个简单的分子而言，很容易判断其对称性。例如：

三聚茚

三聚茚是一个具有 C_3 对称的分子，它可以通过茚酮在酸性条件下进行羟醛缩合反应合成。

角鲨烯是一个链形分子，没有手性中心，含有六个双键，其结构为：

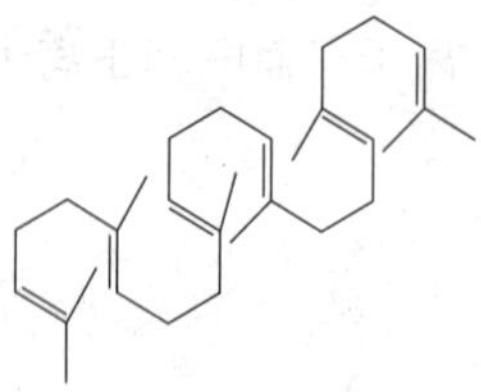

它在生源合成上极为重要，是许多甾族化合物的合成前体。除两端的双键外，分子中其他四个双键的构型都是反型的，具有很好的 C_2 对称性。约翰逊就是利用了此对称性简化了合成路线，并多次利用了克莱森重排反应合成了此化合物。

(2) 分子结构中的重复单元

如前面展示的角鲨烯的合成工作中，约翰逊不仅利用了分子的对称性，而且也很好地利用了分子中的重复单元——双键，从而简化了步骤。因此很好地利用分子结构中的重复单元是设计合成路线的关键之一。可利用的特殊结构的重复单元，如糖类化合物中的多糖化合物、多肽和蛋白质中酰胺键等。

17.2.3 碳架的分析

每一个分子的碳架结构是分子的支柱，再结合各种不同的原子和官能团才成为一个分子。

17.2.3.1 单官能团化合物的切断

(1) 醇的切断

合成醇类化合物时可以利用羧酸衍生物、醛酮与金属有机化合物的反应，或者是它们的还原反应。

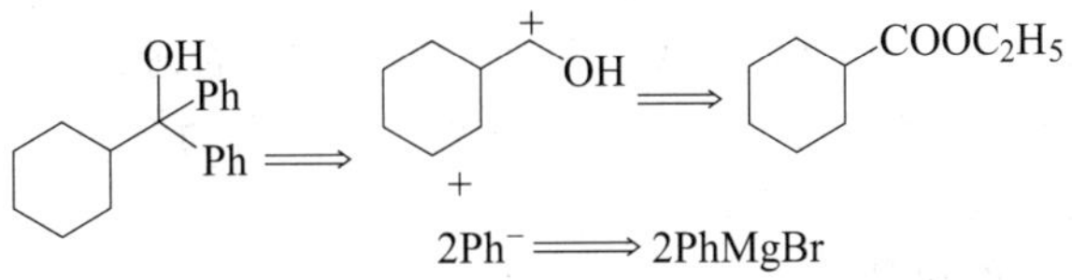

$2Ph^- \Longrightarrow 2PhMgBr$

以上的切断结果提供了一个酯的片断和一个格氏试剂的片断，而这个格氏试剂很容易通过溴苯与金属镁反应制备。因此，在醇类化合物的切断中，通常会有羧酸衍生物片断和负离子片断。

(2) 芳香酮的切断

芳环的傅-克酰基化反应是合成芳香酮的最佳方法之一。因此，在芳香酮类化合物的逆合成切断分析中，只需切断酮羰基与芳环相连的键就可以得到两个片断，一个片断可以是芳环，而另一个片断酰基正离子则可以是酰氯或酸酐。但是，在对芳环体系或二苯酮类的芳香酮衍生物的合成中，需要考虑芳环上的取代基对傅-克反应定位效应以及对芳环活化或钝化的影响。

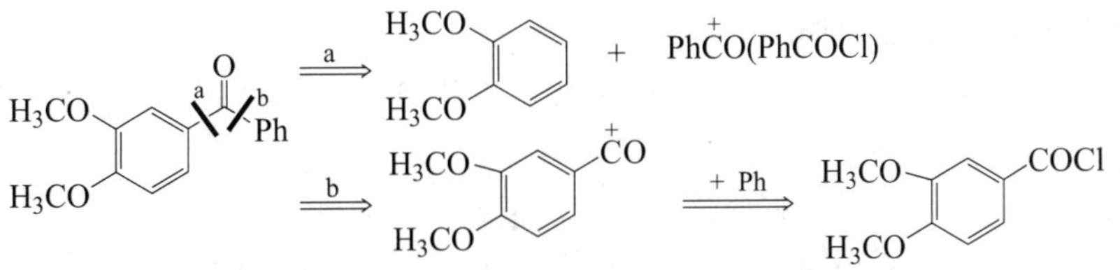

根据傅-克酰基化反应的特点，不难想象，两种切断虽然都能合成产物，但是由于 a 切断方式中是含两个甲氧基的活性苯环，可以发生傅-克反应，所以切断 a 是最佳方法。同样的道理，下述化合物的切断方式也为两种，切断 a 才是最佳方法。

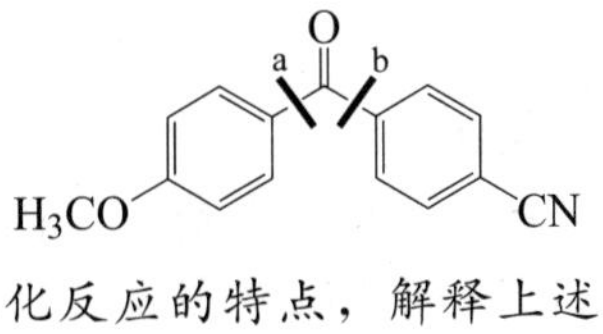

【问题 17.1】 根据傅-克酰基化反应的特点，解释上述化合物必须按 a 切断。

(3) 简单羧酸衍生物的切断

简单的羧酸衍生物可以通过醇类化合物来制备，一级醇氧化生成羧酸或醛，二级醇氧化生成酮。当然，羧酸衍生物也可以通过羧酸直接制得。对于羧酸衍生物而言，酰氯最活泼、酸酐次之，而酰胺最稳定，它们之间可以通过取代反应完成各种转换。

(4) 双键和三键的切断

烯烃的制备方法非常多，如可由炔烃还原，卤代烃、醇、胺的消除获得，魏悌希反应则是制备定位烯烃的最有效的方法之一。利用魏悌希反应时，对双键直接切断，得到两个片断，它们分别是魏悌希试剂和醛酮的化合物。到底哪一个应该是魏悌希试剂，哪一个应该是醛或酮的化合物，需要根据原料的易得性确定。

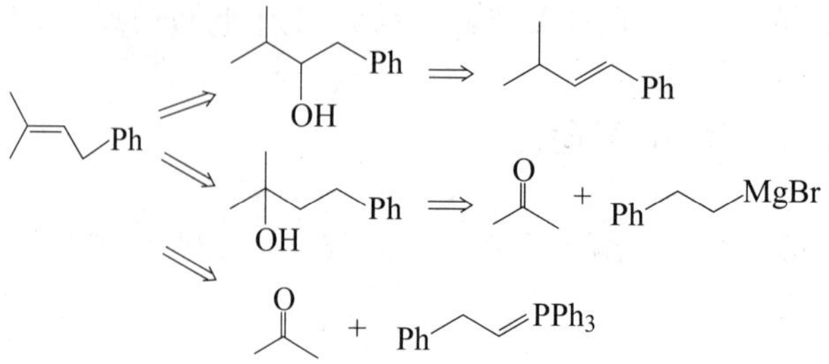

以上烯烃的逆合成切断分析中，方式 2 和 3 两种形式是合理的，而方式 1 是不可取的。

【问题 17.2】 解释上述烯烃的逆合成分析方式 1 不可取的原因。

17.2.3.2 多官能团化合物的切断

(1) 1,1-官能团碳架的切断

1,1-官能团碳架的化合物通常是环氧化合物、缩醛、缩酮等化合物。在环氧化合物、缩醛、缩酮等化合物的切断中，通常将两个键同时切断，得到两个片断。

缩醛、缩酮等化合物的切断得到了一个醛或酮的片断和一个二醇的片断：

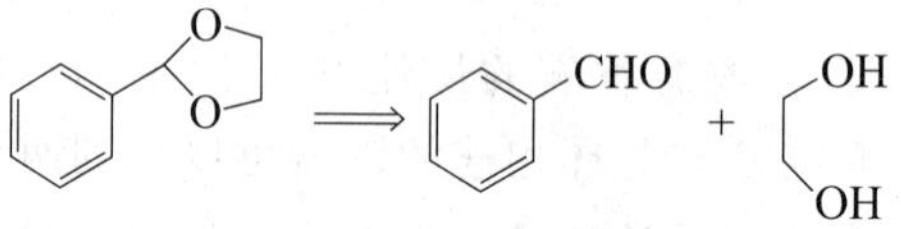

环氧化合物的切断则得到一个烯烃的片断，和一个氧化剂。如：

(2) 1,2-官能团碳架的切断

对 α-羟基腈，将其与 α-碳相连的键切断就可以得到两个片断，分别是醛或酮以及氰基负离子，如：

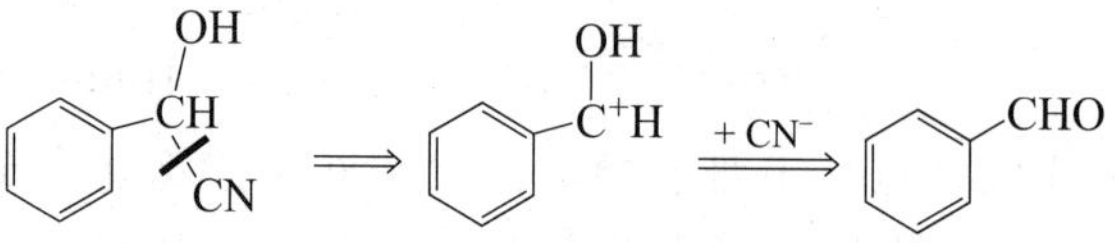

对于 1,2-官能团碳架的切断，有时候会得到意想不到的结果。如：

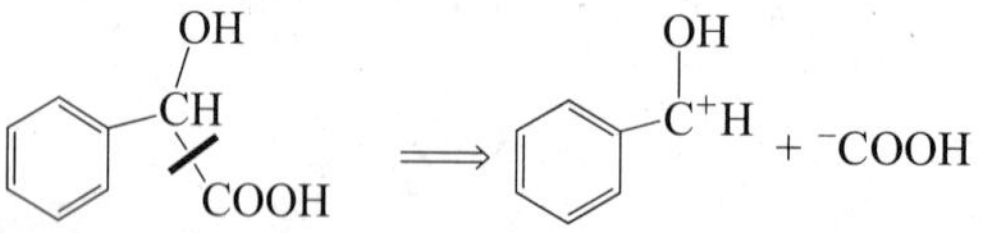

在这个切断中，$^{-}$COOH 是一个不正常的合成子，因为在这种状态下，碳不可能是负的。当把它看作是氰基水解后生成的官能团的话，就可以想到 α-羟基腈了，切断也变得比较合理了。

对于 1,2-二醇类化合物的切断，可以将其中一个羟基认为是通过羧酸衍生物转化而来的，就可以使这种切断变得更为简单。当然，1,2-二醇类化合物也可以认为是烯烃的双羟基化反应生成的，那么其切断就可以是：

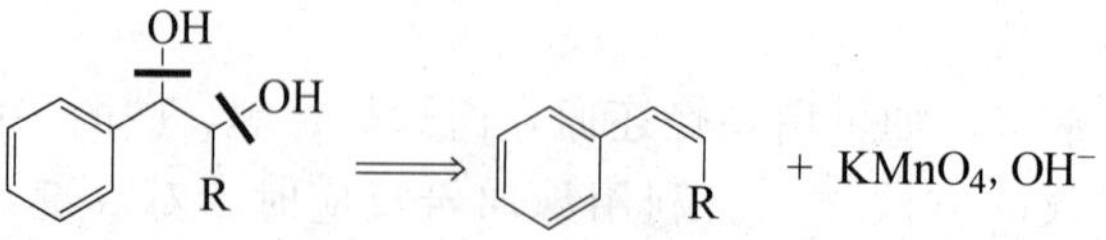

对于其他的具有1,2-官能团碳架的化合物，如α-羟基酮，α-氨基酸等也可以通过切断1,2-位相连的碳碳键，然后再找出合理的合成子即可。

(3) 1,3-官能团碳架的切断

对于具有1,3-官能团碳架的分子，最佳的切断方式就是通过切断以后可以同时利用这两个官能团。

OH O H $\Longrightarrow$ O H + O H $\Longrightarrow$ O^- H

切断2,3-位的碳碳键后得到了两个片段，负离子片断正好是烯醇负离子，因此通过简单的羟醛缩合反应即可合成此类化合物。

对于α,β-不饱和羰基化合物而言，实际上就是羟醛缩合反应后进一步脱水后的产物，所以只要切断碳碳双键即可。

1,3-二羰基化合物的合成，通常用克莱森酯缩合反应，也是切断2,3-碳碳键。

O O Ph Ph $\Longrightarrow$ PhCOOEt + O Ph

(4) 1,4-官能团碳架的切断

具有1,4-官能团碳架的化合物有1,4-二羰基和γ-羟基羰基化合物。通常的切断方式还是在2,3-位相连的碳碳键上，但是这样会得到一个非正常的正离子合成子：

O R R′ O $\Longrightarrow$ O R + + − R′ O

得到这个正离子合成子的一种方法是只需要将其转化为与一个卤素原子相连的化合物，α-卤代羰基化合物很容易通过羰基化合物的卤化反应制备。

羰基化合物与环氧化合物在碱性条件下反应是生成γ-羟基羰基化合物的合理的制备方法，所以γ-羟基羰基化合物可以切成羰基α-碳负与β-羟基碳正，β-羟基碳正就来自于环氧乙烷。

(5) 1,5-官能团碳架的切断

具有1,5-官能团碳架的代表性化合物是1,5-二羰基化合物，迈克尔加成反应正是制备此类化合物的最佳方法。因此就可以将1,5-二羰基化合物切断为两个片断。

O O R R′ $\Longrightarrow$ O R + O R′

17.2.3.3 六元环状化合物的切断

对于六元环状化合物，最好的合成路线（也是最常用的合成方法）就是狄尔斯-阿尔德反应。在根据此反应的逆过程进行切断时，需要记住的是尽量将吸电子基团放在亲双烯体上：

COOEt $\overset{FGA}{\Longrightarrow}$ COOEt $\Longrightarrow$ + COOEt

环状的α,β-不饱和（或饱和）羰基化合物的切断还可以考虑1,5-二羰基化合物的羟醛缩合反应，直接从α,β-键切断，切成1,5-二羰基化合物。

17.2.3.4 含杂原子和杂环化合物的切断

含杂原子和杂环化合物的切断往往在杂原子附近，代表物质主要是醚、胺、吡咯、呋喃等等。其中醚的主要合成方法是卤代烃与醇（酚）钠反应的威廉姆逊法，在切断时注意不要让复杂烃基作卤代烃，以免引起消除反应。

17.3 合成步骤设计

设计合成路线，一方面是如何从原料得到被合成的碳架，另一方面是如何引进所需要的官能团，然后再根据各种可能的途径选择最佳合成路线。根据既定原料，有时需要增长碳链或增加支链，有时需要缩短碳链。如果被合成的结构比较复杂，可用切断法把它分成几部分，再用倒推法从产物倒推到原料。也可以先倒推几步，再切断，最后倒退到原料。在形成碳架的过程中，有可能得到同时所需的官能团，这当然是最理想的。若不能同时得到，再考虑适当方法引入所需的官能团。当然，有时在形成碳架的过程中，或引进所需官能团的同时，引进了不需要的官能团，则要想办法去掉。有机合成设计的总目标是要求以廉价的原料、最短最合理的合成路线、最高的收率来合成目标分子。

17.3.1 反应选择性

在设计合成路线时，需要考虑所用反应的选择性，否则很容易生成不想要的产物，而想要的产物却很少甚至没有。反应选择性主要包括如下几种。

(1) 化学选择性

化学选择性指不同官能团在同一反应条件下或同一官能团在不同反应条件下的反应活性的差别。例如，同一分子中醛羰基与酮羰基的反应能力可能不同。

(2) 位置选择性或区域选择性

位置选择性或区域选择性指分子中两个或多个类似的反应中心在同一反应条件下发生类似反应的活性的差异。例如在不对称的酮中，羰基两侧 α-位发生烷基化的可能性不同。

为了使反应定向进行，有机合成反应中经常运用导向基、保护基与活化基以控制反应的位置，在反应过程中或反应完成后将它除去。

(3) 立体选择性

立体选择性指反应以不等量生成两个或多个立体异构体，包括非对映选择性和对映选择性。

17.3.2 碳骨架的生成

17.3.2.1 碳链的增长

碳链的增长可以采用取代、加成等反应来生成新的C—C键，从而增长碳链。

① 卤代烃与金属有机化合物、氰化物，以及环氧化合物与许多试剂发生的亲核取代反应，可以延长碳链。其中，与氰化物的反应容易增加一个碳，与环氧乙烷的反应可以增加两个碳，卤代烃与金属有机化合物的反应可以实现碳链的翻倍增长。

② 碳负离子对羰基的亲核加成反应　碳负离子主要包括金属有机化合物、氰化氢、羰基 α-碳；羰基类化合物包括醛酮以及羧酸衍生物。其中，自身的羟醛缩合反应可以实现碳

链的翻倍增长。

③ 芳环上的亲电取代反应，主要指傅-克烷基化和酰基化反应，可以实现芳环侧链的增长。

17.3.2.2 碳链的缩短

在有机合成中，缩短碳链有些时候也是必需的，常见的方法如下：

① 羧酸及其衍生物的脱羧反应是使碳链减少一个碳原子的常用方法。

② 卤仿反应主要制备少一个碳的羧酸。

③ 烯炔的强氧化断链，可以使长碳链变短。

17.3.2.3 碳链的成环

(1) 三元环、四元环

可以用分子内（间）取代反应制备三元环、四元环。其中三元环可以用碳烯（卡宾）与双键的加成，四元环可用环加成反应制备。

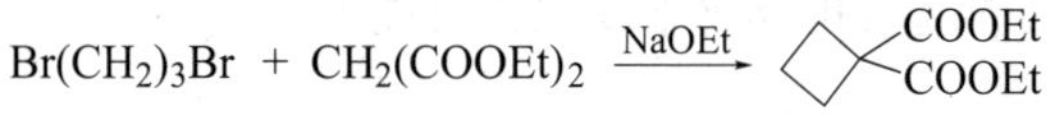

$$Br(CH_2)_3Br + CH_2(COOEt)_2 \xrightarrow{NaOEt} \text{(环丁烷-1,1-二甲酸二乙酯)}$$

(2) 五元环

五元环主要由分子内缩合反应得到，如分子内羟醛缩合、酯缩合反应。

(3) 六元环

合成六元环的方法较多，比较常见的有芳香族催化加氢、分子内酯缩合、狄尔斯-阿尔德双烯合成、罗宾逊增环反应。

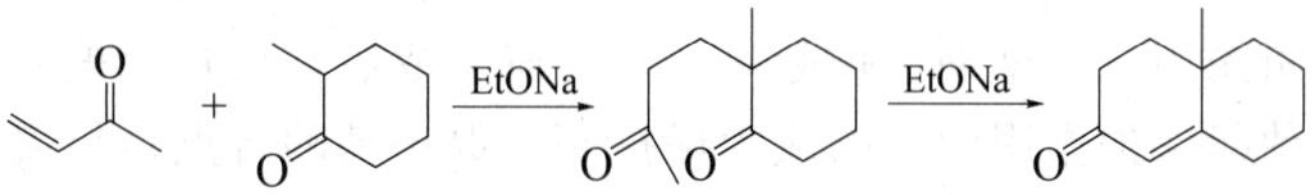

17.3.2.4 碳链的重排

重排反应是有机反应的常见有挑战性的反应，产物往往出乎意料。只有充分了解重排反应的机理，才能在合成中加以科学地运用，合成出理想的产物，或者避免不合理的产物产生。重排反应的详细内容见第 18 章。

17.3.3 在需要的位置引入官能团

17.3.3.1 官能团的引入与去除

官能团的引入主要指的是氢被一些官能团取代，如烷烃、芳香烃的卤代，生成了卤代烃，这在有机合成中比较常见。

但是，分子中原有的官能团如果不是产物要求的话，这就要进行官能团去除。官能团去除主要指的是官能团转化成氢。有些官能团比较容易去除，比如烯、炔加氢即可，醛、酮发生彻底还原反应即可。有的官能团去除需要进行一些转化，如羟基可以先转化成烯烃，再加氢，氨基则要转化成重氮盐，再发生氢取代。

$$Ar—NH_2 \xrightarrow{HNO_2} ArN_2^+ \xrightarrow{H_3PO_2} Ar—H$$

17.3.3.2 官能团的转换

在建立一个碳架的过程中，需要利用各种官能团相互之间的作用。在合成过程中，有些官能团会消失，同时又会产生一些新的官能团。在逆合成的分析过程中，就需要清楚地了解每一个官能团在有机合成中的作用以及它在合成中与其他官能团之间的转换关系。

(1) 双键和三键

末端炔烃的氢具有酸性，可以与金属或金属有机化合物反应形成金属有机炔烃衍生物，在增长碳链的合成中，具有广泛的用途。而烯烃可以与多种亲电试剂发生加成反应，生成相应的卤代烃、磺酸酯等衍生物。同时烯烃和炔烃也可以被氧化生成含其他官能团的化合物。

(2) 羟基

醇羟基脱水可以成烯烃或醚，氧化可以生成醛酮以及酸，取代则生成卤代烃，酯化则生成酯等。

(3) 羰基

醛和酮中的羰基能发生羟醛缩合反应、共轭加成反应、并且 α-H 具有酸性，这些都是有机合成中的重要反应和性质。此外，羰基在有机合成中又很容易通过还原的方式除去，这又使得在目标分子中引入羰基简化合成难度成为可能。

(4) 羧基

羧酸和酯由于其简单易得是在有机合成中很好的起始原料。狄克曼酯缩合是一个很好的建立五元环、六元环脂肪环系的分子内缩合反应。

(5) 硝基

在芳香化合物中，硝基可以作为一个很好的间位定位基团，同时它又很容易被还原为氨基。

总之，在合成中可以根据实际需要，灵活地实现各种官能团之间的转换。

17.3.3.3 官能团的保护

在进行有机合成时，若一个有机试剂与分子中的其他基团或部位也能同时进行反应时，就需要将保留的基团先用一个试剂保护起来，等反应完成后，再将保护的基团去掉，还原为原来的官能团。这种起保护作用的基团成为保护基。保护基的特点是与需保护的基团很容易进行反应，且在一定的条件下也很容易进行去保护反应，同时这两类反应的产率相对较高。在有机合成中，有上千种保护基，在这里只讨论最基础的一些保护反应。

(1) 羰基的保护

醛、酮的活性较强，在反应中容易受到好多试剂的影响，同样也有多种保护方法，最常用的是制成缩醛或缩酮，反应完后经酸性水解即得原来的羰基。

$$(CH_3)_2C{=}O + HOCH_2CH_2OH \xrightarrow{TsOH} \text{(缩酮)} \xrightarrow[H_2O]{H_3PO_4} (CH_3)_2C{=}O + HOCH_2CH_2OH$$

(2) 氨基的保护

氨基有还原性和碱性，同时容易取代，所以经常需要保护。主要保护方法包括生成盐、酰胺、氨基甲酸酯等。

$$R_2NH + CH_3COCl \longrightarrow R_2NCOCH_3 \xrightarrow[\triangle]{H_3O^+} R_2NH$$

其他比较基础的保护如羟基可以变成醚或缩醛或酯，而羧基可以变成酯类。

17.3.3.4 导向基的应用

在有机合成中，常常引入某一基团，使某一位置活化或钝化来增加反应的选择性，完成它的功能后还需去掉，这样的基团称为导向基。常用的导向办法有三种：活化导向、钝化导向和封闭特定位置导向。

(1) 活化导向

向苯环上引入氨，可以增加苯环的活性，关键是氨基可以通过重氮盐中间体再去除。

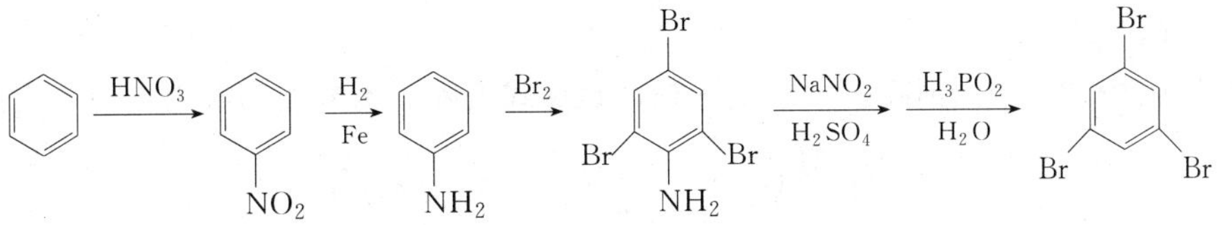

醛、酮的 α-H 旁边再引入酯基的话，会大大增加 α-H 的活性，而酯基可以通过水解脱羧去除。

(2) 钝化导向

有些反应活性太强，可以引入容易去除的降低活性的基团。苯酚、苯胺溴代时，非常容易生成三溴代产物，但是若需要制备单溴代产物，就要降低羟基或氨基的活性，常用的基团是酰基，反应后再水解去除酰基。

(3) 封闭特定位置的导向

利用一些基团将分子中不需反应但又比较活泼的位置封闭住，从而使欲进入分子的基团进入理想的位置而不进入此位置。此类导向基主要有磺酸基、羧基、叔丁基。如邻硝基苯胺的合成，首先要保护氨基，然后磺酸基封闭占位。

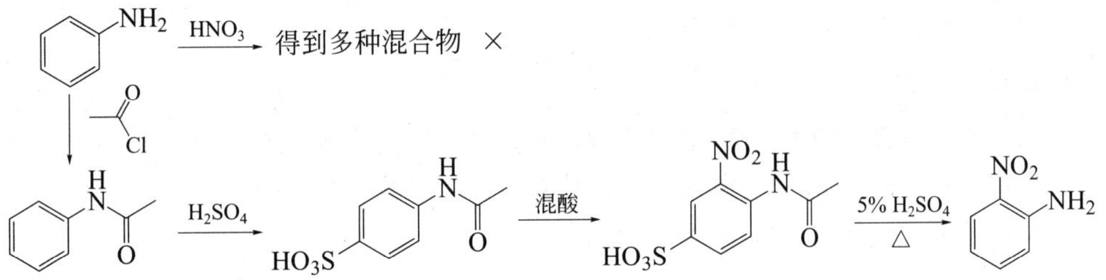

得到多种混合物 ×

17.3.4 立体化学的控制

当所需合成的目标产物具有构型要求时，则最好利用立体专一的反应进行合成。

(1) 加成反应

烯烃与卤素、次卤酸和过氧酸氧化水解反应都是反式的。

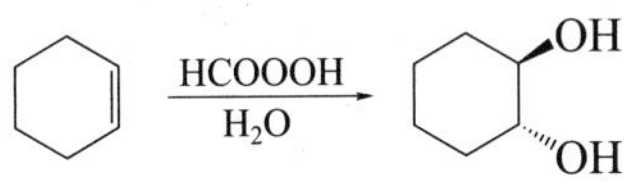

烯烃的催化加氢、高锰酸钾氧化、硼烷加成氧化水解等都是顺式加成。

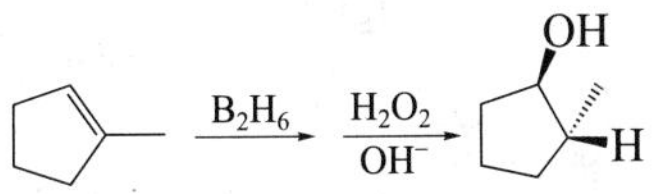

炔烃用林德拉催化剂进行部分加氢是顺式加成，在液氨中用钠还原以及加卤素、卤化氢都是反式加成。

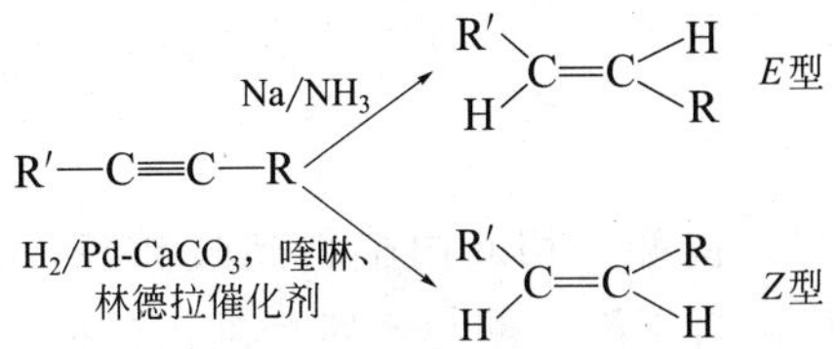

成环加成往往是顺式加成，如狄尔斯-阿尔德反应、碳烯生成三元环的反应等。

(2) 取代反应

双分子取代以后发生构型翻转，单分子取代以后发生构型消旋化。

(3) 消除反应

消除反应均为共平面消除。一般消除往往是反式消除，乙酸酯热解消除为顺式消除。

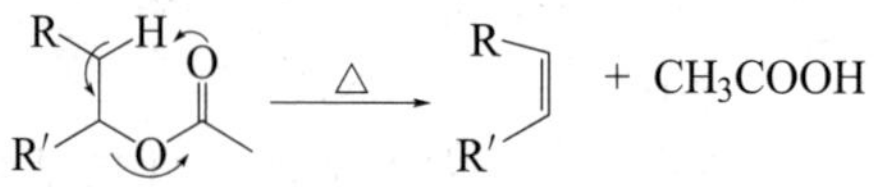

R, H, O, R′, O, △, R, R′, + CH_3COOH

(4) 环氧化合物的开环

环氧化合物的酸、碱催化均是反式开环。

(5) 手性合成

手性合成在理论或实践中都非常重要。手性合成是当今有机化学领域的研究热点，具体内容可在高等有机化学或具体文献中查阅学习。

17.4 合成实例解析

(1) 合成 Ph

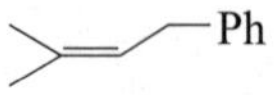

逆合成分析：主要官能团是居中的双键，可以来自于醇脱水，醇可由醛、酮与金属有机化合物来制备，格氏试剂来自于卤代烃，卤代烃可来自于醇，2-苯乙醇可由苯和环氧乙烷来建立碳骨架，环氧乙烷可由乙烯制备。

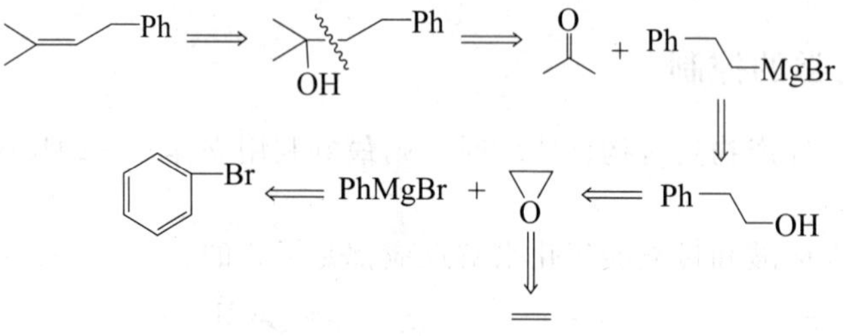

Ph ⟹ Ph, OH ⟹ O + Ph, MgBr ⟹ Ph, OH ⟹ PhMgBr + O ⟹ Br; O ⟹ =

合成路线：

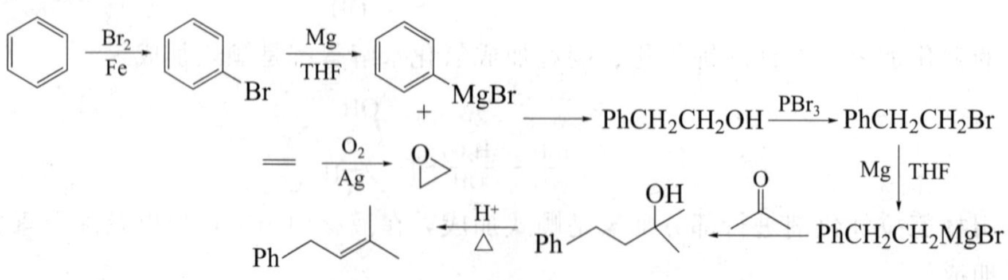

$\xrightarrow[Fe]{Br_2}$ Br $\xrightarrow[THF]{Mg}$ MgBr + O ⟶ $PhCH_2CH_2OH$ $\xrightarrow{PBr_3}$ $PhCH_2CH_2Br$ $\xrightarrow{Mg\ THF}$ $PhCH_2CH_2MgBr$

= $\xrightarrow[Ag]{O_2}$ O

$PhCH_2CH_2MgBr$ $\xrightarrow{\text{O}}$ Ph, OH $\xrightarrow[\triangle]{H^+}$ Ph

(2) 合成 OH, O, O

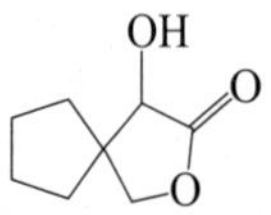

逆合成分析：主要官能团是内酯，切断内酯得到酸和醇，α-羟基酸可以来自于α-羟基腈，进而来自于醛，而醇也可来自于醛、酮与金属有机化合物。

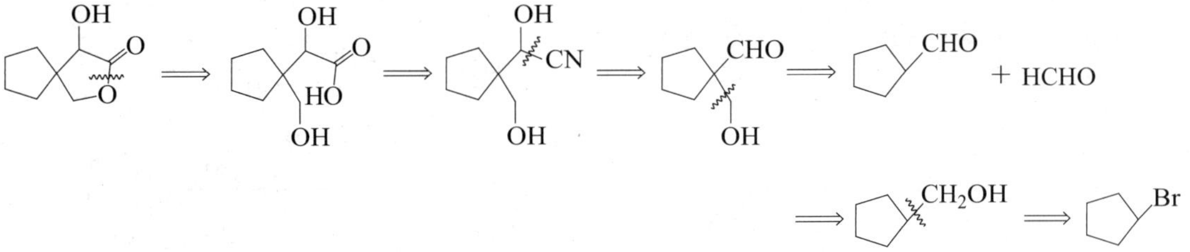

合成路线：

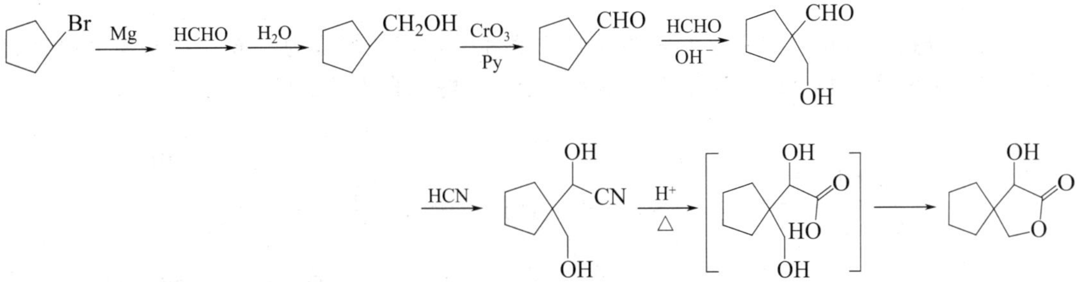

(3) 用丙二酸二乙酯等有机原料合成

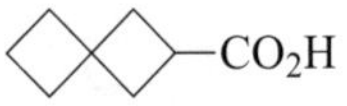

逆合成分析：以丙二酸二乙酯为原料合成酸类化合物，其关键的步骤是选择合适的卤代烃来补充产物中乙酸以外的结构。本合成需要两次运用丙二酸二乙酯与合适的卤代烃作用，最后水解脱羧。

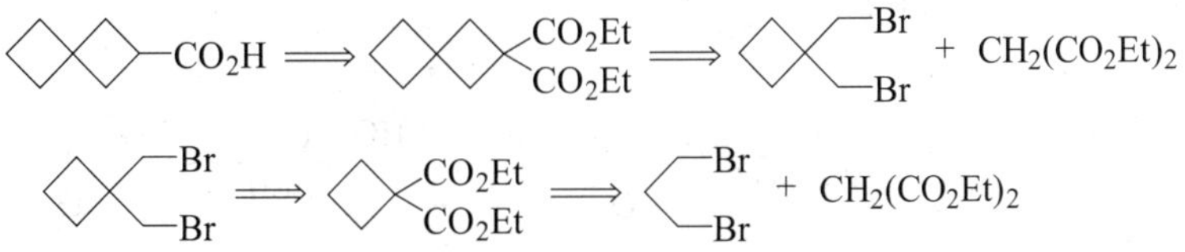

$+ CH_2(CO_2Et)_2$

$+ CH_2(CO_2Et)_2$

合成路线：

$+ CH_2(CO_2Et)_2 \xrightarrow{EtONa}$ $\xrightarrow[EtOH]{Na}$ $\xrightarrow{PBr_3}$

$\xrightarrow[EtONa]{CH_2(CO_2Et)_2}$ $\xrightarrow[(2)\ H^+,\ \triangle]{(1)\ OH^-}$

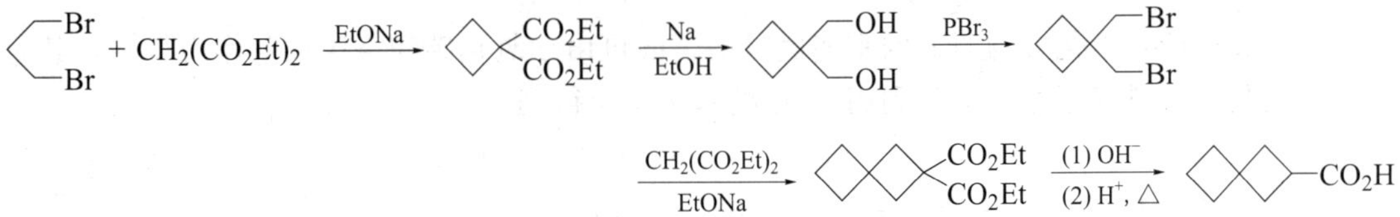

(4) 用不超过四个碳的简单有机原料合成

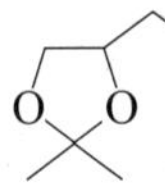

逆合成分析：本化合物明显的官能团是缩醛，在此处切断得邻二醇和丙酮，邻二醇来自于烯烃，长链烯烃需要继续切断，端炔可以制备烯烃同时可以延长碳链。

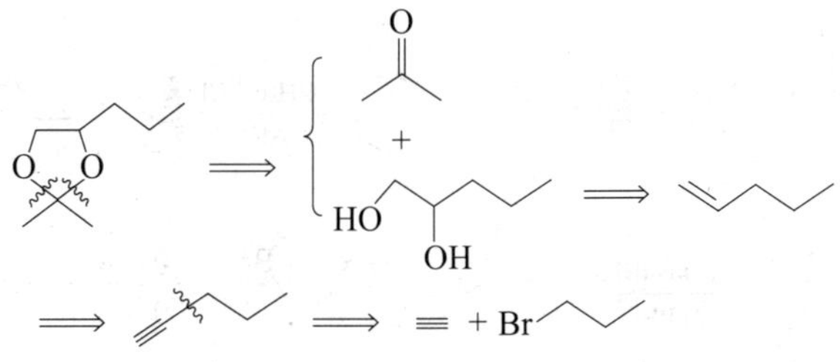

合成路线：

$\equiv \xrightarrow[NH_3]{NaNH_2}$ $\xrightarrow{\diagup\diagdown Br}$ $\xrightarrow[H_2]{林德拉催化剂}$ $\xrightarrow[Et_2O]{OsO_4}$ $\xrightarrow{H_2O}$ HO OH

$\xrightarrow{丙酮,\ TsOH}$ O O

(5) 用环己烯和两个碳的简单有机原料合成 O OCH_3 OCH_3

逆合成分析：本化合物明显的官能团是缩醛和酮，切断缩醛为1,6-二羰基，可以来自于环己烯，烯来自于醇，醇来自于酮，酮来自于醇，醇来自于环己烯。

O OCH_3 OCH_3 $\Longrightarrow$ O CHO $\Longrightarrow$ $\Longrightarrow$ OH

$\Longrightarrow$ O $\Longrightarrow$ OH $\Longrightarrow$

合成路线：最后一步利用了醛酮的活性差别。

$\xrightarrow[H_2O_2,\ OH^-]{B_2H_6}$ OH $\xrightarrow[CH_2Cl_2]{CrO_3/Py}$ O $\xrightarrow{CH_3CH_2MgBr}$ OH

$\xrightarrow[\triangle]{H^+}$ $\xrightarrow[Zn/H_2O]{O_3}$ O CHO $\xrightarrow[TsOH,\ \triangle]{CH_3OH}$ O OCH_3 OCH_3

(6) 合成 CO_2H

逆合成分析：本化合物明显的官能团是酸，酸可由二氧化碳和格氏试剂作用得到，其对位复杂烷基可由酰基还原，酰基利用傅-克酰基化反应得到。

CO_2H $\Longrightarrow$ MgBr + CO_2 $\Longrightarrow$ + CH_3CH_2Br $\Longrightarrow$ O $\Longrightarrow$ O Cl + 苯

合成路线：为防止烷基化重排，特意通过酰基化后彻底还原完成复杂烷基化，最后一步利用二氧化碳与格氏试剂反应产生多一个碳的酸。

$\xrightarrow{异丁酰氯(Cl,\ O)}$ O $\xrightarrow[HCl]{Zn\text{-}Hg}$ $\xrightarrow[AlCl_3]{CH_3COCl}$ O

$\xrightarrow[(2)\ PBr_3]{(1)\ NaBH_4}$ Br $\xrightarrow[(3)\ H_2O]{(1)\ Mg,\ Et_2O;\ (2)\ CO_2}$ CO_2H

【阅读材料】

海葵毒素

海葵毒素是非多肽类物质中毒性非常大的一个，仅 2.3～31.5μg 就可以致死。海葵毒素最早在 1971 年从夏威夷的软体珊瑚中分离出来，后来在其他海洋生物中也有发现。海葵毒素的结构在 1981 年被解析，含有 64 个手性中心和 7 个可异构双键，理论上的立体异构体的数目为 2^{71} 个。其全合成在 1994 年由哈佛大学化学系教授 Y. 凯西的研究小组完成，相关研究成果发表在国际顶级化学杂志《美国化学会志（JACS）》上。海葵毒素的全合成是人类目前为止合成的最大个的单分子化合物，被誉为有机合成的珠穆朗玛峰。

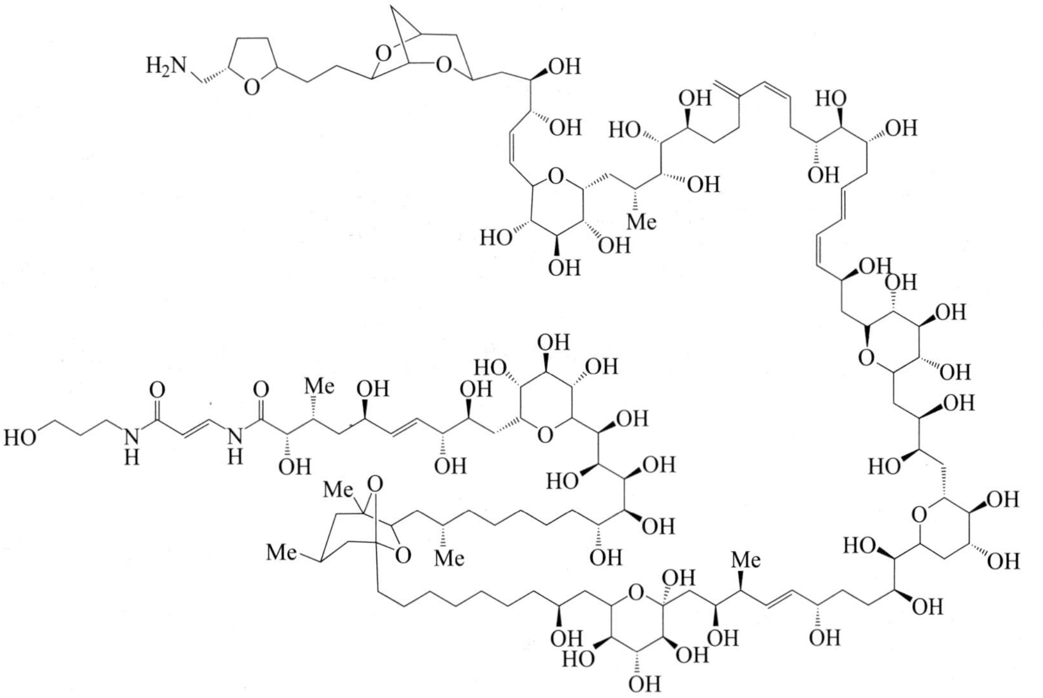

【巩固练习】

17-1 举例总结本章涉及的所有化学反应方程式（没学过的可以查阅资料）。

17-2 查阅文献，讲评某一天然产物的全合成路线。

17-3 由常见原料及必要试剂完成下列物质的合成。

1. 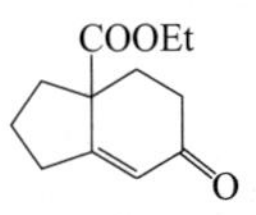　　2. 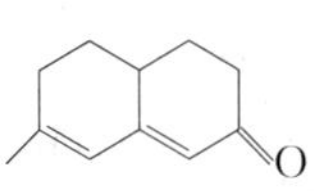　　3.

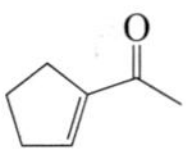

4. 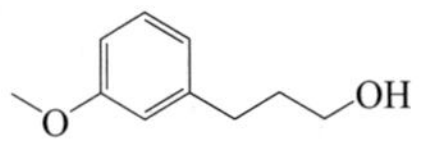　　5. 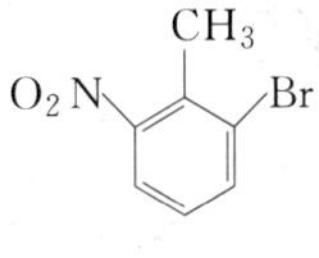　　6.

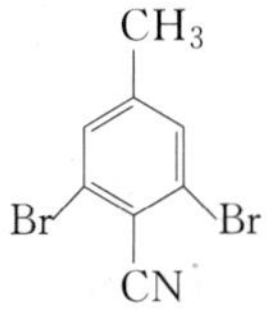

7. H_3C—(3-Cl-苯环)—OH　　8. (3-CH_3-苯环)—NH_2

参考答案

【问题 17.1】 氰基是苯环的钝化基团，而烷氧基则是活化基团，含氰基的苯环不发生傅-克酰基化反应，而含烷氧基的苯环活性强，容易发生反应。

【问题 17.2】 若按方式 1 切断，则相应的醇脱水消除时，主要产物是与苯环共轭的烯烃产物，而题目中要求合成的烯烃是次要产物。

17-1、17-2 略。

17-3

1. 苯酚 $\xrightarrow[\triangle]{H_2/Ni}$ 环己醇 $\xrightarrow{浓 HNO_3}$ HOOC$(CH_2)_4$COOH $\xrightarrow[H^+，\triangle]{2C_2H_5OH}$ $H_5C_2OOC(CH_2)_4COOC_2H_5$ $\xrightarrow[(2)\ CH_3COOH]{(1)\ NaOEt}$ 2-COOEt-环戊酮 $\xrightarrow{NaOEt}$ $\xrightarrow{CH_2=CHCOCH_3}$ 2-COOEt-2-(CH_2—CH_2COCH_3)环戊酮 $\xrightarrow[-H_2O]{NaOEt}$ 双环烯酮（COOEt）

2. CH_3COCH_2COOEt $\xrightarrow{NaOEt}$ $\xrightarrow{CH_3COCH=CH_2}$ $CH_3COCH_2CH_2—CH(COOEt)COCH_3$ $\xrightarrow[(3)\ \triangle，-CO_2]{(1)\ 5\%\ NaOH\quad (2)\ H^+}$

$CH_3COCH_2CH_2—CH_2COCH_3$ $\xrightarrow[\triangle]{稀 NaOH}$ 3-甲基环己-2-烯酮 $\xrightarrow{NaOEt}$ $\xrightarrow{CH_3COCH=CH_2}$ 6-($CH_2CH_2COCH_3$)-3-甲基环己-2-烯酮

$\xrightarrow[\triangle]{稀 NaOH}$ 双环烯酮

3. 环己酮 $\xrightarrow[(2)\ H_2O]{(1)\ CH_3MgBr}$ 1-甲基环己醇（HO） $\xrightarrow{H^+}$ 1-甲基环己烯 $\xrightarrow[(2)\ Zn，H_2O]{(1)\ O_3}$ $CH_3CO(CH_2)_4CHO$ $\xrightarrow[EtOH]{KOH}$ 1-乙酰基环戊烯

‖ + 异戊二烯 $\xrightarrow{\triangle}$ 1-甲基环己烯

(两种方法合成甲基环己烯)

4. 苯 + 丁二酸酐 $\xrightarrow{AlCl_3}$ $C_6H_5COCH_2CH_2COOH$ $\xrightarrow[H_2SO_4]{HNO_3}$ O_2N-（间位）$C_6H_4COCH_2CH_2COOH$ $\xrightarrow[HCl]{Zn}$ H_2N-（间位）$C_6H_4CH_2CH_2CH_2COOH$ $\xrightarrow[H_2SO_4,0℃]{NaNO_2}$ $\xrightarrow[H_2O]{H^+}$

HO-（间位）$C_6H_4CH_2CH_2CH_2COOH$ $\xrightarrow[NaOH]{(CH_3O)_2SO_2}$ H_3CO-（间位）$C_6H_4CH_2CH_2CH_2COOCH_3$ $\xrightarrow[THF]{LiAlH_4}$ H_3CO-（间位）$C_6H_4CH_2CH_2CH_2CH_2OH$

5. 甲苯 $\xrightarrow[\triangle]{H_2SO_4}$ HO_3S-（对位）甲苯 $\xrightarrow[\triangle]{Br_2}$ 2-Br-4-SO_3H-甲苯 $\xrightarrow[H_2SO_4]{HNO_3}$ 2-Br-6-NO_2-4-SO_3H-甲苯 $\xrightarrow[\triangle]{H_3O^+}$ 2-Br-6-NO_2-甲苯

6. CH_3 $\xrightarrow[H_2SO_4]{HNO_3}$ CH_3, NO_2 $\xrightarrow[Fe]{HCl}$ CH_3, NH_2 $\xrightarrow{Br_2}$ CH_3, Br, Br, NH_2 $\xrightarrow[HCl]{NaNO_2}$ $\xrightarrow[\triangle]{CuCN}$ CH_3, Br, Br, CN

7. $+\ CH_3I \xrightarrow{AlCl_3}$ CH_3 $\xrightarrow{H_2SO_4}$ CH_3, SO_3H $\xrightarrow{Cl_2+Fe}$ CH_3, Cl, SO_3H

CH_3, Cl, SO_3H $\xrightarrow{NaOH}$ CH_3, Cl, SO_3Na $\xrightarrow[\triangle]{NaOH}$ CH_3, Cl, ONa $\xrightarrow{H^+}$ H_3C—, Cl, —OH

8. CH_3 $\xrightarrow[H_2SO_4]{HNO_3}$ CH_3, NO_2 $\xrightarrow[(2)\ CH_3COCl]{(1)\ Fe+HCl}$ CH_3, $NHCOCH_3$ $\xrightarrow[(2)\ NaOH+H_2O,\ \triangle]{(1)\ HNO_3+H_2SO_4}$ CH_3, NO_2, NH_2

$\xrightarrow{NaNO_2+H^+}$ CH_3, NO_2, NN^+ $\xrightarrow{H_3PO_2}$ CH_3, NO_2 $\xrightarrow{Fe+HCl}$ CH_3, NH_2

（林晓辉　编　　刘光耀　校）

第18章 重排反应概述

一般有机化学反应只涉及分子中个别原子或原子团，而碳骨架不变化。但是某些有机化合物的分子，在试剂的作用或其他因素影响下，会发生某些基团迁移或分子内碳原子骨架的改变（包括环扩大或缩小）。这种变化不同于可逆的“互变异构”，通常是一种不可逆的分子内的连续过程。重排反应是分子的碳骨架发生重新排列生成新结构的化学反应，是有机反应中相对比较复杂的一大类反应，在推测反应时具有较大的挑战性。以下为重排反应的最简单通式：

$$\underset{\mathrm{M}}{\underset{|}{\mathrm{A}}}\text{—B} \longrightarrow \text{A—}\underset{\mathrm{M}}{\underset{|}{\mathrm{B}}}$$

式中，A、B 通常是碳原子或其他原子，分别为重排起点及终点；M 为迁移基。

引起重排反应的原因很多，基本原因可以总结为：在试剂或其他因素的作用下，分子中直接产生的结构是不够稳定的，此不稳定结构会通过分子内部某些原子或基团的迁移和调整而形成相对较稳定的结构。

重排反应种类繁多，可按反应机理、分子内间、迁移距离或化合物类型等加以分类。根据反应机理，重排反应可分为：基团迁移重排反应和周环重排反应。基团迁移重排反应是指反应物分子中的一个基团在分子范围内从某一位置迁移到另一位置的反应，这类反应又可按价键断裂方式分为异裂重排反应和均裂重排反应。异裂重排反应又分为亲核（缺电子）重排反应和亲电（富电子）重排反应。均裂重排反应又称为自由基重排反应。反应物因分子内共价键协同变化而发生重排的反应称为周环重排反应。

18.1 亲核（缺电子）重排反应

亲核重排反应是反应物分子先在迁移终点形成一个不太稳定的缺电子活性（正电）中心，从而促使迁移基团带着键裂的电子对发生迁移，生成较稳定产物。

$$\underset{\mathrm{M}}{\underset{|}{\mathrm{A}}}\text{—B}^{+} \longrightarrow \mathrm{A}^{+}\text{—}\underset{\mathrm{M}}{\underset{|}{\mathrm{B}}}$$

重排时，M 带 AM 间的电子对迁移到缺电子的 B 上。多数亲核重排属于相邻原子间的迁移，即 1,2-重排。上式中 B 一般为 C、N、O 原子，M 为 X、O、S、N、C、H 等原子。

18.1.1 瓦格纳-麦尔外因重排反应

相对复杂的醇与酸或卤代烃与碱发生单分子反应时，如果直接生成的碳正离子不够稳定，碳正离子邻位上的基团往往带着一对电子迁移到碳正离子上，生成一个相对更稳定的碳正离子，从而发生碳架的改变，此重排反应称为瓦格纳-麦尔外因重排。

$$\mathrm{C(CH_3)-CH_2^+ \longrightarrow \overset{+}{C}-CH_2-CH_3}$$

重排的原因是重排后的结构稳定性超过原结构，这种情况主要由不稳定碳正离子转变成稳定碳正离子，当然环状物质也会由不稳定环转变成稳定环。

进行重排反应的碳正离子可通过下列途径获得，即下列重排都属于瓦格纳-麦尔外因重排。

① 醇遇到酸发生单分子取代或消除反应。

$$\mathrm{C-CH_2-OH \xrightarrow{H^+} C-CH_2-O^+H_2 \xrightarrow{-H_2O} C-\overset{+}{C}H_2}$$

② 卤代烃发生单分子取代或消除反应。

$$\mathrm{C-CH_2-Cl \xrightarrow{Ag^+} C-\overset{+}{C}H_2}$$

③ 烯烃与不对称试剂加成。

$$\mathrm{C-CH=CH_2 \xrightarrow{H^+} C-\overset{+}{C}H-CH_3}$$

④ 脂肪伯胺与亚硝酸的反应。

$$\mathrm{C-CH_2NH_2 \xrightarrow[-N_2]{HNO_2} C-\overset{+}{C}H_2}$$

下例为脂肪伯胺与亚硝酸反应，重排的动力包括碳正离子的稳定性及稳定环的生成：

$$\mathrm{\square-CH_2NH_2 \xrightarrow{HNO_2} \square-\overset{+}{C}H_2}$$

$\xrightarrow{-H^+}$ 直接消除产物

$\xrightarrow[H^+]{H_2O}$ $\square-CH_2OH$ 直接水解产物

扩环重排 ↓

重排消除产物 $\xleftarrow{-H^+}$ 环戊基正离子 + $\xrightarrow[H^+]{H_2O}$ 环戊醇（—OH） 重排水解产物

18.1.2 频哪醇（酮）重排反应

频哪醇（取代乙二醇）中的一个羟基与酸作用形成质子化醇后失水变为活性中心正碳离子，促使邻位带羟基碳原子上的一个基团带着电子对发生 1,2-迁移，形成 p-p 共轭体系，羟基氧原子上未共用电子对转移至碳氧之间构成双键，最后失去质子而得到频哪酮。

$$\mathrm{C(OH)-C(OH) \xrightarrow[-H_2O]{H^+} C(=O)-C(CH_3)_3}$$

机理如下：

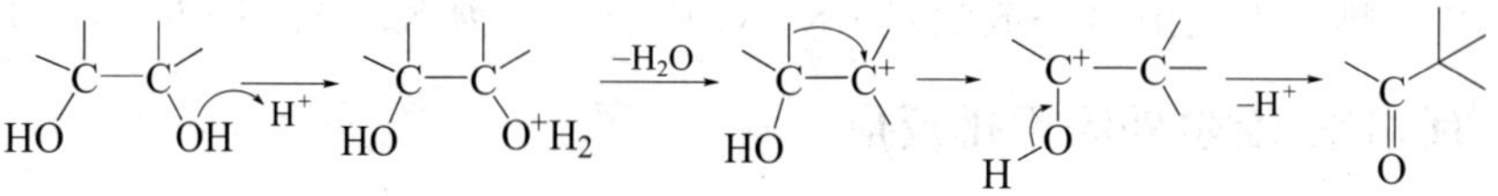

反应特点如下：

① 在不对称取代的乙二醇中，一般能够形成相对稳定的碳正离子，碳上的羟基（两个羟基中电子云密度大的）优先质子化脱水。

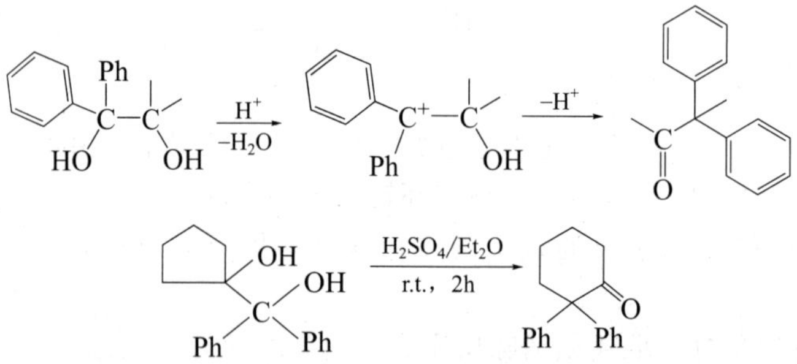

② 如果形成的碳正离子的相邻两个碳上的基团不同，通常是给电子能力强的基团（一般结构复杂）优先迁移。重排时迁移基团的先后次序为：给电子芳基＞苯基＞吸电子芳基＞烷基。

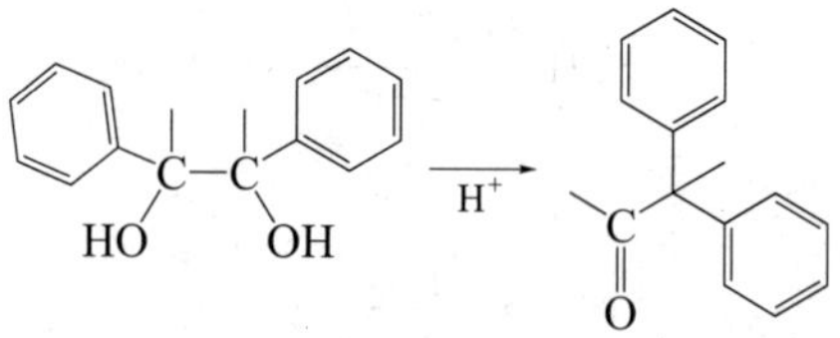

③ 迁移过程的立体化学是反式共平面迁移，即迁移基团与离去基团需要处于反面位置。

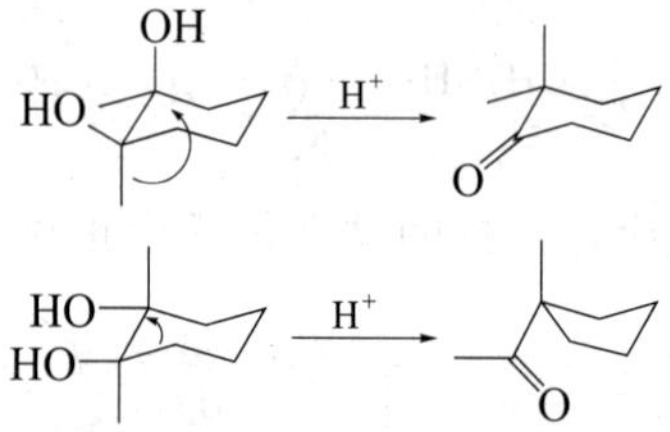

④ 半频哪醇重排　α-碳原子上面有杂原子取代基（如卤素、氨基、—SR 等）的醇，能发生类似于频哪醇重排的反应，称为半频哪醇重排。

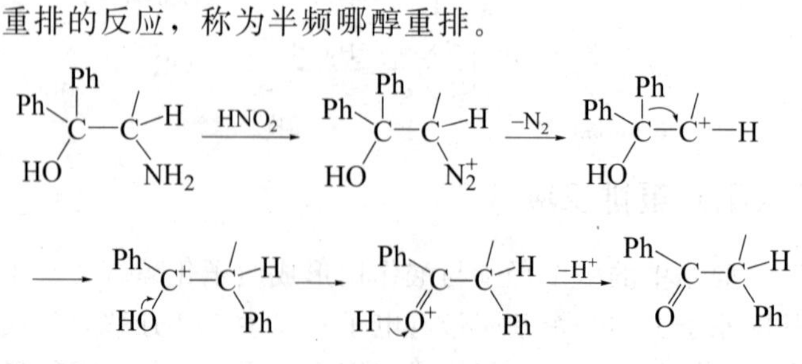

18.1.3　贝克曼重排反应

贝克曼重排反应指醛肟或酮肟在酸催化下生成 N-取代酰胺的亲核重排反应，反应中起催化作用的酸常用五氯化磷。该反应在工业上有重要应用，环己酮与羟胺反应得到环己酮肟后可重排得到己内酰胺，此为尼龙-6 的单体。

R
R′
C=N
OH
H^+
R
R′
C=N
O^+H_2
[R C$^+$=N R′ ←→ RC≡N$^+$—R′]
H_2O

R
C=N
R′
H–O^+
H
⟶
R
C=N
R′
O
H
H^+
R
C—NH
O
R′

该反应有四个特点：①离去基团与迁移基团处于反式；②离去与迁移同步进行；③手性迁移基团迁移前后构型不变；④迁移终点是缺电子氮原子。

N
OH
C
H'''C
H^+
H
N
H'''C
O

18.1.4 拜耳-维利格氧化重排反应

拜耳-维利格氧化重排反应是过氧酸将酮氧化成酯的氧化重排反应，简称 B-V 反应。反应中常用的过氧酸为过氧乙酸、过氧三氟乙酸、过氧化苯甲酸、3-氯代过氧化苯甲酸等。

R
R′
C
O
O
R″COOH
R
OR′
C
O

B-V 反应的机理包括两个步骤：首先是过氧酸对底物分子中羰基的亲核进攻，形成四取代中间体；然后，R 基团发生迁移，中间体重排生成相应的酯和酸。通常情况下，在反应中使用催化剂可以同时促进上述两个步骤的进行。

R
R′
C
O
H^+
R
R′
C
O^+H
O
R″COO$^-$
R
O
O
R″
C
R′
O
O
H
−R″COOH
R
OR′
C
O

如果没有特殊的立体电子效应存在，与羰基相连基团的迁移顺序主要由基团自身的迁移能力所决定。根据 B-V 反应的机理可知，能够稳定正电荷的基团优先发生迁移。因此，富电子基团以及大位阻基团优先迁移。通常情况下烃基的迁移顺序为：叔烷基＞环己基＞仲烷基≈苄基＞苯基＞伯烷基＞环戊基≈环丙基＞甲基；有给电子取代基的芳基＞有吸电子取代基的芳基。

COPh
CF_3CO_3H/CH_2Cl_2
25℃
OCOPh

COCH$_3$
H
$C_6H_5CO_3H/CHCl_3$
OCOCH$_3$
H

该反应具有以下特点：

① 适用于多种羰基化合物；

② 对多种官能团具有良好的兼容性；

③ 迁移终点是氧原子；

④ 具有高度的立体选择性，迁移基团所连碳原子的绝对构型在反应前后保持不变。

18.1.5 霍夫曼重排降解反应

霍夫曼重排降解反应指的是未取代酰胺与次卤酸钠或次溴酸钠的碱溶液作用时，脱去羰基生成少一个碳的伯胺的反应。该反应中包含重排及碳链的缩短，故称为霍夫曼重排降解反应。

$$R{-}CONH_2 + NaOX + 2NaOH \longrightarrow R{-}NH_2 + Na_2CO_3 + NaX + H_2O$$

机理如下：

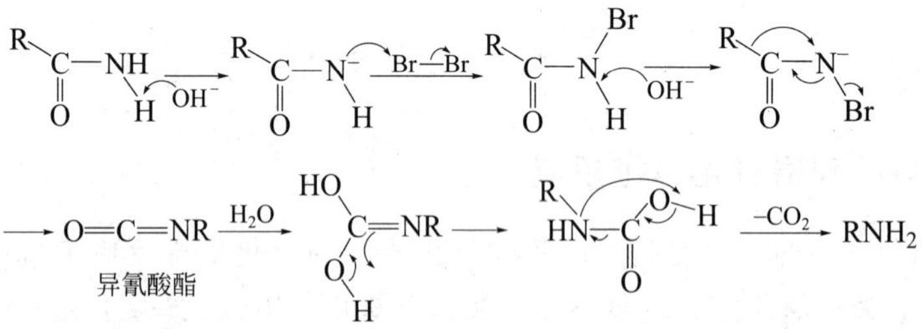

R C NH O H OH^- R C N^- O H Br—Br R C N Br O H OH^- R C N^- O Br

O=C=NR H_2O HO C=NR O H R HN C O H O $-CO_2$ RNH_2

异氰酸酯

该反应具有以下特点：

① 具有光学活性的基团在重排后构型不变；

② 制备伯胺的重要方法；

③ 迁移终点是氮原子。

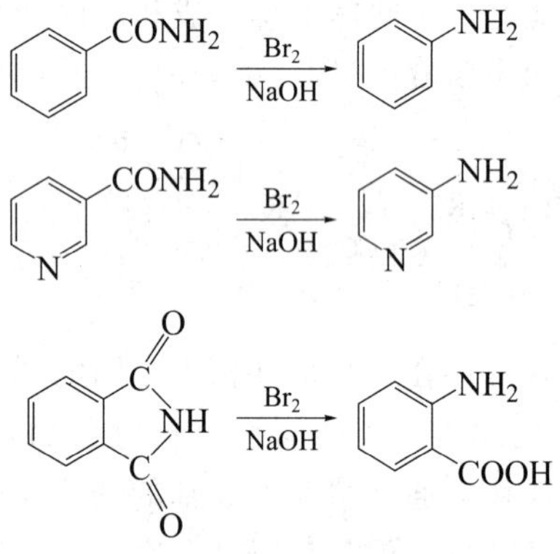

$CONH_2$ Br_2 NaOH NH_2

$CONH_2$ N Br_2 NaOH NH_2 N

O C NH C O Br_2 NaOH NH_2 COOH

18.2 亲电（富电子）重排反应

亲电（富电子）重排反应是指在迁移终点形成一个富电子活性中心后，促使迁移基团不带键裂电子对（正电形式）而转移的重排反应。

18.2.1 弗赖斯重排反应

弗赖斯重排反应是酚酯在酸催化下重排为邻位或对位酰基酚的反应。反应常用的路易斯酸催化剂有三氯化铝、三氟化硼、氯化锌、氯化铁、四氯化钛、四氯化锡和三氟甲磺酸盐。也可以用氟化氢或甲磺酸等质子酸催化。这个反应是在酚的芳环上引入酰基的重要方法。

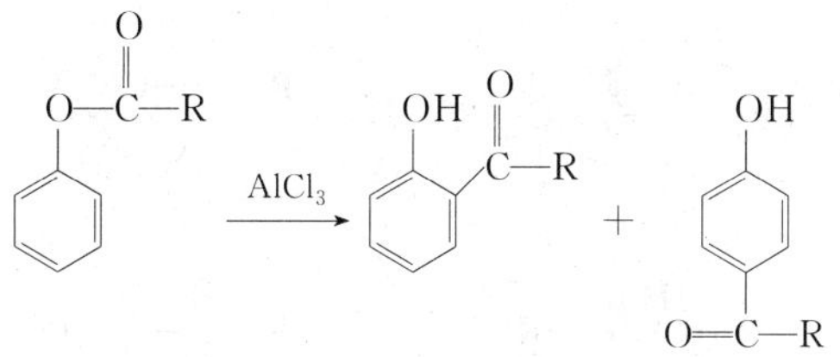

重排的机理可能有两种情况，有时为分子内的反应，有时又为分子间的反应，但是都应该与酰基化反应有关。一个被广泛接受的机理为：

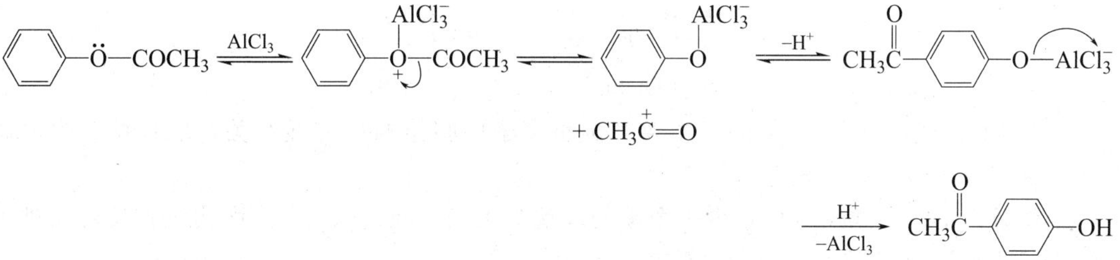

邻、对位产物的比例取决于原料酚酯的结构、反应条件和催化剂的种类等。一般来说，对位产物是动力学控制产物，邻位产物是热力学控制产物。反应在低温（100℃以下）下进行时主要生成对位产物，而反应在较高温度下进行时，一般得到邻位产物。因取代基影响反应，底物不能含有位阻大的基团。当酚组分的芳香环上有间位定位基存在时，重排一般不能发生。

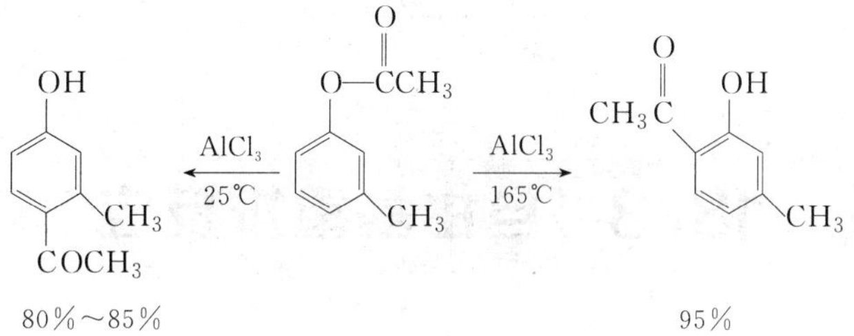

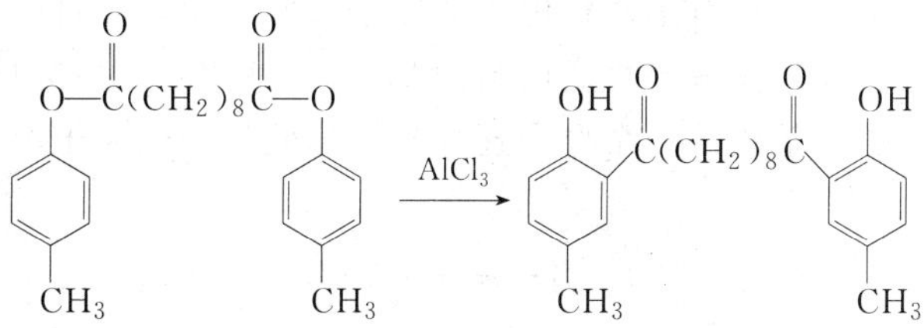

80%～85%　　　95%

18.2.2 法沃斯基重排反应

法沃斯基重排反应，是 α-卤代酮在碱作用下重排为羧酸衍生物（如羧酸、酯和酰胺）的反应。使用的碱可以是氢氧根离子、醇盐负离子或胺，产物分别为羧酸、酯和酰胺。

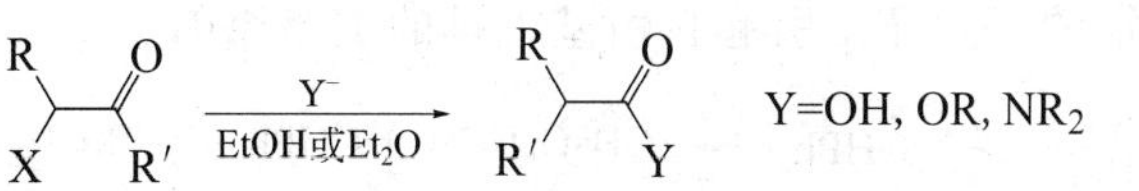

Y^-，EtOH或Et_2O　　Y=OH, OR, NR_2

反应机理为：首先在氯原子另一侧形成碳负离子，碳负离子进攻另一侧的碳原子，氯离子离去，形成一个环丙酮的中间体。碱负离子进攻羰基，打开三元环，得到羧基邻位的碳负离子，最后获得一个质子得到产物。

$$R-CH_2-C(=O)-CH(X)-R' \underset{}{\overset{EtONa}{\rightleftharpoons}} R-\overset{-}{C}H-C(=O)-CH(X)-R' \xrightarrow{-X^-} \text{环丙酮中间体} \overset{EtONa}{\rightleftharpoons} R-CH-CH-R'\ (C(O^-)OEt)$$

$$a\quad R-\overset{-}{C}H-CH(COOEt)-R' \xrightarrow{H^+} R-CH_2-CH(COOEt)-R'$$

$$b\quad R-CH(COOEt)-\overset{-}{C}H-R' \xrightarrow{H^+} R-CH(COOEt)-CH_2-R'$$

a、b 两种途径得到的产物的量主要和碳负离子中间体的稳定性有关，取代烷基少的碳负离子稳定，相应的产物较多。

一般条件下，环酮反应得到少一个碳的环烷基羧酸（酯）。α,α'-二卤代酮在反应条件下消除 HX 生成 α,β-不饱和羰基化合物。

$$\text{2-溴环己酮} \xrightarrow{NaOH,\ H_2O} \text{环戊基}-CO_2Na \xrightarrow{H^+} \text{环戊基}-CO_2H$$

$$\text{2-溴环癸酮} \xrightarrow{NaOH} \text{环壬基}-CO_2H$$

18.3 自由基重排反应

共价键在均裂时，会产生具有不对称电子的原子或原子团，即自由基。如果初期产生的自由基不够稳定，还有机会转变成更稳定的自由基的话，就会发生自由基重排反应。在大多数自由基重排反应中，一个基团从一个原子迁移到相邻的另一个原子上。

$$M-A-B\cdot \longrightarrow \cdot A-B-M$$

18.3.1 开环重排反应

在环状化合物的情况下，自由基开环可导致自由基的重排。

$$\triangleright-CH_2Ph \xrightarrow{NBS} BrCH_2CH_2CH{=}CHPh$$

该反应中，不稳定的三元环是引起自由基重排的主要原因。

$$\triangleright-CH_2Ph \xrightarrow[-HBr]{Br\cdot} \triangleright-\dot{C}HPh \longrightarrow \cdot CH_2CH_2CH{=}CHPh \xrightarrow{Br\cdot} BrCH_2CH_2CH{=}CHPh$$

18.3.2 烯醚基重排反应

$$Ph-\overset{OR}{\overset{|}{C}}=CH_2 \longrightarrow Ph-\overset{O}{\overset{\|}{C}}CH_2R$$

反应属于分子内消除加成反应，简易的反应机理为：

$$PhC(OR)=CH_2 \longrightarrow PhC(O\cdot)=CH_2 + R\cdot \longrightarrow PhC(O\cdot)-CH_2R \longrightarrow PhC(=O)CH_2R$$

自由基重排反应中，任何转移都是从不稳定到稳定的结构。

18.4 周环重排反应

周环重排反应是反应物因分子内共价键协同变化而发生重排的反应，有电环化反应和 σ 迁移反应。例如环丁烯经加热发生逆向电环化而得 1,3-丁二烯，1,3-己二烯经加热发生氢原子 1,5-迁移而得 2,4-己二烯。这类重排在合成中应用最多的是属于 3,3-迁移的科普重排和克莱森重排。

18.4.1 科普重排反应

1,5-二烯受热重排为另一个 1,5-二烯的反应。例如内消旋-3,4-二甲基-1,5-己二烯经加热几乎定量地转变为（Z,E）-2,6-辛二烯：

CH3 COOEt COOEt H3C 185℃ 2h H3C CH3 COOEt COOEt

由于环状过渡态是能量较低的椅式构象，反应的立体专一性很强。

CH3 H CH3 H ‡ CH3 H CH3 H CH3 H CH3 H

科普重排反应可用于制备大环化合物或 1,6-二羰基化合物。

△

OH 2 3 1 CH3 1 CH3 3 2 OH 190℃ △ OH CH3 CH3 OH O CH3 CH3 O

18.4.2 克莱森重排反应

烯醇类或酚类的烯丙基醚在加热条件下发生分子内重排，生成 γ,δ-不饱和醛（酮）或邻（对）位烯丙基酚（先生成不饱和酮，再异构化为酚）的反应，称为克莱森重排反应。此反应与科普重排反应类似，只是参与反应的体系中有一个氧原子代替了碳原子。

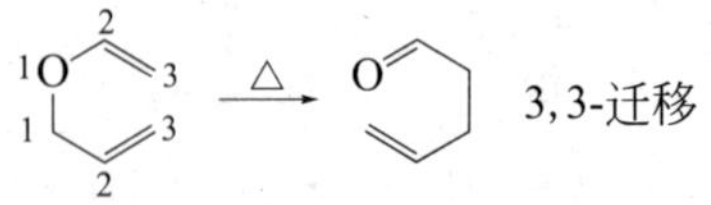

1O 2 3 / 1 2 3 —△→ O 3,3-迁移

当烯丙基芳基醚的两个邻位未被取代基占满时，重排主要得到邻位产物，两个邻位均被取代基占据时，重排得到对位产物。对位、邻位均被占满时不发生此类重排反应。

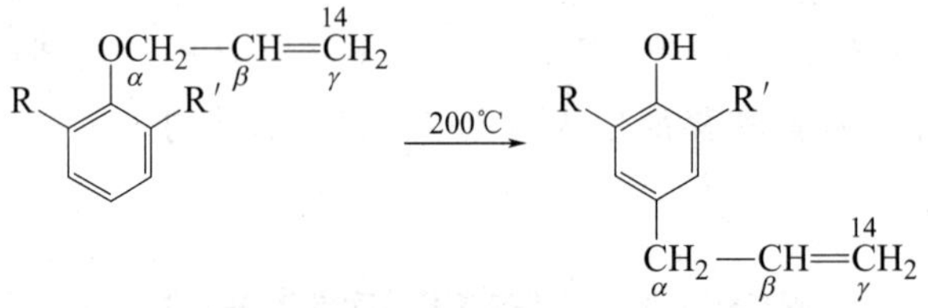

$OCH_2-CH=\overset{14}{C}H_2$ (α, β, γ), R, R′ —200℃→ OH, R, R′, $CH_2-CH=\overset{14}{C}H_2$ (α, β, γ)

克莱森重排反应是个协同反应，中间经过一个环状过渡态，所以芳环上取代基的电子效应对重排无影响。

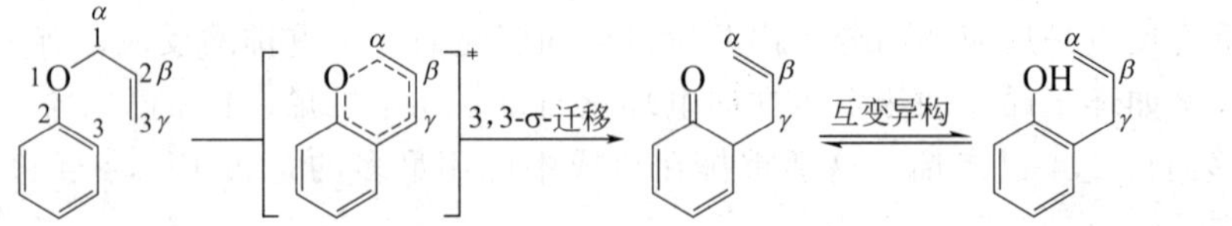

3,3-σ-迁移　　互变异构

从烯丙基芳基醚重排为邻烯丙基酚经过一次 3,3-迁移和一次由酮式到烯醇式的互变异构。两个邻位都被取代基占据的烯丙基芳基醚重排时先经过一次 3,3-迁移到邻位（克莱森重排），接着又发生一次 3,3-迁移（科普重排）到对位，然后经互变异构得到对位烯丙基酚。

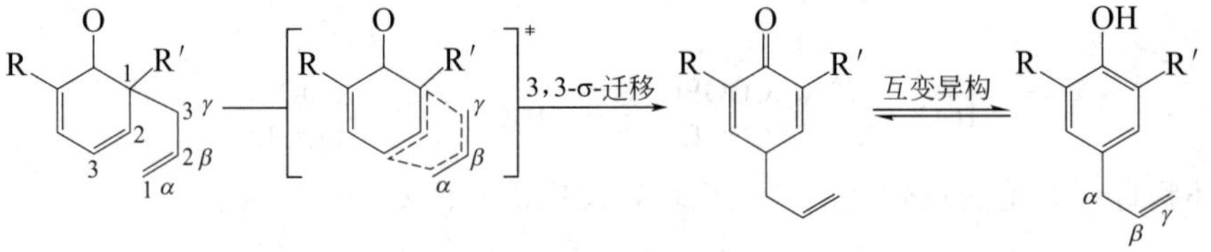

3,3-σ-迁移　　互变异构

取代的烯丙基芳基醚重排时，无论原来的烯丙基双键是 Z-构型还是 E-构型，重排后的新双键都是 E-构型，这是因为重排反应所经过的六元环状过渡态具有稳定椅式构象的作用。

扩展开讲，凡是含有两个双键且一个双键与杂原子（如 O、S、N 等）有共轭关系的化合物在加热条件下发生的重排反应，统称为克莱森重排反应。若有硫原子时，直接生成的硫醛不稳定，很快会转化成醛。

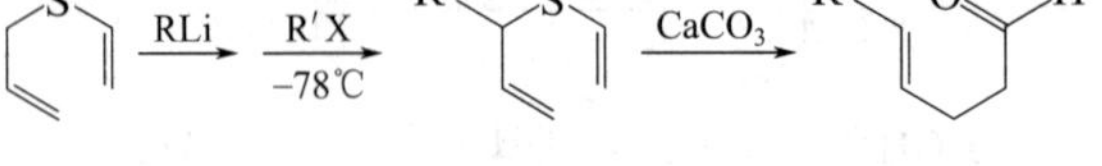

RLi　R′X, −78℃　$CaCO_3$

【巩固练习】

18-1　重排反应按机理分类可分为哪几类？各举一例说明。

18-2　利用重排的知识解释：2-环丁基-2-丙醇与 HCl 反应得 1,1-二甲基-2-氯环戊烷；而 2-环丙基-2-丙醇与 HCl 反应得 2-环丙基-2-氯丙烷，而不是 1,1-二甲基-2-氯环丁烷。

18-3　完成下列反应方程式。

1. 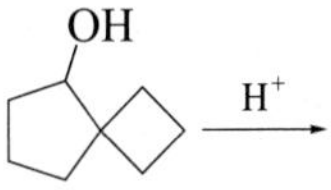 OH $\xrightarrow{H^+}$

2. 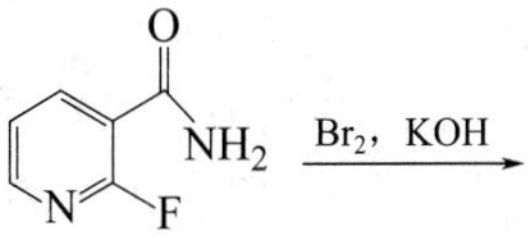 O NH$_2$ N F $\xrightarrow{Br_2，KOH}$

3. 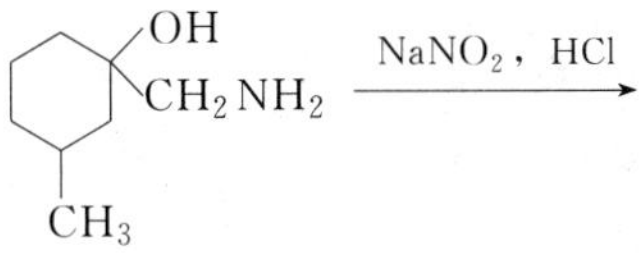 OH CH_2NH_2 CH_3 $\xrightarrow{NaNO_2，HCl}$

4. 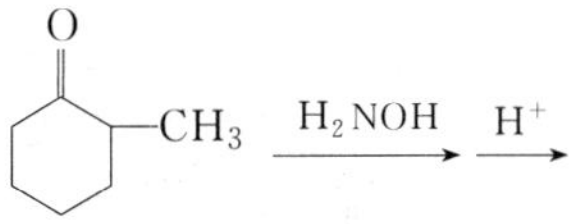 O CH_3 $\xrightarrow{H_2NOH}$ $\xrightarrow{H^+}$

5. 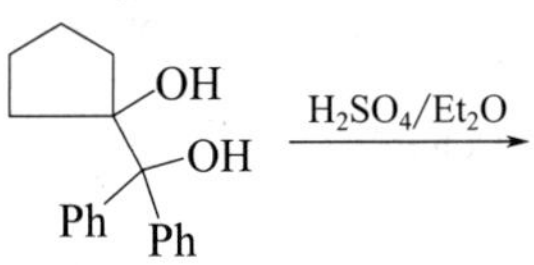 OH OH Ph Ph $\xrightarrow{H_2SO_4/Et_2O}$

6. 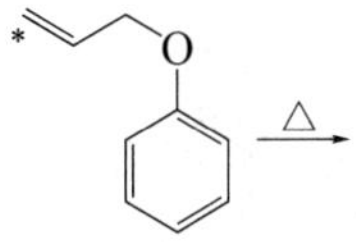 * O $\xrightarrow{\triangle}$

7. 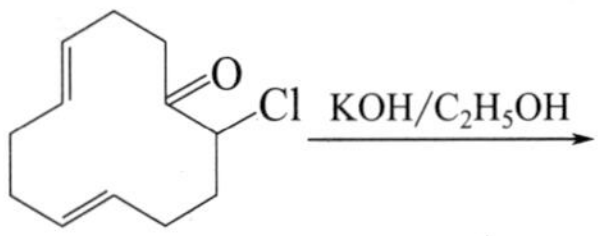 O Cl $\xrightarrow{KOH/C_2H_5OH}$

8. 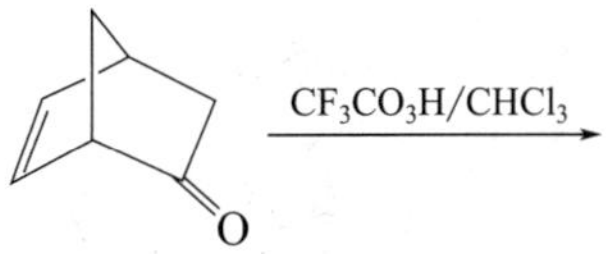 O $\xrightarrow{CF_3CO_3H/CHCl_3}$

9. 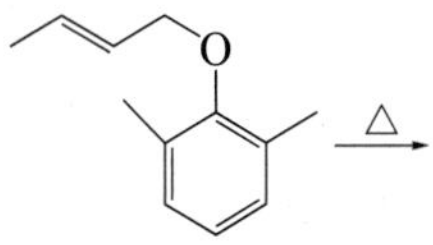 O $\xrightarrow{\triangle}$

10. 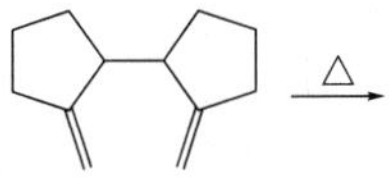 $\xrightarrow{\triangle}$

18-4　用反应机理解释下列反应。

1. 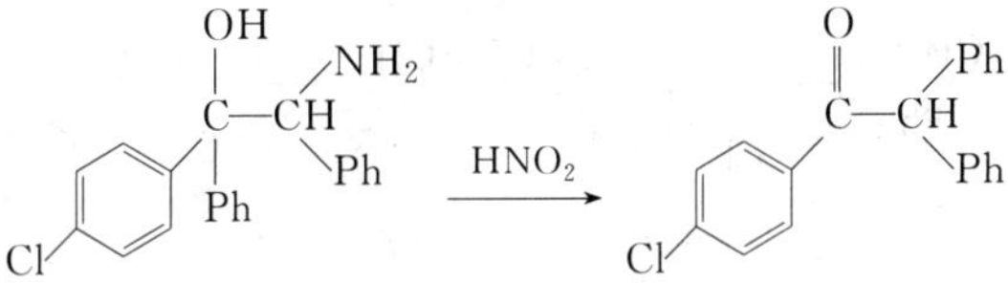 OH NH$_2$ C—CH Ph Ph Cl $\xrightarrow{HNO_2}$ O Ph C—CH Ph Cl

2. NH$_2$ $\xrightarrow{HNO_2}$ HO H H

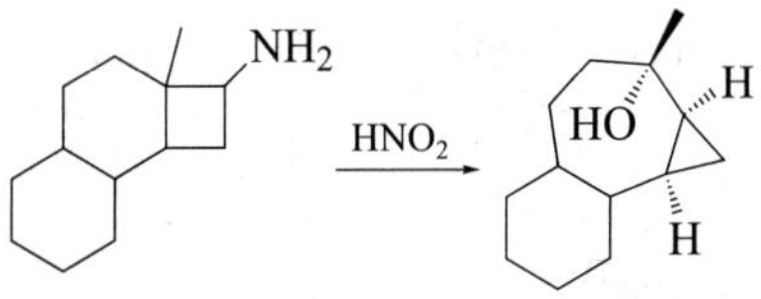

3. 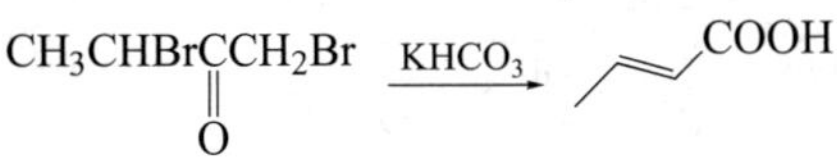 $CH_3CHBrCCH_2Br$ (C=O) $\xrightarrow{KHCO_3}$ COOH

参考答案

18-1　略。

18-2　本反应为在酸的催化下醇与氢卤酸的 S_N1 反应。2-环丁基-2-丙醇与 HCl 反应发生了瓦-麦重排，由张力环的四元环重排成非常稳定的五元环。2-环丙基-2-丙醇与 HCl 反应，存在重排的可能，实际没有重排，原因是四元环的张力比三元环的小一些，但需从叔碳正离子重排成仲碳正离子，反而增加了不稳定性。机理为：

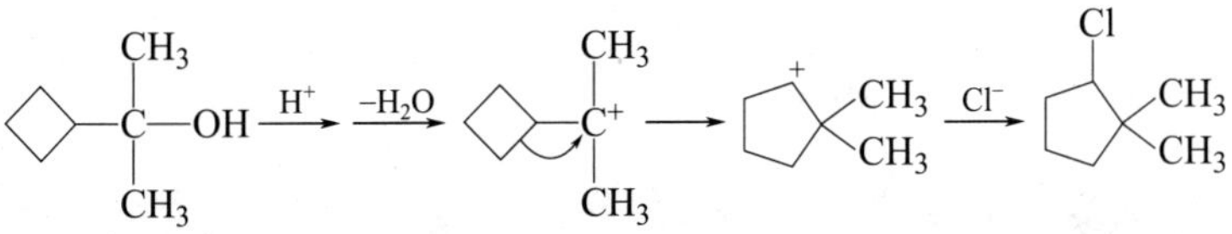

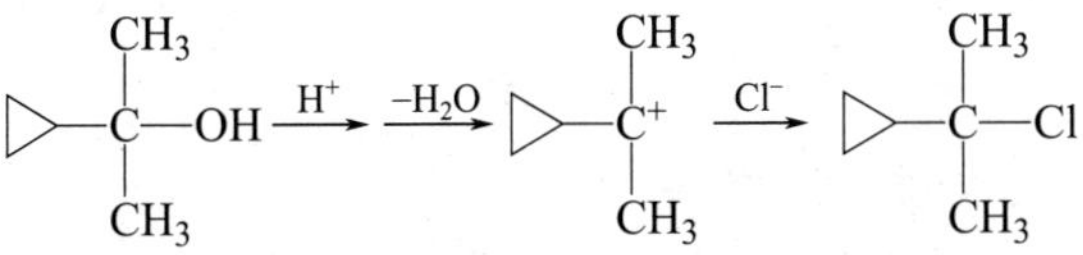

CH_3 C—OH CH_3 $\xrightarrow{H^+}$ $\xrightarrow{-H_2O}$ CH_3 C^+ CH_3 ⟶ + CH_3 CH_3 $\xrightarrow{Cl^-}$ Cl CH_3 CH_3

CH_3 C—OH CH_3 $\xrightarrow{H^+}$ $\xrightarrow{-H_2O}$ CH_3 C^+ CH_3 $\xrightarrow{Cl^-}$ CH_3 C—Cl CH_3

叔碳正离子稳定

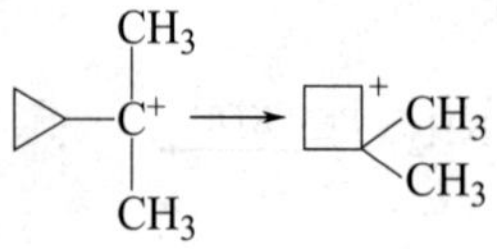

CH_3, C^+, CH_3 ⟶ $^+$, CH_3, CH_3 仲碳正离子不稳定

18-3

1.

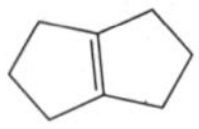

2. 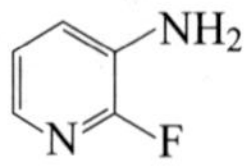 NH_2, N, F

3. 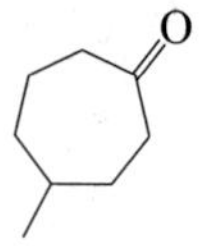 O

4. 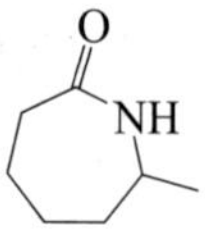 O, NH

5. 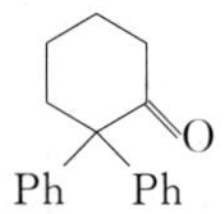 O, Ph, Ph

6. 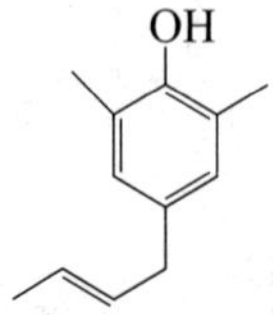 OH

7. 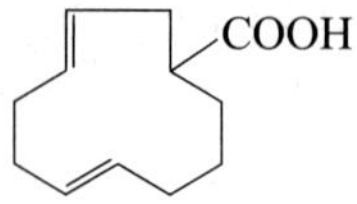 COOH

8. 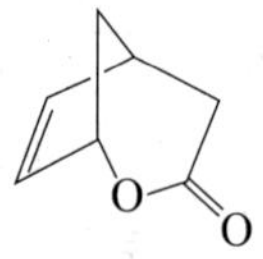 O, O

9. 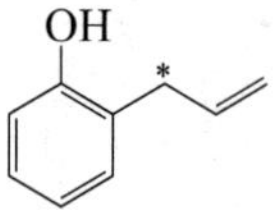 OH, *

10.

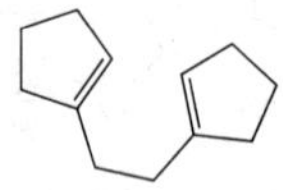

18-4

1.

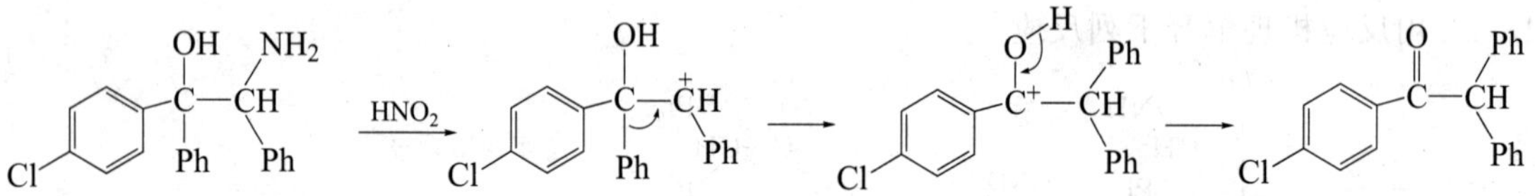

OH, NH_2, C, CH, Ph, Ph, Cl $\xrightarrow{HNO_2}$ OH, C, $\overset{+}{C}H$, Ph, Ph, Cl ⟶ O, H, C^+, CH, Ph, Ph, Cl ⟶ O, C, CH, Ph, Ph, Cl

2.

NH_2 $\xrightarrow{HNO_2}$ + ⟶ + $\xrightarrow{H_2O}$ $H_2\overset{+}{O}$, H, H $\xrightarrow{-H^+}$ HO, H, H

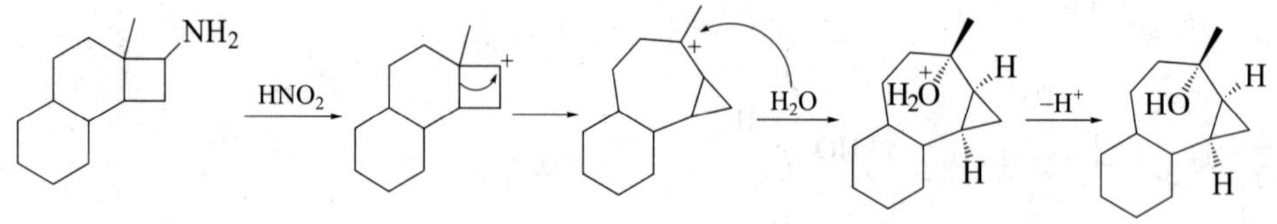

3.

$CH_3CHBr\underset{\underset{O}{\parallel}}{C}CH_2Br$ $\xrightarrow{KHCO_3}$ CH_3CHCCH^-Br (Br, O) $\xrightarrow{-Br}$ Br, O, OH^- ⟶ Br, ^-O, OH

⟶ Br, −, COOH ⟶ COOH

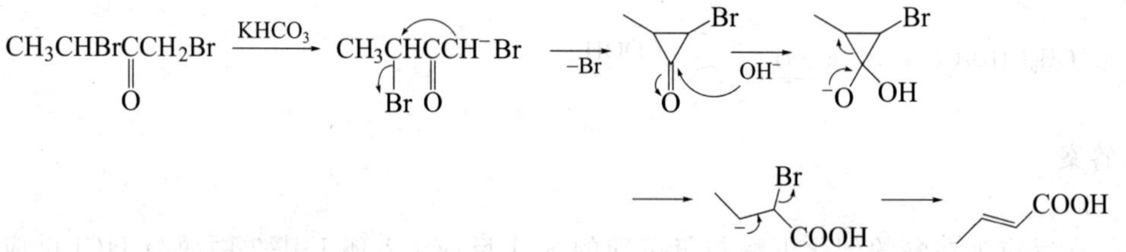

（林晓辉　编　　朱焰　校）

附　录

附录1　综合测试题选择题

1. 下列人体内的物质中，不属于有机物的是（　　）。

A. 水　　B. 蛋白质　　C. 激素　　D. 脂肪

2. 下列不属于有机化合物结构特点的是（　　）。

A. 原子间主要以共价键结合　　B. 组成原子数目多，种类少

C. 同分异构现象普遍而复杂　　D. 熔点和沸点低

3. （　　）反应类型不是根据价键断裂方式来分类的。

A. 自由基反应　　B. 离子型反应　　C. 亲电反应　　D. 协同反应

4. 以下化合物中，（　　）的结构明显与众不同。

A. 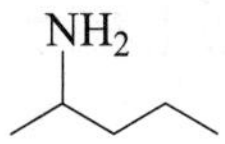 NH_2　　B.  N　　C. 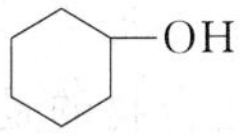 —OH　　D. 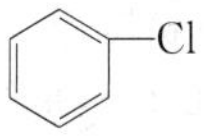 —Cl

5. 下列物质不属于烃类化合物的是（　　）。

A. 烷烃　　B. 脂环烃　　C. 芳香烃　　D. 卤代烃

6. 全部以 sp^3 杂化的碳形成的化合物是（　　）。

A. 乙烷　　B. 乙烯　　C. 乙炔　　D. 乙醛

7. 正戊烷中伯碳原子有（　　）个。

A. 1　　B. 2　　C. 3　　D. 4

8. 正丁烷的构象中最稳定的是（　　）。

A. 对位交叉式　　B. 邻位交叉式　　C. 部分重叠式　　D. 全重叠式

9. 化合物 $CH_3—CH_2—CH_2—\overset{\displaystyle CH_3}{\underset{\displaystyle CH_2—CH_3}{C}}—CH_2—CH_3$ 的系统名称为（　　）。

A. 4-甲基-4-乙基己烷　　B. 3-甲基-3-乙基己烷

C. 2,2-二乙基戊烷　　D. 3-甲基-3-丙基戊烷

10. 有关烷烃的物理性质的变化规律说法错误的是（　　）。

A. 正烷烃的沸点随着碳原子数目的增多而呈现出有规律的升高

B. 正烷烃的熔点随着碳原子数的增多而升高

C. 正烷烃的密度随着碳原子数的增多而增大

D. 正烷烃的水溶性随着碳原子数的增多而增大

11. 有关烷烃的卤代反应说法错误的是（　　）。

A. 卤代反应一般是指氯代反应和溴代反应，因为氟代和碘代反应太慢，应用价值小

B. 烷烃卤代反应是自由基链反应

C. 烷烃卤代反应时，甲烷氢被卤代的活性最差

D. 烷烃卤代反应时，氯代活性强于溴代活性，所以氯常用于叔卤代烃的制备

12. 下列物质不属于平面结构的是（　　）。

A. 乙烯　　B. 1,3-丁二烯　　C. 乙醇　　D. 苯

13. $\ce{H(Cl)C=C(Br)Cl}$（H、Cl 在一个碳上，Br、Cl 在另一个碳上；H 与 Br 同侧，Cl 与 Cl 同侧）的系统名称为（　　）。

A. 1,2-二氯-2-溴乙烯　　B. 1,2-二氯-1-溴乙烯

C. 顺-1,2-二氯-1-溴乙烯　　D. 反-1,2-二氯-1-溴乙烯

14. 下列化合物存在顺反异构现象的是（　　）。

A. 2-甲基-1-丁烯　　B. 2,3,4-三甲基-2-戊烯

C. 3-甲基-2-戊烯　　D. 2-乙基-1,1-二溴-1-丁烯

15. 不对称烯烃与（　　）加成时，不需要考虑马氏规则。

A. 溴　　B. 溴化氢　　C. 水　　D. 硫酸

16. 烯烃被酸性高锰酸钾和臭氧氧化时，下列说法正确的是（　　）。

A. 都有可能生成酮类化合物　　B. 都有可能生成醛类化合物

C. 都有可能生成二氧化碳　　D. 都可用于鉴别烯烃

17. 1,3-丁二烯与烯烃的不同点不包括（　　）。

A. π-π 共轭　　B. 1,4-加成　　C. 双烯合成　　D. 杂化方式

18. 共轭类型不同于其他化合物的是（　　）。

A. $CH_2{=}CH{-}C{\equiv}CH$　　B. $CH_2{=}CH{-}CH_2Cl$

C. $CH_2{=}CH{-}CH{=}O$（醛基 C 上连 H）　　D. 苯（六元环结构式）

19. $CH_3CH{=}CHC{\equiv}CH$ 的系统名称为（　　）。

A. 2-戊烯-4-炔　　B. 3-烯-1-戊炔　　C. 3-戊烯-1-炔　　D. 1-戊烯-3-炔

20. 与碳的化合物最接近的是含（　　）化合物。

A. Cl　　B. P　　C. S　　D. Si

21. 马氏规则的解释主要利用的是（　　）。

A. 空间效应　　B. 诱导效应　　C. 共轭效应　　D. 溶剂效应

22. 环己烷环上 1,4-位各连一个 CH_3（两个 CH_3 分别朝上、朝下）的系统名称为（　　）。

A. 1,4-二甲基环己烷　　B. 顺-1,4-二甲基环戊烷

C. 顺-1,4-二甲基环己烷　　D. 反-1,4-二甲基环己烷

23. 小环似烯，但是三元环与乙烯在（　　）方面还是有很大的不同。

A. 与氢气加成　　B. 与卤素加成

C. 与卤化氢加成　　D. 与高锰酸钾的氧化反应

24. 有关脂环烃的结构与稳定性方面，下面说法错误的是（　　）。

A. 三碳环最不稳定　　B. 环己烷分子存在椅式和船式两种典型构象

C. 船式构象对称性好，比椅式构象稳定　　D. 环己烷的取代基在 e 键上稳定

25. 有关芳香烃的描述正确的是（　　）。

A. 都具有芳香气味　　B. 都含有苯环结构

C. 都含有一个环　　D. 都具有芳香性

26. 有关苯同系物的命名，说法错误的是（　　）。

A. 从苯的角度讲，一元取代苯不存在同分异构体

B. 二元取代苯可以用“邻、间、对”来表示取代基的相对位置

C. 三元取代苯用“连、偏、均”来表示取代基的相对位置

D. 苯同系物的命名必须以苯为母体，烷基为取代基进行命名

27. 有关苯及其同系物的物理性质，说法错误的是（　　）。

A. 一般为无色液体，均不溶于水，易溶于乙醚、四氯化碳等有机溶剂

B. 分子量较大，密度比水大

C. 对称的分子熔点较高

D. 一般都有毒性，长期吸入它们的蒸气，会损害造血器官和神经系统

28. 苯的化学性质不包括（　　）。

A. 聚合反应　　B. 取代反应　　C. 氧化反应　　D. 加成反应

29. 苯的下列反应不属于亲电取代反应的是（　　）。

A. 侧链卤代反应　　B. 硝化反应　　C. 磺化反应　　D. 傅-克反应

30. 苯上连有（　　）时，亲电取代反应活性最强。

A. H　　B. OH　　C. Cl　　D. COOH

31. 有关稠环芳烃的说法错误的是（　　）。

A. 稠环芳烃分子中含有 2 个或 2 个以上苯环

B. 萘的亲电取代反应活性强于苯，所以发生加成反应、氧化反应都比苯困难

C. 蒽和菲互为同分异构体

D. 许多稠环芳烃具有致癌性

32. 根据休克尔规则，可以判断出（　　）具有芳香性。

A.  （环戊二烯正离子，环内标“+”）　　B.  （环戊二烯）　　C.  （环戊二烯自由基，环内标“·”）　　D.  （环戊二烯负离子，环内标“−”）

33. 下列化合物不能使溴的四氯化碳溶液褪色的是（　　）。

A. 环己烯　　B. 环己烷　　C. 环丙烷　　D. 苯乙烯

34. 下列化合物中可以作重金属解毒剂的是（　　）。

A. $C_2H_5SC_2H_5$　　B. CH_3SOCH_3

C. CH_3CH_2SH　　D. $HSCH_2CH(SH)CH_2OH$

35. 化合物①$(CH_3)_2CHCH_2CH_2Br$，②$(CH_3)_2CHCHBrCH_3$，③$(CH_3)_2CBrCH_3$，按 E1 反应消除 HBr 时，反应速率由快到慢的顺序为（　　）。

A. ①>②>③　　B. ②>①>③　　C. ③>②>①　　D. ③>①>②

36. 下列卤代烃中，与硝酸银的醇溶液反应最快的是（　　）。

A. $CH_3CH_2CH_2Cl$　　B. $CH_2{=}CHCl$　　C. $CH_2{=}CHCH_2Cl$　　D. $(CH_3)_2CClCH_3$

37. 下列卤代烃中不能发生 β-消除反应的是（　　）。

A. 2-甲基-1-溴丁烷　B. 苯甲基溴　　C. 叔丁基溴　　D. 2-甲基-2-溴丁烷

38. （　　）在 S_N1 和 S_N2 反应速率中，影响规律是一致的。

A. 烃基结构的影响　B. 亲核试剂的影响　C. 溶剂极性的影响　D. 离去基团的影响

39. 下列化合物与活泼金属反应活性最小的是（　　）。

A. $CH_3CHOHCH_3$　　B. CH_3CH_2OH　　C. CH_3OH　　D. $(CH_3)_3COH$

40. 下列酚和取代酚中酸性最弱的是（　　）。

A. 对氯苯酚　　B. 苯酚　　C. 对甲基苯酚　　D. 对硝基苯酚

41. 下列化合物中，既属于混醚，又属于芳香醚的是（　　）。

A. 二苯醚　　B. 苯甲醚　　C. 乙醚　　D. 甲基乙基醚

42. 苯酚的许多性质都由分子中羟基与苯环之间存在的（　　）有关。

A. π-π 共轭　　B. σ-π 超共轭　　C. p-π 共轭　　D. σ-p 超共轭

43. 检查司机酒后驾驶的呼吸分析器很多，其中含重铬酸钾的仪器，是利用酒中乙醇与重铬酸钾能发生（　　）而使重铬酸钾变色。

A. 取代反应　　B. 酯化反应　　C. 氧化反应　　D. 消除反应

44. 消毒液来苏尔为甲酚、植物油、氢氧化钠的皂化液，其中甲酚存在（　　）种可能结构。

A. 1　　B. 2　　C. 3　　D. 4

45. 氢键对物质的物理性质有较大的影响，下列物质中不能形成氢键的是（　　）。

A. 醇　　B. 酚　　C. 醚　　D. 羧酸

46. 下列名称中有问题的是（　　）。

A. 丙酮　　B. 丁酮　　C. 戊二酮　　D. 戊二醛

47. 下列醛、酮中活性最强的是（　　）。

A. $\mathrm{R(H)C{=}O}$　　B. $\mathrm{Ph(H)C{=}O}$　　C. $\mathrm{(CH_3)_2C{=}O}$　　D. $\mathrm{Ph(CH_3)C{=}O}$

48. 用于醛、酮的鉴别反应不包括（　　）。

A. 与格氏试剂加成　　B. 与亚硫酸氢钠加成

C. 与氨的衍生物加成　　D. 银镜反应

49. 可用于浸泡金属器械的高效类化学消毒剂是（　　）。

A. 0.2%过氧乙酸　　B. 5%碘伏　　C. 2%戊二醛　　D. 73%乙醇

50. 在（　　）类型的研究过程中，中国人也做出了杰出的贡献。

A. $\mathrm{Br{-}C_6H_4{-}C(=O){-}CH_3 + Br_2 \xrightarrow[20℃]{HOAc} C_6H_5{-}C(=O){-}CH_2Br}$

B. $\mathrm{2\,CH_3C(=O)CH_3 \xrightleftharpoons{Ba(OH)_2} CH_3C(CH_3)(OH)CH_2C(=O)CH_3}$

C. $\mathrm{CH_3CH{=}CHCHO} \xrightarrow{\text{托伦试剂}} \mathrm{CH_3CH{=}CHCOOH}$

D. $\mathrm{>C{=}O \xrightarrow[(HOCH_2CH_2)_2O,\ \triangle]{85\%\ NH_2NH_2,\ NaOH} >CH_2}$

51. 缩醛（缩酮）常用于有机合成中的羰基保护，是因为其结构和性质与（　　）相似。

A. 醇　　B. 酚　　C. 醚　　D. 酸酐

52. 下列物质能发生卤仿反应的是（　　）。

A. $\mathrm{CH_2{=}CHCHO}$　　B. 2-甲基环己酮（环己酮环上羰基邻位连 $\mathrm{CH_3}$）　　C. $\mathrm{C_5H_9{-}CHO}$（环戊基—CHO）　　D. $\mathrm{C_6H_5{-}C(=O){-}CH_3}$

53. 有关醛、酮的说法，错误的是（　　）。

A. 醛、酮的官能团羰基是由一个 σ 键和一个 π 键所构成的极性不饱和键
B. 醛、酮最典型的反应是羰基的亲核加成反应
C. 发生碘仿反应的物质只有邻甲基醛酮，其他物质均不可反应
D. 醛比酮易于被氧化，能被碱性弱氧化剂（托伦试剂和斐林试剂）氧化
54. 有关含氮化合物的分类中，说法错误的是（　　）。
A. 根据分子中氮原子上所连碳的类型，胺可分为伯胺、仲胺、叔胺
B. 季铵类化合物中氮原子上连有四个烃基
C. 根据分子中氮原子上所连烃基的种类不同，胺可以分为脂肪胺、芳香胺
D. 根据胺分子中所含氨基的数目可分为一元胺和多元胺
55. 下列化合物碱性最弱的是（　　）。
A. 氨　　B. 二乙胺　　C. 乙酰胺　　D. 二甲基乙胺
56. 下列化合物不能发生酰化反应的是（　　）。
A. 甲胺　　B. 二甲胺　　C. 三甲胺　　D. 苯胺
57. 下列氨基酸中属于人体必需氨基酸的是（　　）。
A. 赖氨酸　　B. 精氨酸　　C. 酪氨酸　　D. 谷氨酸
58. 已知组氨酸的等电点 pI 值为 7.58，在酸性溶液中所带电荷是（　　）。
A. 正电荷　　B. 负电荷　　C. 不带电荷　　D. 以上情况都有可能
59. 下列一般不能用于胺类化合物鉴别的是（　　）。
A. 与酸反应　　B. 与亚硝酸反应　　C. 兴斯堡反应　　D. 与溴水反应
60. 下列一般不能用于氨基酸类化合物鉴别的是（　　）。
A. 与亚硝酸反应　　B. 成肽反应　　C. 等电点　　D. 与茚三酮的反应
61. 按照休克尔规则判定没有芳香性的杂环化合物是（　　）。
A. 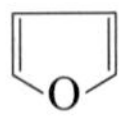　　B. 　　C. 　　D. 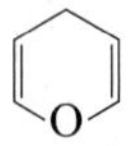
62. 下列杂环编号错误的是（　　）。
A. 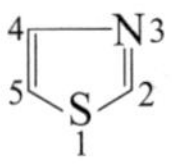　　B. 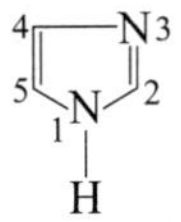　　C. 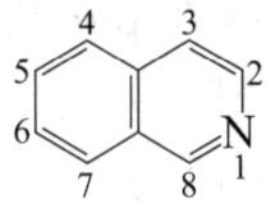　　D. 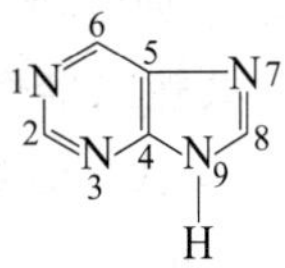
63. 亲电取代反应活性最强的是（　　）。
A. 苯　　B. 萘　　C. 吡咯　　D. 吡啶
64. 下列杂环中属于嘧啶结构的是（　　）。
A. 　　B. 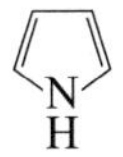　　C. 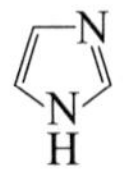　　D. 
65. 碱性最强的化合物是（　　）。
A. 甲胺　　B. 吡咯　　C. 吡啶　　D. 苯胺
66. 在叶绿素和血红素中存在的杂环基本单元是（　　）。
A. 吡咯　　B. 嘌呤　　C. 噻吩　　D. 嘧啶
67. 立体异构不包括（　　）。
A. 碳链异构　　B. 构象异构　　C. 顺反异构　　D. 对映异构
68. (+)-乳酸与 (−)-乳酸的（　　）存在明显的不同。

A. 熔点　　B. 水溶性　　C. 旋光方向　　D. 旋光能力

69. 下列说法错误的是（　　）。

A. 只在一个平面上振动的光称为平面偏振光

B. 旋光度是旋光性物质的特征常数

C. 旋光性物质只有左旋体和右旋体两种

D. 物质使偏振光振动平面发生旋转的性质称为物质的光学活性

70. 下列说法错误的是（　　）。

A. 物质不与其镜像重合的特性称为手性

B. 手性分子都具有旋光性

C. 旋光性物质只有左旋体和右旋体两种

D. 可以通过判断分子是否具有对称面和对称轴来判断分子是否具有手性

71. 下列说法错误的是（　　）。

A. Fischer 投影式是平面结构，不能表示立体含义

B. 对映体的标记有 R/S 和 D/L 两种方法

C. 分子中如果含有 n 个手性碳原子，则最多有 2^n 个光学异构体

D. 内消旋体和外消旋体的共性是都没有旋光性

72. 该物质 $CH_3CH(NH_2)CH(CH_3)CH_2CH_3$ 有（　　）手性碳原子

A. 1　　B. 2　　C. 3　　D. 4

73. Fischer 投影式（上 COOH，左 H_2N，右 H，下 CH_2SH）的名称错误的是（　　）。

A. 半胱氨酸　　B. R-半胱氨酸

C. L-半胱氨酸　　D. R-2-氨基-3-巯基丙酸

74. 下列物质的官能团中存在 p-π 共轭的是（　　）。

A. 共轭二烯烃　　B. 醚　　C. 醛　　D. 羧酸

75. 安息香酸是（　　）的俗名。

A. 甲酸　　B. 乙酸　　C. 苯甲酸　　D. 乙二酸

76. 下列物质的名称中，（　　）与其他名称表示的不是同一种物质。

A. 邻羟基苯甲酸　　B. 邻甲氧基苯甲酸　　C. 2-羟基苯甲酸　　D. 水杨酸

77. 沸点最高的物质是（　　）。

A. 乙烷　　B. 乙酸　　C. 乙醇　　D. 乙醛

78. 酸性最强的是（　　）。

A. CH_3COOH　　B. $ClCH_2COOH$　　C. $Cl_2CHCOOH$　　D. Cl_3CCOOH

79. 羧酸生成酰卤的反应机理属于（　　）。

A. 亲核取代反应　　B. 亲电取代反应　　C. 亲核加成反应　　D. 亲电加成反应

80. 关于成酯反应，下列说法错误的是（　　）。

A. 酯化反应是可逆的

B. 反应较慢，通常需要酸催化提高产率

C. 实验室制备酯时，通常加入过量的相对廉价的羧酸或醇，达到提高产率的目的

D. 实验室制备酯时，通常要加热提高反应速率

81. 酸性最强的是（　　）。

A. 邻羟基苯甲酸　B. 间羟基苯甲酸　C. 对羟基苯甲酸　D. 苯甲酸

82. 醇酸受热时，不生成酯类化合物的是（　　）。

A. α-醇酸　B. β-醇酸　C. γ-醇酸　D. δ-醇酸

83. 在羧酸衍生物中，p-π 共轭程度最强的是（　　）。

A. 酰卤　B. 酸酐　C. 羧酸酯　D. 酰胺

84. 苯甲酸与乙醇脱水所得的产物是（　　）。

A. 苯甲酰氯　B. 苯甲酸乙酸酐　C. 苯甲酸乙酯　D. N-乙基苯甲酰胺

85. 羧酸衍生物的亲核取代反应不包括（　　）。

A. 醇解　B. 水解　C. 氨解　D. 酸解

86. 葡萄糖不属于（　　）。

A. 单糖　B. 六碳糖　C. 醛糖　D. 酮糖

87. 已知葡萄糖含有 4 个手性碳，它存在（　　）个对映体。

A. 4　B. 8　C. 16　D. 不一定

88. 葡萄糖的环状结构不能解释的现象是（　　）。

A. 葡萄糖只需与一分子甲醇反应即可生成缩醛

B. 葡萄糖存在变旋光现象

C. 葡萄糖在红外光谱中无羰基的伸缩振动峰

D. 能被托伦试剂中的银氨络离子氧化

89. 人体的热能营养素是（　　）。

A. 糖类、维生素、矿物质　B. 糖类、脂肪、蛋白质

C. 脂肪、糖类、微量元素　D. 蛋白质、脂肪、维生素

90. 关于葡萄糖的环状结构的说法错误的是（　　）。

A. α-型和 β-型异构体是一对对映异构体

B. 常用哈沃斯式表示

C. 构象式更接近真实结构

D. 从构象式上分析，α-型不如 β-型更稳定，所以平衡时含量偏少

91. 关于葡萄糖的性质的说法错误的是（　　）。

A. 成苷后已成缩醛结构，无变旋光现象，无还原性

B. 在碱性环境下，能通过形成烯二醇中间体转成果糖

C. 能被溴水选择性地将醛基氧化为羧基

D. 能被稀硝酸氧化成葡萄糖醛酸

92. 关于二糖及多糖，说法错误的是（　　）。

A. 麦芽糖、乳糖、纤维二糖等为还原性二糖，蔗糖为非还原性二糖

B. 蔗糖又称为转化糖

C. 淀粉遇碘显蓝色，这是淀粉的定性鉴别反应

D. 葡聚糖又称右旋糖酐，临床上可用作血浆代用品，用于大量失血后补充血液容量

93.（　　）不是脂类化合物在生物体内的生理作用。

A. 细胞壁的重要成分

B. 贮存能量和提供能量，促进机体对维生素 A、维生素 D、维生素 E、维生素 K 等脂

溶性生物活性物质的吸收

C. 维持体温，保护脏器

D. 构成生物膜的主要成分之一

94. 关于油脂的说法错误的是（　　）。

A. 油脂是油和脂肪的总称

B. 由一分子甘油和三分子高级脂肪酸形成的酯，称为三酰甘油或甘油三酯

C. 分为单甘油酯和混甘油酯

D. 因为结构是对称的，所以一定没有手性

95. 关于组成油脂的脂肪酸的说法错误的是（　　）。

A. 主要为含 10～20 个碳的偶数直链脂肪酸

B. 天然存在的不饱和脂肪酸中的双键大多为稳定的反式构型

C. 多不饱和（或多烯）脂肪酸中的多个双键为非共轭结构

D. 亚油酸、亚麻酸、花生四烯酸在人体内不能合成或者合成不足，称为必需脂肪酸

96. 有关油脂的性质描述不正确的是（　　）。

A. 油脂在碱性条件下的水解又称为皂化

B. 1g 油脂完全皂化时所需氢氧化钾的质量（以 mg 计）称为皂化值

C. 100g 油脂所能吸收碘的最大质量（以 g 计）称为碘值

D. 中和 1g 油脂所需氢氧化钾的质量（以 mg 计）称为油脂的酸值

97. 常说的氢谱、碳谱指的是（　　）光谱。

A. 紫外-可见　　B. 红外　　C. 核磁　　D. 质谱

98. 一种酯类（$M=116$），质谱图上在 $m/z=57$（100%），$m/z=29$（27%）及 $m/z=43$（27%）处均有离子峰，初步推测其可能结构如下，试问该化合物结构为（　　）。

A. $(CH_3)_2CHCOOC_2H_5$　　B. $CH_3CH_2COOCH_2CH_2CH_3$

C. $CH_3(CH_2)_3COOCH_3$　　D. $CH_3COO(CH_2)_3CH_3$

99. 关于有机合成，说法错误的是（　　）。

A. 合成时需要考虑碳架结构、合适位置的官能团、立体化学控制等问题

B. 有机合成时不仅要知道如何增长碳链，还要懂得如何缩短碳链

C. 合成自然界中不存在的物质没有多少价值

D. 人工可以合成自然界中没有的有机物

100. 亲核重排反应的类型较多，下列重排不属于亲核重排的是（　　）。

A. 瓦格纳-麦尔外因重排　　B. 频哪醇重排

C. 拜耳-维利格氧化重排　　D. 弗赖斯重排

附录2　考试真题

一、单项选择题

1. 丙苯在光照下与氯气反应的主要产物是（　　）。

A. 1-苯-2-氯丙烷　B. 1-苯-1-氯丙烷　C. 对氯丙苯　D. 邻氯丙苯

2. 已知 $RC\equiv CH + NaNH_2 \longrightarrow RC\equiv CNa + NH_3$，$RC\equiv CNa + H_2O \longrightarrow RC\equiv CH + NaOH$，据此可推测酸性大小为（　　）。

A. $NH_3 > RC\equiv CH > H_2O$　B. $H_2O > RC\equiv CH > NH_3$

C. $H_2O > NH_3 > RC\equiv CH$　D. $NH_3 > H_2O > RC\equiv CH$

3. 丙烯与 HBr 加成，有过氧化物存在时，其主要产物是（　　）。

A. $CH_3CH_2CH_2Br$　B. $CH_3CHBrCH_3$　C. $CH_2BrCH=CH_2$　D. B，C 各一半

4. 下列化合物中能形成分子内氢键的是（　　）。

A. 对硝基苯酚　B. 间硝基苯酚　C. 邻甲苯酚　D. 邻氟苯酚

5. 下列羧酸衍生物发生醇解反应速率最快的是（　　）。

A. 丙酰氯　B. 丙酰胺　C. 丙酸酐　D. 丙酸甲酯

6. $CH_3CH=CHCH(OH)C\equiv CH + H_2 \xrightarrow{\text{林德拉催化剂}}$（　　）。

A. $CH_3CH_2CH_2CH(OH)C\equiv CH$　B. $CH_3CH=CHCH(OH)CH=CH_2$

C. $CH_3CH_2CH_2CH(OH)CH_2CH_3$　D. $CH_3CH_2CH_2CH(OH)CH=CH_2$

7. 某烯烃经臭氧化和还原水解后只得 CH_3COCH_3，该烯烃为（　　）。

A. $(CH_3)_2C=CHCH_3$　B. $CH_3CH=CH_2$

C. $(CH_3)_2C=C(CH_3)_2$　D. $(CH_3)_2C=CH_2$

8. 丁二烯与溴化氢进行加成反应构成的中间体是（　　）。

A. $CH_3\overbrace{CH\text{---}CH\text{---}CH_2}^{+}$　B. $CH_3\overset{+}{C}H-CH=CH_2$

C. $CH_3\overbrace{CH\text{---}CH\text{---}CH_2}^{-}$　D. $\overset{+}{C}H_2-CH_2-CH=CH_2$

9. 下列碳正离子最稳定的是（　　）。

A. $CH_3CH_2\overset{+}{C}(CH_3)_2$　B. $CH_3\overset{+}{C}HCH_2CH_3$

C. $CH_2=CHCH_2\overset{+}{C}HCH_3$　D. $CH_3\overset{+}{C}(CH_3)CH=CH_2$

10. 实验室中常用 Br_2 的 CCl_4 溶液鉴定烯键，其反应历程是（　　）。

A. 亲电加成反应　B. 自由基加成　C. 协同反应　D. 亲电取代反应

11. 下列化合物具有芳香性的是（　　）。

A. 环戊二烯正离子　B. 环庚三烯　C. 环戊二烯负离子　D. 环辛三烯负离子

12. 下列化合物进行单分子亲核取代反应速率最大的是（　　）。

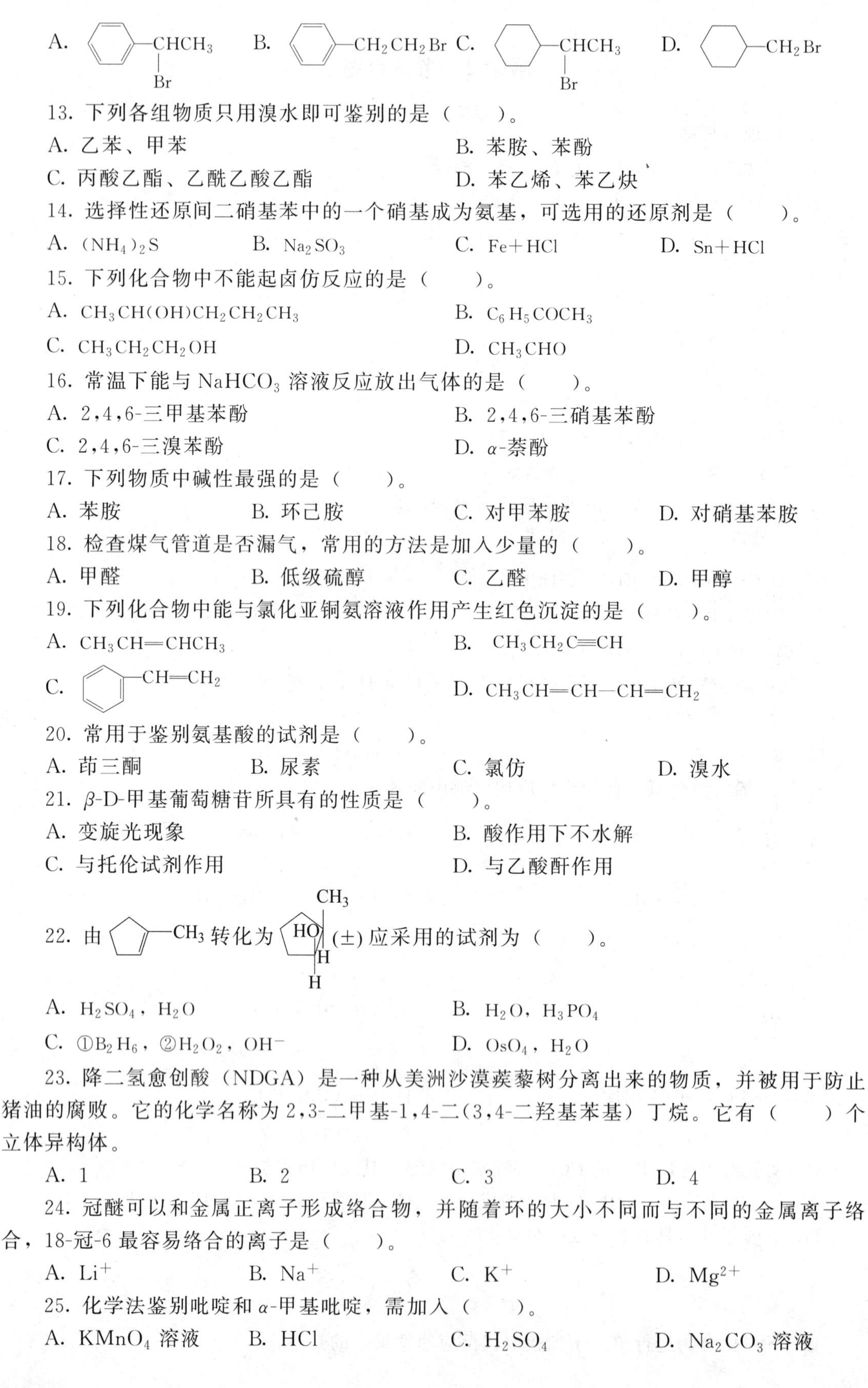

A. $C_6H_5-CH(Br)CH_3$　　B. $C_6H_5-CH_2CH_2Br$　　C. $C_6H_{11}-CH(Br)CH_3$　　D. $C_6H_{11}-CH_2Br$

13. 下列各组物质只用溴水即可鉴别的是（　　）。

A. 乙苯、甲苯　　B. 苯胺、苯酚

C. 丙酸乙酯、乙酰乙酸乙酯　　D. 苯乙烯、苯乙炔

14. 选择性还原间二硝基苯中的一个硝基成为氨基，可选用的还原剂是（　　）。

A. $(NH_4)_2S$　　B. Na_2SO_3　　C. Fe+HCl　　D. Sn+HCl

15. 下列化合物中不能起卤仿反应的是（　　）。

A. $CH_3CH(OH)CH_2CH_2CH_3$　　B. $C_6H_5COCH_3$

C. $CH_3CH_2CH_2OH$　　D. CH_3CHO

16. 常温下能与 $NaHCO_3$ 溶液反应放出气体的是（　　）。

A. 2,4,6-三甲基苯酚　　B. 2,4,6-三硝基苯酚

C. 2,4,6-三溴苯酚　　D. α-萘酚

17. 下列物质中碱性最强的是（　　）。

A. 苯胺　　B. 环己胺　　C. 对甲苯胺　　D. 对硝基苯胺

18. 检查煤气管道是否漏气，常用的方法是加入少量的（　　）。

A. 甲醛　　B. 低级硫醇　　C. 乙醛　　D. 甲醇

19. 下列化合物中能与氯化亚铜氨溶液作用产生红色沉淀的是（　　）。

A. $CH_3CH{=}CHCH_3$　　B. $CH_3CH_2C{\equiv}CH$

C. $C_6H_5-CH{=}CH_2$　　D. $CH_3CH{=}CH-CH{=}CH_2$

20. 常用于鉴别氨基酸的试剂是（　　）。

A. 茚三酮　　B. 尿素　　C. 氯仿　　D. 溴水

21. β-D-甲基葡萄糖苷所具有的性质是（　　）。

A. 变旋光现象　　B. 酸作用下不水解

C. 与托伦试剂作用　　D. 与乙酸酐作用

22. 由 1-甲基环戊烯（环戊烯—CH_3）转化为 （环戊烷，CH_3、HO、H、H）(±) 应采用的试剂为（　　）。

A. H_2SO_4，H_2O　　B. H_2O，H_3PO_4

C. ①B_2H_6，②H_2O_2，OH^-　　D. OsO_4，H_2O

23. 降二氢愈创酸（NDGA）是一种从美洲沙漠蒺藜树分离出来的物质，并被用于防止猪油的腐败。它的化学名称为2,3-二甲基-1,4-二(3,4-二羟基苯基）丁烷。它有（　　）个立体异构体。

A. 1　　B. 2　　C. 3　　D. 4

24. 冠醚可以和金属正离子形成络合物，并随着环的大小不同而与不同的金属离子络合，18-冠-6 最容易络合的离子是（　　）。

A. Li^+　　B. Na^+　　C. K^+　　D. Mg^{2+}

25. 化学法鉴别吡啶和 α-甲基吡啶，需加入（　　）。

A. $KMnO_4$ 溶液　　B. HCl　　C. H_2SO_4　　D. Na_2CO_3 溶液

26. 下列硝基化合物不溶于 NaOH 溶液中的是（　　）。

A. $C_6H_5CH_2NO_2$　　B. $(CH_3)_2CHNO_2$

C. $CH_3CH_2CH_2NO_2$　　D. $(CH_3)_3CNO_2$

二、命名或写出下列化合物的结构式

1. $CH_3—CH═CH—CHO$

2. 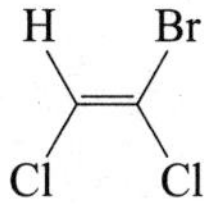 H(Br)C═C(Cl)Cl（用 *Z*、*E* 构型表示）

3.

4.

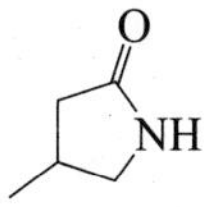

5. (2*R*,3*S*)-2,3-二羟基丁二酸

6. 反-1-甲基-4-叔丁基环己烷

7. 乙酰水杨酸

8. 氯化三甲基苄基铵

9. 糠醛

10. *N*,*N*-二甲基苯胺

三、完成下列化学反应

1.  $\xrightarrow[(2)\ Zn/CH_3COOH]{(1)\ O_3}$

2. $+ HBr \longrightarrow$

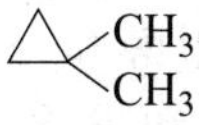

3. $CH_3CHO \xrightarrow{稀\ OH^-} \quad \xrightarrow{\triangle}$

4. 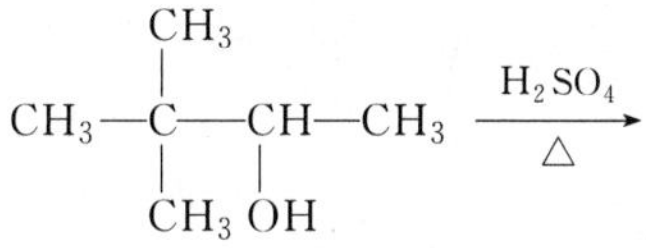 $CH_3—C(CH_3)_2—CH(OH)—CH_3 \xrightarrow[\triangle]{H_2SO_4}$

5. $CH_2═CHCH_3 \xrightarrow{Cl_2/500℃} \quad \xrightarrow{CH_2═CH—CH═CH_2} \quad \xrightarrow[(2)CH≡CNa]{(1)\ H_2/Ni} \quad \xrightarrow[Hg^{2+}/H_2SO_4]{H_2O}$

6. $ClCH═CHCH_2Cl + NaOH \longrightarrow$

7. 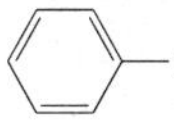 $-OCH_3 \xrightarrow{HI}$

8. 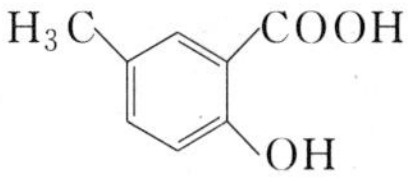 $+ (CH_3CO)_2O \longrightarrow$

9. 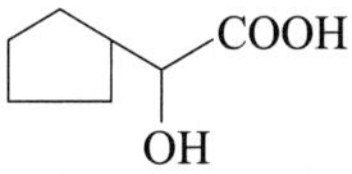 $\xrightarrow{\triangle}$

10. $CH_3CH_2CH(CH_3)CH(CH_3)N^+(CH_3)_3OH^- \xrightarrow{\triangle}$

四、写出下列反应历程

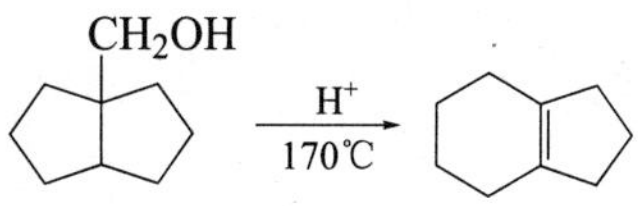

CH₂OH $\xrightarrow[170℃]{H^+}$

五、合成题（无机试剂及四碳以下有机试剂任选）

1.

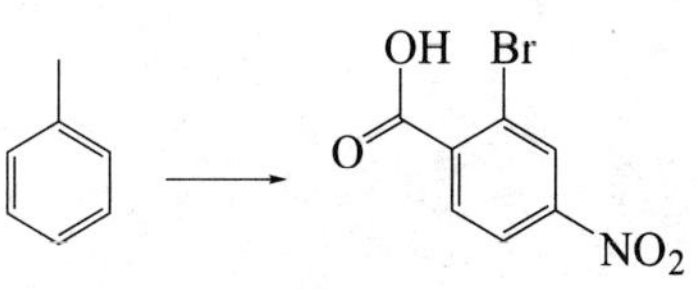

$\longrightarrow$ OH Br O NO_2

2.

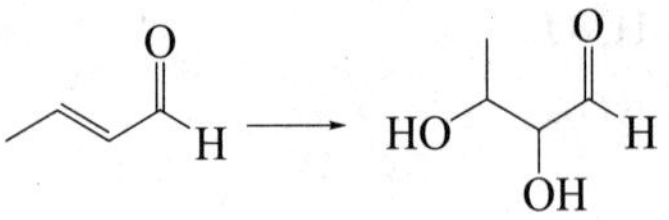

3.

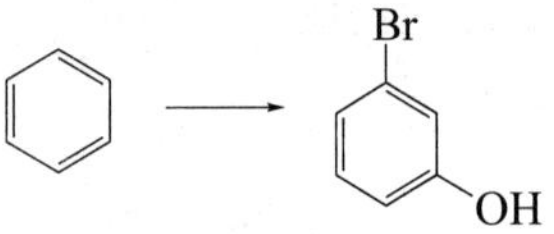

六、结构推导

1. 化合物A（$C_5H_{12}O$），氧化后得到化合物B（$C_5H_{10}O$），B能够与苯肼反应，B与碘及氢氧化钠溶液共热时生成黄色沉淀，A与浓硫酸共热时得到化合物C（C_5H_{10}），C与酸性高锰酸钾水溶液反应得到丙酮和乙酸，试写出A、B和C的结构式。

2. 化合物A的分子式为$C_4H_6O_2$，它不溶于NaOH溶液，和Na_2CO_3不发生反应，可使Br_2水褪色。它有类似乙酸乙酯的香味。A和NaOH溶液共热后变成CH_3CO_2Na和CH_3CHO。另一化合物B的分子式与A相同，它和A一样，不溶于NaOH，和Na_2CO_3不反应，可使Br_2水褪色，香味和A类似。但B和NaOH水溶液共热后生成甲醇和一个羧酸钠盐，这种钠盐用H_2SO_4中和后蒸馏出的有机物可使Br_2水褪色。问A和B各为何种物质？

附录3 有机化学常见中英文词汇

英　　文	中　　文	英　　文	中　　文
absorbance	吸光度	amino	氨基
acetal	缩醛	aminophenol	氨基苯酚
acetaldehyde	乙醛，醋醛	ammonia	氨，氨水
acetamide	乙酰胺	ammonium	氨盐基，铵
acetanilide	乙酰苯胺	anhydride	酐，脱水物
acetic	乙酸的，醋的	anhydrous	无水的
acetic acid	醋酸，乙酸	aniline	苯胺
acetone	丙酮	apparatus	装置，仪器
acetonitrile	乙腈	approximation	近似，近似法，近似值
acetophenone	苯乙酮，乙酰苯	arachidic acid	花生酸
acetylation	乙酰化(作用)	Arginine	精氨酸
achiral	无手性的	aromatic	芳香族的，芳香的
acidosis	酸中毒	aromaticity	芳香性，芳族性
acyl	酰基	aryl	芳基，芳香基
acylation	酰化作用	arylamine	芳香胺
acyl halide	酰卤	aspirator	抽吸器，抽气器
addition	加成，相加作用	assembly	装配，装置
additional	附加的，另外加的	asymmetric	不对称的
alcohol	乙醇，酒精	auxochrome	助色团
aldehyde	乙醛，醛	axial	轴的，中轴的，轴式的
aldol	醛醇化合物	azeotrop	共沸物，恒沸物
aliphatic	脂肪族的	basicity	碱度，碱性
alkali	碱；强碱	beaker	烧杯
alkaline	碱的，强碱的，碱性的	bench	台，座，架，实验台
alkane	链烷，烷烃	benzaldehyde	安息香醛，苯甲醛
alkene	烯烃，链烯	benzamide	苯甲酰胺，苯酰胺
alkyl	烷基，烃基	benzene sulfonyl	苯磺酰
alkylation	烷化，烃基化(反应)	benzene	苯
alkyl halides	卤烃	benzidine	联苯胺
alkyne	链炔，炔烃	benzil	二苯甲酰，苯偶酰
allyl	烯丙基	benzoate	苯甲酸盐，苯甲酸酯
amalgam	汞合金，汞齐	benzoin	安息香，苯偶姻
amide	酰胺	benzophenone	苯甲酮
amine	胺	benzoyl	苯甲酰(基)，苯酰

英　文	中　文	英　文	中　文
benzyl	苄基,苯甲基	condensate	冷凝物,冷凝液
biphenyl	联苯,联二苯	condensation	压缩,凝缩,浓集
blue shift	蓝移	condense	冷凝,凝结,浓缩
boiling	煮沸,沸腾,起泡	configuration	构型,配位
borneol	龙脑,冰片	conformation	构象
borohydride	硼氢化物	conjugate	共轭,偶合
bromide	溴化物	conjugation	结合,共轭
bromo	溴代,溴基	coupling	偶合,偶联,连接器
bromobenzene	溴苯	covalent	共有原子价,共价
bromonium	溴鎓	crown	冠
buchner funnel	布氏漏斗	crucial	决定性的,十字形的
butyl	丁基	crystal	晶体,结晶
butyrophenone	苯丙甲酮	crystalline	水晶的,结晶性的
c. p. (chemically pure)	化学纯	crystallization	结晶作用,结晶
ca. =circa(about)	大约,前后	crystallize	(使)结晶
calibration	校准	cyano	氰基
camphor	樟脑	cyclic	周期的,环状的
caproate	己酸盐,己酸酯	cycloalkane	环烷烃
caprolactam	己内酰胺	cyclohexane	环己烷
carbocation	碳正离子	cylindrical	圆筒状的,圆柱状的
carbonyl	羰基,碳酰	decane	癸烷
carboxyl	羧基	decantation	滗,倾析,滗析
carboxylic	羧基的,羧酸	decarboxylation	脱羧
carotene	胡萝卜素	decompose	分解,腐败,使腐烂
catalyst	催化剂	degradation	降解,分解作用
catalytic	起催化作用的	dehydrated	脱水的
catalyze	使起催化作用	dehydration	脱水(作用),失水
charcoal	活性炭,炭末(吸附剂)	density	密度
chemoselectivity	化学选择性	desiccant	干燥剂,干燥的
chiral	手(征)性的,手性	desiccator	干燥器,烘干器
chirality	手性,手征,手征性	designate	命名,指定,指明
chlorocarbon	氯碳化合物	detoxify	去毒,解毒
chloroform	氯仿,三氯甲烷	dextrorotatory	右旋的,正旋的
chromic acid	铬酸,三氧化铬	diastereoisomer	非对映异构体
chromophore	生色团	diazonium	重氮基
combination tone	合频带	diazotization	重氮化作用

英　　文	中　　文	英　　文	中　　文
differentiate	微分,区别,分化	Fehling reagent	斐林试剂
dilute	稀释,稀薄的,淡的	Fermi resonance	费米共振
dioxane	二噁烷,1,4-二氧六环	extinguisher	消除器,灭火器
dipole	偶极(子),对称振子	filter flask	抽滤瓶
dissolve	溶解,解散,使感动	filtrate	过滤液,滤(出)液
dissymmetric	不对称的	filtration	滤过,过滤,滤光(作用)
distillate	馏出物,馏变,蒸馏	formaldehyde	甲醛,蚁醛
disulfide	二硫化物	formate	甲酸盐,甲酸酯
dodecane	十二烷	formation	生成,形成
dropwise	点滴的,滴状,滴加	formic	蚁酸的,甲酸的
duct	管,导管	formyl	甲酸基
ebullition	沸腾,横溢	fractionation	分段分离,分级分离
electron	电子,极微小的东西	fragment	碎片,断片,片段
electronegativity	电负性	freeze	冻结,凝固,冰冻,冷冻
electrophile	亲电子试剂	furan	呋喃
electrophilic	亲电子的	gauche	邻位交叉式
elimination	消除	gauge	表,规,量规,量计,样板
enantiomer	对映体	gel	胶化体,凝胶
enantiotopic	对映异位的	geminal	偕的
encompass	包围,环绕,包括	glacial	冰样的,玻璃状的
end absorption	末端吸收	glycerol	甘油,丙三醇
enol	烯醇	glycol	乙二醇,甘醇
epoxide	环氧化物	graduate	刻度量器,量杯,量筒
equilibrium	平衡,长期平衡	grind	研磨,碾,磨光
ester	酯	grip	吸住,抱住,抓紧
esterification	酯化(作用)	grit	磨料,粗砂,石英砂
ethane	乙烷	ground glass	毛玻璃,磨砂玻璃
ethanol	乙醇,酒精	guanidine	胍
ethenyl	乙烯基,次乙基	gummy	树胶状的,黏着性的
ether	醚,乙醚	halide	卤素化合物,卤化物
ethoxy	乙氧基	haloform	卤仿
ethyl	乙基	halogenate	卤化
ethylene chloride	氯乙烯	halogenation	卤化作用
ethylene	乙烯,亚乙基	helices	单环
eutectic	易熔的,低共熔的	hemiacetal	半缩醛
exothermic	发热的,放出热量的	heptane	庚烷

续表

英　　文	中　　文	英　　文	中　　文
heterocyclic	杂环的，不同环式的	intermolecular	分子间的
heterogeneous	异形的，杂的，异种的	inversion	转化（蔗糖），倒位（遗传）
hexahydrobenzene	六氢苯	iodoform	三碘甲烷，碘仿
hexamethylene	环己基	ionic	离子的
hexane	己烷	irradiate	照射
Histidine	组氨酸	irrigate	冲洗伤口，使……潮湿
homogeneous	同质性的，单相的	Isoleucine	异亮氨酸
homolog	同系物	isomer	（同分）异构体
homologous	同源的，同系的	ketal	缩酮
homolysis	均裂	ketene	烯酮类，乙烯酮
hydrate	水合物，水化合物	keto	酮类的
hydration	水合（作用）	ketone	酮，甲酮
hydrazine	肼，联胺	lemon	柠檬，枸橼，柠檬色
hydrazone	腙	lessen	变少，减少，减轻
hydride	氢化物	Leucine	亮氨酸
hydrocarbon	烃，碳氢化合物	levorotatory	左旋（性）的，左旋的
hydrolysis	水解（作用）	liberate	解放，释放，使……自由
hydroxide	氢氧化物	ligroin	轻石油
hydroxy	氢氧根的，羟基的	liquefy	液化，溶解
hydroxylamine	羟胺，胲	literature	文学，著作，文献
hygroscopic	引湿性的，吸湿性的	luminous	发光的，明亮的
hyperchromic effect	增色效应	Lysine	赖氨酸
hypochromic effect	减色效应	manipulation	操作，处理，操作法
hypothetical	假说的，假定的	manometer	测压计，气压计
identity	鉴定，鉴别，相同	mass spectrometry	质谱
imidazole	咪唑，异吡唑	melt	熔解，熔化，软化，熔体
imide	酰亚胺	mercapto	巯基
indole	吲哚，苯并吡咯	*meso*-	正中，中间，内消旋
infrared	红外（线）的	meta	间位，偏位，变，转，后，次
ingest	摄取，摄食	metallic	金属性的
ingestion	咽下，吸收，食入，摄食	methane	甲烷，沼气
inhibitor	抑制器，抑制因子	methanol	甲醇
insol(＝insolubility)	不溶解性	methoxy	甲氧（基）
instance	实例，情况，引证	methyl	甲基
integrate	集成，积分，结合，集合	methylene	亚甲基
interact	相互作用，干扰	minute	分，片刻，瞬间，微小的

英　文	中　文	英　文	中　文
miscible	可混合的，可溶的	peroxide	过氧化物，超氧化物
Methionine	蛋氨酸(甲硫氨酸)	perpendicular	垂线，垂直，垂直的
myristic acid	肉豆蔻酸	pestle	研棒，研杵
modification	变体，变形，变更	petroleum ether	石油醚
naphthol	萘酚	phenol	苯酚，石炭酸
naphthyl	萘基	phenyl	苯基
nicotinic	烟碱的，烟碱酸的	Phenylalanine	苯丙氨酸
nitric	氮的，含氮的	phosphonate ester	磷酸酯
nitrile	腈	phosphorous	磷的，亚磷(的)，含磷的
nitrite	亚硝酸盐，亚硝酸酯	phosphorus ylide	磷叶立德
nitro	硝基	pigment	色素，颜料
nonane	壬烷	pipet	吸量管，移液管
noxious	有害的，有毒的	polarity	有两极，磁性引力
nucleophile	亲核基团，亲核试剂	polarizability	偏振性，极化性
nucleophilic	亲核的，亲质子的	polygon	多边形图，多边形
occlusion	闭合，闭塞	portion	段，部，部分，一份
octane	(正)辛烷	precipitate	沉淀物，精制的，使沉淀
odor	气味，名誉，声誉	preference	偏爱，优先，选择
oleic acid	油酸	primary	初级的，原发的，基本的
optical	光学的，视力的，旋光的	prior to	主要的，居先的
ortho	正，原，邻，邻位，直的	priority	在先，在前，优先
outlet	出口，出路，通风口	prochiral	前手性的
over tone	倍频带	propane	丙烷
oxazole	噁唑	propenyl	丙烯基
oxidation	氧化(作用)	propyl	丙基
oxide	氧化物	protocol	实验设计，备忘录
oxidize	氧化	proton	质子
oxime	肟	protonate	质子化
palmtic acid	棕榈酸	provided	假如，以……为条件
paraffin	石蜡油，石蜡	pyran	吡喃
patent	开放的，未闭的，专利	pyridine	吡啶，氮(杂)苯
pellet	片状沉淀物，片剂，丸	pyrimidine	嘧啶，间二氮苯
pentaerythritol	季戊四醇	pyrrole	吡咯，氮茂
pentane	戊烷	quaternary	第四的，四元的，季的
pentoxide	五氧化物	quench	淬火，淬炼，熄灭，聚冷
pentyl	戊基	quinoline	氮(杂)萘，喹啉

英　　文	中　　文	英　　文	中　　文
quinone	苯醌,醌	steroid	甾族(化合物),类固醇
racemic	(外)消旋的	still	蒸馏
racemization	(外)消旋作用	still head	蒸馏头
radical	根,基,原子团	still pot	蒸馏釜,蒸馏锅
reactivity	反应性	stock	台,座,架,柄
reagent	试剂,反应物	stoichiometry	化学计量学,化学量论
rearrangement	重(新)排(列),重新布置	stopper	停影剂,塞子,塞(头)
red shift	红移	styrene	苯乙烯
reductive	减少的,还原的	subdivision	再分,细分
refraction	折光,折射	sublimation	升华(作用),提高
refractive	折射的,折光的	subsequent	后来的,继后的,后的
repeat	(基因)重复,复制	substitution	取代,置换,代替,替换
regioselectivity	区域选择性	substrate	酶作用物,底物,基质
repetition	重复,重现,复制品	subtract	减去,扣除
representative	代表的,(有)代表性(的)	succession	顺序性,连续性,次序
reproduce	再生产,再现,复制	suction	抽吸,吸取,吸气,吸水管
resonance	共振(现象),共鸣,回声	suffice	满足……的需要,足够
resorcinol	间苯二酚	sulfanilic	对氨基苯磺酸,磺胺酸
reversibility	可反转性,可逆性	sulfides	硫醚
rotatory	旋转的,转动的	sulfones	砜
salicylate	水杨酸盐,水杨酸酯	sulfonic	磺基的,酸性硫酸基的
salicylic	水杨酰的,水杨酸基的	supernatant	浮于上层的,上层清液
saponification	皂化(作用)	swirl	漩涡,涡状形
saturate	(使)饱和	symmetric	相称性的,均衡的
secondary	第二位的,次级的,仲的	symmetrical	对称的,匀称的
solubility	(可)溶性,溶解度	synergistic	协同的,协同作用的
spatula	铲,药刀,刮铲	synopsis	概要,提要,说明书,梗概
spectrum(spectra)	光谱,光系,波谱	tabular	列表的,片状的,板状的
spherical	球的,球体的,球状的	synthon	合成子
spill	流(血),倒(水),溢出	target molecule	目标分子
spillage	泄漏,泄漏量,溢出	tarry	焦油状的,涂焦油的
spin	自旋,旋转,自转	tautomer	互变异构体
starting material	起始原料	tautomerism	互变异构(现象)
spiro	呼吸,螺旋	term	术语,名词,期限
stereochemistry	立体化学	termination	终止,终点
stearic acid	硬脂酸	ternary	三元的,三进制的

续表

英　　文	中　　文	英　　文	中　　文
tetrachloride	四氯化物	turbidity	浊度,浑浊度
thaw	融化,解冻	Tryptophan	色氨酸
thermodynamics	热力学	ultraviolet and visible	紫外与可见光
thermometer	摄氏温标,摄氏温度计	twist	扭,拧,绞,绞合
thiazole	噻唑,1,3-硫氮杂茂	undecane	十一烷
thiophene	噻吩,硫(杂)茂(抗菌药)	uniform	同样的,均匀的,一致的
thiourea	硫脲,硫尿素	unsaturate	不饱和
titrate	滴定,逐步滴加	urea	尿素,脲,碳酰胺
Tollens	托伦	valence	(原子)价,(化合)价,效价
Threonine	苏氨酸	verify	证实,验证
toluene	甲苯	Valine	缬氨酸
tong	夹子	vinyl	乙烯基
torque	转矩,扭(力)矩	volumetric	体积计,容积计
transition	跃迁,过渡,转变,临界	wave number	波数
transmittancy	透过率	vibrational coupling	振动偶合
trial and error	试验与误差,反复试验		

附录 4　有机化学命名中的英文前后缀释义

英　文	中　文	英　文	中　文	英　文	中　文
-acetal	醛缩醇	-ester	酯	-ol	醇
acetal-	乙酰	-ether	醚	-one	酮
-aldehyde	醛	ethoxy-	乙氧基	ortho-	邻位
alkali-	碱	fluoro-	氟代	-ous	亚酸的
allyl-	烯丙基	-form	仿	oxa-	氧杂
alkoxy-	烷氧基	-glycol	二醇	-oxide	氧化合物
-amide	酰胺	hemi-	半	-oxime	肟
amino-	氨基的	hendeca-	十一	oxo-	酮
-amidine	脒	hepta-	七	oxy-	氧化
-amine	胺	hexa-	六	-oyl	酰
-ane	烷	-hydrin	醇	para-	对位
anilino-	苯胺基	hydro-	氢或水	penta-	五
anti-	反，抗	hypo-	低级的	per-	过
aquo-	含水的	hyper-	高级的	petro-	石油
-ase	酶	-ic	酸的	poly-	聚，多
-ate	含氧酸的	-ide	无氧酸的盐	quadri-	四
azo-	偶氮	-il	偶酰	quinque-	五
bi-	酸式盐	-imine	亚胺	semi-	半
bis-	双	iodo-	碘代	septi-	七
-borane	硼烷	iso-	异	sesqui-	一个半
bromo-	溴	-ite	亚酸盐	sulfa-	磺胺
butyl	丁基	keto-	酮	sym-	对称
-carbinol	甲醇	-lactone	内酯	syn-	顺式
carboxylic acid	羧酸	mega-	百万	ter-	三
centi-	百分之一	meta-	间位	tetra-	四
chloro-	氯代	methoxy-	甲氧基	tetrakis-	四个
cis-	顺式	micro-	百万分之一，小，细，微	thio-	硫代
cyclo-	环	milli-	千分之一	trans-	反式
deca-	十	mono-	一，单	tri-	三
deci	十分之一	nano-	十亿分之一	uni-	单，一
-dine	啶	nitro-	硝基	unsym-	不对称的
dodeca-	十二	nitroso-	亚硝基	-yl	基
-ene	烯	nona-	九	-ylene	亚基(在不同原子上二价基)
epi-	表	octa-	八	-yne	炔
epoxy-	环氧				

附录 5　经典人名反应

反应名	代表方程式	基本意义
Baeyer-Villiger 氧化	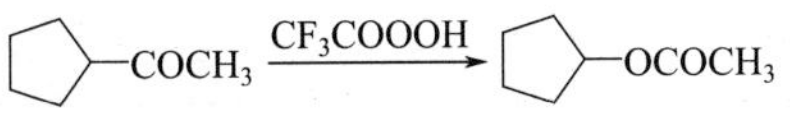 $-COCH_3 \xrightarrow{CF_3COOOH} -OCOCH_3$	过氧化物氧化醛酮得到酯的反应
Beckmann 重排反应	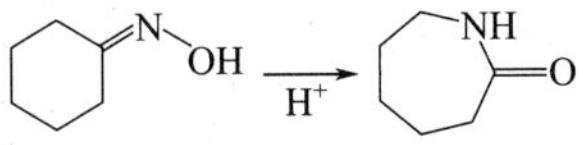 $=N-OH \xrightarrow{H^+}$ NH, =O	肟在酸的催化作用下重排为酰胺
Bouveault-Blanc 反应	$CH_3CH=CH(CH_2)_7COOC_2H_5 \xrightarrow[Na]{C_2H_5OH} CH_3CH=CH(CH_2)_7CH_2OH$	脂肪族羧酸酯用金属钠和乙醇还原为伯醇
Blanc 反应	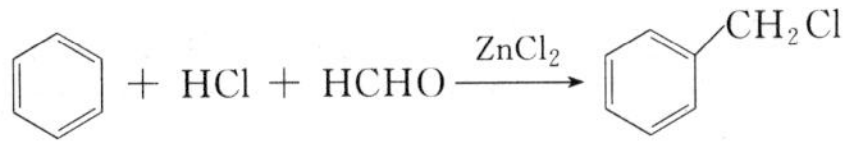 $+ HCl + HCHO \xrightarrow{ZnCl_2}$ CH_2Cl	和 Friedel-Crafts 烷基化反应类似，由芳烃和醛，在 HCl 和 $ZnCl_2$ 存在下反应得到氯甲基芳烃
Cannizzaro 反应	$HCHO \xrightarrow{50\%\ NaOH} HCOONa + H_3COH$	不含 α-H 的醛在浓碱的作用下，一分子被氧化，另一分子被还原
Claisen 酯缩合	$2CH_3COOC_2H_5 \xrightarrow{C_2H_5ONa} CH_3COCH_2COOC_2H_5$	含有 α-H 的酯类在醇钠等碱性缩合剂作用下得到 β-酮酸酯
Claisen 重排	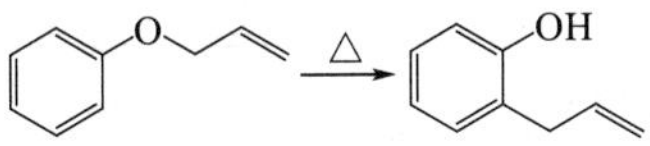 O $\xrightarrow{\triangle}$ OH	烯丙基芳基醚在高温时重排为邻(对)烯丙基苯酚
Claisen-Schmidt 缩合	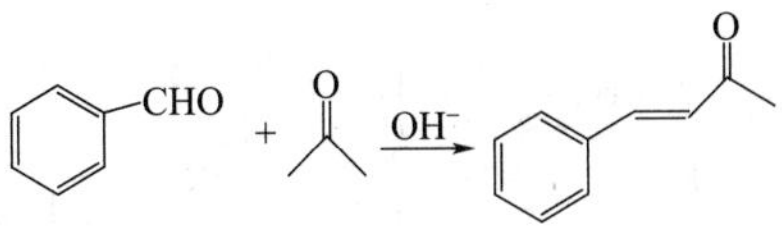 CHO + O $\xrightarrow{OH^-}$ O	芳香醛与含有 α-H 的醛、酮、腈类等碱性催化下发生羟醛缩合，形成 α,β-不饱和醛、酮或腈
Clemmensen 还原	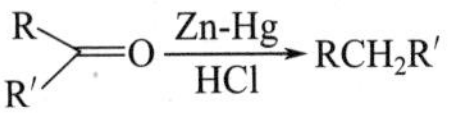 $R(R')C=O \xrightarrow[HCl]{Zn\text{-}Hg} RCH_2R'$	醛酮类的羰基在酸性条件下被锌汞齐还原为亚甲基
Diels-Alder 反应	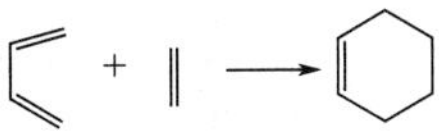 + ‖ →	属于[4+2]环加成反应，由共轭双烯与亲双烯体构建环己烯骨架
Friedel-Crafts 反应	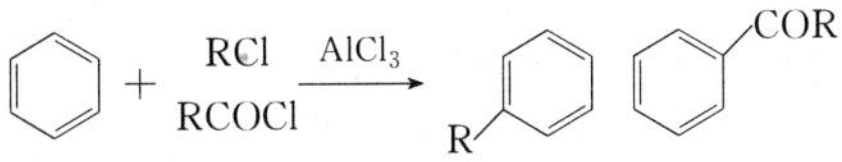 + $\begin{matrix}RCl\\RCOCl\end{matrix} \xrightarrow{AlCl_3}$ R　COR	烷基化试剂或酰基化试剂在路易斯酸催化下向芳环上引入烷基或酰基
Fries 重排	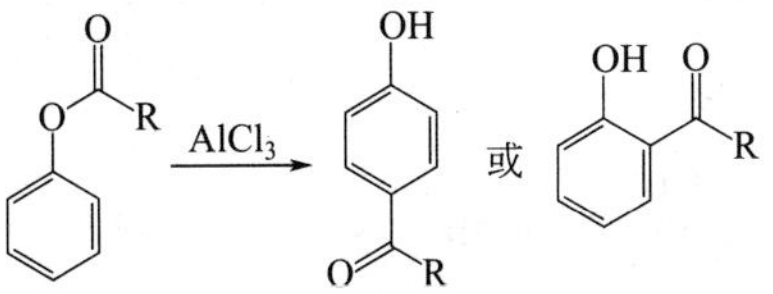 O, O, R $\xrightarrow{AlCl_3}$ OH, O, R 或 OH, O, R	Lewis 酸催化下酚酯或酚酰胺重排得到 2-酮基苯酚或 4-酮基苯酚的反应

续表

反应名	代表方程式	基本意义
Gabriel 反应	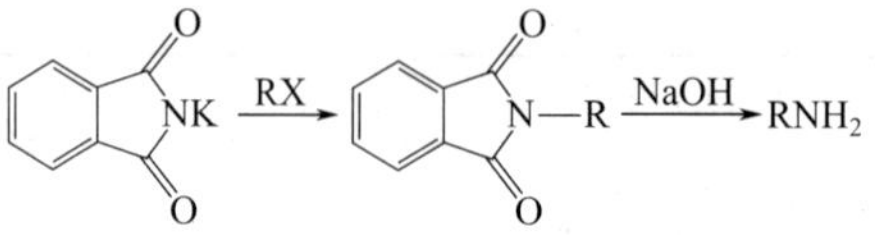 NK $\xrightarrow{RX}$ N—R $\xrightarrow{NaOH}$ RNH_2	邻苯二甲酰亚胺钾盐是一种—NH_2 合成子，和烷基卤代烃反应制备伯胺
Gattermann-Koch 反应	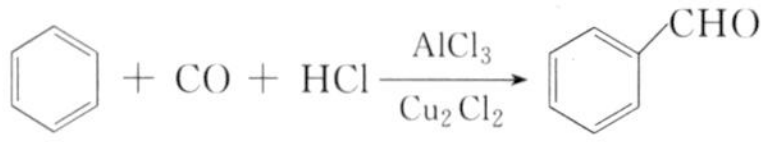 + CO + HCl $\xrightarrow[Cu_2Cl_2]{AlCl_3}$ CHO	利用一氧化碳和氯化氢在三氯化铝催化下对芳烃进行醛基化反应
Hinsberg 反应	$RNH_2 \xrightarrow{PhSO_2Cl} PhSO_2NHR$	芳磺酰氯与脂肪族伯胺或仲胺生成磺酰胺
Hofmann 消除	$CH_3CH_2CHCH_3$ (N$^+$ $(CH_3)_3OH^-$) $\xrightarrow{\triangle}$ $CH_3CH_2CH{=}CH_2+N(CH_3)_3$	含 β-H 的季铵碱加热消除时主要产物是取代烷基较少的烯烃
Hofmann 降解	$RCNH_2$ (C=O) $\xrightarrow[Br_2]{NaOH}$ $RNH_2+NaBr+CO_2\uparrow$	非 N-取代酰胺在碱性环境下与卤素反应重排降解生成伯胺
Knoevenagel 缩合反应	$RCHO+CH_2(COOR')_2 \xrightarrow[H^+,\triangle]{OH^-} RCH{=}CHCOOH$	羰基化合物和活泼亚甲基化合物在酸或碱催化下缩合生成不饱和酯（酸）
Lieben 卤仿反应	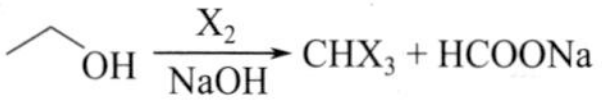 OH $\xrightarrow[NaOH]{X_2}$ CHX_3 + HCOONa	甲基醛、酮、醇和次卤酸盐反应得到卤仿和羧酸
Lindlar 还原	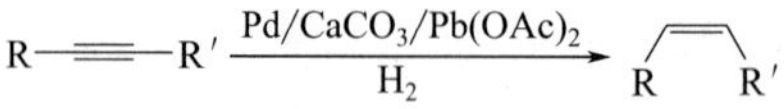 R—≡—R′ $\xrightarrow[H_2]{Pd/CaCO_3/Pb(OAc)_2}$ R R′	选择性催化氢化炔烃得顺式烯烃的反应
Mannich 反应	R—C(=O)—CH_2R^1 + HCHO + HN(R^2)(R^3) $\xrightarrow{H^+}$ R—C(=O)—C(H)(R^1)—CH_2—N(R^2)(R^3)	含有 α-活泼氢的酮与甲醛及胺反应，可以在酮的 α-位引入一个氨甲基
Markovnikov 加成规则	$R{-}CH{=}CH_2+HX \longrightarrow RCHXCH_3$	普通不对称烯烃与不对称试剂加成时，氢加到含氢多的碳上
Meerwein-Ponndorf-Verley 还原	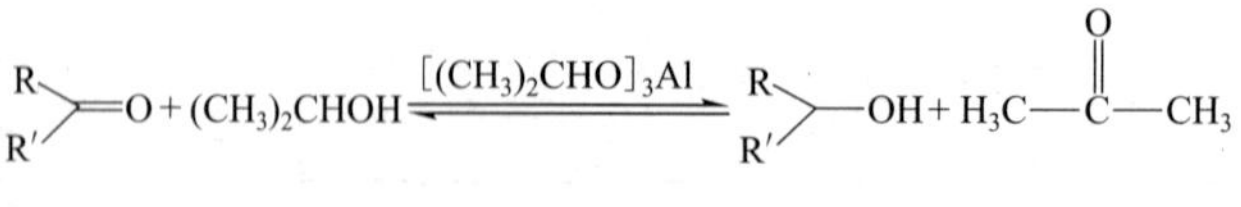 R(R′)C=O + $(CH_3)_2CHOH$ $\xrightleftharpoons{[(CH_3)_2CHO]_3Al}$ R(R′)CH—OH + H_3C—C(=O)—CH_3	利用 Al（O*i*-Pr）$_3$ 催化使醛酮与醇交换变化的反应，是 Oppernauer 氧化的逆反应
Perkin 反应	$ArCHO+(AcO)_2O \xrightarrow[H_2O]{AcONa} ArCH{=}CHCOOH$	芳香甲醛和乙酸酐反应制备肉桂酸类似物
Pinacol 重排	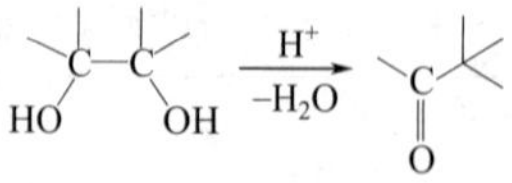 HO—C—C—OH $\xrightarrow[-H_2O]{H^+}$ C=O	酸催化下邻二醇（频哪醇）重排得到羰基化合物的反应
Reformatsky 反应	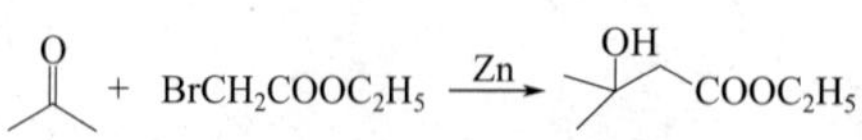 O + $BrCH_2COOC_2H_5$ $\xrightarrow{Zn}$ OH $COOC_2H_5$	由 α-卤代酯和锌粉对羰基化合物进行亲核加成生成 β-羟基酯的反应

续表

反应名	代表方程式	基本意义
Reimer-Tiemann 反应	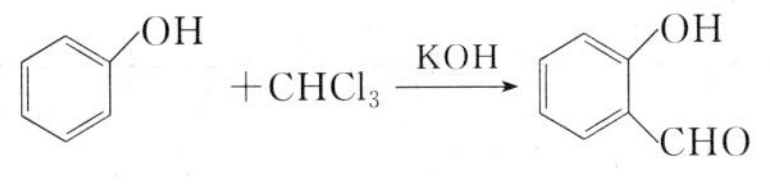 OH + $CHCl_3$ $\xrightarrow{KOH}$ OH, CHO	碱性条件下苯酚和氯仿反应生成邻甲酰基苯酚
Robinson 关环反应	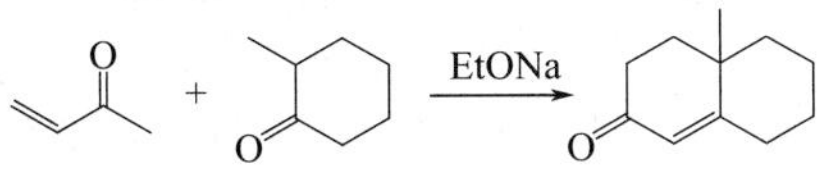 O + O $\xrightarrow{EtONa}$ O	迈克尔加成与分子内羟醛缩合关环得到六元环的 α,β-不饱和酮的反应
Rosenmund 还原	$RCOCl \xrightarrow[Pd,BaSO_4]{H_2} RCHO$	酰氯在 $BaSO_4$，喹啉-S 钝化的 Pd 催化剂的催化下氢化得醛的反应
Sandmeyer 反应	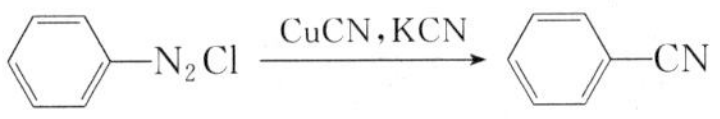 —N_2Cl $\xrightarrow{CuCN,KCN}$ —CN	一个重氮官能团在亚铜盐的催化下被卤素或氰基所取代的反应
Schiemann 反应	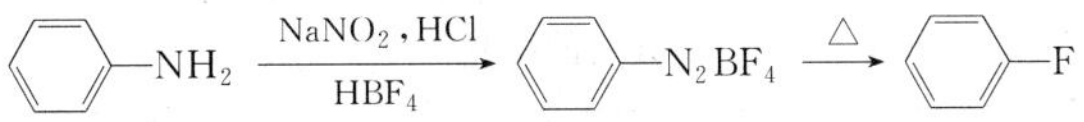 —NH_2 $\xrightarrow[HBF_4]{NaNO_2,HCl}$ —N_2BF_4 $\xrightarrow{\triangle}$ —F	氟硼酸盐的芳香重氮盐热分解得到芳香氟化物的反应
Strecker 氨基酸合成反应	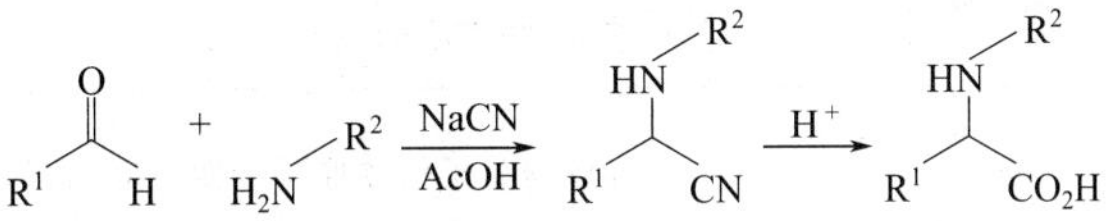 R^1(C=O)H + H_2N—R^2 $\xrightarrow[AcOH]{NaCN}$ R^1CH(CN)NHR^2 $\xrightarrow{H^+}$ R^1CH(CO_2H)NHR^2	氰化钠、醛酮和胺进行缩合得到 α-氨基腈，水解得到 α-氨基酸
Ullmann 偶联反应	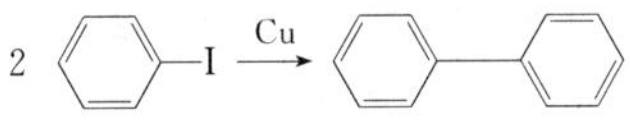 2 —I $\xrightarrow{Cu}$ 联苯	碘代芳烃在 Cu、Ni 或 Pd 催化下进行自身偶联得到二芳基化合物
Wagner-Meerwein 重排	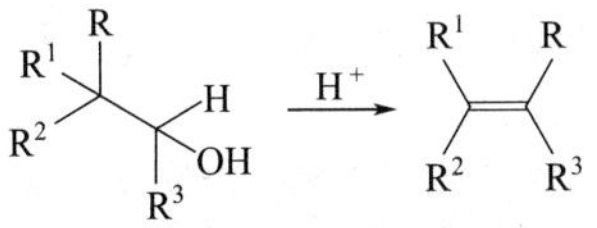 R^1, R^2, R, H, OH, R^3 $\xrightarrow{H^+}$ R^1, R, R^2, R^3	酸催化下醇的烷基进行迁移消除得到多取代烯烃的反应
Williamson 醚合成反应	$RONa + R'X \longrightarrow ROR' + NaX$	脂肪烷氧盐或芳香酚盐和卤代烃反应生成相应的醚
Wittig 反应	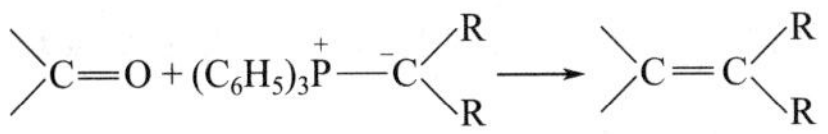 $>C{=}O + (C_6H_5)_3\overset{+}{P}{-}\overset{-}{C}R_2 \longrightarrow >C{=}CR_2$	磷叶立德和羰基化合物作用制备定位烯烃
Wolff-Kishner-Huang 还原	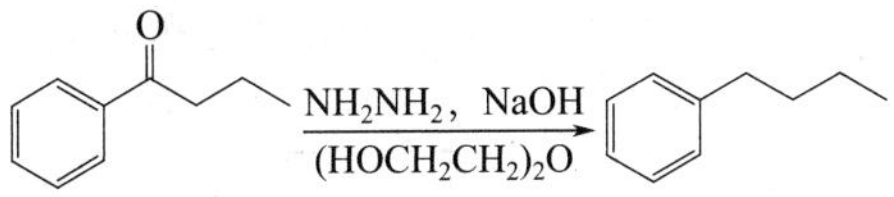 O $\xrightarrow[(HOCH_2CH_2)_2O]{NH_2NH_2,\ NaOH}$	醛类或酮类在碱性条件下与肼作用，羰基被还原为亚甲基
Zaitsev 消除规则	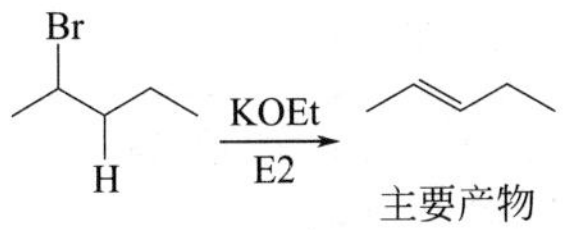 Br, H $\xrightarrow[E2]{KOEt}$ 主要产物	卤代烷（或醇）消除时，主要得到双键上取代基较多的取代乙烯

附录6 推动基础有机化学发展的大科学家

名　字	简　介	对有机化学的贡献
拉瓦锡 Lavoisier	1743—1794年,法国化学家、生物学家	化学之父,对有机化合物的燃烧研究引领了元素分析法
贝采里乌斯 Berzelius	1779—1848年,瑞典化学家、伯爵	最早引用了"有机化学"概念,现代化学命名体系的建立者,提出了催化等概念
韦勒 Wöhler	1800—1882年,德国化学家	第一个合成有机物的人;有机硅化学、人体代谢理论的奠基人
李比希 Liebig	1803—1873年,德国化学家	创立了有机化学,促进了有机分析的发展,发现了同分异构现象
巴斯德 Pasteur	1822—1895年,法国微生物学家、爱国化学家	否定微生物自然发生说,提出疾病的病菌说,发明巴氏杀菌法,研制狂犬病疫苗,研究双晶现象,开创了对手性物质光学性质的研究
布特列洛夫 Butlerov	1828—1886年,俄国化学家	化学结构理论之父,提出化学结构与性质的关系,研究互变异构,一些物质的全合成
凯库勒 Kekule	1829—1896年,德国有机化学家	有机物分子中碳原子为四价原则,苯的环状结构理论
肖莱马 Schorlemmer	1834—1892年,德国化学家,	给有机物分类,给有机化学定义,研究一系列的烷烃,揭示性质与结构的关系
马尔科夫尼科夫 Markovnikov	1837—1904年,俄国化学家	合成四碳环、七碳环,提出马尔科夫尼科夫规则
查依采夫 Saytzeff	1841—1910年,俄国化学家	仲叔醇合成法,合成了大量的伯、仲醇,不饱和酸,羟基酸,内酯等,提出"查依采夫规则"
费歇尔 Fischer	1852—1919年,德国化学家	生物化学的创始人,对糖类、嘌呤、苯肼及手性进行了研究
冈伯格 Gomberg	1866—1947年,犹太裔美国化学家	第一个自由基——三苯甲基的发现者,是自由基化学的奠基人
路易斯 Lewis	1875—1946年,美国化学家	在"原子价电子理论、化学热力学、路易斯酸碱理论"做出重大贡献
休克尔 Hückel	1896—1980年,德国物理学家和物理化学家	在"德拜-休克尔极限定律、休克尔分子轨道法、休克尔规则"方面做出重大贡献
鲍林 Pauling	1901—1994年,美国化学家	量子化学和结构生物学的先驱,在"价键理论、电负性、共振论、生物大分子"方面做出重大贡献

附录 7　偏爱有机化学的百年诺贝尔化学奖

年份	获奖者	获奖原因
1902 年	(德)赫尔曼・费歇尔 H. E. Fischer	在糖类和嘌呤合成中的工作
1905 年	(德)阿道夫・冯・拜尔 A. V. Baeyer	对有机染料以及氢化芳香族化合物的研究促进了有机化学与化学工业的发展
1907 年	(德)爱德华・比希纳 E. Buchner	生物化学研究中的工作和发现无细胞发酵
1909 年	(德)威廉・奥斯特瓦尔德 F. W. Ostwald	对催化作用的研究工作和对化学平衡以及化学反应速率的基本原理的研究
1910 年	(德)奥托・瓦拉赫 O. Wallach	在脂环族化合物领域的开创性工作促进了有机化学和化学工业的发展的研究
1912 年	(法)维克多・格利雅 V. Grignard	发明了格氏试剂
	(法)保罗・萨巴捷 P. Sabatier	在细金属粉存在下的有机化合物的加氢
1914 年	(美)西奥多・威廉・理查兹 T. W. Richards	精确测定了大量化学元素的原子量
1915 年	(德)里夏德・维尔施泰特 R. M. Willstätter	对植物色素的研究，特别是对叶绿素的研究
1916，1917，1919，1924，1940，1941，1942 年未颁奖		
1922 年	(英)弗朗西斯・阿斯顿 F. W. Aston	使用质谱仪发现了大量非放射性元素的同位素，并且阐明了整数法则
1923 年	(奥地利)弗里茨・普雷格尔 F. Pregl	创立了有机化合物的微量分析法
1927 年	(德)海因里希・奥托・威兰 H. O. Wieland	对胆汁酸及相关物质的结构的研究
1928 年	(德)阿道夫・温道斯 A. O. R.Windaus	对甾类的结构以及它们和维生素之间的关系的研究
1929 年	(英)阿瑟・哈登 A. Harden	对糖类的发酵以及发酵酶的研究
	(德)汉斯・冯・奥伊勒・切尔平 H. K. A. S. v. E.Chelpin	
1930 年	(德)汉斯・费歇尔 H. Fischer	对血红素和叶绿素的组成的研究，特别是对血红素的合成的研究
1932 年	(美)欧文・兰米尔 I. Langmuir	对表面化学的研究与发现
1936 年	(荷)彼得・德拜 P. J. W. Debye	通过对偶极矩以及气体中的 X 射线和电子的衍射的研究来了解分子结构
1937 年	(英)沃尔特・霍沃思 S. W. N.Haworth	对糖类化合物和维生素 C 的研究
	(瑞士)保罗・卡勒 P. Karrer	对类胡萝卜素、黄素、维生素 A 和维生素 B_2 的研究
1938 年	(德)里夏德・库恩 R. Kuhn	对类胡萝卜素和维生素的研究
1939 年	(德)阿道夫・布特南特 A. F. J.Butenandt	对性激素的研究
	(瑞士)拉沃斯拉夫・鲁日奇卡 L. S. Ružička	对聚亚甲基和高级萜烯的研究
1943 年	(匈)乔治・德海韦西 G. C. de Hevesy	在化学过程研究中使用同位素作为示踪物
1945 年	(芬)阿尔图里・伊尔马里・维尔塔宁 A. Virtanen	对农业和营养化学的研究发明，特别是提出了饲料贮藏方法
1946 年	(美)詹姆斯・B・萨姆纳 J. B. Sumner	发现了酶可以结晶
	约翰・霍华德・诺思罗普 J. H. Northrop，温德尔・梅雷迪思・斯坦利 W. M. Stanley	制备了高纯度的酶和病毒蛋白质

续表

年份	获奖者	获奖原因
1947 年	(英)罗伯特·鲁宾逊 R. Robinson	对具有重要生物学意义的植物产物,特别是生物碱的研究
1948 年	(瑞典)阿尔内·蒂塞利乌斯 A. W. K. Tiselius	对电泳现象和吸附分析的研究,特别是对于血清蛋白的复杂性质的研究
1950 年	(德)奥托·迪尔斯 O. P. H. Diels,库尔特·阿尔德 K. Alder	发现并发展了双烯合成法
1952 年	(英)阿彻·约翰·波特·马丁 A. J. P. Martin,理查德·劳伦斯·米林顿·辛格 R. L. M. Synge	发明了分配色谱法
1953 年	(德)赫尔曼·施陶丁格 H. Staudinger	在高分子化学领域的研究发现
1954 年	(美)莱纳斯·鲍林 L. C. Pauling	对化学键的性质的研究以及在对复杂物质的结构的阐述上的应用
1955 年	(美)文森特·迪维尼奥 V. du Vigneaud	对具有生物化学重要性的含硫化合物的研究,特别是首次合成了多肽激素
1956 年	(英)西里尔·欣谢尔伍德 S. C. N. Hinshelwood (苏联)尼古拉·谢苗诺夫 H. H. Семёнов	对化学反应机理的研究
1957 年	(英)亚历山大·R·托德 A. R. Todd	在核苷酸和核苷酸辅酶研究方面的工作
1958 年	(英)弗雷德里克·桑格 F. Sanger	对蛋白质结构组成的研究,特别是对胰岛素的研究
1959 年	(捷)雅罗斯拉夫·海罗夫斯基 J. Heyrovský	发现并发展了极谱分析法
1960 年	(美)威拉得·利比 W. F. Libby	发展了使用碳 14 同位素进行年代测定的方法
1961 年	(美)梅尔文·卡尔文 M. E. Calvin	对植物吸收二氧化碳的研究
1962 年	(英)马克斯·佩鲁茨 M. Ferdinand (英)约翰·肯德鲁 J. Kendrew	对球形蛋白质结构的研究
1963 年	(德)卡尔·齐格勒 K. W. Ziegler (意)居里奥·纳塔 G. Natta	高聚物的化学性质和技术领域中的研究发现
1964 年	(英)多萝西·克劳福特·霍奇金 D. C. HodgkinOM	利用 X 射线技术解析一些生化物质的结构
1965 年	(美)罗伯特·伯恩斯·伍德沃德 R. B. Woodward	在有机合成、反应机理方面的杰出成就
1966 年	(美)罗伯特·S·马利肯 R. S. Mulliken	利用分子轨道法对化学键以及分子的电子结构所进行的基础研究
1967 年	(德)曼弗雷德·艾根 M. Eigen (英)罗纳德·乔治·雷伊福特·诺里什 R. G. W. Norrish,乔治·波特 G. Porter	利用很短的能量脉冲对反应平衡进行扰动的方法,对高速化学反应的研究
1968 年	(美)拉斯·昂萨格 L. Onsager	发现了不可逆过程的热力学的倒易关系
1969 年	(英)德里克·巴顿 D. H. R. Barton (挪)奥德·哈塞尔 O. Hassel	发展了构象的概念及其在化学中的应用
1970 年	(阿根)卢伊斯·弗德里科·莱洛伊尔 L. F. Leloir	发现了糖核苷酸及其在糖类化合物的生物合成中所起的作用

续表

年份	获奖者	获奖原因
1971年	(加)格哈德·赫茨贝格 G. Herzberg	对分子的电子构造与几何形状,特别是自由基的研究
1972年	(美)克里斯蒂安·B·安芬森 C. B. Anfinsen,斯坦福·摩尔 S. Moore,威廉·霍华德·斯坦 W. H. Stein	对核糖核酸酶的研究,特别是对其氨基酸序列与生物活性构象之间的联系的研究
		对核糖核酸酶分子的活性中心的催化活性与其化学结构之间的关系的研究
1973年	(德)恩斯特·奥托·菲舍尔 E. O. Fischer	对金属有机化合物,即夹心化合物的化学性质的开创性研究
	(英)杰弗里·威尔金森 S. G. Wilkinson	
1974年	(美)保罗·弗洛里 P. J. Flory	高分子物理化学的理论与实验
1975年	(英)约翰·康福思 J. W. Cornforth	酶催化反应的立体化学的研究
	(瑞士)弗拉迪米尔·普雷洛格 V. Prelog	有机分子和反应的立体化学的研究
1976年	(美)威廉·利普斯科姆 W. N. Lipscomb	对硼烷结构的研究,解释了化学成键问题
1977年	(比)伊利亚·普里高津 I. Prigogine	对非平衡态热力学的贡献,特别是提出了耗散结构的理论
1978年	(英)彼得·米切尔 P. D. Mitchell	利用化学渗透理论,了解生物能量传递
1979年	(美)赫伯特·布朗 H. C. Brown	分别将含硼和含磷化合物发展为有机合成中的重要试剂
	(德)格奥尔格·维蒂希 G. Wittig	
1980年	(美)保罗·伯格 P. Berg,沃特·吉尔伯特 W. Gilbert	对核酸,特别是对重组 DNA 的研究
	(英)弗雷德里克·桑格 F. Sanger	对核酸中 DNA 碱基序列的确定方法
1981年	(日)福井谦一 F. Kenichi	前线轨道理论和分子轨道守恒理论来解释化学反应的发生
	(美)罗德·霍夫曼 R. Hoffmann	
1982年	(英)阿龙·克卢格 A. Klug	发展了晶体电子显微术,并且研究了具有重要生物学意义的核酸-蛋白质复合物的结构
1983年	(美)亨利·陶布 H. Taube	金属配合物中电子转移反应机理的研究
1984年	(美)罗伯特·布鲁斯·梅里菲尔德 R. B. Merrifield	开发了固相化学合成法
1985年	(美)赫伯特·豪普特曼 H. A. Hauptman,杰尔姆·卡尔 J. Karle	发展测定晶体结构的直接法上的杰出成就
1986年	(美)达德利·赫施巴赫 D. R. Herschbach,李远哲 Y. T. Lee	对研究化学基元反应的动力学过程的贡献
	(加)约翰·查尔斯·波拉尼 J. C. Polanyi	
1987年	(美)唐纳德·克拉姆 D. J. Cram	发展和使用了可以进行高选择性结构特异性相互作用的分子
	(法)让-马里·莱恩 J. M. Lehn	
	(美)查尔斯·佩德森 C. J. Pedersen	
1988年	(德)约翰·戴森霍费尔 J. Deisenhofer	对光合反应中心的三维结构的测定
	(德)罗伯特·胡贝尔 C. J. Pedersen	
	(德)哈特穆特·米歇尔 H. Michel	
1989年	(加)悉尼·奥尔特曼 S. Altman	发现了 RNA 的催化性质
	(美)托马斯·切赫 T. R. Cech	

续表

年份	获奖者	获奖原因
1990 年	(美)艾里亚斯·詹姆斯·科里 E. J. Corey	发展了有机合成的理论和方法学
1991 年	(瑞士)理查德·恩斯特 R. Ernst	开发高分辨率核磁共振(NMR)谱学方法
1992 年	(美)鲁道夫·马库斯 R. Marcus	对化学体系中电子转移反应理论的贡献
1993 年	(美)凯利·穆利斯 K. B. Mullis	发展了以 DNA 为基础的化学研究方法,开发了聚合酶链锁反应(PCR)
	(加)迈克尔·史密斯 M. J. Smith	对建立寡聚核苷酸为基础的定点突变及其对蛋白质研究的发展的基础贡献
1994 年	(美)乔治·安德鲁·欧拉 G. A. Olah	对碳正离子化学研究的贡献
1996 年	(美)罗伯特·柯尔 R. F. Curl	发现富勒烯
	(英)哈罗德·克罗托 H. Kroto	
	(美)理查德·斯莫利 R. E. Smalley	
1997 年	(美)保罗·博耶 P. Boyer	阐明了三磷酸腺苷(ATP)合成中的酶催化机理
	(英)约翰·沃克 J. E. Walke	
	(丹)延斯·克里斯蒂安·斯科 J. C. Skou	
1999 年	(埃)亚米德·齐威尔 A. H. Zewai	用飞秒光谱学对化学反应过渡态的研究
2000 年	(美)艾伦·黑格 A. J. Heeger,艾伦·麦克德尔米德 A. G. MacDiarmid	发现和发展了导电聚合物
	(日)白川英树 H. Shirakawa	
2001 年	(美)威廉·斯坦迪什·诺尔斯 W. S. Knowles	对手性催化氢化反应的研究
	(日)野依良治 R. Noyori	
	(美)巴里·夏普莱斯 K. B. Sharpless	对手性催化氧化反应的研究
2002 年	(美)约翰·贝内特·芬恩 J. B. Fenn	发展了对生物大分子进行鉴定和结构分析的方法,建立了软解析电离法对生物大分子进行质谱分析
	(日)田中耕一 Koichi Tanaka	
	(瑞士)库尔特·维特里希 K. Wüthrich	利用核磁共振谱学来解析生物大分子结构
2003 年	(美)彼得·阿格雷 P. Agre	对细胞膜中的离子通道的研究,发现了水通道
	(美)罗德里克·麦金农 R. MacKinnon	对细胞膜中离子通道结构和机理的研究
2004 年	(以)阿龙·切哈诺沃 A. Ciechanover,阿夫拉姆·赫什科 A. Hershko	发现了泛素介导的蛋白质降解
	(美)欧文·罗斯 I. Rose	
2005 年	(法)伊夫·肖万 Y. Chauvin	发展了有机合成中的烯烃复分解反应
	(美)罗伯特·格拉布 R. H. Grubbs,理查德·施罗克 R. R. Schrock	
2006 年	(美)罗杰·科恩伯格 R. D. Kornberg	对真核转录的分子基础的研究
2007 年	(德)格哈德·埃特尔 G. Ertl	对固体表面化学进程的研究
2008 年	(日)下村脩 Osamu Shimomura	发现和改造了绿色荧光蛋白(GFP)
	(美)马丁·查尔菲 M. Chalfie,钱永健 R. Y. Tsien	
2009 年	(英)文卡特拉曼·拉马克里希南 V. Ramakrishnan	对核糖体结构和功能方面的研究
	(美)托马斯·施泰茨 T. Steitz	
	(以)阿达·约纳特 A. Yonath	

续表

年份	获奖者	获奖原因
2010年	(美)理查德·赫克 R. Heck	对有机合成中钯催化偶联反应的研究
	(日)根岸英一 Ei-ichi Negishi	
	(日)铃木章 Akira Suzuki	
2012年	(美)罗伯特·莱夫科维茨 R.LefkowitzBrian，布莱恩·科比尔卡 K. Kobilka	对G蛋白偶联受体的研究
2013年	(美)马丁·卡普拉斯 M. Karplus，迈克尔·莱维特 M. Levitt，亚利耶·瓦谢尔 A. Warshel	给复杂化学体系设计了多尺度模型
2014年	(美)埃里克·贝茨格 E. Betzig，威廉·莫尔纳 W. E. Moerner	对超分辨率荧光显微技术的研究
	(德)斯蒂凡·黑尔 S. W. Hell	
2015年	(瑞典)托马斯·林达尔 T. R. Lindahl	在基因修复机理研究方面所做的贡献
	(美)保罗·莫德里克 P. Modrich，阿齐兹·桑贾尔 A. Sancar	
2016年	(法)皮埃尔·索维奇 J. P. Sauvage	发明了分子尺度的“全世界最小的机器”，其构件主要是蛋白质等生物分子
	(英)J-弗雷泽-斯托达特 J. F. Stoddart	
	(荷)伯纳德-L-费林加 B. L. Feringa	
2017年	(瑞士)雅克·杜波谢 J. Dubochet	开发冷冻电镜，使人类第一次可看清楚接近天然状态的生物大分子的精细模样
	(英)理查德·亨德森 R. Henderson	
	(美)阿希姆·弗兰克 J. Frank	

（林晓辉）

参 考 文 献

[1] 伍越寰，李伟昶，沈晓明等．有机化学．第 2 版．合肥：中国科学技术大学出版社，2002.

[2] 孟令芝．有机波谱分析．第 4 版．武汉：武汉大学出版社，2016.

[3] 吴宏范，任玉杰．有机化学．北京：高等教育出版社，2014.

[4] 邢其毅，裴伟伟，徐瑞秋等．有机化学．第 3 版．北京：高等教育出版社，2005.

[5] 胡宏纹．有机化学．第 3 版．北京：高等教育出版社，2005.

[6] 潘铁英，康燕，钱枫．波谱解析法．第 3 版．上海：华东理工大学出版社，2015.

[7] 陈金珠．有机化学．第 2 版．北京：北京理工大学出版社，2017.

[8] 杨红．有机化学．第 2 版．北京：中国农业出版社，2006.

[9] 高鸿宾．有机化学．第 4 版．北京：高等教育出版社，2003.

[10] 陆涛．有机化学．第 8 版．北京：人民卫生出版社，2017.

[11] 赵骏，康威．有机化学．第 2 版．北京：人民卫生出版社，2015.

[12] 李贵深，李宗澧．有机化学．第 2 版．北京：中国农业出版社，2008.

[13] John E. McMurry. Fundamentals of Organic Chemistry. 7th ed. Singapore：Brooks/Cole-Cengage Learning，2011.

[14] 闻韧．药物合成反应．第 4 版．北京：化学工业出版社，2017.

[15] 张胜建．药物合成反应．第 2 版．北京：化学工业出版社，2017.

[16] 王彦广，吕萍，傅春玲等．有机化学．第 3 版．北京：化学工业出版社，2015.

[17] 陆国元．有机反应与有机合成．北京：科学出版社，2009.

[18] 宋宏锐．有机化学．北京：人民卫生出版社，2007.